生命科学前沿及应用生物技术

植物电生理信息检测原理及应用

Principle and Application of Determination on Plant Electrophysiological Information

吴沿友　邢德科　张　承等　著

U0228552

科学出版社

北　京

内 容 简 介

植物电信号的变化与植物生理生化作用紧密相关。本书介绍了利用无刺激或非伤害性刺激的方式获取电学各元件电信号的方法，解析了植物不同电信号的形成机制和作用规律，探讨了植物电生理信息对水分变化、营养代谢、盐分逆境、病害、pH 等的响应，阐述了用电生理信息表征植物能量储存和转化、水分代谢、营养转运能力、抗盐能力、抗病能力、耐酸碱能力、健康状况及适应性的原理和技术。

本书可供从事植物生理学、生物物理学、农业工程学、植物生态学研究的科研工作者和高校师生阅读，也可为农业智能装备企业的技术人员提供参考。

图书在版编目（CIP）数据

植物电生理信息检测原理及应用 / 吴沿友等著. -- 北京 ： 科学出版社，2025.3
（生命科学前沿及应用生物技术）
ISBN 978-7-03-077462-0

Ⅰ.①植…　Ⅱ.①吴…　Ⅲ.①植物生理学–研究　Ⅳ.①Q945

中国国家版本馆 CIP 数据核字（2024）第 011016 号

责任编辑：王海光 / 责任校对：杨　赛
责任印制：肖　兴 / 封面设计：刘新新

科 学 出 版 社 出版
北京东黄城根北街 16 号
邮政编码：100717
http://www.sciencep.com

北京华宇信诺印刷有限公司印刷
科学出版社发行　各地新华书店经销
*
2025 年 3 月第 一 版　开本：787×1092 1/16
2025 年 3 月第一次印刷　印张：25 1/2
字数：605 000

定价：198.00 元
（如有印装质量问题，我社负责调换）

前　　言

　　植物电信号的变化与植物生理生化作用紧密相关。研究植物电信号的变化与植物的能量储存和转化、光合作用、呼吸作用、离子吸收与运转、基因表达、生物节律等生理生化过程的关系，可帮助人们深入了解植物生命活动的本质和规律。本书作者团队选择能反映植物整株生理活动的组织或器官，利用无刺激或非伤害性刺激的方式获取电学各元件的电信号，解析植物不同电信号的形成机制和作用规律，综合运用植物电信号及电生理信息定量评价植物的生长发育状况和生理功能，并开发了一系列植物生理功能检测技术，为植物生命活动研究、作物高效优质生产及农业智能化生产提供科技支撑。

　　本书共分 8 章。第 1 章介绍了植物电信号、电学特征及植物电生理学的发展过程，探讨了植物电生理信息检测技术；第 2 章阐述了植物电生理信息对水分变化的响应，探讨了植物电生理信息表征水分状况的原理及技术；第 3 章阐述了植物电生理对低营养的响应，探讨了植物主动和被动转运能力的定量检测，以及植物耐低营养能力和营养利用效率的检测方法；第 4 章阐述了植物电生理对盐分逆境的响应，探讨了植物电生理信息对植物抗盐能力的表征及其在盐水灌溉中的应用；第 5 章阐述了植物电生理对病害的响应，探讨了植物电生理信息在植物抗病能力检测中的应用；第 6 章阐述了植物电生理对 pH 的响应，探讨了基于电生理信息在植物耐酸碱能力检测中的应用；第 7 章阐述了植物电生理信号昼夜节律表征植物适应性的方法，探讨了植物电生理信息对植物健康状况及适应性的表征；第 8 章探讨了植物电生理信息测定的科学意义，展望了植物电生理学的研究前景。

　　本书是作者团队 10 余年研究成果的总结。相关研究得到了国内外诸多同行的帮助；中国科学院地球化学研究所环境地球化学国家重点实验室、现代农业装备与技术教育部重点实验室（江苏大学）提供了支持；国家自然科学基金委员会-贵州省人民政府喀斯特研究中心项目"喀斯特筑坝河流水安全与调控对策"方向二"流域植被的生态水文效应（U1612441-2）"、国家重点研发计划项目"喀斯特适生植被抗逆性研究与植被群落生态修复技术研发与应用示范（2016YFC0502602-5）"，国家自然科学基金青年科学基金项目"碳酸酐酶的应答响应及在节水灌溉中的应用（31301243）"、国家自然科学基金地区基金项目"生物炭载解化感物质促生菌 *Bacillus cereus* WL08 缓解半夏连作障碍的机制研究（32360023）"、中国科学院百人计划项目"喀斯特生态系统的稳定性和适应性"、贵州省科技支撑计划项目"喀斯特适生植物适配露石生境的植被恢复技术研究及示范"、贵州省科技创新人才团队项目"贵州省喀斯特适生植物及生态应用科技创新人才团队"、贵州省高层次创新型人才遴选培养计划"百层次"、环境地球化学国家重点实验室项目及江苏省高校优势学科建设项目等对本书相关研究提供了资助。在此一并表示衷心感谢！

本书由吴沿友教授及其指导的研究生撰写完成。吴沿友教授负责设计研究方案和技术路线，指导实施研究计划，并统稿、定稿。具体撰写分工如下：第 1 章由吴沿友、于睿、张明明、黎明鸿、邢德科、张承、吴明开等撰写；第 2 章由邢德科、吴沿友、张明明、陈晓乐、徐小健、黎明鸿、张承等撰写；第 3 章由张承、吴沿友、苏跃、邢德科等撰写；第 4 章由邢德科、吴沿友、Kashif Ali Solangi、Ahmad Azeem、陈倩、张承等撰写；第 5 章由张承、吴沿友、苏跃、邢德科等撰写；第 6 章由邢德科、吴沿友、陈天、张承等撰写；第 7 章由张承、吴沿友、邓智先、谢津津、苏跃、邢德科等撰写；第 8 章由吴沿友撰写。

植物生理作用极其复杂，本书用植物电生理信息表征的生理作用仅是冰山一角，还有更多的植物生理机制需要用电生理信息来表征。希望本书的出版能起到抛砖引玉的作用，期待更多学者和专家从多学科、多角度、多层次开展电生理信息表征植物生理生化机制及生长发育过程的研究，开发出更有效的植物电生理信息检测技术，为深入认识更多生命现象及实现农业生产智能化提供理论和技术支撑。

由于著者水平有限，时间仓促，疏漏之处在所难免，恳请读者不吝赐教！

著　者

2024 年 6 月 28 日

目　　录

第1章　植物电信号及生理信息的获取

植物电生理信息的研究将植物生理学与生物物理学有机结合起来，形成多学科交叉融合，为植物生理学的研究提供新视野和新手段。生物电活动最早被发现于 1791 年，而捕蝇草上的动作电位等的研究工作为植物生物电的研究拉开了序幕，含羞草的膜电位等研究则为植物生物电的研究立下了汗马功劳。20 世纪末，科技突飞猛进，膜片钳技术与充电电容法的应用、忆阻器的发现，丰富和发展了植物电生理学。植物组织是执行电信号传递与原生质运动的基本结构，植物电信号的变化与植物生理生化作用紧密相关且受生物及非生物胁迫影响，这为植物电生理学的应用提供了理论依据。然而，目前研究仍存在测定结果重复性差、电位电信号容易被噪声湮没、结果难以表征正常的生理活动和固有的生理状态、植物电生理的作用机理研究方面明显不足等问题。以叶片中细胞液溶质作为电介质，将叶片夹在平行板电容器之间，构成叶片平行板电容器。叶片中细胞液溶质浓度的变化势必引起叶片组织介电常数的变化，从而影响植物生理电容、电阻、阻抗、电感、容抗、感抗等电生理参数值。向叶片电容器施加夹持力时，叶片中细胞液溶质浓度势必变化，进而导致电参数的变化。本章内容揭示了夹持力与植物叶片电容、电阻、阻抗、电感、容抗、感抗等电生理参数间的理论模型关系，通过这些内在的关系成功获得了植物叶片的固有电生理信息或电信号，以此解析不同电信号的形成机制和作用规律，并综合运用植物电信号及电生理信息定量评价植物的生长发育状况和细胞代谢能、介电物质转移等生理功能，为研究植物生命活动及促进作物优质高产提供了重要的理论支撑。

1.1　植物电信号和电学特征

随着现代科学技术的快速发展，无论是宏观层面还是微观层面，植物生理信息的获取技术均取得长足进步。其中，在植物逆境生理学、植物病理学及农业种植业等领域，对植物生理信息进行更为精确同时又不损伤植物的快速检测技术具有重要的实际应用价值。植物生理参数的某些变化可表现为植物组织物理参数的变化，将不可直接测得的量转化为可直接测得的量（李东升等，2014）。随着电信号检测技术的进步，植物电信号可以很好地应用于植物生理活动及其与外界环境相互关系的研究中。基于植物电信号的植物电生理信息的研究将植物生理学与生物物理学有机结合起来，为植物生理学的研究提供新视野和新手段。

植物的电学特性反映其生理活动状况，当受到逆境影响时，植物各种细胞和组织的新陈代谢活动不稳定，势必在电学特性上有所反映（李怀方和董汉松，1995）。Sinyukhin 和 Britikov 于 1967 年在 *Nature* 上发表的文章论证了植物电信号存在于植物生命的开始、变异于整个生命活动之中，把对植物电信号的研究拓展到三大前沿科学问题之一"生命起源"的探索中（王兰州等，2008）。目前，有关植物电学特征的研究主要集中在反映植物生理功能的电信号的检测和表征上（Fromm and Lautner，2007）。随着植物电信号理论的不断完善，植物电信号被认为是与植物生理过程及体内传送信息相关的信号（娄成后，1996；Vodeneev et al.，2016）。环境变化刺激引起的植物电信号协同其他信号激发植物产生生长代谢及物质运输等生理变化，从而调节植物生长发育与环境适应（娄成后和花宝光，2000；Fromm and Lautner，2007；游崇娟等，2010；Huber and Bauerle，2016）。

1.1.1　植物电信号

植物电信号属于微弱低频信号，其幅度只有几个皮伏（pV）到几个毫伏（mV）不等，正常的植物生理活动中仅为微伏（μV）（陆静霞等，2008）。广义植物电信号的概念被初步定义为"能够记录到植物细胞或组织的电位、电流、电阻等波动状态的信号"（王兰州等，2008）。20 世纪中期以后，广义植物电信号概念基本明确，即植物细胞或组织的电位发生较大波动并传向周围细胞、组织或器官，当电位的波动性变化足以被记录到时，便形成了电信号（郭金耀和杨晓玲，2005），其意义就在于将物理学中的电信号赋予了生物学意义。植物电信号特征的确定是进行植物电生理研究的重要基础。

在植物电生理研究中，通常把电信号的变化归纳为 3 种。

1.1.1.1　动作电位（action potential）

动作电位是暂时的、可再生的膜电位变化，是短期内的强电流产生的去极化作用，它可以传递且在此过程中幅度大小不变，是能够引起一些生理活动的电现象（Pickard，1973；Pyatygin et al.，2008；Sukhov et al.，2011）。动作电位的去极化是大量的钠通道开放引起的钠离子大量、快速内流所致；超极化则是大量钾通道开放引起钾离子快速外流的结果（Krol et al.，2006）。

1.1.1.2　变异电位（variation potential）

变异电位是伤害刺激引起的电位变化，它持续时间长、不遵循"全或无"定律，可以从刺激部位向外传导，在其前沿常有一个可能是动作电位的峰值电位（Stanković et al.，1997；Vodeneev et al.，2015）。

1.1.1.3　局部电位（local potential）

局部电位是刺激引起的植物非传导性电位变化，局部电位将刺激转换成膜电位变化，膜电位变化总是先于动作电位发生，当超过某个阈值时，就会引发动作电位（冷强等，1998a，1998b）。局部电位在不同细胞上由不同离子流动形成，而且离子是顺着浓度差流动，不消耗能量。

植物不同的电信号产生的机制、传导方式及在植物体中发挥的作用是不同的（表 1.1），它们在植物的生长发育过程中形成网络信号（Levin，2014；Volkov，2019）。植物电信号是一种随机的、非平稳性时变信号（王兰州等，2008），随植物种类、生长周期及周围环境的变化而变化（Li et al.，2005；Masi et al.，2009）。植物体所表现出的电信号往往是多种信号共同作用的结果，各信号间相互作用的复杂性往往使研究者难辨真伪，只看到一方面而忽视另一方面，会造成研究结果的偏离，甚至完全失真（郭金耀和杨晓玲，2005）。检测异常电信号及相关电指标的变化趋势，可用于定量评价植物在逆境胁迫下的生理生长状况（游崇娟等，2010）。

表 1.1　动作电位、变异电位、局部电位的特征及可能的应用

信号类型	信号特征	传导方式	产生信号的刺激类型	可能的应用
动作电位	信号传播广泛，刺激需要高于阈值	速度快，距离远，振幅和速度恒定	非破坏性的刺激，如触摸、电、寒冷胁迫等	解释捕蝇草的诱捕、含羞草叶片的开合、丝瓜卷须的卷曲运动等机制
变异电位	信号的形状和大小随刺激的强度变化而变化	远离刺激部位，振幅降低	破坏性刺激如燃烧、切割、病虫害等	病虫害的预警
局部电位	亚阈值响应	局部产生的，不传导到植物的其余部分	土壤水分、肥力、光照、温度、湿度等环境变化引起的刺激	监测植物生理状态，监测植物对温度、光、水分、养分的反应

1.1.2　植物的电学参数

植物细胞由细胞壁和由细胞膜包围的原生质体两部分组成。细胞膜主要由脂质（主要为磷脂）、蛋白质和糖类等物质组成；其中以蛋白质和脂质为主。磷脂双分子层是构成细胞膜的基本支架，在电子显微镜下可分为三层，即在膜的靠内外两侧各有一层厚约 2.5nm 的电子致密带，中间夹有一层厚 2.5nm 的透明带。细胞的电特性源于具有双电层结构的细胞膜。膜脂的电阻率很高，相当于一层绝缘层，使细胞具有储存电荷的功能。细胞膜对各种离子具有严格选择透性，在膜两侧的电解质溶液形成特定的导电状态，膜内外可以模拟为一个漏电的电容器，膜两侧的溶液相当于电容器的两极板，细胞膜则相当于电容器的中间介质（毕世春和原所佳，1997），因此植物细胞膜具有电容性。细胞质内还含有大量由特定膜包围的细胞器，液泡内的水溶性溶液主要含有无机离子和有机酸。电流通过细胞膜时产生电势差，电势差由细胞膜的有效运输系统和可选择的渗透性来保持。细胞器具有不同的电学特性，液泡和细胞质则类似于电阻器（Smith，1983；Zhang and Willison，1992）。在细胞受到损伤的过程中，细胞结构、成分、离子通透性等会发生复杂的变化，从而引起电特性发生明显的变化（张钢等，2005）。植物电特性的参数包括电阻、阻抗、电容、电感、电导率、电位、电流等。

1.1.2.1　植物电阻

植物组织可分为共质体和质外体，其中，共质体由胞间连丝把相邻的原生质体贯穿在一起而成，质外体由细胞壁、细胞间隙和导管组成，对于植物体活组织来说，可将组织中共质体部分和质外体部分分别看作一连续整体。共质体电阻由膜电阻、胞内电阻和胞间电阻相互串联而成。细胞膜对穿过它的电流所呈现的电阻被称为膜电阻。由于胞内离子强度较高等原因，胞内电阻一般很小，可以忽略不计。由于共质体和质外体之间有

近似绝缘层的高电阻膜存在，所以可以近似地将共质体和质外体看作是电学上相并联的两条支路。可见，植物电阻主要是由膜电阻、胞间电阻及质外体电阻构成。膜电阻与细胞膜的透性有关，胞间电阻与胞间连丝的数目和功能有关，质外体电阻与细胞壁、细胞间隙和输导组织中液体的离子浓度有关（卢善发，1994）。共质体内电波传递速率比质外体内电波传递速率快一个数量级（任海云和娄成后，1993），质外体的电阻远大于共质体，此时的植物组织电阻应只与共质体的膜电阻和胞间电阻紧密相关，即与细胞膜的透性及胞间连丝的数目和功能有关。

1.1.2.2　植物电容

植物组织具有电容特征，它起源于具有双电层结构的细胞膜（傅和玉，2000）。对于电容器而言，当极板面积、极板间距离固定时，电容与介电常数成正比，若以植物组织如叶片为电容器的介质，极板面积不变，忽略叶片个体厚度的微小差异，随叶片水分状况的变化，其介电常数必会有所变化，这将通过电容值反映出来，从而可据此获知植物叶片的内部生理信息（宣奇丹等，2010）。

1.1.2.3　植物电感

电感器（inductor）是能够把电能转化为磁能而存储起来的元件。电感器具有一定的电感，它只阻碍电流的变化。如果电感器在没有电流通过的状态下，电路接通时它将试图阻碍电流流过；如果电感器在有电流通过的状态下，电路断开时它将试图维持电流不变。植物组织具有电感特性，同样源于植物细胞膜的一些载体蛋白和通道蛋白。例如，细胞膜上的载体蛋白-质子泵，在外膜上，通过转移质子形成质子电动势，从而将 ADP 转化成 ATP，随后在内膜上再水解 ATP 释放能量转移质子。在外膜上转移质子产生电流，形成电动势，在形成电动势的过程中，电流减弱，这种电动势又转换成存储能 ATP，在内膜转出质子至细胞内时，产生反向电流，同时将存储能 ATP 水解释放出。质子泵的这种特性与贴片电感极为相似。在实际测定中，我们已在植物叶片上发现了电感的普遍存在。

1.1.2.4　植物阻抗

当交变电流（AC）通过植物组织时，通过胞外间隙和胞内的比例取决于 AC 的频率和植物的组织特性（Glerum，1980）。在交变电流电路中，有电阻器、电容器和电感器的阻抗电流。阻抗和电阻都表示对电流的抵抗。但阻抗表示为电阻器、电容器和电感器对电流抵抗之向量和（Schönleber and Ivers-Tiffée，2015），其中，电容器对电流的抵抗被称为容抗（capacitive reactance），电感器对电流的抵抗被称为感抗（inductive reactance）。容抗和感抗向量和为电抗（reactance）。植物细胞的阻抗特性取决于生理条件、发育阶段、养分状况、细胞结构、水分平衡及温度等，还受电极类型、电极频率、电极几何形状、电极内部距离、环境温度等物理和技术因子的影响（张钢等，2005）。植物阻抗反映的是细胞膜的透性和胞间电偶联的程度，因此，任何影响细胞膜的逆境因子，均可以通过阻抗值的变化反映出来（游崇娟等，2010）。

1.1.2.5　植物电导率

植物细胞膜对维持细胞的微环境和正常的代谢起着重要的作用。在正常情况下，细胞膜对物质具有选择透过能力。当植物受到逆境影响时，细胞膜遭到破坏，膜透性增大，从而使细胞内的电解质外渗，以致细胞浸提液的电导率增大。膜透性增大的程度与逆境胁迫强度有关，也与植物抗逆性的强弱有关（仲强等，2011）。因此，电导法目前已成为作物抗性栽培、育种中鉴定植物抗逆性的一个精确而实用的方法。

1.1.2.6　植物电流

电流的强弱用电流强度来描述，电流强度是单位时间内通过导体某一横截面的电量，简称电流，用 I 表示。在国际单位制中，电流强度的单位是安培（A）（王慧玲和刘炳辉，2004）。生理电流是由叶片中包括无机、有机离子等介电物质产生的，阻抗越大，则介电物质的运输越慢，因此，植物叶片的生理电流可以反映叶片中极性物质的输导性能。

1.2　植物电生理学的发展

1.2.1　植物电生理学在国外的发展

早在 1791 年，Galvani 就在动物体内发现生物电活动，但是直到 19 世纪 70 年代，Burden-Sanderson（1873）和 Darwin（1875）才在捕蝇草中发现了生物电的存在。随后，虽然人们发现了植物中存在化学信号，并把焦点聚集在植物化学信号的研究上，但是对植物生物电的作用和功能的研究仍然取得了长足的进步。

原产于北美洲的捕蝇草（*Dionaea muscipula*），是一种非常有趣的多年生食虫草本植物，它的茎很短，在叶的顶端长有一个酷似"贝壳"的捕虫夹，且能分泌蜜汁，当有小虫闯入时，能以极快的速度将其夹住，并消化吸收。Burdon-Sanderson 等对捕蝇草的研究为植物生物电的研究拉开了序幕。Burdon-Sanderson 等研究表明，电扰动可以激发捕蝇草叶片的机械运动（Burdon-Sanderson，1873；Darwin，1875；Burdon-Sanderson and Page，1876），激发状态的叶片具有显著的电驱动特征（Burdon-Sanderson，1882，1888）。除了 Brown 等研究电刺激影响捕蝇草叶片运动的机理（Brown and Sharp，1910；Brown，1916）外，大量的工作都集中在植物动作电位的形成、生理作用和影响因素上。Stuhlman 和 Darden（1950）首次在捕蝇草上记录到植物的动作电位；Palma 等（1961）发现了动作电位与捕蝇草叶片的机械收缩有密切关系。Affolter 和 Olivo（1975）观察了捕蝇草在捕到猎物后的动作电位的变化；Hodick 和 Sievers（1988，1989）研究了捕蝇草动作电位的性质及与 Ca^{2+} 浓度的关系。Krol 等（2006）的研究则进一步表明钾离子通道抑制剂四乙基铵离子能延长动作电位的去极化，镧离子能显著抑制骤冷和直流电引起的膜电位变化，捕蝇草的兴奋依赖于细胞内外的钙内流。Volkov（2019）对捕蝇草动作电位的研究也进行了总结概括。可以说，捕蝇草的生物电的研究为构筑植物电生理学"大厦"打下了坚实的基础（Volkov，2012）。

一种原产热带美洲，现已广布于世界热带地区的豆科植物含羞草（*Mimosa pudica*），为植物生物电的研究立下了汗马功劳（Volkov，2012）。Bose（1914）及 Bose 和 Das（1925）利用含羞草特殊的生理和结构的关系，构建了记录含羞草电信号的装置，记录到了含羞草受到刺激后产生的电信号的传递，研究了生物电信号的产生途径及传递的影响因素。Houwink（1935）研究了含羞草的兴奋传导，Sibaoka（1953，1962）通过将微电极插入不同组织的细胞中，发现薄壁组织的细胞电学特性基本上与神经和肌肉细胞相似，其膜电位比其他类型的细胞高，可产生动作电位，从而证实了植物中兴奋细胞的存在。

随后，大量工作集中在含羞草兴奋细胞的膜电位产生和调控及含羞草快速运动和恢复过程中有关细胞离子及代谢物的变化与相关组织动作电位关系的研究上（Samejima and Sibaoka，1980，1982；Fromm and Eschrich，1988；Fromm，1991）。膜片钳技术是用微玻管电极把只含 1~3 个离子通道、面积为几平方微米的细胞膜封接起来，将与电极尖开口处相接的细胞膜的小区域（膜片）与膜的其他部分从电学上隔离，在此基础上固定点位，用膜片钳放大器对此膜片上的离子通道的离子电流（pA 级）进行监测记录的方法。Neher 和 Sakmann 因发明和应用这项技术获得 1991 年诺贝尔生理学或医学奖。这项技术也被用来研究含羞草的兴奋细胞质膜离子电流。在几乎所有的含羞草原生质体中，去极化激活了延迟整流钾电流，而在超极化时没有检测到电流，外向单通道电流很可能是宏观外向钾电流的基础（Stoeckel and Takeda，1993）。

充电电容法可以人为调节电刺激强度、频次和时间，能够方便地研究含羞草、捕蝇草等敏感植物的生物电化学封闭电路内部电信号的传递（Volkov et al.，2009a，2009b）。Volkov 及其合作者利用充电电容法对叶柄或叶枕进行电刺激，发现对敏感植物含羞草的这种封闭电路的激活可以引起各种机械、流体力学、生理、生化和生物物理反应等（Volkov et al.，2010a，2010c，2010d）。叶柄的弹性运动是由电信号引起的，而这种弹性运动受到电学、水动力学和化学信号转导的调节，离子在叶枕上部和下部之间的重新分配导致水通过水孔蛋白的快速传输，并导致运动细胞体积的快速变化；当叶柄紧张时，叶下部体积减小、上部体积增大，当叶柄松弛时，叶柄下部体积增大、上部体积减小（Volkov et al.，2010b）。昼夜节律的生物钟对体内这种封闭电路也有直接影响。Volkov 及其合作者采用不同的时间和电压进行电刺激，分析了生物电信号对芦荟和含羞草叶片中调节生理的生物电化学封闭电路的影响，发现芦荟叶片 Ag/AgCl 电极间的电阻，白天高于夜间；芦荟的电容器在夜间的放电速度比白天快；含羞草叶枕电容器白天放电较快（Volkov et al.，2011）。

含羞草叶片在热等伤害胁迫下的运动受到电学、水动力学和化学信号转导的调控（Malone，1994）。含羞草叶片受热胁迫叶枕显示出弹性特性，叶柄或叶枕的运动伴随着结构的变化。当叶枕受短暂热胁迫而紧张时，叶枕下部体积减小、上部体积增加；电信号的产生和传播是引起膨胀变化的主要原因，在叶枕中有一种类似于动物神经的电突触（Volkov et al.，2013）。

最令人兴奋的工作是 Volkov 及其合作者在不同植物组织和器官中发现了除电容、

电感、电阻以外的第四个基本电路元件——忆阻器（Volkov et al.，2009a，2009b，2014a，2014b；2015，2016a，2016b；Volkov，2017；Volkov and Nyasani，2018）。忆阻器，全称记忆电阻器（memristor），1971 年，蔡少棠指出，自然界中应该还存在一个表示磁通与电荷关系的电路元件，这个电路元件就是具有记忆功能的电阻（Chua，1971）。通过测定忆阻器的阻值，便可知道流经它的电荷量，因此忆阻器有着记忆电荷的作用（Chua，2011）。忆阻器的发现和功能的开发，将给微电子领域带来深刻的变革，有望从根本上颠覆现有的硅芯片产业（Strukov et al.，2008）。植物可兴奋组织中的门控电压 K[+] 通道具有忆阻器的特性，这对理解植物的记忆、学习、昼夜节律和生物钟机制具有重要的意义。

　　植物电信号的变化与植物生理生化作用紧密相关。研究植物生物电的变化与植物的光合作用、呼吸作用、离子吸收与运转、基因表达、生物节律等生理生化的关系（Fromm and Lautner，2007），丰富和发展了植物电生理学。

　　植物体内诱发的不同的电信号会带来不同的代谢反应。Fromm 等（1995）研究了花粉、热伤害或冷休克（4℃）刺激木槿花的柱头引起花柱的电位变化及它们在花柱中的生理功能，发现不同的刺激产生的电信号会引起子房不同的代谢反应。Mitsuno 和 Sibaoka（1989）研究了舞草（*Codariocalyx motorius*）侧叶运动节律性电位变化，并描述了各种代谢抑制剂对这种变化的影响；Trebacz 等（1994）对蛇苔（*Conocephalum conicum*）的研究发现，光、电刺激诱发的动作电位过程中细胞内游离 Ca^{2+}、K^+、Cl^- 和 NO_3^- 浓度与静息状况下差异明显，氯离子通道也参与了动作电位的去极化阶段。Sukhov 等（2016）研究表明，变异电位的产生使叶绿体中 H^+-ATP 合酶活性降低。

　　植物体内诱发的电信号显著地影响植物的光合作用和呼吸作用。Koziolek 等（2004）研究了含羞草由热诱导的叶片电信号会迅速传播到邻近的羽叶，导致其净光合同化二氧化碳的消失；伤害引起的电信号的传播速率远大于其化学信号的传播速率。Lautner 等（2005）研究了杨树（*Populus trichocarpa*）嫩枝遭受低温和火焰刺激后叶脉韧皮部中的信号传播及其对光合作用的影响，发现无论是短距离传导的快速膜超极化还是长距离传导的膜电位去极化的信号，都显著降低了通过光系统Ⅱ的电子传递的量子产率；钙和钾都参与韧皮部传递的电信号的传导，这些电信号在叶片的光合作用中引起特异性反应。Sukhov 等（2012，2015a，2015b）分析了变异电位与光合作用的关系，发现变异电位可以影响光合循环电子流，增加高温下光系统Ⅱ的危害，动作电位和变异电位产生的电信号可以诱导植物光合作用的可逆失活，变异电位引起质子细胞内流及变异电位产生过程中细胞内外 pH 的变化可能是诱导光合反应的一种潜在机制（Sukhov et al.，2014a；Sherstneva et al.，2015）。变异电位不仅可以阻止光合机构变热，减少光系统Ⅰ受到的热损伤，而且可以通过影响光合作用和呼吸作用增加叶片中 ATP 的含量（Sukhov et al.，2014b，2015b；Surova et al.，2016a，2016b）。叶绿体中基质和内囊体腔的 pH 降低是变异电位造成光合作用光反应失活的原因之一（Sukhov et al.，2016）。

　　电生理反应有助于植物长距离细胞间通信，影响远端细胞的基因表达。Vian 等（1996）研究表明，对鬼针草（*Bidens pilosa*）分别施加非伤害性刺激和伤害性刺激时均能够引起钙调素基因的表达；当施加的是非伤害性刺激时，钙调素 mRNA 的积累只在受刺激区域增加；相反，当施加的是伤害性刺激时，mRNA 的积累发生在受伤害区和远处的未损伤组织中。Stanković 和 Davies 研究发现热损伤总是会引起变异电位，而电刺激偶尔会引起动作电位，这两种信号都会导致远端叶片中的蛋白酶抑制剂基因的迅速上调（Stanković and Davies，1996，1997a，1997b），热损伤引起的变异电位可能是蛋白酶抑制剂和钙调蛋白转录上调和翻译下调的远距离信号（Stanković and Davies，1998）。Fisahn 等（2004）研究表明，茉莉酸的生物合成和发光载脂蛋白（PINII）基因的表达是由动作电位诱导的。Nievescordones 等（2008）研究表明，一种高亲和力的 K$^+$转运蛋白（LeHAK$_5$）介导的高亲和力 K$^+$吸收，与 LeHAK$_5$ mRNA 水平增加及根表皮和皮层细胞质膜上的负电位有关，而与根系 K$^+$含量无关，表明植物的膜电位在调控 *LeHAK$_5$* 基因表达中起着重要作用。

　　植物电信号和生理信息强烈地受到生物胁迫和非生物胁迫的影响，这为植物电生理学的应用提供了理论依据。Greenham 和 Müller（1956）研究发现马铃薯（*Solanum tuberosum*）块茎的导电性可用于分析病毒对其侵染程度；Comstock 和 Martinson（1972）及 Garraway（1973）分别发现玉米（*Zea mays*）导电性与其遭受病害侵染的程度相关。Levitt（1973）则报道了木本植物在低温胁迫下会发生电阻降低的现象。Trebacz 和 Zawadzki（1985）发现光和电刺激均能引起蛇苔动作电位的产生。Stanković 和 Davies（1997b）发现番茄受到伤害会产生电位的快速变化。Filek 和 Koscielniak（1997）也发现了蚕豆幼苗根系受到的伤害对电信号产生影响。Koppan 等（2000）报道了树干电信号的日变化情况。Krol 等（2003，2004）发现，在温度骤降时，植物会产生动作电位，这种动作电位的产生不受阴离子通道和钾离子通道抑制剂的影响，而是受到钙调素拮抗剂的抑制，说明温度下降诱发的膜电位变化是由质外体和内部储存的钙离子内流引起的。Zimmermann 等（2009，2016）不仅发现了伤害能诱导植物质外体长距离电信号的产生，还发现了斜纹夜蛾和曼陀罗夜蛾幼虫取食不同植物物种触发远距离动作电位、变异电位和系统电位存在较大差异。Vodeneev 等（2018）研究表明，豌豆幼苗经燃烧、加热和机械损伤诱导的变异电位传播模式明显不同，对光合作用的影响也不同。Simmi 等（2020）观察在光温可控的环境中接种病原真菌的番茄植株的电生理反应，发现在叶片上接种，在茎上获得电生理信号，接种病原真菌产生的电信号参与了植物-病原菌的相互作用，这有助于植物病害的早期发现。

1.2.2　植物电生理学在国内的发展

　　我国植物生理学家娄成后院士及其研究小组在 20 世纪 50 年代开始了对植物生物电的研究。薛应龙和娄成后（1955）研究了含羞草对感震性刺激的敏感度与传递速度的昼夜变化，发现含羞草在正常生活中对电震刺激的敏感度在每日午前逐渐增高，午后到达顶点，傍晚开始下降，翌日早晨近乎消失，但是，即使在稳恒条件下，在电震刺激当天仍然出现上述同样的反应，暗示着含羞草对电震刺激的敏感性有记忆功能。任海云等（1992）研究芹菜（*Apium graveolens*）烧伤刺激后可发生电波的传递，传递的范围可至植物周身，烧伤刺激引起测定叶片电位的变化，通过降低气孔开度来降低光合作用和蒸腾作用。李明义等（1992）通过研究含羞草（*Mimosa pudica*）受刺激后动作电位对叶枕韧皮部物质卸出的影响，发现叶枕受刺激产生的动作电位可导致韧皮部糖类物质的卸出。任海云和娄成后（1993）探讨了电波在白花紫露草（*Tradescantia fluminensis*）体内的传递方式，发现白花紫露草受到伤害性刺激产生的电位波动也可在周身传递，电波传递在共质体内很快，在质外体内延迟。由此，娄成后院士团队（任海云等，1993）概括出电化学波（动作、变异、持续震荡等）在体内的传递不仅仅限于少数敏感植物，而是普遍存在的；受刺激产生的电化学波可通过维管束较快地传递到冠部的叶上，出现如气孔关闭的反应。

随后，娄成后院士团队聚焦在对植物电化学波的信使传递与微丝微管的生理活动的研究上。他们在研究丝瓜（*Luffa officinale*）的离体卷须在受刺激卷曲过程中电化学波的传递及运动机理时发现，卷须受到刺激后产生电化学波传递，并由此激发原生质中肌动蛋白和肌球蛋白参与卷须的快速运动（杨文定和娄成后，1994）。丝瓜卷须的快速运动可能与动物平滑肌中的"神经-肌肉"的信息传递和对运动的操纵有着相同或相似的机制，也就是植物内也存在"神经-肌肉机制"（Hua et al.，1995；花宝光等，1995）。周期性电脉冲刺激玉米幼苗上胚轴通道抑制了筛管中同化物从叶向根的远程运输，而对导管中物质运输不产生影响（郭玉海等，1997a）。周期性电脉冲微丝和微管特异性抑制剂均能有效减弱豌豆幼苗韧皮部运输，电脉冲刺激豌豆幼苗引发的电信号通过对微丝的作用阻遏了韧皮部物质运输（郭玉海等，1997b）。但是，盐激柳树幼苗根系或烧伤其茎引发的变异电位可从环剥后的木质部通过，再横向传递至韧皮部；水分充足时，变异电位传递速度正常，水分供应亏缺时，变异电位传递速度减慢或停止，盐胁迫或水分亏缺刺激产生的伤素是借助木质部导管中的蒸腾流传递的（郭金耀等，1997）。由此，得出如下结论：植物组织具有执行电信号传递与原生质运动的基本结构，植物组织内通过胞间连丝实现"细胞间电偶联现象"，植物的感应性运动由类似动物的"神经-肌肉机制"来操纵，其中，乙酰胆碱发挥着激素与"神经递质"的双重作用。

电信号与化学信号在植物体内的传递是协调其整体活动和适应环境的两种形式。高等植物中，电信号传递与化学信号传递可以在共质体（筛管）与质外体（导管）中分别进行；但时常是以相互协作的电化学方式完成的（娄成后，1996；娄成后和张蜀秋，1997a，1997b，1997c）。此外，娄成后院士团队还阐明了植物电信号协同化学、水力学等信号在调节整株植物生理功能和适应环境中的重要作用，为植物的环境适应性研究提供了新的思路（冷强等，1998a，1998b；娄成后和花宝光，2000）。

植物电信号是植物器官与组织之间最迅速、最有效的传导信号，它能够快速表征植物内在的生长情况与外界环境的改变，植物都是依靠电信号协同化学、水力学等信号来调控自身的生理功能的。我国科学家在测定植物生物电的变化表征植物生长发育和抗逆性方面也做了许多工作。

在植物电学特征表征植物生长方面，高保山等（1997）研究了树木极化电容和电阻与树木生命力的关系，发现树木的生命力与电容呈正相关、与电阻呈负相关，这为树木的采伐提供了科学依据。同样，周章义（2000）也认为，生命力旺盛的健康植物阻抗小，处于逆境或患病情况下的植物阻抗大。树木电阻值大，说明在电场中，离子沿有序方向运动的速度慢，即离子处于无序状态，该系统生命一般不能维持，植物表现为生命力差。反之，树木电阻小，即大量离子在电场作用下都可以有序运动，系统的熵减小，由原来的有序进入更加有序的状态，植物表现为生命力旺盛。李兴伟等（2002）实测了侧柏（*Platycladus orientalis*）、圆柏（*Sabina chinensis*）、白皮松（*Pinus bungeana*）、油松（*Pinus tabuliformis*）、黑松（*Pinus thunbergii*）、银杏（*Ginkgo biloba*）等树体的电容，结果证实了生长势越强，充电越多，电容值就越大。当植物处于逆境或遭受病害时，细胞膜受到破坏，代谢速率减缓，细胞的外渗液量增加，漏电就越多，电容值也越低，树体电容参数不仅能准确地反映树木当时的生理状况，而且可将生长势进行量化，可以用树体的电容来表征树木的生长势。

在植物电学特征表征植物抗逆性方面，唐友林（1982）综述了国外植物电生理学在抗寒方面的研究，发现健康植物和严重冻伤植物的电阻或电导的比值仅为 1.5~2.5，且随温度、水分等因素的变化重复性很差，说明仅测定植物组织电阻，难以判断植物的冻伤状况。但是，张钢等（2005）研究发现，直接测定植物组织的电阻抗图谱，就可以得出植物的抗寒性。

在植物电学特征表征植物水分状况方面，金树德和张世芳（1999）通过自制套针式电阻探针研究玉米的电生理特性，研究结果表明，玉米叶片的生理电容和茎秆的电阻均与植株的含水量有显著的相关性。鲍一丹和沈杰辉（2005）研究了植物叶片电生理特性与叶水势之间的变化，发现植物电生理特性和叶水势随着水分亏缺的不同而按某一规律变化且叶片电容受外界因子干扰较小，此方法能较为快速准确地获取植物的水分亏缺状况。栾忠奇等（2007）测定不同水分胁迫下小麦叶片电容值变化，表明生理电容值可灵敏地反映小麦叶片含水量的变化，电容值变化情况可以反映植物的抗旱性及受旱程度。郭文川等（2007）研究表明，水分胁迫使得叶片生理电阻增大，生理电容和组织水势则降低。宣奇丹等（2010）研究发现，叶片电容与植物组织含水量、叶片水势间均存在较高的相关关系。李晋阳和毛罕平（2016）基于阻抗和电容实时监测了番茄（*Solanum lycopersicum*）叶片含水率。

吴沿友团队在测定植物的实时和固有的电生理信息方面取得了较大的突破，在利用电生理信息表征植物的健康状况、抗病能力、抗干旱能力、抗盐能力、耐低营养能力、物质运输能力、代谢能等方面取得了较大进展，为"植物检测机"（植物生命分析仪）的研究打下了坚实的基础。

1.2.3 植物电生理学发展的困境和问题

尽管人们对植物电生理学研究取得了长足的进步，但是相比于对植物化学信号的研究还非常落后。究其原因，可能有以下几个方面。

首先，依靠微电极测定的电位，测定结果重复性差。膜片钳技术是用微电极把只含 1~3 个离子通道、面积为几平方微米的细胞膜封接起来，由于细胞膜的不均一性，多次实验很难封接到具有相同的组织结构的细胞膜片，所以每次实验难以获得相同的结果，而且所获得的结果并不能代表整个组织、器官的生理状况，更不能代表整株植物的生理状况（Magistretri et al.，1996；Galkin，2008）。

其次，由于植物组织具有低电容高阻抗，所以其电位电信号容易被噪声湮没。苛刻的测定条件，导致其测定规模较小，加之微电极本身对组织、细胞具有刺激甚至伤害作用，记录的结果也不真实（Magistretri et al.，1996；Galkin，2008）。

再次，大多数的电信号都是通过非自然的刺激得到的，并不代表正常的生理过程，因此，测定结果难以表征正常的生理活动和固有的生理状态；而且不同刺激引起的信号繁杂多样，其产生频率、传播速度、持续时间均存在巨大差异（Pyatygin，2008），难以捕获电信号的形成和传导规律，失去了用电生理信息定量和预测植物生理活动的能力。同时，不同电信号的作用机制和作用原理并不清晰，导致大多数工作均不能像化学信号那样能完整地解释某个生理过程。

最后，植物化学信号研究的飞速发展，离不开对各种功能的"基本元件"的信号解析，如植物激素对植物生长发育的影响是生长素、细胞分裂素、乙烯、脱落酸等激素共同作用的结果，遗传信息的表达和传递则是 DNA、RNA 和蛋白质三大"基本元件"共同作用的，植物电生理的研究在用电阻、电感、电容等电学元件共同解释电信号的作用机理方面也显得不足。

为了克服上述不足，应尽量选择能反映植物整株生理活动的组织或器官、无刺激或用非伤害性的刺激方式获取电学各元件的电信号；解析不同电信号的形成机制和作用规律，综合运用植物电信号及电生理信息定量评价植物的生长发育状况和生理功能。本章随后两节将分别介绍植物电生理实时信息和固有信息的检测。

1.3　植物电生理实时信息检测

植物的生物电特征随时都在发生变化，这种变化一方面与植物的内生节律及固有的生长发育状态和生理活力有关，另一方面与植物实时生理生化和代谢过程有关，同时还与实时的环境有关（高保山等，1997）。因此，植物的电信号包括不依赖环境和外界刺激变化的固有电生理信息和依赖时空环境变化的植物电生理实时信息。获得植物电生理实时信息对评价植物对环境的短期响应具有重要的意义。植物实时电生理信息与固有电生理信息结合，将为农业生产的智能化实时调控提供科学依据。

1.3.1　植物实时电信号检测技术

1.3.1.1　植物实时电信号检测对象

叶是维管植物最重要的营养器官之一。其主要生理功能是进行光合作用和蒸腾作用，并提供根系从外界吸收水和矿质营养的动力。同时，叶也是植物体中对环境最敏感的器官，其形态结构最易随生态条件的不同而发生改变，以适应所处的环境。测定有效部位叶片电参数的变化可以表征整株植物的生理状况和代谢能力。

1.3.1.2 植物实时电信号类型

测定的植物叶片电信号为电容、电阻和阻抗,依据这些参数可以获得植物叶片的感抗、容抗等。测定仪器为连接平行板电容传感器的 LCR 测试仪。

1.3.1.3 植物实时电信号检测技术和方法

平行板电容传感器是由于平行板电极在外加电流时便形成一个电场,从而构成一个电容传感器。LCR 测试仪是一种阻抗测量仪器,可测量阻抗 Z、电感 L、电容 C、电阻 R 等 14 个参数,使用时最多可同时测量 4 个参数(Zhang et al., 2015b)。植物叶片具有电阻器、电容器和电感器的特性,为低电容高阻抗的"元件"。测定时,将不同生理状况的叶片夹在连接 LCR 的平行板电容传感器的两极板之间,设置测定电压、频率及模式,就可在 LCR 测试仪上记录到植物叶片的阻抗 Z、电感 L、电容 C、电阻 R 等参数。

平行板电容传感器由塑料夹、电极、泡沫板、导线组成。首先将塑料夹的弹簧退火,使夹子的夹持力大小适用而不损伤夹持的植物叶片;泡沫板粘在塑料夹上,起到避免夹子夹持力太大的作用,同时也可以保证叶片受力均匀;将极板镶嵌在夹子上的泡沫内并保持对齐。电容传感器的极板为圆形极片,目的是减少电极的边缘效应;考虑到经济性和实用性,圆形极板选择铜质材料。两个极片同时连出两根导线,使得此电容传感器可与 LCR 测试仪连接。图 1.1 为平行板电容传感器设计图和实物。在应用时,先将传感器的两根导线与 LCR 测试仪连接,设定好需要测量的参数,再张开两电极板将叶片夹持住,用相应的软件进行计数。此电容传感器可以无损地在线测量一定厚度的植物叶片的电参数。

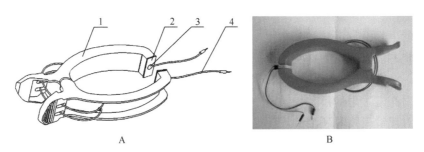

图 1.1 平行板电容传感器设计图(A)和实物(B)
1. 塑料夹;2. 泡沫板;3. 电极;4. 导线

LCR 测试仪的测定模式对测量结果具有极大的影响。该仪器是通过测定流经测试样品电流和测试样品两端的电压来求出阻抗 Z 与相位角 θ,再利用 Z 与 θ 计算其他电参数。在此过程中,若假设相对于 C(或 L),电阻成分为串联时,进行测量的模式为串联等效电路模式;若假设相对于 C(或 L),电阻成分为并联时,进行测量的模式为并联等效电路模式(图 1.2)。

LCR 测试仪测量模式的选择主要取决于被测物的电容和阻抗的实际情况。若被测样品为低电容高阻抗则选择并联测量模式;若被测样品为高电容低阻抗则选择串联测量模式。由于本研究所选用的植物叶片属于低电容高阻抗，其等效电路图如图 1.3 所示，所以，利用 LCR 测试仪测定植物叶片的电参数应采用并联等效电路模式。

图 1.2　LCR 测试仪的测试模式示意图

A. 串联等效电路示意图；B. 并联等效电路示意图

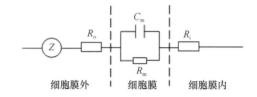

图 1.3　叶片细胞等效电路图

Z. 阻抗；C_m. 膜电容；R_m. 膜电阻；R_o. 膜外电阻；R_i. 膜内电阻

测试频率是影响植物电信号测定的重要因素。为了优化测试频率，以测量电压量程的中值 2.5V 作为测试电压，分别研究频率在 1kHz、3kHz、10kHz、30kHz、50kHz、70kHz、100kHz、150kHz、200kHz、300kHz、400kHz、500kHz、700kHz、900 kHz 14 个频率下叶片的电参数的变化，结果如图 1.4 所示。构树与桑树叶片的生理电容值均随着测试频率的增加而减小。这是由于在外加电场作用下植物叶片的极化过程需要一段时间，当测试频率改变时，电场的大小也会随之改变，此时叶片的一些极化过程还来不及响应，从而使得极化过程滞后于电场的改变。所以叶片的生理电容值随频率的增大而减小（师萱等，2006）。由图可知，当测试频率<10 kHz 时，植物叶片生理电容随频率的增加而大幅降低；当测试频率>10 kHz 时，叶片电容值随频率的增加变化幅度减小，最后趋于平缓，说明叶片的生理电容在低频段对频率比较敏感，能快速地反映植物的水分状况；而在高频段下，电容受测定频率影响较小，说明叶片的生理电容值在高频段比较稳定。考虑到敏感性与稳定性因素，最终选择 3 kHz 作为最适测试频率。

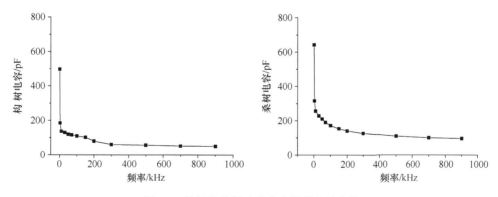

图 1.4　构树和桑树叶片电容随频率的变化

测试电压同样会影响植物电信号的测定。为了优化测试电压，将测试频率设定为 3 kHz，再通过设定不同测定电压来分析叶片电容值的变化情况，结果如图 1.5 所示。由图 1.5 所示，在测试电压为 0.05～1 V 时，构树与桑树的生理电容随测试电压的增加而缓慢上升；在测试电压为 1～2 V 时，构树与桑树的生理电容值比较平稳；构树的电容值在>2 V 时变化较小，而桑树在>2 V 时的电容值呈先增后减再增的趋势，表现得很不稳定。因此，选择 1.5 V 作为最适测试电压。

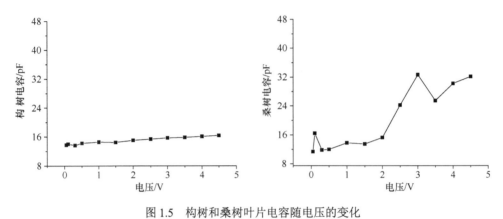

图 1.5　构树和桑树叶片电容随电压的变化

1.3.2　植物实时电信号检测技术应用实例——植物叶片细胞输运能力的检测

1.3.2.1　植物叶片细胞输运能力与电学关系

植物叶片细胞的输运能力与植物的水分代谢、光合产物的输运及硝酸盐的还原等众多生理活动有关。植物叶片细胞的输运能力是由细胞膜的组成结构决定的。

磷脂双分子层是构成细胞膜的基本支架。膜的内外两侧为亲水部分，中间为疏水部分。膜蛋白质主要以两种形式与膜脂质相结合：内在蛋白和外周蛋白（Taiz et al.，2014）。内在蛋白以疏水的部分直接与磷脂的疏水部分共价结合，两端带有极性，贯穿膜的内外；外周蛋白以非共价键结合在固有蛋白的外端上，或结合在磷脂分子的亲水头上，如载体、特异受体、酶、表面抗原。占 20%～30%的表面蛋白（外周蛋白）以带电的氨基酸或基团（极性基团）与膜两侧的脂质结合；占 70%～80%的结合蛋白（内在蛋白）通过一个或几个疏水的 α 螺旋（20～30 个疏水氨基酸组成，每圈 3.6 个氨基酸残基，相当于膜厚度，相邻的 α 螺旋以膜内、外两侧直链肽连接）即膜内疏水羟基与脂质分子结合。这样的细胞膜结构导致其具有电容性和电感性。其中，表面蛋白（外周蛋白）的种类和数量与脂质一起决定其电容的大小，结合蛋白（内在蛋白）尤其是其中的转运蛋白的种类和数量决定其电感的大小（Hopkins and Huner，2004；Philip，2003；Zhang et al.，2020）。

细胞膜上存在两类主要的转运蛋白，即载体蛋白（carrier protein）和通道蛋白（channel protein）（Taiz et al.，2014）。载体蛋白又被称为载体（carrier）、通透酶（permease）和转运器（transporter），能够与特定溶质结合，通过自身构象的变化，将与它结合的溶质转移到膜的另一侧。载体蛋白有的需要能量驱动，如各类 ATP 驱动的离子泵；有的则不需要能量，以自由扩散的方式运输物质，如缬氨霉素。通道蛋白与所转运物质的结合较弱，它能形成亲水的通道，当通道打开时允许特定的溶质通过，所有通道蛋白均以自由扩散的方式运输溶质。

细胞膜是防止细胞外物质自由进入细胞的屏障，它保证了细胞内环境的相对稳定，使各种生化反应能够有序运行。但是细胞必须与周围环境发生信息、物质与能量的交换，才能完成特定的生理功能，因此细胞必须具备一套物质转运体系，用来获得所需物质和排出代谢废物。据估计，细胞膜上与物质转运有关的蛋白质占核基因编码蛋白质的 15%～30%，细胞用在物质转运方面的能量占细胞总消耗能量的 2/3（Nguyen et al.，2018）。由此，也可以看出，细胞的输运能力是由细胞膜中表面蛋白和结合蛋白的种类和数量决定的。就细胞的电学特性来说，单位生物膜上的电感和电容决定着细胞的输运能力。

1.3.2.2　植物叶片细胞输运能力的检测原理

由于植物叶片细胞的输运能力与单位生物膜上的电感和电容有关，所以可以利用 LCR 并联模式测定植物叶片的电阻、电容 C 及阻抗 Z 的值。植物叶片生理容抗可通过电容 C 算出，计算公式：

$$X_C = \frac{1}{2\pi f C} \tag{1.1}$$

式中，X_C 为植物叶片生理容抗；C 为植物叶片生理电容；f 为测试频率；π 为圆周率，按照 3.1416 计算。

依据生理电阻 R、生理阻抗 Z 和生理容抗 X_C 可计算出植物叶片生理感抗，计算公式：

$$\frac{1}{X_L} = \frac{1}{Z} - \frac{1}{R} - \frac{1}{X_C} \tag{1.2}$$

式中，X_L 为植物叶片生理感抗。

根据并联电路下电阻的计算公式可计算出植物叶片的生理电阻 R，计算公式：

$$\frac{1}{R} = \frac{1}{R_1} + \frac{1}{R_2} + \frac{1}{R_3} + \cdots + \frac{1}{R_n} \tag{1.3}$$

式中，R_1、R_2、R_3、$\cdots$、R_n 为各个单位细胞膜的电阻。

假定各个单位细胞膜的电阻相等，即 $R_1 = R_2 = R_3 = \cdots = R_n = R_0$，那么植物叶片的生理电阻的计算公式：

$$\frac{1}{R} = \frac{n}{R_0} \tag{1.4}$$

式中，n 表征为引起生物组织电阻的蛋白质和脂质的数量。

根据并联电路下容抗的计算公式可计算出植物叶片的生理容抗 X_C，计算公式：

$$\frac{1}{X_C} = \frac{1}{X_{C_1}} + \frac{1}{X_{C_2}} + \frac{1}{X_{C_3}} + \cdots + \frac{1}{X_{C_p}} \tag{1.5}$$

式中，X_{C_1}、X_{C_2}、X_{C_3}、…、X_{C_p} 为各个单位细胞膜的容抗。

假定各个单位细胞膜的容抗相等，即 $X_{C_1} = X_{C_2} = X_{C_3} = \cdots = X_{C_p} = X_{C_0}$，那么植物的生理容抗的计算公式：

$$\frac{1}{X_C} = \frac{p}{X_{C_0}} \tag{1.6}$$

式中，p 表征为引起生物组织容抗的蛋白质和脂质的数量。

植物的生理感抗 X_L 的计算公式：

$$\frac{1}{X_L} = \frac{1}{X_{L_1}} + \frac{1}{X_{L_2}} + \frac{1}{X_{L_3}} + \cdots + \frac{1}{X_{L_q}} \tag{1.7}$$

式中，X_{L_1}、X_{L_2}、X_{L_3}、…、X_{L_q} 为各个单位细胞膜的感抗。

假定各个单位细胞膜的感抗相等，即 $X_{L_1} = X_{L_2} = X_{L_3} = \cdots = X_{L_q} = X_{L_0}$，那么植物的生理感抗的计算公式：

$$\frac{1}{X_L} = \frac{q}{X_{L_0}} \tag{1.8}$$

式中，q 则可以表征为引起生物组织感抗的蛋白质的数量。

植物叶片生理感抗倒数 X_L^- 的计算公式：

$$X_L^- = \frac{1}{X_L} \tag{1.9}$$

植物叶片生理容抗倒数 X_C^- 的计算公式：

$$X_C^- = \frac{1}{X_C} \tag{1.10}$$

植物叶片生理电阻倒数 R^- 的计算公式：

$$R^- = \frac{1}{R} \tag{1.11}$$

$\dfrac{X_C^-}{R^-} = \dfrac{\dfrac{q}{X_{C_0}}}{\dfrac{n}{R_0}} = \dfrac{q}{n}\dfrac{R_0}{X_{C_0}}$，同一种植物 $\dfrac{R_0}{nX_{C_0}}$ 一定，由于 $EI = \dfrac{X_C^-}{R^-}$，所以 EI 可以表征

为引起生物组织容抗的蛋白质的数量，即植物叶片细胞的相对致电能力。

$\dfrac{-X_L^-}{R^-} = -\dfrac{\dfrac{p}{X_{L_0}}}{\dfrac{n}{R_0}} = -\dfrac{p}{n}\dfrac{R_0}{X_{L_0}}$，同一种植物 $\dfrac{R_0}{nX_{L_0}}$ 一定，由于 $CC = \dfrac{-X_L^-}{R^-}$，所以 CC 可以表

征为引起生物组织感抗的蛋白质的数量，即植物叶片细胞的相对运载能力。

1.3.2.3　植物叶片细胞输运能力的检测实例

（1）构树叶片细胞输运能力的检测

采摘新鲜枝条上长势较为一致的叶片，迅速返回实验室，清理其表面灰尘后，立即将叶片分别放在：①pH 为 7.0 溶液中处理 4h；②pH 为 7.0 溶液中处理 6h；③pH 为 9.0 溶液中处理 4h。将平行板电容传感器与 LCR 测试仪连接，清理叶片，将上述处理后的叶片夹在平行板之间，设置测定电压 1.5 V，测定频率为 3000 Hz，并联模式测定构树植物叶片生理电阻、生理阻抗、生理电容（表 1.2）。随后，依据公式 1.1 计算构树植物叶片生理容抗（表 1.2）；接着依据公式 1.2 计算构树植物叶片生理感抗 X_L；然后计算构树植物叶片生理电阻、生理容抗和生理感抗的倒数（表 1.3）；以构树植物叶片生理电阻倒数为参照，获得构树植物叶片细胞的相对致电能力 EI 和相对运载能力 CC；最后依据构树植物叶片细胞的相对致电能力和相对运载能力，获取构树植物叶片细胞输运能力 TC（表 1.4）。

表 1.2　不同处理下构树植物叶片生理电阻、生理阻抗、生理电容和生理容抗

处理	生理电阻 $R/\mathrm{k\Omega}$	生理阻抗 $Z/\mathrm{k\Omega}$	生理电容 C/pF	生理容抗 $X_C/\mathrm{k\Omega}$
pH 为 7.0 溶液处理 4h	244.00	162.20	245.79	215.85
pH 为 7.0 溶液处理 6h	244.78	163.72	247.85	214.05
pH 为 9.0 溶液处理 4h	452.70	296.62	124.99	424.43

表 1.3　不同处理下构树植物叶片生理感抗、生理电阻倒数、生理容抗倒数和生理感抗倒数

处理	生理感抗 $X_L/\mathrm{k\Omega}$	生理电阻倒数 $R^-/\mathrm{k\Omega^{-1}}$	生理容抗倒数 $X_C^-/\mathrm{k\Omega^{-1}}$	生理感抗倒数 $X_L^-/\mathrm{k\Omega^{-1}}$
pH 为 7.0 溶液处理 4h	−389.70	0.0041	0.0046	−0.0026
pH 为 7.0 溶液处理 6h	−377.47	0.0041	0.0047	−0.0027
pH 为 9.0 溶液处理 4h	−837.67	0.0022	0.0024	−0.0012

表 1.4　不同处理下构树植物叶片细胞相对致电能力、相对运载能力及细胞输运能力

处理	相对致电能力 EI	相对运载能力 CC	细胞输运能力 TC
pH 为 7.0 溶液处理 4h	1.1304	0.6261	1.7565
pH 为 7.0 溶液处理 6h	1.1436	0.6485	1.7921
pH 为 9.0 溶液处理 4h	1.0666	0.5404	1.6070

（2）桑树叶片细胞输运能力的检测

采摘新鲜枝条上长势较为一致的桑树叶片，迅速返回实验室，清理叶片的表面灰尘后，立即将叶片分别放在：① pH 为 5.0 溶液中处理 2h；② pH 为 6.0 溶液中处理 2h；③ pH 为 7.0 溶液中处理 2h；④ pH 为 8.0 溶液中处理 2h；⑤ pH 为 9.0 溶液中处理 2h；⑥ pH 为 5.0 溶液中处理 4h；⑦ pH 为 6.0 溶液中处理 4h；⑧ pH 为 7.0 溶液中处理 4h；⑨ pH 为 8.0 溶液中处理 4h；⑩ pH 为 9.0 溶液中处理 4h。将平行板电容传感器与 LCR 测试仪连接，清理叶片，将上述处理后的叶片夹在平行板之间，设置测定电压 1.5 V，测定频率为 3000 Hz，并联模式测定桑树植物叶片生理电阻、生理阻抗、生理电容（表 1.5）；随后，依据公式 1.1 计算桑树植物叶片生理容抗（表 1.5）；接着依据公式 1.2 计算桑树植物叶片生理感抗 X_L；然后计算桑树植物叶片生理电阻、生理容抗和生理感抗的倒数（表 1.6）；以桑树植物叶片生理电阻倒数为参照，获得桑树植物叶片细胞的相对致电能力 EI 和相对运载能力 CC；最后依据桑树植物叶片细胞的相对致电能力和相对运载能力，获取桑树植物叶片细胞输运能力 TC（表 1.7）。

表 1.5 不同处理下桑树植物叶片生理电阻、生理阻抗、生理电容和生理容抗

处理	生理电阻 R/kΩ	生理阻抗 Z/kΩ	生理电容 C/pF	生理容抗 X_C/kΩ
pH 为 5.0 溶液处理 2h	75.41	51.13	786.87	67.42
pH 为 6.0 溶液处理 2h	51.79	39.19	882.65	60.11
pH 为 7.0 溶液处理 2h	116.87	98.10	309.54	171.39
pH 为 8.0 溶液处理 2h	107.59	73.20	544.30	97.47
pH 为 9.0 溶液处理 2h	50.16	33.44	1180.84	44.93
pH 为 5.0 溶液处理 4h	67.19	46.31	836.19	63.44
pH 为 6.0 溶液处理 4h	41.22	31.43	1098.15	48.31
pH 为 7.0 溶液处理 4h	116.87	98.10	311.68	170.21
pH 为 8.0 溶液处理 4h	181.62	122.55	322.07	164.72
pH 为 9.0 溶液处理 4h	22.55	16.92	2150.88	24.67

表 1.6 不同处理下桑树植物叶片生理感抗、生理电阻倒数、生理容抗倒数和生理感抗倒数

处理	生理感抗 X_L/kΩ	生理电阻倒数 R^-/kΩ^{-1}	生理容抗倒数 X_C^-/kΩ^{-1}	生理感抗倒数 X_L^-/kΩ^{-1}
pH 为 5.0 溶液处理 2h	−117.18	0.0133	0.0148	−0.0085
pH 为 6.0 溶液处理 2h	−95.90	0.0193	0.0166	−0.0104
pH 为 7.0 溶液处理 2h	−238.24	0.0086	0.0058	−0.0042
pH 为 8.0 溶液处理 2h	−169.71	0.0093	0.0103	−0.0059
pH 为 9.0 溶液处理 2h	−81.34	0.0199	0.0223	−0.0123
pH 为 5.0 溶液处理 4h	−110.51	0.0149	0.0158	−0.0090
pH 为 6.0 溶液处理 4h	−76.06	0.0243	0.0207	−0.0131
pH 为 7.0 溶液处理 4h	−235.98	0.0086	0.0059	−0.0042
pH 为 8.0 溶液处理 4h	−292.65	0.0055	0.0061	−0.0034
pH 为 9.0 溶液处理 4h	−38.75	0.0444	0.0405	−0.0258

表 1.7 不同处理下桑树植物叶片细胞相对致电能力、相对运载能力及细胞输运能力

处理	相对致电能力 EI	相对运载能力 CC	细胞输运能力 TC
pH 为 5.0 溶液处理 2h	1.1185	0.6436	1.7621
pH 为 6.0 溶液处理 2h	0.8616	0.5400	1.4016
pH 为 7.0 溶液处理 2h	0.6819	0.4906	1.1725
pH 为 8.0 溶液处理 2h	1.1039	0.6340	1.7379

续表

处理	相对致电能力 EI	相对运载能力 CC	细胞输运能力 TC
pH 为 9.0 溶液处理 2h	1.1164	0.6167	1.7331
pH 为 5.0 溶液处理 4h	1.0591	0.6080	1.6671
pH 为 6.0 溶液处理 4h	0.8532	0.5419	1.3951
pH 为 7.0 溶液处理 4h	0.6866	0.4953	1.1819
pH 为 8.0 溶液处理 4h	1.1026	0.6206	1.7232
pH 为 9.0 溶液处理 4h	0.9140	0.5818	1.4958

（3）构树和桑树叶片细胞输运能力比较

从表 1.4 可以看出，构树在 pH 为 7.0 溶液中处理 4 h 和 pH 为 7.0 溶液中处理 6 h 的结果极为相近，说明测试结果可重复；而在 pH 为 9.0 溶液处理 4 h，无论是细胞相对致电能力及相对运载能力，还是细胞输运能力都小于 pH 为 7.0 溶液处理时的结果。

从表 1.7 中可以看出，桑树在 pH 为 7.0 溶液中处理 2h 和 pH 为 7.0 溶液中处理 4h 的结果也极为相近，再次说明测试结果可重复，具有可靠性。而在酸性环境下或碱性环境下，无论是细胞相对致电能力及相对运载能力，还是细胞输运能力都大于 pH 为 7.0 溶液处理时的结果。

综合表 1.4 和表 1.7 可以看出，在 pH 为 7.0 溶液处理下，构树无论是细胞相对致电能力及相对运载能力，还是细胞输运能力都大于桑树，说明光合产物输出得快，这可能是构树没有明显的"光合午睡"现象的原因之一（Wu et al.，2009），与实际相符。同时，综合表 1.4 和表 1.7 还可以看出，不同环境下，同一种植物叶片细胞输运能力明显不同，同一环境下，不同植物叶片细胞输运能力明显不同，这为研究植物的环境适应性提供了有力工具。对比构树和桑树对高 pH 的反应发现，构树在高 pH 下，细胞相对致电能力、相对运载能力及细胞输运能力下降得较少；而桑树在高 pH 或低 pH 下，细胞相对致电能力、相对运载能力及细胞输运能力却有较大的提高，这可能与细胞膜的透性变化有关；构树的细胞膜透性对高 pH 不敏感，而桑树在高 pH 或低 pH 下细胞膜透性增加，这有可能与桑树在高 pH 或低 pH 下细胞膜受到伤害有关，与构树适应高 pH 的喀斯特环境的事实相符。

1.4　植物电生理固有信息的检测

植物叶片的电生理参数可以表征植物生理响应特征，并且能够及时快速测定（Jócsák et al.，2019）。目前测定植物的电生理参数时通常重复性差，不同人、不同时间、不同地点，或者同一个人、不同时间、不同地点，甚至同一个人、同一地点、不同时间测定同一状态的叶片结果差异较大，严重地影响测定结果的准确性，使测定结果难以分析，更不具备可比性（Xing et al.，2018）。究其原因是每次测定施加不同的夹持力，造成结果的偏差，为了准确地比较植物电生理参数，使不同批次的测定结果具有可比性，固定 LCR 电极板的夹持力，获得特定夹持力下的植物电生理参数及无夹持力或其他刺激下的植物固有电生理信息是植物电生理研究的当务之急。

1.4.1 植物电生理固有信息的种类和意义

1.4.1.1 固有电容和容抗

水是植物体的重要组成成分之一，当植物叶片细胞失水时，叶肉细胞的细胞壁、液泡都因失水而收缩，细胞体积变小，此时细胞的弹性较小，可塑性较弱。如果植物吸收水分，外液中的水分就会进入叶肉细胞，细胞因吸水而膨胀，细胞体积变大，此时细胞的弹性较大，可塑性较强。植物叶片的生理电容与细胞的这种膨胀度或收缩度紧密相关（Zhang et al.，2015b）。施加在叶片上不同夹持力时测得的这种植物叶片细胞的膨胀度或收缩度会表征出不同的生理电容值。

通过调节夹持力，测定在不同夹持力下植物叶片的生理电容，构建植物叶片的生理电容与夹持力关系模型，依据模型可以获取特定夹持力下的植物生理电容。当夹持力为 0 时，根据上述模型，可计算获得植物叶片的固有电容。

还可通过构建植物叶片的生理容抗与夹持力之间的关系模型，获取夹持力为 0 时的植物叶片的固有容抗，再由固有容抗通过电容计算公式算出固有电容。

由于植物组织具有低电容和高阻抗的特性，所以依据固有容抗计算出的固有电容更精确、可信，而依据植物叶片的生理电容与夹持力之间的关系模型计算的固有电容则误差较大。

1.4.1.2 固有阻抗（电阻、感抗）

植物细胞由细胞壁和原生质体两部分组成，原生质体是由生命物质——原生质构成。两个主要的电解内含物——液泡和细胞质分别被液泡膜和原生质膜包围。细胞质含有大量由特定膜包围的细胞器，液泡内的水溶性溶液主要含有无机离子和有机酸（Zhang et al.，2015a）。电流通过细胞膜时产生电势差，电势差由细胞膜的有效运输系统和可选择的渗透特性来保持（Lindén et al.，2016）。因此，细胞膜是既具有电阻器特征，又具有电感特性的漏电电容器。

同一对象在同一环境下的阻抗测定中，阻抗大小主要取决于膜内外离子浓度及其梯度比值，所以膜对各种离子的通透性及含水量决定了细胞阻抗，而对于叶片来说，阻抗则更是取决于膜内外离子的浓度。外界激励改变离子的膜通透性，影响了膜内外离子的浓度，而膜内外离子浓度差服从能斯特（Nernst）方程，生理阻抗则与细胞内离子浓度成反比，由此可推导出细胞的生理阻抗与外界激励的关系。

通过调节夹持力，测定在不同夹持力下植物叶片的生理阻抗，构建植物叶片的生理阻抗与夹持力关系模型，依据模型能够获取特定夹持力下的植物生理阻抗。当夹持力为 0 时，根据上述推导模型，可计算获得植物叶片的固有阻抗。

同样，通过测定在不同夹持力下植物叶片的生理电阻（感抗），构建植物叶片的生理电阻（感抗）与夹持力关系模型，依据上述模型可获取夹持力为 0 时的植物叶片的固有电阻（感抗）。

1.4.1.3　基于生理电容的固有蓄水势和蓄水力

植物叶片细胞的膨胀度或收缩度反映植物的蓄水状况和蓄水能力，在没有外来激励的刺激下，植物细胞固有的膨胀度或收缩度表征的是植物水分储存状况，代表植物的耐失水能力。虽然植物叶片的生理电容可以表征细胞的膨胀度或收缩度，但是，目前没有夹持力是无法测出固有状态的生理电容，因此，利用植物叶片的生理电容与夹持力模型可间接算出植物叶片固有蓄水势和固有蓄水力，并据此量化植物的耐干旱能力。

1.4.1.4　基于生理电容的固有导水度

植物叶片的生理电容可以反映细胞的膨胀度或收缩度，细胞的这种膨胀度或收缩度又反映出植物叶片的水分状况（Xing et al.，2018），单位压力下细胞水分输出量的变化也因此紧密地与植物叶片细胞的储水量的变化相关，最终导致单位压力下植物叶片的生理电容的变化等效于单位压力下植物细胞的储水量变化，也等效于单位压力下植物细胞的水分输出量的变化。

单位压力下植物细胞的水分输出量的变化，反映的是植物叶片水力传输特性，单位时间和单位压力下植物叶片细胞的水分输出量的变化值，可定义为植物叶片导水度。在没有外来激励的刺激下，植物叶片导水度即为植物叶片固有导水度。同样的蓄水状况下，单位时间、单位压力下植物叶片细胞的水分输出量较小，水分供应时间越长，植物用水越节约。目前，植物叶片细胞的水分输出量测定烦琐，并且需要外界施压，而外界施压改变了植物的正常生理状态，不能反映植物的正常生理状况，因此，通过对植物叶片的生理电容随夹持力变化方程求导，进而获得基于生理电容的植物叶片固有导水度。

1.4.1.5　基于生理阻抗的固有输导阻力

植物叶片的生理阻抗反映的是对生理电流的对抗能力，而生理电流则是叶片中包括无机、有机离子等介电物质运移产生的，阻抗越大，则介电物质的运输越慢，所以植物叶片生理阻抗可以反方向来反映叶片中极性物质的输导性能，即植物叶片水力输导能力。因此，通过建立不同夹持力变化下的植物叶片生理阻抗的耦合模型，对上述模型进行求导，获得基于生理阻抗的植物叶片输导阻力模型，依据植物叶片输导阻力模型，获取基于生理阻抗的植物叶片水力输导能力。

1.4.1.6　基于生理电流的固有输导力

植物叶片的生理电流可以反映叶片中极性物质的输导性能，即植物叶片水力输导能力和输导效率。因此，通过建立不同夹持力变化下的植物叶片生理阻抗的耦合模型，继而获得不同夹持力变化下的植物叶片生理电流的耦合模型，对不同夹持力变化下的植物叶片生理电流的耦合模型进行求导，获得基于生理电流的植物叶片输导力模型方程，依据基于生理电流的植物叶片输导力模型，获取基于生理电流的植物叶片固有输导力。

1.4.1.7　基于生理阻抗（电阻、感抗、容抗）的细胞代谢能和介电物质转移数

以植物叶片为考察器官，依据吉布斯自由能方程和能斯特方程，联合推导出细胞代谢能表达式，通过将植物叶片的生理电容随夹持力变化、植物叶片的生理电阻随夹持力变化及植物叶片的生理阻抗随夹持力变化模型的参数代入细胞代谢能表达式，可以获取植物叶片细胞代谢能。植物叶片细胞的输运能力与植物的水分代谢、光合产物的输运及硝酸盐的还原等众多生理活动有关。以植物叶片为考察器官，依据能斯特方程，可以推导出植物叶片的生理电阻随夹持力变化、植物叶片的生理容抗随夹持力变化及植物叶片的生理感抗随夹持力变化模型，利用上述三个模型的各个参数联合计算不同类型介电物质转移百分数，可有效确定细胞膜上磷脂、表面蛋白（外周蛋白）和结合蛋白（内在蛋白）对细胞膜物质运转的贡献份额。

1.4.2　植物电生理固有信息的测定和表征

1.4.2.1　植物电生理固有信息的测定

（1）不同夹持力下的电容传感器的设计

不同夹持力下的电容传感器是植物电生理固有信息测定装置的最关键部分（图1.6），由支架、泡沫板、电极板、电导线、铁块、塑料棒、固定夹组成。支架为矩形框架结构且一侧开放，上端开有通孔，供塑料棒伸入，支架下端朝内一侧及塑料棒底端分别粘有两个泡沫板，泡沫板内镶嵌电极板，两个电极板各自引出一根电导线，用于与 LCR 测试仪连接，塑料棒的泡沫板上可放置不同质量的铁块，从而改变装置的压力，测定在不同夹持力下植物叶片的生理电容；塑料棒位于支架内部的一端由固定夹进行固定，当塑料棒下端与支架端合在一起时，两个电极板就完全对应在一起，电极板是材质为铜的圆形极板，以减少电极的边缘效应。

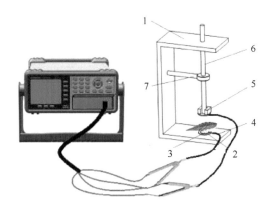

图 1.6　植物电生理固有信息的测定装置和平行板电容器原理图
1. 支架；2. 泡沫板（直径 32 mm）；3. 电极板（直径 7 mm）；4. 电导线；5. 铁块；6. 塑料棒（高 295 mm）；7. 固定夹（长 130 mm）

（2）测定过程

将测定装置与 LCR 测试仪连接如图 1.6 所示；选取生长在不同环境中带有叶片的待测植物的新鲜枝条，并包住枝条基部；清理新鲜枝条上叶片，并采摘长势较为一致的叶片；将叶片夹在测定装置平行电极板之间，设置测定电压、频率，通过改变铁块的质量来设置所需的特定夹持力，并测定在不同夹持力下的植物生理电容、生理阻抗、生理电阻等，依据这些信息对植物电生理固有信息进行表征。

1.4.2.2　基于生理电容的植物电生理固有信息的表征

（1）固有蓄水势和固有蓄水力

重力学公式如下：

$$F = (M + m)g \tag{1.12}$$

式中，F 为重力（夹持力）（N）；M 为铁块质量（kg）；m 为塑料棒与电极片的质量（kg）；g 是重力加速度，为 9.8N/kg。

以叶片中细胞液溶质作为电介质，将叶片夹在平行板电容器的两平行板电容器极板之间，构成平行板电容传感器。通过增加一定质量的铁块得到不同特定夹持力下植物叶片的生理电容，而特定的压力必定会导致叶片中细胞液溶质浓度的变化，从而改变叶片细胞的弹性及可塑性，引起电容器两极板间叶片组织细胞液溶质介电常数与比有效厚度的变化，从而影响植物生理电容。

植物细胞水分的多少关系着植物叶片细胞弹性的强弱，在特定夹持力下，不同植物生理电容是不同的。

吉布斯自由能方程表达为 $\Delta G = \Delta H + PV$，电容器的能量公式表达为 $W = \dfrac{1}{2}U^2C$，式中，W 为电容器的能量，等于吉布斯自由能 ΔG 转化的功，即 $W=\Delta G$；ΔH 为系统（由细胞组成的植物叶片系统）的内能；P 为植物细胞受到的压强；V 为植物细胞体积；U 为测试电压；C 为植物叶片的生理电容。

植物细胞受到的压强 P 可由压强公式 $P = \dfrac{F}{S}$ 求出，式中，F 为夹持力，S 为平行板电容传感器极板作用下的有效面积。

植物叶片的生理电容 C 随夹持力 F 变化模型：

$$C = \frac{2\Delta H}{U^2} + \frac{2V}{SU^2}F \tag{1.13}$$

令 $h = \dfrac{2\Delta H}{U^2}$，$k = \dfrac{2V}{SU^2}$，式（1.13）可变形为

$$C = h + kF \tag{1.14}$$

式（1.14）是一个线性模型，式中的 h 和 k 为模型的参数。

将需要被考察的夹持力代入上述线性模型中，可获得被考察植物叶片在特定夹持力下的生理电容。

由于 ΔH 为系统的内能,而植物叶片的固有蓄水势(intrinsic reservoir potentia,IRP)则是表示叶片将系统的内能转化成蓄水能力,所以可用 $-\Delta H$ 表示;也就是说植物叶片的固有蓄水势 IRP 的计算公式可表达为 IRP=$-\Delta H$=$-0.5hU^2$,将 h 和测试电压 U 代入该公式,即可计算出植物叶片的固有蓄水势 IRP。

由于 h 为负值,它可表征为植物叶片未受到激励后,细胞内部的蓄水产生的向外膨压,蓄水力则是对抗这种因细胞内部的蓄水产生的向外膨压的反作用力,内外压力抵消时,电容值应为 0。因此,固有蓄水力(intrinsic reservoir force,IRF)计算公式为 IRF=$-hk^{-1}$,将 h 和 k 代入该公式,即可计算出植物叶片的固有蓄水力 IRF。

由上可知,植物叶片固有蓄水势和固有蓄水力表征植物固有的蓄水状态和耐失水能力,植物叶片的固有蓄水势和固有蓄水力越大,植物的耐干旱能力越强,因此可以通过比较植物叶片的固有蓄水势和固有蓄水力来判断植物耐干旱能力。

(2)固有导水度

根据生理电容与夹持力间的关系模型 $C=h+kF$,对方程 $C=h+kF$ 求导得到的新方程 $C'=k$ 的生物学意义是:参数 k 为单位夹持力变化下的叶片生理电容的变化值。

植物叶片的生理电容可以反映细胞的膨胀度或收缩度,细胞的这种膨胀度或收缩度又反映出植物叶片的水分状况(Zhang et al.,2015b),单位压力下细胞水分输出量的变化也因此紧密地与植物叶片细胞的蓄水量的变化相关,最终导致单位压力下植物叶片的生理电容的变化等效于单位压力下植物细胞的蓄水量变化,也等效于单位压力下植物细胞的水分输出量的变化。单位时间和单位压力下植物叶片细胞的水分输出量的变化值,即为植物叶片导水度。由于细胞的水分输出量等效于生理电容的变化,那么,单位时间和单位压力下植物叶片细胞的水分输出量的变化值就等效于单位时间和单位压力下植物叶片生理电容的变化值,而生理电容的变化与测试频率相关联,频率的大小影响电容的充电和放电周期大小,电容的放电过程与植物叶片细胞的水分输出相等效,所以,植物叶片的导水度(water conductivity,WC)的计算公式为 WC=$0.5kf/1000$,式中,WC 为植物叶片导水度,单位为 nF/(N·s);f 为测试频率。又由于 $C'=k$,k 为定值,与夹持力大小无关,所以植物叶片导水度即植物叶片固有导水度(intrinsic water conductivity,IWC),即 IWC=$0.5kf/1000$,单位为 nF/(N·s),由于是依据生理电容变化的植物叶片固有导水度,所以称之为基于生理电容的植物叶片固有导水度 IWC_{PC},即 IWC_{PC}=$0.5kf/1000$。

同样的蓄水状况下,单位时间、单位压力下植物叶片细胞的水分输出量较小,水分供应时间越长,植物用水越节约。因此可以用基于生理电容的植物叶片固有导水度来判断植物水分输导的经济性。

1.4.2.3 基于生理阻抗的植物电生理固有信息的表征

(1)固有阻抗

同一对象在同一环境下的阻抗测定中,阻抗大小主要取决于膜内外离子浓度及其梯度比值,所以膜对各种离子的通透性大小及含水量决定了细胞阻抗大小,而对于叶片来说,阻抗则更是取决于膜内外离子的浓度。外界激励改变离子的膜通透性,影响了膜内外离子的浓度，而膜内外离子浓度差服从能斯特方程，在膜外离子浓度一定时，生理阻抗则与细胞内离子浓度成反比，由此可推导出细胞的生理阻抗与外界激励的关系。

植物细胞水分的多少关系着植物叶片细胞弹性的强弱，在不同的夹持力下，不同植物细胞膜的响应生理阻抗的介电物质的通透性发生改变，因此其生理阻抗是不同的。

能斯特方程的表达式如式（1.15）所示：

$$E - E^0 = \frac{R_0 T}{n_z F_0} \ln \frac{Q_i}{Q_o} \tag{1.15}$$

式中，E 为电动势；E^0 为标准电动势；R_0 为理想气体常数，8.314 570 J/(K·mol)；T 为温度，单位 K；Q_i 为细胞膜内响应生理阻抗的介电物质浓度；Q_o 为细胞膜外响应生理阻抗的介电物质浓度；膜内外响应生理阻抗的介电物质总量 $Q = Q_i + Q_o$；F_0 为法拉第常数，96 485 C/mol；n_z 为响应生理阻抗的介电物质转移数，单位 mol。

电动势 E 的内能可转化成压力做功，与 PV 成正比，PV=aE，即

$$PV = aE = aE^0 + \frac{aR_0 T}{n_z F_0} \ln \frac{Q_i}{Q_o} \tag{1.16}$$

式中，P 为植物细胞受到的压强；a 为电动势转换能量系数；V 为植物细胞体积。

植物细胞受到的压强 P 可由压强公式求出，压强公式为 $P = \frac{F}{S}$，式中，F 为夹持力；S 为极板作用下的有效面积。

在叶肉细胞中，液泡和细胞质占据了细胞内绝大部分空间。对于叶肉细胞而言，Q_o 与 Q_i 之和是一定的，等于膜内外响应生理阻抗的介电物质总量 Q，Q_i 则与响应生理阻抗的介电物质电导率成正比，而响应生理阻抗的介电物质电导率为阻抗 Z 的倒数，因此，$\frac{Q_i}{Q_o}$ 可表达成 $\frac{Q_i}{Q_o} = \frac{\frac{J_0}{Z}}{Q - \frac{J_0}{Z}} = \frac{J_0}{QZ - J_0}$，$Z$ 为阻抗，J_0 为细胞膜内响应生理阻抗的介电物质浓度 Q_i 与阻抗之间转化的比例系数，因此，式（1.16）可变成：

$$\frac{V}{S} F = a E^0 - \frac{a R_0 T}{n_z F_0} \ln \frac{QZ - J_0}{J_0} \tag{1.17}$$

式（1.17）变形，得

$$\frac{aR_0 T}{n_z F_0} \ln \frac{QZ - J_0}{J_0} = aE^0 - \frac{V}{S} F \tag{1.18}$$

式（1.18）可变成：

$$\ln \frac{QZ - J_0}{J_0} = \frac{n_z F_0 E^0}{RT} - \frac{V n_z F_0}{SaRT} F \tag{1.19}$$

式（1.19）两边取指数，可变成：

$$\frac{QZ - J_0}{J_0} = e^{\frac{n_z F_0 E^0}{R_0 T}} e^{\left(-\frac{V n_z F_0}{SaR_0 T} F\right)} \tag{1.20}$$

进一步变形，可得：

$$Z = \frac{J_0}{Q} + \frac{J_0}{Q} e^{\frac{n_Z F_0 E^0}{R_0 T}} e^{(-\frac{V n_Z F_0}{S a R_0 T} F)} \tag{1.21}$$

式（1.21）中 Z 为生理阻抗，由于 $d = \frac{V}{S}$，式（1.21）可变形为

$$Z = \frac{J_0}{Q} + \frac{J_0}{Q} e^{\frac{n_Z F_0 E^0}{R_0 T}} e^{(-\frac{d n F_0}{a R_0 T} F)} \tag{1.22}$$

对于同一个待测叶片在同一环境下，式（1.22）中 d、a、E^0、R_0、T、n_Z、F_0、Q、J_0 都为定值，令 $y_0 = \frac{J_0}{Q}$、$k_1 = \frac{J_0}{Q} e^{\frac{n_Z F_0 E^0}{R_0 T}}$、$b_1 = \frac{d\, n_Z F_0}{a R_0 T}$，因此式（1.22）可变形为

$$Z = y_0 + k_1 e^{-b_1 F} \tag{1.23}$$

式中，y_0、k_1 和 b_1 为模型的参数。当 $F=0$ 代入式（1.23）时，得到植物叶片固有生理阻抗 IZ：$IZ = y_0 + k_1$。

（2）基于生理电流的固有输导力

依据欧姆定律可知：生理电流 $I_Z = U/Z$，式中，U 为测定电压，1.5V；I_Z 为生理电流；因此 $I_Z = \frac{1.5}{y_0 + k_1 e^{-b_1 F}}$，式中，$I_Z$ 为测定电压为 1.5V 的生理电流。对上述公式求导得：

$I_Z' = \frac{1.5\, b_1 k_1 e^{-b_1 F}}{\left(y_0 + k_1 e^{-b_1 F}\right)\left(y_0 + k_1 e^{-b_1 F}\right)}$。

生理电流是叶片中包括无机、有机离子等介电物质移动产生的，无机、有机离子等介电物质移动得越多越快，则介电物质输导得越快，效率越高；因此，植物叶片的生理电流可以反映叶片中极性物质的输导性能，即植物叶片水力输导能力；上述公式的生物学意义可表征为单位压力下生理电流的变化，代表了植物叶片的输导力；比较被考察植物叶片输导力，输导力越小则基于生理电流的植物叶片水力输导能力越小，输导力越大则基于生理电流的植物叶片水力输导能力越大，输导效率越高，输水量越多。

（3）基于生理阻抗的固有输导阻力

根据生理阻抗与夹持力间的关系模型的求导公式：$Z' = -b_1 k_1 e^{-b_1 F}$，植物叶片的生理阻抗反映的是对生理电流的对抗能力，而生理电流则是叶片中包括无机、有机离子等介电物质运移产生的，阻抗越大，则介电物质的运输越慢，因此，植物叶片生理阻抗可以从反方面来反映叶片中极性物质的输导性能，即植物叶片水力输导能力。上式的生物学意义可表征为单位压力下生理阻抗的变化，可代表植物叶片基于生理阻抗的输导阻力；当 $F=0$ 时，$Z_{F=0}' = -b_1 k_1$，此时的生理阻抗则为植物叶片基于生理阻抗的固有输导阻力；比较不同植物叶片基于生理阻抗的输导阻力和固有输导阻力，输导阻力越大则基于生理

阻抗的植物叶片水力输导能力越小,输导阻力越小则基于生理阻抗的植物叶片水力输导能力越大。

1.4.2.4 基于生理电阻的植物电生理固有信息的表征

（1）固有电阻

由于电阻性电流也是由介电物质引起的,所以它同样是由膜对各种介电物质通透性和介电物质总量等因素决定的。外界激励改变介电物质的通透性,影响了内外介电物质的浓度,内外介电物质浓度差服从能斯特方程,而生理电阻与电导率成反比,电导率与细胞内介电物质浓度成正比,由此可推导出,细胞的生理电阻与外界激励的关系。与基于生理阻抗的植物电生理固有信息的表征一样,我们可以同样得出生理电阻与夹持力的关系如式（1.24）所示:

$$R = \frac{f_0}{C_T} + \frac{f_0}{C_T} e^{\frac{n_R F_0 E^0}{R_0 T}} e^{(-\frac{d\, n_R F_0}{a\, R_0 T} F)} \tag{1.24}$$

式中, R 为生理电阻; F 为夹持力; f_0 为细胞膜内响应生理电阻的介电物质浓度 C_i 与电阻之间转化的比例系数; C_T 为膜内外响应生理电阻的介电物质总量; n_R 为响应生理电阻的介电物质转移数,单位 mol; E^0 为标准电动势; R_0 为理想气体常数, 8.314 570 J/(K·mol); T 为温度,单位 K; d 为植物叶片的比有效厚度; a 为电动势转换能量系数; F_0 为法拉第常数, 96 485 C/mol。

对于同一个待测叶片在同一环境下,式（1.24）中 d、a、E^0、R_0、T、 n_R、F_0、C_T、 f_0 都为定值;令 $p_0 = \frac{f_0}{C_T}$、$k_2 = \frac{f_0}{C_T} e^{\frac{n_R F_0 E^0}{R_0 T}}$、$b_2 = \frac{d\, F_R E_0}{a\, R_0 T}$,因此式（1.24）可变形为:

$$R = p_0 + k_2\, e^{-b_2 F} \tag{1.25}$$

式中, p_0、k_2 和 b_2 为模型的参数。当 $F=0$ 代入式（1.25）时,得到的植物叶片的固有生理电阻 IR,计算公式为 $IR = p_0 + k_2$。

（2）基于生理电阻的固有输导阻力

根据生理电阻与夹持力间的关系模型的求导公式: $R' = -b_2 k_2\, e^{-b_2 F}$,植物叶片的生理电阻同样反映的是对生理电流的对抗能力,而生理电流则是叶片中包括无机、有机离子等介电物质运移产生的,电阻越大,则介电物质的运输越慢,因此,植物叶片生理电阻同样也可以从反方面来反映叶片中带电物质的输导性能,即植物叶片水力输导能力。上式的生物学意义可表征为单位压力下生理电阻的变化,也可代表植物叶片的输导阻力;当 $F=0$ 时, $R_{F=0}' = -b_2 k_2$,此时的生理电阻则为植物叶片基于生理电阻的固有输导阻力;比较不同植物叶片基于生理电阻的输导阻力和固有输导阻力,输导阻力越大则基于生理电阻的植物叶片水力输导能力越小,输导阻力越小则基于生理电阻的植物叶片水力输导能力越大。

1.4.2.5 基于生理电抗的植物电生理固有信息的表征

（1）固有容抗

首先，利用植物叶片生理容抗的计算公式将不同夹持力下的植物生理电容换算成生理容抗（见 1.3 节）。

其次，同样利用能斯特方程推导出生理容抗与夹持力的关系如式（1.26）所示：

$$X_C = \frac{m_0}{N_T} + \frac{m_0}{N_T} e^{\frac{n_{X_C} F_0 E^0}{R_0 T}} e^{(-\frac{d\, n_{X_C} F_0}{a\, R_0 T} F)} \tag{1.26}$$

式中，X_C 为生理容抗；F 为夹持力；m_0 为细胞膜内响应生理容抗的介电物质浓度 N_i 与容抗之间转化的比例系数；N_T 为膜内外响应生理容抗的介电物质总量；n_{X_C} 是响应生理容抗的介电物质转移数，单位 mol；E^0 为标准电动势；R_0 为理想气体常数，8.314 570 J/(K·mol)；T 为温度，单位 K；d 为植物叶片的比有效厚度；a 为电动势转换能量系数；F_0 为法拉第常数，96 485 C/mol。

对于同一个待测叶片在同一环境下，式（1.26）中 d、a、E^0、R_0、T、n_{X_C}、F_0、N_T、m_0 都为定值，令 $q_0 = \frac{m_0}{N_T}$、$k_3 = \frac{m_0}{N_T} e^{\frac{n_{X_C} F_0 E^0}{R_0 T}}$、$b_3 = \frac{d\, n_{X_C} F_0}{a\, R_0 T}$，因此式（1.26）可变形为：

$$X_C = q_0 + k_3\, e^{-b_3 F} \tag{1.27}$$

式中，q_0、k_3 和 b_3 为模型的参数。当 $F=0$ 代入式（1.27）时，得到植物叶片固有生理容抗 IX_C：$IX_C = q_0 + k_3$。

（2）固有感抗

首先依据生理电阻 R、生理阻抗 Z 和生理容抗 X_C 计算出植物叶片生理感抗（见 1.3 节），同样利用能斯特方程推导出生理感抗与夹持力的关系如式（1.28）所示：

$$X_L = \frac{L_0}{M_T} + \frac{L_0}{M_T} e^{\frac{n_{X_L} F_0 E^0}{R_0 T}} e^{(-\frac{d\, n_{X_L} F_0}{a\, R_0 T} F)} \tag{1.28}$$

式中，X_L 为生理感抗；F 为夹持力；L_0 为细胞膜内响应生理感抗的介电物质浓度 M_i 与感抗之间转化的比例系数；M_T 为膜内外响应生理感抗的介电物质总量；n_{X_L} 为响应生理感抗的介电物质转移数，单位 mol；E^0 为标准电动势；R_0 为理想气体常数，8.314 570 J/(K·mol)；T 为温度，单位 K；d 为植物叶片的比有效厚度；a 为电动势转换能量系数；F_0 为法拉第常数，96 485 C/mol。

对于同一个待测叶片在同一环境下，式（1.28）中 d、a、E^0、R_0、T、n_{X_L}、F_0、M_T、L_0 都为定值，令 $t_0 = \frac{L_0}{M_T}$、$k_4 = \frac{L_0}{M_T} e^{\frac{n_{X_L} F_0 E^0}{R_0 T}}$、$b_4 = \frac{d\, n_{X_L} F_0}{a\, R_0 T}$，因此式（1.28）可变

形为：

$$X_L = t_0 + k_4 \ e^{-b_4 F} \tag{1.29}$$

式中，t_0、k_4 和 b_4 为模型的参数。当 $F=0$ 代入式（1.29）时，得到植物叶片固有生理感抗 IX_L：$IX_L = t_0 + k_4$。

1.4.2.6　基于生理阻抗（电阻、感抗、容抗）的细胞代谢能和介电物质转移数

（1）叶片细胞代谢能

由式（1.23）推导结果可知 $Z = y_0 + k_1 \ e^{-b_1 F}$，式中，$y_0 = \dfrac{J_0}{Q}$、$k_1 = \dfrac{J_0}{Q} e^{\frac{n_Z F_0 E^0}{R_0 T}}$、$b_1 = \dfrac{d \ n_Z F_0}{a R_0 T}$，对 y_0、k_1 和 b_1 进行变形运算，获取基于生理阻抗的植物叶片细胞单位代谢能 $\Delta G_{Z\text{-}E} = \dfrac{a \ E^0}{d} = \dfrac{\ln k_1 - \ln y_0}{b_1}$。由式（1.25）推导结果可知 $R = p_0 + k_2 \ e^{-b_2 F}$，式中，$p_0 = \dfrac{f_0}{C_T}$、$k_2 = \dfrac{f_0}{C_T} e^{\frac{n_R F_0 E^0}{R_0 T}}$、$b_2 = \dfrac{d \ n_R F_0}{a R_0 T}$，对 p_0、k_2 和 b_2 进行变形运算，获取基于生理电阻的植物叶片细胞单位代谢能 $\Delta G_{R\text{-}E} = \dfrac{a \ E^0}{d} = \dfrac{\ln k_2 - \ln p_0}{b_2}$。由式（1.14）推导结果可知 $C = h + kF$，由于 $k = \dfrac{2d}{U^2}$，因此植物叶片的比有效厚度 $d = \dfrac{U^2 k}{2}$。依据 $\Delta G_{Z\text{-}E}$ 和 d，获取基于生理阻抗的植物叶片细胞代谢能 ΔG_Z 的计算公式为 $\Delta G_Z = \Delta G_{Z\text{-}E} \ d$；依据 $\Delta G_{R\text{-}E}$ 和 d，获取基于生理电阻的植物叶片细胞代谢能 ΔG_R 的计算公式为 $\Delta G_R = \Delta G_{R\text{-}E} \ d$。获取植物叶片细胞代谢能 ΔG_B 的方法是：ΔG_B 为基于生理电阻的植物叶片细胞代谢能 ΔG_R 和基于生理阻抗的植物叶片细胞代谢能 ΔG_Z 的平均值。

（2）叶片细胞介电物质转移数

由式（1.25）推导结果可知 $R = p_0 + k_2 \ e^{-b_2 F}$，由式（1.27）推导结果可知 $X_C = q_0 + k_3 \ e^{-b_3 F}$，由式（1.29）推导结果可知 $X_L = t_0 + k_4 \ e^{-b_4 F}$。依据模型中的参数获取 k 型响应生理电阻的介电物质转移数 K_{n_R} 的方法为 $K_{n_R} = \ln k_2 - \ln p_0$，b 型响应生理电阻的介电物质转移数 B_{n_R} 的方法为 $B_{n_R} = b_2$。依据模型中的参数获取 k 型响应生理容抗的介电物质转移数 $K_{n_{X_C}}$ 的方法为 $K_{n_{X_C}} = \ln k_3 - \ln q_0$，b 型响应生理容抗的介电物质转移数 $B_{n_{X_C}}$ 的方法为 $B_{n_{X_C}} = b_3$。依据模型中的参数获取 k 型响应生理感抗的介电物质转移数 $K_{n_{X_L}}$ 的方法为 $K_{n_{X_L}} = \ln k_4 - \ln t_0$，b 型响应生理感抗的介电物质转移数 $B_{n_{X_L}}$ 的方法为 $B_{n_{X_L}} = b_4$。k 型总介电物质转移数 K_{n_T} 的获取方法为 $K_{n_T} = K_{n_R} + K_{n_{X_C}} + K_{n_{X_L}}$。b 型总介电物质转移数 B_{n_T} 的获取方法为 $B_{n_T} = B_{n_R} + B_{n_{X_C}} + B_{n_{X_L}}$。k 型响应生理电阻的介电物质转移百分数 $K_{P_{n_R}}$ 的计

算方法为 $K_{P_{n_R}} = (100\,K_{n_R})/K_{n_T}$；k 型响应生理容抗的介电物质转移百分数 $K_{P_{n_{X_C}}}$ 的计算

方法为 $K_{P_{n_{X_C}}} = (100\,K_{n_{X_C}})/K_{n_T}$；k 型响应生理感抗的介电物质转移百分数 $K_{P_{n_{X_L}}}$ 的计算方

法为 $K_{P_{n_{X_L}}} = (100\,K_{n_{X_L}})/K_{n_T}$。b 型响应生理电阻的介电物质转移百分数 $B_{P_{n_R}}$ 的计算方法

为 $B_{P_{n_R}} = (100\,B_{n_R})/B_{n_T}$；b 型响应生理容抗的介电物质转移百分数 $B_{P_{n_{X_C}}}$ 的计算方法为

$B_{P_{n_{X_C}}} = (100\,B_{n_{X_C}})/B_{n_T}$；b 型响应生理感抗的介电物质转移百分数 $B_{P_{n_{X_L}}}$ 的计算方法为

$B_{P_{n_{X_L}}} = (100\,B_{n_{X_L}})/B_{n_T}$。

1.4.3 植物电生理固有信息的应用实例

1.4.3.1 固有蓄水势、蓄水力和导水度

（1）构树生理电容与夹持力之间的关系式建立

在江苏大学校园内采摘长势较为一致的不同生长环境下带有叶片的构树新鲜枝条进行测定，快速检测构树在特定夹持力下的植物生理电容。将测定装置与 LCR 测试仪连接；选取生长在土里和水边带有叶片的构树新鲜枝条，并用湿棉花包住枝条基部，以减缓水分散发；迅速返回实验室，清理所采新鲜枝条上叶片表面灰尘后，采摘上述新鲜枝条上长势较为一致的叶片；将叶片夹在平行板之间，设置测定电压 1.5V，测定频率为 3000 Hz，通过增加不同质量的铁块设置所需的特定夹持力，迅速测定在不同夹持力下的构树叶片生理电容（表 1.8）；将不同夹持力及其对应的生理电容数据拟合成基于吉布斯自由能方程与电容器的能量公式的植物叶片生理电容随夹持力变化模型，获得模型的各个参数，如表 1.9 所示；其中 R^2 为决定系数的平方，n 为样本数，P为显著性指标。

表 1.8　不同环境中生长的构树在不同夹持力下的生理电容 C　　（单位：pF）

环境	夹持力						
	1.17N	2.17N	3.17N	4.17N	5.17N	6.17N	7.17N
土里	19.88	25.77	61.63	123.64	158.74	214.21	283.76
土里	21.64	26.84	63.53	123.13	149.86	205.24	316.88
土里	22.79	26.79	62.11	123.41	162.21	192.13	268.45
土里平均	21.43	26.47	62.42	123.39	156.94	203.86	289.70
水边	22.72	29.66	67.13	143.18	204.74	278.19	358.75
水边	23.85	28.74	67.27	142.43	206.57	242.33	338.36
水边	24.41	27.86	66.32	141.42	202.92	251.62	361.72
水边平均	23.66	28.75	66.91	142.34	204.74	257.38	352.94

表 1.9　不同环境中生长的构树生理电容 C 与夹持力 F 之间的关系方程及参数

环境	方程和参数					
	R^2	n	P	k	h	方程
土里	0.948	21	<0.0001	44.789	−60.452	$C = 44.789F−60.452$
水边	0.956	21	<0.0001	56.534	−81.926	$C = 56.534F−81.926$

注：h 和 k 为式（1.14）中的参数

（2）桑树生理电容与夹持力之间的关系式建立

在江苏大学校园内采摘长势较为一致的不同生长环境下带有叶片的桑树新鲜枝条进行测定，快速检测桑树在特定夹持力下的植物生理电容。设置测定电压 1.5 V，测定频率为 3000 Hz，不同夹持力下的桑树叶片生理电容如表 1.10 所示。基于吉布斯自由能方程与电容器的能量公式推导出的桑树叶片的生理电容随夹持力变化模型及模型的参数如表 1.11 所示。

表 1.10　不同环境中生长的桑树在不同夹持力下的生理电容 C　　　（单位：pF）

环境	夹持力 F					
	1.17N	2.17N	3.17N	4.17N	5.17N	6.17N
土里	37.33	62.33	119.72	158.82	216.82	285.15
土里	35.26	63.43	120.22	159.56	214.86	315.24
土里	37.15	61.32	121.13	158.31	208.85	267.32
土里平均	36.58	62.36	120.36	158.90	213.51	289.24
水边	37.83	67.17	136.64	203.14	274.13	357.66
水边	39.86	69.26	135.43	202.33	245.07	339.76
水边	38.15	70.22	133.72	202.52	253.22	360.52
水边平均	38.61	68.88	135.26	202.66	257.47	352.65

表 1.11　不同环境中生长的桑树的生理电容 C 与夹持力 F 之间的关系方程及参数

环境	方程和参数					
	R^2	n	P	k	h	方程
土里	0.972	18	<0.0001	50.151	−37.230	$C = 50.151F−37.230$
水边	0.980	18	<0.0001	62.953	−55.112	$C = 62.953F−55.112$

（3）构树和桑树叶片固有蓄水势和蓄水力的比较

从表 1.9 和表 1.11 可以看出，基于吉布斯自由能方程与电容器的能量公式推导出的植物生理电容随夹持力变化模型可以很好地表征植物生理电容与夹持力的关系（$P<0.0001$）。

依据植物叶片的固有蓄水势和固有蓄水力的计算公式计算得出不同环境中生长的构树和桑树叶片固有蓄水势和固有蓄水力，如表 1.12 所示。

表 1.12　不同环境中生长的构树和桑树叶片固有蓄水势和固有蓄水力

指标	植物	土里	水边
固有蓄水势	构树	68.009	92.167
	桑树	41.884	62.001
固有蓄水力	构树	1.350	1.449
	桑树	0.742	0.875

从表 1.12 中可以看出，固有蓄水势和固有蓄水力明显地与夹持力的大小无关，只与叶片的状态有关。同一环境下构树的固有蓄水势和固有蓄水力均大于桑树的。无论是构树还是桑树，水边生长的植物叶片固有蓄水势和固有蓄水力都明显大于土里生长的，这与实际是极为相符的，即构树蓄水能力大于桑树，抗旱能力也是构树强于桑树。水边生长的植物有着更长时间的耐干旱能力。

（4）构树和桑树叶片固有导水度的比较

同样，根据表 1.9 和表 1.11 中生理电容随夹持力的变化模型，通过植物叶片固有导水度的计算公式，计算得出不同环境中生长的构树和桑树基于生理电容的叶片固有导水度如表 1.13 所示。表 1.13 中所得到的固有导水度也明显地与夹持力的大小无关，只与叶片的状态有关。

表 1.13　不同环境中生长的构树和桑树基于生理电容的叶片固有导水度 [单位：nF/（N·s）]

植物	土里	水边
构树	67.18	84.80
桑树	75.23	94.43

注：测定频率为 3000Hz

从表 1.13 中可以看出，在同一环境下构树基于生理电容的叶片固有导水度小于桑树的。无论是构树还是桑树，水边生长的植物基于生理电容的叶片固有导水度都明显大于土里的，这与实际是极为相符的，即构树水分输导的经济性大于桑树，抗旱能力也是构树强于桑树。水边生长的植物因有充足的水分供应，具有较大的基于生理电容的叶片固有导水度，这是植物与环境相适应的结果。

1.4.3.2　固有输导力和输导阻力

（1）构树叶片的固有输导力

构树叶片在不同夹持力下的生理阻抗的测试过程见上述构树叶片在不同夹持力下的生理电容的测定。不同夹持力下的构树叶片生理阻抗测定结果如表 1.14 所示；将不同夹持力及其对应的生理阻抗数据拟合成基于能斯特方程的构树叶片生理阻抗随夹持力变化模型，获得模型的各个参数，如表 1.15 所示；其中，R^2 为决定系数的平方，n 为样本数，P 为显著性指标。依据构树叶片生理阻抗随夹持力变化模型获得生理电流方程如表 1.15 所示，进而获得构树基于生理电流的叶片输导力模型如表 1.16 所示，再依据构树叶片输导力模型获得构树叶片固有输导力如表 1.17 所示。

表 1.14　不同环境中生长的构树在不同夹持力下的生理阻抗 Z 　（单位：MΩ）

环境	夹持力					
	1.17N	3.17N	4.17N	5.17N	6.17N	7.17N
水边	3.87	1.88	0.65	0.28	0.07	0.03
水边	4.03	1.79	0.71	0.15	0.21	0.11
水边	4.35	1.96	0.91	0.34	0.16	0.01
水边平均值	4.08	1.88	0.76	0.26	0.15	0.05
土里	3.93	2.06	0.77	0.51	0.13	0.16
土里	4.38	1.85	0.89	0.71	0.25	0.05
土里	4.75	1.93	0.96	0.47	0.31	0.23
土里平均值	4.35	1.95	0.87	0.56	0.23	0.15

表 1.15　不同环境中生长的构树叶片生理阻抗 Z、生理电流 I_Z 与夹持力 F 变化的耦合模型及参数

环境	方程和参数				
	k_1	b_1	y_0	生理阻抗方程	生理电流方程
水边	7.34	0.39	−0.52	$Z=-0.52+7.34\,\mathrm{e}^{-0.39F}$ $R^2=0.982，P<0.0001，n=18$	$I_Z=\dfrac{1.5}{-0.52+7.34\,\mathrm{e}^{-0.39F?}}$
土里	7.59	0.40	−0.37	$Z=-0.37+7.59\,\mathrm{e}^{-0.40F}$ $R^2=0.983，P<0.0001，n=18$	$I_Z=\dfrac{1.5}{-0.37+7.59\,\mathrm{e}^{-0.40F}}$

表 1.16　不同环境中生长的构树基于生理电流的叶片输导力模型

环境	输导力模型
水边	$I_z{}'=\dfrac{4.29\,\mathrm{e}^{-0.39F}}{\left(-0.52+7.34\,\mathrm{e}^{-0.39F}\right)\left(-0.52+7.34\,\mathrm{e}^{-0.39F}\right)}$
土里	$I_z{}'=\dfrac{4.55\,\mathrm{e}^{-0.40F}}{\left(-0.37+7.59\,\mathrm{e}^{-0.40F}\right)\left(-0.37+7.59\,\mathrm{e}^{-0.40F}\right)}$

表 1.17　不同环境中生长的构树叶片固有输导力

环境	输导力
水边	9.22×10^{-2}
土里	8.73×10^{-2}

（2）构树叶片的固有输导阻力

根据表 1.15 中生理阻抗随夹持力的变化模型，通过植物叶片固有输导阻力的计算公式，获得构树基于生理阻抗的叶片输导阻力模型如表 1.18 所示，再依据构树叶片输导阻力模型获得构树叶片固有输导阻力如表 1.19 所示。

表 1.18 不同环境中生长的构树基于生理阻抗的叶片输导阻力模型

环境	输导阻力模型
水边	$Z'=2.86\ \mathrm{e}^{-0.39F}$
土里	$Z'=3.04\ \mathrm{e}^{-0.40F}$

表 1.19 不同环境中生长的构树叶片输导阻力和固有输导阻力

环境	输导阻力（叶片与地面夹角为30°时）	固有输导阻力
水边	4.34	2.86
土里	4.66	3.04

（3）桑树叶片的固有输导力

桑树叶片生理阻抗的测试过程见上述桑树叶片在不同夹持力下的生理电容的测定。不同夹持力下的桑树叶片生理阻抗测定结果如表 1.20 所示；构建的桑树叶片生理阻抗随夹持力变化模型及生理电流方程如表 1.21 所示；进而获得桑树基于生理电流的叶片输导力模型如表 1.22 所示，再依据桑树叶片输导力模型获得桑树叶片固有输导力如表 1.23 所示。

表 1.20 不同环境中生长的桑树在不同夹持力下的生理阻抗 Z　　（单位：MΩ）

环境	夹持力					
	1.17N	3.17N	4.17N	5.17N	6.17N	7.17N
水边	3.93	1.98	0.78	0.21	0.09	0.02
水边	3.84	1.78	0.81	0.31	0.21	0.13
水边	3.75	1.75	0.97	0.28	0.19	0.01
水边平均值	3.84	1.84	0.85	0.27	0.16	0.05
土里	3.97	2.36	1.53	0.69	0.23	0.11
土里	4.38	2.27	1.31	0.58	0.37	0.07
土里	4.27	2.43	1.26	0.73	0.48	0.19
土里平均值	4.21	2.35	1.37	0.67	0.36	0.12

表 1.21 不同环境中生长的桑树叶片生理阻抗 Z、生理电流 I_Z 与夹持力 F 变化的耦合模型及参数

环境	方程和参数				
	k_1	b_1	y_0	生理阻抗方程	生理电流方程
水边	9.22	0.73	−0.08	$Z=0.08+9.22\ \mathrm{e}^{-0.73F}$ $R^2=0.996$，$P<0.0001$，$n=18$	$I_Z=\dfrac{1.5}{-0.08+9.22\ \mathrm{e}^{-0.73F}}$
土里	8.21	0.54	−0.16	$Z=0.16+8.21\ \mathrm{e}^{-0.54F}$ $R^2=0.994$，$P<0.0001$，$n=18$	$I_Z=\dfrac{1.5}{-0.16+8.21\ \mathrm{e}^{-0.54F}}$

表 1.22 不同环境中生长的桑树基于生理电流的叶片输导力模型

环境	输导力模型
水边	$I_z{}'=\dfrac{10.10\ \mathrm{e}^{-0.73F}}{\left(-0.08+9.22\ \mathrm{e}^{-0.73F}\right)\left(-0.08+9.22\ \mathrm{e}^{-0.73F}\right)}$
土里	$I_z{}'=\dfrac{6.65\ \mathrm{e}^{-0.40F}}{\left(-0.16+8.21\ \mathrm{e}^{-0.54F}\right)\left(-0.16+8.21\ \mathrm{e}^{-0.54F}\right)}$

表 1.23　不同环境中生长的桑树叶片固有输导力

环境	输导力
水边	12.09×10^{-2}
土里	10.26×10^{-2}

（4）桑树叶片的固有输导阻力

根据表 1.21 中生理阻抗随夹持力的变化模型,通过植物叶片固有输导阻力的计算公式,获得桑树基于生理阻抗的叶片输导阻力模型如表 1.24 所示,再依据桑树叶片输导阻力模型获得桑树叶片固有输导阻力如表 1.25 所示。

表 1.24　不同环境中生长的桑树基于生理阻抗的叶片输导阻力模型

环境	输导阻力模型
水边	$Z'=-6.73\,e^{-0.73\mathbb{F}}$
土里	$Z'=-4.43\,e^{-0.54\mathbb{F}}$

表 1.25　不同环境中生长的桑树叶片输导阻力和固有输导阻力

环境	输导阻力（叶片与地面夹角为 30°时）	固有输导阻力
水边	14.70	6.73
土里	7.89	4.43

（5）构树和桑树叶片固有输导力的比较

从表 1.15 和表 1.21 可以看出,构建的叶片生理阻抗与夹持力变化的耦合模型能够很好地表征叶片生理阻抗与夹持力的变化关系（$P<0.0001$）。

从表 1.17 和表 1.23 可以看出,构树叶片固有输导力显著小于桑树,在水边生长的植物叶片固有输导力大于土里生长的植物,这是因为,水边环境水分充足,水分不受限制,植物依靠大量失水（蒸腾）,扩大气孔开度,进行光合作用,是水分利用率较低的生存方式。构树具有较低的叶片固有输导力,表明它的叶片水力输导能力弱、输出的水量少,是水分利用率较高的植物,这与实际是相符的。

（6）构树和桑树叶片固有输导阻力的比较

从表 1.19 和表 1.25 中可以看出,构树的输导阻力显著地小于桑树,表明构树具有高效的输导性能,输送物质阻力小,消耗的能量少,水分利用效率高;这与实际是相符的。当叶片与地面夹角为 30°时,两种植物的叶片输导阻力都增加。这是因为,当叶片与地面夹角为 30°时,植物的蒸腾作用增强,此时,植物为了阻止水分失去,增加了输导阻力;这也符合实际情况。另外,构树和桑树叶片输导阻力在不同环境中表现不同,这可能与它们对环境的适应机制不同有关。

1.4.3.3 植物叶片细胞代谢能和介电物质转移数

（1）白及叶片细胞代谢能

经典的"能量"定义为：物体做功的能力。能量是物质运动的一种度量，对应于物质的不同的运动形式，能量也有不同的形式。生命活动是导致体系高度有序状态的序列反应的总和，是耗能的。尽管不同的生物可以使用不同的能源；然而，实际上体内大量的生物化学反应和细胞过程只能接受代谢能，即可供细胞的新陈代谢直接利用的能量形式。代谢能（metabolic energy）是对应于生命运动的能量形式，是生物体直接用来建设自身或维持生命活动的能量形式。因此所有的生物体内都存在把其他形式的能量转化成代谢能的过程，以及"代谢能支撑"的问题。

植物生长和发育的过程是由植物的代谢能支撑着的物质代谢过程，是植物一系列同化和异化过程的综合体现，它包括水分代谢、无机物同化利用、有机物合成和能量转化及植物体所有其他生理生化过程。植物进行生长和发育过程所需的能量被称为植物细胞代谢能。

细胞代谢能主要是以分解三磷酸腺苷（ATP）的方式被生物利用。虽然，目前用细胞内能荷状态反映生物体内细胞代谢能，但实际上，很多物质的同化和异化对代谢能的需求和供给均不清楚，很多代谢过程对代谢能的需求和供给也不清楚，因此，仅测定细胞内能荷状态并不能真实地反映植物体细胞代谢能。

此外，即使细胞内能荷状态能反映生物体内细胞代谢能，但也需要活体的细胞内能荷状态，这也是现有技术难以实现的。为此，必须开发一套能够活体在线测定植物细胞代谢能的技术方法，为解释复杂的生物现象提供科学依据。该技术以植物叶片为考察器官，依据吉布斯自由能方程和能斯特方程，联合推导出细胞代谢能表达式，通过将植物叶片的生理电容随夹持力的变化、植物叶片的生理电阻随夹持力的变化及植物叶片的生理阻抗随夹持力的变化模型的参数代入细胞代谢能表达式，首次获取植物叶片细胞代谢能。

以白及为例，在中国科学院普定喀斯特生态系统观测研究站的基地内采摘二年生白及植株，迅速返回实验室，清理白及新鲜枝条上叶片表面灰尘后，从新鲜枝条上分别一一采集待测叶片，放入蒸馏水中浸泡 30 min；吸干叶片表面水，立即将待测叶片夹在测定装置平行电极板之间，设置测定电压 1.5 V，测定频率为 3000 Hz，通过改变铁块的质量来设置不同的夹持力，并联模式测定不同夹持力下的植物叶片生理电容、生理电阻、生理阻抗；不同夹持力下白及不同叶位叶片的生理电容如表 1.26 所示、生理电阻如表 1.27 所示、生理阻抗如表 1.28 所示。依据表 1.26 的数据构建植物叶片的生理电容随夹持力变化模型如表 1.29 所示，依据表 1.27 的数据构建植物叶片的生理电阻随夹持力变化模型如表 1.30 所示，依据表 1.28 的数据构建植物叶片的生理阻抗随夹持力变化模型如表 1.31 所示。依据表 1.29 各模型的参数，分别计算获取不同植物叶片的比有效厚度 d 如表 1.32 所示，依据表 1.30 各模型的参数，分别计算获取不同植物叶片基于生理电阻的植物叶片细胞单位代谢能 $\Delta G_{R\text{-}E}$ 如表 1.32 所示，依据表 1.31 各模型的参数，分别计算获取不同植物叶片基于生理阻抗的植物叶片细胞单位代谢能 $\Delta G_{Z\text{-}E}$ 如表 1.32 所示，接着再基于生理电阻的植物叶片细胞单位代谢能 $\Delta G_{R\text{-}E}$ 和基于生理阻抗的植物叶片细胞单位代谢能 $\Delta G_{Z\text{-}E}$ 计算基于生理电阻的植物叶片细胞代谢能 ΔG_R 和基于生理阻抗的植物叶片细胞代谢能 ΔG_Z，最后依据基于生理电阻的植物叶片细胞代谢能 ΔG_R 和基于生理阻抗的植物叶片细胞代谢能 ΔG_Z 计算植物叶片细胞代谢能 ΔG_B 如表 1.32 所示。

表 1.26　不同夹持力下白及不同叶位叶片的生理电容

夹持力/N	生理电容/pF					夹持力/N	生理电容/pF				
	第一叶位	第二叶位	第三叶位	第四叶位	第五叶位		第一叶位	第二叶位	第三叶位	第四叶位	第五叶位
1.139	28.0	27.9	34.0	35.3	106.0	4.212	82.2	98.1	113.0	140.0	361.0
1.139	28.0	28.1	34.2	35.5	106.0	4.212	82.4	98.3	113.0	141.0	362.0
1.139	28.3	28.2	34.4	35.8	106.0	4.212	82.6	98.5	113.0	141.0	364.0
1.139	28.4	28.4	34.6	36.1	107.0	4.212	82.9	98.7	113.0	141.0	365.0
1.139	28.7	28.5	34.7	36.3	107.0	4.212	83.3	98.8	114.0	142.0	366.0
1.139	29.0	28.7	34.9	36.6	108.0	5.245	93.8	111.0	127.0	159.0	464.0
1.139	28.9	28.8	35.1	36.8	108.0	5.245	94.1	111.0	128.0	159.0	467.0
1.139	29.0	28.9	35.2	37.0	108.0	5.245	94.4	112.0	128.0	160.0	470.0
1.139	29.1	29.0	35.4	37.2	109.0	5.245	94.6	112.0	129.0	160.0	472.0
1.139	29.4	29.2	35.5	37.5	109.0	5.245	94.8	112.0	129.0	162.0	474.0
1.139	29.4	29.3	35.7	37.7	110.0	5.245	95.2	112.0	129.0	164.0	476.0
2.149	48.5	56.1	65.9	68.0	184.0	5.245	95.5	112.0	129.0	165.0	478.0
2.149	48.8	56.4	66.2	68.4	185.0	5.245	95.8	113.0	130.0	165.0	480.0
2.149	49.1	56.7	66.5	68.9	186.0	5.245	96.0	113.0	130.0	166.0	483.0
2.149	49.4	56.9	66.8	69.4	186.0	5.245	96.3	113.0	130.0	166.0	485.0
2.149	49.7	57.2	67.0	69.8	187.0	5.245	96.5	113.0	131.0	167.0	487.0
2.149	49.9	57.4	67.3	70.2	187.0	6.262	107.0	124.0	145.0	193.0	608.0
2.149	50.1	57.4	67.6	70.6	188.0	6.262	107.0	124.0	145.0	194.0	611.0
2.149	50.4	57.7	67.8	71.0	189.0	6.262	108.0	124.0	145.0	195.0	614.0
2.149	50.6	58.0	68.0	71.4	189.0	6.262	108.0	125.0	146.0	196.0	616.0
2.149	50.8	58.3	68.3	71.7	190.0	6.262	108.0	125.0	146.0	197.0	619.0
2.149	51.0	58.5	68.5	72.1	190.0	6.262	108.0	125.0	146.0	197.0	621.0
3.178	65.0	78.0	91.9	100.0	259.0	6.262	109.0	125.0	147.0	198.0	623.0
3.178	65.3	78.3	92.2	101.0	260.0	6.262	109.0	126.0	147.0	198.0	626.0
3.178	65.6	78.5	92.4	101.0	261.0	6.262	109.0	126.0	147.0	199.0	628.0
3.178	65.8	78.7	92.6	102.0	262.0	6.262	110.0	126.0	147.0	200.0	631.0
3.178	66.1	78.9	92.9	102.0	263.0	6.262	110.0	126.0	148.0	201.0	633.0
3.178	66.4	79.1	93.1	103.0	264.0	7.311	123.0	137.0	160.0	233.0	868.0
3.178	66.6	79.3	93.3	103.0	265.0	7.311	123.0	137.0	160.0	234.0	870.0
3.178	66.9	79.5	93.5	104.0	266.0	7.311	123.0	137.0	161.0	234.0	872.0
3.178	67.1	79.7	93.7	104.0	267.0	7.311	124.0	138.0	161.0	235.0	874.0
3.178	67.4	79.9	93.8	105.0	268.0	7.311	124.0	138.0	161.0	236.0	876.0
3.178	67.6	80.1	94.1	105.0	268.0	7.311	124.0	138.0	162.0	236.0	878.0
4.212	80.7	96.6	111.0	138.0	352.0	7.311	125.0	139.0	162.0	237.0	880.0
4.212	81.0	96.7	112.0	138.0	353.0	7.311	125.0	139.0	162.0	238.0	882.0
4.212	81.3	97.0	112.0	138.0	355.0	7.311	125.0	139.0	163.0	238.0	884.0
4.212	81.5	97.4	112.0	139.0	357.0	7.311	126.0	140.0	163.0	239.0	886.0
4.212	81.8	97.6	112.0	139.0	358.0	7.311	126.0	140.0	163.0	240.0	888.0
4.212	82.0	97.9	112.0	140.0	360.0						

表 1.27 不同夹持力下白及不同叶位叶片的生理电阻

夹持力/N	生理电阻/MΩ					夹持力/N	生理电阻/MΩ				
	第一叶位	第二叶位	第三叶位	第四叶位	第五叶位		第一叶位	第二叶位	第三叶位	第四叶位	第五叶位
1.139	9.870	15.100	6.890	6.640	1.100	4.212	2.630	2.140	1.870	1.300	0.317
1.139	10.500	15.000	6.920	6.550	1.100	4.212	2.620	2.130	1.870	1.290	0.315
1.139	10.200	14.900	6.970	6.470	1.100	4.212	2.620	2.130	1.880	1.300	0.313
1.139	10.300	14.800	7.060	6.390	1.100	4.212	2.610	2.120	1.880	1.300	0.312
1.139	10.900	14.600	7.140	6.310	1.090	4.212	2.570	2.120	1.880		0.311
1.139	9.170	14.500	7.230	6.240	1.090	5.245	2.140	1.840	1.740	1.150	0.251
1.139	10.700	14.400	7.320	6.170	1.090	5.245	2.130	1.840	1.720	1.150	0.247
1.139	11.200	14.400	7.390	6.100	1.090	5.245	2.120	1.840	1.720	1.150	0.245
1.139	10.600	14.200	7.480	6.040	1.080	5.245	2.120	1.830	1.720	1.140	0.244
1.139	10.300	14.200	7.530	5.970	1.080	5.245	2.110	1.830	1.710	1.130	0.242
1.139	10.500	14.000	7.560	5.920	1.080	5.245	2.110	1.820	1.710	1.120	0.241
2.149	4.840	4.690	3.410	2.920	0.631	5.245	2.110	1.820	1.710	1.120	0.240
2.149	4.770	4.550	3.390	2.910	0.629	5.245	2.110	1.810	1.710	1.120	0.239
2.149	4.700	4.490	3.400	2.890	0.627	5.245	2.100	1.810	1.710	1.110	0.238
2.149	4.620	4.450	3.400	2.870	0.625	5.245	2.100	1.810	1.700	1.110	0.237
2.149	4.510	4.370	3.390	2.830	0.621	5.245	2.090	1.800	1.700	1.110	0.236
2.149	4.480	4.330	3.390	2.820	0.620	6.262	1.930	1.590	1.530	0.937	0.194
2.149	4.470	4.290	3.390	2.800	0.619	6.262	1.930	1.590	1.530	0.934	0.193
2.149	4.460	4.280	3.390	2.790	0.617	6.262	1.920	1.590	1.520	0.935	0.192
2.149	4.430	4.240	3.370	2.780	0.616	6.262	1.920	1.580	1.520	0.933	0.192
2.149	4.410	4.170	3.350	2.760	0.614	6.262	1.910	1.580	1.520	0.932	0.190
3.178	3.550	2.850	2.220	1.940	0.431	6.262	1.910	1.570	1.520	0.930	0.189
3.178	3.530	2.840	2.210	1.940	0.430	6.262	1.900	1.570	1.510	0.929	0.188
3.178	3.510	2.830	2.210	1.920	0.429	6.262	1.900	1.570	1.510	0.927	0.188
3.178	3.470	2.830	2.210	1.900	0.428	6.262	1.890	1.560	1.510	0.926	0.188
3.178	3.450	2.820	2.210	1.890	0.427	6.262	1.890	1.560	1.500	0.924	0.187
3.178	3.440	2.820	2.210	1.880	0.426	6.262	1.890	1.560	1.500	0.925	0.186
3.178	3.430	2.810	2.210	1.870	0.424	7.311	1.770	1.470	1.400	0.851	0.140
3.178	3.410	2.800	2.210	1.870	0.423	7.311	1.760	1.470	1.400	0.850	0.140
3.178	3.390	2.790	2.210	1.860	0.421	7.311	1.750	1.460	1.390	0.849	0.139
3.178	3.380	2.780	2.210	1.850	0.420	7.311	1.750	1.460	1.390	0.847	0.139
3.178	3.360	2.770	2.210	1.840	0.419	7.311	1.750	1.460	1.390	0.846	0.139
4.212	2.690	2.200	1.870	1.340	0.324	7.311	1.740	1.450	1.380	0.845	0.138
4.212	2.680	2.190	1.870	1.330	0.323	7.311	1.740	1.450	1.380	0.844	0.138
4.212	2.670	2.160	1.870	1.330	0.322	7.311	1.740	1.450	1.380	0.843	0.138
4.212	2.660	2.140	1.870	1.330	0.321	7.311	1.730	1.440	1.380	0.841	0.138
4.212	2.650	2.140	1.870	1.320	0.319	7.311	1.730	1.440	1.370	0.839	0.138
4.212	2.640	2.140	1.870	1.320	0.318	7.311	1.730	1.440	1.370	0.837	0.137

表 1.28　不同夹持力下白及不同叶位叶片的生理阻抗

夹持力/N	生理阻抗/MΩ					夹持力/N	生理阻抗/MΩ				
	第一叶位	第二叶位	第三叶位	第四叶位	第五叶位		第一叶位	第二叶位	第三叶位	第四叶位	第五叶位
1.139	1.860	1.880	1.520	1.470	0.457	4.212	0.627	0.524	0.457	0.364	0.133
1.139	1.860	1.870	1.510	1.460	0.456	4.212	0.625	0.523	0.456	0.362	0.133
1.139	1.840	1.860	1.510	1.440	0.454	4.212	0.624	0.522	0.455	0.361	0.132
1.139	1.840	1.850	1.500	1.430	0.453	4.212	0.622	0.521	0.454	0.361	0.132
1.139	1.820	1.850	1.490	1.420	0.451	4.212	0.618	0.520	0.453	0.360	0.131
1.139	1.800	1.840	1.490	1.410	0.449	5.245	0.547	0.462	0.405	0.321	0.104
1.139	1.810	1.830	1.480	1.400	0.448	5.245	0.545	0.462	0.403	0.320	0.103
1.139	1.810	1.820	1.480	1.400	0.446	5.245	0.543	0.461	0.402	0.318	0.103
1.139	1.800	1.810	1.470	1.390	0.445	5.245	0.542	0.460	0.401	0.318	0.102
1.139	1.780	1.800	1.460	1.380	0.444	5.245	0.541	0.459	0.400	0.314	0.102
1.139	1.780	1.790	1.460	1.370	0.442	5.245	0.539	0.458	0.399	0.310	0.101
2.149	1.070	0.927	0.783	0.754	0.262	5.245	0.537	0.457	0.399	0.309	0.101
2.149	1.060	0.921	0.780	0.749	0.261	5.245	0.536	0.456	0.398	0.308	0.100
2.149	1.050	0.916	0.776	0.744	0.260	5.245	0.534	0.455	0.397	0.308	0.100
2.149	1.050	0.912	0.774	0.739	0.259	5.245	0.533	0.454	0.396	0.306	0.099
2.149	1.040	0.908	0.771	0.734	0.258	5.245	0.532	0.453	0.395	0.305	0.099
2.149	1.030	0.905	0.768	0.730	0.258	6.262	0.480	0.414	0.356	0.264	0.080
2.149	1.030	0.903	0.765	0.726	0.257	6.262	0.479	0.413	0.356	0.263	0.079
2.149	1.020	0.899	0.762	0.722	0.256	6.262	0.478	0.412	0.355	0.261	0.079
2.149	1.020	0.894	0.760	0.718	0.255	6.262	0.477	0.411	0.354	0.260	0.079
2.149	1.020	0.890	0.757	0.715	0.255	6.262	0.475	0.410	0.354	0.259	0.078
2.149	1.010	0.886	0.754	0.711	0.254	6.262	0.474	0.410	0.353	0.258	0.078
3.178	0.795	0.661	0.558	0.511	0.185	6.262	0.473	0.409	0.352	0.258	0.078
3.178	0.792	0.659	0.557	0.508	0.184	6.262	0.471	0.408	0.351	0.257	0.077
3.178	0.789	0.658	0.556	0.505	0.184	6.262	0.470	0.407	0.351	0.256	0.077
3.178	0.785	0.656	0.554	0.502	0.183	6.262	0.469	0.406	0.350	0.255	0.077
3.178	0.782	0.655	0.553	0.500	0.182	6.262	0.468	0.406	0.349	0.254	0.077
3.178	0.779	0.653	0.552	0.498	0.182	7.311	0.420	0.375	0.323	0.220	0.056
3.178	0.776	0.651	0.551	0.496	0.181	7.311	0.419	0.374	0.322	0.219	0.056
3.178	0.772	0.649	0.550	0.494	0.180	7.311	0.418	0.373	0.321	0.219	0.056
3.178	0.770	0.648	0.549	0.491	0.180	7.311	0.417	0.372	0.321	0.218	0.056
3.178	0.767	0.646	0.548	0.489	0.179	7.311	0.415	0.372	0.320	0.218	0.056
3.178	0.764	0.645	0.547	0.487	0.179	7.311	0.414	0.371	0.319	0.217	0.055
4.212	0.638	0.533	0.462	0.370	0.137	7.311	0.413	0.370	0.319	0.216	0.055
4.212	0.636	0.532	0.461	0.369	0.136	7.311	0.412	0.369	0.318	0.216	0.055
4.212	0.634	0.530	0.460	0.368	0.136	7.311	0.411	0.368	0.318	0.215	0.055
4.212	0.632	0.528	0.459	0.367	0.135	7.311	0.410	0.367	0.317	0.215	0.055
4.212	0.630	0.527	0.458	0.366	0.134	7.311	0.409	0.367	0.316	0.214	0.055
4.212	0.628	0.526	0.457	0.365	0.134						

表 1.29 白及不同叶位叶片的生理电容随夹持力变化模型及参数

叶位	参数		方程
	h	k	
第一	15.969	15.024	$C=15.969+15.024F$ $R^2=0.993$，$P<0.0001$，$n=76$
第二	18.435	17.271	$C=18.435+17.271F$ $R^2=0.975$，$P<0.0001$，$n=76$
第三	22.414	19.927	$C=22.414+19.927F$ $R^2=0.979$，$P<0.0001$，$n=76$
第四	1.445	31.715	$C=1.445+31.715F$ $R^2=0.997$，$P<0.0001$，$n=76$
第五	−82.834	117.747	$C=-82.834+117.747F$ $R^2=0.950$，$P<0.0001$，$n=76$

表 1.30 白及不同叶位叶片的生理电阻随夹持力变化模型及参数

叶位	参数			方程
	p_0	k_2	b_2	
第一	1.994	26.679	1.023	$R=1.994+26.679\,\mathrm{e}^{-1.023F}$ $R^2=0.986$，$P<0.0001$，$n=76$
第二	1.766	69.316	1.486	$R=1.766+69.316\,\mathrm{e}^{-1.486F}$ $R^2=0.996$，$P<0.0001$，$n=76$
第三	1.537	19.187	1.070	$R=1.537+19.187\,\mathrm{e}^{-1.070F}$ $R^2=0.996$，$P<0.0001$，$n=76$
第四	0.925	15.449	0.939	$R=0.925+15.449\,\mathrm{e}^{-0.939F}$ $R^2=0.988$，$P<0.0001$，$n=75$
第五	0.145	1.853	0.601	$R=0.145+1.853\,\mathrm{e}^{-0.601F}$ $R^2=0.995$，$P<0.0001$，$n=76$

表 1.31 白及不同叶位叶片的生理阻抗随夹持力变化模型及参数

叶位	参数			方程
	y_0	K_1	b_1	
第一	0.448	3.128	0.735	$Z=0.448+3.128\,\mathrm{e}^{-0.735F}$ $R^2=0.993$，$P<0.0001$，$n=76$
第二	0.412	4.193	0.954	$Z=0.412+4.193\,\mathrm{e}^{-0.954F}$ $R^2=0.995$，$P<0.0001$，$n=76$
第三	0.353	3.170	0.909	$Z=0.353+3.170\,\mathrm{e}^{-0.909F}$ $R^2=0.995$，$P<0.0001$，$n=76$
第四	0.243	2.858	0.789	$Z=0.243+2.858\,\mathrm{e}^{-0.789F}$ $R^2=0.995$，$P<0.0001$，$n=76$
第五	0.056	0.742	0.571	$Z=0.056+0.742\,\mathrm{e}^{-0.571F}$ $R^2=0.994$，$P<0.0001$，$n=76$

表 1.32　不同植物叶片的比有效厚度 d、基于生理电阻的植物叶片细胞单位代谢能 ΔG_{R-E}、基于生理阻抗的植物叶片细胞单位代谢能 ΔG_{Z-E}、基于生理电阻的植物叶片细胞代谢能 ΔG_R、基于生理阻抗的植物叶片细胞代谢能 ΔG_Z 及植物叶片细胞代谢能 ΔG_B

叶位	d / ($\times 10^{-12}$ m)	ΔG_{R-E} / ($\times 10^{12}$ J/m)	ΔG_{Z-E} / ($\times 10^{12}$ J/m)	ΔG_R /J	ΔG_Z /J	ΔG_B /J
第一	16.902	2.535	2.647	42.839	44.741	43.790
第二	19.430	2.470	2.431	47.984	47.228	47.606
第三	22.418	2.359	2.415	52.885	54.130	53.508
第四	35.679	2.997	3.123	106.932	111.422	109.177
第五	132.645	4.245	4.515	562.287	598.036	580.162

从表 1.32 中可以看出，不同叶位的叶片比有效厚度明显不同，第五叶位的叶片比有效厚度最大，第一叶位的叶片比有效厚度最小，从第一展开叶（第一叶位）到第五展开叶（第五叶位），叶片比有效厚度逐渐增大，叶片比有效厚度越大，反映其叶片细胞越大，液泡越大，表明其越趋于成熟，其水分储存能力越强。这说明白及叶片基部叶为成熟叶，而顶部叶为新生叶，基部叶具有较强的蓄水能力。

从表 1.32 中还可以看出，不同叶位的叶片细胞代谢能不同，同一叶片基于生理电阻的植物叶片细胞单位代谢能 ΔG_{R-E} 和基于生理阻抗的植物叶片细胞单位代谢能 ΔG_{Z-E} 相差较小，差异不到 5%，同时同一叶片基于生理电阻的植物叶片细胞代谢能 ΔG_{R-E}、基于生理阻抗的植物叶片细胞代谢能 ΔG_{Z-E} 及植物叶片细胞代谢能 ΔG_B 差异较小，差异不到 3%。第一叶位叶片细胞代谢能最小，第五叶位叶片（基部叶）细胞代谢能最大，这说明新生叶需要从成熟叶中获取水分和营养，相比成熟叶来说，新生叶具有库的特征，而成熟叶则具有源的特征。从第一叶位至第五叶位（基部）叶片，细胞代谢能逐渐增大，即对于叶片的水分和营养来说，从基部到顶部发生了源库的转化，转折点在第三展开叶至第四展开叶之间。相比于"单头型"白及组培种茎来说，"马鞍型"白及组培种茎具有两倍的源，这样加速了白及新生叶的生长发育，使之在生产上更具有优势。另外，高产白及都具有基部叶肥大、脱落晚的特征（杨平飞等，2019），这些都可以用本研究测得的基部叶比有效厚度和细胞代谢能大来解释。

（2）白及叶片介电物质转移数

根据 1.1 节、1.3 节中有关细胞膜与磷脂双分子层的描述，细胞膜结构导致其具有电容性和电感性，其中，表面蛋白（外周蛋白）的种类和数量决定其电容的大小，结合蛋白（内在蛋白）尤其是其中的转运蛋白的种类和数量决定其电感的大小。细胞的物质转运能力是由细胞膜中表面蛋白和结合蛋白的种类和数量决定的。

以白及为例，在中国科学院普定喀斯特生态系统观测研究站的基地内采摘二年生白及植株，迅速返回实验室，清理白及新鲜枝条上叶片的表面灰尘后，从新鲜枝条上分别一一采集待测叶片，放入蒸馏水中浸泡 30 min；吸干叶片表面水，立即将待测叶片夹在测定装置平行电极板之间，设置测定电压 1.5V ，测定频率为 3000 Hz，通过改变铁块的质量来设置不同的夹持力，并联模式测定不同夹持力下的植物叶片生理电容、生理电阻、生理阻抗；不同夹持力下白及不同叶位叶片的生理电容如表 1.26 所示、生理电阻如

表 1.27 所示、生理阻抗如表 1.28 所示。依据表 1.26 的数据计算生理容抗如表 1.33 所示，依据表 1.27、表 1.28 和表 1.33 的数据计算植物叶片生理感抗如表 1.34 所示；依据表 1.33 的数据构建植物叶片的生理容抗随夹持力变化模型如表 1.35 所示。依据表 1.34 的数据构建植物叶片的生理感抗随夹持力变化模型如表 1.36 所示。依据表 1.30 各模型的参数，分别获取 k 型响应生理电阻的介电物质转移数 K_{n_R} 和 b 型响应生理电阻的介电物质转移数 B_{n_R} （表 1.37）；依据表 1.35 各模型的参数，分别获取 k 型响应生理容抗的介电物质转移数 $K_{n_{X_C}}$ 和 b 型响应生理容抗的介电物质转移数 $B_{n_{X_C}}$ （表 1.37）；依据表 1.36 各模型的参数，分别获取 k 型响应生理感抗的介电物质转移数 $K_{n_{X_L}}$ 和 b 型响应生理感抗的介电物质转移数 $B_{n_{X_L}}$ （表 1.37）；依据 K_{n_R}、$K_{n_{X_C}}$ 和 $K_{n_{X_L}}$ 获得 k 型总介电物质转移数 K_{n_T} （表 1.37）；依据 B_{n_R}、$B_{n_{X_C}}$ 和 $B_{n_{X_L}}$ 获得 b 型总介电物质转移数 B_{n_T} （表 1.37）；依据 K_{n_R}、$K_{n_{X_C}}$、$K_{n_{X_L}}$ 及 K_{n_T}，分别获得 k 型响应生理电阻的介电物质转移百分数 $K_{P_{n_R}}$、k 型响应生理容抗的介电物质转移百分数 $K_{P_{n_{X_C}}}$ 和 k 型响应生理感抗的介电物质转移百分数 $K_{P_{n_{X_L}}}$ （表 1.38）；依据 B_{n_R}、$B_{n_{X_C}}$、$B_{n_{X_L}}$ 和 B_{n_T}，分别获得 b 型响应生理电阻的介电物质转移百分数 $B_{P_{n_R}}$、b 型响应生理容抗的介电物质转移百分数 $B_{P_{n_{X_C}}}$ 和 b 型响应生理感抗的介电物质转移百分数 $B_{P_{n_{X_L}}}$ （表 1.38）。

表 1.33　不同夹持力下白及不同叶位叶片的生理容抗

F 夹持力/N	生理容抗/MΩ					夹持力/N	生理容抗/MΩ				
	第一叶位	第二叶位	第三叶位	第四叶位	第五叶位		第一叶位	第二叶位	第三叶位	第四叶位	第五叶位
1.139	1.895	1.901	1.560	1.503	0.500	2.149	1.059	0.924	0.785	0.751	0.282
1.139	1.895	1.888	1.551	1.494	0.500	2.149	1.053	0.919	0.782	0.747	0.281
1.139	1.875	1.881	1.542	1.482	0.500	2.149	1.048	0.915	0.780	0.743	0.281
1.139	1.868	1.868	1.533	1.470	0.496	2.149	1.044	0.910	0.777	0.740	0.279
1.139	1.848	1.861	1.529	1.461	0.496	2.149	1.040	0.907	0.774	0.736	0.279
1.139	1.829	1.848	1.520	1.449	0.491	3.178	0.816	0.680	0.577	0.531	0.205
1.139	1.836	1.842	1.511	1.442	0.491	3.178	0.812	0.678	0.575	0.525	0.204
1.139	1.829	1.836	1.507	1.434	0.491	3.178	0.809	0.676	0.574	0.525	0.203
1.139	1.823	1.829	1.499	1.426	0.487	3.178	0.806	0.674	0.573	0.520	0.202
1.139	1.804	1.817	1.494	1.415	0.487	3.178	0.803	0.672	0.571	0.520	0.202
1.139	1.780	1.811	1.486	1.407	0.482	3.178	0.799	0.671	0.570	0.515	0.201
2.149	1.094	0.946	0.805	0.780	0.288	3.178	0.797	0.669	0.569	0.515	0.200
2.149	1.087	0.941	0.801	0.776	0.287	3.178	0.793	0.667	0.567	0.510	0.199
2.149	1.080	0.936	0.798	0.770	0.285	3.178	0.791	0.666	0.566	0.510	0.199
2.149	1.074	0.932	0.794	0.764	0.285	3.178	0.787	0.664	0.566	0.505	0.198
2.149	1.067	0.927	0.792	0.760	0.284	3.178	0.785	0.662	0.564	0.505	0.198
2.149	1.063	0.924	0.788	0.756	0.284	4.212	0.657	0.549	0.478	0.384	0.151

续表

F 夹持力/N	生理容抗/MΩ					夹持力/N	生理容抗/MΩ				
	第一叶位	第二叶位	第三叶位	第四叶位	第五叶位		第一叶位	第二叶位	第三叶位	第四叶位	第五叶位
4.212	0.655	0.549	0.474	0.384	0.150	6.262	0.496	0.428	0.366	0.273	0.087
4.212	0.653	0.547	0.474	0.384	0.149	6.262	0.491	0.428	0.366	0.272	0.086
4.212	0.651	0.545	0.474	0.382	0.149	6.262	0.491	0.424	0.363	0.271	0.086
4.212	0.649	0.544	0.474	0.382	0.148	6.262	0.491	0.424	0.363	0.269	0.086
4.212	0.647	0.542	0.474	0.379	0.147	6.262	0.491	0.424	0.363	0.269	0.085
4.212	0.645	0.541	0.469	0.379	0.147	6.262	0.487	0.424	0.361	0.268	0.085
4.212	0.644	0.540	0.469	0.376	0.147	6.262	0.487	0.421	0.361	0.268	0.085
4.212	0.642	0.539	0.469	0.376	0.146	6.262	0.487	0.421	0.361	0.267	0.084
4.212	0.640	0.538	0.469	0.376	0.145	6.262	0.482	0.421	0.361	0.265	0.084
4.212	0.637	0.537	0.465	0.374	0.145	6.262	0.482	0.421	0.358	0.264	0.084
5.245	0.566	0.478	0.418	0.334	0.114	7.311	0.431	0.387	0.332	0.228	0.061
5.245	0.564	0.478	0.414	0.334	0.114	7.311	0.431	0.387	0.332	0.227	0.061
5.245	0.562	0.474	0.414	0.332	0.113	7.311	0.431	0.387	0.330	0.227	0.061
5.245	0.561	0.474	0.411	0.332	0.112	7.311	0.428	0.384	0.330	0.226	0.061
5.245	0.560	0.474	0.411	0.327	0.112	7.311	0.428	0.384	0.330	0.225	0.061
5.245	0.557	0.474	0.411	0.323	0.111	7.311	0.428	0.384	0.327	0.225	0.060
5.245	0.556	0.474	0.411	0.322	0.111	7.311	0.424	0.382	0.327	0.224	0.060
5.245	0.554	0.469	0.408	0.322	0.111	7.311	0.424	0.382	0.327	0.223	0.060
5.245	0.553	0.469	0.408	0.320	0.110	7.311	0.424	0.382	0.325	0.223	0.060
5.245	0.551	0.469	0.408	0.320	0.109	7.311	0.421	0.379	0.325	0.222	0.060
5.245	0.550	0.469	0.405	0.318	0.109	7.311	0.421	0.379	0.325	0.221	0.060
6.262	0.496	0.428	0.366	0.275	0.087						

表 1.34　不同夹持力下白及不同叶位叶片的生理感抗

夹持力/N	生理感抗/MΩ					夹持力/N	生理感抗/MΩ				
	第一叶位	第二叶位	第三叶位	第四叶位	第五叶位		第一叶位	第二叶位	第三叶位	第四叶位	第五叶位
1.139	10.932	16.607	7.805	7.368	1.391	2.149	5.379	5.005	3.862	3.326	0.797
1.139	11.711	16.239	7.879	7.305	1.400	2.149	5.122	4.981	3.827	3.296	0.803
1.139	11.363	16.383	7.713	7.411	1.419	2.149	5.126	4.911	3.846	3.288	0.797
1.139	11.244	16.037	7.863	7.264	1.392	2.149	5.223	4.858	3.824	3.260	0.794
1.139	12.008	15.345	8.130	7.221	1.395	2.149	5.084	4.866	3.816	3.247	0.790
1.139	9.987	15.044	7.999	7.096	1.377	2.149	5.172	4.799	3.837	3.221	0.786
1.139	11.665	15.183	8.159	7.069	1.387	2.149	5.060	4.800	3.832	3.210	0.793
1.139	11.985	15.445	8.120	6.799	1.406	2.149	4.929	4.735	3.800	3.199	0.779
1.139	11.454	15.486	8.285	6.787	1.364	2.149	5.051	4.676	3.796	3.176	0.785
1.139	11.177	15.320	8.545	6.679	1.373	3.178	4.015	3.244	2.560	2.255	0.557
1.139	11.413	15.370	8.314	6.684	1.357	3.178	3.976	3.220	2.531	2.218	0.558
2.149	5.369	5.210	3.871	3.356	0.809	3.178	3.937	3.192	2.528	2.250	0.551
2.149	5.373	5.073	3.835	3.357	0.803	3.178	3.928	3.201	2.545	2.188	0.552

夹持力/N	生理感抗/MΩ 第一叶位	第二叶位	第三叶位	第四叶位	第五叶位	夹持力/N	生理感抗/MΩ 第一叶位	第二叶位	第三叶位	第四叶位	第五叶位
3.178	3.890	3.173	2.530	2.214	0.554	5.245	2.421	2.063	1.937	1.277	0.304
3.178	3.867	3.182	2.527	2.149	0.547	5.245	2.408	2.084	1.948	1.312	0.303
3.178	3.872	3.179	2.524	2.173	0.547	5.245	2.394	2.092	1.902	1.299	0.302
3.178	3.862	3.176	2.521	2.124	0.549	6.262	2.214	1.815	1.731	1.090	0.247
3.178	3.830	3.149	2.518	2.168	0.540	6.262	2.235	1.835	1.731	1.081	0.246
3.178	3.809	3.147	2.527	2.106	0.542	6.262	2.153	1.855	1.742	1.094	0.244
3.178	3.803	3.120	2.512	2.131	0.540	6.262	2.173	1.798	1.709	1.087	0.245
4.212	3.072	2.505	2.162	1.551	0.413	6.262	2.202	1.818	1.709	1.081	0.242
4.212	3.052	2.502	2.098	1.555	0.417	6.262	2.224	1.805	1.733	1.096	0.241
4.212	3.033	2.472	2.119	1.573	0.409	6.262	2.142	1.824	1.689	1.072	0.239
4.212	3.031	2.443	2.140	1.545	0.410	6.262	2.184	1.782	1.712	1.087	0.239
4.212	3.012	2.442	2.162	1.549	0.413	6.262	2.193	1.789	1.712	1.081	0.240
4.212	3.011	2.430	2.185	1.523	0.405	6.262	2.126	1.808	1.723	1.075	0.238
4.212	2.987	2.451	2.098	1.513	0.410	6.262	2.147	1.808	1.692	1.072	0.236
4.212	2.986	2.437	2.120	1.491	0.403	7.311	1.990	1.678	1.577	0.979	0.177
4.212	2.975	2.436	2.155	1.522	0.403	7.311	2.000	1.698	1.601	0.979	0.177
4.212	2.958	2.423	2.177	1.522	0.398	7.311	2.010	1.705	1.565	0.978	0.176
4.212	2.931	2.433	2.113		0.403	7.311	1.958	1.672	1.565	0.977	0.176
5.245	2.456	2.122	2.002	1.331	0.321	7.311	2.003	1.672	1.589	0.958	0.176
5.245	2.449	2.122	1.950	1.348	0.318	7.311	2.014	1.679	1.554	0.977	0.174
5.245	2.442	2.060	1.974	1.350	0.309	7.311	1.962	1.647	1.554	0.978	0.174
5.245	2.440	2.067	1.926	1.336	0.313	7.311	1.985	1.667	1.578	0.959	0.174
5.245	2.425	2.088	1.937	1.326	0.306	7.311	1.995	1.675	1.533	0.976	0.175
5.245	2.421	2.096	1.960	1.319	0.310	7.311	1.945	1.643	1.544	0.956	0.174
5.245	2.428	2.117	1.960	1.304	0.305	7.311	1.968	1.643	1.568	0.956	0.173
5.245	2.415	2.043	1.913	1.322	0.309						

表1.35 白及不同叶位叶片的生理容抗随夹持力变化模型及参数

叶位	参数 q_0	k_3	b_3	方程
第一	0.460	3.121	0.723	$X_C = 0.460 + 3.121\,e^{-0.723F}$ $R^2 = 0.993$，$P < 0.0001$，$n = 76$
第二	0.425	4.149	0.943	$X_C = 0.425 + 4.149\,e^{-0.943F}$ $R^2 = 0.995$，$P < 0.0001$，$n = 76$
第三	0.363	3.202	0.900	$X_C = 0.363 + 3.202\,e^{-0.900F}$ $R^2 = 0.994$，$P < 0.0001$，$n = 76$
第四	0.251	2.899	0.780	$X_C = 0.251 + 2.899\,e^{-0.780F}$ $R^2 = 0.995$，$P < 0.0001$，$n = 76$
第五	0.061	0.809	0.564	$X_C = 0.061 + 0.809\,e^{-0.564F}$ $R^2 = 0.994$，$P < 0.0001$，$n = 76$

表 1.36　白及不同叶位叶片的生理感抗随夹持力变化模型及参数

叶位	参数			方程
	t_0	k_4	b_4	
第一	2.254	27.688	0.985	$X_L = 2.254 + 27.688\,\mathrm{e}^{-0.985F}$ $R^2 = 0.987$,　$P < 0.0001$,　$n = 76$
第二	2.017	71.473	1.455	$X_L = 2.017 + 71.4739\,\mathrm{e}^{-1.455F}$ $R^2 = 0.995$,　$P < 0.0001$,　$n = 76$
第三	1.742	20.889	1.051	$X_L = 1.742 + 20.889\,\mathrm{e}^{-1.051F}$ $R^2 = 0.996$,　$P < 0.0001$,　$n = 76$
第四	1.090	16.812	0.915	$X_L = 1.090 + 16.812\,\mathrm{e}^{-0.915F}$ $R^2 = 0.994$,　$P < 0.0001$,　$n = 75$
第五	0.181	2.329	0.589	$X_L = 0.181 + 2.329\,\mathrm{e}^{-0.589F}$ $R^2 = 0.995$,　$P < 0.0001$,　$n = 76$

表 1.37　不同叶位叶片的 k 型响应生理电阻的介电物质转移数 K_{n_R}、响应生理容抗的介电物质转移数 $K_{n_{X_C}}$、响应生理感抗的介电物质转移数 $K_{n_{X_L}}$、k 型总介电物质转移数 K_{n_T} 及 b 型响应生理电阻的介电物质转移数 B_{n_R}、响应生理容抗的介电物质转移数 $B_{n_{X_C}}$、响应生理感抗的介电物质转移数 $B_{n_{X_L}}$ 及 b 型总介电物质转移数 B_{n_T}

叶位	k 型				b 型			
	K_{n_R}	$K_{n_{X_C}}$	$K_{n_{X_L}}$	K_{n_T}	B_{n_R}	$B_{n_{X_C}}$	$B_{n_{X_L}}$	B_{n_T}
第一	2.594	1.916	2.508	7.018	1.023	0.723	0.985	2.731
第二	3.670	2.277	3.568	9.515	1.486	0.943	1.455	3.884
第三	2.524	2.177	2.484	7.185	1.070	0.900	1.051	3.021
第四	2.815	2.446	2.736	7.997	0.939	0.780	0.915	2.634
第五	2.549	2.584	2.556	7.689	0.601	0.564	0.589	1.754

表 1.38　不同叶位叶片的 k 型和 b 型响应生理电阻的介电物质转移百分数 $K_{P_{n_R}}$、响应生理容抗的介电物质转移百分数 $K_{P_{n_{X_C}}}$ 及响应生理感抗的介电物质转移百分数 $K_{P_{n_{X_L}}}$（%）

叶位	k 型			b 型		
	$K_{P_{n_R}}$	$K_{P_{n_{X_C}}}$	$K_{P_{n_{X_L}}}$	$B_{P_{n_R}}$	$B_{P_{n_{X_C}}}$	$B_{P_{n_{X_L}}}$
第一	0.370	0.273	0.357	0.375	0.265	0.361
第二	0.386	0.239	0.375	0.383	0.243	0.375
第三	0.351	0.303	0.346	0.354	0.298	0.348
第四	0.352	0.306	0.342	0.356	0.296	0.347
第五	0.332	0.336	0.332	0.343	0.322	0.336

　　从表 1.38 中可以看出，无论是 k 型还是 b 型，不同叶位叶片的介电物质转移百分数均不相同，但是对于同一叶位的叶片，同一类型的介电物质转移百分数差异较小。另外，从表 1.38 中还可以看到，响应生理电阻的介电物质转移百分数和响应生理感抗的介电物质转移百分数差异较小，且一般皆是响应生理电阻的介电物质转移百分数大于响应生理感抗的介电物质转移百分数，这可能与响应生理电阻的介电物质转移百分数反映的是被

动运输的情况,而响应生理感抗的介电物质转移百分数反映的是载体运输情况,两者物质流动方向相反,电荷接近平衡,膜外保持微弱的负电荷这些事实相关联。

响应生理容抗的介电物质转移百分数与膜内外电势差有关,而膜内外电势差与膜内外物质浓度差有关,膜内外电势差越大,膜内物质浓度越大,可被转移的物质越多;因此,就源库关系来说,响应生理容抗的介电物质转移百分数越大,作为源的作用越大,反之则小。从表 1.38 中可以看出,就水分和储存的有机营养来说,第五叶位的叶片的源的作用大于第四、第三叶位,第一、第二叶位的叶片库的作用大于第三、第四叶位。这说明新生叶需要从成熟叶中获取水分和营养,相比成熟叶来说,新生叶具有库的特征,而成熟叶则具有源的特征。相比于"单头型"白及组培种茎来说,"马鞍型"白及组培种茎具有两倍的源,这样加速了白及新生叶的生长发育,使之在生产上更具有优势。另外,高产白及都具有基部叶完好、肥大、脱落晚的特征,这些同样也可以用不同叶位介电物质转移数的差异来解释。

参 考 文 献

鲍一丹, 沈杰辉. 2005. 基于叶片电特性和叶水势的植物缺水度研究. 浙江大学学报: 农业与生命科学版, 31(3): 341-345.

毕世春, 原所佳. 1997. 植物阻抗测量的技术方法. 山东农业大学学报, 28(1): 45-48.

傅和玉. 2000. 植物病害诊断仪的传感机理研究. 北京教育学院学报, 14(2): 43-48.

高保山, 董燕南, 王保柱. 1997. 树木生命力的电特性分析. 河北农业大学学报, 20(1): 71-73.

郭金耀, 花宝光, 娄成后. 1997. 柳苗中的变异电波传递. 林业科学, 33(1): 2-9.

郭金耀, 杨晓玲. 2005. 高等植物中的电信号研究进展. 中国农学通报, 21(10): 188-191.

郭文川, 伍凌, 魏永胜. 2007. 失水对植物生理特性和电特性的影响. 西北农林科技大学学报: 自然科学版, 35(4): 185-191.

郭玉海, 冷强, 娄成后, 花宝光, 于凤义. 1997b. 微丝、微管抑制剂及周期性电脉冲对豌豆幼苗韧皮部运输的影响. 科学通报, 42(20): 2216-2219.

郭玉海, 于凤义, 张萍, 杨重军. 1997a. 周期性电脉冲刺激玉米上胚轴抑制韧皮部 ^{14}C-同化物运输. 核农学通报, 18(3): 27-29.

花宝光, 厉秀茹, 杨文定, 娄成后. 1995. 丝瓜卷须快速弯曲中电化学波传递与原生质收缩. 科学通报, 40(16): 1501-1503.

金树德, 张世芳. 1999. 从玉米生理电特性诊断旱情. 农业工程学报, 15(3): 91-95.

冷强, 黄岚, 花宝光, 娄成后. 1998a. 环境因素引起植物表面电位变化的小波分析. 生物物理学报, 14(1): 3-5.

冷强, 黄岚, 花宝光, 娄成后. 1998b. 植物叶片局部电位与气孔行为的灰色关联分析. 科学通报, 43(11): 3-5.

李东升, 姚静远, 刘楠. 2014. 植物叶面物理信息检测技术研究进展. 中国计量学院学报, 25(3): 238-244.

李怀方, 董汉松. 1995. 植物诱导抗病性的电生理学. 北京: 科学出版社.

李晋阳, 毛罕平. 2016. 基于阻抗和电容的番茄叶片含水率实时监测. 农业机械学报, 5: 295-299.

李美茹, 刘鸿先, 王以柔. 1997. 植物细胞膜 ATP 酶及其与植物低温生理过程的关系. 热带亚热带植物学报, 5(3): 74-82.

李明义, 杨世杰, 娄成后. 1992. 动作电位控制的韧皮部物质卸出. 湖北农学院学报, 13(2): 126-131.

李兴伟, 周章义, 张俊楼, 祁润身, 闫国增, 刘育俭, 吴新颖. 2002. 探测树势的电测技术——电容法. 广东林业科技, 18(1): 19-24.

娄成后. 1996. 高等植物中电化学波的信使传递. 生物物理学报, 12(4): 739-745.

娄成后, 花宝光. 2000. 植物信号系统——它在功能整合与适应环境中的作用. 生命科学, 12(2): 49-51+71.

娄成后, 张蜀秋. 1997a. 植物生长发育中的感应性(一)——电化学波的信使传递与微丝微管的生理活动. 生物学通报, 32(6): 2-5

娄成后, 张蜀秋. 1997b. 植物生长发育中的感应性(二)——电化学波的信使传递与微丝微管的生理活动. 生物学通报, 32(7): 2-5.

娄成后, 张蜀秋. 1997c. 植物生长发育中的感应性(三)——电化学波的信使传递与微丝微管的生理活动. 生物学通报, 32(8): 2-5.

陆静霞, 丁为民, 李林, 杨红兵, 邹修国. 2008. 植物微弱电信号研究现状. 安徽农业科学, 36(4): 1295-1296.

卢善发. 1994. 植物组织电阻及其应用. 生物学杂志, (5): 4-6.

栾忠奇, 刘晓红, 王国栋. 2007. 水分胁迫下小麦叶片的电容与水分含量关系. 西北植物学报, 27(11): 2323-2327.

任海云, 娄成后. 1993. 体区内与区间的电波传递. 植物生理与分子生物学学报, 19(3): 265-267.

任海云, 王学臣, 娄成后. 1993. 高等植物体内电信号存在的普遍性及其生理效应. 植物生理学报, 19(1): 97-101.

任海云, 袁明, 王学臣, 娄成后. 1992. 电波传递对气孔运动的影响(简报). 北京农业大学学报, 18(3): 246.

师萱, 张伟敏, 钟耕. 2006. 介电特性在农产品品质检测分析中的应用. 农产品加工: 学刊, (6): 136-139.

唐友林. 1982. 植物的寒害、抗寒性与电阻参数的研究. 植物生理学通讯, (2): 7-11+14.

王慧玲, 刘炳辉. 2004. 电路基础. 北京: 高等教育出版社.

王兰州, 李东升, 李峤. 2008. 植物电信号测试研究进展. 中国计量学院学报, 19(1): 10-19.

吴沿友, 张明明, 邢德科, 周贵尧. 2015. 快速反映植物水分状况的叶片紧张度模型. 农业机械学报, (3): 315-319.

徐国恒. 2006. 细胞膜的双层磷脂结构与功能. 生物学通报, 41(9): 11-14.

宣奇丹, 冯晓旺, 张文杰. 2010. 植物叶片电容与含水量间关系研究. 现代农业科技, (2): 216-218.

薛应龙, 娄成后. 1955. 含羞草对感震性刺激的敏感度与传递速度之昼夜变异. 实验生物学报, 4(2): 95-106.

杨平飞, 刘海, 罗鸣, 张金霞, 宋智琴, 张荷轩, 周美, 吴明开. 2019. 马鞍型白及组培种茎农艺性状的相关性及通径分析. 种子, 38(7): 44-48.

杨文定, 娄成后. 1994. 丝瓜卷须中电化学波传递与快速卷曲反应. 中国科学(B 辑 化学 生命科学 地学), 24(8): 837-844.

游崇娟, 王建美, 田呈明. 2010. 植物病害检测领域的电生理学研究进展. 西北林学院学报, 25(1): 118-122.

张钢, 肖建忠, 陈段芬. 2005. 测定植物抗寒性的电阻抗图谱法. 植物生理与分子生物学学报, 31(1): 19-26.

仲强, 康蒙, 郭明, 王希华, 王良衍, 阎恩荣. 2011. 浙江天童常绿木本植物的叶片相对电导率及抗寒性. 华东师范大学学报(自然科学版), (4): 45-32.

周章义. 2000. 一项值得研究的树势探测技术——电容法. 山东林业科技, (6): 38-42.

Affolter J M, Olivo R F. 1975. Action potentials in Venus's-flytraps: long-term observations following the capture of prey. American Midland Naturalist, 93: 443-445.

Azeem A, Wu Y, Xing D, Javed Q, Ullah I, Kumi F. 2017. Response of okra based on electrophysiological modeling under salt stress and re-watering. Bioscience Journal, 33(5): 1219-1229.

Bose J C. 1914. An automatic method for the investigation of velocity of transmission of excitation in *Mimosa*. Philosophical Transactions of the Royal Society B: Biological Sciences, 204(303-312): 63-97.

Bose J C, Das G P. 1925. Physiological and anatomical investigations on *Mimosa pudica*. Proceedings of the Royal Society B: Biological Sciences, 98(690): 290-312.

Brown W H. 1916. The mechanism of movement and the duration of the effect of stimulation in the leaves of *Dionaea*. American Journal of Botany, 3(2): 68-90.

Brown W H, Sharp L W. 1910. The closing response in *Dionaea*. Botanical Gazette, 49(4): 290-302.

Burdon-Sanderson J. 1873. Note on the electrical phenomena which accompany irritation of the leaf of *Dionaea muscipula*. Proceedings of the Royal Society (London), 21: 495-496.

Burdon-Sanderson J. 1882. On the electromotive properties of *Dionaea* in the excited and unexcited states. Philosophical Transactions of the Royal Society of London, 173: 1-53.

Burdon-Sanderson J. 1888. On the electromotive properties of the leaf of *Dionaea* in the excited and unexcited states. Philosophical Transactions of the Royal Society of London, B179: 417-449.

Burdon-Sanderson J, Page F J M. 1876. On the mechanical effects and on the electrical disturbance consequent on excitation of the leaf of *Dionaea muscipula*. Proceedings of the Royal Society of London, 25: 411-434.

Chua L. 1971. Memristor – The missing circuit element. IEE Transactions Circuit Theory, 18: 507-519.

Chua L. 2011. Resistance switching memories are memristors. Applied Physics A, 102(4): 765-783.

Comstock J C, Martinson C A. 1972. Electrolyte leakage from Texas male sterile and normal cytoplasm corn leaves infected with *Helminthosporium maydis* O and T. Phytopathology, 62(7): 751-752.

Darwin C. 1875. Insectivorous Plants. London, UK: John Murray.

Davies E, Vian A, Vian C, Stankovic B. 1997. Rapid systemic up-regulation of genes after heat-wounding and electrical stimulation. Acta Physiologiae Plantarum, 19: 571-576.

Filek M, Koscielniak J. 1997. The effect of wounding the roots by high temperature on the respiration rate of the shoot and propagation of electric signal in horse bean seedlings(*Vicia faba* L. minor). Plant Science, 123: 39-46.

Fisahn J, Herde O, Willmitzer L, Pena-Cortés H. 2004. Analysis of the transient increase in cytosolic Ca^{2+} during the action potential of higher plants with higher temporal resolution: requirement of Ca^{2+} transients for induction of jasmonic acid biosynthesis and PINII gene expression. Plant and Cell Physiology, 45: 456-459.

Fromm J. 1991. Control of phloem unloading by action potentials in *Mimosa*. Physiologia Plantarum, 83(3): 529-533.

Fromm J, Eschrich W. 1988. Transport processes in stimulated and non-stimulated leaves of *Mimosa pudica*. I: The movement of ^{14}C-labelled photoassimilates. Trees(Berl), 2: 18-24.

Fromm J, Hajirezaei M, Wilke I. 1995. The biochemical response of electrical signaling in the reproductive system of Hibiscus plants. Plant Physiology, 109: 375-384.

Fromm J, Lautner S. 2007. Electrical signals and their physiological significance in plants. Plant, Cell & Environment, 30(3): 249-257.

Galkin A V. 2008. What are the genuine action potentials in plants? Biophysics, 53(1), 87-88.

Galvani L. 1791. De viribus electricitatis in motu musculari commentarius. Bologna: Academy of Science.

Garraway M O. 1973. Electrolyte and peroxidase leakage as indicators of susceptibility of various maize inbreds to *Helminthosporium maydis* races O and T. Plant Disease Reporter, 57: 518-521.

Glerum C. 1980. Electrical impedance techniques in physiological studies. New Zealand Journal of Forestry Science, 10(1): 196-207.

Greenham C G, Müller K O. 1956. Conductance changes and responses in potato tubers following infection with various strains of *Phytophthora* and with p*ythium*. Australian Journal of Biological Sciences, 9(2): 199-212.

Hodick D, Sievers A. 1988. The action potential of *Dionaea muscipula* Ellis. Planta, 174: 8-18.

Hodick D, Sievers A. 1989. The influence of Ca^{2+} on the action potential in mesophyll cells of *Dionaea muscipula* Ellis. Protoplasma, 133: 83-84.

Hopkins W G, Huner N P A. 2004. Introduction to Plant Physiology. 3rd ed. New York: John Wiley & Sons Inc.: 27.

Houwink A L. 1935.The conduction of excitation in *Mimosa pudica*. Recueil des Travaux Botaniques Neerlandais, 32: 51-91.

Hua B, Yang W D, Li X R, Lou C H. 1995. "Neuro-muscular"mechanism in rapid coiling of *Luffa tendril*. Chinese Science Bulletin, 40(24): 2062-2066.

Huber A E, Bauerle T L. 2016. Long-distance plant signaling pathways in response to multiple stressors: the gap in knowledge. Journal of Experimental Botany, 67(7): 2063-2079.

Javed Q, Wu Y, Azeem A, Ikram U. 2017. Evaluation of irrigation effects using diluted salted water based on electrophysiological properties of plants. Journal of Plant Interactions, 12(1): 219-227.

Jócsák I, Végvári G, Vozáry E. 2019. Electrical impedance measurement on plants: a review with some insights to other fields. Theoretical and Experimental Plant Physiology, 31: 359-375.

Koppan A, Szarka L, Wesztergom V. 2000. Annual fluctuation in amplitudes of daily variations of electrical signals measured in the trunk of a standing tree. Life Sciences, 323: 559-563.

Koziolek C, Grams T E, Schreiber U, Matyssek R, Fromm J. 2004. Transient knockout of photosynthesis mediated by electrical signals. New Phytologist, 161(3): 715-722.

Krol E, Dziubinska H, Stolarz M, Trebacz K. 2006. Effects of ion channel inhibitors on cold- and electrically-induced action potentials in *Dionaea muscipula*. Biologia Plantarum, 50(3): 411-416.

Krol E, Dziubinska H, Trebacz K. 2003. Low-temperature induced transmembrane potential changes in the liverwort *Conocephalum conicum*. Plant and Cell Physiology, 44(5): 527-533.

Krol E, Dziubińska H, Trebacz K. 2004. Low-temperature-induced transmembrane potential changes in mesophyll cells of *Arabidopsis thaliana*, *Helianthus annuus* and *Vicia faba*. Physiologia Plantarum, 120: 265-270.

Kumon K, Suda S. 1984. Ionic fluxes from pulvinar cells during the rapid movement of *Mimosa pudica* L. Plant and Cell Physiology, 25: 975-979.

Lautner S, Grams T E E, Matyssek R, Fromm J. 2005. Characteristics of electrical signals in poplar and responses in photosynthesis. Plant Physiology, 138: 2200-2209.

Levin M. 2014. Endogenous bioelectrical networks store non-genetic patterning information during development and regeneration. The Journal of Physiology, 592(11): 2295-2305.

Levitt J. 1973. Response of Plants to Environmental Stress. New York: Academic Press.

Li G C, Yu H Y, Ma C L. 2005. Development of measuring system for weak electrical potential in plants and its application. Transactions of the CSAE, 21(8): 6-10.

Lindén H, Hagen E, Łęski S, Norheim E S, Pettersen K H, et al. 2016. LFPy: a tool for biophysical simulation of extracellular potentials generated by detailed model neurons. Frontiers in Neuroinformatics, 7(41): 1-15.

Magistretri J, Mantegazza M, Guatteo E, Wanke E. 1996. Action potentials recorded with patch-clamp amplifiers: are they genuine? Trends in Neurosciences, 19(12): 530-534.

Malone M. 1994. Wound-induced hydraulic signals and stimulus transmission in *Mimosa pudica* L. New Phytologist, 128: 49-56.

Masi E, Ciszak M, Stefano G, Renna L, Azzarello E, Pandolfi C, Mugnai S, Baluska F, Arecchi F T, Mancuso S. 2009. Spatiotemporal dynamics of the electrical network activity in the root apex. Proceedings of the National Academy of Sciences, 106(10): 4048-4053.

Mitsuno T, Sibaoka T. 1989. Rhythmic electrical potential change of motor pulvinus in lateral leaflet of *Codariocalyx motorius*. Plant and Cell Physiology, 30(8): 1123-1127.

Nievescordones M, Miller A J, Aleman F, Martinez V, Rubio F. 2008. A putative role for the plasma membrane potential in the control of the expression of the gene encoding the tomato high-affinity potassium transporter HAK5. Plant Molecular Biology, 68(6): 521-532.

Nguyen C T, Kurenda A, Stolz S, Chetelat A, Farmer E E. 2018. Identification of cell populations necessary for leaf-to-leaf electrical signaling in a wounded plant. Proceedings of the National Academy of Sciences of the United States of America, 115: 10178-10183.

Palma J R, Mohl R, Best W. 1961. Action potential and contraction of *Dionaea muscipula* (Venus flytrap). Science, 133(3456): 878-879.

Pickard B G. 1973. Action potentials in higher plants. The Botanical Review, 39: 172-201.

Philip N. 2003. Biological Physics: Energy, Information Life. New York: Freeman and Company: 413-448.

Pyatygin S S. 2008. Are there different velocity types of action potentials in higher plants? Biophysics, 53: 81-86.

Pyatygin S S, Opritov V A, Vodeneev V A. 2008. Signaling role of action potentials in higher plants. Russian Journal of Plant Physiology, 55: 285-291.

Samejima M, Sibaoka T. 1980. Changes in the extracellular ion concentration in the main pulvinus of *Mimosa pudica* during rapid movement and recovery. Plant and Cell Physiology, 21(3): 467-479.

Samejima M, Sibaoka T. 1982. Membrane potentials and resistance of excitable cells in the petiole and main pulvinus of *Mimosa pudica*. Plant and Cell Physiology, 23: 459-465.

Schönleber M, Ivers-Tiffée E. 2015. Approximability of impedance spectra by RC elements and implications for impedance analysis. Electrochemistry Communications, 58: 15-19.

Sherstneva O N, Vodeneev V A, Katicheva L A, Surova L M, Sukhov V S. 2015. Participation of intracellular and extracellular pH changes in photosynthetic response development induced by variation potential in pumpkin seedlings. Biochemistry(Moscow), 80: 776-784.

Sibaoka T. 1953. Some aspects on the slow conduction of stimuli in the leaf of *Mimosa pudica*. Science Reports of Tohoku University Biology Series, 20: 72-88.

Sibaoka T. 1962. Excitable cells in Mimosa. Science, 137(3525): 226-226.

Simmi F Z, Dallagnol L J, Ferreira A S, Pereira D R, Souza G M. 2020. Electrome alterations in a plant-pathogen system: toward early diagnosis. Bioelectrochemistry, 133: 107493.

Sinyukhin A M, Britikov E A. 1967. Action potentials in the reproductive system of plants. Nature, 215: 1278-1280.

Smith J R. 1983. The tonoplast impedance of Chara. Journal of Experimental Botany, 34: 120-129.

Stanković B, Davies E. 1996. Both action potentials and variation potentials induce proteinase inhibitor gene expression in tomato. FEBS Letters, 390: 275-279.

Stanković B, Davies E. 1997a. Intercellular communication in plants: electrical stimulation of proteinase inhibitor gene expression in tomato. Planta, 202: 402-406.

Stanković B, Davies E. 1997b. Wounding evokes rapid changes in tissue deformation, electrical potential, transcription, and translation in tomato. Plant and Cell Physiology, 39: 268-274.

Stanković B, Davies E. 1998. The wound response in tomato involves rapid growth and electrical responses, systemically up-regulated transcription of proteinase inhibitor and calmodulin and down-regulated translation. Plant and Cell Physiology, 39(3): 268-274.

Stanković B, Zawadzki T, Davies E. 1997. Characterization of the variation potential in sunflower. Plant Physiology, 115: 1083-1088.

Stoeckel H, Takeda K. 1993. Plasmalemmal, voltage-dependent ionic currents from excitable pulvinar motor cells of *Mimosa pudica*. Journal of Membrane Biology, 131(3): 179-192.

Strukov D B, Snider G S, Stewart D R, Williams R S. 2008. The missing memristor found. Nature, 453: 80-83.

Stuhlman O, Darden E. 1950. The action potential obtained from Venus's flytrap. Science, 111: 491-492.

Sukhov V, Nerush V, Orlova L, Vodeneev V. 2011. Simulation of action potential propagation in plants. Journal of Theoretical Biology, 291: 47-55.

Sukhov V, Surova L, Morozova E, Sherstneva O, Vodeneev V. 2016. Changes in H^+-ATP synthase activity, proton electrochemical gradient, and pH in pea chloroplast can be connected with variation potential. Frontiers in Plant Science, 7: 1092.

Sukhov V, Surova L, Sherstneva O N, Katicheva L, Vodeneev V. 2015a. Variation potential influence on photosynthetic cyclic electron flow in pea. Frontiers in Plant Science, 5: 766.

Sukhov V, Surova L, Sherstneva O, Bushueva A, Vodeneev V. 2015b. Variation potential induces decreased PSI damage and increased PSII damage under high external temperatures in pea. Functional Plant

Biology, 42: 727-736.

Sukhov V, Surova L, Sherstneva O, Vodeneev V. 2014b. Influence of variation potential on resistance of the photosynthetic machinery to heating in pea. Physiologia Plantarum, 152: 773-783.

Sukhov V, Sherstneva O, Surova L, Katicheva L, Vodeneev V. 2014a. Proton cellular influx as a probable mechanism of variation potential influence on photosynthesis in pea. Plant, Cell & Environment, 37: 2532-2541.

Sukhov V, Orlova L, Mysyagin S, Sinitsina J, Vodeneev V. 2012. Analysis of the photosynthetic response induced by variation potential in geranium. Planta, 235: 703-712.

Surova L, Sherstneva O, Vodeneev V, Sukhov V. 2016b. Variation potential propagation decreases heat-related damage of pea photosystem I by 2 different pathways. Plant Signaling & Behavior, 11: e1145334.

Surova L, Sherstneva O, Vodeneev V, Katicheva L, Semina M, Sukhov V. 2016a. Variation potential-induced photosynthetic and respiratory changes increase ATP content in pea leaves. Journal of Plant Physiology, 202: 57-64.

Taiz L, Zeiger E, Møller I M, Murphy A. 2014. Plant Physiology and Development. sixth edition. Massachusetts: Sinauer Associates, Inc.

Trebacz K, Simonias W, Schonknecht G. 1994. Cytoplasmic Ca^{2+}, K^+, Cl^-, and NO_3^- activities in the liverwort *Conocephalum conicum* L., at rest and during action potentials. Plant Physiology, 106: 1073-1084.

Vian A, Henry-Vian C, Schantz R, Ledoigt G, Frachisse J M, Desbiez M O, Julien J L. 1996. Is membrane potential involved in calmodulin gene expression after external stimulation in plants? FEBS Letters, 380(1-2): 93-96.

Vodeneev V, Akinchits E, Sukhov V. 2015. Variation potential in higher plants: mechanisms of generation and propagation. Plant Signaling & Behavior, 10: e1057365.

Vodeneev V, Katicheva L A, Sukhov V S. 2016. Electrical signals in higher plants: mechanisms of generation and propagation. Biophysics, 61: 505-512.

Vodeneev V, Mudrilov M, Akinchits E, Balalaeva I V, Sukhov V. 2018. Parameters of electrical signals and photosynthetic responses induced by them in pea seedlings depend on the nature of stimulus. Functional Plant Biology, 45(2): 160-170.

Volkov A G. 2012. Plant Electrophysiology - Signaling and Responses. Berlin: Springer.

Volkov A G. 2017. Biosensors, memristors and actuators in electrical networks of plants. International Journal of Parallel, Emergent and Distributed Systems, 32(1): 44-55.

Volkov A G. 2019. Signaling in electrical networks of the Venus flytrap (*Dionaea muscipula* Ellis). Bioelectrochemistry, 125: 25-32.

Volkov A G, Foster J C, Ashby T, Walker R K, Johnson J A, Markin V S. 2010a. *Mimosa pudica*: electrical and mechanical stimulation of plant movements. Plant, Cell & Environment, 33(2): 163-173.

Volkov A G, Foster J C, Baker K D, Markin V S. 2010b. Mechanical and electrical anisotropy in *Mimosa pudica* pulvini. Plant Signaling & Behavior, 5(10): 1211-1221.

Volkov A G, Foster J C, Markin V S. 2010c. Molecular electronics in pinnae of *Mimosa pudica*. Plant Signaling & Behavior, 5(7): 826-831.

Volkov A G, Foster J C, Markin V S. 2010d. Signal transduction in *Mimosa pudica*: biologically closed electrical circuits. Plant, Cell & Environment, 33: 816-827.

Volkov A G, Baker K, Foster J C, Clemmons J, Jovanov E, Markin V S. 2011. Circadian variations in biologically closed electrochemical circuits in *Aloe vera* and *Mimosa pudica*. Bioelectrochemistry, 81(1): 39-45.

Volkov A G, Carrell H, Markin V S. 2009a. Biologically closed electrical circuits in *Venus flytrap*. Plant Physiology, 149: 1661-1667.

Volkov A G, Carrell H, Baldwin A, Markin V S. 2009b. Electrical memory in *Venus flytrap*. Bioelectrochemistry, 75: 142-147.

Volkov A G, Nyasani E K. 2018. Sunpatiens compact hot coral: memristors in flowers. Functional Plant

Biology, 45(2): 222-227.

Volkov A G, Nyasani E K, Blockmon A L, Volkova M I. 2015. Memristors: memory elements in potato tubers. Plant Signaling & Behavior, 10(10): e1071750.

Volkov A G, Nyasani E K, Tuckett C, Blockmon A L, Reedus J, Volkova M I. 2016a. Cyclic voltammetry of apple fruits: memristors *in vivo*. Bioelectrochemistry, 112: 9-15.

Volkov A G, Nyasani E K, Tuckett C, Greeman E A, Markin V S. 2016b. Electrophysiology of pumpkin seeds: memristors *in vivo*. Plant Signaling & Behavior, 11(4): e1151600.

Volkov A G, O'Neal L, Volkova M I, Markin V S. 2013. Morphing structures and signal transduction in *Mimosa pudica* L. induced by localized thermal stress. Journal of Plant Physiology, 170(15): 1317-1327.

Volkov A G, Reedus J, Mitchell C M, Tuckett C, Volkova M I, Markin V S, Chua L. 2014a. Memory elements in the electrical network of *Mimosa pudica* L. Plant Signaling & Behavior, 9(10): e982029.

Volkov A G, Tucket C, Reedus J, Volkova M I, Markin V S, Chua L. 2014. Memristors in plants. Plant Signaling & Behavior, 9: e28152.

Wu Y Y, Liu C Q, Li P P, Wang J Z, Xing D, Wang B L. 2009. Photosynthetic characteristics involved in adaptability to Karst soil and alien invasion of paper mulberry(*Broussonetia papyrifera*(L.)Vent.)in comparison with mulberry(*Morus alba* L.). Photosynthetica, 47: 155-160.

Xing D, Chen X, Wu Y, Chen Q, Li L, Fu W, Shu Y. 2019. Leaf stiffness of two Moraceae species based on leaf tensity determined by compressing different external gripping forces under dehydration stress. Journal of Plant Interactions, 14(1): 610-616.

Xing D, Xu X, Wu Y, Xu X, Chen Q, Li L, Zhang C. 2018. Leaf tensity: a method for rapid determination of water requirement information in *Brassica napus* L.. Journal of Plant Interactions, 13(1): 380-387.

Zhang C, Hicks G R, Raikhel N V. 2015a. Molecular composition of plant vacuoles: Important but less understood regulations and roles of tonoplast lipids. Plants, 4: 320-333.

Zhang M, Wu Y, Xing D, Zhao K, Yu R. 2015b. Rapid measurement of drought resistance in plants based on electrophysiological properties. Transactions of the ASABE, 58(6): 1441-1446.

Zhang M, Willison J H M. 1992. Electrical impedance analysis in plant tissues: the effect of freeze-thaw injury on the electrical properties of potato tuber and carrot root tissues. Canadian Journal of Plant Science, 72: 545-553.

Zimmermann M R, Mithöfer A, Will T, Felle H H, Furch A C U. 2016. Herbivore-triggered electrophysiological reactions: candidates for systemic signals in higher plants and the challenge of their identification. Plant Physiology, 170: 2407-2419.

Trebacz K, Zawadzki T.1985. Light-triggered action potentials in the liverwort *Conocephalum conicum*. Physiologia Plantarum, 64(4): 482-486.

Zhang C, Wu Y Y, Su Y, Xing D K, Dai Y, Wu Y S, Fang L. 2020. A plant's electrical parameters indicate its physiological state: A study of intracellular water metabolism. Plants, 9: 1256.

Zimmermann M R, Maischak H, Mithöfer A, Boland W, Felle H H. 2009. System potentials, a novel electrical long-distance apoplastic signal in plants, induced by wounding. Plant Physiology, 149(3): 1593-1600.

第 2 章 植物电生理信息与植物抗干旱能力的检测

水是植物维持生存所必需的物质,基于植物与水分的关系,有针对性地研发植物抗干旱能力的检测方法具有重要意义。叶片是植物对干旱等逆境条件反应最为灵敏的器官,外界激励下,叶片胞内介电物质因细胞膜透性改变而改变,引发对应电生理特性的变化。植物叶片电生理信息具有灵敏度高、测定方便、受环境影响小等优点,在植物水分状况乃至抗旱研究方面具有较大的应用前景。植物生理电容等即时电生理信息能够表征叶片胞内水分变化,但易受叶片厚度及夹持力变化的共同影响,水分检测存在误差。叶片紧张度是依据植物叶片水势及生理电容与细胞液浓度的偶联关系推导出的叶片水势、生理电容的关系模型,可同时反映细胞液浓度及体积的变化,能够更好地表征植物水分变化情况。建立光合作用、生物量与叶片紧张度之间的关系模型,可实现基于叶片紧张度在线监测判定植物生理耐旱阈值,且有助于及时实施植物灌水。通过测定不同夹持力下叶片电生理参数值的变化,建立夹持力与对应电生理参数值之间的变化模型,可推测植物叶片的固有水分状况。固有电生理参数如初始叶片紧张度、胞内水分利用效率和相对持水时间分别基于生理电容、容抗、阻抗等与夹持力间的关系推导计算而来,在研究胞内水分代谢方面更具优势,且更为有效。叶片细胞壁机械特性的变化对叶片内部的水分有效性有直接影响,基于叶片电生理-机械特征耦合同样可对叶片胞内水分状况进行准确测定,进而定量表征植物抗旱能力。

2.1 植物对干旱逆境的响应

植物能通过一系列复杂的调节机制对干旱做出响应,具体可概括为以下 6 个方面:①重度干旱胁迫来临前完成植物生活史以避开干旱(Gupta et al.,2020);②增强水分获取能力来抵御干旱,如形成发达的根、关闭气孔或降低叶温(Schulze,1986;Jackson et al.,2000);③提高渗透调节能力和增强细胞壁弹性来维持组织膨压,增强植物抗干旱能力(Morgan,1984);④在重度干旱胁迫下增加抗氧化代谢以维持正常生长(Tiepo et al.,2020;Penuelas et al.,2004);⑤除去个体的一部分来适应干旱,如干旱胁迫下植物老叶片的脱落(Chaves et al.,2003);⑥长期干旱环境下发生基因突变和遗传,向适应干旱的生理生化特征进化(Li et al.,2021a;Sherrard et al.,2009;Maherali et al.,2010)。基于植物与水分的关系及其对干旱胁迫的适应机制,利用简单易测的物理信息,针对性进行植物抗干旱能力检测方法的开发具有重要意义(Wang et al.,2009)。

2.1.1 植物的水分代谢

植物的含水量因植物种类、器官和生活环境的不同而差异很大。一般来说,生长旺盛和代谢活跃的器官水分含量较高，随着器官衰老，代谢减弱，其含水量也逐渐降低；荫蔽、潮湿环境下生长的植物，其含水量高于向阳、干燥环境下的植物（斯拉维克，1986）。植物根系吸收的水分，绝大部分（约97%）经植物体内运输，最后由叶表面蒸发散失，仅有一小部分存留在植物体内，用来满足植物生长（约2%）、光合作用及其他代谢过程的需要（约1%）（Taiz et al., 2015）。植物对水分的吸收、运输、利用和散失的过程，被称为植物的水分代谢（water metabolism）。

2.1.1.1 水对植物的生理作用

在植物细胞内，水分通常以束缚水（bound water）和自由水（free water）两种状态存在，自由水参与植物体内的各种代谢反应，而且其数量直接影响着植物的代谢强度（如光合、呼吸、蒸腾和生长等）。而束缚水不参与代谢活动，但它与植物的抗性有关。细胞中自由水占总含水量的比例越高，则代谢越旺盛（郝建军等，2015）。当植物处于不良环境如干旱、寒冷等时，一般束缚水的比率较高，代谢强度变弱，植物抵抗不良环境的能力增强（佘文琴和刘星辉，1995）。水作为反应物直接参与植物体内重要的代谢过程，在光合作用、呼吸作用、有机物质合成和分解过程中均有水的参与；水分子是极性分子，因而水是许多生化反应和物质吸收、运输的良好介质，其作为溶剂能够溶解气体和矿物质，各种物质在细胞内的合成、转化和运输分配，以及无机离子的吸收和运输都在水介质中完成；水能使植物保持固有的姿态，细胞含有大量的水分，产生膨压，维持细胞的紧张度，使植物枝叶挺立、花朵开放，膨压对于气孔和植物其他结构的运动及细胞的分裂生长也很重要。没有了水，植物的生命活动就会停滞，植株则干枯死亡（潘瑞炽等，2012）。

2.1.1.2 植物的水分平衡

（1）根对水分的吸收

植物主要通过根部吸水并在植物体内运输，根表面与土壤密切接触是根有效吸收水分所必需的，拉动水分通过木质部向上运输的负压由叶片蒸腾作用产生（Steudle，2000a）。事实上，整个根对水分吸收的功能就如同一个渗透细胞，而多细胞的根组织则类似一个渗透膜。细胞无论通过何种形式吸水，都是由水的自由能差即水势差引起的。水势通常以符号 Ψ 表示，其单位为帕斯卡（Pa）。植物中影响水势的主要因素是浓度、压力和重力，溶液的水势（Ψ_w）由几个部分构成，常用等式 $\Psi_w=\Psi_s+\Psi_p+\Psi_g$ 表示，式中，Ψ_s、Ψ_p、Ψ_g 分别为溶质、压力和重力对水自由能的影响。当讨论含水量很低的植物组织（如干种子）中的水势时，往往还要考虑衬质势 Ψ_m。

从根的表皮到内皮层，水分的运输可通过三种重要途径：质外体、共质体和跨膜途径。在共质体途径中，水分通过胞间连丝不需跨膜就可在细胞间流动。在跨膜途径中，水分跨过质膜移动，并在细胞壁空间中短暂停留。在内皮层中，质外体途径可以被凯氏带阻断（Taiz and Zeiger，2009）。水分子跨越细胞膜的快速输运是通过细胞膜上的一种水通道蛋白（aquaporin，AQP）实现的，水通道蛋白可直接参与根部水分吸收及整个植物的水平衡，由于水通道蛋白的存在，细胞才可以快速调节自身体积和内部渗透压（Zwiazek et al.，2017）。植物有时会表现出根压（root pressure）现象，这往往在土壤水势很高而蒸腾速率较低时才出现，产生根压（正的静水压）的植物往往会在叶片的边缘或尖端泌出水滴，这种现象被称为吐水（guttation）（Singh，2016），正的静水压的产生只是对木质部中溶质积累的生理反应。

低温、缺氧或用呼吸抑制剂处理会降低根系对水的吸收。水淹时，根很快就会消耗完氧气而进入缺氧状态，而缺氧条件下根运输到枝条的水分减少，从而引起植物的有效水分亏缺，继而导致萎蔫（Sairam et al.，2008）。作为土壤环境变化的直接感知者，根系吸水能力的增强是植物适应干旱胁迫的主要方式之一。对根系外源施加茉莉酸甲酯可能通过增强抗氧化酶活性来降低 H_2O_2 的含量，减小 H_2O_2 对根系水通道蛋白活性的抑制，从而增强根系吸水（忽雪琦等，2018）。植物受到干旱胁迫后，细胞内可迅速合成和积累大量的植物激素脱落酸（abscisic acid，ABA），通过调节气孔运动和根系吸水，进而调节蒸腾失水和保持植物体水分的基本平衡（Steudle，2000b）。

（2）木质部中水分的运输

大多数植物中，木质部是水分运输途径中最长的部分，其在迫使水分从土壤运输到叶的过程中扮演着重要的角色。水分在树木顶端产生的张力（负的静水压）能够拉动水分通过木质部运输，由于它需要水的内聚性特征来承受木质部水柱中很强的张力，所以被称为树液上升的内聚力-张力学说（cohesion-tension theory of sap ascent）（Taiz et al.，2015）。水分在张力驱动下的运输会对木质部细胞壁产生一个内向压力。如果细胞壁较脆弱或易弯，就有可能在此张力作用下发生内陷而崩溃。对此，植物通过管胞和导管的次生壁加厚和木质化形成了强度很高的木质部，从而抵消了这种破坏的可能性。植物木质部受到的张力大，其材质将更加致密，这也反映出水分产生的张力对树木的机械胁迫程度（Hacke and Sperry，2001）。水分表面张力具有密封功能，将水分保持在木质部内部并将空气排除在外。然而，木质部是一个较为脆弱的管道，在大气压下的水分处于饱和状态。如果木质部内的水柱处于过度张力状态下（如干风引起的过度蒸腾），且张力突然解除（如嫩芽或叶片的去除）或者受到其他物理震动（如机械碰撞），它就会像硬管中的橡皮圈一样回击，这种现象被称为气穴现象（cavitation）。此时，木质部中的水柱将会断裂且充斥水蒸气或者气泡，而最终形成充满气体的空间被称为栓塞（embolism）（Keller，2020）。木质部导管会产生气泡的另外一种情况是由于木质部结冰，木质部的水中溶解有气体，当木质部导管中的水结冰时，冰中气体的溶解度非常低，从而导致气泡产生（Taiz et al.，2015）。影响水分在植物体内运输的动力因素包括气孔的开闭、温度和光照的变化等。

干旱的根区部分会产生根源信号，使部分根区干旱和全部根区干旱处理的植物叶片导水率和枝条导水率减小，即水分运输能力在干旱条件下变弱，这可能与分区干旱和全根干旱下枝条容易有木质部栓塞的情况发生有关（胥生荣等，2013）。鉴于干旱条件下大量栓塞的发生是导致植物死亡的主要诱因，保护木质部免受易引发栓塞的水分张力的影响是长期干旱下植物最重要的生存策略（Cardoso et al.，2020）。水力学结构损伤已成为大多数学者认可的干旱导致树木死亡的主要机制之一（Choat，2013）。不同植物的木质部水分输导组织抵抗栓塞的能力不同，因此不同植物在水力学结构损伤导致植物死亡时的水势不同（代永欣等，2015）。

（3）水分从叶片散失到大气中

水分从叶片散失到大气的途径中，是被"拉着"从木质部进入到叶肉细胞的细胞壁，然后蒸发到叶的细胞间隙中，水蒸气最后通过气孔离开叶片（褚佳强等，2008）。叶片散失的水分有 5%是通过表皮丧失的。蜡质是覆盖在植物表面的一层防水保护层，对植物具有重要的保护作用，可以有效阻止植物体内水分的非气孔性散失。干旱条件下较低的蒸腾作用提高了植物的水分利用效率，对生长非常有益，蜡质层越厚其抗旱性越强（戴双等，2016）。尽管水横跨叶片的距离对于整个土壤到大气的运输途径来说很短，但叶片对于整个水流阻力的维持具有很大贡献（Brodribb and Buckley，2018）。叶片的水流阻力是动态变化的，受叶脉结构、环境因子及叶龄变化的影响，叶片水势短时间的降低会引起叶片水流阻力明显增加。

根系所吸收的水分，除少量用于体内物质代谢外，大量的通过蒸腾作用（transpiration）散失（吴国辉和刘福娟，2004）。蒸腾作用是植物被动吸水的动力，能促进植物体对矿质元素的吸收和传导，降低叶片的温度，有利于 CO_2 的吸收和同化（Wheeler and Stroock，2008）。蒸腾作用主要受光照强度、温度、大气湿度、风速和土壤条件等环境因子影响，还与叶片的大小、形状和结构及根系、气孔等因素有关（Monteiro et al.，2016；Huber et al.，2014；Mcadam and Brodribb，2014）。尽管叶内空隙的体积很小，但是用于水分蒸发的湿表面积相对较大。植物叶中空隙的体积占叶片总体积的值分别为松针 5%、玉米 10%、大麦 30%、烟叶 40%。与空隙的空间体积相比，叶片中用于水分蒸发的内表面积可以达到叶片外表面积的 7～30 倍。这种表面积与体积的高比值能使植物叶片内迅速达到水-汽平衡（Taiz and Zeiger，2009）。

由于覆盖叶片的角质层几乎是不透水的，大多数叶片的蒸腾作用是由水蒸气通过气孔扩散引起的，而微小的气孔则为水蒸气提供了一个跨表皮和角质层扩散的低阻力途径。所有陆生植物都要面对既要从大气吸收 CO_2（光合作用固定 CO_2），又要防止水分过度散失的矛盾。当水分充足时，植物分时段控制气孔的开度，即气孔白天打开，晚上关闭。在晚上，叶片光合作用停止，因而不需要吸收 CO_2 时，气孔开度保持很小，防止水分不必要地散失。当土壤中的水分并不充足时，即使是阳光充足的上午，气孔的开度也很小，甚至保持关闭。在干旱条件下植物的气孔保持关闭状态，可以避免脱水伤害。而气孔阻力（stomatal resistance，r_s）可以通过气孔的张开和关闭来调节。这种生物学调节是由一对特化的、围绕气孔的表皮细胞-保卫细胞来完成的。保卫细胞的两侧常伴随有一对被称为副卫细胞（subsidiary cell）的特化表皮细胞，可以帮助保卫细胞控制气孔的开度。保卫细胞、副卫细胞和气孔统称为气孔复合体（stomatal complex）（Taiz and Zeiger，2009）。

气孔运动离不开保卫细胞水势的变化，对引起这种变化的机理曾提出过多种学说。①光合作用促进气孔开放学说。光合作用使保卫细胞中糖的浓度增加、水势降低，从而保卫细胞吸水，导致气孔开放。但是，这个学说存在一定问题。第一，光合时保卫细胞产生的糖能否使水势变化到足以引起气孔张开的程度；第二，非景天酸代谢（crassulacean acid metabolism，CAM）类型的植物在暗中气孔也能开放。②淀粉-糖互变学说。光是保卫细胞内淀粉转变为糖的主要调节者。在光下保卫细胞的叶绿体进行光合作用，消耗 CO_2 而 pH 升高，淀粉水解，可溶性糖浓度增加，水势下降，保卫细胞吸水，膨压增加，气孔开放；在暗中则相反，光合作用停止而 CO_2 积累，pH 下降，淀粉合成，细胞液浓度降低，水势升高，水分从保卫细胞排出，膨压降低而气孔关闭。③无机离子泵学说。保卫细胞的渗透系统由 K^+ 直接调节。在光下光合形成的 ATP 不断供给保卫细胞质膜上的 K^+-H^+ 泵，促使该泵启动做功，使 H^+ 从保卫细胞排出，而 K^+ 进入保卫细胞，引起水势降低而吸水膨胀，于是气孔开放；在暗中光合停止，K^+-H^+ 泵因得不到 ATP 而停止做功，K^+ 从保卫细胞中排出，导致水势升高而使气孔关闭。④苹果酸代谢学说。在光下，CO_2 被不断消耗，pH 逐渐上升，淀粉经糖酵解产生的磷酸烯醇式丙酮酸与 HCO_3^- 作用形成草酰乙酸，进一步还原为苹果酸，细胞水势下降，水分进入保卫细胞，细胞膨胀，气孔开放（郝建军等，2015）。

（4）植物对代谢水的利用

代谢水是指糖类、脂肪和蛋白质等有机物在生物体内氧化时产生的水。生物体内的有机物在细胞内经过一系列的氧化分解，最终生成二氧化碳、水或其他产物，并且释放出能量的总过程，称为呼吸作用，又称为细胞呼吸（cellular respiration）（薛应龙，1980）。麻疯树和油桐中较高活性的碳酸酐酶（carbonic anhydrase，CA）在干旱胁迫下能够催化胞内 HCO_3^- 转化为 CO_2 和水，为其光合作用过程提供碳源和水分，阻止了麻疯树光合作用的大幅下降，也保护了油桐光系统 II 在干旱下免受更大伤害（Xing et al.，2015）。植物对代谢水的高效利用可以缓解干旱下植物体对水分的迫切需求，维持光合作用的正常进行，在一定程度上改变植物的水分状况，增加了植物抗干旱能力检测技术开发的难度。

2.1.2　植物的形态解剖特征对干旱的响应

植物的形态指标主要包括根系和叶片形态。根系直接与土壤接触，是植物摄取水分的主要器官，与植物抗旱能力密切相关。植物在长期缺水环境下通常具有发达的根系和较高的根冠比，以增强其水分获取能力，保证植物在干旱条件下可以正常生长。植物发达的根系与抗旱能力密切相关（吕朦朦等，2018）。植物叶片则直接暴露于外部环境，是植物对干旱较敏感的器官，包括比叶重、叶形、角质层、解剖结构等，叶片形态性状的变化可表征植物对干旱胁迫的适应性响应。植物叶片对干旱的响应行为多种多样。干旱不仅影响气孔数量、开闭，而且还影响输导组织叶脉的分布、数量和大小，此外还影响膜上水通道蛋白分布和叶片水力导度。为了抵御干旱，植物必须修饰和改造叶片的解剖结构使叶片水分丢失最少（Burghardt and Riederer，2003；Aroca，2012），形态建成和功能最经济（Blonder et al.，2011；Osnas et al.，2013）。

叶片解剖结构特征包括栅栏组织厚度、海绵组织厚度、上表皮厚度、下表皮厚度、叶片厚度、栅栏/叶厚、海绵/叶厚、角质层厚度、叶肉细胞面积、叶肉细胞体积、中脉厚度、气孔密度、气孔长、气孔宽、气孔长宽比等各项指标（李琪，2017）。吴丽君等（2015）通过研究 3 个种源赤皮青冈幼苗叶片解剖结构特征发现，干旱胁迫下，叶片的总厚度、上下表皮厚度、栅栏组织厚度及栅栏组织厚度/海绵组织厚度（简称栅海比）均显著下降。吴建慧等（2012）研究发现，随着干旱胁迫程度的加剧，绢毛委陵菜叶片的栅栏组织和海绵组织的厚度均显著减小，栅海比大于对照植物，该植物通过最大限度降低与光照辐射的直接接触，减少水分蒸腾来响应干旱胁迫，是一种典型的节约型干旱适应特征（薛静等，2010）。马红英等（2020）利用解剖结构指标评价 17 种锦鸡儿属植物的抗旱能力，为这些植物在干旱地区植被恢复与重建中的推广应用提供了理论依据。不同抗旱能力的平欧杂种榛的解剖结构参数间具有极显著差异（李嘉诚等，2019）。不同品种砂生槐抗旱能力的强弱在一定程度上可依据叶片总厚度、上表皮厚度及角质层厚度等进行评估（刘彬等，2017）。赵雪艳和汪诗平（2009）对内蒙古典型草原叶片的解剖结构研究表明，植物角质层厚度随放牧率的增加而增加，其中植物角质层厚度、表皮细胞面积、叶片厚度和中脉厚度是植物对放牧响应最为敏感的指标。众多研究表明：叶小而厚，气孔下陷、表皮密生被毛，栅栏组织发达，栅海比大，角质层及上皮层厚，叶肉细胞小而排列紧密等都是抗旱性强的标志（Kavar et al.，2007；Farooq et al.，2009；Edwards and Mohamed，1973）。

星蕨（*Microsorum punctatum*）是石生植物，似薄唇蕨（*Leptochilus decurren*）生长在土壤上，它们均生长在云南省西南的石灰或山地森林（海拔 500～900m）内。Wang 等（2013）比较了上述两种蕨类的叶片解剖结构发现，无论是气孔宽度、气孔面积，还是叶片厚度、叶肉厚度、细胞壁厚度、角质层厚度、单位面积叶片质量及肉质化程度等指标，星蕨都显著大于似薄唇蕨，而气孔密度则是似薄唇蕨大于星蕨。石生蕨类星蕨具有明显的抗干旱特征，叶片解剖结构适应于干旱环境。

单位面积叶片质量越大、叶比面积（leaf specific area，SLA）越高，植物叶片越能够保持较稳定的水分平衡（Bucci et al.，2004）。生长于热带环境的种群叶片趋于常绿、全缘，叶片长宽比大，呈狭长形；而温带环境中的叶片则趋于落叶、锯齿状，叶片长宽比小，呈圆形或椭圆形（Schmerler et al.，2012）。Fu 等（2012）比较了常绿植物和落叶植物的叶片结构，结果发现，与落叶植物相比，常绿植物有着较大的水力导度、密度、叶比面积和厚度，表明常绿植物叶片具有较好的抗旱性，而落叶植物则是以避旱的方式来应对干旱逆境。

叶片大小与叶脉结构具有很好的相关性；小的叶片具有较大的主脉密度，缺水可引起叶片水力导度下降，导致木质部栓塞；较大的主脉密度具有较强的水分替补功能，降低了缺水导致的叶脉栓塞的概率，有利于水分在干旱逆境下的传输（Scoffoni et al.，2011）。水力导度与水流所经过的横截面面积成反比，叶脉的水力导度与脉管直径和细胞内腔直径呈显著负相关，因此，在水分不足的条件下，植物还可以通过增加叶脉管壁细胞壁厚度，减小细胞内腔直径来提高水分传输效率，维持水分在叶脉管壁内运输传导的能力（Jordan et al.，2013；Blonder et al.，2011）。

叶片的几何构型中，叶倾角也是一个重要的抗旱指标，其对水分亏缺比较敏感，不同植物的叶片倾角和柔韧性对干旱的响应不同。叶倾角是指叶片的方向与水平轴线之间的夹角，直接调控叶片冠层获取太阳辐射，因此会影响叶片气体交换、光合作用等（Gonzalez-Rodriguez et al.，2016）。Gratani 和 Bombelli（2000）研究了常绿植物百瑞木（*Cistus incanus*）和抗旱的半落叶植物冬青栎（*Quercus ilex*）、红景天（*Phillyrea latifolia*）的叶片解剖结构、叶倾角与无机碳同化之间的关系，与百瑞木相比，冬青栎和红景天均具有较大的叶倾角，同时也伴随着其他的抗干旱叶片解剖特征，如叶片层、角质层、栅栏组织和海绵组织较厚，栅栏细胞和海绵细胞密度较大等；另外，三种植物栅栏细胞的层数也明显不同，冬青栎、红景天和百瑞木分别为 3 层、2 层、1 层，表明冬青栎和红景天具有较好的抗旱能力，其中冬青栎的抗旱能力最强。

叶片被毛、蜡质和藤刺等叶片附属性状也是植物抗旱性的重要特征，密生的被毛和蜡质化能增加光的反射减少水分损失，因此，密生被毛和蜡质化的叶片能降低叶片温度和叶片的蒸腾作用，表现出较强的抗干旱特征（Sandquist and Ehleringer，2003）。叶片卷曲也是草本植物适应干旱的特征，植物遭遇干旱时，叶片上表皮的泡状细胞或特化的叶肉细胞失去膨压导致叶片卷曲，减少水分的散失（Shields，1950；Aroca，2012）。

不同植物的形态解剖对干旱具有不同的响应策略。韦小丽（2005）以 10 种喀斯特地区常见的阔叶乔木树种为材料，测定了 13 种叶形态解剖指标，根据主成分分析的结果，将 10 个树种划分成 3 种生态适应类型。类型Ⅰ包括 5 个树种：青檀（*Pteroceltis tatarinowii*）、翅荚香槐（*Cladrastis platycarpa*）、榔榆（*Ulmus parvifolia*）、化香树（*Platycarya strobilacea*）和黄连木（*Pistacia chinensis*），这种类型的特征是叶片较小、薄，角质层薄，含水量低，其他指标居中，表明该类型叶片储水、保水和水分散失能力均属中等水平；类型Ⅱ包括 3 个树种：香椿（*Toona sinensis*）、朴树（*Celtis sinensis*）和杜仲（*Eucommia ulmoides*），这种类型的特征是一方面叶型大、侧脉间距大、侧脉密度小、气孔密度大，表明其水分散失能力大，另一方面叶片厚、角质层厚度大，表明其保水能力强，再者栅栏组织发达，栅海比高，肉质化程度和表面发育特征等居中，表明其具有较高的储水能力；类型Ⅲ包括 2 个树种：皂荚（*Gleditsia sinensis*）和白榆（*Ulmus pumila*），这种类型的特征是叶片小而厚，侧脉密度大、间距小，角质层厚，气孔密度小，肉质化程度高，表明其保水、储水能力强，水分散失少，有较强的维持水分平衡的能力。这三种不同类型的叶片在水分散失能力、保水和储水能力的不同组合，体现了植物对干旱环境适应的多样性。

2.1.3　植物的生理特征对干旱的响应

生理生化指标主要包括水分、光合等生理指标，以及酶活性、膜透性、渗透调节物质、内源激素等生化指标。通常利用叶片水势、叶片相对含水量、自由水与束缚水的比值等指标来表征植物的抗旱能力（武应霞等，2005）。植物受干旱胁迫的影响可通过主动积累渗透调节物质来提高细胞液浓度，使原生质与外界环境保持渗透平衡，保证细胞各项生理活动的正常进行（吴敏等，2014）。

2.1.3.1 水势

在干旱胁迫下，植物会通过调节自身的一些耐旱性指标来适应这种变化，通常会表现出叶水势下降、含水量降低、蒸腾减少等。当植物自身需水多于吸水时，植物就会表现出水分亏缺的现象，植物水分亏缺程度通常用叶水势来表征。目前，叶水势已经被广泛地应用于植物耐旱性的检测（高俊风，2000；单长卷和梁宗锁，2006）。干旱条件下，植物叶片内的自由水含量随着土壤含水量的降低而下降，而束缚水含量则会上升（郝建军等，2015），与此同时，叶水势和相对含水量都会降低（张喜英，1997）。Kramer（1983）讨论了植物叶片的含水量与叶片细胞的膨压之间的相关关系，结果发现，水分亏缺是在叶水势和叶片细胞膨压降低到影响植物正常代谢时发生，所以，叶水势能较好地表示植物水分亏缺程度。田丰等（2009）研究发现，不同品种的马铃薯展现出不同的抗旱情况，植物的叶水势与对应的马铃薯品种的抗旱性存在极显著的相关性。植物叶水势越高，其耐旱性就越强，叶水势可以作为植物的抗旱性指标（Widiyono et al.，2020）。但张喜英（1997）认为，用植物叶水势来判定其水分亏缺程度时，必须充分考虑是由于外界环境因子变化还是土壤水分变化引起的，从而选择最佳测量位置和测量时间，并对叶水势与环境因子建立数学模型，以模型来反映植物的水分状况。

Mastrorilli 等（1999）研究了不同生育期土壤水分亏缺对甜高粱生产力和水分利用效率的影响，结果表明，植物在午后的叶水势最低并且数据有较大波动，而植物叶水势在凌晨时受到环境变化的影响较小而且数值较为稳定。此外，Rana 等（1997）和张英普等（2001）分别从定量和定性角度出发研究作物凌晨的水势临界值与土壤水势及含水量之间的联系。张志焕等（2016）研究了番茄幼苗在土壤脱水前后根、茎、叶鲜重和叶水势、根系活力的变化，同时对模型变量因子分别进行系统聚类分析，确定利用土壤脱水前番茄砧木幼苗根鲜重、叶水势能够快速便捷地检测番茄的耐旱性。也有研究者发现，随土壤水分含量的降低植物叶水势并不是一直下降，还与植物组织细胞的膨压有关，叶水势受到叶片含水率和组织细胞膨压的共同作用（朱蠡庆等，2013）。

2.1.3.2 光合作用

植物在干旱胁迫下，其光合作用随着胁迫程度的变化而受到不同程度的抑制。首先是气孔效应，即水分亏缺所引起的气孔关闭，导致外界大气中的 CO_2 不能到达叶片内部的叶绿体上，从而抑制植物的光合作用；其次是非气孔效应，即干旱胁迫使得叶绿体内部结构被损坏，从而降低光系统 II 的光合能力，且抑制光合磷酸化和电子传递，最后使得光合作用降低。传统方法以净光合速率（net photosynthetic rate，P_N）和蒸腾速率（transpiration rate，E）来研究植物的耐旱性。

（1）光合速率

绝大部分绿色植物生命活动所需的能量和基础物质都来源于光合作用，但众多的环境因子都会对其产生影响。净光合速率在轻度水分胁迫下，其下降主要是由气孔限制引起的（Gaion and Carvalho，2021），此时，植物叶片气孔通常部分或全部关闭，以抑制蒸腾失水并减少外界 CO_2 的进入，最终使得净光合速率受到抑制。植物在重度水分亏缺的情况下，净光合速率的明显下降主要是由非气孔因素导致（Sarabi et al., 2019）。张金政等（2014）发现，干旱胁迫下玉簪净光合速率的下降不仅有气孔因素的原因也受到非气孔因素的限制。Chalmers 等（1975）最早发现光合作用对桃树果实和根及其生长状况之间的分配情况。水分亏缺直接影响果树的生长且叶片会表现出萎蔫，但植物叶绿体内产生的有机糖类在向果实运输的过程中，其光合参数和有机产物受到的影响较小。植株光合作用能力的降低，与遭受干旱胁迫时叶面积的伸展、叶绿体的光化学和生物化学活性均受到很大影响之间存在紧密的联系（Chaves et al., 2003）。

（2）蒸腾速率

干旱胁迫不仅使植物的光合速率下降，而且也导致蒸腾速率的降低。研究发现，相比于光合作用，植物蒸腾作用更能反映植物的水分亏缺情况（张瑞美等，2006）。随着干旱加重，植物通过叶片气孔的关闭减少蒸腾，从而降低叶片温度来保护自我（郭璟等，2012）。水分亏缺引起气孔阻力增大，蒸腾速率下降，随着叶片水势降低到临界状态，此时气孔阻力急剧增大最后导致气孔关闭，从而使得叶片蒸腾速率降到最小（郑本暖等，2007）。

事实上，除气孔因素外，蒸腾速率还与叶片内部结构和植物品种等有关，其测量结果一般只反映叶片单位面积上水分的瞬间消耗。野外实验时，受外界因素影响很大，此时以蒸腾速率来诊断作物水分状况效果不明显。

2.1.3.3　叶绿素荧光

植物在遭受胁迫时最初受损部位是叶片的光系统Ⅱ（PSⅡ）光反应中心（林丽莎等，2011）。植物叶片 PSⅡ 的荧光动力学参数可用于研究环境因子对植物叶片光合作用的影响（耿东梅等，2014）。Thomas 和 Turner（2001）对香蕉叶片叶绿素荧光参数受干旱胁迫的变化进行了深入研究，PSⅡ 的最大光化学效率（F_v/F_m）与叶片相对含水量和叶片水势具有显著相关关系。Calatayud 和 Roca（2006）认为，在早期干旱胁迫下，PSⅡ 潜在活性（F_v/F_o）与气孔导度密切相关。孙海锋等（2008）研究发现 F_v/F_m 和 F_v/F_o 值的变化与不同大豆品种的抗旱能力具有相关关系，可利用叶绿素荧光参数对其抗旱性进行鉴定评价。施征等（2008）针对脱水胁迫下梭梭和胡杨离体叶片的叶绿素荧光参数的变化进行了研究分析，耐脱水能力强的梭梭的 F_v/F_m、光化学淬灭系数（qP）和电子传递效率（ETR）的下降幅度明显小于胡杨，两种植物通过启动了不同的过剩光能防御机制以应对不同程度脱水胁迫。杨晓青等（2004）认为，冬小麦受干旱胁迫的影响，PSⅡ 受到伤害，F_v/F_m 和 F_v/F_o 下降，通过提高热耗散启动光保护机制。叶绿素荧光参数对干旱胁迫响应特征的研究可用于评价植物耐旱性，对干旱进行预测，并进一步指导节水灌溉（李晓等，2006）。

2.1.3.4　渗透调节物质

渗透物质的积累是植物抗旱性的重要生理适应（Morgan，1984），可溶性糖和脯氨酸是植物中两种最重要的渗透调节物质，它们除了在渗透调节中发挥作用外，还可以保护膜免受损伤并稳定蛋白质和酶的结构和活性（Ahmed et al.，2009；Hessini et al.，2009）。脯氨酸是植物蛋白质的组分之一，并以游离状态广泛存在于植物体中。在岩溶干旱、盐渍等胁迫条件下，许多植物体内脯氨酸大量积累。积累的脯氨酸除了作为植物细胞质内渗透调节物质外，还在稳定生物大分子结构、降低细胞酸性、解除氨毒及作为能量库调节细胞氧化还原等方面起重要作用。在逆境条件下（旱、盐碱、热、冷、冻），植物体内脯氨酸的含量显著增加。植物体内脯氨酸含量在一定程度上反映了植物的抗逆性，抗旱性强的品种往往积累较多的脯氨酸（Chen et al.，2015）。

植物在个体发育的各个时期代谢活动都发生相应的变化，碳水化合物的代谢也不例外，其含量也随之发生变化。研究表明，植物中可溶性糖含量与干旱程度成正比，随干旱程度的加重而升高。因此，可溶性糖含量的变化趋势可作为植物干旱程度的另外一个重要指标。

2.1.4 植物的分子生物学特征对干旱的响应

随着现代分子生物学、生物技术的飞速发展，植物抗旱分子机理的深入研究，以及抗逆性基因的不断被发现和挖掘，人们对植物抗旱的分子机制也有了一定程度的了解，一些影响植物抗逆性的重要基因已相继被鉴定和克隆。许多植物基因的表达受干旱胁迫诱导。根据基因产物的作用，可将胁迫诱导的基因产物分为两类，一类基因的编码产物为功能蛋白及渗透调节因子；另一类基因的编码产物为转录因子（韩冰等，2006）。

晚期胚胎发生丰富蛋白（late-embriogenesis abundant protein，LEA 蛋白）富含赖氨酸和甘氨酸，是种子在胚胎发育后期大量产生并积累的一类低分子量蛋白质，在植物中普遍存在，受植物发育阶段、脱水信号和 ABA 等调节。LEA 蛋白具有很高的亲水性，与植物的耐脱水性密切相关，特别是在极端干旱的情况下对植物起到很好的保护作用（Dure et al.，1989）。

水通道蛋白是指植物中一系列分子量为 26～34 kDa、选择性强、能高效转运水分子的膜蛋白。在植物体内，水通道蛋白主要是质膜水通道蛋白（PIP）和液泡膜内在蛋白（TIP）（刘文鑫等，2020）。水通道蛋白构成水分运输的特异性通道，能增强细胞膜对水分的通透性（杨淑慎等，2005）。Kaldenhoff 等（1995）用反义技术下调 AtPIPlb 的表达后，拟南芥突变体根细胞质膜水分透性下降至野生型的 20%～30%。当水通道蛋白基因的表达受抑制时植株的光合作用降低（Heckwolf et al.，2011）。通过对转水通道蛋白基因及野生型 84K 杨进行干旱及复水处理后发现，转 *PtPIPl;3* 基因 84K 杨的气孔导度和蒸腾速率对干旱胁迫反应更加敏感。在严重干旱时，转基因植株和野生型植株的光合作用都主要受到叶肉导度的限制。与野生型植株相比，转基因植株叶肉导度和光合作用在复水后恢复更迅速（刘文鑫等，2020）。

在水分胁迫下，植物体内会产生一系列的解毒剂，由一些能清除活性氧的酶系和抗氧化物质组成，如超氧化物歧化酶（SOD）、过氧化物酶（POD）、过氧化氢酶（CAT）和抗坏血酸（ASA）等，能清除体内活性氧，使细胞免受毒害。其中最明显的是合成与清除活性氧有关的酶类，现在已知的编码这些酶的关键基因包括编码抗坏血酸过氧化物酶（APX）的 *HvAPX1* 基因（大麦）、*APX3* 基因（拟南芥）、*SxAPX* 基因（盐地碱蓬）；编码谷胱甘肽转移酶（GST）的 *ERD11*、*ERD13*、*ParB*、*NtPox* 基因（拟南芥），*GST/GPX*、*NT107* 基因（烟草）；编码过氧化氢酶（CAT）的 *Cat1~Cat3* 基因（玉米），*CAT1~CAT3* 基因（拟南芥）；编码过氧化物酶（POD）的 *Apx1* 基因（豌豆）；以及编码超氧化物歧化酶（SOD）的 *SOD* 基因（拟南芥、烟草、苜蓿等）、*SOD2* 基因（豌豆）、*P31* 基因（豌豆）（韩冰等，2006）。

当植物遭受干旱时，植物蛋白激酶传递信号启动脱落酸的合成使其浓度迅速升高。高浓度脱落酸在质膜外发挥作用，控制质子经质膜进入质外体，进而通过降低酸诱导细胞松弛的能力或控制细胞酸化来调节气孔导度，减少植物体内水分的散失（Shang et al., 2020）。

碳酸酐酶含一条卷曲的蛋白质链和一个锌（Ⅱ）离子，锌离子处于变形四面体的配位环境，相对分子量约为 30 000，于 1940 年被发现，是第一个被发现的锌酶，也是最重要的锌酶。它在自然界中分布广泛，植物、动物、微生物中都有发现，主要催化 CO_2 可逆的水合反应（Tavallali et al., 2009）。CA 具有广泛的多样性，不但可以调节植物体内代谢活动，诸如呼吸作用、酸碱平衡、离子运输、光合作用等，还可以为植物的光能合成提供水和 CO_2 等原料，以适应干旱环境（Xing and Wu, 2012）。编码 CA 的基因的表达响应于环境胁迫。在水稻叶片和根中编码 CA 的基因的表达对水分胁迫有反应，与水稻品种对胁迫的耐受性有关（Yu et al., 2007）。冷冻胁迫强烈地抑制了绿豆叶中编码 βCA 的基因的表达（Yang et al., 2005）；当在温度 20℃，光照强度为 50 μmol/（m^2·s）条件下生长时，黑麦叶中编码 CA 的基因的表达水平显著低于其他（水或光胁迫下）条件下（Ndong et al., 2001）。编码不同 CA 同工酶的基因表达对水分胁迫的反应不同，随着基因型的变化而变化（Hu et al., 2011）。诸葛菜细胞质 CA 的基因表达上调能够调节植物体内水势来应对渗透胁迫，这也就出现了诸葛菜能够在 20 g/L 和 40 g/L 的聚乙二醇（polyethylene glycol，PEG）浓度下，叶片含水量下降的幅度比芥菜型油菜慢的情况，说明在中等渗透胁迫的情况下诸葛菜比芥菜型油菜具有更好抗性。

2.1.5 基于生物学特征的植物抗旱能力的检测

玉米的生长发育生物学特性决定了其对干旱胁迫有较强的适应能力。首先，玉米种子较大，内储物质多，种皮薄透性强，较少水分即可诱发种胚萌动并发芽，且对胚的束缚力极小；胚尖、芽鞘粗硬长，顶土力极强，有利于深播；芽苗期茎尖生长锥被芽鞘与叶片多层包裹，深处地下，不易因缺水胁迫而受到伤害，此时叶片面积小，蒸腾作用弱，且根系生长快，根冠比值大，吸水功能相对较强。这些特性有利于水分亏缺时株体的水分平衡，甚至干旱胁迫严重情况下，仍可维持生命力。其次，玉米株体器官组织持有较高的含水量，根系发达，便于吸收较多土壤水分，尤其是深层水，株体内水分移动阻力小，而叶片气孔又有较强的自动调节能力，通过叶片卷缩，减少了蒸腾，维持了自身生命活动，可以忍受短期干旱或中度干旱的威胁（赵殿轩和张青变，1998）。根据袁长春等（2005）对热带广泛分布的 5 种草坪草生物学特性的研究，狗牙根的根系和不定根发达，根系吸水的能力较强。因此，狗牙根是抗旱性很强的草种。细叶结缕草的叶面积与狗牙根接近，且叶片内卷呈针状，气孔常位于凹陷的沟内，不定根也较发达，这些特点也有利于提高其抗旱能力，但叶片表面的表皮毛远不及狗牙根发达，这可能是其抗旱性不及狗牙根的原因之一。假俭草和地毯草虽然都有较为发达的须根系，但叶片较宽，叶面积较大，叶表面光滑几乎无毛，因而抗旱性不如狗牙根和细叶结缕草，这两者中，可能又因为地毯草的叶片更宽和叶面积更大所以其抗旱能力相对弱些。金钱草属直根系且根系较浅，不定根少，叶面积较大，叶片表面光滑无毛，因而其抗旱性远不及另外 4 种草坪草。

珍稀濒危植物沙冬青植株呈矮态且根系发达，根茎比大，因而能耐风吹沙割。从茎部解剖来看，沙冬青木质部的导管间有发达的木纤维，维管束外方有发达的韧皮纤维，皮层中有 2~3 层厚角细胞，不但能增强轴器官的支持力和柔韧性，还保证了水分输导的安全性。因此，表现出较强的抗旱性（刘美芹等，2004）。在不同水分条件下添加适宜保水剂则能够增加狗牙根匍匐茎萌发率、幼苗生物量、株高和根系长度，提升幼苗的抗旱性（曹昀等，2019）。李海明等（2019）通过使用多种分析方法最终筛选出株高、籽棉产量、单铃重、有效铃数和果枝始节高度 5 项指标作为棉花种质资源花铃期简单、可靠的抗旱性评价指标。罗俊杰等（2014）和祁旭升等（2010）对胡麻抗旱性指标筛选研究认为，单株果实数、株高、千粒重和单株产量等产量相关性状是胡麻抗旱性的重要体现。汪灿等（2017）对薏苡抗旱性指标筛选研究认为，分蘖数、单株粒重和千粒重可作为薏苡抗旱性评价的直观指标。王兰芬等（2015）对绿豆抗旱性指标筛选研究认为，单株地上部分生物量、单株荚重、单重粒数和根冠比可以作为绿豆抗旱性综合指标。

2.2 植物电生理信息对水分变化的响应

叶片是植物对干旱等逆境条件反应最为灵敏的器官，利用植物叶面物理信息检测技术采集植物生理信息（李东升等，2014），将不可直接测得的生理信息转化为直接易测的物理参数，可在保证准确性的同时提高植物抗旱能力研究的便捷性。植物叶片电生理信息具有灵敏度高、测定方便、受环境影响小等优点，在植物水分状况乃至抗旱研究方面具有较大的应用前景。

2.2.1 植物电生理信息与水分变化的关系

人们对植物电信号的认识真正始于 1873 年。Sanderson（1873）证明了捕蝇草（*Dionaea muscipula*）中存在电，从此拉开了植物电信号科学研究的序幕。Ksenzhek 等（2004）通过测定玉米叶片不同方向主脉的电阻发现，叶片直流电阻随着水分含量的降低而降低。Kandala 等（2007）及 Kandala 和 Sundaram（2010）将平行板电容器与射频阻抗湿度计相连，测量花生果仁的电容值、相位角，测得值用于估计样品的水分含量；结果与标准热风烘箱法获得的水分含量值非常吻合。金树德和张世芳（1999）通过使用套针式电阻传感器测定了玉米生理电特性指标，其水分信息可利用叶片的生理电容进行表征。据鲍一丹和沈杰辉（2005）的研究，植株受干旱胁迫程度与叶片电特性和叶水势存在一定关系，且叶片电容值受环境影响较小，是快速准确获取植物缺水信息较为理想的方法。郭文川等（2007）也认为生理电容与含水率和水势的变化趋势基本一致。生理电容值可较灵敏地反映小麦叶片含水量的变化，其变化大小能反映冬小麦抗旱能力强弱及受干旱胁迫程度。宣奇丹等（2010）利用数字电容仪和植物压力室研究水分胁迫对植物叶片的电容值、含水量和水势的影响；结果表明随着胁迫时间的延长叶片组织含水量降低，电容值及水势值逐渐下降，且电容值与含水量、电容值与水势间均存在显著的相关关系。Jamaludin 等（2015）的研究表明，叶片阻抗值与水势和相对含水量存在显著相关关系，可通过对阻抗的测量准确评估植物的水分含量。郑俊波（2019）采用自制的平行板电容传感器检测叶片电容、电阻和叶片厚度，实现对药用植物叶片水分含量的快速、准确、无损检测。Yang 等（1995）测定了温室植物冠层中温度、冠层上方温度、叶片温度与蒸腾量及植物表面电位等参数，以确定空气条件变化对植物生长的影响。黎明鸿等（2019）设计了一种在特定夹持力下检测植物生理电参数的平行板电容传感器并对其可行性进行验证，筛选出对应植物的最佳测定频率与最适电压，研究表明植物生理电容与光合指标具有显著相关关系。

2.2.2 植物电生理信息对水分变化的响应特征

植物电生理在快速诊断植物水分状况方面已得到广泛应用，植物叶片细胞体积和细胞液浓度与生理电容等电生理指标之间具有良好的相关关系，借助电生理技术可快速检测电生理参数对水分胁迫的响应特征，并实现细胞内水分状况测量的便利性及精确性。植物组织的抗失水能力在植物适应干旱环境方面起着重要作用。让植物叶片充分吸水，呈标准的饱水状态，叶片失水越慢，其保水和持水能力越强，植物抗旱能力就越强。

2.2.2.1 不同失水时间下生理电容的测定

以江苏大学校园内自然生长的构树（*Broussonetia papyrifera*）和桑树（*Morus alba*）及温室大棚中人工种植的诸葛菜（*Orychophragmus violaceus*）和甘蓝型油菜（*Brassica napus*）叶片为实验材料。江苏大学地处江苏省镇江市，位于 32.20°N、119.45°E，气候温和湿润，夏季雨量充沛，日照时间长，属于北亚热带季风气候。年平均气温为 17.1℃，最高温度达 32℃，最低温度为 1℃；年平均降水量为 1222.3 mm。截至 2019 年 4 月，学校占地面积 3000 余亩[①]，植被覆盖率高，校园内植被种类丰富，约 67 科 80 属 123 种。采摘以上 4 种植物的第 3、第 4、第 5 叶位的长势较为一致的新鲜叶片，清理叶片表面灰尘后将叶片放入装有水的盆中浸泡 30 min，呈饱水状态，取出浸泡后的饱水叶片，用面巾纸将叶片表面上的水快速轻轻吸干，然后进行相关参数测定，测定完毕后放在干燥通风的桌面上。室内温度为 25℃，光量子通量密度（photosynthetic photon flux density，PPED）为 160 μmol/（m²·s），相对湿度为 40%。

将 4 种植物叶片夹在自制的平行板电容器（图 1.6）中，连接 LCR 测试仪（HIOKI，日本日置，3532-50），测定其叶片生理电容。各种植物的每个叶片取 10 个均匀部位，每个部位取 10 个点，即每组数据中包含 100 个数据（所有叶片测定相同部位），取平均后作为每个叶片的生理电容值。

2.2.2.2 不同失水时间不同夹持力下生理电容的测定

由于不同水分状态的细胞和细胞壁对夹持力产生的应力不同，所以电生理指标的测定易受夹持装置的影响，造成测量误差。通过设置不同梯度的夹持力，并对不同夹①持力下电生理指标值进行测定，分析其变化趋势，为消除夹持力对叶片组织细胞造成的力学影响提供依据。本实验选取构树、桑树、爬山虎（*Parthenocissus tricuspidata*）、金银花（*Lonicera japonica*）、诸葛菜和油菜为实验材料，研究不同失水时间下植物叶片生理电容的响应特征及其与水分变化的关系，分析细胞体积变化对细胞内水分输送和有效性的影响。

于上午 9:00～10:00 采摘江苏大学校园内植物叶片，取新鲜的待测植物枝条，为减缓水分散失使用湿布包裹枝条基部。处理方法同上，在各失水时刻进行相关参数测定。

利用 LCR 仪，将待测植物叶片夹在自制的平行板电容器（图 1.6）中，通过依次添加等质量的砝码（$M=100g$）对叶片施加不同的夹持力，设置夹持力的梯度为 1.1N、2.1N、4.1N、6.1N、8.1N，分别测定叶片生理电容值（C），用对应的 LCR3532-50 配套软件记录测量数据。每种植物重复测定 3 次。每隔 1 h，重复上述操作步骤。

2.2.2.3 生理电容对不同失水时间的响应

从表 2.1 中可以看出，失水后构树、桑树的生理电容值变化趋势类似，桑树的变化幅度大于构树。构树的生理电容值在饱水后第 1 小时显著增大，第 2 小时显著降低，但是桑树的降低速度更快些，构树在第 5 小时有回升的趋势，但是回升不显著，而桑树则一直减小。

表 2.1 不同失水时间构树、桑树叶片的生理电容

时间/h	构树	桑树
0	574.305±43.500b	647.961±40.44b
1	790.003±74.020a	810.027±48.140a
2	448.183±33.330c	92.418±8.450c
3	184.729±7.740d	40.453±3.690c
4	123.351±8.380d	34.418±1.430c
5	228.365±13.960d	22.110±0.570c

注：同一列不同小写字母表示不同时间的生理电容在 0.05 水平差异显著

表 2.2 中的数据显示，诸葛菜的生理电容值在失水第 2 小时显著增大，失水的第 3、第 4 小时则显著减小，在失水第 5 小时再次出现显著变大的趋势。而油菜的生理电容值在失水第 2 小时显著减小，从第 3 小时开始一直减小且变化不显著。

---

① 1 亩≈666.67m²。

表 2.2　不同失水时间诸葛菜、油菜叶片的生理电容

时间/h	诸葛菜	油菜
0	430.933±6.979d	140.884±23.368c
1	426.307±14.685d	40.076±3.409b
2	587.258±23.619e	21.160±1.269a
3	229.471±5.663b	19.385±8.496a
4	188.964±6.317a	14.386±5.264a
5	333.506±18.422c	13.274±4.559a

注：同一列不同小写字母表示不同时间的生理电容在 0.05 水平差异显著

　　让植物叶片充分吸水，使其处于饱水状态。在饱水状态下失水越慢，其保水和持水能力越强，表明其抗干旱能力越强。让植物处在饱水状态，目的是让植物保持一个标准水分状态，失水的速度就可以代表植物的抗干旱能力。人工设定一个失水环境，可以不受自然气候的影响，使测定结果具有可比性。上述实验以野外自然生长的构树与桑树及人工种植的诸葛菜、油菜分别为对比实验材料，经过饱水后测定不同失水时刻叶片的生理电容值。叶片生理电容值能够反映其细胞体积的变化，4 种植物初始状态下的细胞体积各自不同，随着失水时间的增加，其变化趋势不同，构树和诸葛菜叶片具有较强的保水能力，抗旱性较好，其细胞体积变化较小，甚至有所回升。桑树和油菜抗旱性则较弱，细胞体积因失水而逐渐减小。

2.2.2.4　生理电容对不同失水时间及不同夹持力的响应

　　图 2.1 表示构树和桑树叶片在不同夹持力下的 C 值随失水时间的变化。从图中可以看出，随着失水时间增加，构树叶片在失水 1 h 处的 C 值达到最大，在失水 2 h 处显著下降，之后趋于稳定。桑树的 C 值随失水时间的增加则逐渐下降（图 2.1b），在失水 3h 处降至最低，在失水 4h 和 5h 处略有回升。各失水时刻下，两种植物叶片的 C 值均随着夹持力的增加呈现不同程度的增加趋势。

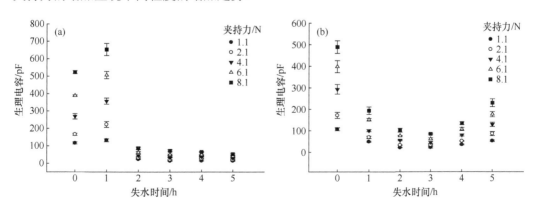

图 2.1　不同夹持力下构树（a）、桑树（b）叶片生理电容（C）随失水时间的变化

　　图 2.2 表示爬山虎和金银花叶片在不同夹持力下的 C 值随失水时间的变化。从图中可以看出，随着失水时间增加，爬山虎和金银花叶片的 C 值均逐渐下降，金银花在失水

4 h 时降至最低，在失水 5 h 时略有回升。各失水时刻下，两种植物叶片的 C 值均随着夹持力的增加呈现不同程度的增加趋势。

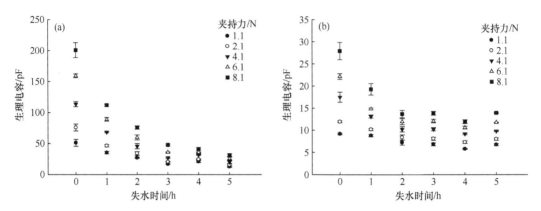

图 2.2 不同夹持力下爬山虎（a）、金银花（b）叶片生理电容（C）随失水时间的变化

图 2.3 表示诸葛菜和甘蓝型油菜叶片在不同夹持力下的 C 值随失水时间的变化。从图中可以看出，诸葛菜的 C 值随失水时间的增加逐渐下降，在失水 4 h 时降至最低，在失水 5 h 时略有回升。随着失水时间增加，油菜叶片在失水 1 h 时的 C 值达到最大值，在失水 2 h 时显著下降，之后趋于稳定。各失水时刻下，两种植物叶片的 C 值均随着夹持力的增加呈现不同程度的增加趋势。

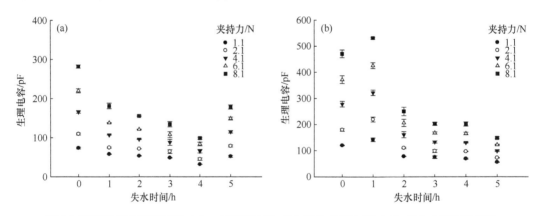

图 2.3 不同夹持力下诸葛菜（a）、甘蓝型油菜（b）叶片生理电容（C）随失水时间的变化

叶片厚度受失水影响而产生相应变化，在电生理指标测量过程中，夹持力同样会受到叶片厚度变化的影响。那么，所观察到的不同失水时间之间 C 值之间的差异则主要是由比有效厚度而不是夹持力本身的变化引起。作为特定夹持力下测定的瞬时值，C 值同样不能全面准确地反映植物的水分状况。如果没有合适且稳定一致的夹持力来用于测量电生理指标，在失水 3～4h 的 C 值之间是否存在差异就无法确定。然而，上述缺陷可通过测定不同夹持力下电生理指标的变化规律来进行规避。C 值的变化与细胞体积及细胞弹塑性有关，能够代表细胞结构及叶片厚度的变化特征。

2.3　植物叶片紧张度表征水分状况的原理及技术

干旱往往导致植物组织内体液浓度升高、电阻增大和电容值减小的现象（李晋阳和毛罕平，2016）。生理电容能较灵敏地反映小麦叶片含水量的变化及其抗旱性（栾忠奇等，2007）；细胞液浓度与组织水势有关，然而与水势相比，能够同时反映细胞液浓度和体积变化的叶片电容受环境影响更小，是快速准确获取植物缺水信息较为理想的方法（鲍一丹和沈杰辉，2005）。植物细胞中含有大量水分，可产生静水压，以维持细胞的紧张度，保持植物体的固有姿态，当植株受水分胁迫时，叶片的叶肉细胞因失水而收缩，细胞体积变小，反之细胞吸水膨胀，体积变大，植物叶片由大量细胞组成，其水分状况与细胞的膨胀或收缩紧密相关（王兰芬等，2015）。

吴沿友等（2015）依据植物叶片组织水势及生理电容与细胞液浓度之间的偶联关系，定义叶片紧张度并推导出叶片紧张度与组织水势、生理电容的关系模型。与生理电容、组织水势相比，叶片紧张度在反映植物的水分状况上更具优势，可成功应用于干旱期间甘蓝型油菜需水信息的快速获取。此外，植物持水能力的强弱与其本身的抗旱能力有关，叶片紧张度的变化可以反映植物失水的快慢及其持水能力，利用叶片紧张度可以快速测定植物的抗旱能力（Zhang et al.，2015）。Xing 等（2019）结合叶片紧张度与干重生物量之间的关系，通过在线监测电生理参数，实现了对不同干旱胁迫处理下诸葛菜叶片复水时间点的快速预测。同样有研究表明叶片紧张度与电容传感器夹持力之间具有良好的相关性（Xing et al.，2021）。

2.3.1　叶片紧张度的概念及计算

2.3.1.1　概念

植物叶片的组织水势和生理电容都与细胞液浓度存在偶联关系，且植物叶片生理电容与叶片比有效厚度（d）及用于测定生理电容的极板所接触的叶片有效面积（A）有关。因此，定义叶片紧张度（$T_d=A/d$）为极板接触的叶片有效面积（A）与叶片比有效厚度（d）的比值，依据这种偶联关系推导出叶片紧张度与组织水势、生理电容的关系模型（吴沿友等，2015）。组织水势容易受外界环境如温度、光照、风速等的影响，不能完整地、较好地反映出植物水分状况的变化情况，而叶片紧张度受外界环境变化影响小，结果稳定，其偶联了组织水势和生理电容，不仅考虑细胞液浓度的变化，还考虑了细胞体积的变化，可以及时直接地反映植物的水分变化。

2.3.1.2　计算

（1）生理电容

测量装置见图 1.6，连接 LCR 测试仪。此外，对于平行板电极，当电极板的宽度与两极板之间的厚度比值>16.644 时，实际测得的电容值与理想平板电容器的电容值越相近，本测量装置的电极片的直径 $D=1\text{cm}$，两极板之间的厚度 d 为待测植物叶片的厚度，即 $D/d>16.644$，推导出 $d<6.008\text{mm}$，所以本装置可以测定比有效厚度为 6.008mm 以下的生物体，完全适合大多数植物叶片且电容传感器的理论值与实际值接近一致。

在检测待测样品时，需要先将测量装置的两根电导线与 LCR 测试仪的 9140 测试探头连接，选择并联等效电路模式，再抬起塑料棒电极端，使两电极板将待测量植物叶片夹持住，根据不同植物所需的夹持力，通过增加不同质量的铁块来达到所需夹持力，设定测试频率为 3000Hz，同时设定测试电压为 1.5V，并用计数软件进行计数。该装置可以快速、无损地在线检测不同厚度的植物叶片电生理参数。

（2）叶片水势

植物叶片水势选用露点水势仪（Water Potential System，WESCOR，USA）连接 C-52 探头进行测定。

（3）叶片紧张度的计算

构建叶片水势和生理电容模型的具体方法：

植物叶片水势（Ψ_L）与细胞液溶质浓度的关系为：

$$\Psi_L = -iQRT \tag{2.1}$$

式中，Ψ_L 为植物叶片水势(MPa)；i 为解离系数(其值为1)；Q 为细胞液溶质浓度(mol/L)；R 为气体常数，其值为 0.0083 L·MPa/(mol·K)；T 为热力学温度（K，$T=273+t℃$，t 为环境温度）。

由两平行极板组成的电容器，忽略其边缘效应，其电容量表达式为：

$$C = \frac{\varepsilon_0 \varepsilon_r A}{d} \tag{2.2}$$

若将植物叶片放在两平行极板间，便构成了介电常数型电容传感器。此时式（2.2）中的 C 为植物叶片生理电容（F）；ε_0 为真空介电常数，其值为 8.854×10^{-12} F/m；ε_r 为细胞液溶质的相对介电常数（F/m）；A 为极板接触的叶片有效面积（m^2）；d 为叶片比有效厚度（m）。

设想叶片细胞液主要分为水和溶质两大部分，溶质质量占叶片总质量的百分比为 P，则水占叶片总质量的百分比为 $1-P$。常温下水的相对介电常数为 81 F/m，设溶质的相对介电常数为 a F/m。

因此，叶片的相对介电常数计算式为：

$$\varepsilon_r = 81\times(1-P) + P\alpha = 81-(81-\alpha)P \tag{2.3}$$

代入式（2.2），得：

$$C = \frac{\varepsilon_0 A[81-(81-\alpha)P]}{d} \tag{2.4}$$

溶质质量占叶片总质量的百分比 P 与浓度 Q 的关系为 $Q=1000P/M$，式中，M 为细胞液溶质的相对分子质量。

由 P 与 Q 的关系可得：

$$C = \frac{\varepsilon_0 A \left[81 - \frac{(81-a)MQ}{1000} \right]}{d} \tag{2.5}$$

联立植物叶片水势 Ψ_L 与细胞液浓度的关系式、植物叶片生理电容 C 与细胞液溶质的相对介电常数的表达式，推算出叶片水势与生理电容的关系如下：

$$C = \frac{\varepsilon_0 A \left[81 + \frac{(81-a)M\Psi_L}{1000iRT} \right]}{d} \tag{2.6}$$

对叶片水势与生理电容的关系式 [式（2.6）] 进行变形，得：

$$\frac{d}{A} = \frac{\varepsilon_0 \left[81 + \frac{(81-a)M\Psi_L}{1000iRT} \right]}{C} \tag{2.7}$$

令 $y = \frac{d}{A}$，则式（2.7）变形为：

$$y = \frac{d}{A} = \frac{\varepsilon_0}{C} \left[81 + \frac{(81-a)M\Psi_L}{1000iRT} \right] \tag{2.8}$$

若将细胞假设成椭圆状，式中，A 为极板接触的叶片有效面积；d 为叶片比有效厚度；A/d 即为细胞紧张度，由紧张度的大小反映细胞充盈情况，从而反映叶片水分状况。植物叶片紧张度（leaf tensity）$T_d=1/y$，用来表征植物的水分状况。

对于某特定物质来说，其相对介电常数 a 与相对分子质量 M 都是既定值，而 i 为常数 1，R 的数值为 0.0083L·MPa/(mol·K)，ε_0 为 8.854×10^{-12}F/m，记录环境温度 t，即可表示 T 的具体数值。这样只要测定生理电容和水势值，就可以求出叶片紧张度 T_d 的具体数值，从而反映植物水分状况。

2.3.2　植物叶片紧张度与水分的关系

植物叶片充分吸水，处于饱水状态，目的是让植物保持一个标准水分状态，失水的速度可以代表植物的抗干旱能力。人工设定一个失水环境，可以不受自然气候的影响，使测定结果具有可比性。

2.3.2.1　不同失水时间植物叶片紧张度的变化特征

材料选择、处理及生理电容测定详见 2.2.2.1 节。假设植物叶片内的溶质为蔗糖（$C_{12}H_{22}O_{11}$），此时 a 为 3.3 F/m，M 为 342 g/mol。记录实验时环境温度为 20℃。将表 2.3、表 2.4 中的生理电容值和组织水势值及环境温度值代入式（2.8），再利用叶片紧张度的公式 $T_d=1/y$ 计算出不同失水时刻 4 种植物的叶片紧张度，结果见表 2.5。

表 2.3　不同失水时间构树、桑树叶片的生理电容和水势

时间 /h	生理电容/pF		水势/MPa	
	构树	桑树	构树	桑树
0	574.305±43.500b	647.961±40.44b	−1.833±0.098bc	−1.677±0.041a
1	790.003±74.020a	810.027±48.140a	−1.417±0.058a	−1.977±0.033c
2	448.183±33.330c	92.418±8.450c	−1.560±0.055a	−1.983±0.035c
3	184.729±7.740d	40.453±3.690c	−1.787±0.027b	−1.817±0.048b
4	123.351±8.380d	34.418±1.430c	−1.967±0.046c	−2.023±0.007c
5	228.365±13.960d	22.110±0.570c	−1.990±0.010c	−1.777±0.0219ab

注：同一列不同小写字母表示不同时间的数值在 0.05 水平差异显著

表 2.4　不同失水时间诸葛菜、油菜叶片的生理电容和水势

时间 /h	生理电容/pF		水势/MPa	
	诸葛菜	油菜	诸葛菜	油菜
0	430.933±6.979d	140.884±23.368c	−1.443±0.524b	−1.820±0.130a
1	426.307±14.685d	40.076±3.409b	−1.760±0.040a	−1.303±0.047c
2	587.258±23.619e	21.160±1.269a	−0.673±0.027d	−0.537±0.018d
3	229.471±5.663b	19.385±8.496a	−1.150±0.049c	−0.593±0.044d
4	188.964±6.317a	14.386±5.264a	−0.520±0.064d	−1.420±0.017bc
5	333.506±18.422c	13.274±4.559a	−0.563±0.090d	−1.587±0.065b

注：同一列不同小写字母表示不同时间的数值在 0.05 水平差异显著

表 2.5　不同失水时间构树、桑树、诸葛菜、油菜的叶片紧张度

时间/h	构树	桑树	诸葛菜	油菜
0	1.066	1.170	7.462	2.604
1	1.364	1.543	7.795	0.678
2	0.793	0.176	9.007	0.318
3	0.334	0.075	3.787	0.294
4	0.235	0.066	2.834	0.248
5	0.435	0.041	5.033	0.235

从表 2.3 中可以看出，失水后构树、桑树的生理电容值变化趋势类似，桑树的变化幅度大于构树。构树的生理电容值在饱水后第 1 小时显著增大，第 2 小时显著降低，但是桑树的降低速度更快些，构树在第 5 小时有回升的趋势，但是回升不显著，而桑树则一直减小。构树组织水势在第 1 小时显著增大后，从第 2 小时开始到第 4 小时一直降低，降低较为显著；桑树的组织水势变化不太规则，整体呈下降趋势，在第 3 小时波动显著。

表 2.4 中的数据显示，诸葛菜的生理电容值在失水第 2 小时显著增大，失水的第 3、第 4 小时则显著减小，在失水第 5 小时再次出现显著变大的趋势。而油菜的生理电容值在失水第 2 小时显著减小，从第 3 小时开始一直减小且变化不显著。诸葛菜和油菜的组织水势值变化均比较显著。诸葛菜失水后，其水势值显著减小后显著增大，第 3 小时又显著减小，从第 4 小时水势值显著增大后变化很平缓。油菜失水后各个时刻的水势值均

显著大于失水 0 h 的值，第 2 小时显著增大后变化较为平缓，第 4 小时再次显著降低。

由表 2.5 中叶片紧张度的结果可以看出，其变化趋势类似于生理电容值的变化。复水后第 1 小时增大，第 2 小时陡然降低，但是桑树和油菜的降低速度更快些。构树在第 5 小时有回升的趋势而桑树则一直减小，表明构树的可复水性、忍耐干旱能力都比桑树好。诸葛菜在第 5 小时有回升的趋势而油菜则一直减小，同样可以说明诸葛菜的可复水性、忍耐干旱能力都比油菜好。

2.3.2.2　植物的相对叶片紧张度及抗干旱能力

将表 2.5 中失水后 j 小时的植物叶片紧张度（T_{dj}，j 为饱水叶片干燥失水后 j 小时），代入相对叶片紧张度公式：$RT_{dj}=T_{dj}/T_{d0}$，可以计算出待测植物失水后每个时刻的叶片相对紧张度（表 2.6）。将饱水叶片失水后每个时刻的叶片相对紧张度相加即为植物的抗干旱能力 RDC。

表 2.6　构树、桑树、诸葛菜、油菜的相对叶片紧张度及抗干旱能力

	构树	桑树	诸葛菜	油菜
RT_{d0}	1	1	1	1
RT_{d1}	1.279	1.32	1.045	0.260
RT_{d2}	0.744	0.151	1.207	0.122
RT_{d3}	0.319	0.064	0.508	0.113
RT_{d4}	0.22	0.057	0.380	0.095
RT_{d5}	0.409	0.035	0.675	0.090
RDC	3.971	2.627	4.815	1.680

利用抗干旱能力 RDC 的计算式，将各个时刻构树、桑树两种植物叶片相对紧张度相加得到其 RDC 分别为 3.971 和 2.627，可定量比较出构树的抗干旱能力大于桑树。这与实际情况相符（吴沿友等，2011a）。构树因其具有稳定的碳酸酐酶活力、较高的光能转化效率、电子传递速率及净光合速率来对抗干旱逆境，所以其抗干旱能力比较强。将各个时刻诸葛菜、油菜两种植物叶片的相对紧张度相加得到 RDC 分别为 4.815 和 1.680，可得诸葛菜的抗干旱能力大于油菜。这同样与实际情况相符（吴沿友等，2006）。

2.3.2.3　模拟岩溶干旱下植物生理生化指标的测定

喀斯特地貌主要存在于我国西南地区，是一种极其容易遭受破坏的脆弱的生态环境。由于喀斯特地区地表地下的"双层结构"，地表水与地下水的转化十分迅速（蒲俊兵等，2010），岩层主要以容易受到侵蚀的石灰岩为主，该区成土速度慢、土层浅薄、土壤总量少、岩石渗漏性强、土壤保水能力差，因此极易形成干湿频繁交替的岩溶干旱环境（高 pH、高重碳酸盐、干旱），冬旱期间尤为严重。同时，不同地区因土壤保水能力不同，水分下渗速度有所差异，导致这些地区生长的植物短期内容易遭受不同程度的岩溶干旱，生长极易受到影响，产量大幅下降。

植物的各项生理活动都有水的参与，水是植物体的重要组成成分，同时也是影响植

物形态结构、生长发育等的重要生态因子（解婷婷，2008），因此快速检测植物的水分状况对于分析植物的干旱情况及节水灌溉有着重要的意义（Fu et al., 2010）。传统指标如气孔导度、蒸腾速率、叶面积等可作为间接反映植物水分变化的参数。然而，受植物体内相关酶，如 CA 调节，延缓植物对水分的迫切需求，改变其水分状况，影响植物水分状况诊断的准确性。通过探索构建一种能够快速精准检测作物需水信息的指标或方法，使灌水恰到好处，可以最大限度地节约水资源。同时，可以加强节水灌溉管理，提高灌水利用效率。

实验在江苏大学农业工程研究院人工温室内进行。供试诸葛菜种子采自江苏省镇江市南山风景区，甘蓝型油菜采用新型杂交油菜'黔油 17 号'，均采用 12 孔穴盘育苗，基质为珍珠岩，用去离子水进行种子萌发。幼苗培养采用 1/2Hoagland 营养液，在第 70天选择生长良好且长势基本一致的幼苗进行岩溶干旱处理。通过在 Hoagland 营养液中添加不同浓度的聚乙二醇 6000（polyethylene glycol，PEG），诸葛菜设置 4 个岩溶干旱胁迫水平，分别为 0g/L、5g/L、10g/L、20g/L PEG。油菜设置 5 个岩溶干旱胁迫水平，分别为 0g/L、10g/L、20g/L、40g/L、80g/L PEG，其中 0g/L 作为空白对照。同时调节各水平处理液 pH 至 8.1±0.5 后分别添加 10mmol/L 的 $NaHCO_3$。岩溶干旱处理持续 6 天后复水 6 天，诸葛菜复水方案为 0g/L→0g/L、5g/L→0g/L、10g/L→5g/L、20g/L→10g/L。油菜复水方案为 0g/L→0g/L、10g/L→0g/L、20g/L→10g/L、40g/L→20g/L、80g/L→40g/L，整个处理期间每隔 1 天更换 1 次处理液。培养环境设置：光周期为 12 h，CO_2 浓度为（390±10）μmol/mol，空气相对湿度为（60±5）%，白天/夜间循环温度为 28℃/20℃、光量子通量密度为（280±20）μmol/（m²·s）。岩溶干旱处理第 6 天及复水第 6 天选取植物第 4、第 5 片完全展开叶，对叶片相对含水量、水势、电容、光合指标、可溶性糖含量、脯氨酸含量及碳酸酐酶（CA）活力进行测定，整个岩溶干旱及复水阶段隔天对生长指标进行测定，所有测定均重复 3 次。上述处理植物材料作为待测植物。

岩溶干旱胁迫处理 6 天后和复水 6 天后，每个处理水平下于待测植物中取 3 片成熟叶片，叶片离体后立马称量其重量并记录，然后置于烘箱中烘干至恒重，再次称量其重量，对应求出各处理水平下的叶片相对含水量。

采用改良的 pH 计法测量叶片 CA 活力（Xing and Wu, 2012；吴沿友等, 2011b）。采用从顶部往下第 4、第 5 片完全展开叶用于 CA 活力测量，每个处理水平下取 3 片叶片用于测量。将叶片剪碎并混合均匀，称取 0.3~0.8g 在液氮中快速冷冻研磨成浆，随后快速加入 3mL 碳酸酐酶提取液（0.01mol/L 巴比妥钠和 0.05mol/L 巯基乙醇，pH8.3）研磨，将匀浆在 13 000r/min 和 0℃下离心 5min，然后置于冰上 20min。离心后的上清液为植物叶片 CA 提取液。取 4.5 mL 的巴比妥钠缓冲液（20μmol/L，pH8.3）于反应容器中反应 10s 左右，取 0.4mL 的提取液迅速加入，随后迅速加入 3mL 预冷的（0~2℃）饱和 CO_2 蒸馏水，用 pH 电极监测反应体系 pH 变化，记录 pH 下降一个单位（如 pH从 8.3 到 7.3）所需的时间（记为 t），同时记录在酶失活条件下 pH 下降一个单位所需的时间（记为 t_0），酶活力用 WA（U/g FW）表示，$WA = t/t_0 - 1$。

植物叶片的可溶性糖含量和脯氨酸含量分别采用蒽酮法和酸性茚三酮法测量。于两种植物岩溶干旱胁迫处理第六天和复水第六天后，每个处理梯度下采取 3 片成熟叶片，剪碎后混匀称取 0.5～1g 新鲜叶片在可见分光光度计（7230G，上海舜宇恒平科学仪器有限公司）上测量可溶性糖含量和脯氨酸含量。

2.3.2.4　岩溶干旱对诸葛菜和甘蓝型油菜叶片含水量的影响

如表 2.7 所示，随着胁迫水平增加，诸葛菜叶片相对含水量不断降低。在岩溶干旱胁迫处理期间，4 个处理下诸葛菜的叶片相对含水量在 0.05 水平存在显著差异。5g/L 和 10g/L PEG 处理水平下在复水后叶片相对含水量均有所上升，20g/L PEG 处理水平下在复水后出现下降，复水后，10g/L 和 20g/L PEG 处理水平及空白对照组 0g/L PEG 处理水平在 0.05 水平存在显著差异，与空白对照组相比，5g/L PEG 处理水平下复水后在 0.05 水平无显著差异。

表 2.7　不同处理下诸葛菜叶片的相对含水量

PEG 浓度/（g/L）	叶片相对含水量/%	复水（PEG 浓度变化）/（g/L）	叶片相对含水量/%
0	86.55±1.37a	0→0	85.14±0.08a
5	81.88±0.67b	5→0	83.29±0.95ab
10	81.12±0.67b	10→5	81.80±0.30b
20	75.69±0.82c	20→10	72.83±0.46c

注：表中数据为平均值±标准差；同列不同小写字母表示在 0.05 水平存在显著差异，下同

如表 2.8 所示，甘蓝型油菜叶片相对含水量随着胁迫程度的加重而降低。在岩溶干旱胁迫处理下，10 g/L、20 g/L、40 g/L 和 80g/L PEG 处理水平下与空白对照 0g/L PEG 处理水平在 0.05 水平存在显著差异。复水后，20 g/L、40 g/L 和 80g/L 处理水平下与空白对照 0g/L 在 0.05 水平存在显著差异，10 g/L 与空白对照 0g/L 在 0.05 水平下不存在显著差异。10 g/L、20 g/L 和 40g/L 处理水平在复水后叶片相对含水量均上升，其中，40g/L 处理水平上升最为明显，80g/L 处理水平叶片相对含水量出现持续下降。

表 2.8　不同处理下甘蓝型油菜的叶片相对含水量

PEG 浓度/（g/L）	叶片相对含水量/%	复水（PEG 浓度变化）/（g/L）	叶片相对含水量/%
0	89.63±0.88a	0→0	88.89±0.98a
10	86.14±0.26b	10→0	88.00±0.44a
20	81.80±0.30c	20→10	83.36±0.31b
40	77.57±0.45d	40→20	80.23±0.07c
80	70.07±0.97e	80→40	66.95±0.96d

2.3.2.5　岩溶干旱对诸葛菜和甘蓝型油菜叶水势的影响

叶片水势测定详见 2.3.1.2 节。结果如表 2.9 所示，诸葛菜在胁迫处理期间，叶片水势最高值出现在 5g/L PEG 处理水平下，最低值出现在 20g/L PEG 处理水平下。复水后，空白对照组 0g/L PEG 处理水平下和 10g/L、20g/L PEG 处理水平下叶水势出现升高，5g/L PEG 处理水平下出现下降，最高值出现在空白对照组 0g/L PEG 处理水平下，最低值出

现在 20g/L PEG 处理水平下。复水后，5g/L 和 20g/L PEG 处理水平下的叶水势与空白对照组在 0.05 水平上存在显著差异。

表 2.9　不同处理下诸葛菜的叶水势

PEG 浓度/（g/L）	叶水势/MPa	复水（PEG 浓度变化）/（g/L）	叶水势/MPa
0	−1.09±0.06a	0→0	−0.84±0.02b
5	−0.91±0.04a	5→0	−1.06±0.12a
10	−0.94±0.09a	10→5	−0.87±0.02b
20	−1.14±0.12a	20→10	−1.11±0.10a

如表 2.10 所示，甘蓝型油菜在岩溶干旱胁迫处理期间，10 g/L 和 20g/L PEG 处理水平下的叶水势与空白对照组在 0.05 水平上不存在显著差异，与 40 g/L 和 80g/L PEG 处理水平下相比在 0.05 水平上存在显著差异性。最高值出现在 20g/L PEG 处理水平下，最低值出现在 80g/L PEG 处理水平下。复水后，空白对照组、10 g/L 和 20g/L PEG 处理水平下的叶水势均出现下降，40 g/L 和 80g/L PEG 处理水平下出现上升。10 g/L、20 g/L、40 g/L 和 80g/L PEG 与空白对照组处理水平下在 0.05 水平上均存在显著差异性，其中 20 g/L 和 40 g/L PEG 处理水平下叶水势在 0.05 水平上均不存在显著差异性。

表 2.10　不同处理下甘蓝型油菜的叶水势

PEG 浓度/（g/L）	叶水势/MPa	复水（PEG 浓度变化）/（g/L）	叶水势/MPa
0	−0.74±0.03c	0→0	−1.18±0.01a
10	−0.73±0.01c	10→0	−0.92±0.00c
20	−0.72±0.01c	20→10	−0.75±0.01d
40	−2.20±0.01b	40→20	−0.77±0.03d
80	−2.80±0.02a	80→40	−1.12±0.02b

在 20g/L PEG 处理水平下，诸葛菜叶水势在复水前后均低于甘蓝型油菜，胁迫处理期间，空白对照组和 10g/L PEG 处理水平下诸葛菜叶水势均低于甘蓝型油菜，复水后均高于甘蓝型油菜。

2.3.2.6　岩溶干旱对诸葛菜和甘蓝型油菜生理电容的影响

叶片生理电容测定详见 2.3.1.2 节。根据表 2.11 可知，胁迫处理期间，诸葛菜生理电容最高值出现在 5g/L PEG 处理水平下，最低值出现在 20g/L PEG 处理水平下，5g/L PEG 处理水平与空白对照组在 0.05 水平上不存在显著差异性，10 g/L 和 20g/L PEG 处理水平与空白对照组在 0.05 水平上存在显著差异性。复水后，空白对照组、5 g/L 和 10g/L PEG 处理水平下的生理电容出现上升，20g/L PEG 处理水平下的生理电容出现下降，且诸葛菜植物生理电容随着胁迫处理浓度的加重而减小，5 g/L、10 g/L 和 20g/L PEG 处理水平与空白对照组在 0.05 水平上均存在显著差异性。

表 2.11　不同处理下诸葛菜叶片的生理电容

PEG 浓度/（g/L）	生理电容/pF	复水（PEG 浓度变化）/（g/L）	生理电容/pF
0	1008.51±105.01a	0→0	1246.67±88.38a
5	1105.72±67.88a	5→0	1120±5.77b
10	834.18±27.45b	10→5	886.67±18.56c
20	775.08±7.25b	20→10	743.33±20.28d

根据表 2.12 可知，甘蓝型油菜叶片的生理电容随着胁迫处理浓度的加大而减小。胁迫处理期间，10 g/L、20 g/L、40 g/L 和 80 g/L PEG 处理水平与空白对照组在 0.05 水平上均存在显著差异性，20 g/L、40 g/L 和 80 g/L PEG 处理水平彼此之间在 0.05 水平上均不存在显著差异性。复水后，空白对照组和 80g/L PEG 处理水平下植物生理电容出现下降，10 g/L、20 g/L 和 40 g/L PEG 处理水平下的生理电容出现上升。10 g/L、20 g/L、40 g/L 和 80 g/L PEG 处理水平与空白对照组在 0.05 水平上均存在显著差异性，10 g/L 和 20g/L PEG 处理水平与 40 g/L 和 80g/L PEG 处理水平在 0.05 水平上存在显著差异。

表 2.12　不同处理下甘蓝型油菜叶片的生理电容

PEG 浓度/（g/L）	生理电容/pF	复水（PEG 浓度变化）/（g/L）	生理电容/pF
0	76.17±7.48a	0→0	65.22±0.25a
10	49.12±2.08b	10→0	52.89±1.34b
20	36.14±3.49bc	20→10	46.60±3.03b
40	31.67±0.17c	40→20	32.23±0.42c
80	30.34±0.35c	80→40	30.22±3.07c

在同一个处理水平下，诸葛菜生理电容均高于甘蓝型油菜。

2.3.2.7　岩溶干旱对诸葛菜和甘蓝型油菜叶片紧张度的影响

假设诸葛菜和甘蓝型油菜叶片内的溶质为蔗糖，则 a 的值取 3.3 F/m，M 的值取 342（t=25℃）。则叶片紧张度公式化简为：

$$T_{\mathrm{d}} = \frac{1}{y} = \frac{A}{d} = \frac{C}{8.854 + (81 + 10.744 \times \varPsi_{\mathrm{L}})}$$

把测得的生理电容 C 和组织水势 $\varPsi_{\mathrm{L}}$ 代入公式中，可以得出不同处理下诸葛菜和油菜的叶片紧张度，如表 2.13、表 2.14 所示。

表 2.13　不同处理下诸葛菜的叶片紧张度

PEG 浓度/（g/L）	叶片紧张度/cm	复水（PEG 浓度变化）/（g/L）	叶片紧张度/cm
0	1.64±0.19ab	0→0	1.95±0.14a
5	1.74±0.10a	5→0	1.82±0.04a
10	1.33±0.06b	10→5	1.40±0.03b
20	1.27±0.01b	20→10	1.21±0.05b

表 2.14　不同处理下甘蓝型油菜的叶片紧张度

PEG 浓度/（g/L）	叶片紧张度/cm	复水（PEG 浓度变化）/（g/L）	叶片紧张度/cm
0	0.12±0.01a	0→0	0.11±0.00a
10	0.08±0.03b	10→0	0.09±0.00b
20	0.06±0.05bc	20→10	0.08±0.00b
40	0.05±0.00c	40→20	0.05±0.00c
80	0.05±0.00c	80→40	0.05±0.00c

诸葛菜在岩溶干旱胁迫处理下，T_d 最高值出现在 5g/L PEG 处理水平下，高于空白对照组，5 g/L、10 g/L 和 20g/L PEG 处理水平下的 T_d 随着胁迫浓度的加重而减小，且与空白对照组在 0.05 水平上均不存在显著差异。10 g/L 和 20g/L PEG 处理水平下与 5g/L PEG 处理水平下在 0.05 水平上存在显著差异。复水后，空白对照组与 5 g/L、10g/L PEG 处理水平下出现增大，20g/L PEG 处理水平下出现减小，其中，最大值出现在空白对照组，最小值出现在 20g/L PEG 处理水平下。5g/L PEG 处理水平下与空白对照组在 0.05 水平上不存在显著差异，10g/L 和 20g/L PEG 处理水平与空白对照组和 5g/L PEG 处理水平在 0.05 水平上均存在显著差异。复水前后，10 g/L 和 20g/L PEG 处理水平下的诸葛菜 T_d 在 0.05 水平上均不存在显著差异。

复水前后甘蓝型油菜 T_d 均随着处理浓度的加大而减小。胁迫处理期间，10 g/L、20 g/L、40 g/L 和 80g/L PEG 处理水平下的 T_d 与空白对照组在 0.05 水平上均存在显著差异。复水后，空白对照组 T_d 出现下降，10 g/L 和 20g/L PEG 处理水平下 T_d 均出现上升，40 g/L 和 80g/L PEG 处理水平下 T_d 基本无变化。各胁迫处理水平下的 T_d 与空白对照组在 0.05 水平上均存在显著差异。

在同一个处理水平下空白对照组、10 g/L 和 20g/L PEG 水平下，复水前后诸葛菜 T_d 均高于甘蓝型油菜。

2.3.2.8　岩溶干旱对诸葛菜和甘蓝型油菜碳酸酐酶活力的影响

如表 2.15 所示，胁迫期间诸葛菜叶片内 CA 活力随着胁迫处理浓度的加大而上升，5g/L PEG 处理水平下与空白对照组相比在 0.05 水平存在显著差异，10 g/L 和 20g/L PEG 处理水平下与空白对照组在 0.05 水平存在显著差异。复水后，10 g/L 和 20g/L PEG 处理水平下诸葛菜叶片内 CA 活力出现下降，5 g/L 和 10g/L PEG 处理水平下的 CA 值与胁迫期间相比差值较小，且 5 g/L 和 10g/L PEG 处理水平下与空白对照组相比在 0.05 水平不存在显著差异。20g/L PEG 处理水平与其他各处理水平在 0.05 水平均存在显著差异。

表 2.15　不同处理下诸葛菜叶片的 CA 活力

PEG 浓度/（g/L）	CA 活力/WAU/g FW	复水（PEG 浓度变化）/（g/L）	CA 活力/WAU/g FW
0	1655.52±60.28c	0→0	1972.61±176.38b
5	2261.01±305.49ab	5→0	2426.02±471.05b
10	2477.25±259.22b	10→5	2378.06±384.40b
20	4896.02±202.53a	20→10	3964.18±122.93a

如表 2.16 所示，甘蓝型油菜在岩溶干旱胁迫处理期间，10 g/L、40 g/L 和 80g/L PEG 处理水平下与空白对照组相比在 0.05 水平上存在显著差异，20 g/L PEG 与空白对照组相比在 0.05 水平不存在显著差异。复水后，空白对照组处理下甘蓝型油菜叶片内 CA 活力略微上升，10 g/L 和 40g/L PEG 处理水平下 CA 活力降低，其中，40g/L PEG 处理水平下下降最为明显，80g/L PEG 处理水平下 CA 活力进一步加强，且 10 g/L、20 g/L、40 g/L 和 80g/L 处理水平下与空白对照组相比在 0.05 水平不存在显著差异。

表 2.16　不同处理下甘蓝型油菜叶片的 CA 活力

PEG 浓度/（g/L）	CA 活力/WAU/g FW	复水（PEG 浓度变化）/（g/L）	CA 活力/WAU/g FW
0	3587.34±301.72d	0→0	3922.72±143.23a
10	4546.37±211.26b	10→0	3989.69±686.27a
20	3358.08±94.13d	20→10	4114.90±124.52a
40	5957.06±104.25a	40→20	4943.05±374.43a
80	4113.07±200.71c	80→40	4250.06±974.56a

由表 2.15、表 2.16 可知，同一个浓度处理下，诸葛菜植物内 CA 活力明显低于甘蓝型油菜，20g/L PEG 处理则除外。

2.3.2.9　岩溶干旱对诸葛菜和甘蓝型油菜渗透调节物质的影响

如表 2.17 所示，随着胁迫处理程度的加重，诸葛菜叶片可溶性糖和脯氨酸含量不断上升，各胁迫水平下可溶性含量变化幅度较小。胁迫处理期间，5 g/L、10 g/L 和 20g/L PEG 处理水平与空白对照组在 0.05 水平上存在显著差异性，10 g/L 和 20g/L PEG 处理水平与空白对照组在 0.05 水平上不存在显著差异性。5 g/L、10 g/L 和 20g/L PEG 处理水平下的脯氨酸含量与空白对照组在 0.05 水平上均存在显著差异性，5 g/L 和 10g/L PEG 处理水平下的脯氨酸含量在 0.05 水平上均不存在显著差异性。复水后，5 g/L、10g/L PEG 处理水平下的可溶性糖和脯氨酸含量均出现下降，空白对照组和 20g/L PEG 处理水平均出现上升，其中可溶性糖含量和脯氨酸含量最低值均出现在 5g/L PEG 处理水平上，且均低于空白对照组，5 g/L 和 20g/L PEG 处理水平下的可溶性糖含量与空白对照组在 0.05 水平上均存在显著差异性，10g/L PEG 处理水平下的可溶性糖含量与空白对照组在 0.05 水平上不存在显著差异性，各胁迫水平下的脯氨酸含量在复水后与空白对照组在 0.05 水平上均存在显著差异性。

表 2.17　不同处理下诸葛菜的渗透调节物质含量

PEG 浓度 /（g/L）	渗透调节物质		复水（PEG 浓度变化） /（g/L）	渗透调节物质	
	可溶性糖/（μg/g）	脯氨酸/（μg/g）		可溶性糖/（μg/g）	脯氨酸/（μg/g）
0	506.00±0.98c	107.57±2.96c	0→0	516.71±0.99b	111.59±2.96c
5	521.31±1.44b	134.90±4.11b	5→0	478.17±1.27c	91.68±4.15d
10	531.70±5.83a	136.76±2.49b	10→5	521.10±5.90b	126.96±2.47b
20	540.14±6.52a	189.62±4.11a	20→10	547.96±6.51a	199.73±4.15a

如表 2.18 所示, 胁迫和复水期间, 甘蓝型油菜植物内可溶性糖含量和脯氨酸含量均随着胁迫浓度的加大而上升, 两种渗透调节物质在复水前后最低值均出现在空白对照组下, 最高值均出现在 80g/L PEG 处理水平下。胁迫处理期间, 10 g/L、20 g/L、40 g/L 和 80g/L PEG 处理水平下的可溶性糖和脯氨酸含量与空白对照组在 0.05 水平上均存在显著差异。复水后, 10 g/L、20 g/L 和 40g/L PEG 处理水平下的可溶性糖含量出现下降, 空白对照组和 80g/L PEG 处理水平下出现上升, 而脯氨酸含量在空白对照组、10 g/L、20 g/L 和 40g/L PEG 处理水平均出现下降, 在 80g/L PEG 处理水平出现上升。复水期间, 10 g/L、20 g/L、40 g/L 和 80g/L PEG 处理水平下的可溶性糖含量与空白对照组在 0.05 水平上均存在显著差异性, 空白对照组脯氨酸含量与 10g/L PEG 处理水平下在 0.05 水平上不存在显著差异性, 20 g/L、40 g/L 和 80g/L PEG 处理水平下的脯氨酸含量与空白对照组在 0.05 水平上存在显著差异性。

表 2.18   不同处理下甘蓝型油菜的渗透调节物质含量

PEG 浓度 /（g/L）	渗透调节物质		复水（PEG 浓度变化） /（g/L）	渗透调节物质	
	可溶性糖/（μg/g）	脯氨酸/（μg/g）		可溶性糖/（μg/g）	脯氨酸/（μg/g）
0	45.45±1.16e	118.58±1.51d	0→0	49.21±1.03e	115.28±4.64d
10	131.79±7.96d	156.09±4.92c	10→0	103.99±1.65d	117.73±0.70d
20	170.79±8.91c	179.37±1.69b	20→10	142.51±6.64c	144.85±1.02c
40	232.57±11.17b	186.58±0.29b	40→20	193.36±4.16b	160.18±1.88b
80	292.66±3.28a	221.59±3.69a	80→40	305.66±0.96a	248.62±5.47a

2.3.2.10   相关性分析

由表 2.19 可知, 诸葛菜叶片紧张度（T_d）与叶水势（Ψ_L）、可溶性糖含量、脯氨酸含量、叶片相对含水量（RWC）及 CA 活力均存在显著相关性。其中, 与 Ψ_L、可溶性糖含量、脯氨酸含量和叶片相对含水量在 0.01 水平上存在显著相关性, 与 CA 活力在 0.05 水平上存在显著相关性。Ψ_L 与 RWC 在 0.01 水平上存在显著相关性, 与渗透调节物质和 CA 活力不存在显著相关性。两种渗透调节物质与 RWC 和 CA 活力在 0.01 水平上均存在显著相关性。叶片相对含水量与 CA 活力在 0.01 水平上存在显著相关性。

表 2.19   诸葛菜 T_d、Ψ_L、渗透调节物质、RWC 和 CA 活力的相关性

	Ψ_L	可溶性糖	脯氨酸	RWC	CA 活力
T_d	0.531**	−0.546**	−0.648**	0.745**	−0.478*
Ψ_L		0.146	−0.246	0.530**	−0.228
可溶性糖			0.867**	−0.600**	0.659**
脯氨酸				−0.872**	0.856**
RWC					−0.750**

* 相关性在 0.05 水平上显著（双尾）;

** 相关性在 0.01 水平上显著（双尾）;

下同

据表 2.20 可知，甘蓝型油菜 T_d 与 $\mathit{\Psi}_L$、可溶性糖含量、脯氨酸含量、RWC 及 CA 活力均存在显著相关性，其中，T_d 与 $\mathit{\Psi}_L$、可溶性糖含量、脯氨酸含量和 RWC 在 0.01 水平上存在显著相关性，与 CA 活力在 0.05 水平上存在显著相关性。$\mathit{\Psi}_L$ 与渗透调节物质和 RWC 在 0.01 水平上存在显著相关性，与 CA 活力不存在显著相关性。两种渗透调节物质彼此在 0.01 水平上存在显著相关性。甘蓝型油菜叶片相对含水量与 CA 活力不存在显著相关性。

表 2.20　甘蓝型油菜 T_d、$\mathit{\Psi}_L$、渗透调节物质、RWC 和 CA 活力的相关性

	$\mathit{\Psi}_L$	可溶性糖	脯氨酸	RWC	CA 活力
T_d	−0.699**	−0.870**	−0.779**	0.784**	−0.369*
$\mathit{\Psi}_L$		0.897**	0.852**	−0.871**	−0.141
可溶性糖			0.954**	−0.957**	0.32
脯氨酸				−0.948**	0.229
RWC					−0.162

2.3.2.11　小结

渗透物质的积累是植物抗旱性的重要生理适应（Morgan，1984），这有助于植物从干燥的土壤中提取水分，并在非常干燥的环境中维持细胞膨胀和气体交换（White et al.，2000）。可溶性糖和脯氨酸是植物中两种最重要的渗透调节物质，它们除了在渗透调节中起作用外，还可以保护膜免受损伤并稳定蛋白质和酶的结构和活力（Ahmed et al.，2009；Hessini et al.，2009）。随着岩溶干旱胁迫处理浓度的加大，植物 RWC 显著下降，诸葛菜和油菜叶片内的可溶性糖和脯氨酸含量呈升高趋势，对应的水势出现及时下降，与其变化同步。植物体内的 CA 有催化可逆的二氧化碳水合反应（$CO_2 + H_2O \rightleftharpoons H_2CO_3 \rightleftharpoons H^+ + HCO_3^-$）的功能（Kicheva and Lazova，1998；吴沿友等，2011a），受岩溶干旱胁迫影响，植物体内 CA 活力会升高，快速催化储存在植物体内的 HCO_3^- 发生脱水反应，在为 1,5-二磷酸核酮糖（Ribulose-1,5-bisphosphate）提供潜在底物 CO_2 源的同时，也为植物体补充了水分，延缓了植物的水分需求（Hu et al.，2011）。诸葛菜和甘蓝型油菜的叶片 CA 被进一步激活，催化植物体内 HCO_3^- 转化为 H_2O 和 CO_2，延缓了植物对水分的迫切需求。诸葛菜在 10g/L PEG 处理水平下、甘蓝型油菜在 40g/L PEG 处理水平下较高的 CA 活力意味着更强的水分调节能力，从而在细胞质中提供更多的水，并防止 RWC 的减少。

相关分析表明，诸葛菜和甘蓝型油菜的 T_d 比 $\mathit{\Psi}_L$ 与其他表征植物水分信息的指标如可溶性糖含量、脯氨酸含量、叶片相对含水量和 CA 活力表现出更好的相关性。岩溶干旱下，植物细胞液泡内溶质浓度发生变化，同时细胞体积发生变化，叶片水势只能表征液泡溶质浓度的变化，无法反映细胞体积的减小。叶片紧张度是依据植物叶片水势及生理电容与细胞液浓度的偶联关系推导出的叶片水势、生理电容的关系模型，能够同时反映细胞液浓度及体积的变化，能够更好地表征植物水分变化情况。

岩溶干旱下，诸葛菜和甘蓝型油菜相对含水量均出现不同程度下降，可溶性糖与脯

氨酸含量显著升高，而诸葛菜和甘蓝型油菜水势分别在 20g/L PEG 或者 80g/L PEG 水平下显著下降，其下降滞后于渗透调节物质的变化，可能受植物体内相关酶，如 CA 水分调节的影响。而叶片紧张度（T_d）能够及时响应，与叶片含水量同步下降。且诸葛菜和甘蓝型油菜叶片紧张度（T_d）与叶水势（Ψ_L）、渗透调节物质、叶片相对含水量及 CA 活力均存在较好的相关性，与水势相比，T_d 能够更好地反映植物水分状况。

2.3.3 叶片紧张度与光合作用的关系

生理耐旱阈值的确定有利于准确掌握植物真正的水分需求，从而对植物进行精准灌溉，依据叶片萎蔫程度确定受旱程度，在此基础上对植物供水，作物产量容易受到影响（Peters，1968）。叶片水势受环境变化容易快速波动，不能作为确定植物受旱程度的理想指标（Jones，1990）。植物叶片的含水量、气孔导度、蒸腾速率变化等即时指标同样经常被作为间接获得植物水分亏缺状况，确定耐旱阈值的依据（张晓东等，2011；Wang et al.，2017）。植物生理耐旱阈值的获取大多建立在植物遭受不可逆损害的基础上，不能提前预测。植物生理耐旱阈值的快速判定依赖于叶片水分状况与光合及生长特性之间直接关系的深入分析。光合作用为所有植物产品提供原材料，是产量形成的基础，但易受水分胁迫的影响（Zhu et al.，2012）。光合作用及其与叶片水分直接关系的建立提供了生长抑制指数快速计算的方法，且基于耐旱阈值的灌水可以有效防止作物产量的过度下降。为实现生理耐旱阈值的快速在线预测，需综合分析 T_d 与净光合速率的关系，实时掌握植物耐旱阈值。

2.3.3.1 叶片紧张度与净光合速率关系模型的构建

材料培养和处理见 2.3.2.3 节，叶片紧张度的计算见 2.3.1.2 节。分别于植物岩溶干旱胁迫处理第 6 天和复水处理第 6 天，上午 9:30～11:00，用 Li-6400XT 便携式光合测量系统（LI-COR，Lincoln，NE，USA）测定植物第 4 片完全展开叶的净光合速率[P_N，μmol/（m²·s）]，气孔导度[g_s，mmol/（m²·s）]和蒸腾速率[E，mmol/（m²·s）]，根据 P_N/E 得出叶片水分利用效率（WUE），每个处理水平下采取 5 片成熟叶片进行测量，每片植物测量保存 5 次数据。

表示酶促反应的起始速度与底物浓度关系的米氏方程也可用于描述净光合速率与光合有效辐射强度或者 CO_2 之间的关系，它们同样可以用直角双曲线方程来表示，如式（2.9）所示：

$$A = \frac{A_{max} I}{K + I} - R \tag{2.9}$$

式中，A 为净光合速率；I 为光合有效辐射强度或者胞间 CO_2 浓度；A_{max} 为饱和光强或者 CO_2 饱和时的净光合速率，即最大净光合速率；R 为呼吸速率；K 为常数，代表当净光合速率为最大净光合速率 A_{max} 一半时的外界光强或者 CO_2 浓度。

光合作用总反应式为 $CO_2 + H_2O = (CH_2O) + O_2$，其中（$CH_2O$）表示糖类。$CO_2$ 和 H_2O 同为光合作用的反应底物，且反应比例为 1:1，即光合作用过程中的净 CO_2 同

化速率等同于净 H_2O 同化速率。叶片紧张度能够准确反映植物叶片的水分状况。生物量主要取决于植物叶片净光合速率的大小。所以，光合作用对光强或者 CO_2 响应的直角双曲线模型同样可用于生长量对叶片紧张度响应的曲线拟合。

用式（2.10）拟合 P_N - C_i 响应曲线：

$$P_N = \frac{CE \times C_i \times P_{Nmax}}{CE \times C_i + P_{Nmax}} - R_{esp} \qquad (2.10)$$

式中，P_N 为净光合速率，单位为 $\mu mol/(m^2 \cdot s)$；CE 为羧化效率，单位为 $\mu mol（CO_2）/(m^2 \cdot s)$；$C_i$ 为细胞内的二氧化碳浓度，单位为 $\mu mol/mol$；P_{Nmax} 为 CO_2 饱和时的 P_N，单位为 $\mu mol/(m^2 \cdot s)$；R_{esp} 为光呼吸速率，单位为 $\mu mol\ CO_2/(m^2 \cdot s)$。

将 $a=A_{max}$，$b=A_{max}/CE$，$Y_0=-R_{esp}$ 代入式（2.10）中，得到：

$$Y = Y_0 + \frac{aX}{b+X} \qquad (2.11)$$

式中，Y 为 H_2O 的净同化速率，单位为 $\mu mol\ H_2O/(m^2 \cdot s)$；$X$ 为叶片紧张度（T_d），单位为 cm；Y_0 为生理失水率，单位为 $\mu mol\ H_2O/(m^2 \cdot s)$；$a$ 为当细胞内水分充足时的 H_2O 的净同化速率，单位为 $\mu mol\ H_2O/(m^2 \cdot s)$；$a/b$ 为水化效率，表示为 $UT/(m^2 \cdot s)$，$UT=10^2 \mu mol$。

CO_2 和 H_2O 都是光合作用的底物，H_2O 的净同化速率与 CO_2 相似。此外，植物叶片由大量的细胞组成，T_d 可以反映细胞液浓度和细胞体积的变化，可以反映植物水分状况。因此，P_N 与 T_d 的关系也可以用式（2.11）拟合。

2.3.3.2　岩溶干旱及复水处理下光合作用的变化

如图 2.4 可知，在胁迫处理期间，诸葛菜 P_N 最大值出现在空白对照组，最小值出现在 5g/L PEG 处理水平下，5 g/L、10 g/L 和 20g/L PEG 处理水平下的 P_N 与空白对照组在 0.05 水平上存在显著差异性，其中 10 g/L 和 20g/L PEG 处理水平下的 P_N 在 0.05 水平上不存在显著差异性，复水后，空白对照组和 20g/L PEG 处理水平下的 P_N 出现下降，5 g/L

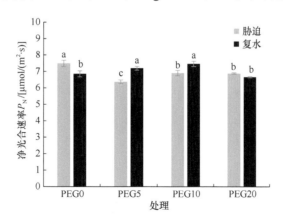

图 2.4　不同处理下诸葛菜的净光合速率

PEG0 表示 PEG 浓度为 0g/L，PEG5 表示 PEG 浓度为 5g/L，PEG10 表示 PEG 浓度为 10g/L，PEG20 表示 PEG 浓度为 20g/L。

图中数据为平均值±标准差；同种颜色上不同小写字母表示胁迫或复水下在 0.05 水平存在显著差异。下同

和 10g/L PEG 处理水平下的 P_N 出现上升，且 5g/L PEG 处理水平下的 P_N 高于空白对照组。复水后 20g/L PEG 处理水平下的 P_N 与空白对照组在 0.05 水平上不存在显著差异性，5 g/L 和 10g/L PEG 处理水平下的 P_N 与空白对照组在 0.05 水平上存在显著差异。

如图 2.5 可知，甘蓝型油菜的 P_N 随着胁迫处理浓度的加大而降低，复水前后，不同处理水平下的 P_N 与空白对照组在 0.05 水平上均存在显著差异性。复水后，10g/L、20g/L 和 40g/L PEG 处理水平下的 P_N 出现上升，空白对照组和 80g/L PEG 处理水平下的 P_N 出现下降。其中 40g/L PEG 处理水平下的 P_N 上升幅度最大。同一个处理水平如空白对照组、10g/L 和 20g/L PEG 处理水平下的 P_N 诸葛菜均高于甘蓝型油菜。

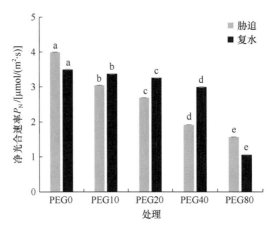

图 2.5   不同处理下甘蓝型油菜的净光合速率

如图 2.6 可知，诸葛菜在胁迫处理期间，5g/L PEG 处理水平下的 g_s 与空白对照组在 0.05 水平上存在显著差异性，10g/L 和 20g/L PEG 处理水平下的 g_s 与空白对照组在 0.05 水平上均不存在显著差异性，其中最高值出现在空白对照组，最低值出现在 5g/L PEG 处理水平下。复水后，空白对照组的 g_s 值出现下降，其他各水平下出现上升且均高于空白对照组，其中，5g/L PEG 处理水平下上升幅度最大，20g/L PEG 处理水平下的上升幅度最小。5g/L 和 20g/L PEG 处理水平下的 g_s 在复水后与空白对照组在 0.05 水平上不存在显著差异，10g/L PEG 处理水平下的 g_s 在复水后与空白对照组在 0.05 水平上存在显著差异。

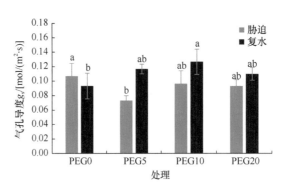

图 2.6   不同处理下诸葛菜的气孔导度

如图 2.7 可知，在胁迫处理期间，甘蓝型油菜的 g_s 随着胁迫处理浓度的加大而不断减小，不同处理组之间在 0.05 水平上均存在显著差异性。复水后，空白对照组、10 g/L 和 20g/L PEG 处理水平下的 g_s 出现明显下降，其中，空白对照组下降最为明显，40 g/L 和 80g/L PEG 处理水平下的 g_s 出现上升，不同处理组之间在 0.05 水平上依旧显示出显著差异性。

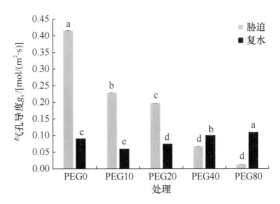

图 2.7　不同处理下甘蓝型油菜的气孔导度

10 g/L 和 20g/LPEG 处理水平下的诸葛菜在复水后的 g_s 值各自均高于同一处理水平下的甘蓝型油菜在复水后的 g_s 值。

如图 2.8 可知，诸葛菜的叶片 E 在不同胁迫处理下反应不同。胁迫处理期间，最高值出现在空白对照组，最低值出现在 5g/L PEG 处理水平下，且 5g/L PEG 处理水平下的 E 与空白对照组在 0.05 水平上存在显著差异性，10g/L 与 20g/L PEG 处理水平下在 0.05 水平上不存在显著差异性。复水后，空白对照组的 E 出现下降，5 g/L、10 g/L 和 20g/L PEG 处理水平下的 E 稍有上升，但不明显，其中 5g/L PEG 处理水平下上升幅度最大。5g/L PEG 处理水平下的 E 在复水后与空白对照组在 0.05 水平上显示出显著差异性，10 g/L 和 20g/L PEG 处理水平下的 E 在复水后与空白对照组在 0.05 水平上均没有显示出显著差异性。

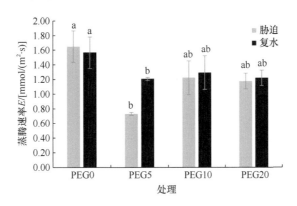

图 2.8　不同处理下诸葛菜的蒸腾速率

如图 2.9 所示，在岩溶干旱胁迫处理期间，甘蓝型油菜的叶片 E 随着胁迫处理浓度的加大而降低，不同处理水平下的 E 在 0.05 水平上均存在显著差异性。复水后，空白对照组、10 g/L 和 20g/L PEG 处理水平下的 E 出现明显降低，40 g/L 和 80g/L PEG 处理水平下的 E 出现上升，其中 80g/L PEG 处理水平下上升幅度最大。复水后的 10 g/L、20 g/L、40 g/L 和 80g/L PEG 处理水平下的 E 与空白对照组在 0.05 水平上存在显著差异性，10 g/L、20 g/L、40 g/L 和 80g/L PEG 处理水平下的 E 在 0.05 水平上也存在显著差异性。

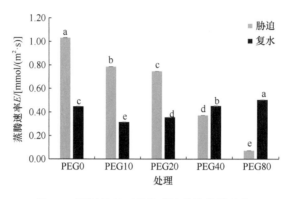

图 2.9　不同处理下甘蓝型油菜的蒸腾速率

同一个处理水平如空白对照组、10 g/L 和 20 g/L PEG 处理水平下诸葛菜的 E 明显高于甘蓝型油菜。

如图 2.10 所示，诸葛菜叶片 WUE 在不同处理下反应不同。复水前后最高值和最低值分别出现在 5g/L PEG 处理水平和空白对照组下。胁迫处理期间，5g/L PEG 处理水平下的 WUE 与空白对照组在 0.05 水平上存在显著差异，10 g/L 和 20g/L PEG 处理水平下的 WUE 与空白对照组在 0.05 水平上不存在显著差异性。复水后，空白对照组、10 g/L 和 20g/L PEG 处理水平下的 WUE 出现微弱下降，5g/L PEG 处理水平下的 WUE 出现明显下降，复水后的 10 g/L 和 20g/L PEG 处理水平下的 WUE 与空白对照组在 0.05 水平上不存在显著差异性，5g/L PEG 处理水平下 WUE 与空白对照组在 0.05 水平上显示显著差异性。

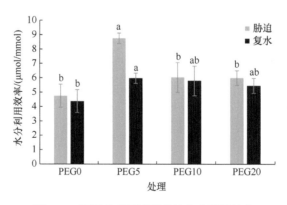

图 2.10　不同处理下诸葛菜的水分利用效率

如图 2.11 所示，在胁迫处理期间，甘蓝型油菜的 WUE 在 0 g/L、10 g/L 和 20g/L PEG 处理水平下在 0.05 水平上不存在显著差异性。40 g/L 和 80g/L PEG 处理水平下的 WUE

与空白对照组在 0.05 水平上存在显著差异性，最高值出现在 80g/L PEG 处理水平下。复水后，空白对照组、10 g/L、20 g/L 和 40g/L PEG 处理水平下的 WUE 出现明显上升，80g/L PEG 处理水平下的 WUE 出现急剧降低，不同处理水平下的 WUE 复水后在 0.05 水平上均存在显著差异性。

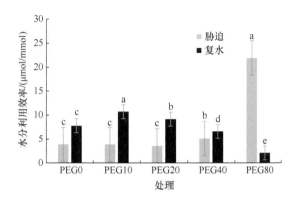

图 2.11　不同处理下甘蓝型油菜的水分利用效率

同一个处理水平如空白对照组、10 g/L 和 20g/L PEG 处理水平下的 WUE，胁迫处理期间诸葛菜均高于甘蓝型油菜，复水后诸葛菜均低于甘蓝型油菜。

2.3.3.3　诸葛菜和油菜净光合速率与叶片紧张度之间的关系

（1）诸葛菜净光合速率与叶片紧张度的关系

利用式（2.11）对诸葛菜 P_N 与 T_d 关系进行拟合，可以得出诸葛菜 P_N 与 T_d 关系的拟合方程为 $P_N = -150.37 + \dfrac{160.05 \times T_d}{0.02 + T_d}$，其中 $R^2 = 0.8387$，$n = 14$，$P < 0.0001$。如图 2.12 所示，诸葛菜 P_N 与 T_d 存在良好的正向非线性关系，P_N 随着 T_d 的增大而增高。

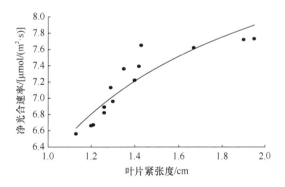

图 2.12　诸葛菜净光合速率与叶片紧张度关系的拟合曲线

（2）甘蓝型油菜净光合速率与叶片紧张度的关系

利用式（2.11），可以得出甘蓝型油菜 P_N 与 T_d 的拟合方程为 $P_N = -447.69 +$

$\dfrac{452.74 \times T_d}{0.0033 + T_d}$，其中 R^2=0.8743，n=25，P<0.0001。如图 2.13 所示，甘蓝型油菜 P_N 与 T_d 存在良好的线性关系，P_N 随着 T_d 的增大而增高。

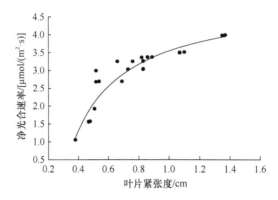

图 2.13 甘蓝型油菜净光合速率与叶片紧张度关系的拟合曲线

2.3.3.4 植物生理耐旱阈值的判定

植物遭受岩溶干旱胁迫后，气孔会部分关闭，大气中的 CO_2 进入叶肉细胞受阻，胞间 CO_2 浓度降低，能够诱导并激活胞内 CA 活力，高活力的 CA 能够催化细胞内的 HCO_3^- 转化为水和 CO_2，减缓逆境下因水分或者碳源受限而导致的植物光合作用的下降幅度（邢德科等，2015）。诸葛菜在 5 g/L、10 g/L、20g/L PEG 水平下活力有所升高的 CA 能够在一定程度上调控叶片的水分状况，使得叶片水势保持稳定。复水后，空白对照组 0g/L PEG 处理水平下 g_s 有所下降，5 g/L、10 g/L 和 20g/L PEG 处理水平下的 g_s 均有所上升，表明植物在这几个胁迫处理水平下处于水分亏缺状态，复水后植物水分亏缺状态得到不同程度的缓解。复水后，诸葛菜的 WUE 都出现不同程度的下降，岩溶干旱胁迫下最高值出现在 5g/L PEG 处理水平下，复水后 10g/L PEG 处理水平与空白对照组间无显著差异，表明诸葛菜在 10g/L PEG 处理水平水分状况良好，远高于空白对照组，显示出良好的光合可恢复性。

在岩溶干旱和随后的复水阶段，40g/L PEG 水平下甘蓝型油菜 g_s 的增加表明复水使植物水分亏缺状况有所缓解，水分得到部分补偿，气孔开度逐渐恢复。与 20g/L PEG 水平相比，甘蓝型油菜的 P_N 在 40g/L PEG 水平下表现出更好的稳定性。但是，岩溶干旱胁迫加剧导致空泡浓度增加，液泡体积减小。因此，T_d 对岩溶干旱状况敏感。随着 T_d 的减小，细胞体积减小，液泡受到压缩，液泡中的水可以有效地进入细胞的胞质溶胶中，从而提高光合作用的供水效率。此外，在本研究中，T_d 与 RWC 和 $\varPsi_L$ 表现出良好的相关性。T_d 能够比 $\varPsi_L$ 或 g_s 更好地反映植物水分状况，并在甘蓝型油菜的光合作用中起重要作用。

诸葛菜在复水后，除了空白对照组 0g/L PEG 处理水平下的 P_N 值有所下降，5 g/L 和 10 g/L PEG 处理水平下的 P_N 值都有所上升，其中 5g/L PEG 处理水平下上升最快，20g/L PEG 处理水平下未见明显变化。表明复水后，各处理浓度下的诸葛菜光合生理得到了一定程度的恢复。从叶片水分利用效率来看，10g/L PEG 处理水平下 WUE 高于空白对照，一定程度上可以说明显示出最好的恢复性。

甘蓝型油菜在复水后，10 g/L、20 g/L 和 40g/L PEG 处理水平下的光合生理得到了进一步的恢复，其中，40g/L PEG 处理水平下的复水策略使得叶片光合生理得到了最快的恢复，80g/L PEG 处理水平下的叶片 P_N 进一步下降，出现了低光合高蒸腾的现象，水分利用效率下降迅速，表明植物生长受到明显抑制，岩溶干旱胁迫浓度超过其生理耐旱阈值，叶片光合生理不可恢复。

岩溶干旱下，诸葛菜的光合作用在 20g/L PEG 处理水平下受到显著抑制。然而，当岩溶干旱水平低于 20g/L PEG 时，诸葛菜仍然具有较好的光合可恢复性。诸葛菜的水分利用效率受岩溶干旱影响不大，同时，诸葛菜的 T_d 在岩溶干旱水平低于 20g/L PEG 时具有较好的可恢复性。综上分析，10g/L PEG 处理水平为诸葛菜的生理耐旱阈值。

甘蓝型油菜的光合作用对岩溶干旱响应较为灵敏，且受到抑制。甘蓝型油菜则在岩溶干旱水平低于 40g/L PEG 时仍然具有较好的可恢复性。甘蓝型油菜在 80g/L PEG 处理水平下气孔出现关闭状态，80g/L PEG 水平下甘蓝型油菜的水分利用效率对水分变化响应较大。甘蓝型油菜的 T_d 则在岩溶干旱水平低于 40g/L PEG 时具有较好的可恢复性。因此可以判断 40g/L PEG 处理水平为甘蓝型油菜的生理耐旱阈值。

诸葛菜和甘蓝型油菜的净光合速率（P_N）与 T_d 存在良好的非线性关系，P_N 值随着 T_d 值的下降而下降，据此可实现基于 T_d 在线监测的植物生理耐旱阈值的判定。

2.3.4　基于叶片紧张度的变量灌溉在线监测

传统上，作物水分需求关键期和临界期、农田土壤水分消耗或者冠层温度等信息通常被作为制定灌水时间和灌水量的依据。但这些方法易受环境、地理等因素的限制，或者主要依靠经验，无法充分考虑到作物自身水分利用状况，容易导致灌溉过量或供水不足。植物在生长期并不总是需要充足的水分，干旱缺水也不总是降低产量。节水灌溉是在保障作物产量的基础上利用最少的水分消耗获取最高的经济收益（Li et al., 2019）。作物对干旱的生理响应信息在精确灌溉中应用的研究逐渐引起重视，精确灌溉的顺利实施在于对干旱下植物需水节点的实时监测。然而，现有技术仍无法实现基于植物生理响应的灌水节点的在线预测。

作物产量与生物量呈正相关，生物量的研究对作物产量的预测具有重要作用，生物量的在线估算及其变化规律的解析有助于植物灌水节点的提前预测（张凯等，2019）。在大多数研究中，生物量的测定都建立在植物局部或整体遭受破坏的基础上，植物生物量的直接获得比较困难，为建立生物量的非破坏性在线测定方法，亟须采用一些直接易测的指标来估算。

此外，叶片水分状况的直接快速测定及其与生物量之间关系的建立则可为灌水节点的在线预测提供有力保障。在作物遭受干旱胁迫的情况下，体内碳酸酐酶受刺激而活力升高，催化胞内 HCO_3^- 转化为 H_2O，改变细胞水分状况和光合作用的变化趋势，延缓作物对水分的迫切需求（Hu et al., 2011）。该水分调控过程能够在一定程度上改变叶片水势或气孔导度等指标的变化规律，该过程的效果具有延迟性，不容易被仪器即时监测出来，影响人们依据叶片水势、气孔导度等传统指标对作物水分亏缺状况的精确分析及判断（Xing et al.，2018）。叶片紧张度可表示细胞液浓度和细胞体积的变化，能更好更直接地反映植物的水分状况，叶片紧张度与生物量直接关系的构建则有助于将灌水的及时实施建立在叶片紧张度的在线监测上。

2.3.4.1 模型构建

表示酶促反应的起始速度与底物浓度关系的米氏方程为：

$$I = \frac{I_{max}C}{K_m + C} \tag{2.12}$$

式中，I 为植物对养分的吸收速率；I_{max} 为植物体对养分的最大吸收速率；K_m 为米氏常数，即当吸收速率为最大吸收速率 I_{max} 一半时的外界养分浓度；C 为外界养分浓度。

同样，米氏方程也可用于描述净光合速率与光合有效辐射强度或者 CO_2 之间的关系，它们同样可以用直角双曲线方程来表示，如式（2.13）所示：

$$P_N = \frac{P_{Nmax}I}{K + I} - R \tag{2.13}$$

式中，P_N 为净光合速率；I 为光合有效辐射强度或者胞间 CO_2 浓度；P_{Nmax} 为饱和光强或者 CO_2 饱和时的净光合速率，即最大净光合速率；R 为呼吸速率；K 为米氏常数。

光合作用总反式为 $CO_2 + H_2O = (CH_2O) + O_2$，其中（$CH_2O$）表示糖类。$CO_2$ 和 H_2O 同为光合作用的反应底物，且反应比例为 1∶1，即光合作用过程中的净 CO_2 同化速率等同于净 H_2O 同化速率。植物叶片由大量细胞组成，细胞液浓度及体积的变化能够准确反映植物叶片的水分状况，而细胞液浓度及体积的变化能够用叶片紧张度来反映（Xing et al.，2019）。生物量主要取决于植物叶片净光合速率的大小。所以，光合作用对光强或者 CO_2 响应的直角双曲线模型同样可用于生物量对叶片紧张度响应的曲线拟合，如式（2.14）所示：

$$DW = \frac{DW_{max} \times T_d}{m + T_d} - n \tag{2.14}$$

式中，DW 为生物量；T_d 为叶片紧张度；m、n 为常数，其中 m 表示当生物量为最大生物量 DW_{max} 一半时的 T_d 值。

此外，4 参数 Logistic 方程为：

$$Y = Y_0 + \frac{a}{1 + \left(\dfrac{X}{X_0}\right)^b} \tag{2.15}$$

式中，Y_0 为对数生长期起始量；a 为整个生长过程生长指标的生长量的上限；X_0 为达到对数增长期最大增长的 50%所需要的时间（天数）；X 为处理天数；Y 为生物量；b 为拟合系数。

对方程式（2.15）求导，可得生物量的增长速率，如式（2.16）所示：

$$\text{GR} = Y' = \frac{-abX_0^b X^{b-1}}{\left(X^b + X_0^b\right)^2} \tag{2.16}$$

式中，GR 为生物量的增长速率，以对照水平下生物量的增长速率为参照，计算各干旱水平下生物量的增长速率为参照值 $P\%$ 时对应的生长时间，定义为灌水节点；不同干旱水平下生物量的增长速率的计算公式如下：

$$\text{GR}_e = Y'_e = P\% \times Y'_f = P\% \times \text{GR}_f \tag{2.17}$$

式中，GR_f 为对照水平下生物量的增长速率；GR_e 为各干旱水平下生物量的增长速率；Y'_e 为各干旱水平下生物量增长曲线的导数；Y'_f 为对照水平下生物量增长曲线的导数；P 为整数，其值在 0～100。

将各干旱水平下的灌水节点对应时间（对应于 X）代入式（2.15）即可获得对应生物量，进一步通过式（2.14）可计算出各灌水节点对应的叶片紧张度值。基于干旱下植物叶片紧张度的监测，当其值降至灌水节点对应的叶片紧张度值时，即可灌水，由此通过叶片紧张度的在线监测提前掌握变量灌水节点，实现预测。

2.3.4.2　测定及计算方法

培养模型植物幼苗，选取被考察植物的模型植物；设置不同干旱胁迫水平对模型植物进行培养；对模型植物进行指标测定，叶片紧张度的计算见 2.3.1.2 节；利用叶面积回归方程对叶面积与最大叶长和最大叶宽的乘积进行拟合，得出叶面积的估算模型；利用生物量模型对生物量与株高、叶面积之间的关系进行拟合，得出生物量的估算模型；利用直角双曲线方程构建生物量与叶片紧张度的关系模型。其中，叶面积回归方程为 $A = u \times \left(X_1 \times X_2\right)^v$，式中，$u$，$v$ 为常数，X_1 为最大叶长，X_2 为最大叶宽，A 为叶面积。生物量模型为 $\lg\text{DW} = r + q \times \lg\left(A^2 \times H\right)$，式中，DW 为生物量，$A$ 为叶面积，H 为株高，r、q 为常数。直角双曲线方程见式（2.14）。选取不同干旱水平下的被考察植物，间隔相同时间于上述相同时段测定其最大叶长、最大叶宽和株高；依据最大叶长、最大叶宽和株高，利用叶面积估算模型、生物量估算模型，计算生物量随时间的增长曲线；对生物量随时间的增长曲线进行拟合，再对拟合方程求导，计算不同干旱水平下生物量的增长速率；以对照水平下生物量的增长速率为参照，计算不同干旱水平下生物量增长速率为参照值 $P\%$ 时所对应的生长时间，即为灌水节点。灌水节点计算方法如下：以对照水平下的生物量增长速率 GR_f 为参照，利用式（2.17）计算各干旱水平下生物量增长速率 GR_e 为参照值 $P\%$ 时对应的生长时间，定义为灌水节点；依据生物量随时间的增长曲线的拟合方程及生物量与叶片紧张度关系模型，根据灌水节点，计算对应叶片紧张度的值，从而实现在线监测并对变量灌水节点进行预测。

2.3.4.3　基于叶片紧张度在线监测的变量灌水节点的计算

实验室内采用同样规格的穴盘萌发诸葛菜种子，配制培养液培养模型植物幼苗至 3 叶期以上，选择生长较为一致的诸葛菜植株作为被考察植物的模型植物，通过添加聚乙二醇 6000 模拟不同干旱胁迫水平（0g/L、10g/L、20g/L、40g/L、80g/L，以 0g/L 为对照）对模型植物进行培养。待模型植物培养至 1 周左右，于上午 9:00～11:00 以第一展开叶为考察对象进行指标测定。随机选取 15 株测定最大叶长、最大叶宽与叶面积（表 2.21），随机选取 5 株测定叶面积、株高与生物量（表 2.22），随机选取不同干旱水平下 15 株（每个水平下选取 3 株）测量叶片水势和生理电容，计算叶片紧张度，同时测定对应生物量（表 2.23）。

表 2.21　诸葛菜的最大叶长、最大叶宽和叶面积

植株	最大叶长/cm	最大叶宽/cm	最大叶长与最大叶宽乘积/（cm×cm）	叶面积/cm²
1	6.11	4.38	26.76	29.89
2	6.09	5.91	35.99	37.21
3	5.72	4.01	22.94	25.65
4	6.01	4.30	25.84	25.20
5	5.81	4.21	24.46	26.10
6	4.68	4.01	18.77	20.68
7	4.69	4.14	19.42	19.27
8	3.88	4.33	16.80	14.43
9	5.83	3.94	22.97	23.78
10	5.02	3.95	19.83	19.50
11	4.89	3.15	15.40	17.15
12	4.53	3.63	16.44	17.55
13	4.31	2.86	12.33	11.61
14	3.11	2.66	8.27	8.68
15	3.32	2.40	7.97	7.92

表 2.22　诸葛菜的叶面积、株高与生物量

植株	叶面积/cm²	株高/cm	生物量/g
1	45.64	14.91	12.21
2	21.01	14.39	3.54
3	26.62	11.59	4.47
4	21.51	10.89	2.38
5	17.18	11.72	1.89

表 2.23　不同干旱水平下诸葛菜的叶片水势、生理电容、叶片紧张度和生物量

胁迫水平/（g/L）	叶片水势/MPa	生理电容/pF	叶片紧张度/cm	生物量/g
0	−0.85	792.98	1.25	7.57
0	−0.75	822.33	1.28	7.83
0	−0.72	883.89	1.37	7.9
10	−1.09	356.12	0.58	4.69
10	−0.87	641.02	1.01	5.86
10	−0.8	683.31	1.07	6.65
20	−1.11	280.95	0.46	3.3
20	−0.94	307.86	0.49	3.65
20	−0.81	644.15	1.01	5.26
40	−1.05	428.96	0.7	4.79
40	−0.89	474.03	0.75	7.42

续表

胁迫水平/（g/L）	叶片水势/MPa	生理电容/pF	叶片紧张度/cm	生物量/g
40	−0.79	488.79	0.76	7.88
80	−1.13	185.32	0.3	1.97
80	−1.13	258.11	0.42	2.03
80	−0.94	219.19	0.35	2.58

利用叶面积回归方程对叶面积与最大叶长和最大叶宽的乘积进行拟合，拟合曲线如图 2.14 所示，得到叶面积估算模型为 $A = 0.93 \times \left(X_1 \times X_2 \right)^{1.03}$ ，其中 $R^2 = 0.973$，$P < 0.0001$，$n = 15$。利用生物量模型对生物量与株高、叶面积之间的关系进行拟合，拟合曲线如图 2.15 所示，得出生物量的估算模型为 $\lg \text{DW} = -2.75 + 0.86 \times \lg \left(A^2 \times H \right)$，其中 $R^2 = 0.985$，$P < 0.001$，$n = 5$。利用直角双曲线方程对生物量与叶片紧张度之间的关系进行拟合，拟合曲线如图 2.16 所示，得出拟合方程为 $\text{DW} = -9.71 + \dfrac{20.54 \times T_d}{0.25 + T_d}$，其中 $R^2 = 0.809$，$P < 0.0001$，$n = 15$。

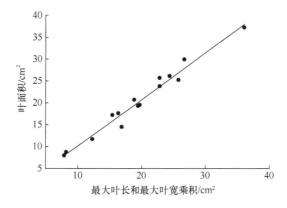

图 2.14　叶面积与最大叶长和最大叶宽乘积关系的拟合曲线

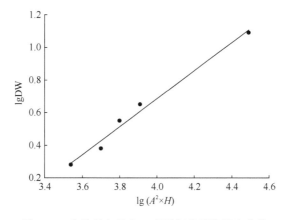

图 2.15　生物量与株高、叶面积关系的拟合曲线

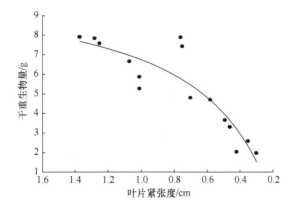

图 2.16　生物量与叶片紧张度关系的拟合曲线

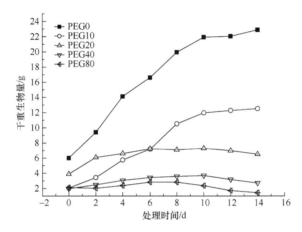

图 2.17　生物量随时间的增长曲线

　　选取待测的不同干旱水平下生长的诸葛菜,以第一展开叶为考察对象,从不同干旱水平对被考察诸葛菜处理第 1 天起,每隔 2 天于上午 9:00～11:00 测定其最大叶长、最大叶宽和株高,持续测定 2 周以上。依据最大叶长、最大叶宽和株高,利用叶面积估算模型 $A = 0.93 \times (X_1 \times X_2)^{1.03}$ 与生物量估算模型 $\lg DW = -2.75 + 0.86 \times \lg(A^2 \times H)$,计算各干旱水平下生物量随时间的增长曲线(图 2.17)。利用 4 参数 Logistic 方程对不同干旱水平下生物量随时间的增长曲线进行拟合,得到对应拟合方程,再对拟合方程求导(表 2.24),即为不同干旱水平下生物量的增长速率。

表 2.24　用 4 参数 Logistic 方程估计诸葛菜不同干旱水平下的生物量及拟合方程求导

胁迫水平/(g/L)	X_0	方程	方程求导
0	5.22	$Y = 6.04 + \dfrac{20.23}{1 + \left(\dfrac{X}{5.22}\right)^{-1.70}}$ $R^2 = 0.996$　($n=8$,　$P<0.0001$)	$Y_0' = \dfrac{2.07 \times X^{-2.70}}{\left(X^{-1.70} + 0.06\right)^2}$
10	6.28	$Y = 2.32 + \dfrac{12.18}{1 + \left(\dfrac{X}{6.28}\right)^{-2.33}}$ $R^2 = 0.986$　($n=8$,　$P=0.0004$)	$Y_{10}' = \dfrac{0.39 \times X^{-3.33}}{\left(X^{-2.33} + 0.01\right)^2}$

续表

胁迫水平/(g/L)	X_0	方程	方程求导
20	1.47	$Y = 3.89 + \dfrac{3.12}{1+\left(\dfrac{X}{1.47}\right)^{-2.69}}$ $R^2=0.945$（$n=8$, $P=0.0055$）	$Y'_{20} = \dfrac{2.98 \times X^{-3.69}}{\left(X^{-2.69}+0.35\right)^2}$
40	3.53	$Y = 1.97 + \dfrac{1.96}{1+\left(\dfrac{X}{3.53}\right)^{-1.92}}$ $R^2=0.999$（$n=6$, $P=0.0003$）	$Y'_{40} = \dfrac{0.33 \times X^{-2.92}}{\left(X^{-1.92}+0.09\right)^2}$
80	3.85	$Y = 1.03 + \dfrac{1.15}{1+\left(\dfrac{X}{3.85}\right)^{-3.02}}$ $R^2=0.979$（$n=5$, $P=0.183$）	$Y'_{80} = \dfrac{0.06 \times X^{-4.02}}{\left(X^{-3.02}+0.02\right)^2}$

以对照水平下生物量的增长速率为参照，计算不同干旱水平下生物量增长速率为参照值 $P\%$ 时所对应的生长时间，即灌水节点。以 $P=70$ 和 50 为例，则计算对应灌水节点见表 2.25。同时，依据 4 参数 Logistic 方程和生物量与叶片紧张度关系模型，根据上述灌水节点，计算对应叶片紧张度的值。

表 2.25　不同干旱水平下诸葛菜的灌水节点

胁迫水平/(g/L)	生物量增长速率	70%Y_0'对应生长时间/天	50% Y_0'对应生长时间/天	70%GR_f对应 T_d 值	50%GR_f对应 T_d 值
0	$Y_0' = \dfrac{2.07 \times X^{-2.70}}{\left(X^{-1.70}+0.06\right)^2}$	参照			
10	$Y_{10}' = \dfrac{0.39 \times X^{-3.33}}{\left(X^{-2.33}+0.01\right)^2}$	4.90	2.66	0.99	0.48
20	$Y_{20}' = \dfrac{2.98 \times X^{-3.69}}{\left(X^{-2.69}+0.35\right)^2}$	1.41	1.77*	0.69	0.78*
40	$Y_{40}' = \dfrac{0.33 \times X^{-2.92}}{\left(X^{-1.92}+0.09\right)^2}$	20.10*	15.60*	0.49*	0.48*
80	$Y_{80}' = \dfrac{0.06 \times X^{-4.02}}{\left(X^{-3.02}+0.02\right)^2}$	8.08*	7.06*	0.34*	0.33*

*表示无效天数及 T_d 值

表 2.24 中 X_0 为达到对数增长期最大增长的 50%所需要的天数，生物量增长速率在 X_0 天时最高，此后逐渐下降。因此，各胁迫水平下的生物量增长速率在各自对应 X_0 天后均最终下降为 0，X_0 天之前的生物量增长速率能够更好代表植物生长状况。本实例以各胁迫水平下 X_0 天之前的生物量增长速率与对照相比，10g/L、20g/L、40g/L 和 80g/L 水平下的 X_0 值分别为 6.28、1.47、3.53 和 3.85，因此，20g/L 水平下 1.77 天、40g/L 水平下的 20.10 天和 15.60 天及 80g/L 水平下的 8.08 天和 7.06 天均为无效值。

适度水分亏缺会降低植物生长速率，影响产量，然而同时也会促进品质的适度提升，提高水分利用效率。从表 2.25 可知，控制诸葛菜生长速率分别为对照的 70%或 50%，

10g/L PEG 水平下诸葛菜的灌水节点应分别为 4.90 天或 2.66 天，20g/L PEG 水平下诸葛菜的灌水节点应为 1.41 天。10g/L PEG 水平下诸葛菜的灌水节点对应的 T_d 值分别为 0.99 或 0.48，20g/L PEG 水平下诸葛菜的灌水节点对应的 T_d 值为 0.69。针对 10g/L PEG 水平下的诸葛菜，可建立变量灌水方案，在第 4～5 天生长速率降为对照的 70% 时实施灌水，之后待灌水后的第 2～3 天生长速率降为对照的 50% 时再次实施灌水。而通过叶片紧张度的在线监测，当其降为上述对应值时即可实施灌水。由此实现基于叶片紧张度在线监测的变量灌水节点的预测。

上述结果也表明 10g/L PEG 水平下的诸葛菜与 20g/L PEG 水平下的植株相比，能够忍受更长时间胁迫，40g/L、80g/L PEG 水平下的诸葛菜生长受到严重抑制。

2.4 植物电生理固有信息表征水分状况的原理及技术

植物叶片水分状况与叶片电生理特性相关，电生理特性的变化受细胞液溶质浓度及细胞弹塑性影响，能够表征胞内水分及电解质的传递特性（Garcia-Navarro et al.，2019）。然而，不同人不同时间不同地点，或者同一个人不同时间不同地点，甚至同一个人同一地点不同时间测定同一状态的叶片结果差异较大，严重地影响测定结果的准确性，使测定结果难以分析，更不具备可比性。究其原因是每次测定施加不同的夹持力，造成结果的偏差，为了准确地比较植物电生理参数，使不同批次的测定结果具有可比性，可通过测定不同夹持力下叶片电生理参数值的变化，建立夹持力与对应电生理参数值之间的变化模型，进而反映植物叶片的固有水分状况信息。

2.4.1 表征水分状况的植物初始叶片紧张度

叶片紧张度受外界环境变化影响小，测定结果稳定，其偶联了组织水势和生理电容，不仅考虑细胞液浓度的变化，还考虑了细胞体积的变化，可以及时直接地反映植物的水分变化。初始叶片紧张度又被称为固有叶片紧张度，表示电生理参数测试所用自制平行板电容器夹持力为零时，通过计算而得到的叶片紧张度的值，因避免了施加在叶片上的外力的影响，更能反映植物叶片本身的固有水分状况。

2.4.1.1 叶片紧张度与夹持力关系模型的构建

材料培养见 2.3.2.3 节，叶片紧张度计算见 2.3.1.2 节。

重力学公式：

$$F = (M + m)g \tag{2.18}$$

式中，F 为重力（夹持力）（N）；M 为砝码质量（kg）；m 为塑料棒与电极片的质量（kg）；g 为重力加速度（9.8 N/kg）。

植物的电生理行为与单细胞有着紧密的联系，将叶片细胞看作球形电容器，叶片中细胞液溶质可视为电介质，使用两个平行极板对叶片进行夹持，从而形成平行板电容传感器。通过添加不同质量的砝码对叶片施加不同夹持力，叶片中细胞液溶质浓度会受到夹持力的影响，会导致叶片细胞的弹性及可塑性发生变化，进而导致细胞液溶质介电常数的变化，夹持力同样会引发叶片厚度的改变。

电容器的能量公式为 $W = \dfrac{1}{2}U^2C$，吉布斯自由能方程为 $\Delta G = \Delta H + PV$，两者相等，即 $W = \Delta G$；ΔH 为植物组织体系内能，P 为细胞所受的压强，U 为电压，V 为植物细胞体积，C 为植物叶片的生理电容。

压强 P 可利用公式 $P = \dfrac{F}{A}$ 获得，式中，F 为夹持力；A 为叶片与极板接触的有效面积。

生理电容的计算公式为：

$$C = \frac{A\varepsilon_0 \varepsilon_r}{d} \tag{2.19}$$

式中，ε_0 为真空介电常数；ε_r 为细胞液溶质的相对介电常数；d 为叶片比有效厚度。

夹持力与叶片紧张度之间关系方程为

$$T_\mathrm{d} = \frac{2\Delta H}{A\varepsilon_0 \varepsilon_r U^2} + \frac{2V}{\varepsilon_0 \varepsilon_r A^2 U^2}F \tag{2.20}$$

令 $y_0 = \dfrac{2\Delta H}{A\varepsilon_0 \varepsilon_r U^2}$，$k = \dfrac{2V}{\varepsilon_0 \varepsilon_r A^2 U^2}$，式（2.20）可变形为

$$T_\mathrm{d} = y_0 + kF \tag{2.21}$$

式中，y_0 和 k 为模型的参数。

通过 T_d 与夹持力之间关系的拟合，即可得到模型参数 y_0 和 k 的值。当 $F=0$ 时，T_d 定义为初始叶片紧张度（T_d0），又称为固有叶片紧张度。

2.4.1.2 叶片紧张度与夹持力关系拟合

叶片紧张度与夹持力之间关系曲线可依据式（2.21）进行拟合，如图 2.18 所示。从图中可以看出，T_d 与 F 之间具有较好的相关关系。在各脱水时刻，随着 F 增加，T_d 值呈不同程度的增加。

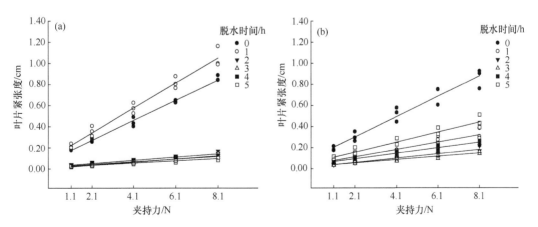

图 2.18 不同脱水时间构树（a）、桑树（b）叶片紧张度与夹持力的拟合曲线

通过曲线拟合，可分别获得构树和桑树在各脱水时刻下的 T_d 与 F 间关系模型参数 y_0 和 k 的值（表 2.26 和表 2.27）。由 R^2 及 P 的值可见，各脱水时刻构树和桑树的 T_d 与 F 之间均具有较好的拟合效果。

爬山虎和金银花 T_d 与 F 之间关系的曲线拟合如图 2.19 所示。从图中可以看出，T_d 与 F 之间具有较好的相关关系，在各脱水时刻，随着 F 增加，T_d 值呈不同程度的增加。与爬山虎相比，随着 F 增加，金银花 T_d 的变化幅度较小。

表 2.26　不同脱水时间构树叶片紧张度与夹持力的拟合方程参数

脱水时间/h	拟合方程	n	R^2	y_0	k	P
0	$T_d=0.0716+0.0947F$	15	0.9889	0.0716	0.0947	<0.0001
1	$T_d=0.0928+0.1182F$	15	0.9737	0.0928	0.1182	<0.0001
2	$T_d=0.0189+0.0152F$	15	0.9075	0.0189	0.0152	<0.0001
3	$T_d=0.0029+0.0148F$	15	0.9443	0.0029	0.0148	<0.0001
4	$T_d=0.0148+0.0127F$	15	0.9693	0.0148	0.0127	<0.0001
5	$T_d=0.0125+0.0105F$	15	0.9043	0.0125	0.0105	<0.0001

表 2.27　不同脱水时间桑树叶片紧张度与夹持力的拟合方程参数

脱水时间/h	拟合方程	n	R^2	y_0	k	P
0	$T_d=0.0993+0.0962F$	15	0.9493	0.0993	0.0962	<0.0001
1	$T_d=0.0403+0.0346F$	15	0.9410	0.0403	0.0346	<0.0001
2	$T_d=0.0165+0.0204F$	15	09581	0.0165	0.0204	<0.0001
3	$T_d=0.0234+0.0154F$	15	0.9292	0.0234	0.0154	<0.0001
4	$T_d=0.0400+0.0260F$	15	0.9600	0.0400	0.0260	<0.0001
5	$T_d=0.0569+0.0475F$	15	0.9354	0.0569	0.0475	<0.0001

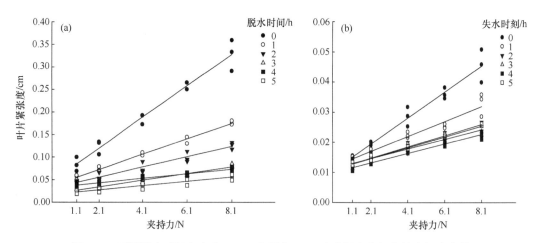

图 2.19　不同脱水时间爬山虎（a）、金银花（b）叶片紧张度与夹持力拟合曲线

通过曲线拟合，可分别获得爬山虎和金银花在各脱水时刻下的 T_d 与 F 间关系模型

参数 y_0 和 k 的值（表 2.28 和表 2.29）。由 R^2 及 P 的值可见，各脱水时刻爬山虎和金银花的 T_d 与 F 之间均具有较好的拟合效果。

表 2.28　不同脱水时间爬山虎叶片紧张度与夹持力的拟合方程参数

脱水时间/h	拟合方程	n	R^2	y_0	k	P
0	$T_d = 0.0469 + 0.0347F$	15	0.9685	0.0469	0.0347	<0.0001
1	$T_d = 0.0365 + 0.0171F$	15	0.9892	0.0365	0.0171	<0.0001
2	$T_d = 0.0316 + 0.0114F$	15	0.9358	0.0316	0.0114	<0.0001
3	$T_d = 0.0186 + 0.0074F$	15	0.9707	0.0186	0.0074	<0.0001
4	$T_d = 0.0325 + 0.0050F$	15	0.9415	0.0325	0.0050	<0.0001
5	$T_d = 0.0176 + 0.0047F$	15	0.8519	0.0176	0.0047	<0.0001

表 2.29　不同脱水时间金银花叶片紧张度与夹持力的拟合方程参数

脱水时间/h	拟合方程	n	R^2	y_0	k	P
0	$T_d = 0.0104 + 0.0043F$	15	0.9528	0.0104	0.0043	<0.0001
1	$T_d = 0.0118 + 0.0025F$	15	0.9286	0.0118	0.0025	<0.0001
2	$T_d = 0.0112 + 0.0016F$	15	0.8637	0.0112	0.0016	<0.0001
3	$T_d = 0.0108 + 0.0018F$	15	0.9556	0.0108	0.0018	<0.0001
4	$T_d = 0.0098 + 0.0016F$	15	0.9492	0.0098	0.0016	<0.0001
5	$T_d = 0.0108 + 0.0019F$	15	0.9893	0.0108	0.0019	<0.0001

诸葛菜和甘蓝型油菜 T_d 与 F 之间关系的曲线拟合如图 2.20 所示。从图中可以看出，T_d 与 F 之间具有较好的相关关系，在各脱水时刻，随着 F 增加，T_d 值呈不同程度的增加。

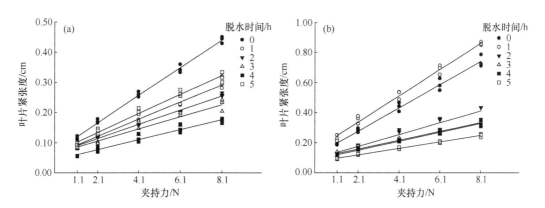

图 2.20　不同脱水时间诸葛菜（a）、甘蓝型油菜（b）叶片紧张度与夹持力拟合曲线

通过曲线拟合，可分别获得诸葛菜和甘蓝型油菜在各脱水时刻下 T_d 与 F 间关系模型参数 y_0 和 k 的值（表 2.30 和表 2.31）。由 R^2 及 P 的值可见，各脱水时刻诸葛菜和甘蓝型油菜的 T_d 与 F 之间均具有较好的拟合效果。

表 2.30　不同脱水时间诸葛菜叶片紧张度与夹持力的拟合方程参数

脱水时间/h	拟合方程	n	R^2	y_0	k	P
0	$T_d = 0.0694 + 0.0458F$	15	0.9945	0.0694	0.0458	<0.0001
1	$T_d = 0.0612 + 0.0284F$	15	0.9847	0.0612	0.0284	<0.0001
2	$T_d = 0.0642 + 0.0235F$	15	0.9935	0.0642	0.0235	<0.0001
3	$T_d = 0.0632 + 0.0200F$	15	0.9230	0.0632	0.0200	<0.0001
4	$T_d = 0.0420 + 0.0166F$	15	0.9559	0.0420	0.0166	<0.0001
5	$T_d = 0.0671 + 0.0316F$	15	0.9808	0.0671	0.0316	<0.0001

表 2.31　不同脱水时间甘蓝型油菜叶片紧张度与夹持力的拟合方程参数

脱水时间/h	拟合方程	n	R^2	y_0	k	P
0	$T_d = 0.1121 + 0.0777F$	15	0.9849	0.1121	0.0777	<0.0001
1	$T_d = 0.1514 + 0.0877F$	15	0.9893	0.1514	0.0877	<0.0001
2	$T_d = 0.0925 + 0.0393F$	15	0.9378	0.0925	0.0393	<0.0001
3	$T_d = 0.0958 + 0.0294F$	15	0.9761	0.0958	0.0294	<0.0001
4	$T_d = 0.0872 + 0.0297F$	15	0.9794	0.0872	0.0297	<0.0001
5	$T_d = 0.0736 + 0.0216F$	15	0.9876	0.0736	0.0216	<0.0001

2.4.1.3　脱水胁迫下初始叶片紧张度的变化

如图 2.21 所示，构树在脱水 0h 和 1h 处的 T_{d0} 值无显著差异，在脱水 2h 处显著下降，之后在 2～5h 的 T_{d0} 无显著差异。桑树的 T_{d0} 值在脱水 1h 处显著下降，在脱水 2h 处拥有最小的 T_{d0} 值，脱水 1～4h 的 T_{d0} 值无显著差异。

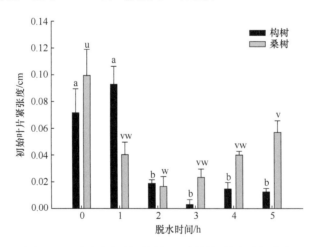

图 2.21　不同脱水时间构树和桑树的初始叶片紧张度

依据单因素方差分析和 t 检验，同一种植物标有不同字母的平均值±标准误差在 $P \leqslant 0.05$ 时差异显著。a、b、c 等表示构树的值的差异；u、v、w 等表示桑树的值的差异。

如图 2.22 所示，爬山虎 T_{d0} 在脱水 0h 处的值最高，在脱水 1h、2h 和 4h 处的值显著高于脱水 3h 和 5h 处的 T_{d0} 值，脱水 1h、2h 和 4h 处的 T_{d0} 值之间无显著差异。随着脱水时间增加，金银花的 T_{d0} 值无显著变化。

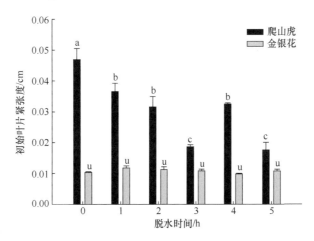

图 2.22　不同脱水时间爬山虎和金银花的初始叶片紧张度

依据单因素方差分析和 t 检验，同一种植物标有不同字母的平均值±标准误差在 $P \leqslant 0.05$ 时差异显著。a、b、c 等表示爬山虎的值的差异；u 表示金银花的值之间无差异。

如图 2.23 所示，诸葛菜的 T_{d0} 值在脱水 4h 处显著下降并拥有最小值，其余各脱水时刻的 T_{d0} 值之间无显著差异。甘蓝型油菜的 T_{d0} 值在脱水 1h 处显著增加并达到最大值，在脱水 2h 处又显著下降，之后趋于稳定无显著变化。

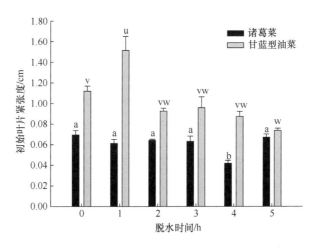

图 2.23　不同脱水时间诸葛菜和甘蓝型油菜的初始叶片紧张度（T_{d0}，cm）

依据单因素方差分析和 t 检验，同一种植物标有不同字母的平均值±标准误差在 $P \leqslant 0.05$ 时差异显著。a、b 等表示诸葛菜的值的差异；u、v、w 等表示甘蓝型油菜的值的差异

夹持力的变化及叶片脱水时间均可对生理电容值的变化产生影响，从而改变 T_d（Xing et al.，2018，2019）。叶片厚度同样受脱水影响而产生相应变化，在电生理指标测量过程中，夹持力同样会受到叶片厚度变化的影响。那么，所观察到的不同脱水时刻之间生理电容或 T_d 值之间的差异则主要是由比有效厚度而不是夹持力本身的变化引起的。作为特定夹持力下测定的瞬时值，生理电容和相应的 T_d 值同样不能全面准确地反映植

物的水分状况。然而，上述缺陷可通过测定不同夹持力下电生理指标的变化规律来进行规避。生理电容的变化与细胞体积及细胞弹塑性有关，能够代表细胞结构及叶片厚度的变化特征。通过对叶片施加系列夹持力测定生理电容的变化。根据吉布斯自由能公式推导出夹持力与 T_d 之间的关系模型计算 T_{d0}，可反映植物固有叶片紧张度情况。

构树叶片对脱水反应迅速，通过收缩叶肉细胞以减少水分散失，或触发由碳酸酐酶等引起的水分调节机制来适应脱水胁迫。桑树通过改变叶片细胞膨胀或收缩来维持胞内水分有效性，3h 可能是桑树的耐脱水阈值。爬山虎和金银花叶片本身失水相对缓慢，爬山虎主要通过叶片的收缩来调整水分有效性，而金银花叶片则无显著收缩变化。诸葛菜后期因过度失水，水分大幅流失造成叶片收缩。甘蓝型油菜叶片体现出较好的保水性，其叶片受脱水影响相对较小。

2.4.2 植物胞内水分利用效率和相对持水时间的测定

水是原生质的主要成分，是物质吸收、运输的良好介质，它直接参与体内重要的代谢过程。植物的一切正常生命活动，都必须在水分相当饱和的情况下才能协调地进行，否则，正常生命活动就会受到破坏，甚至停止（Taiz et al.，2015）。由于绿色植物是自养型的，要维持正常的生命活动，就必须高效率地进行光合作用。为此，它必须尽量扩大叶面积，充分地接受阳光，并且与周围环境不断地进行气体交换（吸收 CO_2 和释放氧气）。但由于大气的水势比植物体的水势低得多，所以接受阳光的表面必然成了水分蒸发的表面，气体交换的通道也是水蒸气散失的通道（Li et al.，2021b）。因此，植物一方面通过根系不断地从环境中吸收水分，经过根、茎的运输分配到植物体的各部分，以满足正常生命活动的需要；另一方面植物体又不可避免地要丢失大量水分到环境中去，故植物体实际上是处于不断吸水和不断失水的动态平衡之中。当植物吸水量补偿不了失水量时，常发生萎蔫现象，严重时可引起叶、花、果的脱落，甚至死亡。

叶片是叶最重要的组成部分，多为薄的绿色扁平体，这种薄而扁平的形态，具有较大的表面积，能缩短叶肉细胞与叶表面的距离，起支持和输导作用的叶脉也处于网络状态。这些特征，有利于气体交换和光能吸收，有利于水分、养料的输入及光合产物的输出，是对光合作用和蒸腾作用的完善适应。叶片是对水分代谢在内的各种代谢最敏感的器官。叶片的水分状况对植物的生长发育起着至关重要的作用（Rascio et al.，2020）。因此叶片的持水时间、持水量及叶片中持水的利用效率对植物的水分代谢具有重要的意义。

由于幼嫩叶片占比小，所以成熟叶片在水分代谢中起着决定作用。完全展开叶的叶片均是成熟的叶片，它们的细胞均具有中心液泡，在叶肉细胞中，液泡和细胞质占据了细胞内绝大部分空间，吸水方式主要是渗透性吸水。无论是细胞还是细胞器，外部均有细胞膜包被（Taiz et al.，2015）。细胞膜主要由脂质（主要为磷脂）（约占细胞膜总量的50%）、蛋白质（约占细胞膜总量的 40%）和糖类（占细胞膜总量的 2%～10%）等物质组成；其中以蛋白质和脂质为主。磷脂双分子层是构成细胞膜的基本支架。在电镜下可分为三层，即在膜的靠内外两侧各有一条厚约 2.5nm 的电子致密带（亲水部分），中间夹有一条厚 2.5nm 的透明带（疏水部分）（毕世春和原所佳，1997）。因此，细胞（器）可以看成是一个同心球的电容器，但这种电容器因膜上的外周蛋白和内在蛋白而变得兼有电感器和电阻器的复杂作用。

在植物细胞中有大小不同的液泡。成熟的植物细胞有一个很大的中央液泡，其一般占据细胞体积的 30%，大者可达 90%。而成熟的叶片细胞的液泡体积一般在 50%～90%（Cao et al.，2022）。由于液泡是由一层单位膜围成，其中主要成分是水，而原生质的成分也主要是水，所以叶片细胞的体积基本上可以代表叶片的持水量。

利用 LCR 仪可以测定叶片的生理电容、生理阻抗，而电容与细胞的体积存在明显的关系，所以可以通过电容来表征细胞体积，而细胞（器）尤其是展开叶叶片的细胞（器），体积与持水量成正比，因此可以获得细胞的持水量。持水量支撑着植物细胞生长，代表着胞内水分利用效率（有别于通常意义上的植物水分利用效率，这里不考虑蒸腾作用与水分吸收同时的蒸腾作用）。随后，通过阻抗的测定可以获得持水时间和导水速率。

2.4.2.1 模型构建

重力学公式：

$$F = (M + m)g \tag{2.18}$$

式中，F 为重力（夹持力）（N）；M 为铁块质量（kg）；m 为塑料棒与电极片的质量（kg）；g 为重力加速度，9.8N/kg。

以叶片中细胞液溶质作为电介质，将叶片夹在平行板电容器的两平行板电容器极板之间，构成平行板电容传感器。通过增加一定质量的铁块得到不同夹持力下植物叶片的生理电容，而不同的压力必定会导致叶片中细胞液溶质浓度的不同变化，从而改变叶片细胞的弹性及可塑性，引起两电容器极板间叶片组织细胞液溶质介电常数的变化，从而影响植物生理电容和阻抗等电生理指标。

植物叶片生理容抗的计算公式：$X_C = \dfrac{1}{2\pi f C}$，式中，$X_C$ 为植物叶片生理容抗；C 为植物叶片生理电容；f 为测试频率；π 为圆周率，等于 3.1416。

植物细胞水分的多少关系着植物叶片细胞弹性的强弱，在不同夹持力下，不同植物生理电容是不同的。

吉布斯自由能方程表达为 $\Delta G = \Delta H + PV$，电容器的能量公式表达为 $W = \dfrac{1}{2}U^2C$，W 为电容器的能量，等于吉布斯自由能 ΔH 转化的功，即 $W=\Delta G$；ΔH 为系统（由细胞组成的植物叶片系统）的内能；P 为植物细胞受到的压强；V 为植物细胞体积；U 为测试电压；C 为植物叶片的生理电容。

植物细胞受到的压强 P 可由压强公式求出，压强公式：$P = \dfrac{F}{S}$，式中，F 为夹持力；S 为极板作用下的有效面积。

植物叶片的生理电容 C 随夹持力 F 的变化模型：

$$C = \frac{2\Delta H}{U^2} + \frac{2V}{SU^2}F \qquad (2.22)$$

假定以 d 代表植物叶片的比有效厚度，则 $d = \frac{V}{S}$ ；式（2.22）可变形为：

$$C = \frac{2\Delta H}{U^2} + \frac{2d}{U^2}F \qquad (2.23)$$

令 $x_0 = \frac{2\Delta H}{U^2}$ ， $h = \frac{2d}{U^2}$ ，式（2.23）可变形为：

$$C = x_0 + hF \qquad (2.24)$$

该式是一个线性模型，其中 x_0 和 h 为模型参数。

由于 $h = \frac{2d}{U^2}$ ，因此 $d = \frac{U^2 h}{2}$ 。

同一对象在同一环境下的阻抗测定中，阻抗大小主要取决于膜内外响应生理阻抗的介电物质浓度，所以膜对各种响应生理阻抗的介电物质的通透性大小及含水量决定了细胞阻抗大小，而对于叶片来说，阻抗则更是取决于膜内外响应生理阻抗的介电物质的浓度。外界激励改变介电物质的膜通透性，影响了膜内外响应生理阻抗的介电物质的浓度，而膜内外响应生理阻抗的介电物质的浓度差也服从能斯特（Nernst）方程，在膜外响应生理阻抗的介电物质的浓度一定时，生理阻抗则与细胞内响应生理阻抗的介电物质的浓度成反比，由此可推导出，细胞的生理阻抗也与外界激励有关系。

植物细胞水分的多少关系着植物叶片细胞弹性的强弱，在不同的夹持力下，不同植物细胞膜的响应生理阻抗的介电物质的通透性发生不同的改变，因此其生理阻抗是不同的。

能斯特方程的表达式如式（2.25）所示：

$$E - E^0 = \frac{R_0 T}{n_Z F_0} \ln \frac{Q_i}{Q_o} \qquad (2.25)$$

式中，E 为电动势；E^0 为标准电动势；R_0 为理想气体常数，等于 8.314 570 J/(K·mol)；T 为温度，单位 K；Q_i 为细胞膜内响应生理阻抗的介电物质浓度；Q_o 为细胞膜外响应生理阻抗的介电物质浓度；膜内外响应生理阻抗的介电物质总量 $Q = Q_i + Q_o$；F_0 为法拉第常数，等于 96 485C/mol；n_Z 为响应生理阻抗的介电物质转移数，单位 mol。

电动势 E 的内能可转化成压力做功，与 PV 成正比 $PV = aE$，即：

$$PV = aE = aE^0 + \frac{a R_0 T}{n_Z F_0} \ln \frac{Q_i}{Q_o} \qquad (2.26)$$

式中，P 同样是植物细胞受到的压强；a 同样是电动势转换能量系数；V 同样为植物细胞体积。

植物细胞受到的压强 P 可由压强公式求出，压强公式：$P = \frac{F}{S}$，式中，F 同样为夹持力；S 为极板作用下的有效面积。

在叶肉细胞中，液泡和细胞质占据了细胞内绝大部分空间。对于叶肉细胞而言，Q_o 与 Q_i 之和是一定的，等于膜内外响应生理阻抗的介电物质总量 Q，Q_i 则与响应生理阻抗的介电物质电导率成正比，而响应生理阻抗的介电物质电导率为阻抗 Z 的倒数，因此，

$\dfrac{Q_i}{Q_o}$ 可表达成 $\dfrac{Q_i}{Q_o} = \dfrac{\dfrac{J_0}{Z}}{Q - \dfrac{J_0}{Z}} = \dfrac{J_0}{QZ - J_0}$，$Z$ 为阻抗，J_0 为细胞膜内响应生理阻抗的介电物

质浓度 Q_i 与阻抗之间转化的比例系数，因此，式（2.26）可变成：

$$\frac{V}{S}F = aE^0 - \frac{aR_0T}{n_ZF_0}\ln\frac{QZ - J_0}{J_0}? \tag{2.27}$$

变形得：

$$\frac{aR_0T}{n_ZF_0}\ln\frac{QZ - J_0}{J_0} = aE^0 - \frac{V}{S}F \tag{2.28}$$

可变成：

$$\ln\frac{QZ - J_0}{J_0} = \frac{n_ZF_0E^0}{RT} - \frac{Vn_ZF_0}{SaRT}F \tag{2.29}$$

式两边取指数，可变成：

$$\frac{QZ - J_0}{J_0} = \mathrm{e}^{\frac{n_ZF_0E^0}{R_0T}}\mathrm{e}^{\left(-\frac{Vn_ZF_0}{SaR_0T}F\right)} \tag{2.30}$$

进一步变形，可得：

$$Z = \frac{J_0}{Q} + \frac{J_0}{Q}\mathrm{e}^{\frac{n_ZF_0E^0}{R_0T}}\mathrm{e}^{\left(-\frac{Vn_ZF_0}{SaR_0T}F\right)} \tag{2.31}$$

式中，Z 为生理阻抗，由于 $d = \dfrac{V}{S}$，式（2.31）可变形为：

$$Z = \frac{J_0}{Q} + \frac{J_0}{Q}\mathrm{e}^{\frac{n_ZF_0E^0}{R_0T}}\mathrm{e}^{\left(-\frac{d\,n_ZF_0}{a\,R_0T}F\right)} \tag{2.32}$$

对于同一个待测叶片在同一环境下，式（2.32）中 d、a、E^0、R_0、T、n_Z、F_0、Q、J_0 都为定值，令 $y_0 = \dfrac{J_0}{Q}$、$k_1 = \dfrac{J_0}{Q}\mathrm{e}^{\frac{n_ZF_0E^0}{R_0T}}$、$b_1 = \dfrac{d\,n_ZF_0}{a\,R_0T}$，因此式（2.32）可变形为：

$$Z = y_0 + k_1\,\mathrm{e}^{-b_1F} \tag{2.33}$$

式中，y_0、k_1 和 b_1 为模型的参数。当 $F=0$ 代入式（2.33）时，此时得到植物叶片固有生理阻抗 IZ：$IZ = y_0 + k_1$。

同一对象在同一环境下的容抗测定中，容抗大小主要取决于膜内外响应生理容抗的介电物质浓度，所以膜对各种响应生理容抗的介电物质的通透性大小决定了细胞容抗大小，而对于叶片来说，容抗则更是取决于膜内外响应生理容抗的介电物质的浓度。外界激励改变介电物质的膜通透性，影响了膜内外响应生理容抗的介电物质的浓度，而膜内

外响应生理容抗的介电物质的浓度差也服从能斯特（Nernst）方程，在膜外响应生理容抗的介电物质的浓度一定时，生理容抗则与细胞内响应生理容抗的介电物质的浓度成反比，由此可推导出，细胞的生理容抗也与外界激励有关系。

植物细胞水分的多少关系着植物叶片细胞弹性的强弱，在不同的夹持力下，不同植物细胞膜的响应生理容抗的介电物质的通透性发生不同的改变，因此其生理容抗是不同的。

能斯特方程的表达式如式（2.34）所示：

$$E - E^0 = \frac{R_0 T}{n_{X_C} F_0} \ln \frac{X_i}{X_o} \tag{2.34}$$

式中，E 为电动势；E^0 为标准电动势；R_0 为理想气体常数，等于 8.314 570 J/(K·mol)；T 为温度，单位 K；X_i 为细胞膜内响应生理容抗的介电物质浓度；X_o 为细胞膜外响应生理容抗的介电物质浓度，膜内外响应生理容抗的介电物质总量 $X = X_i + X_o$；F_0 为法拉第常数，等于 96 485 C/mol；n_{X_C} 为响应生理容抗的介电物质转移数，单位 mol。

电动势 E 的内能可转化成压力做功，与 PV 成正比 $PV=aE$，即：

$$PV = aE = aE^0 + \frac{a R_0 T}{n_{X_C} F_0} \ln \frac{X_i}{X_o} \tag{2.35}$$

式中，P 同样为植物细胞受到的压强；a 同样为电动势转换能量系数；V 同样为植物细胞体积。

植物细胞受到的压强 P 可由压强公式求出，压强公式：$P = \dfrac{F}{S}$，式中，F 同样为夹持力；S 为极板作用下的有效面积。

在叶肉细胞中，液泡和细胞质占据了细胞内绝大部分空间。对叶肉细胞而言，X_o 与 X_i 之和是一定的，等于膜内外响应生理容抗的介电物质总量 X，X_i 则与响应生理容抗的介电物质电导率成正比，而响应生理容抗的介电物质电导率为容抗 X_C 的倒数，因此，$\dfrac{X_i}{X_o}$ 可表达成 $\dfrac{X_i}{X_o} = \dfrac{\dfrac{L_0}{X_C}}{X - \dfrac{L_0}{X_C}} = \dfrac{L_0}{X X_C - L_0}$，式中，$X_C$ 为容抗；L_0 为细胞膜内响应生理容抗的介电物质浓度 X_i 与生理容抗之间转化的比例系数。因此，式（2.35）可变成：

$$\frac{V}{S} F = a E^0 - \frac{a R_0 T}{n_{X_C} F_0} \ln \frac{X X_C - L_0}{L_0} \tag{2.36}$$

变形得

$$\frac{a R_0 T}{n_{X_C} F_0} \ln \frac{X X_C - L_0}{L_0} = aE^0 - \frac{V}{S} F \tag{2.37}$$

可变成：

$$\ln \frac{X\,X_{\mathrm{C}}-L_0}{L_0}=\frac{n_{X_{\mathrm{C}}}F_0E^0}{RT}-\frac{Vn_{X_{\mathrm{C}}}F_0}{SaRT}F \tag{2.38}$$

式两边取指数，可变成：

$$\frac{X\,X_{\mathrm{C}}-L_0}{L_0}=\mathrm{e}^{\frac{n_{X_{\mathrm{C}}}F_0E^0}{R_0T}}\mathrm{e}^{(-\frac{V\,n_{X_{\mathrm{C}}}F_0}{Sa\,R_0T}F)} \tag{2.39}$$

进一步变形，可得：

$$X_{\mathrm{C}}=\frac{L_0}{X}+\frac{L_0}{X}\mathrm{e}^{\frac{n_{X_{\mathrm{C}}}F_0E^0}{R_0T}}\mathrm{e}^{(-\frac{V\,n_{X_{\mathrm{C}}}F_0}{S\,a\,R_0T}F)} \tag{2.40}$$

式中，X_{C} 为生理容抗，由于植物叶片的比有效厚度 $d=V/S$，式（2.40）可变形为

$$X_{\mathrm{C}}=\frac{L_0}{X}+\frac{L_0}{X}\mathrm{e}^{\frac{n_{X_{\mathrm{C}}}F_0E^0}{R_0T}}\mathrm{e}^{(-\frac{d\,n_{X_{\mathrm{C}}}F_0}{a\,R_0T}F)} \tag{2.41}$$

对于同一个待测叶片在同一环境下，式（2.41）中，d、a、E^0、R_0、T、$n_{X_{\mathrm{C}}}$、F_0、X、L_0 都为定值，令 $p_0=\frac{L_0}{X}$、$k_2=\frac{L_0}{X}\mathrm{e}^{\frac{n_{X_{\mathrm{C}}}F_0E^0}{R_0T}}$、$b_2=\frac{d\,n_{X_{\mathrm{C}}}F_0}{a\,R_0T}$，因此式（2.41）可变形为

$$X_{\mathrm{C}}=p_0+k_2\,\mathrm{e}^{-R_2F} \tag{2.42}$$

式中，p_0、k_2 和 b_2 为模型的参数。当 $F=0$ 代入式（2.42）时，此时得到植物叶片固有生理容抗 $\mathrm{IX_C}$：$\mathrm{IX_C}=p_0+k_2$，此时植物叶片固有生理容抗 $\mathrm{IX_C}$ 换算成的电容则为固有生理电容 IC。固有生理容抗换算成固有生理电容的公式为 $\mathrm{IC}=\dfrac{1}{2\pi f\mathrm{IXc}}$，式中，$\mathrm{IX_C}$ 为植物叶片固有生理容抗；IC 为固有生理电容；f 为测试频率；π 为圆周率，等于 3.1416。

由于细胞（器）是球形结构，细胞的生长与体积的增长紧密相关，同一种植物器官尤其是叶片，细胞的体积与其内的液胞体积大小呈正相关，而液胞的主要成分则是水分。而植物细胞的电容可借用同心球形电容器的计算公式：

$$C=\frac{4\pi\varepsilon\,R_1R_2}{R_2-R_1} \tag{2.43}$$

式中，π 为圆周率，等于 3.1416；C 为同心球形电容器的电容；ε 为电解质的介电常数；R_1、R_2 分别为外球和内球的半径。在细胞（器）中，R_2-R_1 可作为膜的厚度，$R_1\approx R_2$，同一植物组织和器官的同一类细胞（器），膜的厚度一定，ε 一定，因此细胞（器）的体积与细胞的电容 C 存在以下关系：

$$V_{\mathrm{c}}=a\sqrt{C^3} \tag{2.44}$$

式中，同一植物组织和器官的同一类细胞（器）a 一定，又由于细胞（器）尤其是展开叶叶片的细胞（器），体积与持水量成正比，即细胞的持水量与 $\sqrt{C^3}$ 成正比，因此，可以用 $\sqrt{C^3}$ 表征植物叶片的持水量，依据固有生理电容 IC 计算叶片相对持水量 $\mathrm{RQ_{wm}}$ 的

方法则为 $RQ_{wm} = \sqrt{(IC)^3}$。

植物叶片的比有效厚度 d，代表细胞的生长，持水量支撑植物细胞生长的能力，则可表征为叶片胞内水分利用效率，计算方法则为 $WUE_c = \dfrac{d}{RQ_{wm}}$。

依据欧姆定律可知：电流 $I_Z = U/Z$，式中，U 为测定电压；I_Z 为生理电流；Z 为阻抗；同时，电流又等于电容乘以电压在时间上的微分，经过积分变换，时间 t 则是电容量与阻抗的乘积，因此依据固有生理电容 IC 和植物叶片固有生理阻抗 IZ，获得基于电生理参数的植物相对持水时间 RT_{wm} 的计算公式则为 $RT_{wm} = IC \times IZ$。依据叶片相对持水量 RQ_{wm} 和相对持水时间 RT_{wm}，则可以计算出叶片导水速率 VT，计算公式为 $VT = \dfrac{RQ_{wm}}{RT_{wm}}$。

2.4.2.2 胞内水分利用效率和相对持水时间的获取

选取待测植物的新鲜枝条，并包住枝条基部；从新鲜枝条上采集待测叶片，放入蒸馏水中浸泡 30min；吸干叶片表面水，立即将待测叶片夹在测定装置平行电极板之间；将测定装置与 LCR 测试仪连接，设置测定电压、频率，通过改变铁块的质量设置不同的夹持力，并联模式同时测定不同夹持力下的植物叶片生理电容和生理阻抗；不同的夹持力的设置方法为，通过增加不同质量的铁块，依据重力学公式 $F = (M + m)g$ 计算出夹持力 F，式中，F 为夹持力（N）；M 为铁块质量（kg）；m 为塑料棒与电极片的质量（kg）；g 为重力加速度，9.8N/kg；根据植物叶片生理电容计算生理容抗（方法见 2.4.2.1 节）；构建植物叶片的生理电容随夹持力变化模型，获得模型的各个参数，植物叶片的生理电容 C 随夹持力 F 变化方程见式（2.24）；构建植物叶片的生理阻抗随夹持力变化模型，获得模型的各个参数，植物叶片的生理阻抗随夹持力变化模型见式（2.33）；构建植物叶片的生理容抗随夹持力变化模型，获得模型的各个参数，植物叶片的生理容抗随夹持力变化模型见式（2.42）；依据植物叶片的生理电容随夹持力变化模型中的参数，获取植物叶片的比有效厚度 d；将该模型中的 $h = \dfrac{2d}{U^2}$ 变形为 $d = \dfrac{U^2 h}{2}$，再依据 h 和测试电压 U，计算植物叶片的比有效厚度 d；依据植物叶片的生理阻抗随夹持力变化模型中的参数，获取植物叶片固有生理阻抗 IZ，方法为 $IZ = y_0 + k_1$；依据植物叶片的生理容抗随夹持力变化模型中的参数，获取植物叶片固有生理容抗 IX_C，方法为 $IX_C = p_0 + k_2$；依据固有生理容抗 IX_C 计算固有生理电容 IC，方法为 $IC = \dfrac{1}{2\pi f IX_C}$；依据固有生理电容 IC 计算叶片相对持水量 RQ_{wm}，方法为 $RQ_{wm} = \sqrt{(IC)^3}$；依据植物叶片的比有效厚度 d 和叶片相对持水量 RQ_{wm} 计算待测叶片胞内水分利用效率 WUE_c，方法为 $WUE_c = \dfrac{d}{RQ_{wm}}$；依据固有生理电容 IC 和植物叶片固有生理阻抗 IZ，获得基于电生理参数的植物相对持

水时间 RT_{wm}，计算公式为 $RT_{wm} = IC \times IZ$；依据叶片相对持水量 RQ_{wm} 和相对持水时间

RT_{wm} 计算叶片导水速率 VT，计算公式为 $VT = \dfrac{RQ_{wm}}{RT_{wm}}$。

2.4.2.3　构树的胞内水分利用效率和相对持水时间

两种生境下（生境较好的及中度石漠化环境下）生长的构树不同叶位叶片胞内水分利用效率和相对持水时间的比较（注：G_1-2、G_1-3、G_1-4、G_1-5 代表生长在生境较好的构树植株第二叶位、第三叶位、第四叶位及第五叶位叶片；G_2-2、G_2-3、G_2-4、G_2-5 代表生长在石漠化环境中的构树植株第二叶位、第三叶位、第四叶位及第五叶位叶片）。

在中国科学院普定喀斯特生态系统观测研究站的基地内采摘两种生境下（生境较好的及中度石漠化环境下）构树新鲜枝条，迅速返回实验室，清理所采新鲜枝条上叶片的表面灰尘后，从新鲜枝条上分别一一采集第二展开叶至第五展开叶作为待测叶片，放入蒸馏水中浸泡 30min；吸干叶片表面水，立即将待测叶片夹在测定装置平行电极板之间，设置测定电压、频率，通过改变铁块的质量设置不同的夹持力，并联模式测定不同夹持力下的植物叶片生理电容和生理阻抗；以生长在生境较好的构树植株第二叶位的叶片 G_1-2 为例，说明本实验的实施过程。构树不同夹持力下叶片的生理电容、生理阻抗如表 2.32 所示，依据表 2.32 的数据计算生理容抗如表 2.32 所示，依据表 2.32 的生理电容数据构建植物叶片的生理电容 C 随夹持力 F 变化模型、生理阻抗数据构建植物叶片的生理阻抗随夹持力变化模型及生理容抗数据构建植物叶片的生理容抗随夹持力变化模型如表 2.33 所示。依据表 2.33 的各种模型获取植物叶片的比有效厚度 d、植物叶片固有生理阻抗 IZ、固有生理容抗 IX_C，依据固有生理容抗 IX_C 获取固有生理电容 IC，依据固有生理电容 IC 获取叶片相对持水量 RQ_{wm}，依据植物叶片的比有效厚度 d 和叶片相对持水量 RQ_{wm} 计算待测叶片胞内水分利用效率 WUE_c，依据固有生理电容 IC 和植物叶片固有生理阻抗 IZ 获得基于电生理参数的植物相对持水时间 RT_{wm}；依据叶片相对持水量 RQ_{wm} 和相对持水时间 RT_{wm} 计算叶片导水速率 VT，如表 2.34 所示。同样的步骤和方法，获取两种生境中（生境较好的及中度石漠化环境中）生长的构树不同叶位（G_1-2、G_1-3、G_1-4、G_1-5 及 G_2-2、G_2-3、G_2-4、G_2-5）叶片胞内水分利用效率和相对持水时间如表 2.35 所示。

表 2.32　不同夹持力下构树叶片的生理电容、生理阻抗与生理容抗

夹持力 F/N	生理电容 C/pF	生理阻抗 Z/MΩ	生理容抗 X_C/MΩ	夹持力 F/N	生理电容 C/pF	生理阻抗 Z/MΩ	生理容抗 X_C/MΩ
1.1387	188.00	0.1890	0.2822	1.1387	218.00	0.1610	0.2434
1.1387	192.00	0.1840	0.2763	1.1387	226.00	0.1540	0.2347
1.1387	199.00	0.1760	0.2666	1.1387	230.00	0.1520	0.2307
1.1387	202.00	0.1740	0.2626	1.1387	232.00	0.1510	0.2287
1.1387	203.00	0.1730	0.2613	2.1490	387.00	0.0853	0.1371
1.1387	205.00	0.1710	0.2588	2.1490	391.00	0.0844	0.1357
1.1387	213.00	0.1640	0.2491	2.1490	394.00	0.0837	0.1346

续表

夹持力 F/N	生理电容 C/pF	生理阻抗 Z/MΩ	生理容抗 X_C/MΩ	夹持力 F/N	生理电容 C/pF	生理阻抗 Z/MΩ	生理容抗 X_C/MΩ
2.1490	396.00	0.0832	0.1340	5.2448	628.00	0.0541	0.0845
2.1490	399.00	0.0827	0.1330	5.2448	633.00	0.0538	0.0838
2.1490	401.00	0.0822	0.1323	5.2448	636.00	0.0536	0.0834
2.1490	403.00	0.0819	0.1316	5.2448	641.00	0.0532	0.0828
2.1490	404.00	0.0816	0.1313	5.2448	649.00	0.0526	0.0817
2.1490	406.00	0.0812	0.1307	5.2448	655.00	0.0522	0.0810
2.1490	408.00	0.0808	0.1300	5.2448	657.00	0.0521	0.0807
2.1490	410.00	0.0803	0.1294	5.2448	660.00	0.0519	0.0804
3.1783	484.00	0.0696	0.1096	6.2624	717.00	0.0481	0.0740
3.1783	485.00	0.0694	0.1094	6.2624	719.00	0.0480	0.0738
3.1783	488.00	0.0691	0.1087	6.2624	720.00	0.0480	0.0737
3.1783	489.00	0.0688	0.1085	6.2624	721.00	0.0479	0.0736
3.1783	493.00	0.0681	0.1076	6.2624	722.00	0.0478	0.0735
3.1783	494.00	0.0679	0.1074	6.2624	723.00	0.0478	0.0734
3.1783	495.00	0.0677	0.1072	6.2624	724.00	0.0477	0.0733
3.1783	496.00	0.0676	0.1070	6.2624	725.00	0.0477	0.0732
3.1783	496.00	0.0675	0.1070	6.2624	727.00	0.0476	0.0730
3.1783	497.00	0.0674	0.1067	6.2624	728.00	0.0475	0.0729
3.1783	498.00	0.0674	0.1065	6.2624	729.00	0.0475	0.0728
3.1780	498.00	0.0672	0.1065	6.2620	731.00	0.0474	0.0726
4.2115	565.00	0.0600	0.0939	6.2620	731.00	0.0474	0.0726
4.2115	566.00	0.0599	0.0937	7.3109	837.00	0.0420	0.0634
4.2115	567.00	0.0598	0.0936	7.3109	839.00	0.0419	0.0632
4.2115	567.00	0.0598	0.0936	7.3109	841.00	0.0419	0.0631
4.2115	568.00	0.0597	0.0934	7.3109	842.00	0.0418	0.0630
4.2115	569.00	0.0597	0.0932	7.3109	843.00	0.0418	0.0629
4.2115	569.00	0.0596	0.0932	7.3109	843.00	0.0417	0.0629
4.2115	570.00	0.0596	0.0931	7.3109	844.00	0.0417	0.0629
4.2115	570.00	0.0597	0.0931	7.3109	845.00	0.0417	0.0628
4.2115	570.00	0.0596	0.0931	7.3109	845.00	0.0417	0.0628
4.2115	571.00	0.0595	0.0929	7.3109	846.00	0.0416	0.0627
5.2448	621.00	0.0544	0.0854	7.3109	846.00	0.0416	0.0627
5.2448	622.00	0.0543	0.0853	7.3109	847.00	0.0416	0.0626
5.2448	623.00	0.0543	0.0852				

表 2.33　构树的生理电容、生理阻抗及生理容抗随夹持力变化模型与参数

模型1类型	$x_0/y_0/p_0$ (SE)	$h/k_1/k_2$ (SE)	$l/b_1/b_2$ (SE)	方程
C-F	161.3176 （8.2835）	93.1470 （1.7403）		$C=161.3176+93.1470\,F$ $R^2=0.9732$，$P<0.0001$，$n=81$
Z-F	0.0490 （0.0012）	0.3992 （0.0259）	1.0717 （0.0550）	$Z=0.0490+0.3992\,\mathrm{e}^{-1.0717F}$ $R^2=0.9705$，$P<0.0001$，$n=81$
X_C-F	0.0736 （0.0019）	0.5111 （0.0277）	0.9261 （0.0456）	$X_C=0.0736+0.5111\,\mathrm{e}^{-0.9261F}$ $R^2=0.9718$，$P<0.0001$，$n=81$

表 2.34　构树叶片的固有电生理参数

指标	d	IZ/MΩ	IX_C/MΩ	IC/pF	RQ_{wm}	WUE_c	RT_{wm}	VT
数值	104.7904	0.4482	0.5847	90.73	864.22	0.1213	40.67	21.25

表 2.35　两种生境中构树叶片不同叶位的固有电生理参数

叶片	d	IZ/MΩ	IX_C/MΩ	IC/pF	RQ_{wm}	WUE_c	RT_{wm}	VT
G_1-2	104.7904	0.4482	0.5847	90.73	864.22	0.1213	40.67	21.25
G_1-3	40.6207	0.3855	0.7014	75.64	657.85	0.0617	29.16	22.56
G_1-4	140.4836	0.1959	0.2798	189.61	2610.91	0.0538	37.14	70.30
G_1-5	107.5951	0.1301	0.2668	198.84	2803.86	0.0384	25.87	108.38
G_2-2	1.8930	6.6989	6.4835	8.18	23.40	0.0809	54.80	0.43
G_2-3	0.9407	7.5424	7.1370	7.43	20.25	0.0464	56.04	0.36
G_2-4	0.9542	8.0947	7.7769	6.82	17.81	0.0536	55.21	0.32
G_2-5	0.8393	7.4540	7.2246	7.34	19.89	0.0422	54.71	0.36

从表 2.35 中可以看出，两种生境中生长的构树叶片相对持水量 RQ_{wm} 及叶片导水速率 VT 差异显著。生长在较好的生境的构树叶片相对持水量 RQ_{wm} 及叶片导水速率 VT 都很高，而生长在中度石漠化生境的构树却具有较低的叶片相对持水量 RQ_{wm} 及叶片导水速率 VT，这表明较好的生境生长的构树叶片水分状况良好，导水速率大，生长快；但是生长在中度石漠化生境的构树，因其水分状况差，通过降低导水速率维持其叶片器官的供水时间（持水时间），这与实际是相符的，是植物适应环境的重要机制。此外，虽然生长在中度石漠化生境的构树叶片本身的水分利用效率显著高于生长环境好的（通过减少蒸腾作用实现的），但是胞内水分利用效率差异不大，这说明胞内水的代谢效率同种植物差异不大，也为植物胞内水分代谢的研究提供了有效方法。

2.4.2.4　辣椒和马铃薯的胞内水分利用效率和相对持水时间

同一生境中辣椒和马铃薯不同叶位叶片胞内水分利用效率和相对持水时间的比较（注：T-2、T-3、T-4 分别代表马铃薯植株第二叶位、第三叶位及第四叶位，品种：费乌瑞它；P-2、P-3、P-4 分别代表辣椒植株第二叶位、第三叶位及第四叶位，品种：8226）。

在贵州农业职业学院试验场采摘辣椒和马铃薯植株，迅速返回实验室，清理所采植株上叶片表面灰尘后，从植株上分别一一采集第二展开叶至第四展开叶作为待测叶片，放入蒸馏水中浸泡 30min；吸干叶片表面水，立即将待测叶片夹在测定装置平行电极板之间，设置测定电压、频率，通过改变铁块的质量来设置不同的夹持力，并联模式测定不同夹持力下的植物叶片生理电容和生理阻抗；利用本方法，依据生理电容的数据计算生理容抗，依据生理电容的数据构建植物叶片的生理电容 C 随夹持力 F 变化模型，依据生理阻抗数据构建植物叶片的生理阻抗随夹持力变化模型，依据生理容抗的数据构建植物叶片的生理容抗随夹持力变化模型。依据上述各种模型获取植物叶片的比有效厚度 d、植物叶片固有生理阻抗 IZ、固有生理容抗 IX_C，依据固有生理容抗 IX_C 获取固有生理电容 IC，依据固有生理电容 IC 获取叶片相对持水量 RQ_{wm}，依据植物叶片的比有效厚度 d 和叶片相对持水量 RQ_{wm} 计算待测叶片胞内水分利用效率 WUE_c，依据固有生理电容 IC

和植物叶片固有生理阻抗 IZ 获得基于电生理参数的植物相对持水时间 RT_{wm}；依据叶片相对持水量 RQ_{wm} 和相对持水时间 RT_{wm} 计算叶片导水速率 VT，如表 2.36 所示。

表 2.36　同一生境下辣椒和马铃薯叶片不同叶位的固有电生理参数

叶片	d	$IZ/M\Omega$	$IX_C/M\Omega$	IC/pF	RQ_{wm}	WUE_c	RT_{wm}	VT
T-2	483.0525	0.2389	0.3504	151.40	1862.88	0.2593	36.17	51.50
T-3	290.5425	0.2010	0.2732	194.18	2705.79	0.1074	39.02	69.34
T-4	366.3225	0.1349	0.1892	280.40	4695.45	0.0780	37.84	124.10
P-2	69.9908	1.1648	1.4102	37.62	230.74	0.3033	43.82	5.27
P-3	79.4351	1.4488	1.5106	35.12	208.12	0.3817	50.88	4.09
P-4	89.9674	0.9199	1.0363	51.19	366.30	0.2456	47.10	7.78

从表 2.36 中可以看出，同一生境中辣椒和马铃薯叶片相对持水量 RQ_{wm} 及叶片导水速率 VT 差异显著。马铃薯叶片相对持水量 RQ_{wm} 及叶片导水速率 VT 都很高，而辣椒却具有相对较低的叶片相对持水量 RQ_{wm} 及叶片导水速率 VT，这表明马铃薯叶片水分状况良好，导水速率大，生长快；但是辣椒因其水分状况差，通过降低导水速率，维持其叶片器官的供水时间（持水时间），这与实际是相符的，同样也表明不同植物具有不同的对水分状况的适应机制和策略。此外，从表 2.36 中还可以看出，不同物种的胞内水分利用效率差异较大，辣椒具有较高的胞内水分利用效率，而马铃薯具有较低的胞内水分利用效率；总体上看，辣椒是以生长相对缓慢、胞内水分利用效率高、导水速率低来应对较差的水分状况，而马铃薯因生长速度快在水分较好的生长季节完成生长发育来适应环境的，通过本试验可以看出不同植物对环境有着不同的适应机制。

2.5　叶片电生理-机械特征耦合下的植物抗旱能力的表征

叶片结构在不同植物之间差异显著，同种植物受环境影响，其叶片结构同样出现变化（李嘉诚等，2019）。脱水胁迫下，叶片形态和内部结构的变化有助于保持其内部水分平衡，提升叶片的水分有效性，维持植物叶片正常的生理生化过程，由此提高植物抗旱性（吴丽君等，2015）。叶片机械强度受内部结构及胞内组分影响，可用于表征组织内的水分状态（Balsamo et al.，2015），且其响应灵敏，不易受周围环境因子的限制，结果精确可靠。水分亏缺下细胞壁的硬化和弹性模量的改变有助于组织维持膨压和抵御水分胁迫（Martínez et al.，2007）。叶片密度在结构、功能和发育上与影响叶片水分平衡的一系列性状有关（Sun et al.，2014），其变化能够引起叶片弹塑性的改变及其对缺水抵抗能力的提高（Niinemets，2001）。

2.5.1　植物机械特征对抗旱能力的表征

植物机械特征逐渐被应用于植物水分状况的检测。Balsamo 等（2005）研究发现叶片抗拉强度与植物耐旱性具有很好的相关性，叶片的力学特性受水分状况及内部结构变化的影响，植物耐脱水性与叶片内部结构、抗拉强度、细胞壁化学特性呈正相关。叶片的机械强度与材料成分和结构有关，皮质叶通常表现出更高的拉伸强度，以木质素和纤维素材料为主组成的叶片具有更高的硬度（Wang et al.，2010）。郭维俊等（2010）通过对小麦叶片"应力-应变"规律及叶片承载力和微观结构间的关系进行研究分析，建立了叶片横截面的力学模型。Balsamo 等（2015）对叶片破坏应变、极限拉伸应力、破坏功、韧性和弹性模量进行了研究，结果表明耐旱性与机械性能之间具有显著相关性，半纤维素和果胶的成分影响叶片的生物力学性能。香蒲叶的内部肋骨结构有效地增强了抗压缩和弯曲变形的能力，其耐旱性与叶片的机械和结构稳定性相关（Liu et al.，2018）。

　　利用叶片厚度传感器并建立模型可对玉米和高粱的水分状况进行预测（Afzal and Duiker，2017）。压力传感器可以通过对叶片施加恒定的夹持力来检测叶片细胞膨压的相对变化，以此来表征叶片的水分状况（Aissaoui and Chehab，2016）。大豆干燥过程中叶片厚度与叶细胞总水势的相对变化密切相关（Seelig and Wolter，2015）。然而利用叶片厚度传感器获取数据过程中，受夹持力压缩，不同叶片会产生不同的反向应力，难以辨别叶片厚度的变化是由内部水分状况抑或内部结构的改变引发。

　　植物叶片由细胞构成，其力学特性与单细胞的力学行为密切相关。植物细胞由细胞壁、细胞膜和以原生质为主的腔内物质组成，细胞壁的弹性与细胞内水分含量密切相关，在细胞水分充足的时候，接近弹性体，而失水到一定程度又表现出黏弹性（Malgat et al.，2016）。利用麦克斯韦模型拟合应力松弛曲线获得细胞液渗出速率，可直观地反映细胞水分流失速率，比较不同植物的保水能力。对叶片施加一定外力，为抵抗这种外力对其本身的影响，细胞会产生形变而形成内力。依据能量守恒定理，通过叶片累积能量变化来分析植物的抗脱水能力，可更好地反映植物对脱水胁迫的适应性。

2.5.1.1　植物叶片机械特性的获取

　　利用构树、桑树、爬山虎、金银花、诸葛菜和甘蓝型油菜为研究对象，测定其叶片在脱水过程中对应的力学响应特征，分析其抗脱水能力。测试叶片采摘于江苏大学校园内同一生长区域的植物。

　　于上午 9:00～10:00 采摘植物叶片，取新鲜的待测植物枝条，为减缓水分散失使用湿布包裹枝条基部。迅速返回实验室，挑选第 3、第 4、第 5 叶位长势一致的新鲜成熟叶片，放入装有蒸馏水的容器中浸泡 30 min，使叶片初始水分状态保持一致。叶片浸泡 30 min 呈饱水状态后，用纸巾迅速擦去其表面水分，放置在干燥通风的实验台上使其持续脱水 5h，室内温度为 25℃，光量子通量密度为 160 μmol/(m^2·s)，相对湿度为 40%，在每个脱水时刻进行相关参数测定。

（1）叶片弹性模量的计算

　　使用 SMS 质构仪（TA.XT Plus，英国）测定植物叶片不同形变下的最大承压力，测试过程避开叶脉，各个形变量的设置须以组织未受不可逆损坏为前提。测试设置如下：测试模式为压缩，探头型号为直径 2 mm 的压缩探头，测试前探头下压速度为 1 mm/s，测试中探头下压速度为 0.5 mm/s，测试后探头上行速度为 10 mm/s，并选择应变作为目标参数。在各脱水时刻设置形变量梯度为 5%、10%、15%、20%、25%、30%，测定不同形变下叶片的最大承压力，其与形变量之间的关系符合胡克定律，即：

$$F = E_m x \qquad (2.45)$$

式中，F 为压力（N）；x 为形变量（%）；E_m 为弹性模量，即叶片的应力与应变之比（N/%）。

（2）外力施压下叶片累积能量变化的计算

使用 SMS 质构仪测定不同脱水时刻下植物叶片的内力变化曲线，测试过程避开叶脉，测试参数设置同"叶片弹性模量的计算"部分。通过预实验可知，20%形变量下 6 种植物叶片组织均受到压缩且未受不可逆损坏，故设置固定形变量为 20%。通过固定形变下的内力变化曲线可得到探头运行距离。依据公式可计算得到叶片受外力施压过程中累积所消耗的能量，能量的计算公式为：

$$W_F = FS \qquad (2.46)$$

式中，W_F 为功（J）；F 为压力（N）；S 为探头在下压过程中从与叶片接触开始至所设置固定形变的位置所运行的距离（mm）。叶片受外力施压下累积消耗的能量可通过定积分进行计算：

$$W_F = \int_0^b E_m S^2 \mathrm{d}S \qquad (2.47)$$

式中，W_F 为功（J）；E_m 为弹性模量（N/%）；b 为探头从与叶片接触开始运行至所设置固定形变的位置之间的最大距离（mm）。

（3）叶片细胞液渗出速率的计算

使用 SMS 质构仪（TA.XT Plus，英国）测定不同脱水时刻植物叶片的应力松弛曲线，测试过程避开叶脉，测试参数设置同"叶片弹性模量的计算"部分，同样设置固定形变量为 20%，质构仪探头的下压测试模式为停留一段时间，应力松弛曲线符合麦克斯韦模型的应力松弛方程公式：

$$F_{(t)} = F_{(0)} \mathrm{e}^{-\frac{t}{\tau}} \qquad (2.48)$$

式中，$F_{(t)}$ 为时间为 t 时的叶片内力（N）；$F_{(0)}$ 为时间为 0 时的叶片内力（N）；e 为自然底数；t 为时间（s）；τ 为应力松弛时间（s）。

利用麦克斯韦模型对该应力松弛曲线进行拟合，可得到应力松弛时间 τ。将所设置固定形变的形变量看作叶片细胞体积的变化，应力松弛时间看作细胞液渗出时间，则两者之比即可等同细胞液渗出速率 ER，公式为：

$$\mathrm{ER} = \frac{x}{\tau} \qquad (2.49)$$

式中，ER 为细胞液渗出速率（%/s）；x 为所设置的固定形变量（%）；τ 为应力松弛时间（s）。

2.5.1.2 脱水胁迫下叶片弹性模量的变化

由表 2.37 可以看出，构树的 E_m 值显著大于桑树。随着脱水时间增加，构树的 E_m

值有所增加，并在脱水 4h 处拥有最大值，在脱水 1h、2h、3h 和 5h 处的 E_m 值无显著差异。桑树在 3h 处具有最高值，其余时刻的 E_m 值无显著差异。金银花的 E_m 值显著大于爬山虎。金银花的 E_m 值逐渐增加并在脱水 3h 处达到最大值后逐渐下降。爬山虎在脱水 2h 处具有最大值，其余脱水时刻 E_m 值差异不显著。甘蓝型油菜的 E_m 值则显著大于诸葛菜，在脱水胁迫下诸葛菜的 E_m 值逐渐增加，而甘蓝型油菜的 E_m 值较对照则呈现先增加后下降趋势，最大值出现在脱水 1h 处。

表 2.37　脱水胁迫下 6 种植物叶片弹性模量的变化

| 脱水时间/h | 弹性模量 E_m/（N/%） | | | | | |
	构树	桑树	爬山虎	金银花	诸葛菜	甘蓝型油菜
0	2.59 c (0.03)	0.40 b (0.04)	0.55 c (0.02)	4.62 d (0.08)	2.08 c (0.07)	9.69 bc (0.60)
1	6.41 b (0.31)	0.34 b (0.02)	0.57 bc (0.02)	11.42 bc (0.43)	2.14 c (0.20)	14.70 a (0.60)
2	5.57 b (0.79)	0.44 b (0.02)	0.77 a (0.07)	12.32 bc (0.33)	5.46 ab (0.72)	11.82 b (0.73)
3	5.27 b (0.94)	0.87 a (0.08)	0.56 bc (0.04)	15.93 a (0.99)	3.20 c (0.24)	10.07 bc (1.33)
4	8.99 a (0.48)	0.40 b (0.01)	0.61 bc (0.02)	13.06 ab (0.88)	4.66 b (0.58)	7.19 d (0.61)
5	5.83 b (1.04)	0.33 b (0.01)	0.67 ab (0.03)	9.58 c (1.92)	6.46 a (0.49)	8.66 cd (0.33)

注：根据单因素方差分析和 t 检验，同一列中后面不同字母表示在 $P \leqslant 0.05$ 时差异显著（括号内为标准误差 SE）。下同

2.5.1.3　脱水胁迫下外力施压过程中叶片累积能量的变化

由表 2.38 可以看出，构树的 W_F 值显著大于桑树。随着脱水时间增加，构树的 W_F 值呈先上升后下降趋势，在脱水 3h 处具有最大值。桑树的 W_F 值在脱水 1h 处开始显著增加，之后趋于稳定无显著变化。金银花的 W_F 值显著大于爬山虎。随着脱水时间增加，

表 2.38　脱水胁迫下 6 种植物叶片受外力施压累积能量的变化

| 脱水时间/h | 累积能量 W_F/（×10^{-4}J） | | | | | |
	构树	桑树	爬山虎	金银花	诸葛菜	甘蓝型油菜
0	4.13 bc (0.99)	0.17 b (0.07)	0.19 a (0.07)	11.72 b (1.42)	1.05 ab (0.11)	1.60 a (0.16)
1	4.25 bc (0.51)	2.16 a (0.68)	0.14 a (0.01)	33.07 a (2.08)	1.16 a (0.09)	1.24 ab (0.08)
2	7.11 b (1.68)	1.47 a (0.28)	0.19 a (0.03)	34.81 a (0.23)	0.76 bc (0.19)	1.70 a (0.36)
3	10.30 a (0.23)	1.31 a (0.16)	0.17 a (0.02)	39.86 a (4.41)	0.47 cd (0.07)	0.53 c (0.19)
4	5.46 bc (1.03)	2.38 a (0.18)	0.11 a (0.01)	36.57 a (7.93)	0.33 de (0.11)	0.34 c (0.05)
5	3.55 c (0.38)	1.93 a (0.40)	0.17 a (0.04)	26.07 a (5.23)	0.08 e (0.01)	0.78 bc (0.05)

爬山虎的 W_F 值在各脱水时刻之间无显著变化。金银花的 W_F 值在脱水 1h 处开始显著增加，之后随脱水持续各脱水时刻间的值无显著变化。甘蓝型油菜的 W_F 值显著大于诸葛菜。诸葛菜的 W_F 值在 1h 处达到最大后呈现逐渐下降趋势，甘蓝型油菜的 W_F 值在脱水 3h 处开始显著下降，之后无显著变化，在脱水 0~2h W_F 值无显著差异。

2.5.1.4 脱水胁迫下叶片细胞液渗出速率的变化

由表 2.39 可以看出，构树的 ER 值均小于桑树。构树的 ER 值在脱水初期（0~2h）无显著变化，在脱水 3h 处显著增加达到最大值，之后在脱水 4h 处显著下降并趋于稳定。桑树的 ER 值在叶片脱水后有所增加，在各脱水时刻的 ER 值之间无显著差异。金银花的 ER 值显著小于爬山虎。随着脱水时间增加，爬山虎的 ER 值在各脱水时刻之间无显著变化。金银花的 ER 值在脱水 1h 处开始显著增加，之后随脱水持续各脱水时刻间的值无显著变化。甘蓝型油菜的 ER 值均小于诸葛菜。在脱水胁迫下诸葛菜的 ER 值随脱水时间呈先下降后上升趋势，在 3h 处具有最小值，但在脱水 1~4h 变化不显著。随着脱水时间增加，甘蓝型油菜的 ER 值逐渐增加，在脱水 4h 和 5h 处具有最大值。

表 2.39 脱水胁迫下 6 种植物叶片细胞液渗出速率的变化

脱水时间/h	细胞液渗出速率 ER/（%/s）					
	构树	桑树	爬山虎	金银花	诸葛菜	甘蓝型油菜
0	0.032 c (0.001)	0.055 b (0.003)	0.037 a (0.006)	0.022 b (0.001)	0.056 ab (0.001)	0.023 c (0.001)
1	0.030 c (0.001)	0.071 ab (0.016)	0.038 a (0.003)	0.031 a (0.001)	0.047 bc (0.003)	0.022 c (0.001)
2	0.030 c (0.002)	0.067 ab (0.002)	0.040 a (0.003)	0.029 a (0.001)	0.047 bc (0.002)	0.042 b (0.002)
3	0.047 a (0.002)	0.091 a (0.02)	0.037 a (0.001)	0.031 a (0.002)	0.042 c (0.004)	0.041 b (0.002)
4	0.041 b (0.001)	0.086 a (0.009)	0.048 a (0.003)	0.032 a (0.001)	0.050 bc (0.006)	0.049 a (0.002)
5	0.041 b (0.001)	0.088 a (0.005)	0.043 a (0.003)	0.031 a (0.001)	0.062 a (0.004)	0.052 a (0.001)

2.5.1.5 植物机械特征与抗旱能力的关系

构树叶片细胞较强的保水能力减缓了 ER 的增加幅度，同时当外力对叶片施压过程中，同样下压距离需消耗更多能量做功。构树在脱水 3h 处体现出较强的抗压能力。当脱水达到一定程度，在第 4 小时，叶片细胞更多体现为弹性下降而硬度增强，出现 E_m 增加的现象。在脱水 3h 处，桑树叶片短时间内细胞膨压有所维持，提升了叶片的抗压强度，表现出较高的 E_m。而在 3h 处减少了同样形变下外力施压过程中做功的距离，因此外力施压下 W_F 有所增加。在整个脱水过程中，逐渐增加的叶片 ER 导致叶片保水能力降低，且在脱水后期（3~5h）机械特性未再变化。构树叶片在脱水胁迫下比桑树具有更好的机械强度、较好的水分保持能力，抗脱水能力较强。

脱水胁迫下，金银花叶片结构比较稳定，叶片机械强度有所升高但不受脱水程度的影响。然而，ER 同样比对照（0h）有所升高且在脱水下保持稳定，具有较高机械强度的细胞壁对脱水下收缩的细胞膜具有较好的牵引作用，产生负压，将引发细胞水势的降低，有利于脱水胁迫增加时叶片水分的保持。金银花在脱水 3h 处体现出较好的抗压强度，外力施压下 W_F 稍有增高。爬山虎叶片本身水分保持能力下降缓慢，其机械强度未能发生改变而对水分保有能力进行调节。与爬山虎相比，金银花叶片拥有较高的机械强度，保水性好，抗旱性较强。

甘蓝型油菜叶片在脱水 1h 处抗压强度有所提升。而在脱水 2h 处，叶肉细胞水分有所改善，提高了叶片细胞弹性，E_m 与 1h 处相比有所降低。细胞脱水虽相对有所增加，但外力施压叶片 W_F 保持稳定。在脱水 3~5h，叶片细胞弹性有所回升，可能与细胞膨压的相对增加有关。在脱水初期（1~2h），诸葛菜叶片因为水分流失，ER 减小，有利于水分的保持。在 2h 处，叶片 E_m 显著增加，抗压强度提升。但 2h 处减少了同样形变下外力施压过程中做功的距离，因此外力施压下 W_F 有所下降。在脱水后期（3~5h），随着水分的持续流失，外力施压叶片 W_F 逐渐减少。因过度的水分流失，叶片内部结构已无更多调节空间。与诸葛菜相比，甘蓝型油菜在持续脱水下拥有较高的机械强度与较慢的 ER，保水性好，抗旱性较强。

脱水胁迫下构树和金银花叶片的机械强度均有所增强。桑树叶片在脱水 3h 内能够保持较低的水分流失速率。爬山虎叶片内部结构调节能力较差，机械特性变化不大。诸葛菜叶片从第 2 小时开始因脱水而弹性下降，脱水 3h 后水分流失逐渐加重，外力施压叶片 W_F 大幅下降，甘蓝型油菜则降幅相对较小。脱水 5h 内，构树、金银花和甘蓝型油菜叶片分别表现出比桑树、爬山虎和诸葛菜更好的保水性。叶片细胞壁机械特性的变化对叶片内部的水分有效性具有直接影响效果，叶片的水分有效性在植物的光合作用及其他生理生化过程中发挥着重要作用，需借助电生理技术对其进行进一步深入研究。

2.5.2　基于叶片电生理-机械特征耦合下的植物抗旱能力的表征

植物的生长发育经常受到各种生物和非生物胁迫的影响，干旱是最重要的非生物胁迫之一。不同植物的抗旱性也各有不同，为了对抗旱性不同的作物实施合理的灌水制度，植物抗干旱能力的检测至关重要（Fu et al., 2010）。同时，寻找更能适应日趋干旱的环境的品种，可以有效抵御干旱，提高植物的成活率，改善生态环境，遏制荒漠化，对促进中国的农业可持续发展和生态建设同步发展有着重要意义。

叶片是植物进行同化作用与蒸腾作用的主要器官，与周围环境有着密切联系，是判断一个植物品种抗旱程度最明显的指标之一（Rascio et al., 2020）。叶片保水力通常用来表示树木组织抗脱水的能力，叶片的保水能力越强，植物的抗旱能力就越强。植物叶片由细胞构成，叶片的力学性质与单细胞的力学行为有紧密联系。植物细胞由细胞壁和腔内物质（主要为原生质）组成，细胞壁是位于细胞膜外的一层较厚、较坚韧并略具弹性的结构。细胞壁除了作为植物细胞生命形式的界限、阻止水分和营养的无约束流动、维持细胞所应有的内部压力等作用外，还肩负着承受外部载荷，提供维持植物形体的机械强度的作用（Hessini et al., 2009）。

木质素是所有维管植物细胞壁必需的要素，木质素在细胞壁中填充于纤维素骨架内，加大了细胞壁的硬度，增强了细胞的机械支持力和抗压强度（尹能文等，2017）。通常情况下，具有较强抗旱性的植物在干旱下能够通过快速提升木质素的合成来增强细胞壁的机械强度。由半渗透性的质膜包裹的自由水形成的液体压力作用到细胞壁上使其产生拉伸变形，细胞壁的屈服必然导致膨压的减小，进而造成驱动细胞膨胀的动力下降（Taiz et al.，2015）。而细胞在失水收缩时，细胞壁具有向外牵拉作用，细胞壁的机械强度越高，刚性就越大，其产生的负压力势就越大，从而能够使细胞水势大幅度下降，有效地限制细胞的继续失水，提高叶片的保水能力。

目前，烘干法仍然是测定植物叶片保水能力的主要手段。然而，上述方法耗时较长，且测定过程较为复杂，更多地偏向于定性分析，缺乏具体的定量技术。与这些方法相比，通过叶片的力学指标及电生理特性的测定，能够更为简单、快速、可靠地获取相关数据信息，而且实验周期短，对实验条件的要求低，容易观察，在未来的抗旱育种及节水灌溉研究方面具有重要的应用价值。

2.5.2.1 模型构建

植物叶片由细胞构成，叶片的力学性质与单细胞的力学行为有着紧密联系。植物细胞由细胞壁和腔内物质（主要为原生质）组成，细胞壁除了作为植物细胞生命形式的界限、阻止水分和营养的无约束流动、维持细胞所应有的内部压力等作用外，还肩负着承受外部载荷、提供维持植物形体的机械强度的作用。

细胞在失水收缩时，细胞壁具有向外牵拉作用，细胞壁的刚性越大，其产生的负压力势就越大，从而能够使细胞水势大幅度下降，有效地限制细胞的继续失水，提高叶片的保水能力。因此，叶片的保水能力能够通过其组成细胞的细胞壁刚性来定量反映。

刚度计算公式如下：

$$CS = \frac{P}{\delta} \tag{2.50}$$

式中，CS 为刚度，单位为 N/m；P 为作用于物体的力，单位为 N；δ 为作用于物体的力而产生的形变，单位为 m。

通过外力将叶片压碎的瞬间，外力移动距离为叶片比有效厚度。叶片单位面积的比有效厚度记为 d_{LA}，可以通过叶片紧张度进行计算，叶片紧张度计算公式如下：

$$T_d = \frac{C}{\varepsilon_0}\left[\frac{1000iRT}{81000iRT + (81-a)M\Psi_L}\right] \tag{2.51}$$

式中，T_d 单位为 cm；i 为解离系数，其值为 1；R 为气体常数，0.0083 L·MPa/(mol·K)；T 为热力学温度（K），$T=273+t$℃，t 为环境温度（实验时为 20℃）；ε_0 为真空介电常数，8.854×10^{-12} F/m；a 为细胞液溶质的相对介电常数；M 为细胞液溶质的相对分子质量，叶片细胞液溶质假定为蔗糖，此时 a 为 3.3 F/m，M 为 342；C 为植物叶片生理电容；Ψ_L 为植物叶片水势。

则叶片单位面积的比有效厚度的计算公式如下：

$$d_{\text{LA}} = \frac{1}{T_{\text{d}}} = \frac{\varepsilon_0}{C}\left[81 + \frac{(81-a)M\Psi_{\text{L}}}{1000iRT}\right] \tag{2.52}$$

式中，d_{LA} 的单位为 cm/cm^2。

同时，通过外力将叶片压碎的瞬间，单位面积叶片上所承受的最大压缩内力则可以用极限应力 $\sigma_{\max}$ 表示，$\sigma_{\max}$ 单位为 N/mm^2，极限应力计算公式如下：

$$\sigma_{\max} = \frac{F_{\max}}{\pi\left(\dfrac{d_{\text{P}}}{2}\right)^2} \tag{2.53}$$

式中，$F_{\max}$ 为叶片最大压缩内力，单位为 N；d_{P} 为下压探头圆形横截面直径，单位为 mm；π 为圆周率。

刚度表示引起单位位移所需的力，那么通过外力将叶片压碎的瞬间，叶片刚度则可以通过单位面积叶片上所承受的最大压缩内力与叶片单位面积的比有效厚度之间的比值来进行计算，即：

$$\begin{aligned}
\text{LCS} = \frac{\sigma_{\max}}{d_{\text{LA}}} &= \frac{\dfrac{F_{\max}}{\pi\left(\dfrac{d_{\text{P}}}{2}\right)^2}}{\dfrac{\varepsilon_0}{C}\left[81 + \dfrac{(81-a)M\Psi_{\text{L}}}{1000iRT}\right]} \times 10 \\
&= \frac{40\,000 \times F_{\max} \times C \times iRT}{\pi \times d_{\text{P}}^2 \times \varepsilon_0 \times \left[81\,000iRT + (81-\alpha)M\Psi_{\text{L}}\right]}
\end{aligned} \tag{2.54}$$

式中，LCS 为叶片刚度，单位为 N/mm。

为消除不同植物本身之间的差异，将各种植物各失水时刻测定的叶片刚度分别除以其各自叶片饱水状态下的叶片刚度，取其相对值，将其累积相加即可得到不同植物的累积相对叶片刚度，通过比较不同植物间的累积相对叶片刚度值的大小，即可定量比较不同植物间叶片保水能力的大小。

2.5.2.2　叶片电生理-机械特征耦合特征的获取

取带有叶片的待测植物的新鲜枝条，并采取措施减缓水分散发；清理叶片，采摘长势较为一致的叶片若干片，放入水中浸泡；待叶片呈饱水状态，取出浸泡后的饱水叶片，处理后让其干燥失水，在叶片干燥失水后的第 t 小时，利用质构仪测量该干燥失水叶片主叶脉左半部分的最大压缩内力 $F_{\max}$，于同一时段测定叶片主叶脉右半部分的叶片水势 Ψ_{L} 和生理电容 C；最大压缩内力 $F_{\max}$ 的测定过程中需保证质构仪探头下压的压力足够大，能将叶片压碎；利用式（2.53）计算叶片极限应力 $\sigma_{\max}$；依据式（2.51）计算叶片紧张度 T_{d}；利用式（2.54）计算植物叶片刚度 LCS；将 0h 的植物叶片刚度 LCS_0 作为参照，计算各失水时刻的植物相对叶片刚度值 RLCS_i，$\text{RLCS}_i = \text{LCS}_i/\text{LCS}_0$，式中，$\text{LCS}_i$ 为第 i 个失水小时的植物叶片刚度，i 分别为 0，1，2，3，…；将各失水时刻的植物相对叶片刚度值相加得到植物的累积相对叶片刚度值 TRLCS，即 TRLCS = $\Sigma RLCS_i$ = $RLCS_0$ + $RLCS_1$ + $RLCS_2$ + $RLCS_3$+⋯；分别比较不同植物的累积相对叶片刚度值 TRLCS 的大小，从而定量计算出不同植物的叶片保水能力。

2.5.2.3 构树叶片电生理-机械特征耦合特征

取带有叶片的构树的新鲜枝条，并用湿布包住植株枝干基部，以减缓水分散发；迅速返回实验室，清理所采构树叶片表面灰尘后，采摘新鲜枝条上长势较为一致的叶片 10 片，放入装有水的容器中浸泡 30min；待叶片浸泡 30min 后，呈饱水状态，取出浸泡后的饱水叶片 10 片，用纸巾将所有叶片表面水分快速轻轻吸干，放置在干燥通风的桌面上让其干燥失水，在叶片干燥失水后的第 0、第 1、第 2、第 3、第 4、第 5 小时，分别取出 1 片干燥失水叶片，用质构仪测量该干燥失水叶片主叶脉左半部分的最大压缩内力 F_{max}（表 2.40）；同时于同一时段测定叶片主叶脉右半部分的叶片水势 Ψ_L 和生理电容 C（表 2.40）。

表 2.40 不同失水时间下构树叶片的最大压缩内力、叶片水势和生理电容

失水时间 /h	最大压缩内力 F_{max} /N	叶片水势 Ψ_L /MPa	生理电容 C /pF
0	16.41	−1.19	152
0	15.68	−1.07	159
0	15.57	−1.03	130
1	19.35	−1.05	184
1	17.89	−0.82	194
1	18.37	−0.94	174
2	20.78	−1.62	245
2	20.09	−1.34	190
2	22.29	−1.25	185
3	22.21	−1.84	138
3	24.07	−1.38	155
3	23.76	−1.23	130
4	28.82	−2.52	141
4	26.35	−2.3	132
4	26.33	−2.14	119
5	31.51	−2.89	85
5	30.41	−2.77	68
5	28.11	−2.67	77

依据叶片最大压缩内力 F_{max} 和下压探头圆形横截面直径 d_P 计算叶片极限应力 σ_{max}（表 2.41），本实验中所用下压探头圆形横截面直径 d_P 为 2mm，π 计为 3.14；依据叶水势 W 和生理电容 C 计算叶片紧张度 T_d（表 2.41）；同时，利用极限应力 σ_{max} 和叶片紧张度 T_d 计算植物叶片刚度 LCS（表 2.41）。

表 **2.41**　不同失水时间下构树叶片的极限应力、叶片紧张度和叶片刚度

失水时间 /h	极限应力 σ_{max} / (N/mm^2)	叶片紧张度 T_d /cm	叶片刚度 LCS / (N/mm)
0	5.23	0.25	13.08
0	4.99	0.26	12.97
0	4.96	0.21	10.42
1	6.16	0.30	18.48
1	5.70	0.30	17.10
1	5.85	0.28	16.38
2	6.62	0.44	29.13
2	6.40	0.32	20.48
2	7.10	0.31	22.01
3	7.07	0.26	18.38
3	7.67	0.27	20.71
3	7.57	0.22	16.65
4	9.18	0.30	27.54
4	8.39	0.27	22.65
4	8.39	0.23	19.30
5	10.04	0.19	19.08
5	9.68	0.15	14.52
5	8.95	0.17	15.22

　　将 0h 的植物叶片刚度 LCS$_0$ 作为参照，计算各失水时刻的植物相对叶片刚度值 RLCS$_i$（表 2.42），各失水时刻的植物相对叶片刚度值的计算公式为 RLCS$_i$ = LCS$_i$/LCS$_0$，式中，LCS$_i$ 为第 i 个失水小时的植物叶片刚度，i 分别为 0，1，2，3，4，5；将各失水时刻的植物相对叶片刚度值相加得到植物的累积相对叶片刚度值 TRLCS（表 2.42），即 TRLCS = ΣRLCS$_i$ = RLCS$_0$ + RLCS$_1$ + RLCS$_2$ + RLCS$_3$+⋯；分别比较不同植物的累积相对叶片刚度值 TRLCS 的大小，从而定量计算出不同植物的叶片保水能力。

表 **2.42**　不同失水时间下构树的平均叶片刚度、相对叶片刚度和累积相对叶片刚度

失水时间/h	平均叶片刚度 LCS/ (N/mm)	相对叶片刚度 RLCS
0	12.16	1.00
1	17.32	1.42
2	23.87	1.96
3	18.58	1.53
4	23.16	1.91
5	16.27	1.34
累积相对叶片刚度 TRLCS		9.16

　　因此，构树的叶片保水能力为 9.16。

2.5.2.4 桑树叶片电生理-机械特征耦合特征

以桑树为例，所有测定方法同构树（表 2.43～表 2.45）。

表 2.43 不同失水时间下桑树叶片的最大压缩内力、叶片水势和生理电容

失水时间 /h	最大压缩内力 F_{max} /N	叶片水势 Ψ_L /MPa	生理电容 C /pF
0	18.83	−2.04	176
0	19.83	−1.70	173
0	19.39	−1.55	174
1	20.68	−1.69	156
1	22.24	−1.38	158
1	21.44	−1.05	204
2	22.82	−1.9	128
2	25.05	−1.63	150
2	23.94	−1.42	173
3	23.41	−1.96	123
3	25.39	−1.66	131
3	24.43	−1.45	130
4	25.59	−2.82	106
4	26.57	−2.53	96
4	24.77	−2.36	69
5	28.23	−2.94	49
5	29.27	−2.83	55
5	31.11	−2.67	50

表 2.44 不同失水时间下桑树叶片的极限应力、叶片紧张度和叶片刚度

失水时间 /h	极限应力 σ_{max} /（N/mm²）	叶片紧张度 T_d /cm	叶片刚度 LCS /（N/mm）
0	6.00	0.34	20.40
0	6.32	0.31	19.59
0	6.18	0.31	19.16
1	6.59	0.28	18.45
1	7.08	0.27	19.12
1	6.83	0.33	22.54
2	7.27	0.24	17.45
2	7.98	0.27	21.55
2	7.62	0.30	22.86
3	7.46	0.23	17.16
3	8.09	0.24	19.42
3	7.78	0.23	17.89
4	8.15	0.24	19.56
4	8.46	0.20	16.92
4	7.89	0.14	11.05
5	8.99	0.11	9.89
5	9.32	0.12	11.18
5	9.91	0.11	10.90

表 2.45　不同失水时间下桑树的平均叶片刚度、相对叶片刚度和累积相对叶片刚度

失水时间/h	平均叶片刚度 LCS/（N/mm）	相对叶片刚度 RLCS
0	19.72	1.00
1	20.04	1.02
2	20.62	1.05
3	18.16	0.92
4	15.84	0.80
5	10.66	0.54
累积相对叶片刚度 TRLCS		5.33

因此，桑树的叶片保水能力为 5.33。

综上可知，构树的叶片保水能力（9.16）大于桑树（5.33），表明构树的抗干旱能力要高于桑树，这与实际情况相符，也说明植物的累积相对叶片刚度值（TRLCS）可以表征植物的叶片保水能力，可以对不同植物的抗干旱能力进行定量比较。

参 考 文 献

鲍一丹, 沈杰辉. 2005. 基于叶片电特性和叶水势的植物缺水度研究. 浙江大学学报: 农业与生命科学版, 31(3): 341-345.

毕世春, 原所佳. 1997. 植物阻抗测量的技术方法. 山东农业大学学报, 28(1): 45-48.

曹昀, 许令明, 王佳艺, 陆远鸿, 杨杰. 2019. 保水剂对狗牙根匍匐茎萌发、幼苗形态特征及抗旱性的影响. 草业科学, 36(1): 142-151.

褚佳强, 焦濰苹, 徐鉴君. 2008. 稳定生长的细长植物单根对水分吸收的数学模型研究. 中国科学(G 辑: 物理学 力学 天文学), 38(3): 289-309.

戴双, 郭军, 徐文, 赵世杰, 宋健民. 2016. 蜡质组成形态及其合成调控对小麦抗旱性的影响. 植物生理学报, 52(7): 979-988.

代永欣, 王林, 万贤崇. 2015. 干旱导致树木死亡机制研究进展. 生态学杂志, 34(11): 3228-3236.

高俊风. 2000. 植物生理学试验技术.西安: 世界图书出版社: 36.

耿东梅, 单立山, 李毅, Жигунов Анатолий Васильевич. 2014. 土壤水分胁迫对红砂幼苗叶绿素荧光和抗氧化酶活性的影响. 植物学报, 3: 282-291.

郭璟, 张自崇, 马然宙, 郭海青. 2012. 京港澳高速公路安新段中央分隔带植物现状分析. 公路, (10): 186-191.

郭维俊, 王芬娥, 黄高宝, 马守才, 郭兰中. 2010. 小麦叶片力学性能及其微观结构研究. 中国农机化, 4: 70-72, 79.

郭文川, 伍凌, 魏永胜. 2007. 失水对植物生理特性和电特性的影响. 西北农林科技大学学报: 自然科学版, 35(4): 185-191.

韩冰, 杨劼, 王艳芳, 赵雅丽. 2006. 植物对干旱胁迫响应分子机制的研究进展. 内蒙古大学学报(自然科学版), 37(2): 227-232.

郝建军, 于洋, 张婷. 2015. 植物生理学. 第二版. 北京: 化学工业出版社.

忽雪琦, 李东阳, 严加坤, 张岁岐. 2018. 干旱胁迫下外源茉莉酸甲酯对玉米幼苗根系吸水的影响. 植物生理学报, 54(6): 991-998.

金树德, 张世芳. 1999. 从玉米生理电特性诊断旱情. 农业工程学报, 15(3): 91-95.

李东升, 姚静远, 刘楠. 2014. 植物叶面物理信息检测技术研究进展. 中国计量学院学报, 25(3):

238-244.

李海明, 刘绍东, 张思平, 李阳, 陈静, 马慧娟, 沈倩, 赵新华, 李存东, 庞朝友. 2019. 陆地棉种质资源花铃期抗旱性鉴定及抗旱指标筛选. 植物遗传资源学报, 20(3): 583-597.

李嘉诚, 罗达, 史彦江, 宋锋惠. 2019. 平欧杂种榛叶片解剖结构的抗旱性研究. 西北植物学报, 39(3): 462-471.

李晋阳, 毛罕平. 2016. 基于阻抗和电容的番茄叶片含水率实时监测. 农业机械学报, 47(5): 295-299.

黎明鸿, 吴沿友, 邢德科, 姚香平. 2019. 基于叶片电生理特性的 2 种桑科植物抗盐能力比较. 江苏农业科学, 47(14): 217-221.

李嘉诚, 罗达, 史彦江, 宋锋惠. 2019. 平欧杂种榛叶片解剖结构的抗旱性研究. 西北植物学报, 39(3): 462-471.

李琪. 2017. 豆科 15 种植物叶片结构特征比较研究. 呼和浩特: 内蒙古农业大学硕士学位论文.

李晓, 冯伟, 曾晓春. 2006. 叶绿素荧光分析技术及应用进展. 西北植物学报, 26(10): 2186-2196.

林丽莎, 王迎菊, 薛伟, 李磊, 李向义. 2011. 两种生境条件下 6 种牧草叶绿素含量及荧光参数的比较. 植物生态学报, 35(6): 672-680.

刘彬, 麻文俊, 王军辉, 普布次仁, 项艳. 2017. 基于叶片解剖结构的砂生槐群体抗旱性评价. 植物研究, 37(3): 325-333.

刘美芹, 卢存福, 尹伟伦. 2004. 珍稀濒危植物沙冬青生物学特性及抗逆性研究进展. 应用与环境生物学报, 10(3): 384-388.

刘文鑫, 陈志成, 代永欣, 万贤崇. 2020. 水通道蛋白 PIP1 基因过表达杨树的光合生理过程对干旱和复水的响应. 林业科学, 56(2): 69-78.

栾忠奇, 刘晓红, 王国栋. 2007. 水分胁迫下小麦叶片的电容与水分含量关系. 西北植物学报, 27(11): 2323-2327.

罗俊杰, 欧巧明, 叶春雷, 王方, 王镛臻. 2014. 主要胡麻品种抗旱相关指标分析及综合评价. 核农学报, 28(11): 2115-2125.

吕朦朦, 谭明慧, 路莉文, 包尚松, 郭志勇, 邓张双, 邹坤. 2018. 共培养杜英叶片内生菌次级代谢产物研究. 三峡大学学报(自然科学版), 40(3): 108-112.

马红英, 吕小旭, 计雅男, 李小伟. 2020. 17 种锦鸡儿属植物叶片解剖结构及抗旱性分析. 水土保持研究, 27(1): 340-352.

潘瑞炽, 王小菁, 李娘辉. 2012. 植物生理学. 第七版. 北京: 高等教育出版社.

蒲俊兵, 袁道先, 覃政教, 章程. 2010. 我国西南岩溶区水环境问题. 科学: 上海, 62(2): 32-36.

祁旭升, 王兴荣, 许军, 张建平, 米君. 2010. 胡麻种质资源成株期抗旱性评价. 中国农业科学, 43(15): 3076-3087.

单长卷, 梁宗锁. 2006. 土壤干旱对刺槐幼苗水分生理特征的影响. 山东农业大学学报(自然科学版), 37(4): 598-602.

佘文琴, 刘星辉. 1995. 荔枝叶片膜透性和束缚水/自由水与耐寒性的关系. 福建农业大学学报, 24(1): 14-18.

施征, 史胜青, 肖文发, 齐力旺. 2008. 脱水胁迫对梭梭和胡杨苗叶绿素荧光特性的影响. 林业科学研究, 21(4): 566-570.

斯拉维克 B. 1986. 植物与水分关系研究法. 北京: 科学出版社.

孙海锋, 战勇, 魏凌基, 刘胜利, 张恒斌, 林海容, 雷明. 2008. 开花期干旱对大豆叶绿素荧光参数的影响. 干旱地区农业研究, 26(2): 61-64.

田丰, 张永成, 张凤军, 马菊, 孙冬梅, 刘云. 2009. 不同品种马铃薯叶片游离脯氨酸含量、水势与抗旱性的研究. 作物杂志, (2): 73-76.

汪灿, 周棱波, 张国兵, 张立异, 徐燕, 高旭, 姜讷, 邵明波. 2017. 薏苡种质资源成株期抗旱性鉴定及抗旱指标筛选. 作物学报, 43(9): 1381-1394.

王兰芬, 武晶, 景蕊莲, 程须珍, 王述民. 2015. 绿豆种质资源成株期抗旱性鉴定. 作物学报, 41(8): 1287-1294.

王小菁, 李娘辉, 潘瑞炽. 2006. 植物生理学学习指导. 北京: 高等教育出版社.

韦小丽. 2005. 喀斯特地区 3 个榆科树种整体抗旱性研究. 南京林业大学博士学位论文.

吴国辉, 刘福娟. 2004. 植物的蒸腾作用分析. 农机化研究, (5): 287.

吴建慧, 郭瑶, 赵倩竹, 崔艳桃, 岳莉然, 周蕴薇. 2012. 干旱胁迫对绢毛委陵菜叶片解剖结构和生理指标的影响. 草业科学, 29(8): 1229-1234.

吴丽君, 李志辉, 杨模华, 王佩兰. 2015. 赤皮青冈幼苗叶片解剖结构对干旱胁迫的响应. 应用生态学报, 26(12): 3619-3626.

吴敏, 张文辉, 周建云, 马闯, 韩文娟. 2014. 干旱胁迫对栓皮栎幼苗细根的生长与生理生化指标的影响. 生态学报, 34(15): 4223-4233.

吴沿友, 李西腾, 郝建朝, 李萍萍, 王宝利. 2006. 不同植物的碳酸酐酶活力差异研究. 广西植物, 26(4): 366-369.

吴沿友, 梁铮, 邢德科. 2011a. 模拟干旱胁迫下构树和桑树的生理特征比较. 广西植物, 31(1): 92-96.

吴沿友, 邢德科, 刘莹. 2011b. 植物利用碳酸氢根离子的特征分析. 地球与环境, 39(2): 273-277.

吴沿友, 张明明, 邢德科, 周贵尧. 2015. 快速反映植物水分状况的叶片紧张度模型. 农业机械学报, 46(3): 310-314.

武应霞, 苗作云, 汪泽军, 何威. 2005. 桃、杏、樱桃幼树叶水势日间变化及其与气象因子关系的研究. 河南林业科技, 2: 6-8.

解婷婷. 2008. 塔里木沙漠公路防护林植物水分生理生态特性对灌溉量的响应. 中国科学院新疆生态与地理研究所硕士学位论文.

邢德科, 吴沿友, 王瑞, 付为国, 杭红涛, Qaiser J. 2015. 贵州山区 3 种木本植物无机碳利用特性的比较. 西北植物学报, 35(3): 579-586.

宣奇丹, 冯晓旺, 张文杰. 2010. 植物叶片电容与含水量间关系研究. 现代农业科技, (2): 216-218.

杨淑慎, 山仑, 郭蔼光, 高梅, 孙达权, 邵艳军. 2005. 水通道蛋白与植物的抗旱性. 干旱地区农业研究, 23(6): 214-218.

胥生荣, 刘富庭, 张永旺, 张林森, 胡景江, 韩明玉. 2013. 半根干旱对成年"富士"苹果树水分运输和稳定同位素的影响. 北方园艺, (22): 14-17.

薛静, 王国骄, 李建东, 孙备, 王蕊. 2010. 不同水分条件下三裂叶豚草叶解剖结构的生态适应性. 生态环境学报, 19(3): 686-691.

薛应龙. 1980. 呼吸代谢的生理意义及调控问题. 植物生理学报, (1): 62-74.

杨晓青, 张岁岐, 梁宗锁, 山颖. 2004. 水分胁迫对不同抗旱性冬小麦品种幼苗叶绿素荧光参数的影响. 西北植物学报, 24(5): 812-816.

尹能文, 李加纳, 刘雪, 练剑平, 付春, 李威, 蒋佳怡, 薛雨飞, 王君, 柴友荣. 2017. 高温干旱下油菜的木质化应答及其在茎与根中的差异. 作物学报, 43(11): 1689-1695.

袁长春, 丁利明, 李伍荣, 杨秀坚, 陈燕. 2005. 广东南亚热带广泛种植的 5 种草坪草的生物学特性及抗旱性比较. 草业科学, 22(9): 86-91.

张凯, 王润元, 王鹤龄, 赵福年, 赵鸿, 阳伏林, 陈斐, 雷俊, 齐月. 2019. 温度升高和降水减少对半干旱区春小麦生长发育及产量的协同影响. 中国生态农业学报, 27(3): 413-421.

张金政, 张起源, 孙国峰, 何卿, 李晓东, 刘洪章. 2014. 干旱胁迫及复水对玉簪生长和光合作用的影响. 草业学报, 23(1): 167-176.

张瑞美, 彭世彰, 徐俊增, 吴宏霞. 2006. 作物水分亏缺诊断研究进展. 干旱地区农业研究, 2(24): 205-210.

张喜英. 1997. 叶水势反映冬小麦和夏玉米水分亏缺程度的试验. 植物生理学通讯, 33(4): 249-253.

张晓东, 毛罕平, 左志宇, 高鸿燕, 孙俊. 2011. 基于多光谱视觉技术的油菜水分胁迫诊断. 农业工程学报, 27(3): 152-157.

张英普, 何武全, 韩键. 2001. 玉米不同时期水分胁迫指标. 灌溉排水, 20(4): 18-20.

张志焕, 韩敏, 张逸, 王允, 徐坤. 2016. 番茄砧木苗期耐旱性鉴定评价. 生态学杂志, 35(3): 719-725.

赵殿轩, 张青变. 1998. 玉米抗旱生物学特性及抗旱育种研究的几个问题. 玉米科学, 6: 27-30.

赵雪艳, 汪诗平. 2009. 不同放牧率对内蒙古典型草原植物叶片解剖结构的影响. 生态学报, 29(6): 2906-2918.

郑本暖, 叶功富, 卢昌义. 2007. 干旱胁迫对 4 种植物蒸腾特性的影响. 亚热带植物科学, 36(1): 36-38, 42.

郑俊波. 2019. 无损检测 10 种植物叶片含水量的通用模型. 浙江农业学报, 31(10): 1717-1723.

朱蟲庆, 王伯初, 付雪, 杨兴艳, 刘峻宇, 孔静. 2013. 膨压在植物细胞生长中的作用. 生物物理学报, 29(8): 583-593.

Afzal A, Duiker S W. 2017. Leaf thickness to predict plant water status. Biosystems Engineering, 156: 148-156.

Ahmed C B, Rouina B B, Sensoy S, Boukhris M, Abdallah F B. 2009. Changes in gas exchange, proline accumulation and antioxidative enzyme activities in three olive cultivars under contrasting water availability regimes. Environmental and Experimental Botany, 67(2): 345-352.

Aissaoui F, Chehab H. 2016. Early water stress detection on olive trees (*Olea europaea* L. cvs 'chemlali' and 'Chetoui') using the leaf patch clamp pressure probe. Computers and Electronics in Agriculture, 131: 20-28.

Aroca R. 2012. Plant responses to Drought Stress: From Morphological to Molecular Features. Berlin Heidelberg: Springer.

Balsamo R, Boak M, Nagle K, Peethambaran B, Layton B. 2015. Leaf biomechanical properties in *Arabidopsis thaliana* polysaccharide mutants affect drought survival. Journal of Biomechanics, 48(15): 4124-4129.

Balsamo R A, Willigen C V, Boyko W, Farrant J. 2005. Retention of mobile water during dehydration in the desiccation-tolerant grass *Eragrostis nindensis*. Physiologia Plantarum, 124: 336-342.

Blonder B, Violle C, Bentley L P, Enquist B J. 2011. Venation networks and the origin of the leaf economics spectrum. Ecology Letters, 14(2): 91-100.

Brodribb T J, Buckley T N. 2018. Leaf water transport: A core system in the evolution and physiology of photosynthesis. *In*: Adams III WW, Terashima I. The Leaf: A Platform for Performing Photosynthesis, Advances in Photosynthesis and Respiration. Cham, Switzerland: Springer: 81-96.

Bucci S J, Goldstein G, Meinzer F C, Scholz F G, Franco A C, Bustamante M. 2004. Functional convergence in hydraulic architecture and water relations of tropical savanna trees: from leaf to whole plant. Tree Physiology, 24(8): 891-899.

Burghardt M, Riederer M. 2003. Ecophysiological relevance of cuticular transpiration of deciduous and evergreen plants in relation to stomatal closure and leaf water potential. Journal of Experimental Botany, 54(389): 1941-1949.

Calatayud A, Roca D. 2006. Spatial-temporal variations in rose leaves under water stress conditions studied by chlorophyll fluorescence imaging. Plant Physiology and Biochemistry, 44: 564-573.

Cao W, Li Z, Huang S, Shi Y, Zhu Y, Lai M N, Lok P L, Wang X, Cui Y, Jiang L. 2022. Correlation of vacuole morphology with stomatal lineage development by whole-cell electron tomography. Plant Physiology, 188(4): 2085-2100.

Cardoso A A, Visel D, Kane C N, Batz T A, Sánchez C G, Kaack L, Lamarque L J, Wagner Y, King A, Torres-Ruiz J M, Corso D, Burlett R, Badel E, Cochard H, Delzon S, Jansen S, McAdam S A M. 2020. Drought-induced lacuna formation in the stem causes hydraulic conductance to decline before xylem embolism in *Selaginella*. New Phytologist, 227: 1804-1817.

Chalmers D J, Canterford R L, Jerie P H, Jones T R, Ｍgalde T D. 1975. Photosynthesis in relation to growth and distribution of fruit in peach trees. Functional Plant Biology, 2(4): 635-645.

Chaves M M, Maroco J P, Pereira J S. 2003. Understanding plant response to drought-from genes to the whole plant. Functional Plant Biology, 30(3): 239-64.

Chen W, Guo C, Hussain S, Zhu B, Wu L. 2015. Role of xylo-oligosaccharides in protection against salinity-induced adversities in Chinese cabbage. Environmental Science and Pollution Research, 23(2): 1254-1264.

Choat B. 2013. Predicting thresholds of drought-induced mortality in woody plant species. Tree Physiology, 33: 669-671.

Dure L, Crouch M, Harada J, Ho T H D, Mundy J, Quatrano R, Thomas T, Sung Z R. 1989. Common amino acid sequence domains among the LEA proteins of higher plants. Plant Molecular Biology, 12(5): 475-486.

Edwards G E, Mohamed A K. 1973. Reduction in carbonic anhydrase activity in zinc deficient leaves of *Phaseolus vulgaris* L. Crop Science, 13(3): 351-354.

Farooq M, Wahid A, Kobayashi N, Fujita D, Basra S M A. 2009. Plant drought stress: effects, mechanisms and management. Agronomy for Sustainable Development, 29(1): 185-212.

Fu A, Chen Y N, Li W N. 2010. Analysis on the change of water potential of *Populus euphratica* Oliv. and *P. Russkii* Jabl under different irrigation volumes in temperate desert zone. Chinese Science Bulletin, 55(10): 965-972.

Fu P L, Jiang Y J, Wang A Y, Brodribb T J, Zhang J L, Zhu S D, Cao K F. 2012. Stem hydraulic traits and leaf water-stress tolerance are coordinated with the leaf phenology of angiosperm trees in an Asian tropical dry karst forest. Annual of Botany, 110: 189-199.

Gaion L A, Carvalho R F. 2021. Stomatal response to drought is modulated by gibberellin in tomato. Acta Physiologiae Plantarum, 43: 129.

Garcia-Navarro J C, Schulze M, Friedrich K A. 2019. Measuring and modeling mass transport losses in proton exchange membrane water electrolyzers using electrochemical impedance spectroscopy. Journal of Power Sources, 431: 189-204.

Gonzalez-Rodriguez D, Cournède P H, De Langre E. 2016. Turgidity-dependent petiole flexibility enables efficient water use by a tree subjected to water stress. Journal of Theoretical Biology, 398: 20-31.

Gratani L, Bombelli A. 2000. Leaf anatomy, inclination, and gas exchange relationships in evergreen sclerophqldous and drought semideciduous shrub species. Photosynthetica, 37(4): 573-585.

Gupta A, Rico-Medina A, Cao-Delgado A I. 2020. The physiology of plant responses to drought. Science, 368(6488): 266-269.

Hacke U G, Sperry J S. 2001. Functional and ecological xylem anatomy. Perspectives in Plant Ecology, Evolution and Systematics, 4(2): 97-115.

Heckwolf M, Patea D, Hanson D T, Kaldenhoff R. 2011. The *Arabidopsis thaliana* aquaporin AtPIPl; 2 is a physiolooicalla relevant CO_2 transport facilitator. Plant Journal, 67(5): 795-804.

Hessini K, Martínez J P, Gandour M, Albouchi A, Soltani A, Abdelly C. 2009. Effect of water stress on growth, osmotic adjustment, cell wall elasticity and water-use efficiency in *Spartina alterniflora*. Environmental and Experimental Botany, 67(2): 312-319.

Hu H, Boisson-Dernier A, Israelsson-Nordström M, Böhmer M, Xue S, Ries A, Godoski J, Kuhn J M, Schroeder J I. 2011. Carbonic anhydrases are upstream regulators of CO_2-controlled stomatal movements in guard cells. Nature Cell Biology, 13(6): 734-734.

Huber K, Vanderborght J, Javaux M, Schröder N, Dodd I C, Vereecken H. Modelling the impact of heterogeneous rootzone water distribution on the regulation of transpiration by hormone transport and/or hydraulic pressures. Plant & Soil, 2014, 384(1-2): 93-112.

Jackson R B, Sperry J S, Dawson T E. 2000. Root water uptake and transport: using physiological processes in global predictions. Trends in Plant Science, 5(11): 482-488.

Jamaludin D, Aziz S A, Ahmad D, Jaafar H Z E. 2015. Impedance analysis of Labisia pumila plant water status. Information Processing in Agriculture, 2(3-4): 161-168.

Jones H G. 1990. Physiological aspects of the control of water status in horticultural crops. HortScience, 25: 19-26.

Jordan G J, Brodribb T J, Blackman C J, Weston P H. 2013. Climate drives vein anatomy in

Proteaceae. American Journal of Botany, 100(8): 1483-1493.

Kaldenhoff R, Kolling A, Meyers J, Karmann U, Ruppel G, Richter G. 1995. The blue light-responsive *AthH2* gene of *Arabidopsis thaliana* is primarily expressed in expanding as well as in differentiating cells and encodes a putative channel protein of the plasmalemma. Plant Journal, 7: 87-95.

Kandala C V K, Butts C L, Nelson S O. 2007. Capacitance sensor for nondestructive measurement of moisture content in nuts and grain. IEEE Transactions on Instrumentation and Measurement, 56(5): 1809-1813.

Kandala C V, Sundaram J. 2010. Nondestructive measurement of moisture content using a parallel-plate capacitance sensor for grain and nuts. IEEE Sensors Journal, 10(7): 1282-1287.

Kavar T, Maras M, Kidric M, Sustar-Vozlic J, Meglic V. 2007. Identification of genes involved in the response of leaves of *Phaseolus vulgaris* to drought stress. Molecular Breeding, 21: 159-172.

Keller M. 2020. Water relations and nutrient uptake. The Science of Grapevines. Third Edition. Amsterdam: Elsevier: 105-127.

Kicheva M I, Lazova G N. 1998. Response of carbonic anhydrase to polyethylene glycol-mediated water stress in wheat. Photosynthetica, 34(1): 133-135.

Kramer P J. 1983. Water Relation of Plants. New York: Academic Press.

Ksenzhek O, Petrova S, Kolodyazhny M. 2004. Electrical properties of plant tissues: Resistance of a maize leaf. Bulgarian Journal of Plant Physiology, 30(3-4): 61-67.

Li G, Xu W, Jing P, Hou X, Fan X. 2021a. Overexpression of *VyDOF8*, a Chinese wild grapevine transcription factor gene, enhances drought tolerance in transgenic tobacco. Environmental and Experimental Botany, 190(1): 104592.

Li S, Fleisher D H, Wang Z, Barnaby J, Reddy V R. 2021b. Application of a coupled model of photosynthesis, stomatal conductance and transpiration for rice leaves and canopy. Computers and Electronics in Agriculture, 182(3): 106047.

Li X M, ZhaoW X, Li J, Li Y. 2019. Maximizing water productivity of winter wheat by managing zones of variable rate irrigation at different deficit levels. Agricultural Water Management, 216: 153-163.

Liu J, Zhang Z, Yu Z, Liang Y, Li X, Ren L. 2018. Experimental study and numerical simulation on the structural and mechanical properties of Typha leaves through multimodal microscopy approaches. Micron, 104: 37-44.

Maherali H, Caruso C M, Sherrard M E, Latta R G. 2010. Adaptive value and costs of physiological plasticity to soil moisture limitation in recombinant inbred lines of *Avena barbata*. American Naturalist, 175(2): 211-224.

Malgat R, Faure F, Boudaoud A. 2016. A mechanical model to interpret cell-scale indentation experiments on plant tissues in terms of cell wall elasticity and turgor pressure. Frontiers in Plant Science, 7: 1-11.

Martínez J P, Silva H, Ledent J F, Pinto M. 2007. Effect of drought stress on the osmotic adjustment, cell wall elasticity and cell volume of six cultivars of common beans(*Phaseolus vulgaris* L.). European Journal of Agronomy, 26(1): 30-38.

Mastrorilli M, Katerji N, Rana G. 1999. Productivity and water use efficiency of sweet sorghumas affected by soil water deficit occurring at different vegetative growth stages. European Journal of Agronomy, 11: 207-215.

Mcadam S A M, Brodribb T J. 2014. Separating active and passive influences on stomatal control of transpiration. Plant Physiology, 164(4): 1578-1586.

Monteiro M V, Blanuša T, Verhoef A, Hadley P, Cameron R W F. 2016. Relative importance of transpiration rate and leaf morphological traits for the regulation of leaf temperature. Australian Journal of Botany, 64(1): 32-44.

Morgan J M. 1984. Osmoregulation and water stress in higher plants. Annual Review of Plant Biology, 35(1): 299-319.

Ndong C, Danyluk J, Huner N P, Sarhan F. 2001. Survey of gene expression in winter rye during changes in growth temperature, irradiance or excitation pressure. Plant Molecular Biology, 45(6): 691-703.

Niinemets Ü. 2001. Global-scale climatic controls of leaf dry mass per area, density, and thickness in trees and shrubs. Ecology, 82(2): 453-469.

Osnas J L, Lichstein J W, Reich P B, Pacala S W. 2013. Global leaf trait relationships: mass, area, and the leaf economics spectrum. Science, 340(6133): 741-744.

Penuelas J, Munnebosch S, Llusia J, Filella I. 2004. Leaf reflectance and photo- and antioxidant protection in field-grown summer-stressed *Phillyrea angustifolia*. Optical signals of oxidative stress? New Phytologist , 162(1): 115-124.

Peters D B. 1968. Plant-water relationships. Soil Science Society of America Journal, 16(1): 50-57.

Rana G, Katerji N, Mastrorilli M. 1997. Environmental and soil-plant parameters for modeling actual crop evapotranspiration under water stress conditions. Ecological Modelling, 101: 363-371.

Rascio A, Santis G D, Sorrentino G. 2020. A low-cost method for phenotyping wilting and recovery of wheat leaves under heat stress using semi-automated image analysis. Plants, 9(6): 718.

Sanderson J B. 1873. Note on the electrical phenomena which accompany stimulation of the leaf of *Dionaea muscipula*. Proceedings of The Royal Society of London, 21: 495-496.

Sairam R K, Kumutha D, Ezhilmathi K, Deshmukh P S, Srivastava G C. 2008. Physiology and biochemistry of waterlogging tolerance in plants. Biologia Plantarum, 52(3): 401-412.

Sandquist D R, Ehleringer J R. 2003. Population-and family-level variation of brittlebush (*Encelia farinosa*, Asteraceae) pubescence: its relation to drought and implications for selection in variable environments. American Journal of Botany, 90(10): 1481-1486.

Sarabi B, Fresneau C, Ghaderi N, Bolandnazar S, Streb P, Badeck F W, Citerne S, Tangama M, David A, Ghashghaie J. 2019. Stomatal and non-stomatal limitations are responsible in down-regulation of photosynthesis in melon plants grown under the saline condition: application of carbon isotope discrimination as a reliable proxy. Plant Physiology and Biochemistry, 141: 1-19.

Schmerler S B, Clement W L, Beaulieu J M, Chatelet D S, Sack L, Donoghue M J, Edwards E J. 2012. Evolution of leaf form correlates with tropical–temperate transitions in Viburnum (Adoxaceae). Proceedings of the Royal Society of London B: Biological Sciences, 279(1744): 3905-3913.

Schulze E D. 1986. Carbon dioxide and water vapor exchange in response to drought in the atmosphere and in the soil. Annual Review of Plant Biology, 37(37): 247-274.

Scoffoni C, Rawls M, McKown A, Cochard H, Sack L. 2011. Decline of leaf hydraulic conductance with dehydration: relationship to leaf size and venation architecture. Plant Physiology, 156(2): 832-843.

Seelig H D, Wolter A. 2015. Leaf thickness and turgor pressure in bean during plant desiccation. Scientia Horticulturae, 184: 55-62.

Shang X, Yu Y, Zhu L, Liu H, Guo W. 2020. A cotton NAC transcription factor GhirNAC2 plays positive roles in drought tolerance via regulating ABA biosynthesis. Plant Science, 296: 110498.

Sherrard M E, Maherali H, Latta R G. 2009. Water stress alters the genetic architecture of functional traits associated with drought adaptation in *Avena barbata*. Evolution, 63(3): 702-715.

Shields L M. 1950. Leaf xeromorphy as related to physiological and structural influences. The Botanical Review, 16(8): 399-447.

Singh S. 2016. Guttation: Mechanism, momentum and modulation. Botanical Review, 82: 149-182.

Steudle E. 2000a. Water uptake by plant roots: an integration of views. Plant and Soil, 226: 45-56.

Steudle E. 2000b. Water uptake by roots: effects of water deficit. Journal of Experimental Botany, 51: 1531-1542.

Sun M, Yang S J, Zhang J L, Bartlett M, Zhang S B. 2014. Correlated evolution in traits influencing leaf water balance in *Dendrobium* (Orchidaceae). Plant Ecology, 215: 1255-1267.

Taiz L, Zeiger E. 2009. 植物生理学. 第四版. 宋纯鹏, 王学路等译. 北京: 科学出版社.

Taiz L, Zeiger E, Møller I M, Murphy A. 2015. Plant Physiology and Development. Sixth edition.Sunderland: Sinauer Associates, Inc., : 83-84.

Tavallali V, Rahemi M, Maftoun M, Panahi B, Karimi S, Ramezanian A, Vaezpour M. 2009. Zinc influence and salt stress on photosynthesis, water relations, and carbonic anhydrase activity in pistachio. Scientia Horticulturae, 123: 272-279.

Thomas D S, Turner D W. 2001. Banana (*Musa* sp.) leaf gas exchange and chlorophyll fluorescence in response to soil drought, shading and lamina folding. Scientia Horticulturae, 90(1-2): 93-108.

Tiepo A N, Constantino L V, Madeira T B., Gonçalves L S A, Pimenta J A, Bianchini E, Oliveira A L M D, Oliveira H C, Stolf-Moreira. 2020. Plant growth-promoting bacteria improve leaf antioxidant metabolism of drought-stressed Neotropical trees. Planta, 251: 83.

Wang J H, Li S C, Sun M, Huang W, Cao H, Xu F, Zhang S B. 2013. Differences in the stimulation of cyclic electron flow in two tropical ferns under water stress are related to leaf anatomy. Physiologia Plantarum, 147(3): 283-295.

Wang S, Ren L, Liu Y, Han Z, Yang Y. 2010. Mechanical characteristics of typical plant leaves. Journal of Bionic Engineering, 7(3): 294-300.

Wang W B, Kim Y H, Lee H S, Kim K Y, Deng X P, Kwak S S. 2009. Analysis of antioxidant enzyme activity during germination of alfalfa under salt and drought stress. Plant Physiology and Biochemistry, 47(7): 570-577.

Wang X, Meng Z, Chang X, Deng Z, Li Y, Lv M. 2017. Determination of a suitable indicator of tomato water content based on stem diameter variation. Scientia Horticulturae, 215: 142-148.

Wheeler T D, Stroock A D. 2008. The transpiration of water at negative pressures in a synthetic tree. Nature, 455: 208-212.

White D A, Turner N C, Galbraith J H. 2000. Leaf water relations and stomatal behavior of four allopatric Eucalyptus species planted in Mediterranean southwestern Australia. Tree Physiology, 20(17): 1157-1165.

Widiyono W, Nµgroho S, Rachmat A, Syarif F, Lestari P, Hidayati N. 2020. Drought tolerant screening of 20 indonesian sorghum genotypes through leaf water potential measurements under water stress. IOP Conference Series: Earth and Environmental Science, 439(1): 012033.

Xing D K, Chen X L, Wu Y Y, Li Z, Khan S. 2021. Changes in elastic modulus, leaf tensity and leaf density during dehydration of detached leaves in two plant species of Moraceae. Chilean Journal of Agricultural Research, 81(3): 434-447.

Xing D K, Chen X L, Wu Y Y, Xu X J, Chen Q, Li L, Zhang C. 2019. Rapid prediction of the re-watering time point of *Orychophragmus violaceus* L. based on the online monitoring of electrophysiological indexes. Scientia Horticulturae, 256: 108642.

Xing D K, Wu Y Y. 2012. Photosynthetic response of three climber plant species to osmotic stress induced by polyethylene glycol (PEG) 6000. Acta Physiologiae Plantarum, 34(5): 1659-1668.

Xing D K, Wu Y Y, Wang R, Fu W G, Zhou Y C, Javed Q. 2015. Effects of drought stress on photosynthesis and glucose-6-phosphate dehydrogenase activity of two biomass energy plants (*Jatropha curcas* L. and *Vernicia fordii* H.). Journal of Animal & Plant Sciences, 25(3): 172-179.

Xing D K, Xu X J, Wu Y Y, Liu Y Y, Wu Y S, Ni J H, Azeem A. 2018. Leaf tensity: a method for rapid determination of water requirement information in *Brassica napus* L.. Journal of Plant Interactions, 13(1): 380-387.

Yang M T, Chen S L, Lin C Y, Chen Y M. 2005. Chilling stress suppresses chloroplast development and nuclear gene expression in leaves of mung bean seedlings. Planta, 221(3): 374-385.

Yang X, Ducharme K M, Mcavoy R J, Elliott G, Miller D R. 1995. Effect of aerial conditions on heat and mass exchange between plants and air in greenhouses. Transactions of the ASAE, 38(1): 225-229.

Yu S, Zhang X, Guan Q, Takano T, Liu S. 2007. Expression of a carbonic anhydrase gene is induced by environmental stresses in rice (*Oryza sativa* L.). Biotechnology Letters, 29(1): 89-94.

Zhang M, Wu Y, Xing D, Zhao K, Yu R. 2015. Rapid measurement of drought resistance in plants based on electrophysiological properties. Transactions of the ASABE, 58(6): 1441-1446.

Zhu J J, Peng Q, Liang Y L, Wu X, Hao W L. 2012. Leaf gas exchange, chlorophyll fluorescence, and fruit yield in hot pepper (*Capsicum anmuum* L.) grown under different shade and soil moisture during the fruit growth stage. Journal of Integrative Agriculture, 11(6): 927-937.

Zwiazek J J, Xu H, Tan X F, Navarro-Ródenas A, Morte A. 2017. Significance of oxygen transport throµgh aquaporins. Scientific Reports, 7: 40411.

第3章 植物电生理信息与植物耐低营养能力和营养利用效率的检测

随着农业现代化的发展，研究和揭示植物的矿质营养运转规律及植物对低营养的适应机制不仅对认识植物体内复杂生命现象的内在规律有推动作用，对提高农作物产量和改善产品质量也具有极为重要的意义。细胞的物质转运能力是由细胞膜中表面蛋白和结合蛋白的种类和数量决定的。本章以植物叶片为考察器官，基于能斯特方程和吉布斯自由能揭示了植物叶片电阻、阻抗、容抗、感抗和电容与夹持力之间的关系为3参数的指数下降模型与直线模型，同时基于这些模型成功监测到植物叶片的固有电生理信息，获取了基于电生理参数的植物叶片营养主动转运能力（NAT）、被动转运能力（NPT）、植物耐低营养能力（RLN）、营养利用效率（NUE）、叶片单位营养通量（UNF）、营养转运速率（NTR）、营养转运能力（NTC）、营养主动转运（或掠夺能力）流量（NAF）和营养掠夺（吸收）（NPC）能力，进一步评价了不同植物的营养利用和低营养适应策略。在较好的生境中的构树，无论耐低营养能力还是营养利用效率都较高，而生长在中度石漠化生境中的构树却具有较低的耐低营养能力和营养利用效率。同一生境中，相对于辣椒，马铃薯具有较高的耐低营养能力和营养利用效率。植物的营养运输和养分获取策略具有多样性，在供试植物中发现了4种营养转运（代谢）策略，即低UNF高NTR高NTC、高UNF低NTR低NTC、高UNF低NTR高NTC和低UNF高NTR低NTC，以及4种养分获取策略，即低NTR高UAF[营养主动转运（或掠夺能力）流量]低NPC、高NTR低UAF高NPC、高NTR高UAF高NPC和低NTR低UAF低NPC。基于植物电生理信息的营养评价新参数表现出了良好的可靠性、可行性和普适性，为实时监测评价植物的营养转运利用和低营养适应策略提供了技术方法。

3.1 植物对低营养的响应

植物无机营养成分是指在生长发育时所必需的各种矿质营养元素，分为大量元素（需要量>0.5 mmol/L）和微量元素（需要量<0.5 mmol/L），如氮（N）、钾（K）、磷（P）、钙（Ca）、硫（S）和镁（Mg）属于大量营养元素，而铁（Fe）、锰（Mn）、硼（B）、铜（Cu）、锌（Zn）、碘（I）、钼（Mo）和钴（Co）则属于必需微量元素。从远古时代起，人们就知道在农田里施用肥料，如灰肥、绿肥、骨粉、石膏和石灰等，以增加农作物收成。近年来，由于组织培养结合生化分析、光谱分析、分子生物学和示踪原子的广泛应用，在研究植物矿质营养方面开辟了新的途径。现代矿质营养研究的发展有两个趋势：一是生产应用方面与农业土壤密切联系；二是基础理论方面与植物、生物化学密切联系，尤其与植物体内的物质代谢紧密联系，如氮代谢、磷代谢和硫代谢等。

3.1.1 植物的无机营养吸收与利用

3.1.1.1 植物对氮营养的吸收与利用

作物体内含氮化合物主要以蛋白质形态存在，蛋白质是构成生命物质的主要成分，蛋白质中氮含量占 16%～18%，而蛋白质是细胞增长和新细胞形成的基础。同时，氮还是核酸的组成成分，核糖核酸（RNA）和脱氧核糖核酸（DNA）是合成蛋白质和决定生物遗传性的物质基础。此外，植物体内许多酶的组成成分也包含氮，而且氮也参与叶绿素的组成，还有植物体内的一些维生素如维生素 B_1、维生素 B_2、维生素 B_3、维生素 PP 等也含有氮，某些生物碱如烟碱、胆碱、咖啡碱等都含有氮，一部分植物激素如生长素、细胞分裂素也是含氮化合物，它们都对促进植物生长发育有重要作用。植物吸收的氮素主要是无机态氮，即铵态氮（NH_4^+）和硝态氮（NO_3^-）等。旱田作物以吸收 NO_3^- 为主，即使施用的是铵态氮肥，但由于土壤中 NH_4^+ 易被微生物硝化，所以作物吸收的往往是 NO_3^-。进入植物体内的硝酸根离子，在形成氨基酸、蛋白质以前，必须经过还原过程，使硝态氮转为铵，才能合成氨基酸，该反应过程需消耗能量；硝态氮还原的酶促过程，在植物的根部和叶部均可进行，其生化反应如下（Miller，2014）：

$$NO_3^- + NADPPH \xrightarrow[Mo^{6+}]{\text{硝酸还原酶}} NO_2^- + NADP$$

$$NO_2^- + NADPPH \xrightarrow[Fe、Cu]{\text{亚硝酸还原酶}} NO_2OH + NADP$$

$$NO_2OH + NADPPH \xrightarrow[Mn、Mg]{\text{羟基还原酶}} NH_4^+ + NADP$$

从上述反应看出，钼、锰、铁等元素参与了硝态氮的还原，当缺乏这些元素时硝盐不易还原，容易引起植物体内硝盐的积累。其他环境因素如光照、水分、温度等也能影响硝态氮的还原。NH_4^+-N 主要是以离子形式，还是以不带电荷的氨分子形式被植物吸收，目前还尚不清楚，有研究学者认为铵最初被细胞壁吸附，沿着电化学势梯度被动地进入植物细胞；铵离子的膜渗透性相对于其他阳离子高，因此铵进入植物根系比其他阳离子快（Lemaire et al.，2021）。NH_4^+ 可与阴离子同时被吸收，也可与质子或钾离子交换而被吸收，由铵的同化作用而形成的质子借助质子泵主动地从细胞中分离出来。铵的吸收速度取决于三个因素：膜渗透性，使质子分离的 ATP 酶的活性，以及碳水化合物的有效性（Jacoby et al.，2020）。也有学者持与上述相反的观点，他们在研究水稻幼苗吸收铵态氮时指出，不是以 NH_4^+ 形态而是以 NH_3 形态被吸收（潘瑞炽，2012；Miller，2014）。其吸收机制可能是当 NH_4^+ 与原生质膜接触时进行脱质子化，使 H^+ 仍留在膜外溶液中，而 NH_3 扩散到膜内进入细胞质中。

植物对氮的吸收及其参与蛋白质及含氮化合物的生物合成，往往贯穿于整个生命周期，但不同阶段有不同的特点（刘学周，2009）。在种子发芽阶段，储藏于子叶或胚乳中的蛋白质分解形成氨基酸和酰胺，进一步转移到新形成的器官中合成蛋白质和其他含氮化合物。在幼苗根系和叶片形成阶段，植物主要依靠吸收的外源氮来合成蛋白质。在生长初期阶段，植株吸收的外源氮较少，易发生氮素缺乏而显著影响作物生长和产量形成。在生长发育旺盛阶段，植株氮素需要最多，吸收利用氮以合成氨基酸和蛋白质等生理生化反应最强烈。到植株生育后期阶段，茎叶中蛋白质分解的产物转移到发育中的花序和果实内。在种子形成阶段，叶片中蛋白质降解为氨基酸，转移到正在成熟的种子中合成蛋白质（Read and Perez-Moreno，2010）。

3.1.1.2　植物对磷营养的吸收与利用

磷是植物体内许多化合物的组成元素，如核酸与核蛋白、磷脂、植素、含磷的生物活性物质（如 ATP、ADP、GTP、UTP、CTP 等）等，参与许多重要的生命代谢活动。磷可以促进光合作用和碳水化合物的合成与转运，参与叶绿体中三碳糖运转到细胞质和蔗糖在筛管内运输的过程；磷也是氮素代谢酶的组成成分，能提高根瘤菌的固氮活性。磷还可促进脂肪的代谢，在糖转化为甘油和脂肪酸的过程中都需要有磷的参加；磷也可增强作物的抗旱、抗寒、抗病等能力，提高作物抗逆性和适应性（潘瑞炽，2012；Miller，2014）。作物主要吸收正磷酸盐，也能吸收偏磷酸盐和焦磷酸盐，后两种在作物体内能被水解为正磷酸盐。磷酸为三价的酸根，可生成 $H_2PO_4^-$、HPO_4^{2-} 和 PO_4^{3-} 3 种离子，作物最易吸收 $H_2PO_4^-$，HPO_4^{2-} 次之，而 PO_4^{3-} 存在于很强的碱性反应中，不适于作物生长。作物也能吸收某些有机磷化合物，如己糖磷酸酯、蔗糖磷酸酯、甘油磷酸酯和核糖核酸等。标记 ^{32}P-核糖核酸的施用试验表明，水稻幼根不仅能吸收核糖核酸，而且吸收速率快于无机态磷酸盐（潘瑞炽，2012）。

不同作物，甚至同一作物不同品种，对磷的吸收能力是不一样的。豆科绿肥、油菜、荞麦等对磷酸盐最敏感，其次是一般豆类、禾本科作物。土壤 pH、通气性、温度、质地及离子种类等是影响磷素吸收的主要因素，其中 pH 的影响最突出。因为各种形态的磷酸根离子在溶液中的浓度是受介质 pH 控制的。在酸性环境中，$H_2PO_4^-$ 生成有利，当 pH 值升至 7.2 时，$H_2PO_4^-$ 与 HPO_4^{2-} 两者数量相等，当 pH 值继续升高，HPO_4^{2-} 与 PO_4^{3-} 将逐渐占优势。大量资料表明，磷对多数作物的最大有效性是在土壤 pH 5.5～7.0（Lambers et al.，2011）。土壤通气性和温度会影响作物的呼吸等代谢作用与能量的供应，进而影响作物对磷素的吸收，同时磷在土壤中的扩散系数很小，移动性小（Miller，2014）。土壤质地和根系伸展对磷吸收利用也有影响，植物根仅能吸收距根表面 1～4 mm 根际中的土壤磷，而在黏质壤土中其吸收距离只有 1mm 左右，砂质土中可扩展到根外 4 mm（潘瑞炽，2012）。菌根能促进植物根对磷的吸收，菌根菌丝可延伸到根际无磷圈以外的地方而增大根的吸收面积，增加磷的吸收利用（雷垚等，2013）。

3.1.1.3　植物对钾营养的吸收与利用

钾能作为活化剂活化生物体中近 60 种酶，还可促进光能的利用以增强光合作用。叶绿体内类囊体膜正常结构的保持需要 K^+ 参与，缺 K^+ 其结构松散，影响光合作用的正常运行，K^+ 还能促进类囊体膜上质子梯度的形成和光合磷酸化作用（潘瑞炽，2012；Miller，2014）。钾也能促使氧化态辅酶Ⅱ（$NADP^+$）转变为还原态辅酶（NADPH），促进二氧化碳同化。钾还可影响叶片气孔开闭以调节二氧化碳进入速率和水分蒸腾速率。同时，钾有利于植物正常呼吸作用，改善能量代谢，也能增强植物抗冻、抗旱、抗盐、抗寒、抗病虫害等抗逆性（Ganeshamurthy et al.，2011）。土壤中 K^+ 主要通过扩散途径迁移到根际,然后通过主动吸收进入根内,因而植物能从稀钾溶液中累积钾。土壤中速效性钾(水溶性钾和交换性钾)、缓效性钾和矿物态钾的含量及其相互间的动态平衡反映了土壤供钾状态,直接影响着植物对钾的吸收利用。植物对钾的吸收还取决于植物种类,需钾量和吸钾能力因植物不同而异,如向日葵、荞麦、甜菜、马铃薯、玉米的需钾量>油菜及豆科作物的需钾量>禾谷类作物、禾本科牧草的需钾量。介质中离子组成亦影响钾吸收,如当土壤中 K^+ 处于正常水平时,钙能促进钾的吸收。植物根吸收钾后,能通过木质部和韧皮部向上运输,供地上部物质代谢的需要(Miller,2014)。也可由韧皮部运至根尖,供根尖的吸收活动和物质代谢。K^+ 在韧皮部汁液中浓度高,在长距离运输过程中起重要作用。

3.1.1.4　植物对钙营养的吸收与利用

植物中绝大部分钙是构成细胞壁果胶质的重要成分,钙还是细胞分裂所必需的成分;缺钙时细胞板完全不能形成,子细胞也无法分隔成两个,于是就会出现双核细胞的现象。钙还能与膜成分磷脂分子形成钙盐以维持膜的结构和功能,钙也能增强质膜的稳定性、活化 ATP 酶,增强对养分选择吸收的能力。钙能结合在钙调蛋白(calmodulin)上形成复合物,该复合物能活化动植物细胞中的许多酶,对细胞的代谢调节起重要作用。目前知道 Ca-CaM 复合体作为植物体内多种酶的效应物而起作用,这些酶包括 NAD 激酶、Ca^{2+}-ATP 酶(Ca^{2+}泵)等(Doyle et al.,2021)。缺钙时,植株生长受阻,节间较短,因而一般较正常的矮小,而且组织柔软。缺钙还可引起植物病害的发生,如果实腐烂病、植物炭疽病等(Nam et al.,2010;Wang et al.,2021)。石灰是最主要的钙肥,包括生石灰(氧化钙)、熟石灰(氢氧化钙)、碳酸石灰(碳酸钙)3 种。此外某些含钙的化肥或工业废渣,也可作钙肥应用。酸性土壤施用石灰,常能加强土壤有益微生物的活动,从而促进有机质的矿质化和生物固氮作用,增加有效养分吸收利用。酸性土施用石灰后,土壤胶体由氢胶体变为钙胶体,使土壤胶体凝聚,有利于水稳定性团粒结构的形成。酸性黄泥土施用石灰后,玉米、小麦的蛋白质含量、甘薯薯块干物质含量均较对照高(Ramos et al.,2021)。此外施用石灰还能减少病害,总之合理施用钙肥对改良土壤、提高作物产量和品质都有良好效果(Nam et al.,2010;Wang et al.,2021)。

3.1.1.5　植物对镁营养的吸收与利用

镁是叶绿素的必需成分,存在于叶绿素的卟啉环中心,与光合作用直接有关。镁也是多种酶的活化剂,参与碳水化合物、脂肪和类脂的合成,也参与蛋白质和核酸的合成过程(Mengutay et al.,2013)。植物中镁含量为干物质的 0.05%~0.7%,成熟叶中镁含量为 0.2%~0.25%,低于 0.2%时则可能出现缺镁。从植株的部位看,种子含镁较多,茎叶次之,而根系较少。作物生长初期镁大多存在于叶片中,到了结实期则转到种子中以植酸盐赋存。镁是较易移动的元素,缺镁时植株矮小、生长缓慢,先在叶脉间失绿(叶脉仍保持绿色),而后逐步由淡绿色转变为黄色或白色,还会出现褐色或紫红色的斑点或条纹;随着缺镁症状的发展,逐渐危及老叶的基部和嫩叶(潘瑞炽,2012;Miller,2014)。镁的吸收利用效应与土壤供镁水平密切相关。土壤的镁含量为 0.06~2.4 g/kg,

多数为 0.2～1.5 g/kg，主要受成土母质、气候、风化和淋溶程度等影响。各种作物对镁的要求不同，作物对镁吸收量依次为块根块茎作物>豆科作物>禾本科作物。由于 K^+、Ca^{2+} 等阳离子对 Mg^{2+} 有拮抗作用，所以在施用钾、钙肥时应注意配施镁肥。然而，作物镁素营养过高时，会导致钾营养不足。氮肥形态也影响镁的肥效，在镁供应不足的土壤中，不同氮肥引起作物缺镁的严重程度顺序为（NH_4）$_2SO_4$>CO（NH_2）$_2$>NH_4NO_3>Ca（NO_3）$_2$，这是因为 NH_4^+ 对 Mg^{2+} 有拮抗作用，而 NO_3^- 则促进作物对 Mg^{2+} 及其他阳离子的吸收（Miller，2014）。

3.1.1.6　植物对硫营养的吸收与利用

硫是蛋白质和酶的组成元素，蛋白质中有 3 种含硫的氨基酸，即胱氨酸、半胱氨酸和蛋氨酸。硫是丙酮酸脱氢酶、磷酸甘油醛脱氢酶、苹果酸脱氢酶、脂肪酶、羧化酶、氨基转移酶、脲酶、磷酸化酶等酶的成分，它们都含有—SH 基，这些酶不仅参与植物呼吸作用，而且与碳水化合物、脂肪和氮代谢作用都有密切关系（Ekopriva et al.，2016）。硫还存在于硫胺素、生物素、硫胺素焦磷酸、硫辛酸、辅酶 A、乙酰辅酶 A、铁氧还蛋白、硫氧还蛋白和谷胱甘肽等生物活性物质中。作物体中硫的移动性很小，较难从老组织向幼嫩组织运转，缺硫症状首先在幼叶出现。缺硫导致蛋白质、酶的合成受阻，作物生长受到严重影响，植株矮小、叶片褪绿或黄化、茎细、僵直、分蘖分枝少，与缺氮有些相似（International，2009）。对于多数作物来说，土壤有效硫的临界浓度为 6～12 mg/kg（Heinrich，2009）。据试验，水稻不同生育期缺硫对产量的影响以分蘖期为最大，故硫肥以早施为好，最迟应在有效分蘖期以前施用（International，2009）。应用 ^{35}S 研究证明，水稻从幼苗到抽穗期均需吸收硫，在幼穗形成期吸硫量最多，而且硫向稻穗运转量也最大；过了这个时期，硫多积累在根中，不能发挥应有的功效，可见硫肥应在前期施用，以满足水稻各生育期需要（International，2009）。小麦和大麦施硫肥能提高籽粒中蛋氨酸、半胱氨酸和蛋白质的含量，特别是提高蛋白质的品质。小麦面筋中含有二硫基（—S—S—），其烘烤质量与二硫基促进谷蛋白的聚合作用有关（Fernando and Miralles，2007）。

3.1.1.7　植物对微量元素营养的吸收与利用

尽管许多研究已证实硼对于植物生长是必需的，但其在植物生理生化代谢中的作用至今尚未完全研究清楚。硼可促进糖的运输，改善植物各器官有机物质的供应，提高作物结实率和果树坐果率（潘瑞炽，2012；Miller，2014）。缺硼可使糖的运输和吸收大大减少，还影响细胞分裂和伸长，缺硼可导致植株地上部分顶端及形成层组织发育受到影响，还影响到酚类物质和木质素的生物合成。硼也影响花粉萌发和花粉管生长，在植物不同器官中，花的柱头、子房、雌雄蕊含硼量最高；硼能使花粉快速萌发，使花粉管迅速进入子房，有利于受精和种子形成；缺硼还影响根的生长（Sathya et al.，2009）。

锌是许多脱氢酶、蛋白酶和肽酶的必需成分，其中重要的含锌碳酸酐酶在叶绿体中有很强的活性，它催化 CO_2 水合作用生成重碳酸盐，有利于增强碳素同化作用（Sun et al.，2014）。此外，锌也是谷氨酸脱氢酶、乳酸脱氢酶、乙醇脱氢酶及蛋白酶和肽酶的活化剂。锌还参与生长素（吲哚乙酸）的合成，在色氨酸的合成中需要锌，由于色氨酸是吲哚乙酸的前身，所以吲哚乙酸的形成也间接地受锌的影响（潘瑞炽，2012；Miller，2014）。锌与植物氮代谢有密切关系，由于 DNA 和 RNA 聚合酶是含锌的金属蛋白酶，缺锌明显地使细胞内 RNA 和核糖体的含量降低，导致蛋白质形成受到抑制（Lacey，2013）。

钼是植物体内硝酸还原酶和固氮酶的组成成分，植物体内钼的主要作用是与电子传递系统相联系（潘瑞炽，2012；Miller，2014）。在缺钼土壤上，豆科作物增施钼肥，可以使结瘤增加，植株含氮量增加，有利于提高产量，改善产品品质（Mo et al.，2017）。植物缺钼时，维生素 C 含量显著减少，缺钼还不利于无机磷向有机磷的转化（Miller，2014）。钼还可增强植物抵抗病毒病的能力，如施钼能使烟草对花叶病具有免疫性，使患有病毒萎缩病的桑树恢复健康（Chen et al.，2021）。

锰是许多呼吸酶如异柠檬酸脱氢酶、草酰琥珀酸脱氢酶、苹果酸脱氢酶、草酰乙酸脱氢酶等的活化剂，同时它也参与光合作用、氮素代谢反应及一些氧化还原过程。锰还在叶绿体中具有结构作用，其不是叶绿体的组成成分，但与叶绿体的合成密切有关（潘瑞炽，2012；Miller，2014）。锰作为羟胺还原酶的组成成分，参与硝酸还原过程，可以催化羟胺还原成氨，氨进一步生成氨基酸、酰胺和蛋白质。锰还能活化吲哚-3-乙酸（IAA）氧化酶，引起 IAA 氧化和分解。作物吸收过量锰时，容易引起缺铁失绿症，这种锰毒害症常在酸性红壤和黄壤上发生。作物缺锰，首先在幼嫩叶片上失绿发黄，但叶脉和叶脉附近保持绿色；严重缺锰时，叶面出现黑褐色的细小斑点（Li et al.，2020）。

铁在作物体内有原子化合价的变化，在电子传递过程中，Fe^{2+}氧化为Fe^{3+}。铁是血红蛋白和细胞色素的组成成分，这两种物质都具有卟啉环，环的中心部位就是铁，也是细胞色素氧化酶、过氧化氢酶、过氧化物酶等的组成成分（潘瑞炽，2012；Miller，2014）。细胞色素不仅在呼吸链中起传递电子的作用，而且在光合作用中也起传递电子的作用。铁虽然不是叶绿素的组成成分，但它是叶绿素形成所不可缺少的。铁与核酸、蛋白质代谢有关，有人认为缺铁会降低叶绿体中核酸的含量，特别是核糖核酸，而供应铁后含量又能恢复（潘瑞炽，2012；Miller，2014）。铁缺乏还对其他代谢过程产生影响，如降低糖含量，特别是还原糖、有机酸及维生素 B_2 等的含量（Uzoh and Babalola，2020）。

植物体内铜的功能大部分与酶有联系，主要起催化作用。其中氧化酶的催化反应使分子态氧还原变为 H_2O。植物体内缺铜时，多酚氧化酶、细胞色素氧化酶、抗坏血酸氧化酶等含铜氧化酶活性明显降低。铜在叶绿体中浓度较高，铜是叶绿体蛋白-质体蓝素的组成成分，铜还参与蛋白质和碳水化合物的代谢作用。当植株缺铜时，蛋白质合成受到阻碍，含氮化合物增加，还原糖含量减少，以及 DNA 含量降低。缺铜的典型症状是禾谷类作物分蘖增多，植株丛生，叶尖发白，叶片卷曲或扭曲，穗和圆锥花序形成受影响，不能结实（潘瑞炽，2012；Miller，2014）。

3.1.2 植物对低营养的响应

缺氮时，有机物合成受阻，造成植株矮小，叶片发黄或发红、分枝少、花少、籽粒不饱满，产量降低；由于氮的移动性大，老叶中的氮化物分解后可运到幼嫩组织中重复利用，所以缺氮时老叶先表现病症（刘学周，2009；Read and Perez-Moreno，2010）。缺磷时植株瘦小，分蘖或分枝减少，叶色呈暗绿或紫红色，开花期和成熟期都延迟，产量降低，抗性减弱，磷是可以重复利用的元素，缺磷时老叶先表现病症（Lambers et al.，2011；潘瑞炽，2012；Miller，2014）。缺钾时植物抗旱、抗寒性降低，植株茎秆柔弱、易倒伏，叶色变黄、叶缘焦，生长缓慢，老叶先表现病症（潘瑞炽，2012；Miller，2014）。缺钙初期顶芽、幼叶呈淡绿色，继而叶间出现典型的钩状，随后坏死，钙是难移动和不易被重复利用的元素，故症状首先表现在幼茎、幼叶上（潘瑞炽，2012；Miller，2014）。缺镁最明显的病症是叶片失绿，其特点是首先从下部叶片开始，往往是叶肉变黄而叶脉仍保持绿色，这是与缺氮病症的主要区别；严重缺镁时可引起叶片的早衰与脱落，最终导致整株枯黄、死亡（潘瑞炽，2012；Mengutay et al.，2013；Miller，2014）。硫不易移动，缺乏时幼叶先表现症状，新叶均衡失绿，黄化并易脱落（潘瑞炽，2012）。

缺硼时，花药和花丝萎缩、花粉发育不良、结实率低，根尖和顶芽坏死，顶端优势丧失，分枝增多。缺锌时影响生长素合成，导致植物幼叶和茎的生长受阻，产生所谓的小叶病和丛叶病。缺钼时叶较小，叶脉间失绿，有坏死斑点，且叶边缘焦枯，向内卷曲。十字花科植物缺钼时叶片卷曲畸形，老叶变厚且枯焦；禾谷类作物缺钼则籽粒皱缩或不能形成籽粒。缺锰时叶脉间失绿，并出现杂色斑点，Mn^{2+} 在植物体内的移动性大，缺锰时一般会在嫩叶到中等叶龄的叶片上出现症状，而不是最幼嫩的叶片，禾谷类作物缺锰症状常先出现在老叶上。缺铁最明显的症状是幼芽幼叶缺绿发黄，甚至变为黄白色，而下部叶片仍为绿色。缺铜时，叶色蓝绿，有坏死点，先从嫩叶尖起，后沿叶缘扩展到叶基部，叶也会卷皱或呈畸形；另外，缺铜会导致叶片栅栏组织退化，气孔下腔扩大，使植株即使在水分供应充足时也会因蒸腾过度而发生萎蔫。缺硅时植物蒸腾加快，生长受阻，容易倒伏或受真菌感染，特别是水稻，缺硅时抗病虫害能力和抗倒伏能力明显下降。缺氯时，叶片萎蔫，失绿坏死，最后变为褐色；同时根系生长受阻、变粗，根尖变为棒状。缺钠时，植物呈现黄色和坏死现象，甚至不能开花。缺镍时，叶间积累较多的尿素，使叶片异常甚至坏死（潘瑞炽，2012；Miller，2014）。

3.1.3　植物低营养的诊断与检测

植物与动物一样，也会生病。生病的原因有两方面：一方面是由病虫（病原菌、昆虫病毒、根结线虫等）引起；另一方面由营养元素缺乏引起，前一类称为病理病，后一类则称为生理病。对植物进行营养诊断，是防止生理病的重要手段。植物是否缺乏营养，通常可用以下办法来诊断。

（1）化学分析诊断法

取一定量叶片，进行化学成分的分析，将分析结果与正常植株比较，如果某种矿质元素在病株内明显减少，就可能是营养缺乏病。化学分析诊断法已应用在很多作物上，不同的作物有不同养分含量指标。同一作物在不同发育阶段，指标也不相同。另外，这些指标还可能受地区条件、气候因素的影响。因此在应用时，需因地制宜，制订出适合当地情况的指标，才能进行准确的诊断。近年来，化学分析诊断法已进一步发展为分析一些与营养元素变化有关的其他物质,如叶绿素含量、天冬酰胺含量、淀粉含量及某些酶的活性等。根据这些物质的含量和酶的活性大小,来诊断植株的营养水平(潘瑞炽,2012;Miller,2014)。

(2)病症诊断法

植物缺乏某一种必需元素时,会引起特有的外部病症。根据病症发生的部位、植株的颜色、生长状况等多方面特征,就可以得出初步的结论。如果将病症诊断与土壤诊断结合进行,将会诊断得更准确些。而土壤诊断是从作物生长的耕作层中,取出一定量土壤进行化验,通过化验,可以测出土壤中可利用态的营养元素是否缺乏。如果土壤中可利用态的元素缺乏,就可以进一步确诊病因(潘瑞炽,2012;Miller,2014)。

(3)加入诊断法

根据上述方法初步诊断以后,补充加入所缺乏的元素,经过一段时间以后,如果病症消失,说明诊断结果是对的。否则还需要考虑其他原因。大量元素的加入诊断,可作追肥施入土壤中;微量元素可以根外喷施或浸渗叶片(潘瑞炽,2012;Miller,2014)。

有时不同元素的缺乏症表现相似,不易区分,如云杉缺钾与缺镁的症状,都是先缺绿后变褐,很难辨别。如果同时缺乏几种元素,症状会相互混淆而难以判别。此外,还要考虑到元素间的相互作用,有时一种元素的缺乏是由于另一种元素的过多,如钙过多会引起植物缺锌,锰过多会影响铁的吸收。植物的生长除受矿质元素影响外,还受其他环境因子的节制。例如,不良的温度、水分、光照条件,病虫害的侵袭,以及某些元素的毒害效应,都能造成植物不正常的生长,而给缺乏症的诊断带来困难。植物种类不同,生育期不同,往往缺乏同一种必需元素却表现出不同的症状,故在田间进行诊断时,必须注意个别植物特有的表现,查阅有关资料,才能作出判断。同时某些外界因素也可能引起类似的病症,如机械损伤及其他土壤条件也会阻碍植物吸收或营养元素运输,也往往造成缺乏病症。因此,外部症状的观察,应结合各种因素综合考虑才能得出较准确的判断。综上,现有的方法很难实现对植物低营养或其耐低营养的快速、准确、实时监测(潘瑞炽,2012;Miller,2014)。

3.2 植物的耐低营养能力和营养利用效率

细胞膜主要由脂质(主要为磷脂,约占细胞膜总量的50%)、蛋白质(约占细胞膜总量的40%)和糖类(占细胞膜总量的2%~10%)等物质组成,其中以蛋白质和脂质为主(Hopkins and Huner,2004;Yan et al.,2009)。磷脂双分子层是构成细胞膜的基本支架,在电镜下可分为三层,即在膜的靠内外两侧各有一条厚约2.5nm的电子致密带(亲水部分),中间夹有一条厚2.5nm的透明带(疏水部分)。细胞膜对穿过它的电流所呈现的电阻称为膜电阻。由于细胞膜主要是由蛋白质和脂质构成,所以电阻率较大,因而细胞膜成为提供生物组织电阻的主要部分(Volkov,2006;Zhang et al.,2020)。

细胞膜的成分和结构对物质的运转起着重要作用,细胞膜不同的成分和结构决定着细胞及其组成器官的电生理特征,同时也决定了对不同营养物质的吸收、转运机能

（Nguyen et al.，2018；Sondergaard and Palmgren，2004）。细胞膜上磷脂、表面蛋白（外周蛋白）和结合蛋白（内在蛋白）的比例，强烈地影响细胞物质输运能力，影响着无机营养的代谢，而无机营养的代谢能力与营养元素的利用效率紧密相关，最终影响植物营养利用效率（Borges et al.，2020；Geng et al.，2017）。另外，结合蛋白（内在蛋白）所占的比例与一些营养元素的主动转运有紧密的关系，由结合蛋白导致的细胞物质输运能力占物质总输运能力的比例则决定了营养元素的主动输运能力，营养元素主动输运能力的强弱与植物耐低营养能力紧密相关（Zhang et al.，2021）。因此为了确定细胞膜上磷脂、表面蛋白（外周蛋白）和结合蛋白（内在蛋白）对细胞膜物质运转的贡献份额及营养元素主动输运能力占物质总输运能力的比例，本节以植物叶片为考察器官，依据能斯特方程，联合推导出植物叶片的生理电阻随夹持力变化、植物叶片的生理容抗随夹持力变化及植物叶片的生理感抗随夹持力变化模型，利用上述三个模型的参数计算植物叶片固有生理电阻、固有生理容抗和固有生理感抗，进一步获取基于电生理参数的植物叶片营养主动转运能力和被动转运能力，最终定量得出植物耐低营养能力和营养利用效率。该技术不仅可以快速、在线定量检测不同环境下不同植物耐低营养能力和营养利用效率，测定的结果具有可比性，而且还可以用生物物理指标表征不同环境下不同植物对营养物的需求及不同环境下不同植物代谢物的运输能力，为作物施肥提供科学数据。

3.2.1 植物耐低营养能力和营养利用效率的测定方法

3.2.1.1 不同夹持力下植物叶片电生理参数测定

以构树（两种生境）、马铃薯和辣椒为实验材料进行测定。首先从每个植株或枝条的第三、第四、第五叶位取充分展开的叶片，立即将新鲜叶片浸泡 30min，然后去除叶片表面的水分备测，每种植物测定三株植株或枝条。所有测试均是在上午 8:00～9:00 取样测定，测量温度均为室温（20.0 ± 2.0℃）。植物叶片电容（C）、电阻（R）和阻抗（Z）采用 LCR 测试仪［型号：6300，中国台湾固纬（GWinstek）电子实业股份有限公司生产］，测试电压和频率分别为 1.5 V 和 3.0 kHz，该测试电压和频率是吴沿友课题组前期研究所得到的最优测试电压和频率（Xing et al.，2019；Zhang et al.，2015，2020）。植物叶肉细胞可分为长圆柱形栅栏组织细胞和不规则球形海绵组织细胞，为了简化科学问题，每一个叶肉细胞都可以看作是一个同心圆的球形电容器，许多排列的叶肉细胞通过胞间连丝连接组成了叶电容器。由于植物叶片属于低电容高阻抗，所以选用 LCR 仪的并联模式进行测定。

平行板电容器及实验测试装置请查看 1.4 节。测定过程为，首先，叶片的中心被夹在直径为 7 mm 的自制平行板电容器的两个铜电极之间。然后，通过添加相同质量的铁块测定不同夹持力（1.139N、2.149N、3.178N、4.212N 和 5.245 N）下植物叶片的 C、R和 Z，每个夹持力下取值 11～13 组数据，最终选择 10 组数据进行计算处理。吴沿友课题组之前的研究结果表明植物叶片细胞所能承受的压力（不引起植物细胞破坏的力）为 15.89～30.01 N，而本研究中使用的最大夹持力 5.245 N 远低于植物叶片细胞所能承受的压力，因此其对测量的影响是可以忽略不计的。此外，由于所有测定均在一致的条件下进行，所以其他夹具参数对测量结果的影响是系统的，其影响也可以不计。根据式（3.1）和式（3.2）分别计算不同夹持力下植物叶片的 X_C 和 X_L。

$$X_C = \frac{1}{2\pi f C} \tag{3.1}$$

$$\frac{1}{-X_L} = \frac{1}{Z} - \frac{1}{R} - \frac{1}{X_C} \tag{3.2}$$

式中，X_C 为容抗；π 为 3.1416；f 为频率；C 为电容；X_L 为感抗；Z 为阻抗；R 为电阻。

3.2.1.2 植物固有电生理信息的获取

由第 1 章可知，植物叶片电阻、容抗、感抗与夹持力之间存在如下的理论关系：

$$R = p_0 + k_2 \, e^{-b_2 F} \tag{3.3}$$

$$X_C = q_0 + k_3 \, e^{-b_3 F} \tag{3.4}$$

$$X_L = t_0 + k_4 \, e^{-b_4 F} \tag{3.5}$$

通过对 3.3.1.1 节下测定的植物叶片 R、X_C 和 X_L 与不同夹持力方程拟合，可得出每一张叶片的 R、X_C 和 X_L 与夹持力的拟合关系。通过这些拟合方程，可以计算出当夹持力为 0（$F = 0$ N）时叶片固有的 IR、IX_C 和 IX_L：

$$IR = p_0 + k_2 \tag{3.6}$$

$$IX_C = q_0 + k_3 \tag{3.7}$$

$$IX_L = t_0 + k_4 \tag{3.8}$$

3.2.1.3 植物耐低营养能力和营养利用效率的获取

低电容、高电阻的电学特性是植物细胞的属性。植物叶片细胞可看作以平行的方式连接，许多并排叶肉细胞组成了叶片电容器。因此，植物叶片电容器的 R（叶片细胞 R）为每个叶肉细胞的并联 R 之和，可根据式（3.9）计算：

$$\frac{1}{R} = \frac{1}{R_1} + \frac{1}{R_2} + \frac{1}{R_3} + \cdots + \frac{1}{R_n} \tag{3.9}$$

假设每个细胞的内外膜电阻相等，那么 R_1、R_2、R_3、$\cdots$、R_n 可以代表每个单位细胞膜的内阻，则有 $R_1 = R_2 = R_3 = \cdots = R_n = R_0$。由此得到了植物叶片的电阻：

$$\frac{1}{R} = \frac{n}{R_0} \tag{3.10}$$

由于细胞膜 R 与细胞膜的蛋白质和脂质的关系最为密切，则 n 可表征为诱导植物叶片中膜 R 的蛋白质和脂类的相对量。

相似地，得到了植物叶片 X_C：

$$\frac{1}{X_C} = \frac{p}{X_{C_0}} \tag{3.11}$$

由于细胞膜 X_C 与细胞膜表面蛋白的关系最为密切，那么 X_C 或 p 可表征为植物叶

片中诱导膜 X_C 的表面蛋白的相对数量。显然，X_C 与 p 成反比，即 X_C 越低，植物叶片中诱导膜 X_C 的表面蛋白越多。

相似地，得到了植物叶片 X_L：

$$\frac{1}{X_L} = \frac{q}{X_{L_0}} \tag{3.12}$$

由于细胞膜 X_L 与细胞膜结合蛋白关系最为密切，那么 X_L 或 q 可以表征为植物叶片中诱导膜 X_L 的结合蛋白的相对数量。显然，X_L 与 q 成反比，即 X_L 越低，植物叶片中诱导膜 X_L 的结合蛋白越多。

植物叶片固有生理感抗倒数 IX_L^- 的计算公式：$IX_L^- = \dfrac{1}{IX_L}$，植物叶片固有生理容抗倒数 IX_C^- 的计算公式：$IX_C^- = \dfrac{1}{IX_C}$，植物叶片固有生理电阻倒数 IR^- 的计算公式：$IR^- = \dfrac{1}{IR}$。由表面蛋白（外周蛋白）导致的细胞物质输运能力占物质总输运能力的比例则决定了营养元素的被动输运能力，由结合蛋白导致的细胞物质输运能力占物质总输运能力的比例则决定了营养元素的主动输运能力。那么，基于电生理参数的植物叶片营养主动转运能力可表达为：

$$NAT = \frac{IX_L^-}{IR^-} = \frac{\dfrac{p}{IX_{L_0}}}{\dfrac{n}{IR_0}} = \frac{p}{n}\frac{IR_0}{IX_{L_0}} \tag{3.13}$$

同时由于同一种植物 $\dfrac{IR_0}{nIX_{L_0}}$ 一定，所以 NAT 可以表征为植物营养元素的主动输运能力。

而基于电生理参数的植物叶片营养被动转运能力则可表达为：

$$NPT = \frac{IX_C^-}{IR^-} = \frac{\dfrac{q}{IX_{C_0}}}{\dfrac{n}{IR_0}} = \frac{q}{n}\frac{IR_0}{IX_{C_0}} \tag{3.14}$$

由于同一种植物 $\dfrac{IR_0}{nIX_{C_0}}$ 一定，所以 NPT 可以表征为植物营养元素的被动输运能力。

由于植物主动转运能力决定着离子吸收最小浓度，所以也决定了植物耐低营养能力，因此植物耐低营养能力可以用植物主动转运能力占植物营养总转运能力的比例表示。而植物营养总转运能力则为 NAT+NPT，因此植物耐低营养能力可表达为

$$RLN（\%) = \frac{100\,NAT}{NAT + NPT} \tag{3.15}$$

而植物营养利用效率则表示为

$$NUE = \frac{100}{NAT + NPT} \tag{3.16}$$

3.2.2 两种生境下构树的耐低营养能力和营养利用效率

两种生境构树叶片的生理 R、X_C 和 X_L 随夹持力变化模型如表 3.1、表 3.2 和表 3.3 所示，依据各模型的参数，获取两种生境构树不同植株固有生理电阻（IR）、固有生理容抗（IX_C）和固有生理感抗（IX_L）（表 3.4）。随后计算植物叶片固有生理电阻倒数 IR^-、植物叶片固有的生理容抗倒数 IX_C^- 及植物叶片固有生理感抗倒数 IX_L^-（表 3.4）。再进一步计算基于电生理参数的植物叶片营养主动转运能力（NAT）和基于电生理参数的植物叶片营养被动转运能力（NPT）（表 3.5）。最后依据基于电生理参数的植物叶片营养主动转运能力（NAT）和基于电生理参数的植物叶片营养被动转运能力（NPT）计算植物耐低营养能力（RLN）和植物营养利用效率（NUE）（表 3.5）。

表 3.1　两种生境构树的不同叶片 R 随 F 变化模型及参数

植株号	参数			方程
	p_0（SE）	k_2（SE）	b_2（SE）	
Bp-1-1	0.0660 (0.0016)	0.6205 (0.0479)	1.2062 (0.0664)	$R=0.0660+0.6025\,e^{-1.2062F}$ $R^2=0.9702$，$P<0.0001$，$n=77$
Bp-1-2	0.0832 (0.0007)	0.0719 (0.0009)	0.3847 (0.0143)	$R=0.0832+0.0719\,e^{-0.3847F}$ $R^2=0.9920$，$P<0.0001$，$n=76$
Bp-2-1	1.9314 (0.0177)	15.7336 (0.1685)	0.7936 (0.0091)	$R=1.9314+15.7336\,e^{-0.7936F}$ $R^2=0.9986$，$P<0.0001$，$n=75$
Bp-2-2	1.7627 (0.0483)	43.6122 (0.7133)	0.9250 (0.0138)	$R=1.7627+43.6122\,e^{-0.9250F}$ $R^2=0.9976$，$P<0.0001$，$n=74$
Bp-2-3	2.3630 (0.1339)	23.4538 (0.3207)	0.4711 (0.0135)	$R=2.3630+23.4538\,e^{-0.4711F}$ $R^2=0.9941$，$P<0.0001$，$n=74$

注：Bp-1 生长在农业土壤上，Bp-2 生长在中度石漠化土壤上，Bp-1-1 表示 Bp-1 的第一片叶。下同

表 3.2　两种生境构树的不同叶片 X_C 随 F 变化模型及参数

植株号	参数			方程
	q_0（SE）	k_3（SE）	b_3（SE）	
Bp-1-1	0.0742 (0.0019)	0.5184 (0.0293)	0.9402 (0.0479)	$X_C=0.0742+0.5184\,e^{-0.9402F}$ $R^2=0.9720$，$P<0.0001$，$n=77$
Bp-1-2	0.0619 (0.0008)	0.1154 (0.0059)	0.7285 (0.0440)	$X_C=0.0619+0.1154\,e^{-0.7285F}$ $R^2=0.9638$，$P<0.0001$，$n=76$
Bp-2-1	2.2965 (0.0245)	4.1867 (0.0328)	0.3843 (0.0089)	$X_C=2.2965+4.1867\,e^{-0.3843F}$ $R^2=0.9969$，$P<0.0001$，$n=75$
Bp-2-2	2.3442 (0.0555)	5.6106 (0.0598)	0.3544 (0.0127)	$X_C=2.3442+5.6106\,e^{-0.3544F}$ $R^2=0.9933$，$P<0.0001$，$n=74$
Bp-2-3	2.9455 (0.1318)	3.9885 (0.0968)	0.1937 (0.0136)	$X_C=2.9455+3.9885\,e^{-0.1937F}$ $R^2=0.9908$，$P<0.0001$，$n=74$

表 3.3 两种生境构树的不同叶片 X_L 随 F 变化模型及参数

植株号	参数			方程
	t_0（SE）	k_4（SE）	b_4（SE）	
Bp-1-1	0.1198 （0.0030）	0.9462 （0.0618）	1.0510 （0.0557）	$X_L = 0.1198 + 0.9462\,e^{-1.0510F}$ $R^2 = 0.9705$, $P < 0.0001$, $n = 77$
Bp-1-2	0.1261 （0.0012）	0.1484 （0.0043）	0.5432 （0.0264）	$X_L = 0.1261 + 0.1484\,e^{-0.5432F}$ $R^2 = 0.9803$, $P < 0.0001$, $n = 76$
Bp-2-1	3.8163 （0.0329）	16.7247 （0.2141）	0.6834 （0.0110）	$X_L = 3.8163 + 16.7247\,e^{-0.6834F}$ $R^2 = 0.9974$, $P < 0.0001$, $n = 75$
Bp-2-2	4.0016 （0.0651）	43.2990 （0.7564）	0.8454 （0.0147）	$X_L = 4.0016 + 43.2990\,e^{-0.8454F}$ $R^2 = 0.9967$, $P < 0.0001$, $n = 74$
Bp-2-3	5.1385 （0.1540）	24.3837 （0.3265）	0.4515 （0.0136）	$X_L = 5.1385 + 24.3837\,e^{-0.4515F}$ $R^2 = 0.9938$, $P < 0.0001$, $n = 74$

表 3.4 两种生境构树的电生理参数

植株号	IR	IX_C	IX_L	IR^-	IX_C^-	IX_L^-
Bp-1-1	0.6865	0.5926	1.0660	1.4567	1.6875	0.9381
Bp-1-2	0.1551	0.1773	0.2745	6.4475	5.6402	3.6430
Bp-2-1	17.6650	6.4832	20.5410	0.0566	0.1542	0.0487
Bp-2-2	43.3749	7.9548	47.3006	0.0220	0.1257	0.0211
Bp-2-3	25.8168	6.9340	29.5222	0.0387	0.1442	0.0339

注：IR. 固有电阻；IX_C. 固有容抗；IX_L. 固有感抗；IR^-. 固有电阻倒数。IX_C^-. 固有容抗倒数；IX_L^-. 固有感抗倒数，下同

从表 3.5 中可以看出，两种生境中生长的构树耐低营养能力和营养利用效率显著不同。在较好的生境中的构树无论耐低营养能力还是营养利用效率都较高，而生长在中度石漠化生境的构树却具有较低的耐低营养能力和营养利用效率，也即是说在石漠化环境中，植物耐肥能力强，肥料对植物的生长影响不大。而在生境较好的环境中，肥料是植物生长的关键因子，施肥能显著促进植物的生长。

表 3.5 两种生境构树的营养参数

植株号	NAT	NPT	NAT+NPT	RLN	NUE
Bp-1-1	0.6440	1.1584	1.8024	35.7290	55.4807
Bp-1-2	0.5650	0.8748	1.4398	39.2429	69.4534
Bp-2-1	0.8604	2.7244	3.5848	24.0020	27.8955
Bp-2-2	0.9591	5.7136	6.6727	14.3733	14.9864
Bp-2-3	0.8760	3.7261	4.6021	19.0343	21.7294

注：NAT. 主动输运能力；NPT. 被动转运能力；NAT+NPT. 营养总转运能力；RLN. 耐低营养能力；NUE. 营养利用效率。下同

3.2.3 马铃薯和辣椒的耐低营养能力和营养利用效率

马铃薯和辣椒叶片的生理 R、X_C 和 X_L 随夹持力变化模型如表 3.6、表 3.7 和表 3.8

所示，依据各模型的参数，获取马铃薯和辣椒不同植株固有生理电阻（IR）、固有生理容抗（IX_C）和固有生理感抗（IX_L）（表 3.9）。随后计算马铃薯和辣椒叶片固有生理电阻倒数 IR^-、固有生理容抗倒数 IX_C^- 及马铃薯和辣椒叶片固有生理感抗倒数 IX_L^-（表 3.9）。再进一步计算基于电生理参数的马铃薯和辣椒叶片营养主动转运能力 NAT 和营养被动转运能力 NPT（表 3.10）。最后依据基于电生理参数的马铃薯和辣椒叶片营养主动转运能力 NAT 和营养被动转运能力 NPT 计算马铃薯和辣椒耐低营养能力 RLN 和营养利用效率 NUE（表 3.10）。

表 3.6　马铃薯和辣椒的不同叶片 R 随 F 变化模型及参数

植株号	参数			方程
	p_0（SE）	k_2（SE）	b_2（SE）	
St-1	0.2419 (0.0063)	3.2998 (0.0750)	0.8548 (0.0192)	$R=0.2419+3.2998\,e^{-0.8548F}$ $R^2=0.9944$，$P<0.0001$，$n=77$
St-2	0.2156 (0.0024)	0.5884 (0.0055)	0.4642 (0.0093)	$R=0.2156+0.5884\,e^{-0.4642F}$ $R^2=0.9970$，$P<0.0001$，$n=77$
St-3	0.2245 (0.0052)	1.7900 (0.0342)	0.6798 (0.0164)	$R=0.2245+1.7900\,e^{-0.6798F}$ $R^2=0.9940$，$P<0.0001$，$n=77$
Ca-1	0.0216 (0.0004)	0.2986 (0.0102)	1.1819 (0.0294)	$R=0.0216+0.2986\,e^{-1.1819F}$ $R^2=0.9937$，$P<0.0001$，$n=77$
Ca-2	0.0350 (0.0008)	0.0761 (0.0006)	0.2970 (0.0092)	$R=0.0350+0.0761\,e^{-0.2970F}$ $R^2=0.9961$，$P<0.0001$，$n=77$

表 3.7　马铃薯和辣椒的不同叶片 X_C 随 F 变化模型及参数

植株号	参数			方程
	p_0（SE）	k_2（SE）	B_2（SE）	
St-1	0.1091 (0.0026)	1.4384 (0.0342)	0.8906 (0.0201)	$X_C=0.1091+1.4384\,e^{-0.8906F}$ $R^2=0.9944$，$P<0.0001$，$n=77$
St-2	0.0885 (0.0012)	0.4613 (0.0073)	0.6618 (0.0137)	$X_C=0.0885+0.4613\,e^{-0.6618F}$ $R^2=0.9957$，$P<0.0001$，$n=77$
St-3	0.1226 (0.0033)	1.2901 (0.0387)	0.8487 (0.0254)	$X_C=0.1226+1.2901\,e^{-0.8487F}$ $R^2=0.9902$，$P<0.0001$，$n=77$
Ca-1	0.0177 (0.0003)	0.3347 (0.0142)	1.3375 (0.0369)	$X_C=0.0177+0.3347\,e^{-1.3375F}$ $R^2=0.9929$，$P<0.0001$，$n=77$
Ca-2	0.0273 (0.0006)	0.1044 (0.0007)	0.3599 (0.0078)	$X_C=0.0273+0.1044\,e^{-0.3599F}$ $R^2=0.9975$，$P<0.0001$，$n=77$

从表 3.10 中可以看出，同一生境中不同植物的耐低营养能力和营养利用效率也显著不同。马铃薯具有较高的耐低营养能力和营养利用效率，表明施肥对马铃薯的效应显著大于对辣椒的效应，这与生产实际相符合。这为精确施肥提供了科学依据。

该技术开发了一种定量植物耐低营养能力和营养利用效率的方法，属于农业工程和农作物信息检测技术领域，测定不同夹持力下植物叶片生理电阻、生理阻抗和生理电容，进一步计算植物叶片生理容抗和生理感抗；依据 Nernst 方程，构建植物叶片的生理电阻随夹持力变化、植物叶片的生理容抗随夹持力变化及植物叶片的生理感抗随夹持力变化模型，利用上述三个模型的参数计算植物叶片固有生理电阻、固有生理容抗和固有生理感抗，进一步获取基于电生理参数的植物叶片营养主动转运能力和被动转运能力，最终定量出植物耐低营养能力和营养利用效率。该技术不仅可以快速、在线定量检测不同环境中不同植物耐低营养能力和营养利用效率，测定的结果具有可比性，而且还可以用生物物理指标表征不同环境中不同植物对营养的需求，为作物施肥提供科学数据。

表 3.8　马铃薯和辣椒的不同叶片 X_L 随 F 变化模型及参数

植株号	参数			方程
	t_0（SE）	k_4（SE）	b_4（SE）	
St-1	0.3074（0.0080）	4.1579（0.0960）	0.8605（0.0195）	$X_L=0.3074+4.1579\,e^{-0.8605F}$ $R^2=0.9943$，$P<0.0001$，$n=77$
St-2	0.2715（0.0031）	0.8758（0.0102）	0.5248（0.0107）	$X_L=0.2715+0.8758\,e^{-0.5248F}$ $R^2=0.9964$，$P<0.0001$，$n=77$
St-3	0.3034（0.0075）	2.6094（0.0592）	0.7305（0.0193）	$X_L=0.3034+2.6094\,e^{-0.7305F}$ $R^2=0.9926$，$P<0.0001$，$n=77$
Ca-1	0.0334（0.0006）	0.5337（0.0200）	1.2482（0.0324）	$X_L=0.0334+0.5337\,e^{-1.2482F}$ $R^2=0.9934$，$P<0.0001$，$n=77$
Ca-2	0.0542（0.0011）	0.1533（0.0010）	0.3363（0.0080）	$X_L=0.0542+0.1533\,e^{-0.3363F}$ $R^2=0.9972$，$P<0.0001$，$n=77$

表 3.9　马铃薯和辣椒的电生理参数

植株号	IR	IX_C	IX_L	IR^-	IX_C^-	IX_L^-
St-1	3.5417	1.5475	4.4653	0.2824	0.6462	0.2239
St-2	0.8040	0.5498	1.1473	1.2438	1.8188	0.8716
St-3	2.0145	1.4127	2.9128	0.4964	0.7079	0.3433
Ca-1	0.3202	0.3524	0.5671	3.1230	2.8377	1.7634
Ca-2	0.1111	0.1317	0.2075	9.0009	7.5930	4.8193

表 3.10　马铃薯和辣椒的营养参数

植株号	NAT	NPT	NAT+NPT	RLN	NUE
Bp-1-1	0.7928	2.2882	3.0811	25.7327	32.4560
Bp-1-2	0.7008	1.4623	2.1630	32.3967	46.2310
Bp-2-1	0.6916	1.4261	2.1176	32.6579	47.2222
Bp-2-2	0.5646	0.9086	1.4733	38.3256	67.8751
Bp-2-3	0.5354	0.8436	1.3790	38.8268	72.5160

3.3　植物的营养转运（代谢）能力

植物几乎所有的生命活动，包括物质和能量的代谢、发育、抗胁迫和信号转导等，都涉及电荷分离、电子运动、质子和介电传输等（Fromm and Lautner，2010；Sukhov，2016；Szechyńska-Hebda et al.，2017；Volkov，2006）。一般来说，叶肉细胞可以看作是一个具有电感和电阻双重功能的同心圆电容器，许多排列整齐的叶肉细胞组成了叶电容器（Volkov，2006；Zhang et al.，2020）。叶肉细胞中的离子、离子基团和电偶极子是叶片电容器的电解质，与电生理信息密切相关（Philip，2003；Zhang et al.，2020）。植物叶片电生理信息随细胞内离子、离子基团和电偶极子浓度的变化而变化。不同的夹持力可视为不同的外源刺激，不可避免地导致植物叶片中离子、离子基团和电偶极子浓度的变化，从而引起植物电生理信息的变化。在吴沿友课题组研究中，首次揭示了夹持力与叶片 Z、X_C 和 C 之间的理论内在关系分别为 3 参数指数衰减模型、3 参数指数衰减模型和线性模型（Zhang et al.，2020）。

细胞是一切生化反应发生的场所，细胞膜是保证细胞内环境稳定的重要屏障。据估计，15%～30%的核基因编码蛋白参与细胞膜上的营养转运，细胞在营养转运过程中消耗的能量高达细胞总能量的 2/3（Nguyen et al.，2018）。细胞的营养转运能力与细胞膜表面蛋白和结合蛋白的类型和数量的关系最为密切，因此，膜蛋白的组成和含量可以间接反映细胞的营养转运能力。生物样品的蛋白质检测方法有常规方法、电化学方法、分子生物学方法、电泳方法和质谱方法（Zhang et al.，2011）。然而，膜蛋白的检测仅限于单细胞或单一蛋白，现有的蛋白质检测技术难以准确评价细胞膜蛋白的组成特征（Li et al.，2014；Zhang et al.，2011）。此外，养分转运能力最终影响植物养分利用效率，最常用的植物养分利用评价方法是植物体内总养分与总投入养分的比值（Borges et al.，2020；Geng et al.，2017）。然而，这种养分利用效率不能直接反映养分转运能力。据了解，膜蛋白的组成和养分转运特性还很少被报道。

完全展开的叶片在植物生物量中占有很高的比例，决定和反映了植物的养分代谢。由于叶片细胞内电解质（离子、离子基团和电偶极子）的浓度直接受到植物叶片养分代谢的影响，进而伴随有强烈的电活动。本研究基于植物电生理参数定义了植物叶片单位营养通量（UNF）、营养转运速率（NTR）和营养转运能力（NTC），以评价不同供试植物的养分转运策略。研究旨在阐明植物电生理信息与细胞膜蛋白之间的内在机制，为植物养分转运代谢的实时监测提供一种新颖可行的技术。

3.3.1 植物营养转运（代谢）能力的测定方法

3.3.1.1 不同夹持力下植物叶片电生理参数测定

参照 3.2.1.1 节测定不同植物叶片电容（C）、电阻（R）和阻抗（Z）。由第 1 章可知，植物叶片电阻、容抗、感抗与夹持力之间存在如上的理论关系[式（3.3）～式（3.5）]。通过拟合方程，可以计算出当夹持力为 0（F=0 N）时叶片固有的 IR、IX_C 和 IX_L[式（3.6）～式（3.8）]。同时根据以下公式计算植物固有阻抗 IZ 和固有电容 IC：

$$\frac{1}{\text{IZ}} = \frac{1}{\text{IR}} + \frac{1}{\text{IX}_C} - \frac{1}{\text{IX}_L} \tag{3.17}$$

$$\text{IC} = \frac{1}{2\pi f \text{IX}_C} \tag{3.18}$$

式中，π= 3.1416；f 为频率。

3.3.1.2　植物营养转运（代谢）能力的获取

由 3.2.1.3 节可知，植物叶片 R、X_C 和 X_L 可分别表示为

$$\frac{1}{R} = \frac{n}{R_0} \tag{3.10}$$

由于细胞膜 R 与细胞膜的蛋白质和脂质的关系最为密切，则 n 可表征为诱导植物叶片中膜 R 的蛋白质和脂类的相对量。

$$\frac{1}{X_C} = \frac{p}{X_{C_0}} \tag{3.11}$$

由于细胞膜 X_C 与细胞膜表面蛋白的关系最为密切，那么 X_C 或 p 可以表征为植物叶片中诱导膜 X_C 的表面蛋白的相对数量。显然，X_C 与 p 成反比，即 X_C 越低，植物叶片中诱导膜 X_C 的表面蛋白越多。

$$\frac{1}{X_L} = \frac{q}{X_{L0}} \tag{3.12}$$

由于细胞膜 X_L 与细胞膜结合蛋白的关系最为密切，那么 X_L 或 q 可以表征为植物叶片中诱导膜 X_L 的结合蛋白的相对数量。显然，X_L 与 q 成反比，即 X_L 越低，植物叶片中诱导膜 X_L 的结合蛋白越多。

细胞膜蛋白与营养转运的关系最为密切，因此营养单位相对通量（UNF）可表达为

$$\text{UNF} = \frac{p+q}{n} = \frac{\dfrac{1}{IX_C} + \dfrac{1}{IX_L}}{\dfrac{1}{IR}} = \frac{IR}{IX_C} + \frac{IR}{IX_L} \tag{3.19}$$

此外，在之前的研究中，我们定义并应用了植物叶片细胞内水分转移速率。由于营养物质溶于水，所以水分转移速率和营养物质转移速率（NTR）在概念上是相似的，赋值相同，因此可计算为

$$\text{NTR} = \frac{\sqrt{(IC)^3}}{IC \times IZ} \tag{3.20}$$

因此，植物营养转运（代谢）能力（NTC）为 UNF 乘以 NTR：

$$\text{NTC} = \text{UNF} \times \text{NTR} \tag{3.21}$$

3.3.2　两种生境中构树电生理和营养转运信息

利用拟合方程参数成功监测到两种生境中构树的固有电生理信息和营养转运（代谢）能力。由表 3.11 可知，农业土壤中构树叶片 IR、IX_C、IX_L 和 IZ 显著（$P < 0.01$）低于中度石漠化土壤，IC 显著（$P < 0.01$）高于中度石漠化土壤。理论上，IX_C 和 IX_L 越低，植物叶片中诱导膜 X_C 和 X_L 的表面蛋白和结合蛋白就越多。与中度石漠化土壤中构树相比，农业土壤中构树的粗蛋白含量显著（$P < 0.01$）高于中度石漠化土壤（图 3.1），这与 IX_C 和 IX_L 很好地吻合。此外，同一株植物叶片的 IX_C 低于 IX_L，说明结合蛋白多

于表面蛋白。由表 3.11 可知，与中度石漠化土壤相比，农业土壤中构树叶片的 UNF 较低（$P < 0.01$），但 NTR 较高（$P < 0.01$），支持了其较高的 NTC（$P < 0.01$）。如图 3.1 所示，农业土壤中构树粗灰分显著（$P < 0.01$）高于中度石漠化土壤中构树，与 NTC 高度一致。

表 3.11　2 种生境下构树的电生理和营养转运参数

植物	IR /MΩ	IX_C /MΩ	IX_L /MΩ	IZ /MΩ	IC /pF	UNF	NTR	NTC
AS-Bp	0.25± 0.06 bB	0.46± 0.06 bB	0.51± 0.04 bB	0.24± 0.07 bB	118.01± 15.60 aA	1.05± 0.24 bB	48.80± 17.12 aA	48.60± 9.77 aA
MRDS-Bp	36.69± 6.01 aA	7.44± 0.37 aA	39.89± 5.87 aA	7.32± 0.39 aA	7.14± 0.36 bB	5.84± 0.70 aA	0.37± 0.03 bB	2.13± 0.24 bB

注：AS-Bp.生长在农业土壤中的构树；MRDS-Bp.生长在中度石漠化土壤中的构树，下同。IR.固有电阻；IX_C.固有容抗；IX_L.固有感抗；IZ.固有阻抗；IC.固有电容；UNF.营养单位相对通量；NTR.营养物质转移速率；NTC.营养转运（代谢）能力，下同。数值表示平均值±标准差，$n=9$。小写字母表示在 5%水平上差异显著（$P < 0.05$），大写字母表示在 1%水平上差异显著（$P < 0.01$），下同

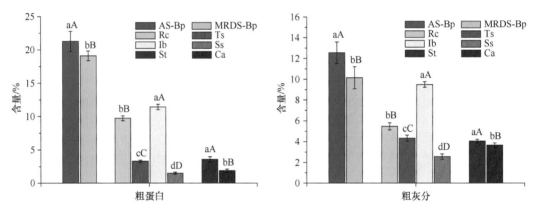

图 3.1　6 种植物的粗蛋白和粗灰分
Rc. 盐肤木；Ts. 香椿；Ib. 红薯；Ss. 千里光；St. 马铃薯；Ca. 辣椒；下同

植物中几乎所有的生命活动都涉及电荷分离、电子运动、质子和电介质运输等（Fromm and Lautner，2010；Sukhov，2016；Szechyńska-Hebda et al.，2017；Volkov，2006）。在叶肉细胞中，细胞和细胞器都被由 50%的脂质、40%的蛋白质和 2%～10%的糖组成的细胞膜包围（Hopkins and Huner，2004）。膜脂和膜蛋白可被视为绝缘层，具有很高的电阻率，使植物细胞能够储存电荷（Yan et al.，2009）。表面（或外周）蛋白质占膜蛋白的 20%～30%，以带电荷的氨基酸或基团与膜两侧的脂质结合，结合（或内在）蛋白质占膜蛋白的 70%～80%，通过膜内疏水羟基与脂质结合（Hopkins and Huner，2004）。表面蛋白影响容抗和电容，而结合蛋白影响感抗和电感。因此，叶肉细胞可被视为一个兼具电感和电阻功能的同心球电容器，离子、离子基团和电偶极子相当于电容器的电解质（Philip，2003；Volkov，2006；Zhang et al.，2020）。

当植物叶片受到夹持力刺激（或环境胁迫）时，叶片的细胞膜透性瞬间发生变化，然后离子、离子基团和电偶极的浓度不可避免地发生变化，导致叶片 R、X_C 和 X_L 的变化。作为植物电生理学的一项重大发现，基于能斯特方程夹持力与叶片 Z 或 X_C 之间的

理论内在关系在之前的研究中被揭示为 3 参数指数衰减模型（Zhang et al.，2020）。能斯特方程可以定量描述离子在体系 A 和 B 之间形成的电势，理论上也可以用来定量描述电解质在细胞膜内外的扩散电势。基于这一事实，R、X_C 或 $X_L=y+ke^{-bF}$ 的夹持力与叶片 R、X_C 或 X_L 之间的理论上的内在关系也首次被揭示出来。一般来说，植物中的内在实时电生理信息是不可检测的（Wang et al.，2019）。本研究通过夹持力与叶片电生理参数之间理论上的内在关系，成功地获得了植物叶片的 IR、IX_C、IX_L、IZ 和 IC，克服了传统针插方法代表性、稳定性和重复性差的缺点。

IR、IX_C、IX_L、UNF、NTR、NTC、粗蛋白、粗灰分关系的 Pearson 相关系数如表 3.12 所示。IR 与 UNF 显著相关。IX_C 与 NTR 显著相关。中度石漠化土壤中构树的 IX_L 与 UNF 和 NTR 显著相关。IX_C 和 IX_L 与粗蛋白呈显著负相关，这与 IX_C 和 IX_L 越低，植物叶片中诱导膜 X_C 和 X_L 的表面蛋白和结合蛋白越多是一致的。UNF 和 NTC 与粗蛋白呈显著相关。中度石漠化土壤中构树的 NTR 与粗灰分呈显著相关。农业土壤中构树的 NTC 与粗灰分呈显著相关。结果表明，IR、IX_C、IX_L、UNF、NTR 或 NTC 与粗蛋白和粗灰分具有良好的相关性。

表 3.12　构树电生理和营养转运参数的相关性

参数	农业土壤中生长的构树					中度喀斯特土壤中生长的构树				
	UNF	NTR	NTC	粗蛋白	粗灰分	UNF	NTR	NTC	粗蛋白	粗灰分
IR	0.96**	−0.83**	−0.38	−0.50	−0.26	0.96**	−0.63	0.59*	−0.25	0.55*
IX_C	0.23	−0.77*	−0.99**	−0.69*	−0.55*	0.38	−1.00**	−0.28	−0.71*	0.72*
IX_L	−0.01	0.05	0.14	−0.65*	−0.24	0.96**	−0.60*	0.62	−0.50*	0.53*
UNF		−0.77*	−0.14	0.75*	−0.04		−0.41	0.78*	−0.65*	0.40
NTR			0.70*	−0.18	0.35			0.24	0.24	−0.72*
NTC				0.86**	0.69*				−0.56*	−0.06

*相关性在 0.05 水平上显著（双尾）；
**相关性在 0.01 水平上显著

3.3.3　草本和木本植物电生理和营养转运信息

如表 3.13 所示，不同植物的 IR、IX_C、IX_L、IZ 和 IC 明显不同，同一植物的 IX_C 低于 IX_L。由表 3.13 和图 3.1 可知，盐肤木的 UNF、NTC、粗蛋白和粗灰分显著（$P < 0.01$）高于香椿，NTR 显著（$P < 0.01$）低于香椿。红薯的 NTR、NTC、粗蛋白和粗灰分极显著（$P < 0.01$）高于千里光，而 UNF 较低。

表 3.13　4 种植物的电生理和营养转运参数

植物	IR /MΩ	IX_C /MΩ	IX_L /MΩ	IZ /MΩ	IC /pF	UNF	NTR	NTC
盐肤木	6.70±0.74 bB	1.63±0.13 bcB	1.81±0.09 cB	4.86±1.22 bB	32.84±2.88 aA	7.86±1.14 aA	1.25±0.34 bB	9.87±3.37 aA
香椿	3.10±0.66 cC	2.24±0.41 aA	3.03±0.32 aA	2.32±0.61 cC	24.44±4.60 bA	2.43±0.43 cC	2.34±0.95 aA	5.49±1.71 bB
红薯	5.67±0.72 bB	1.94±0.34 bA	2.12±0.45 bB	4.72±0.92 bB	28.16±5.40 aA	5.73±0.96 bB	1.17±0.31 bB	6.73±2.34 bB
千里光	12.17±0.46 aA	2.75±0.41 aA	2.86±0.45 aA	10.62±1.73 aA	19.76±3.29 cB	8.87±1.38 aA	0.43±0.09 cC	3.84±1.14 cC

3.3.4 马铃薯和辣椒电生理和营养转运信息

如表 3.14 可知，相同生长生境中，马铃薯的叶 IR、IX_C、IX_L 和 IZ 显著（$P < 0.01$）低于同一生境中的辣椒，而 IC 显著（$P < 0.01$）高于辣椒。在同一植物中，IX_C 低于 IX_L。马铃薯的粗蛋白和粗灰分极显著（$P < 0.01$）高于辣椒（图 3.1），马铃薯的 UNF 比辣椒低（$P < 0.01$），其 NTR 和 NTC 比辣椒高（$P < 0.01$）。

表 3.14　马铃薯和辣椒的电生理和营养转运参数

植物	IR（MΩ）	IX_C /MΩ	IX_L/MΩ	IZ /MΩ	IC /pF	UNF	NTR	NTC
马铃薯	0.31±0.01 [bB]	0.28±0.05 [bB]	0.46±0.04 [bB]	0.22±0.03 [bB]	193.73±37.20 [aA]	1.78±0.20 [bB]	66.64±17.31 [aA]	121.47±47.99 [aA]
辣椒	4.07±1.99 [aA]	1.61±0.29 [aA]	4.94±1.97 [aA]	1.47±0.28 [aA]	34.16±7.08 [bB]	3.31±0.98 [aA]	4.16±1.34 [bB]	13.49±4.67 [bB]

目前，膜蛋白的检测仅限于单个细胞或单个蛋白质，现有的蛋白质检测技术很难评估细胞膜蛋白的组成特征（Li et al.，2014；Zhang et al.，2011）。研究结果表明，IX_C 和 IX_L 与粗蛋白呈显著负相关。这说明 IX_C 和 IX_L 可以用来表征细胞膜表面蛋白和结合蛋白的相对组成，即 IX_C 和 IX_L 越低，分别诱导植物叶片膜 X_C 和 X_L 的表面蛋白和结合蛋白越多。这与高含量的膜蛋白促进营养元素更顺畅有序地穿过细胞膜，从而使细胞膜电阻率降低密切相关（Glenn et al.，1987）。本研究中，粗蛋白含量高的植株具有相对较低的 IR、IX_C、IX_L、IZ 和较高的 IC，这有力地支持了用 IX_C 和 IX_L 表征膜蛋白组成特征的可行性。同时本研究发现，所有受试植物都有一个共同的现象，即同一植物的 IX_C 低于 IX_L。这个结果完美地证明了细胞膜上结合蛋白多于表面蛋白的科学事实（Favre et al.，2011；Hopkins and Huner，2004；Volkov，2006）。

3.3.5 植物营养运输多样性

本研究结果表明，UNF、NTR 或 NTC 与粗蛋白或粗灰分有很好的相关性，可以反映植物的营养代谢。由于营养环境差，石漠化土壤中的植物比耕作土壤中的植物更容易受到低营养胁迫（Javed et al.，2017；Xing et al.，2019；Wu et al.，2019）。结果表明，与中度石漠化土壤相比，农业土壤中的构树具有较低的 IR、IX_C、IX_L、IZ、UNF 和较高的 IC、NTR、NTC、粗灰分、粗蛋白。在农业土壤中，构树在高养分（或粗灰分）条件中生长良好，其细胞膜蛋白（粗蛋白）相对较多，养分被高效转运，支持其较高的 NTR 和 NTC。中度石漠化土壤中的构树具有较高的 UNF，支持其对低养分胁迫的耐受性和对恶劣环境的适应性。NTC 与农田土壤中构树的粗蛋白和粗灰分呈显著正相关，与中度石漠化土壤中构树的粗蛋白和粗灰分呈显著负相关。中度石漠化土壤中构树 NTR 与粗灰分呈显著负相关，农业土壤中构树 NTR 与粗灰分呈非显著正相关。这也表明同一种植物在不同的生境中具有不同的营养代谢策略。盐肤木的 UNF、NTC、粗蛋白和粗灰分高于香椿，但 NTR 含量低于香椿。红薯的 NTR、NTC、粗蛋白和粗灰分高于千里光，而 UNF 低于千里光。结果表明，同种植物的 NTC 越高，粗蛋白和粗灰分含量越高，植物的养分运输也具有多样性。马铃薯的 IR、IX_C、IX_L、IZ、UNF 低于辣椒，其 IC、

NTR、NTC、粗灰分、粗蛋白较高。结果表明，高膜蛋白（粗蛋白）和高营养物（粗灰分）含量的马铃薯促进了膜蛋白对营养物的高效运输和利用，使其具有较高的 NTR 和 NTC。

这些结果清楚地表明，植物的营养运输具有多样性，在供试植物中发现了 4 种营养转运（代谢）策略，即：①低 UNF、高 NTR、高 NTC（AS-Bp、Ib、St）；②高 UNF、低 NTR、低 NTC（MRDS-Bp、Ss、Ca）；③高 UNF、低 NTR、高 NTC（Rc）；④低 UNF、高 NTR、低 NTC（Ts）。此前，对植物养分运输能力的监测鲜有报道。本研究创新性地基于 IR、IX_C、IX_L、IZ 和 IC 定义了 UNF、NTR 和 NTC，较好地反映了各种供试植物的养分运输策略及其多样性，并能实时监测植物的营养转运代谢状况。此外，新的营养参数是由植物固有的电生理信息获得，具有良好的真实性、稳定性、可比性和可重复性。这些营养转运指数也有力地支持了使用 IX_C 和 IX_L 来表征细胞膜蛋白的组成特征的可行性。本研究强调了植物电生理信息的 IR、IX_C 和 IX_L 能有效地表征植物细胞膜蛋白的组成和营养转运代谢的特性，并为实时监测植物营养转运代谢提供一种新颖可行的技术。

3.4　植物营养掠夺能力的检测

植物的养分吸收掠夺强烈地影响着植物的各种生理过程，如养分利用、能量代谢、抗逆性、生长发育等（Aziz et al.，2011；Hopkins and Huner，2004；Paungfoo-Lonhienne et al.，2012）。植物对土壤侵蚀、岩溶作用和不适当的耕作等引起的低营养环境具有不同的适应机制（Li et al.，2018；Lu et al.，2014；Xing et al.，2016；Wu et al.，2019）。此外，生物或非生物胁迫包括干旱、寒冷等，也可能导致植物低营养（Li et al.，2018；Lu et al.，2014；Wu et al.，2019）。在中国西南喀斯特地区，喀斯特土壤具有低营养、干旱、高 pH、高碳酸氢盐、高钙镁的特征，经常导致作物减产、生态脆弱和经济损失（Li et al.，2018；Lu et al.，2014）。喀斯特适生植物的适应机制、检测技术和筛选配置一直是研究者永恒的课题。例如，吴沿友等基于离子吸收动力学发现诸葛菜比甘蓝型油菜更容易从环境中吸收或掠夺 K^+、NH_4^+ 和 $H_2PO_4^-$，进而更适应喀斯特环境（Wu et al.，2019）。邢德科等论证了植物对低养分的适应性不仅体现在植物对养分的强亲和力上，还体现在养分决定生长的机制上（Xing et al.，2016）。因此，发展植物养分掠夺能力的检测方法对于揭示适应机制、生态恢复和经济发展具有重要意义。

植物的电生理活动几乎贯穿其全部生命过程，如电荷分离、电子运动、质子和电介质运输等（Sukhov，2016；Szechyńska-Hebda et al.，2017；Volkov，2006）。膜脂和蛋白质是植物细胞膜的主要成分，具有很高的电阻率，使细胞能够储存电荷（Volkov，2006）。因此，植物细胞的电学性质与具有双电层的细胞膜最密切相关。一般来说，叶肉细胞可以等效为一个同时具有电感和电阻功能的同心球形电容器，叶肉细胞中的离子、离子基团和电偶离子是细胞电容器的电解质（Sukhov，2016；Szechyńska-Hebda et al.，2017；Volkov，2006）。先前，植物电参数传统测量技术是通过基于插入植物茎或叶的两个电极来测量（Zhao et al.，2013）。最近，作为植物电生理学的一项重大发现，在之前的研究中，基于生物能学，首次揭示了夹持力（F）与叶片电阻（R）、阻抗（Z）、容抗（X_C）或感抗（X_L）之间的理论内在关系为 R、Z、X_C 或 $X_L=q_0+k_3e^{-b_3F}$（Zhang et al.，2020，2021）。进而，当夹持力为 0（$F=0$）时，植物叶片的固有电阻（IR）、固有阻抗（IZ）、固有容抗（IX_C）和固有感抗（IX_L）可以被监测为 IR、IZ、IX_C 或 $IX_L=y+k$。这种方法极大地克服和避免了传统穿刺方法的代表性和稳定性差及重复性低等各种缺点。同时，它是一种快速、无损、简单、准确、实时监测植物电生理参数的方法。

　　一般来说，植物中总养分与总输入养分的比值是植物养分利用最常用的评价指标，但它不能直接反映养分掠夺或运输的信息（Borges et al.，2020；Geng et al.，2017）。而且，虽然基于离子吸收动力学的植物离子吸收最小浓度可以直接反映植物的养分吸收能力，但是它不能用于原位在线检测，而且操作复杂、耗时、要求高（Wu et al.，2019）。植物的营养掠夺能力越强，对离子的亲和力就越强，植物细胞内外的浓度差就越高。细胞膜蛋白负责植物细胞内外的营养运输（Nguyen et al.，2018；Sondergaard and Palmgren，2004）。由此可见，细胞膜上表面蛋白和结合蛋白的组成特征决定了细胞的营养运输能力。在前期的研究中，结果表明 X_C 和 X_L 可以分别用来表征细胞膜表面蛋白和结合蛋白的相对组成特征；并且首次定义了基于叶片 R、Z、X_C、X_L 和 C 的营养转移速率、营养单位通量和营养转运能力，准确揭示了植物的养分运输策略（Zhang et al.，2021）。这种方法虽然能反映植物的养分运输能力，但不能直接反映植物养分的掠夺能力（或主动运输能力）。到目前为止，快速测定植物养分的掠夺能力（或主动运输能力）还未见报道。

　　结合蛋白与养分的主动运输关系最为密切，因此，X_C 和 X_L 的比值可以代表植物营养的相对掠夺信息（或主动运输信息）。对喀斯特环境适应性不同的两种植物（甘蓝型油菜和诸葛菜）的养分掠夺能力进行研究。首先，拟合了夹持力与植物叶片 R、X_C 和 X_L 之间的方程。随后，使用这些拟合方程参数计算叶片 IR、IZ、IX_C、IX_L 和 IC。并首次基于叶片 IZ、IX_C、IX_L 和 IC 定义了营养主动转运（或掠夺能力）流量（NAF）和植物养分掠夺（吸收）能力（NPC），用以评价植物的营养掠夺（吸收）能力。本研究旨在揭示甘蓝型油菜和诸葛菜不同的养分掠夺策略，为实时测定植物的营养掠夺能力提供一种新颖、快速、可靠的技术。

3.4.1　植物营养掠夺（吸收）能力的测定方法

3.4.1.1　不同夹持力下植物叶片电生理参数测定

　　甘蓝型油菜和诸葛菜种植在贵州省贵阳市花溪区贵州大学（26°42′N，106°67′E）的盆栽土壤中。花溪区年平均气温 15.7℃，日照时数 1164.9h，降水量 1215.7 mm。土壤总有机质为 29.58 g/kg，土壤含水量为 16.33%，pH 为 6.35。新鲜的完全展开的植物叶片用作试验材料。在晴天上午 8:00～10:00 对供试叶片取样测量，测量时温度为 25.0±2.0℃。参照 3.2.1.1 节测定甘蓝型油菜和诸葛菜叶片电容（C）、电阻（R）和阻抗（Z）。并参照 3.3.1.2 节测定油菜和诸葛菜叶片 IR、IZ、IX_C、IX_L 和 IC。

3.4.1.2　植物营养掠夺（吸收）能力的获取

参照式（3.19）～式（3.21）检测植物营养单位相对通量（UNF）、营养物质转移速率（NTR）和植物营养转运（代谢）能力（NTC）。植物的养分掠夺能力越强，对离子的亲和力就越强。据估计，15%～30%的核基因编码蛋白参与了细胞膜上的营养转运（Gil et al.，2008；Ibba et al.，2020）。细胞膜表面蛋白和结合蛋白对营养物质的运输和代谢有很大的影响，结合蛋白与营养物质的主动运输（或掠夺能力）的关系最为密切。因此，植物营养主动转运（或掠夺能力）流量（NAF）可表达为：

$$UAF = \frac{IX_C}{IX_L} \tag{3.22}$$

因此，植物营养掠夺（吸收）能力（NPC）为 NAF 乘以 NTR：

$$NPC = UAF \times NTR \tag{3.23}$$

3.4.2　甘蓝型油菜和诸葛菜的拟合方程参数

如表 3.15 所示，甘蓝型油菜叶片中 $R\text{-}F$、$X_C\text{-}F$ 和 $X_L\text{-}F$ 拟合方程的相关系数（R^2）分别为 0.9544～0.9997、0.9976～0.9995 和 0.9900～0.9994；而诸葛菜叶片中这三个参数的变化范围分别为 0.9704～0.9978、0.9963～0.9992 和 0.9900～0.9994。同时，所有拟合

表 3.15　甘蓝型油菜和诸葛菜的拟合方程参数

植物	枝条-叶片	$R\text{-}F$			$X_C\text{-}F$			$X_L\text{-}F$		
		$p_0/k_2/b_2$	R^2	$P<$	$q_0/k_3/b_3$	R^2	$P<$	$t_0/k_4/b_4$	R^2	$P<$
甘蓝型油菜	1-3	0.1275/0.1372/0.5297	0.9941	0.0001	0.1165/0.2498/0.4215	0.9991	0.0001	0.1775/0.6429/0.8423	0.9991	0.0001
	1-4	0.1066/0.2712/0.8598	0.9968	0.0001	0.1012/0.4728/0.8270	0.9995	0.0001	0.1637/0.1833/0.2880	0.9974	0.0001
	1-5	0.0946/0.1954/0.8879	0.9997	0.0001	0.0981/0.2483/0.6364	0.9993	0.0001	0.2118/0.2358/0.7457	0.9994	0.0001
	2-3	0.1289/0.2148/1.0182	0.9702	0.0001	0.12360.3048/0.8187	0.9991	0.0001	0.2718/0.4526/1.3261	0.9900	0.0001
	2-4	0.1289/0.2149/1.0183	0.9702	0.0001	0.1154/0.1574/0.4170	0.9990	0.0001	0.2916/0.2151/0.5994	0.9934	0.0001
	2-5	0.1401/0.1851/0.9759	0.9890	0.0001	0.1072/0.2887/0.6193	0.9982	0.0001	0.2133/0.3943/0.7264	0.9969	0.0001
	3-3	0.1398/0.1674/1.3117	0.9544	0.0001	0.1251/0.2629/0.6037	0.9995	0.0001	0.2652/0.3072/0.7873	0.9962	0.0001
	3-4	0.1636/0.1952/0.9500	0.9934	0.0001	0.1123/0.2999/0.6879	0.9991	0.0001	0.2469/0.4716/0.8073	0.9982	0.0001
	3-5	0.1607/0.1982/0.9000	0.9921	0.0001	0.1085/0.2127/0.5295	0.9976	0.0001	0.2041/0.2672/0.5842	0.9969	0.0001
诸葛菜	1-3	0.0304/0.0758/0.5905	0.9704	0.0001	0.0575/0.0788/0.4176	0.9974	0.0001	0.1146/0.0926/0.4672	0.9961	0.0001
	1-4	0.0334/0.0870/0.2712	0.9953	0.0001	0.0342/0.1014/0.4579	0.9986	0.0001	0.0615/0.1558/0.3704	0.9981	0.0001
	1-5	0.0607/0.0941/0.6812	0.9743	0.0001	0.0459/0.1070/0.5978	0.9970	0.0001	0.0913/0.1707/0.6345	0.9900	0.0001
	2-3	0.0472/0.0531/0.1987	0.9946	0.0001	0.0413/0.0816/0.3194	0.9963	0.0001	0.0788/0.1117/0.2786	0.9982	0.0001
	2-4	0.0120/0.0320/0.1354	0.9907	0.0001	0.0303/0.0504/0.3437	0.9988	0.0001	0.0591/0.0619/0.2906	0.9993	0.0001
	2-5	0.0444/0.0545/0.6730	0.9978	0.0001	0.0368/0.0777/0.7161	0.9986	0.0001	0.0695/0.1127/0.6999	0.9989	0.0001
	3-3	0.0370/0.0648/0.3248	0.9892	0.0001	0.0496/0.0796/0.3647	0.9989	0.0001	0.0984/0.0994/0.3576	0.9994	0.0001
	3-4	0.0348/0.0558/0.2441	0.9947	0.0001	0.0325/0.0753/0.4173	0.9992	0.0001	0.0606/0.1083/0.3472	0.9987	0.0001
	3-5	0.0526/0.0743/0.6778	0.9868	0.0001	0.0414/0.0920/0.6442	0.9977	0.0001	0.0805/0.1416/0.6606	0.9946	0.0001

方程参数的 P 值都小于 0.0001。结果表明,夹持力与甘蓝型油菜和诸葛菜叶片的 R、X_C、X_L 之间具有良好的相关性。能斯特方程用来定量描述离子在 A 和 B 系统之间的扩散势,理论上也可以用来定量描述离子、离子基团和电偶离子在细胞内外的扩散势。基于此,在之前的研究中,创新性地发现了夹持力与叶片 R、Z、X_C 或 X_L 之间的理论力学模型的 R, Z, X_C 或 $X_L = y_0 + k_3 \mathrm{e}^{-b_3 F}$(Zhang et al.,2020,2021)。通过拟合夹持力与植物叶片电生理参数的方程,可以得到夹持力为 0 时植物叶片的内在电生理参数。结果表明,甘蓝型油菜和诸葛菜叶片中 R-F、X_C-F 和 X_L-F 拟合方程的相关系数(R^2)均大于 0.9544,拟合方程参数的 P 值均小于 0.0001。这些结果也突出了上述理论模型的真实性、可信性和适用性。该方法获得的植物叶片固有电生理参数克服了传统针刺法代表性、稳定性和重复性差的缺点,具有快速、无损、简单、准确和实时的优点。

3.4.3　甘蓝型油菜和诸葛菜的电生理信息和营养掠夺能力

表 3.16 和表 3.17 列出了甘蓝型油菜和诸葛菜的内在电生理信息、营养转运能力和营养掠夺能力。如表 3.16 所示,甘蓝型油菜叶片的 IR、IX$_C$、IX$_L$ 和 IZ 显著($P < 0.01$)高于诸葛菜,其 IC 显著($P < 0.01$)低于诸葛菜。此外,甘蓝型油菜叶片的 UNF 和 UAF 显著($P < 0.05$)高于诸葛菜,但其 NTR、NTC 和 NPC 显著($P < 0.01$)低于诸葛菜(表 3.17)。如图 3.2 所示,与甘蓝型油菜相比,诸葛菜具有更高($P < 0.01$)的含水量、粗蛋白和粗灰分。这些结果表明,高水分和灰分含量支持了诸葛菜的旺盛生长(高 IC,低 IR、IX$_C$、IX$_L$ 和 IZ)和高 NTR,促进了营养的转运、掠夺和利用。此外,高蛋白也促进了诸葛菜的 NTC 和 NPC。

表 3.16　甘蓝型油菜和诸葛菜的电生理参数

植物	IR /MΩ	IX$_C$ /MΩ	IX$_L$ /MΩ	IZ /MΩ	IC /pF
甘蓝型油菜	0.33 ± 0.04 aA	0.29 ± 0.04 aA	0.39 ± 0.08 aA	0.58 ± 0.15 aA	141.48 ± 28.45 bB
诸葛菜	0.10 ± 0.03 bB	0.08 ± 0.01 bB	0.12 ± 0.02 bB	0.20 ± 0.04 bB	442.25 ± 91.38 aA

注:数值表示平均值±标准差,n=9。小写字母表示在 5%水平上差异显著($P < 0.05$),大写字母表示在 1%水平上差异显著($P < 0.01$)

一般来说,植物在健康状态下代谢活动旺盛,细胞中储存的离子、离子基团和电偶离子(电荷)较多,可以理解为广义的充电现象。所以植物的生长势越强,充电越多,C 值越大,R、Z、X_C、X_L 值越低。前期研究结果表明,与中度石漠化土壤相比,农业土壤中的构树具有较低的 IR、IX$_C$、IX$_L$、IZ 和较高的 IC、粗灰分、粗蛋白和水分含量;与辣椒相比,马铃薯具有较高的 IC 和较低的 IR、IX$_C$、IX$_L$ 和 IZ(Zhang et al.,2020,2021)。与前述相似,与甘蓝型油菜相比,诸葛菜具有较高的 IC 和较低的 IR、IX$_C$、IX$_L$ 和 IZ,这与矮草本诸葛菜比高草本甘蓝型油菜具有更旺盛的生命活动的事实相一致。这些结果还表明,与甘蓝型油菜相比,诸葛菜具有更好的离子亲和力和更高的细胞内外浓度差。相关分析表明,IR、IX$_C$、IX$_L$ 和 IZ 与水分、粗蛋白和粗灰分呈负相关,IC 与水分、粗蛋白和粗灰分呈正相关。甘蓝型油菜的 IR 与粗蛋白显著相关,诸葛菜的 IX$_C$、IX$_L$

和 IZ 与粗蛋白显著相关。甘蓝型油菜的 IX_L 与其粗灰分显著相关。甘蓝型油菜 IX_C 与含水量显著相关，IZ 和 IC 与含水量显著相关；诸葛菜的 IR、IX_C、IX_L 和 IZ 与含水量显著相关，IC 与含水量显著相关。这些结果也完美地证明了上述结果的准确性，从而支持利用植物的电生理参数评价植物的各种生理状态是可靠的。

表 3.17　甘蓝型油菜和诸葛菜的营养转运能力和掠夺能力

植物	UNF	NTR	NTC	UAF	NPC
甘蓝型油菜	1.49 ± 0.30 [aA]	46.83 ± 14.48 [bB]	69.19 ± 27.13 [bB]	0.73 ± 0.36 [aA]	30.20 ± 5.10 [bB]
诸葛菜	1.36 ± 0.20 [bA]	295.36 ± 15.63 [aA]	375.88 ± 10.59 [aA]	0.63 ± 0.03 [bA]	189.24 ± 68.52 [aA]

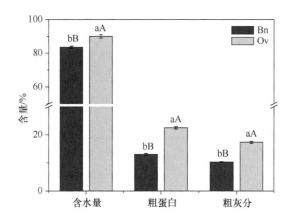

图 3.2　甘蓝型油菜和诸葛菜的含水量、粗蛋白和粗灰分

Bn 为甘蓝型油菜，Ov 为诸葛菜

3.4.4　电生理信息与营养掠夺能力的相关性

如表 3.18 所示，IR、IX_C、IX_L 和 IZ 与 NTR、UAF、NPC、含水量、粗蛋白和粗灰分呈负相关，而 IC 与这些参数呈正相关。NTR、UAF 和 NPC 与含水量、粗蛋白和粗灰分呈正相关。甘蓝型油菜的 IR 与 NTR 显著相关，IX_C 和 IZ 与 NTR 极显著相关；诸葛菜的 IX_C 与 NTR 显著相关，IC 与 NTR 极显著相关。诸葛菜的 IR 和 IX_L 与 NAF 显著相关，IX_C 和 IZ 与 NAF 显著相关。甘蓝型油菜的 IX_C、IX_L 和 IC 与 NPC 显著相关，诸葛菜的 IC 与含水量显著相关。甘蓝型油菜的 IR 与粗蛋白极显著相关，诸葛菜的 IX_C、IX_L 和 IZ 与粗蛋白显著相关。甘蓝型油菜的 IX_L 与其粗灰分极显著相关。甘蓝型油菜 IX_C 与含水量极显著相关，IZ 和 IC 与含水量显著相关；诸葛菜的 IR、IX_C、IX_L 和 IZ 与含水量极显著相关，IC 与含水量显著相关。甘蓝型油菜的 NTR 与粗蛋白显著相关，诸葛菜的 NTR 与粗蛋白和含水量显著相关。诸葛菜的 NAF 与含水量显著相关。甘蓝型油菜的 NPC 与粗蛋白、粗灰分和含水量显著相关，诸葛菜的 NPC 与粗灰分和含水量显著相关。这些结果表明，植物的电生理信息和营养掠夺（吸收）能力与其养分和水分有很好的相关性。同时，植物的 NTR、UAF 和 NPC 与其养分和水分有很好的相关性，用 NTR、UAF 和 NPC 来评价植物的养分掠夺能力是可靠和可行的。此外，甘蓝型油菜和诸葛菜

的一些参数之间的相关系数差异很大，如 IR 和含水量，这可能是由于测定时植物的水分和营养状况不同造成的。含水量和养分含量高的诸葛菜比含水量和养分含量低的甘蓝型油菜具有更高的相关系数。当植物处于低水分和低养分状态时，植物适应水分和养分的机制主要不是受液泡浓度的调节，而是受液泡浓度和细胞体积等的调节，这种调节是非线性的（Zhang et al.，2015）。

表 3.18　甘蓝型油菜和诸葛菜的电生理信息与营养掠夺参数的相关性

参数	甘蓝型油菜						诸葛菜					
	NTR	NAF	NPC	粗蛋白	粗灰分	含水量	NTR	NAF	NPC	粗蛋白	粗灰分	含水量
IR	−0.661*	−0.410	−0.436	−0.835**	−0.329	−0.087	−0.502	−0.835**	−0.426	−0.410	−0.178	−0.929**
IX_C	−0.905**	−0.071	−0.726*	−0.024	−0.039	−0.907**	−0.609*	−0.606*	−0.631*	−0.624*	−0.538	−0.938**
IX_L	−0.483	−0.084	−0.662*	−0.378	−0.851**	−0.079	−0.549	−0.780*	−0.470	−0.558*	−0.326	−0.954**
IZ	−0.907**	−0.030	−0.478	−0.296	−0.350	−0.564*	−0.479	−0.805**	−0.456	−0.553*	−0.263	−0.918**
IC	0.488	0.284	0.760*	0.194	0.184	0.759*	0.969**	0.072	0.471	0.326	0.520	0.611*
NTR				0.753*	0.316	0.470				0.718*	0.343	0.645*
NAF				0.236	0.202	0.127				0.160	0.259	0.652*
NPC				0.569*	0.687*	0.646*				0.370	0.716*	0.622*

*相关性在 0.05 水平上显著（双尾）；
**相关性在 0.01 水平上显著

3.4.5　植物营养掠夺（吸收）能力与环境的适应性

　　植物的营养代谢、生长发育强烈地受到其营养运输或掠夺的影响，并且植物对低营养环境具有不同的适应机制。虽然植物离子吸收的最低浓度可以反映植物对养分的掠夺能力，但是其操作复杂、耗时且要求高，不能用于原位在线测定（Wu et al.，2019）。植物细胞内外的养分运输与细胞膜蛋白关系最为密切，其结合蛋白在营养吸收中起着最主要的作用（Nguyen et al.，2018；Sondergaard and Palmgren，2004）。实际上，由结合蛋白主导的养分主动运输能力可以相当于植物对养分的掠夺能力。在之前的研究中，基于叶片 R、Z、X_C、X_L 和 C 的 NTC 完美地揭示了各种植物的养分运输策略。NTC 代表了细胞膜蛋白对植物养分的整体运输能力，但它不能直接代表植物养分的主动运输能力（或掠夺能力）。前期研究结果表明，X_C 和 X_L 可以分别代表细胞膜表面蛋白和结合蛋白的相对组成特征。因此，X_C 和 X_L 的比值可以代表植物养分的相对掠夺信息（或主动运输信息）。

　　由于喀斯特土壤环境的低营养、干旱、高 pH、高碳酸氢盐、高钙镁，低营养是植物面临的最常见和最有害的环境压力之一（Li et al.，2018；Lu et al.，2014；Wu et al.，2019；Xing et al.，2019；Zhang et al.，2015）。Wu 等（2019）提出喀斯特适生植物的适应机制包括光合作用机制、无机营养机制、碳酸酐酶机制、生物多样性机制、钙调节和高钙适应机制、根系有机酸分泌机制等。基于这些适应机制，他们发现诸葛菜比甘蓝型油菜更适应喀斯特环境。在本研究中，我们基于叶片 IZ、IX_C、IX_L 和 IC 定义了植物 NAF

和 NPC 来评价植物的养分掠夺（吸收）能力。结果表明，诸葛菜的 NTR、NTC、NPC、水分、粗蛋白和粗灰分极显著高于甘蓝型油菜（$P < 0.01$），而其 UNF 和 UAF 显著低于甘蓝型油菜（$P < 0.05$）。这些结果表明，诸葛菜的高蛋白质、灰分和水分含量支持其高 NTR，进而提高了其 NTC 和 NPC。而甘蓝型油菜可以通过提高其 UNF 和 UAF 来适应生存。与上述报道一致，本研究进一步证明，与甘蓝型油菜相比，诸葛菜具有更好的离子亲和性和更高的喀斯特环境适应性。

前期研究结果表明，与中度石漠化土壤相比，农业土壤中的构树具有较低的 UNF 和较高的 NTR、NTC、总氮含量、粗灰分、粗蛋白和水分含量；与灰分和蛋白质含量低的辣椒相比，灰分和蛋白质含量高的马铃薯具有更高的 NTR、NTC 和更低的 UNF（Zhang et al.，2020，2021）。根据前面研究中上述 4 种植物的电生理学参数，计算了它们的营养掠夺能力，如表 3.19 所示。农田土壤中构树的 NTR、UAF 和 NPC 极显著（$P < 0.01$）高于中度石漠化土壤中的构树。此外，农田土壤中构树的粗蛋白、粗灰分和水分含量极显著（$P < 0.01$）高于中度石漠化土壤中的构树，这与 NTR、UAF 和 NPC 的结果一致。以上结果表明，高蛋白质、高灰分和高水分含量支持了构树具有较高的 NTR、UAF 和离子亲和力，从而促进了养分的运输、吸收和利用。同时，马铃薯的 UAF 高于一年生辣椒（$P < 0.05$），其 NTR、NPC、粗蛋白、粗灰分和含水量极显著高于一年生辣椒（$P < 0.01$）（表 3.19）。这些结果进一步凸显了基于植物电生理信息的 UAF 和 NPC 在评价植物养分掠夺吸收能力方面具有良好的可靠性和普遍的适用性。

表 3.19　4 种植物的电生理信息与营养掠夺能力

植物	NTR	UAF	NPC	粗蛋白（%）	粗灰分（%）	含水量（%）
AS-Bp	48.80±17.12 aA	0.91±0.15 aA	43.02±11.56 aA	21.26±1.54 aA	12.55±1.03 aA	69.37±3.16 aA
MRDS-Bp	0.37±0.03 bB	0.19±0.03 bB	0.07±0.01 bB	19.10±0.72 bB	10.15±1.06 bB	66.37±2.01 bB
St	66.64±17.31 aA	0.61±0.12 aA	39.18±3.58 aA	3.59±0.37 aA	4.06±0.15 aA	92.37±1.31 aA
Ca	4.16±1.34 bB	0.34±0.07 bA	1.44±0.52 bB	1.87±0.24 bB	3.65±0.21 bB	82.93±0.59 bB

注：表中除 UAF 和 NPC 数据外，其他数据均为本研究前期数据。AS-Bp. 生长在农业土壤中的构树；MRDS-Bp. 生长在中度石漠化土壤中的构树；St. 马铃薯；Ca. 辣椒

同时，在供试植物中发现了 4 种养分掠夺模式，即：①低 NTR、高 UAF、低 NPC（Bn）；②高 NTR、低 UAF、高 NPC（Ov）；③高 NTR、高 UAF、高 NPC（AS-Bp、St）；④低 NTR、低 UAF、低 NPC（Ca）。研究结果表明，植物对养分的掠夺具有多样性，未来应寻找其他植物养分掠夺模式。据我们所知，植物养分掠夺吸收能力的快速测定尚未见报道。本研究首次基于叶片 IR、IZ、IX_C、IX_L 和 IC 定义了 NAF 和 NPC，准确揭示了植物对养分的掠夺能力和适应策略。此外，NAF 和 NPC 具有良好的代表性、稳定性和重复性，因为它们是由植物的固有电生理参数计算而来。本研究表明，基于植物电生理信息的 NAF 和 NPC 在评价植物营养吸收能力方面具有良好的可靠性、可行性和普适性；且与甘蓝型油菜相比，诸葛菜具有更好的离子亲和性和对低养分环境更强的适应性。

参 考 文 献

刘学周. 2009. 坡缕石和氮磷钾对红芪养分吸收的影响. 兰州: 甘肃农业大学博士学位论文.

雷垚, 郝志鹏, 陈保冬. 2013. 土著菌根真菌和混生植物对羊草生长和磷营养的影响. 生态学报, 33(4), 1071-1079.

潘瑞炽. 2012.植物生理学. 北京: 科学出版社.

Aziz T, Ahmed I, Farooq M, Maqsood M A, Sabir M. 2011. Variation in phosphorus efficiency among *Brassica cultivars* I: Internal utilization and phosphorus remobilization. Journal of Plant Nutrition, 34: 2006-2017.

Borges B M M N, Strauss M, Camelo P A, Sohi S P, Franco H C J. 2020. Re-use of sugarcane residue as a novel biochar fertiliser – Increased phosphorus use efficiency and plant yield. Journal of Cleaner Production, 262: 121406.

Glenn M, Thompson R G, Piene H. 1987. Stem electrical capacitance and resistance measurements as related to total foliar biomass fir trees. Canadian Journal of Forestry Research, 17: 1071-1074.

Chen J, Zheng S, Du G, Ding W, Wang D. 2021. Foliage spraying molybdenum promotes plant growth and controls soil borne *Ralstonia solanacearum* in different tobacco varieties. Annals of Agricultural & Crop Sciences, 6: 1074.

Choi W G, Hilleary R, Swanson S J, Kim S H, Gilroy S. 2016. Rapid, long-distance electrical and calcium signaling in plants. Annual Review of Plant Biology, 67: 287–307.

Cui J, Barca J, Lamade E, Tcherkez G. 2020. Potassium nutrition in oil palm: the potential of metabolomics as a tool for precision agriculture. Plants, People, Planet, 1: 1–5.

Doyle J W, Nambeesan S U, Malladi A. 2021. Physiology of nitrogen and calcium nutrition in blueberry (*Vaccinium* sp.). Agronomy, 11: 765.

Ekopriva S, Etalukdar D, Etakahashi H, Ehell R, Etalukdar T. 2016. Frontiers of sulfur metabolism and sulfur research in frontiers. Frontiers in Plant Scienc, 6: 1220.

Favre P, Greppin H, Agosti R D. 2011. Accession-dependent action potentials in *Arabidopsis*. Journal of Plant Physiology, 168: 653–660.

Fernando S, Miralles D J. 2007. Wheat development as affected by nitrogen and sulfur nutrition. Australian Journal of Agricultural Research, 58(1): 39-45.

Fromm J, Lautner S. 2010. Electrical signals and their physiological significance in plants. Plant Cell & Environment, 30(3): 249–257.

Gallé A, Lautner S, Flexas J, Fromm J. 2015. Environmental stimuli and physiological responses: the current view on electrical signaling. Environmental and Experimental Botany, 114: 15–21.

Ganeshamurthy A N, Satisha G C, Patil P. 2011. Potassium nutrition on yield and quality of fruit crops with special emphasis on banana and grapes. Karnataka Journal of Agricultural Sciences, 24(1): e91.

Geng Y J, Chen L, Yang C, Jiao D Y, Zhang Y H, Cai Z Q. 2017. Dry-season deficit irrigation increases agricultural water use efficiency at the expense of yield and agronomic nutrient use efficiency of Sacha Inchi plants in a tropical humid monsoon area. Industrial Crops & Products, 109: 570–578.

Gil P M, Gurovich L, Schaffer B, Alcayaga J, Rey S, Iturriaga R. 2008. Root to leaf electrical signaling in avocado in response to light and soil water content. Journal of Plant Physiology, 165: 1070–1078.

Heinrich W S. 2009. Sulfur in soils. Journal of Plant Nutrition & Soil Science, 172(3): 326-335.

Hopkins W G, Huner N P A 2004. Introduction to Plant Physiology. 3rd ed. New York: John Wiley & Sons Inc.: 27.

Ibba P, Falco A, Abera B D, Cantarella G, Petti L, Lugli P. 2020. Bio-impedance and circuit parameters: an analysis for tracking fruit ripening. Postharvest Biology and Technology, 159: 110978.

International C. 2009. Special issue: phosphorus and sulfur in plant-soil systems. Journal of Plant Nutrition & Soil Science, 23(02), 305-453.

Ramos C G, Dalmora A C, Kautzmann R M, Hower J, Dotto G L, Oliveira L F S. 2021. Sustainable release of macronutrients to black oat and maize crops from organically-altered dacite rock powder. Natural

Resources Research, 30(3): 1941–1953.

Read D J, Perez‐Moreno J. 2010. Mycorrhizas and nutrient cycling in ecosystems – a journey towards relevance?. New Phytologist, 157(3): 475-492.

Javed Q, Wu Y Y, Xing D K, Azeem A, Ullah I, Zaman M. 2017. Re-watering: an effective measure to recover growth and photosynthetic characteristics in salt-stressed *Brassica napus* L. Chilean Journal of Agricultural Research, 77: 78–86.

Jacoby R P, Succurro A, Kopriva S. 2020. Nitrogen substrate utilization in three rhizosphere bacterial strains investigated using proteomics. Frontiers in Microbiology, 11: 784.

Lacey J M. 2013. Zinc nutrition and plant-based diets. Topics in Clinical Nutrition, 28(2): 163-170.

Lambers H, Finnegan P M, Laliberte E, Pearse S J, Ryan M H, Shane M W. 2011. Update on phosphorus nutrition in proteaceae. phosphorus nutrition of proteaceae in severely phosphorus-impoverished soils: are there lessons to be learned for future crops?. Plant Physiology, 156(3): 1058-66.

Lemaire G, Tang L, Bélanger G, Zhu Y, Jeuffroy M H. 2021. Forward new paradigms for crop mineral nutrition and fertilization towards sustainable agriculture. European Journal of Agronomy, 125(6): 126248.

Li D, Liu J, Chen H, Zheng L, Wang K. 2018. Soil microbial community responses to forage grass cultivation in degraded karst soils, southwest china. Land Degradation & Development, 29: 4262-4270.

Li D, Li C, Yao Y, Li M, Liu L. 2020. Modern imaging techniques in plant nutrition analysis: a review. Computers and Electronics in Agriculture, 174: 105459.

Li L, Wang Q, Feng J, Tong L L, Tang B. 2014. Highly sensitive and homogeneous detection of membrane protein on a single living cell by aptamer and nicking enzyme assisted signal amplification based on microfluidic droplets. Analytical Chemistry, 86(10): 5101–5107.

Lu X, Toda H, Ding F, Fang S, Xu H. 2014. Effect of vegetation types on chemical and biological properties of soils of karst ecosystems. European Journal of Soil Biology, 61(3): 49-57.

Mengutay M, Ceylan Y, Kutman U B, Cakmak I. 2013. Adequate magnesium nutrition mitigates adverse effects of heat stress on maize and wheat. Plant and Soil, 368(1-2): 57–72.

Miller A J. 2014. Plant mineral nutrition. American Cancer Society: 25-68.

Mo L, Song J, Chen Z. 2017. Effect of ferrum and molybdenum nutrition on root nodule and physiological growth of vicia villosa roth in seedling stage. Plant Diseases and Pests, 8(6): 7.

Nam M H, Jeong S K, Lee Y S, Choi J M, Kim H G. 2010. Effects of nitrogen, phosphorus, potassium and calcium nutrition on strawberry anthracnose. Plant Pathology, 55: 246–249.

Nguyen C T, Kurenda A, Stolz S, Chetelat A, Farmer E E. 2018. Identifation of cell populations necessary for leaf-to-leaf electrical signaling ina wounded plant Proceedings of the Natinal Academy of Sciences of the United States of America, 115: 10178-10183.

Paungfoo-Lonhienne C, Visser J, Lonhienne T G A, Schmidt S. 2012. Marschner review. past, present and future of organic nutrients. Plant Soil, 359(1-2): 1-18.

Philip N. 2003. Biological Physics: Energy, Information Life. New York: Freeman and Company: 413- 448.

Sathya S, Pitchai G J, Indirani R. 2009. Boron nutrition of crops in relation to yield and quality – a review. Agricultural Reviews, 30(2): 139-144.

Sondergaard T E, Palmgren S. 2004. Energization of transport processes in plants. roles of the plasma membrane H^+-ATPase. Plant Physiol, 136(1): 2475-2482.

Sukhov V. 2016. Electrical signals as mechanism of photosynthesis regulation in plants. Photosynthesis Research, 130: 373–387.

Sun W H, Wu Y Y, Sun Z Z, Wu Q X, Wen X Y. 2014. Enzymatic characteristics of higher plant carbonic anhydrase and its role in photosynthesis. Journal of Plant Studies, 3(2): 39-44.

Szechyńska-Hebda M, Lewandowska M, Karpiński S. 2017. Electrical signaling, photosynthesis and systemic acquired acclimation. Frontiers in Physiology, 8: 684.

Uzoh I M, Babalola O O. 2020. Review on increasing iron availability in soil and its content in cowpea(*Vigna unguiculata*)by plant growth promoting rhizobacteria. African Journal of Food, Agriculture, Nutrition and Development, 91: 18530.

Volkov A G. 2006. Plant Electrophysiology: Theory and Methods. Berlin: Springer: 25.

Wang M, Vasconcelos M W, Carvalho S. 2021. Role of calcium nutrition on product quality and disorder susceptibility of horticultural crops. Calcium Transport Elements in Plants, 11: 315-335.

Wang Z Y, Qin X H, Li J H, Fan L F, Zhou Q, Wang Y Q, Zhao X, Xie C J, Wang Z Y, Huang L. 2019. Highly reproducible periodic electrical potential changes associated with salt tolerance in wheat plants. Environmental and Experimental Botany, 160: 120–130.

Wu Y Y, Xing D K, Hang H T, Zhao K. 2019. Principles and Technology of Determination on Plant' Adaptation to Karst Environment. Beijing: Science Press: 191.

Xing D K, Wu Y Y, Fu W G, Li Q G, Li Q L, Hu L S. Wu Y S. 2016. Regulated deficit irrigation scheduling of *Orychophragmus violaceus* based on photosynthetic physiological response traits. Transactions of the ASABE, 59(6): 1853-1860.

Xing D K, Chen X L, Wu Y Y, Xu X J, Chen Q, Li L, Zhang C. 2019. Rapid prediction of the re-watering time point of *Orychophragmus violaceus* L. based on the online monitoring of electrophysiological indexes. Scientia Horticulturae, 256: 108642.

Yan X, Wang Z, Huang L, Wang C, Hou R, Xu Z, Qiao X. 2009. Research progress on electrical signals in higher plants. Progress in Natural Science-Materials International, 19: 531–541.

Zhang A M, Wang R, Xie H, Xie X H, Shi Y Q, Jia Z P, Sun K. 2011. Summarization on the methodology study of protein detection. Letters in Biotechnology, 22(01): 130–134.(in Chinese)

Zhang C, Wu Y Y, Su Y, Xing D K, Dai Y, Wu Y S, Fang L. 2020. A plant's electrical parameters indicate its physiological state: A study of intracellular water metabolism. Plants, 9: 1256.

Zhang C, Wu Y Y, Su Y, Li H T, Fang L, Xing D K. 2021. Plant's electrophysiological information manifests the composition and nutrient transport characteristics of membrane proteins. Plant Signaling & Behavior: e1918867.

Zhang M, Wu Y, Xing D, Zhao K, Yu R. 2015. Rapid measurement of drought resistance in plants based on electrophysiological properties. Transactions of the ASABE, 58(6): 1441-1446.

Zhang M M, Wu Y Y, Xing D K, Zhao K, Yu R. 2015. Rapid measurement of drought resistance in plants based on electrophysiological properties. Transactions of the ASABE, 58: 1441–1446.

Zhao D J, Wang Z Y, Li J, Wen X, Liu A, Wang X D, Hou R F, Wang C, Huang L. 2013. Recording extracellular signals in plants: a modeling and experimental study. Mathematical and Computer Modelling of Dynamical Systems, 58: 556–563.

第4章　植物电生理信息与植物抗盐能力的检测

　　盐分过多使土壤水势下降，严重阻碍植物的生长发育。植物对盐分环境具有不同适应特征和机制，可通过形态及生理特征做出响应。植物盐分代谢特征及抗盐能力的快速检测有助于有针对性地改善其生长环境、提高其生长效率。植物电生理信息能够反映植物体宏观与微观的结构变化，表征植物的生命活动过程，且具有测试简单，响应灵敏、精确等优点，已广泛用于植物抗逆生理领域。植物即时及固有电生理信息可从不同角度反映植物细胞内的水分及盐分代谢特征，表征植物抗盐能力。生理电容与叶片紧张度和叶片细胞体积变化有关，可在一定程度上反映植物抗旱抗盐能力。与油菜相比，白骨壤细胞内盐分进入慢，在同样的蓄水状况下，白骨壤叶片细胞的水分输出量较小，盐适应能力更强。红树林植物叶片在潮汐淹水时能较好地控制细胞盐分的进入和水分的流失。植物固有蓄水势、固有蓄水力、固有导水度等参数则能较好地反映植物叶片细胞液溶质浓度的变化，定量比较植物的盐适应能力。胞内水分持有能力、利用效率和持有时间可用于表征水分代谢状况，盐分通量、转移率和运输能力能够表征植物细胞内的盐分代谢特征。上述参数在植物抗盐特性研究领域具有重要应用价值。

4.1　植物对盐分逆境的响应

　　土壤中可溶性盐含量过高不利于植物正常生长，常被称为盐害（Katsuichi and Tasuke，1959）。植物对盐分胁迫的适应能力称为抗盐性（salt resistance）。在气候干燥、地势低洼、高地下水位地区，随着地下水分蒸发，盐分被带到土壤表层，易造成表层土壤盐分积累。海滨地区受土壤蒸发、咸水灌溉或海水倒灌等因素影响，土壤表层的盐分常高达 1%以上。当土壤中盐类以碳酸钠（Na_2CO_3）和碳酸氢钠（$NaHCO_3$）为主要成分时称为碱土（alkaline soil）（Clark and Zeto，1996）；若以氯化钠（NaCl）和硫酸钠（Na_2SO_4）等为主时，则称为盐土（saline soil）（Shen et al.，2022）。因盐土和碱土常混合在一起，盐土中常有一定量的碱，故习惯上称为盐碱土（saline and alkaline soil）。盐碱土主要表现在含 Na^+、Mg^{2+}、Ca^{2+}，Cl^-、SO_4^{2-}等离子的高浓度溶液土壤中，其中 Na^+ 和 Cl^-含量最高，生长在盐碱土中的植物会受到伤害。盐分过多使土壤水势下降，严重地阻碍植物生长发育，易造成盐碱地区作物减产。

　　植物抗盐方式包括两种（Jeffery et al.，2021）：①避盐（salt avoidance）是植物回避周围环境盐胁迫的抗盐方式，植物通过被动拒盐、主动排盐和稀释盐分来达到避盐的效果；②耐盐（salt tolerance）是通过生理或代谢的适应，忍受已进入细胞内的盐分。植物耐盐能力常随生育时期的不同而异，且对盐分的抵抗力有一个适应锻炼过程。因此可以通过一定的措施提高抗盐性，如诱导气孔关闭可减少植物蒸腾作用和盐的被动吸收，提高作物的抗盐能力。

4.1.1 植物的盐分运移与抗盐能力

4.1.1.1 离子毒害

Na^+ 和 Cl^- 在植物体内积累到较高水平，将导致植物体内离子含量的不平衡、渗透压的增加和水分的缺失（Gadallah，1999；Gulzar et al.，2003）。在高 Na^+ 浓度下，质外体的 Na^+ 与高亲和性的 K^+ 吸收转运蛋白竞争结合位点，Na^+ 和 K^+ 的竞争会抑制植物细胞对 K^+ 的吸收，造成对代谢的毒害。此外，Na^+ 取代了细胞壁上 Ca^{2+} 的结合位点，降低了 Ca^{2+} 在胞质外的活性，并且可能通过非选择性阳离子通道导致大量的钠离子内流（Epstein and Bloom，2005）。由过量 Na^+ 引起的胞外 Ca^{2+} 浓度下降也可能限制胞质中 Ca^{2+} 的可利用性。由于胞质 Ca^{2+} 对激活 Na^+ 解毒是必需的，通过质膜的外排作用，胞外 Na^+ 浓度提高，从而阻碍了自身的解毒能力。为应对盐胁迫的损害，高等植物已逐步形成一系列的转运盐离子的机制，以提高自身的耐盐能力。

4.1.1.2 离子排斥及区域化

当盐浸入根周围环境时，植物通过减少暴露在盐分中的根分生组织及叶片，把盐害降至最低。根部内皮细胞凯氏带阻隔了离子向木质部的转移，为绕过凯氏带，离子必须经过质外体到共质体（跨膜）的运输途径，继续移动以穿过内皮细胞（刘鑫等，2021）。这种运输途径的转变，限制了离子通过主动运输向木质部的转移，可有效排除蒸腾流中部分有害离子。

Na^+ 通过被动运输进入根部，根细胞通过消耗能量，主动把 Na^+ 挤压回胞质（Niu et al.，1995）。与之相反，较负的质膜电动势限制了 Cl^- 进入胞质溶胶。在木质部积累的离子则随蒸腾流运输到茎尖。Na^+ 和 Cl^- 从根到叶的转运过程中可减少在叶片中 Na^+ 和 Cl^- 的毒性累积。在此过程中，植物可以增加根表皮细胞的离子外排，以减少根表皮细胞对盐离子的净吸收；植物可以增加根中各种类型细胞对 Na^+ 和 Cl^- 在液泡里的区域化储存，使其与细胞质隔离开，并使细胞质免受离子的毒害；植物可以减少 Na^+ 和 Cl^- 在根木质部导管的装载；植物可以选择性地将 Na^+ 和 Cl^- 相对多地积累在叶表皮细胞来保护叶绿体。这些降低植物细胞内叶绿体与原生质体离子积累的机制都属于离子排斥（Roy et al.，2014）。

其中，离子的区域化主要依赖于离子的跨膜运输（穿越细胞膜和液泡膜），受质子泵、离子通道和离子运输载体、Na^+/H^+ 逆向运输载体等离子跨膜运输系统影响（Hedrich and Shroede，1989）。

4.1.1.3 渗透调节

盐胁迫下，细胞外的水势低于胞内，细胞不仅不能吸收到水分，而且内部水分会向外倒流，引起细胞失水。为保持胞内水分，维持细胞正常的生理代谢活动，细胞通过渗透调节降低胞内水势，使水分的跨膜运输朝着有利于细胞生长的方向流动。渗透调节一般由无机离子和有机亲和物质共同参与。细胞从外界吸收无机离子以降低胞内渗透势，同时细胞自身还合成许多有机小分子物质作为渗透调节剂（亲和渗透剂），进一步降低了细胞的水势，有机物质和无机离子协同作用使胞内的水势低于外界水势，水分沿着水势梯度由外向内流入胞内，保证了一系列生理活动的需要。参与渗透调节的无机离子主要有 Na^+、K^+ 和 Cl^-（Rodriguez et al.，1997）。不同的植物中，合成积累的有机亲和小分子物质不同。无机离子和有机小分子物质在细胞质中和液泡中都有分布，只是在细胞质中无机离子的含量要比液泡中少得多，而有机小分子物质比液泡中多得多。虽然无机离子在细胞质中可能会对胞内有关生理活动的大分子物质造成伤害，但由于亲和渗透剂的保护功能，可能会减轻无机离子的毒害（许祥明等，2000）。

4.1.1.4　水分的促进运输

细胞膜上的水孔蛋白（aquaporin）可以促进水分向细胞中运输，以保证细胞在盐分胁迫下有充足的水分供应。然而，水孔蛋白仅可以促进水分沿着渗透势梯度进行运输，因此单纯靠水孔蛋白提高植物的抗盐性是不够的，必须结合其他机制来维持细胞内外的渗透势梯度，保证水分的向内运输。目前发现有两组不同的水孔蛋白分布于细胞膜和液泡膜上（Johnson et al.，1990；Kammerloher et al.，1994）。水孔蛋白基因中相当一部分是受水分胁迫诱导表达的，它们的表达保证了在水分胁迫下细胞的伸长生长。

4.1.1.5　盐生植物及其抗盐机理

根据植物对盐分的抗性强弱，可分为盐生植物和甜土植物。盐生植物可在高盐生境中（土壤溶液中单价盐含量 70 mmol/L 以上）正常地完成整个生活史，甚至一定浓度的 NaCl 还会促进其生长发育（李贵玲，2020）。根据盐生植物体内离子的积累和运输特点，将盐生植物分为三大类：泌盐盐生植物（recretohalophyte）、真盐盐生植物（euhalophyte）和假盐盐生植物（pseudohalophyte）。泌盐盐生植物根据分泌的盐离子的运输方式不同，又可分为向外泌盐的盐生植物和向内泌盐的盐生植物。前者本身具有盐腺的特殊泌盐结构，可利用盐腺和分泌细胞将盐离子分泌到体外，一旦离子被运输到这些盐腺，结晶后就不再伤害植物。这些盐腺对耐盐性具有高度专一、独特的功能结构。植物细胞通过降低溶质势（Ψ_s），进而调整它们的水势（Ψ_w），以应对渗透胁迫。两个胞内反应过程降低了 Ψ_s，即潜在的有害离子在液泡中积累和可溶性溶质在胞质溶胶中合成。而后者因其叶表面具有特殊的泌盐结构——盐囊泡，可将体内多余的盐分分泌至盐囊泡中暂时储存，最终通过盐囊泡的破裂而释放体内多余的盐分，从而避免盐胁迫对植物体本身的伤害（袁芳等，2015）。

真盐盐生植物与假盐盐生植物的区别在于是否将盐离子储存在薄壁组织中。假盐盐生植物可将多余的盐离子积累在根部木质部的薄壁组织中和薄壁组织的液泡中，阻止盐离子的运输，避免叶、果实等器官受到盐离子的毒害。真盐盐生植物则不同，其肉质化的叶或茎可将多余的盐离子积累在这些器官的肉质化组织和绿色组织的液泡中，可稀释细胞中的盐分，从而避免受到盐胁迫产生的各种伤害。此外，盐生植物还可通过快速生长、大量吸水、提高肉质化程度等途径，增加细胞内水含量以稀释盐离子，避免高盐对植物造成不可逆转的伤害（刘爱荣和赵可夫，2005）。

4.1.2 植物的形态解剖特征对盐分逆境的响应

植物对盐渍环境的适应有的是通过改变自身结构，有的则是靠改变外部形态和调节生理机制。盐生植物一般表现出许多适应旱生和盐生环境的特点（张丽等，2010）。

4.1.2.1 叶

叶是植物进行光合同化作用的主要器官，其结构对生境条件反应最敏锐。盐生植物最典型的适应方式是叶硬化和叶退化。大部分盐生植物的表皮具表皮毛、腺毛、蜡被、瘤状或乳状突起（章英才和闫天珍，2003；周玲玲等，2002）。部分盐生植物腺毛数随盐浓度增加显著增加（沈禹颖，1997），有利于防止蒸腾和排出盐分（王虹等，1998）。其表皮细胞排列紧密而整齐，细胞外壁有角质膜，在干旱和盐碱环境中，可据此减少水分蒸腾（Waisel，1972）。此类植物气孔器有不同程度的下陷，孔下室明显，这与中生植物气孔器拱起和平置（邓彦斌和蒋彦成，1998）形成鲜明对比，气孔下陷有利于保持水分（王虹等，1998）。NaCl 胁迫下，银杏幼树叶片下表皮气孔密布、闭合时间和程度不均匀，保卫细胞明显下陷，副卫细胞高高隆起。叶片角质层增厚，叶表面包被一层管状蜡质晶体（赵海燕等，2018）。此外，泌盐盐生植物最显著的特征是茎、叶表面存在泌盐结构（Thomason and Liu，1967），包括盐腺和盐泡（周三等，2001），具有可调节体内离子平衡，维持渗透压稳定，提高植物耐盐性等作用（张道远等，2003）。红树植物桐花树（*Aegiceras corniculata*）、白骨壤（*Avicennia marina*）和老鼠簕（*Acanthus ilicifolius*）叶片的上下表皮都分布有盐腺，为泌盐植物。在桐花树的盐腺结构中，分泌细胞呈片状排列，细胞数量较多，而白骨壤和老鼠簕的盐腺结构中，分泌细胞呈柱状排列，细胞数量较少（李元跃，2006）。秋茄（*Kandelia candel*）、红海榄（*Rhizophora stylosa*）、木榄（*Bruguiera gymnorrhiza*）、无瓣海桑（*Sonneratia apetala*）、桐花树、白骨壤和老鼠簕叶片的表皮细胞均较小，细胞外壁常增厚，外壁的外面都有一层厚厚的角质层，角质层外面堆积着一层蜡层，从而减少水分的蒸发。在无瓣海桑的上下表皮和白骨壤的下表皮上还分布着表皮毛，白骨壤下表皮上的表皮毛尤其发达，可保护叶肉组织，还可遮盖分布在表皮的气孔，因而可以减少水分从气孔的蒸发（Fahn，1990），适应海水生活环境。

部分盐生植物叶片栅栏组织发达，可有效提高光合效率。有些植物叶肉质化，储水组织发达，能保持水分并稀释胞内盐分浓度，使其不致因盐度过高而受伤害。储水组织的细胞壁不同程度地向内折叠，形成特殊的转移细胞（Kramer，1945），大幅增加细胞表面积，可促进物质的横向短途运输。当土壤含盐量较高造成生理干旱时，同化组织就可以从储水组织中获取水分进行光合作用（任昱坤，1994）。因此，植物可通过增加肉质性来提升耐盐能力（刘家琼，1983）。多数植物叶中还存在含单宁细胞和含晶细胞，单宁物质能够增强植物耐盐渍能力并防止海水腐蚀（任昱坤，1994）。含晶细胞则可以改变细胞渗透压，提高吸水力和持水力，还可以聚集体内过多的盐分以免引起毒害（李广毅等，1995）。盐胁迫下，辣椒幼苗叶片变薄，栅栏细胞和上表皮细胞显著变小，栅栏组织、海绵组织细胞的间隙变大，排列疏松且不规则；叶肉细胞叶绿体长度变小、宽度变大（姜伟等，2017）。NaCl 胁迫下，苋菜和空心莲子草叶片的叶肉细胞厚度增加，栅栏组织细胞拉长（王羽梅等，2004；刘爱荣等，2007）。宁夏中卫盐碱荒漠肥叶碱蓬的叶表现为肉棒状的等面叶，栅栏组织为环栅形，叶内有大的储水细胞，在储水细胞之间散布有晶体细胞，叶脉维管束不发达（王文和许玉凤，2005）。秋茄、红海榄、木榄、无瓣海桑、桐花树、白骨壤和老鼠簕都含有较丰富的单宁，且其叶肉组织中栅栏组织特别发达，常为多层，细胞排列紧密，细胞间隙较小，在秋茄和无瓣海桑叶肉组织中还含有多层的下栅栏组织，而海绵组织不发达（李元跃，2006）。随着盐胁迫程度的增强，耐盐性强的象草（*Pennisetum purpureum*）叶片厚度及上、下表皮厚度呈先上升后下降的趋势，葡萄（*Vitis vinifera*）叶表皮厚度、栅栏组织和海绵组织厚度则显著增加，但栅栏组织/海绵组织显著降低（罗达等，2022）。叶片组织在应对盐胁迫时有较强的调节和适应能力，通常会调节角质层和叶片厚度来适应轻度盐胁迫环境，进而保护植物（李瑞强等，2022）。

在盐胁迫下，植物叶片细胞质膜内陷呈波浪状，在质膜下出现泡状结构，有的甚至在质膜下形成泡状分布层，原生质浓缩并达到轻微质壁分离的状态，使细胞始终保持较大的渗透压和吸水能力（郑文菊等，1999）。植物叶绿体内部出现较多淀粉粒，补充能量并维持细胞正常的生命活动，还可以提高渗透压，有利于水分的吸收和保持（贾恢先和赵曼容，1990）。类囊体排列紊乱、松散扭曲，基粒类囊体和基质类囊体有不同程度的肿胀，而肿胀的类囊体可作为 CO_2 和 O_2 的储藏库，弥补盐生环境中植物体 CO_2 和 O_2 的不足（苏旭等，2004）。线粒体增多且大量包围叶绿体，不仅缩短了能量运输的距离，还保证了胁迫过程中能量的供应，以充分抵抗植物的盐害（Copeland，1964，1966）。Smith（1982）在研究耐盐生态型的匍茎剪股颖（*Agrostis stolonifera*）对 NaCl 的反应中，观察到盐会破坏敏感型细胞的线粒体结构，表现为线粒体发生膨胀且液泡化，嵴数减少。朱宇旌和张勇（2000）观察到盐胁迫下小花碱茅叶绿体的内、外膜及片层结构正常，线粒体的内、外膜及嵴也清晰可见，但叶绿体内类囊体的排列发生紊乱，这就是盐害的反应。

4.1.2.2 茎

秋茄具纤维状导管和环管管胞，许多导管壁的微观结构（如管壁附物、穿孔板附物和螺旋雕纹等）有利于保障水分输导的高效性和安全性，以适应潮间带生境。随着土壤 Na^+、土壤全盐量增高，秋茄次生木质部导管分子趋于"大型化"，生境的选择促使导管趋于水分输导的高效性，但是受效率-安全权衡的制约。桐花树茎部导管横向运输增强，弥补了导管纵向运输的减弱，即使含盐量增加，增大了水分胁迫引起栓塞的可能性，横向运输仍然能使管孔密度保持稳定（辛桂亮，2014）。而高浓度 KNO_3、K_2SO_4 及其混盐胁迫则使得辣椒幼苗茎木质部导管孔径显著变小、壁加厚（姜伟等，2017）。白骨壤次生木质部存在纤维状导管，形成短径列复管孔、倾斜复管孔和管孔团，使其具宽、窄导管并存的特点，可同时兼顾水分输导的安全性和有效性。其导管内壁的螺旋雕纹能增进水分的聚合力，防止栓塞，同样可保证水分输导的安全性。木质部薄壁细胞内淀粉粒水解则有助于高负压下栓塞导管的修复。白骨壤次生木质部结构异常，具内含韧皮部，可能是其对盐生"生理干旱"环境的适应结果，内生韧皮部具有储藏水分的功能，在水分胁迫下，对植物生长有利（辛桂亮等，2015）。

梭梭（*Haloxylon ammodendron*）同化枝的表皮细胞和角质层较薄，且气孔半下陷，这些都是旱生植物特有的结构，但是，梭梭是典型的超旱生稀盐盐生植物。梭梭同化枝的储水组织特别发达，占其同化枝的 50%左右，起着储水、保水、储盐和稀盐的作用，保护组织免受干旱胁迫和盐胁迫。另外，梭梭同化枝内分布大量的含晶细胞和黏液细胞，这些高含盐细胞液和含晶细胞的存在可使梭梭体内的水势始终低于土壤水势，防止组织失水，提高植物的保水性和吸水力，为其周围细胞提供一个湿润的环境（公维昌等，2009）。多枝柽柳（*Tamarix ramosissima*）同化枝上具有下陷的泌盐腺，是典型的泌盐盐生植物。其同化枝的表皮内侧是环状排列的栅栏组织，在结构上与环栅型叶有相似之处，具同化功能，且其栅栏细胞富含叶绿体。另外，多枝柽柳同化枝的维管组织特别发达，占其同化枝的 60%以上，木质部导管孔径较大，利于水分和无机盐的输导。皮层薄壁组织具高的可塑性，随植物生长，薄壁组织不断发育成特化程度更高的厚壁组织，形成围绕维管柱的一圈，既加强了多枝柽柳的机械支撑能力，又可以防止植物体内水分的蒸腾（Lee and Li，1981）。许多红树植物则都被观察到具有附物纹孔，并且附物的种类不断增多，但这些不同的红树植物附物纹孔的种类与数量差异明显。附物纹孔具有避免导管栓塞和促进水分输导安全性的作用。小的纹孔膜孔径能提高水分输导系统的栓塞阻力，有利于导管水分的运输（朱丹丹，2018）。

4.1.2.3 根

茎肉质化的真盐生植物根系多不发达，由表皮、皮层和中柱鞘构成，表皮上有少量根毛，皮层内有大量的细胞间隙，次生结构不发达（贾恢先和赵曼容，1985）。而叶肉质化的植物根的皮层有 3 层，最内层分化为内皮层，内皮层有凯氏带，高盐度可使皮层细胞体积增大，造成细胞间隙加大。盐度增加对每一层细胞的数目没有显著影响，但初生根皮层发育迟缓（陆静梅和李建东，1994）。拒盐盐生植物根的外皮层栓质化，栓质的主要成分是难溶于水的脂肪物质，使得溶解于水的盐分很难浸入根中（陆静梅等，1994）。旱生盐生植物的根系发达，有些植物甚至能够吸收深达十几米的地下水（王勋陵，1987）。此外，部分盐生植物的根有类似水生植物根的通气组织（陆静梅和李建东，1994）。

多枝柽柳通过根系拒盐及位于同化枝和叶表面的盐腺泌盐，以减轻盐胁迫的危害。柽柳通过根系拒盐可以将 90%到达根表面的 Na^+阻挡在根外，将进入植物地上部约 50%的 Na^+分泌掉，说明根系拒盐是柽柳最主要的抗盐机制。盐胁迫下，根组织表皮细胞厚度增大，占径比增幅为 52.85%，有效阻挡了盐离子的进入。导管孔径占径比与水分胁迫相比变化趋势相反，幼苗皮层厚度占径比下降幅度达 19.81%，这有助于缩短根部水分吸收距离，维管柱占径比增加，提高了疏导水分的能力（张瑞群等，2016）。盐分生境中，无论藤类植物还是红树和半红树植物，根直径均随根级增加而变粗，低级根内皮层外侧细胞颜色往往较深。同时，高级根仍存在较厚的皮层，以疏松的通气组织的形式存在，丧失了吸收功能。低盐分环境中的角果木的导管直径显著大于高盐分环境中的角果木，但是皮层和维管束大小差异较小（关超，2016）。

4.1.3　植物的生理特征对盐分逆境的响应

4.1.3.1　细胞膜透性

在高盐环境中，植物细胞质膜最先受到盐离子胁迫，膜透性增加。电导率的数值能够体现质膜的受损程度，细胞膜受到的损伤越大，电导率值也就越大（张晓婷等，2021）。根据电导率值的测定，与盐生植物沙枣和枸杞相比，黄花菜的电导率数值最小，表明黄花菜较好地维持了自身质膜的完整性，耐盐性最强（肖雯等，2000）。在受到 NaCl 胁迫后，随盐浓度增加，卫矛、沙枣和美国白蜡膜透性不断增强（杨升等，2013）。在 Na_2CO_3 胁迫下，8 种冬青的电导率随着胁迫时间的延长和浓度的增加呈持续上升趋势（张晶，2019）。随 NaCl 处理浓度的增加，黄瓜叶片细胞膜相对透性显著增加，说明 NaCl 胁迫造成了黄瓜幼苗的膜脂过氧化，细胞膜结构遭到破坏（沈季雪等，2016）。在盐胁迫下，沙棘出现枯黄、落叶等盐害症状，随着胁迫浓度的加大和时间的延长，盐害症状表现逐渐加重，电导率随胁迫程度的加深呈上升趋势，胁迫前期变化相对稳定，后期变化幅度较大（于畅等，2014）。

4.1.3.2　渗透调节物质

脯氨酸（proline）作为一种主要渗透调节物质，在高浓度盐处理环境中植物会通过特殊的代谢途径对其进行积累，以此来降低盐胁迫对自身的生长威胁，当其合成速率大于分解速率时，可在植物体内大量积累来提高细胞的渗透性，防止细胞质脱水和细胞结构被破坏，以此保护酶活性和植物的正常代谢活动，提高植物的抗逆性（张晓婷等，2021）。盐胁迫下，脯氨酸能够在黄花苜蓿幼苗中迅速积累（Handa et al.，1983）。盐处理可显著提高大麦叶片中谷氨酸和脯氨酸的合成（Golombek and Lüdders，1993）。在潮汐系统中，濒危半红树植物玉蕊在盐胁迫下脯氨酸含量随着盐度的增高呈显著上升趋势（梁芳等，2019）。在盐胁迫下，渗透调节物质可溶性糖含量增加，同样可以增强植物的耐盐性。随着 NaCl 溶液浓度增加，黄栌、紫荆体内可溶性糖含量明显增加（李国雷等，2004）。段新玲等（2001）通过在含 NaCl 不同浓度的 MS 培养基上接种多次继代培养的无花果试管苗，发现耐盐性的提高与可溶性糖含量的增加有关。可溶性蛋白质作为植物主要的营养物质，同时也是重要的渗透调节物质，在盐胁迫环境中通过其不断积累提高植物的保水能力，保护植物细胞的生命物质及生物膜，以此保证植物的正常生长（Vicente et al.，2004）。不同盐胁迫水平下，高羊茅幼苗的可溶性蛋白质含量随着盐浓度的增加呈先上升后下降的趋势，在盐浓度为 250 mmol/L 时，可溶性蛋白质含量达到峰值（林选栋等，2018）。

4.1.3.3　植物保护酶系统

植物在受到盐胁迫时会产生大量活性氧（ROS）分子，如超氧阴离子、过氧化氢、氢氧根离子等，从而导致膜脂过氧化及蛋白质失活，损伤正常的细胞代谢。植物通过保护酶系统可有效清除活性氧，保护植物免受氧化破坏，主要的保护酶包括超氧化物歧化酶（SOD）、过氧化氢酶（CAT）和过氧化物酶（POD）（Liang et al.，2008）。为了缓解 ROS 引起的氧化损伤，红树植物体内进化出抗氧化酶和低分子质量的抗氧化剂，组成了复杂的活性氧防御系统。红树植物受到盐胁迫时，过氧化酶系统的活性增强，抗氧化物质含量增加，从而能够清除过多有害的自由基，保护红树植物的细胞膜和细胞器（Parida et al.，2004）。孔雀草植株可通过增加保护酶活性以缓解氧化损伤来适应 NaCl 胁迫，SOD 活性、CAT 活性和 POD 活性显著增高（袁云香，2019）。柳树抗氧化物质的变化对维持植物渗透稳定有调节作用，抗氧化酶活性的提高对抵御活性氧对细胞膜的伤害有重要作用（李小艳，2018）。不同 NaCl 浓度下，高羊茅 SOD、POD 和 CAT 活性均随盐胁迫时间的延长先上升后下降，盐浓度越高其活性下降幅度越大（樊瑞苹等，2012）。

4.1.3.4 光合特征

一般来讲，盐胁迫对植物（尤其是非盐生植物）的光合作用具有抑制效应，而且随外界盐浓度的提高，被抑制的程度也越大。叶绿素是植物进行光合作用的重要色素。盐胁迫使菜豆幼苗叶片和沙枣苗木的叶绿素 a、叶绿素 b 和总叶绿素含量均降低（芦丽娜等，2017；贾婷婷等，2018），这可能是由于 Na^+ 和 Cl^- 直接对叶绿体有一定的损害（许振伟等，2019），或盐胁迫增强了植物体内叶绿素酶的活性从而加剧了叶绿素的降解（Ge and Zhang，2019）。NaCl 单独处理导致小麦幼苗叶绿素含量减少，而 Chla/b 值增大，表明盐胁迫造成了叶绿素的降解，且对 Chlb 的破坏作用强于对 Chla 的作用，从而减弱盐胁迫下小麦叶片对光能的吸收和传递。在正常环境中，叶绿素吸收的光能主要通过光合电子传递、叶绿素荧光发射和热耗散等途径消耗。叶绿素荧光参数反映了植物叶片吸收、传递、耗散和分配光能的能力（刘建新等，2019），常被用来判断逆境胁迫下植物叶片光系统的受损程度。有文献报道，NaCl 胁迫导致菜豆幼苗和假单胞藻 PSII 的 Fv/Fm、Y（II）、qP 和 ETR 显著减小，而 NPQ 显著增大（Shawkat et al.，2017）。另据报道，盐胁迫抑制了鞭金藻的光合活性，使 Fv/Fm、qP 和 ETR 降低，而 NPQ 在鞭金藻 '3011' 增加却在鞭金藻 '8701' 呈先增大后减小的变化趋势（Liang et al.，2014）。植物在高浓度盐处理下，其叶片净光合速率、气孔导度和蒸腾速率在不同时期呈现不同的上升和下降趋势（张晓婷等，2021）。NaCl 盐分胁迫下，一年生邓恩桉幼苗有一定的耐盐性，但随着盐浓度的增加和胁迫时间的延长其叶片的光合能力受到明显影响（林益等，2014）。随着盐胁迫增加，3 个桂花品种新梢萌发和高生长受到明显抑制，光合作用和蒸腾速率显著降低（魏建芬等，2020）。随着 NaCl 和 $NaHCO_3$ 混合盐胁迫程度增加，栾树幼苗叶片的净光合速率、气孔导度、蒸腾速率整体呈下降趋势。在 100 mmol/L 混合盐胁迫下，栾树表现出一定的耐盐性，此时光合作用主要受气孔限制的影响。当混合盐浓度达到 200 mmol/L 时，栾树幼苗叶片的叶绿素含量、光合生理指标整体显著降低，最终导致植株生长受到抑制，此时光合作用的主要影响因素是非气孔限制和光化学活性失活（张若溪等，2022）。盐胁迫下，植物体内盐离子增多，导致叶绿素与叶绿体蛋白的分解和光合速率的下降。盐胁迫影响植物生长并扰乱其代谢，部分盐生植物通过改变光合代谢途径来提高对盐胁迫的抗性（杨晓慧等，2006）。

4.1.4　植物的分子生物特征对盐分逆境的响应

从遗传本质上讲，红树植物的盐适应能力主要与蛋白质的合成、相关耐盐基因的表达和调节这些基因表达的能力有关，如白骨壤的 *Cat1*、*Fer1*，桐花树的 *CPI*、*PIP1* 等基因（Fu et al.，2005；孙一源和余登苑，1996）。有研究者在盐生植物中也克隆了大量的与盐碱相关的基因并进行了功能验证。Hibino 等（2001）在红树植物中分离出 2 种甜菜醛脱氢酶（BADH）cDNA，其编码蛋白一种是菠菜叶绿体 BADH 的同源物，另一种是 C 端具有特殊的 SKL 残基，都明显催化甜菜碱乙醛氧化，生成甜菜碱。

植物的抗盐性与 Ca^{2+} 有着较为密切的关系，Liu 和 Zhu（1998）在研究拟南芥对盐高度敏感突变体时，发现了 *SOS3* 基因编码的蛋白质与来自酵母的钙神经素 B 的亚单位及动物神经元的钙感受蛋白具有极高的相似性，并认为拟南芥中的钙信号通过钙神经素类似的途径调节植物的抗盐反应。正常情况下，Ca^{2+} 从外界进入胞内，是通过质膜上 Ca^{2+}-ATPase 的主动运输。在液泡膜上，还存在着两种 Ca^{2+} 通道，一种是以 IP3 控制的通道；一种是电压控制的通道，在逆境或激素刺激下，可以促使 Ca^{2+} 通道开放，Ca^{2+} 从液泡中释放出来，Ca^{2+} 与钙调蛋白或与其他钙结合蛋白结合，调节细胞代谢或基因表达，促进植物适应盐分逆境（余叔文和汤章城，1998）。目前一些与 K^+ 运输有关的基因或其产物也已经得到分离和鉴定，大致可分为高亲和力的载体或转运蛋白和低亲和力的通道蛋白两类（Xiao et al.，2022）。K^+ 的选择吸收可调节细胞的 K^+/Na^+，维持其高 K^+ 低 Na^+ 的离子均衡，减轻 Na^+ 对植物的毒害作用，*HAL* 基因就是这样一个关键基因（Serrano et al.，1999）。

研究者还发现一些转录调控因子能与受盐或干旱胁迫调控基因的启动子相结合，这些调控因子将会是用于调控基因表达的热点（Shinozaki and Yamaguchi-Shinozaki，1997），如转录调控因子 DREB1A 与脱水敏感因子 DRE（dehydration response element）。DRE 是调控许多对干旱、盐胁迫和低温等胁迫敏感基因启动子的顺式作用成分。Seki 等（2002）利用基因芯片分析了 7000 个拟南芥基因在高盐胁迫下的表达谱，发现 194 个在高盐胁迫下上调的基因。Takahashi 等（2004）采用甘露醇、NaCl、脱落酸（ABA）和 H_2O_2 处理拟南芥幼苗后，应用基因芯片分析发现，4 种不同处理均能诱导 11 个基因大量表达，其中 4 个基因表达水平增加 5 倍以上，表明渗透胁迫和抗氧化胁迫间存在相互联系，同时发现存在不依赖于 ABA 的抗盐碱胁迫信号传递途径。Ma 等（2006）采用 Fuzzy c- means 聚类法分析拟南芥盐碱胁迫下约 1500 个强烈表达的基因，发现有 25%的基因是盐特异诱导的。此外，在盐胁迫和其他一些逆境下，植物产生活性氧，活性氧自由基对植物细胞的各部分特别是叶绿体有很大的损伤，而植物活性氧清除酶系统的基因在胁迫下都受到激活，植物自身对活性氧的清除也是一种重要的抗逆机制（许卉和赵丽萍，2005；Challabathula et al.，2022）。

4.1.5　基于生物学特征的植物抗盐能力的检测

植物受到盐处理可表现为胁迫作用和促进作用。其中，对植物的胁迫作用表现为生长缓慢，植株矮小；叶片发黄脱落；干物质积累量减少；根系发育不良（余叔文和汤章城，1998）。促进作用表现为生长势强，根茎叶均正向生长。通过研究不同浓度 NaCl 和 NaHCO$_3$ 处理对紫苏种子萌发的影响，裴毅等（2015）发现，单盐胁迫下，随着盐浓度增加，种子的胚根长和苗鲜重均明显下降。曹兵等（2007）对臭椿进行盐胁迫处理，发现盐胁迫不仅影响其发芽率，还对幼苗根长和株高生长具有抑制作用。李品芳等（2001）研究了盐处理下苜蓿和羊草苗期的生长状态，发现随着盐胁迫程度的加深，苜蓿地上部分干物质量显著降低，生长速率明显减慢。Berkheimer 和 Hanson（2006）将盐（NaCl）喷雾应用于盆栽越橘，证明了施用道路除冰盐导致越橘树梢枯死、花芽死亡率升高、产量下降。马少梅等（2010）的研究表明，盐胁迫下，0.2%的 NaCl 浓度是黄杨试管苗生长的最适浓度，表明其具有一定的耐盐性，低浓度的 NaCl 可以促进其生长。董江超（2015）研究发现，在低于 0.3%的 NaCl 浓度下，竹柳幼苗株高和地茎的绝对生长量及生长状况均呈上升趋势。生长指标的优劣可以最直观地反映盐处理下植物的表现，可通过测量植物的株高、冠幅、枝条数、枝条长度、叶长、叶宽及其干质量和鲜质量来获得植物的抗盐特性。

短期盐胁迫（14 天）对中山杉、小叶榕和海滨木槿的存活率、叶形和叶色影响较小，但长期盐胁迫（56 天）对小叶榕产生较大影响，盐胁迫下上述 3 种海滨植物固定枝条相对生长率动态特征差异明显。结果表明，海滨木槿耐盐性最强，中山杉次之，而小叶榕的耐盐性最差（林雪锋等，2018）。弋良朋等（2007）研究了梭梭、囊果碱蓬和钠猪毛菜 3 种荒漠盐生植物苗期在不同盐浓度条件下根系和根毛形态的差异。结果表明，在盐分浓度较低时，3 种盐生植物的主根和总根长都有所增加，但高浓度的盐会抑制根系总长度的增加，其中囊果碱蓬较梭梭和钠猪毛菜抑制的程度轻。从根系和根毛的形态特征可以推断：梭梭的耐盐能力较其他 2 种植物差，囊果碱蓬的耐盐性最强。盐胁迫下沉水植物苦草、轮叶黑藻、狐尾藻可通过单株叶片面积减小、根冠比增加、叶片肉质化等措施来减少水分流失和保证机体的正常生理功能，从而表现出一定的抗逆性，但超过一定的阈值，抗逆性逐渐减弱，导致沉水植物出现生长抑制或者死亡现象（赵风斌等，2012）。通过盐胁迫条件下的植株生长量、存活天数和生活力、成熟期单株结实率、粒重和产量等指标评价作物耐盐性，这些方法耗时较长，测定过程复杂，指标繁多，且建立在作物受到严重盐害的基础上，不具有预防效果。因此，亟待开发出一种快速、准确地表征植物抗盐能力的方法。

4.2 植物电生理信息对植物抗盐能力的表征

目前，植物电生理信息检测方面取得了长足进展，人们正试图利用植物组织电信号反映植物体宏观与微观的结构变化，表征植物的生命活动过程。近年来，植物电信号已广泛用于植物抗逆生理领域，如张钢等（2005）采用 EIS（电阻抗图谱法）测定植物的抗寒性，李晋阳和毛罕平（2016）基于阻抗和电容实时监测番茄叶片含水率，栾忠奇等（2007）研究小麦叶片生理电容与含水量的关系。在前期的研究中，吴沿友课题组发现叶片水势和生理电容都不能单独准确地反映植物叶片的水分状态，从而定义了叶片紧张度来快速反映植物的水分状况（吴沿友等，2015）。此后进一步利用电生理模型研究盐处理下植物的复水节点（Azeem et al.，2017a；Javed et al.，2017），以及利用叶片紧张度和植物生长模型研究植物的需水信息（Xing et al.，2019b）。然而，植物电生理参数的获取会受自制传感器夹持力的影响（Xing et al.，2019a），由于环境、测量人员等因素的影响，所测电生理参数值没有较好的可重复性和可比性，因此，对于如何排除夹持力的影响，定量比较植物的叶片状态，反映植物在盐分胁迫下的抗性，仍有待进一步研究。

4.2.1　生理电容及叶片紧张度对植物抗盐能力的快速表征

植物属于生物体，是介于导体和绝缘体之间的电介质，在外电场的作用下具有特定的电容值。水是植物生命周期活动中各项生理活动和酶促反应必不可少的成分。植物的各项生命活动离不开水的参与，如矿质元素的运输、吸收，光合产物的合成、转化和运输，植物体正常体温的维持等方面（Taiz and Zeiger，2009）。植物叶片是植物进行光合作用和蒸腾作用的重要场所。叶肉细胞扩张和叶片生长对水分条件十分敏感，植物叶片要保持挺立状态既需要纤维素的支持，又需要组织内较高膨压的支持（Malgat et al.，2016）。当植物因遭受盐分胁迫而缺水时，所出现的萎蔫现象就是膨压下降的表现。当植物叶片细胞因蒸腾而失水时，叶肉细胞的细胞壁、细胞膜都因失水而收缩，细胞体积变小。如果植物吸收水分，外液中的水分就会进入叶肉细胞，细胞因吸水而膨胀，细胞体积变大。细胞的水分状况与细胞的膨胀度或收缩度紧密相关。我们把水分的变化而导致细胞的膨胀度或收缩度的变化称为叶片紧张度的变化，即叶片细胞的膨胀度或收缩度称为叶片紧张度（Xing et al.，2019b）。

细胞液浓度及体积的变化能够通过生理电容或者叶片紧张度来反映。植物叶片最大生理电容和最大紧张度分别表征细胞液溶质浓度为零时的植物叶片生理电容和叶片紧张度，植物叶片最大生理电容和最大紧张度是每种植物固有的特性，是用植物叶片生理电容或者叶片紧张度研究植物细胞的水分变化必不可少的参照，对用植物电生理信息研究植物抗盐、抗旱和抗逆性等抗性能力方面具有重要的意义。

4.2.1.1　叶片最大生理电容和最大紧张度的计算

植物出现水分亏缺时往往导致组织内体液浓度升高、电阻增大和电容值减小的现象。但是植物叶片结构和内部溶液分布比较复杂，因此，水分亏缺引起的叶片生理特性与电特征并不存在简单的线性关系（Zhang et al.，2015）。以叶片为平板电容器的介质，叶片的水分发生变化必然引起介电常数的变化，从而在电容值上反映出来。

植物对盐胁迫会产生应激反应，不同浓度梯度的盐胁迫使植株较正常植株在叶片生理特征和电特征上表现出差异。研究发现，采用电导率表征盐胁迫程度，叶片水势 $\varPsi_L$ 与生理电容 C 之间存在一定的相关性。依据 $\varPsi_L$ 和 C 可以计算叶片紧张度 T_d。

两参数的指数衰减方程为：

$$Y = a\,\mathrm{e}^{-bX} \tag{4.1}$$

式中，e 为自然对数常数；a 为初始叶片紧张度或者生理电容；b 为衰减速率。

利用两参数的指数衰减方程分别构建叶片生理电容 C、叶片紧张度 T_d 与盐度水平模型:

$$C = a_1 \, e^{-b_1 X_{EC}} \tag{4.2}$$

$$T_d = a_2 \, e^{-b_2 X_{EC}} \tag{4.3}$$

式中,a_1、a_2、b_1、b_2 为方程的常数;X_{EC} 为盐度水平,以溶液的电导率表示。

当细胞内是纯水时,细胞的电容值和紧张度值最大。因此将 $X_{EC}=0$ 分别代入 $C = a_1 \, e^{-b_1 X_{EC}}$ 和 $T_d = a_2 \, e^{-b_2 X_{EC}}$ 中,求出 C 和 T_d 的值,即分别为植物叶片最大生理电容 C_{max} 和植物叶片的最大紧张度 T_{dmax}。

4.2.1.2 叶片最大生理电容和最大紧张度的获取

实验室内采用同样规格的穴盘萌发植物种子,配制培养液培养幼苗至 3 叶期以上,选择生长较为一致的幼苗作为被考察植物幼苗;将被考察植物幼苗分别培养在含有不同盐度水平的培养液中,其中,盐度水平以培养液的电导率表示;待被考察植物培养至 2 周以上,以第 1 展开叶为考察对象,于同一时段测定其叶水势 ψ_L 和生理电容 C;依据叶水势 ψ_L 和生理电容 C 计算叶片紧张度 T_d。叶片紧张度 T_d 的计算公式为

$$T_d = \frac{C}{\varepsilon_o} \left[\frac{1000iRT}{81000iRT + (81-a)M\psi_L} \right] \tag{4.4}$$

式中,i 为解离系数;R 为气体常数;T 为热力学温度;ε_0 为真空介电常数;a 为细胞液溶质的相对介电常数;M 为细胞液溶质的相对分子质量。

利用两参数的指数衰减方程构建叶片生理电容 C 与盐度水平及叶片紧张度 T_d 与盐度水平模型。依据叶片生理电容 C 与盐度水平及叶片紧张度 T_d 与盐度水平模型获取植物叶片最大生理电容 C_{max} 和植物叶片的最大紧张度 T_{dmax}。具体计算如下:将 $X_{EC}=0$ 分别代入 $C = a_1 \, e^{-b_1 X_{EC}}$ 和 $T_d = a_2 \, e^{-b_2 X_{EC}}$ 中,求出 C 和 T_d 的值,此时 $C=a_1$,$T_d=a_2$;即 a_1 为植物叶片最大生理电容 C_{max},a_2 为植物叶片的最大紧张度 T_{dmax}。

4.2.1.3 秋葵的叶片最大生理电容和最大紧张度

取秋葵为研究材料,品种分别为红秋葵和绿秋葵;实验室内采用 12 孔穴盘萌发秋葵种子,配制 Hoagland 培养液培养幼苗至 3 叶期后,分别选择生长较为一致的幼苗作为被考察植物幼苗;添加等量的 NaCl 和 CaCl$_2$ 到 Hoagland 培养液中,配制不同盐度水平的培养液(用培养液的电导率表示),如表 4.1 所示。

表 4.1 不同盐度水平

盐度水平/(ds/m)	1L Hoagland 培养液中 NaCl 量/(g/L)	1L Hoagland 培养液中 CaCl$_2$ 量/(g/L)
2.08	0	0
10.33	3	3
18.00	6	6
25.70	9	9

分别用不同盐度水平的培养液对上述 3 叶期的被考察植物幼苗同时进行培养，每天更换新的相对应的培养液，以第 1 展开叶为考察对象，在培养的第 21 天的上午 9:00～11:00 时测定其叶水势 $\varPsi_L$ 和生理电容 C（表 4.2）；利用式（4.4），依据叶水势 $\varPsi_L$ 和生理电容 C 计算叶片紧张度 T_d，式中，$\varPsi_L$ 为叶片水势（MPa）；i 为解离系数，其值为 1；R 为气体常数，0.0083 L·MPa/(mol·K)；T 为热力学温度（K），$T=273+t\,℃$，t 为环境温度；C 为植物叶片生理电容（F）；真空介电常数 $\varepsilon_0=8.854\times10^{-12}$ F/m；a 为细胞液溶质的相对介电常数（F/m）；M 为细胞液溶质的相对分子质量；叶片细胞液溶质假定为蔗糖，此时 a 为 3.3 F/m，M 为 342；结果如表 4.2 所示。

表 4.2　不同盐度水平下两种秋葵叶片生理电容、叶水势和叶片紧张度

盐度水平 /(ds/m)	红秋葵			绿秋葵		
	生理电容 C /pF	叶水势 $\varPsi_L$ /MPa	叶片紧张度 T_d /（$\times10^{-3}$cm）	生理电容 C /pF	叶水势 $\varPsi_L$ /MPa	叶片紧张度 T_d /（$\times10^{-3}$cm）
2.08	90.80	−1.19	154.10	97.10	−0.94	156.30
2.08	96.40	−1.29	154.00	99.60	−0.96	156.10
2.08	91.80	−1.10	154.20	97.50	−0.93	156.20
10.33	21.90	−2.21	44.20	11.30	−2.45	27.10
10.33	22.60	−2.22	44.10	16.90	−2.46	27.20
10.33	22.50	−2.26	44.00	11.50	−2.50	27.00
18.00	19.60	−2.46	30.00	3.30	−2.69	7.50
18.00	19.80	−2.50	31.00	3.50	−2.75	7.40
18.00	19.90	−2.56	32.00	3.40	−2.65	7.30
25.70	1.38	−4.00	5.00	1.97	−3.44	3.40
25.70	1.46	−4.10	5.40	1.01	−3.50	3.20
25.70	2.35	−4.20	5.20	1.02	−3.40	3.30

随后，利用两参数的指数衰减方程构建叶片生理电容 C 与盐度水平及叶片紧张度 T_d 与盐度水平模型，对叶片生理电容 C、叶片紧张度 T_d 与盐逆境水平之间的关系进行拟合，拟合曲线见图 4.1；同时可得到两参数的指数衰减方程的拟合参数，即红秋葵为 $a_1=123.837$，$b_1=0.142$，$a_2=200.706$，$b_2=0.131$；绿秋葵为 $a_1=161.075$，$b_1=0.239$，$a_2=240.708$，$b_2=0.208$；将参数值代入指数衰减方程即可得到对应的关系模型；结果如表 4.3 所示。

从表 4.3 可以看出，叶片生理电容 C 与盐度水平及叶片紧张度 T_d 与盐度水平模型都可以很好地表征电生理指标与盐度之间的关系，从决定系数的平方值（R^2）来看，与叶片生理电容 C 与盐度关系相比，叶片紧张度 T_d 与盐度关系可更好地用两参数的指数衰减方程来拟合。

依据叶片生理电容 C 与盐度水平及叶片紧张度 T_d 与盐度水平模型获取植物叶片最大生理电容 C_{max} 和植物叶片的最大紧张度 T_{dmax}；即将 $X_{EC}=0$ 分别代入式（4.2）和式（4.3）中，求出 C 和 T_d 的值，此时 $C=a_1$，$T_d=a_2$；即 a_1 为植物叶片最大生理电容 C_{max}，a_2 为植物叶片的最大紧张度 T_{dmax}；结果如表 4.4 所示。

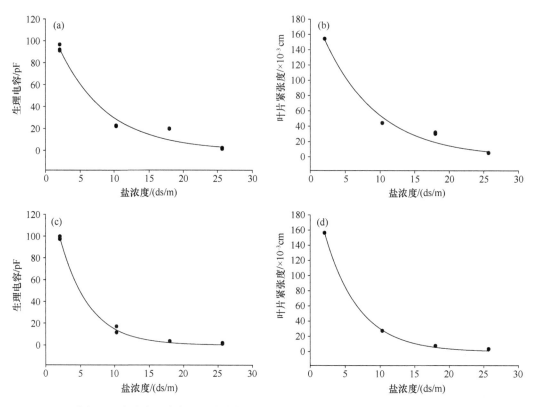

图 4.1 叶片生理电容 C、叶片紧张度 T_d 与盐逆境水平之间关系的拟合曲线

（a）红秋葵叶片生理电容 C 与盐逆境水平之间关系的拟合曲线图；（b）红秋葵叶片紧张度 T_d 与盐逆境水平之间关系的拟合曲线图；（c）绿秋葵叶片生理电容 C 与盐逆境水平之间关系的拟合曲线图；（d）绿秋葵叶片紧张度 T_d 与盐逆境水平之间关系的拟合曲线图

表 4.3 两种秋葵叶片生理电容与盐度水平及叶片紧张度与盐度水平模型

品种	模型类型	模型方程	R^2	n	P 值
红秋葵	$C\text{-}X_{EC}$	$C = 123.837\,\mathrm{e}^{-0.142\,X_{EC}}$	0.9690	12	<0.0001
	$T_d\text{-}X_{EC}$	$T_d = 200.706\,\mathrm{e}^{-0.131\,X_{EC}}$	0.9838	12	<0.0001
绿秋葵	$C\text{-}X_{EC}$	$C = 161.075\,\mathrm{e}^{-0.239\,X_{EC}}$	0.9983	12	<0.0001
	$T_d\text{-}X_{EC}$	$T_d = 240.708\,\mathrm{e}^{-0.208\,X_{EC}}$	0.9995	12	<0.0001

表 4.4 两种秋葵叶片最大生理电容和叶片最大紧张度

品种	最大生理电容 C_{max}/pF	最大紧张度 $T_{dmax}/(\times 10^{-3}\mathrm{cm})$
红秋葵	123.837	200.706
绿秋葵	161.075	240.708

从表 4.4 可以看出，绿秋葵的最大生理电容与最大紧张度都大于红秋葵，这与绿秋葵的叶细胞大于红秋葵的叶细胞有关；叶细胞越小抗旱抗盐能力越强，这与红秋葵抗逆能力强有关。

4.2.2　植物固有电生理信息对植物抗盐能力的快速表征

植物抗盐能力的表征需要同时考虑盐分进出的速率和植物水分的变化。许多研究者认为，水势和电生理参数可以描述植物在盐胁迫下的水分状况（Chaitanya et al.，2003；Munns，2006；Abraham et al.，2000），但这些指标不能直接描述水分运动速率，更不能描述植物的盐分进出速率。随着植物器官导水速率测量技术的发展，人们对植物水分关系的认识逐渐深入（Meinzer et al.，2003）。鉴于水分分段假说，叶比茎更容易受到水力衰退的影响（Oliveira et al.，2018）。植物叶片由大量细胞组成，叶片细胞内盐分和水分的变化可以通过细胞液浓度及体积的变化来反映，而细胞液浓度及体积的变化又可以利用水势或电生理参数的变化进行反馈。

白骨壤（*Avicennia marina*）为马鞭草科植物（林鹏，1981），由于其分布较广、耐盐能力及抗性均较强，是我国造林先锋树种之一（Lin and Sternberg，1992）。甘蓝型油菜（*Brassica napus*）是十字花科芸薹属植物，对土壤的适应性广，抗逆性强（Bhardwaj et al.，2015）。

4.2.2.1　植物固有电生理信息的获取

实验于现代农业装备与技术教育部重点实验室（江苏大学）及温室内进行。甘蓝型油菜叶片采摘于江苏大学校园内，白骨壤幼苗来自福建泉州，培养在江苏大学温室内，自然光照下，室温培养。使用 1/2 强度的 Hoagland 营养液对材料进行预处理，模拟半日潮，每半天淹水 4h。选取长势基本一致的新鲜叶片，清理后放到超纯水中浸泡 30min，让其充分吸水。吸干表面水分后，立即放入不同盐度的 NaCl 溶液（0mol/L、0.1mol/L、0.2mol/L、0.4mol/L）中，光照 2h，光合有效辐射（PAR）为（280±20）μmol/（m²·s），测定不同盐处理水平下两种植物的相关参数。使用平行电极板，连接 LCR 测试仪（3532-50，HIOKI，日本日置），在 1.5V 的测定电压、3kHz 的测试频率下，利用砝码（100g）改变夹持力，测定在不同压力下植物叶片的生理阻抗 Z、生理电阻 R 和生理电容 C。同时利用露点水势仪（Water Potential System，WESCOR，USA）的 L-51A 型水势探头测定叶片水势。

（1）基于水势的抗盐指数

依据叶片在不同盐处理水平下的水势 Ψ_L，得到叶片细胞液溶质浓度 Q：

$$Q = -\frac{\psi_L}{iRT} \tag{4.5}$$

式中，T 为热力学温度（K）；R 为气体常数[J/(K·mol)]；i 为解离系数。

由此，叶片细胞液溶质浓度变化量 ΔQ 为：

$$\Delta Q = Q_X - Q_0 \tag{4.6}$$

式中，Q_X 为任一盐度下叶片 Q 的值（mol/L）；Q_0 为纯水时叶片 Q 的值（mol/L）。

在盐处理下，植物叶片细胞在承受范围内，随盐度增加而快速累积盐分，趋向稳定，超出该范围后，细胞死亡，细胞膜失去了选择透过性，任何物质进出细胞无障碍。因此，可以用描述底物与反应速度的酶动力学方程——米氏方程来表示细胞液溶质浓度变化速率 V 与盐处理水平 X 在一定范围内的关系：

$$V = \frac{V_{\mathrm{m}}X}{K + X} \tag{4.7}$$

式中，K 为常数；V_{m} 为最大细胞溶质浓度变化速率。

单位时间 t 时间段的细胞液溶质浓度变化量 ΔQ 是细胞液溶质浓度变化速率 V，求导得任意盐度下细胞液溶质浓度变化速率 V_X：

$$V_X = \frac{\Delta Q}{t} = \frac{V_{\mathrm{m}}X}{K + X} \tag{4.8}$$

再次求导，得到细胞液溶质浓度变化加速率 a_X 与 X 的关系：

$$a_X = \frac{V_{\mathrm{m}}K}{\left(K + X\right)^2} \tag{4.9}$$

叶片 a_X 随盐度增加而减小。在特定环境中，细胞液溶质浓度变化速率越大，变化加速率越小，细胞内部越稳定，因此综合植物叶片的 V_{m}、a_{m} 和 V_X 及 a_X 定义该植物在此水平的抗盐指数 Y（吴沿友等，2019），方程为：

$$Y = \frac{V_X}{V_{\mathrm{m}}} \times m + \frac{a_{\mathrm{m}} - a_X}{a_{\mathrm{m}}} \times n \tag{4.10}$$

式中，$m+n=1$。

（2）基于生理电容的固有蓄水势、固有蓄水力和固有导水度的计算

目前测定植物电生理参数时由于环境、测量人员等因素，其没有较好的重复性和可比性。为了使测定结果具有可比性，准确地比较植物电生理参数，通过调节设置不同的夹持力，测定植物叶片的生理电容、生理电阻和生理阻抗，构建植物叶片在不同夹持力下的电生理参数模型。细胞水分变化引起细胞膨胀或收缩，植物叶片的生理电容与之紧密相关（Xing et al.，2019b），即可以用不同夹持力下生理电容值表征细胞的膨胀度和收缩度。

依据吉布斯自由能方程：

$$\Delta G = \Delta H + PV \tag{4.11}$$

式中，ΔH 为由细胞组成的植物叶片系统的内能（J）；ΔG 为吉布斯自由能（J）；V 为植物细胞体积（m^3）；P 为植物细胞受到的压强（Pa），通过压强公式获得：

$$P = \frac{F}{S} \tag{4.12}$$

式中，F 为夹持力（N）；S 为有效面积（m^2）。

F 由重力学公式获得：

$$F = \left(M + m\right)g \tag{4.13}$$

式中，M 为砝码质量（kg）；m 为塑料棒与电极片的质量（kg）；F 为重力（夹持力）（N），g 为重力加速度，为 9.8 N/kg。

叶肉细胞或者液胞可视为球形电容器，电容器能量公式为：

$$W = \frac{1}{2}U^2C \qquad (4.14)$$

式中，W 为电容器的能量，等于吉布斯自由能（ΔG）转化的功，即 $W=\Delta G$；U 为测试电压（V）；C 为植物叶片的生理电容（F）。

则不同夹持力 F 下植物叶片的生理电容：

$$C = \frac{2\Delta H}{U^2} + \frac{2V}{SU^2}F \qquad (4.15)$$

令 $y_0 = \frac{2\Delta H}{U^2}$，$k = \frac{2V}{SU^2}$，式（4.15）可变形为

$$C = y_0 + kF \qquad (4.16)$$

由于 ΔH 是系统内能，而植物叶片的固有蓄水势（IWSP）是叶片将系统的内能转化成蓄水能力，可用 $-\Delta H$ 表示；即 IWSP（J）可表达为：

$$\mathrm{IWSP} = -\Delta H = -0.5y_0U^2 \qquad (4.17)$$

式中，y_0 可表征为未受激励时，叶片细胞内部的储水向外产生的膨压，蓄水力则是对抗其的反作用力，内外压力抵消，电容值为 0。因此，固有蓄水力 IWSC（N）为（吴沿友等，2018a）

$$\mathrm{IWSC} = -y_0k^{-1} \qquad (4.18)$$

植物叶片固有蓄水势和固有蓄水力表征其固有的水分状态和水分进出能力，植物叶片的 IWSP 和 IWSC 中的 "－" 不代表大小，而是水分进出的方向。当 y_0 为负值时，植物细胞吸水；当 y_0 为正值时，植物细胞失水，IWSP 和 IWSC 越大，其固有蓄水状态和耐失水能力越强，盐适应能力越强。

对式（4.16）求导，得到 $C'=k$，参数 k 为叶片单位夹持力下生理电容的变化值。

生理电容可以表征植物叶片的蓄水状况，而单位夹持力下水分输出量的变化与储水量的变化紧密相关，最终单位夹持力下 C 的变化等同于储水量变化，也就是水分输出量的变化。植物叶片导水度是单位时间和单位压力下细胞水分输出量的变化值，就等同于单位时间和单位压力下植物叶片 C 的变化值，而 C 的变化与测试频率 f 相关联，频率影响电容的充电和放电周期，所以电容的放电过程等效于植物叶片细胞的水分输出。那么，植物叶片的导水度（WC）为（吴沿友等，2018b）：

$$\mathrm{WC} = 0.5kf/1000 \qquad (4.19)$$

叶片单位夹持力下生理电容的变化值与夹持力大小无关，因此基于生理电容的固有导水度 $\mathrm{IWC_C}$：

$$\mathrm{IWC_C}=0.5kf/1000 \qquad (4.20)$$

同样的水分状态下，单位时间、单位压力下植物叶片细胞的导水度越小，水分输出量越小，植物盐适应能力越强。

（3）基于生理电流的固有输导力的计算

由欧姆定律得生理电流 $I_Z=U/Z$，U 为测定电压，1.5V；I_Z 为生理电流；因此：

$$I_Z = \frac{1.5}{y_0 + k\mathrm{e}^{-bF}} \qquad (4.21)$$

求导得：$I_Z' = \dfrac{1.5bke^{-bF}}{(y_0 + ke^{-bF})^2}$。

由上可知植物叶片的 I_Z 与介电物质运输相关，可反映极性物质的输导性能，即水力输导能力；I_Z' 为单位压力下 I_Z 的变化，代表植物叶片的输导力；比较不同植物叶片输导力，输导力越小则基于 I_Z 的植物叶片水力输导能力越小，输导力越大则基于 I_Z 的植物叶片水力输导能力越大，输导效率越高，输水量越多（吴沿友等，2018c）。

4.2.2.2 基于水势的抗盐指数比较

实验时环境温度为25℃，测得数据见表4.5。

依据不同盐处理水平下叶片 ΔQ，得到各盐浓度下叶片 V_X，对植物叶片 V_X 与盐处理水平 X 的关系进行拟合，见图4.2，得到方程的参数，代入求导，得到细胞液溶质浓度变化加速率 a_X 的方程，结果如表4.6所示。

表 4.5　不同盐处理水平下白骨壤和甘蓝型油菜叶水势、细胞液溶质浓度和变化量

品种	盐浓度 /（mol/L）	叶片 1		叶片 2		叶片 3		$\overline{\varPsi}_L$ /MPa	$\overline{Q}$ /（mol/L）	ΔQ /（mol/L）
		$\varPsi_L$ /MPa	Q /（mol/L）	$\varPsi_L$ /MPa	Q /（mol/L）	$\varPsi_L$ /MPa	Q /（mol/L）			
白骨壤	0	−0.62	0.27	−0.50	0.22	−0.61	0.26	−0.58	0.25	0.00
	0.1	−1.00	0.43	−1.15	0.50	−1.54	0.67	−1.23	0.53	0.28
	0.2	−1.62	0.70	−2.25	0.98	−1.80	0.78	−1.89	0.82	0.57
	0.4	−1.64	0.71	−2.56	1.11	−2.17	0.94	−2.12	0.92	0.67
甘蓝型油菜	0	−1.16	0.50	−1.15	0.50	−1.22	0.53	−1.18	0.51	0.00
	0.1	−1.31	0.57	−1.92	0.83	−1.67	0.72	−1.63	0.71	0.20
	0.2	−2.59	1.12	−2.69	1.17	−2.27	0.98	−2.52	1.09	0.58
	0.4	−3.25	1.41	−3.18	1.38	−4.02	1.74	−3.48	1.51	1.00

注：　$\overline{\varPsi}_L$ 表示1、2、3所对应的3个 $\varPsi_L$ 的平均值；$\overline{Q}$ 表示1、2、3所对应的3个 Q 的平均值

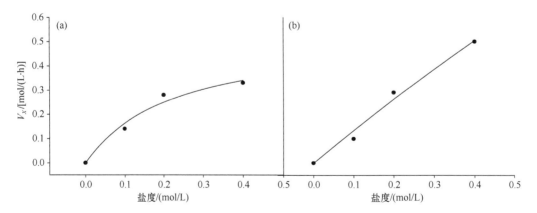

图4.2　白骨壤（a）和甘蓝型油菜（b）叶片细胞液溶质浓度变化速率与盐处理水平的关系

表 4.6　两种植物叶片细胞液溶质浓度变化速率和加速率与盐处理水平之间的关系模型

品种	模型方程（Ⅰ）	R^2	n	P 值	模型方程（Ⅱ）
白骨壤	$V_X = \dfrac{0.53X}{0.23+X}$	0.9766	12	$P<0.0001$	$a_X = \dfrac{0.12}{(0.23+X)^2}$
油菜	$V_X = \dfrac{6.23X}{4.54+X}$	0.9868	12	$P<0.0001$	$a_X = \dfrac{28.29}{(4.54+X)^2}$

关于最大细胞液溶质浓度变化速率(V_m)的计算结果，白骨壤为 0.53 mol/(L·h)，油菜为 6.23 mol/（L·h）。其他参数的计算结果见表 4.7。假设植物叶片细胞溶质浓度变化速率和加速率对植物抗盐指数影响一致，均占 50%，即 $m=n=0.5$，得到此时盐处理水平下植物抗盐指数 Y。

由表 4.7 可知，白骨壤在各盐处理水平下抗盐指数较大，说明盐分进入白骨壤叶片细胞较慢，即白骨壤的盐适应能力较强。

表 4.7　植物叶片在盐处理下细胞液溶质浓度变化速率、变化加速率和抗盐指数

盐处理水平 /（mol/L）	白骨壤			油菜		
	V_X/[mol/(L·h)]	a_X/[mol/(L·h²)]	Y	V_X/[mol/(L·h)]	a_X/[mol/(L·h²)]	Y
0	0.00	2.30	0.00	0.00	1.37	0.00
0.05	0.09	1.55	0.25	0.07	1.34	0.02
0.1	0.16	1.12	0.41	0.13	1.31	0.03
0.2	0.25	0.66	0.59	0.26	1.26	0.06
0.3	0.30	0.43	0.69	0.39	1.21	0.09
0.4	0.34	0.31	0.75	0.50	1.16	0.12

4.2.2.3　基于生理电容的固有蓄水势、固有蓄水力和固有导水度的比较

以两种植物各盐处理水平下样品 1 为例，详细阐述拟合计算过程。图 4.3 中，随着夹持力增加，两种植物叶片样品生理电容增加，拟合的变化模型相关参数和计算结果见表 4.8。

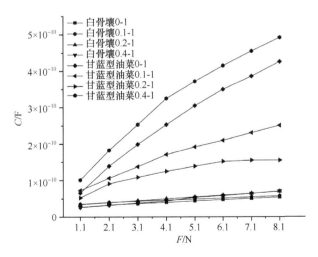

图 4.3　各盐处理水平下植物叶片样品在不同夹持力（F）下的生理电容（C）

0-1 表示盐分浓度 0 mol/L 处理下的样品 1；0.1-1 表示盐分浓度 0.1 mol/L 处理下的样品 1；0.2-1 表示盐分浓度 0.2 mol/L 处理下的样品 1；0.4-1 表示盐分浓度 0.4 mol/L 处理下的样品 1

表 4.8　各盐处理水平下植物叶片样品拟合模型的参数及固有蓄水、固有蓄水力和固有导水度

样品	y_0	k	固有蓄水势 IWSP/J	固有蓄水力 IWSC/N	固有导水度 IWC$_C$/ [F/(N·s)]
白骨壤 0-1	$2.40×10^{-11}$	$3.82×10^{-12}$	$-2.70×10^{-11}$	-6.29	$5.73×10^{-12}$
白骨壤 0.1-1	$3.28×10^{-11}$	$3.11×10^{-12}$	$-3.69×10^{-11}$	-10.55	$4.67×10^{-12}$
白骨壤 0.2-1	$2.87×10^{-11}$	$5.05×10^{-12}$	$-3.23×10^{-11}$	-5.68	$7.58×10^{-12}$
白骨壤 0.4-1	$1.88×10^{-11}$	$6.44×10^{-12}$	$-2.11×10^{-11}$	-2.91	$9.66×10^{-12}$
甘蓝型油菜 0-1	$3.22×10^{-11}$	$5.07×10^{-11}$	$-3.62×10^{-11}$	-0.63	$7.61×10^{-11}$
甘蓝型油菜 0.1-1	$5.57×10^{-11}$	$2.51×10^{-11}$	$-6.27×10^{-11}$	-2.22	$3.77×10^{-11}$
甘蓝型油菜 0.2-1	$5.74×10^{-11}$	$1.41×10^{-11}$	$-6.45×10^{-11}$	-4.08	$2.11×10^{-11}$
甘蓝型油菜 0.4-1	$7.09×10^{-11}$	$5.51×10^{-11}$	$-7.97×10^{-11}$	-1.29	$8.27×10^{-11}$

同理，拟合所有模型，得到模型的参数，计算 IWSP、IWSC 和 IWC$_C$，如图 4.4 所示。植物叶片在不同盐浓度下的 IWSP 和 IWSC 与夹持力无关，只与叶片水分状态有关。

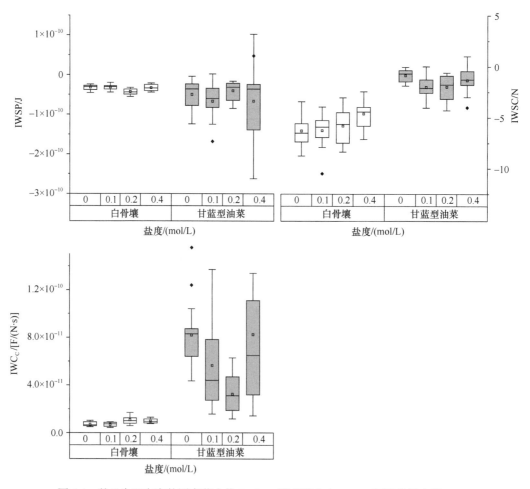

图 4.4　基于生理电容的固有蓄水势 IWSP、固有蓄水力 IWSC 和固有导水度 IWC$_C$

图 4.4 中不同盐浓度下两种植物的 IWSP 和 IWSC 差异不显著，说明在没有外来刺激下，植物叶片的水分储存状况一致。白骨壤的固有导水度在不同盐度下差异不显著，而甘蓝型油菜差异显著，且白骨壤小于甘蓝型油菜。即同样的蓄水状况下，白骨壤叶片细胞单位时间、单位压力下的 IWC_C 较小，水分输出量较小，植物状态更稳定，盐适应能力更强。

4.2.2.4 基于生理电流的固有输导力的比较

同上得到生理电流的模型，继而得到输导力的模型。以各盐处理下样品 1 为例，计算植物基于生理电流的固有输导力，如表 4.9 和图 4.5 所示。

表 4.9 各盐处理水平下植物叶片样品基于生理电流的固有输导力

样品	y_0	k	b	固有输导力 ITC/[Ω/（N·s）]
白骨壤 0-1	8.61×10^5	1.50×10^6	0.31	1.25×10^7
白骨壤 0.1-1	8.09×10^5	8.69×10^5	0.27	1.25×10^7
白骨壤 0.2-1	5.16×10^5	1.01×10^6	0.24	1.57×10^7
白骨壤 0.4-1	4.68×10^5	1.88×10^6	0.27	1.38×10^7
甘蓝型油菜 0-1	1.38×10^5	1.78×10^6	1.09	6.81×10^7
甘蓝型油菜 0.1-1	1.86×10^5	7.28×10^5	0.65	7.36×10^7
甘蓝型油菜 0.2-1	2.51×10^5	7.41×10^5	1.22	1.04×10^6
甘蓝型油菜 0.4-1	9.58×10^4	6.24×10^5	0.64	1.27×10^6

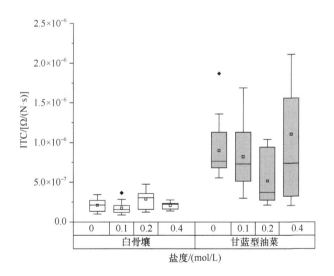

图 4.5 基于生理电流的固有输导力（ITC）

从图 4.5 可以发现，白骨壤基于生理电流的固有输导力显著低于甘蓝型油菜，表明它的叶片水力输导能力弱，输导效率低，输出的水量少，是水分利用率较高、盐适应能力较强的植物。

4.2.2.5 植物固有电生理信息与其抗盐能力的关系

盐胁迫下叶片细胞内盐分和水分发生变化，导致细胞液溶质浓度和细胞体积的变化，反映在叶片水势和电生理参数变化（吴沿友等，2015），但是水势只与细胞液溶质浓度的变化有关。研究者通常通过植物叶片水势来研究叶片水分变化（鲁艳等，2014；刘颖等，2016）。而本研究则利用水势的变化反映盐分进出细胞的快慢，不仅可以比较品种间的差异性，还能比较各盐处理水平下的差异。在不同浓度盐处理下，白骨壤抗盐指数较大，说明盐分进入白骨壤叶片细胞较慢，即白骨壤的盐适应能力较强。而单独比较白骨壤和甘蓝型油菜的细胞液溶质浓度变化速率或加速率，则准确性不高，可能是因为植物本身对盐的敏感度不同，反应速率也不同。

植物的水势和电生理参数对盐处理的响应不同。已有报道主要集中在生理电容与植物水分的关系（栾忠奇等，2007）。但随着盐度增加，植物叶片电生理参数发生变化，而夹持力的变化又会导致同一盐度下叶片电生理参数的不同，随着夹持力增加，植物叶片生理电容值增加。因此，只有在同一夹持力下测得的电生理参数才有可比性。但是，目前无法避免环境、测量人员等因素，尤其是叶片厚度对夹持力的影响，因此需要构建不同压力下生理电容模型。同时盐处理、压力等外来刺激对植物叶片的影响是不可控的，而植物固有的指标不受夹持力变化的影响，我们需要比较植物基于电生理参数的固有指标。

植物叶片在不同盐浓度下的固有蓄水势和固有蓄水力与夹持力无关，只与其水分状态有关。不同盐浓度下两种植物的固有蓄水势和固有蓄水力差异不显著，说明在没有外来激励的刺激下，植物的水分储存状况一致，这是因为我们对叶片进行了饱水处理。而白骨壤固有导水度在不同盐度下差异不显著，甘蓝型油菜差异显著，且白骨壤的固有导水度小于甘蓝型油菜。即同样的水分状态下，白骨壤叶片细胞单位时间、单位压力下的固有导水度较小，水分输出量较小，状态更稳定，盐适应能力更强。

此外，Zhang 等（2015）比较不同失水时刻桑树和构树的水势和生理电容，发现叶片水势和生理电容都不能单独准确地反映植物叶片的水分状态，本研究中白骨壤的固有导水度小于油菜，但是差异不显著，可能是因为短期盐处理 2h，细胞液溶质浓度变化，但细胞体积无显著变化，对水势的影响较大。而黎明鸿等（2019）利用叶片紧张度及其比值表征桑树和构树的相对抗盐能力，也有研究者通过测定水势和生理电容，利用叶片紧张度构建生长模型，研究植物对盐胁迫和复水的响应（Azeem et al.，2017a；Javed et al.，2017），这与我们同时考虑盐分和水分的变化，测得植物水势和电生理参数，计算细胞质溶质浓度变化速率和加速率获得抗盐指数，以及基于生理电容的固有蓄水势、固有蓄水力和固有导水度及基于生理电流的固有输导力，并且利用这些指标快速表征植物抗盐能力的做法一致，这样有利于增加结果的准确性和试验的可行性。

以白骨壤为代表的红树植物盐分进入叶片细胞慢，表明红树植物不仅利用根系来管理盐分（Scholander，2006；Atkinson et al.，1967；Odum，1984），而且还可以利用叶片来管理盐分（韩军丽和赵可夫，2001），使盐分尽量排除在外。这对潮汐时红树林植物抵抗淹水和盐胁迫有重要意义。但是，在短期盐处理后，白骨壤基于电生理参数的固有指标在各盐浓度处理下有差异，但不显著。那么，对于红树植物的长期胁迫驯化是否能改变其固有属性，提高其盐适应能力，还有待进一步研究。

以盐生植物白骨壤和非盐生植物甘蓝型油菜为研究对象，通过分析水势和电生理参数的变化，探讨植物细胞内盐分和水分的变化，能够在线快速定量评估两者的盐适应能力，同时还可以预测和评估不同发育期不同环境下不同植物的盐适应能力，提供一种初步筛选盐适应能力强的植物的方法。与甘蓝型油菜相比，在各盐处理水平下白骨壤叶片的抗盐指数较大，说明白骨壤细胞盐分进入慢，即白骨壤的盐适应能力较强，而基于电生理特征，发现同样的蓄水状况下，单位时间、单位压力下白骨壤叶片细胞的基于电生理参数的指标较小，即水分输出量较小，状态更稳定，盐适应能力更强。这说明红树林植物叶片在潮汐淹水时能较好地控制细胞盐分的进入和水分的流失。而在所有固有电生理信息中，基于生理电容的固有导水度和基于生理电流的固有输导力能较好地反映植物的盐适应能力。

4.2.3　模拟潮汐下红树植物盐适应能力的评估

红树林生长在受潮汐影响的潮间带，是承受全球变化及其引起海平面上升等影响最为前沿、最为重要的缓冲带。海平面上升，将导致淹水时间增加（游惠明，2015），潮汐脉冲（包括淹水时间和淹水深度）对红树林成活率的影响最为显著，特别是周期性淹水时间对幼苗的固定和生长的影响尤其显著。而潮汐脉冲又影响着盐度，波动的盐度是决定红树植物分布的主要因素（游思洋，2011；Ball，1988）。国内外学者已经研究了一些红树幼苗对盐度和淹水胁迫的响应，但是仍未掌握不同盐度适应能力的红树林快速适配异质性环境的方法。

4.2.3.1　植物电生理、生理生化及生长指标的获取

本研究以长势基本一致的 1 年生秋茄（*Kandelia candel*）、桐花树（*Aegiceras corniculata*）和红海榄（*Rhizophora stylosa*）为实验材料，植物材料均来自福建泉州。模拟半日潮，即每半天淹水 4h，1/2 强度 Hoagland 营养液预处理红树植物 1 周。将每种植物分为 7 组，逐天增加 NaCl 直到每组盐度梯度为 0mol/L、0.1mol/L、0.2mol/L 和 0.4mol/L，其中 4 组的最高盐度为 0.2mol/L。以 1 组 0.2mol/L 盐度下的红树植物为对照，改变其中 2 组盐度为 0.2mol/L 的红树植物的淹水时间，分别为 2h 和 6h，所有处理同时开始，处理 2 个月，每 2 天添加自来水以保持盐度，每月重新配置更换盐水以防止藻类的污染。

（1）植物生长及光合指标

分别于盐处理前和处理后测定植物株高。处理 2 个月后，在上午 9:30 ～ 11:00，用 Li-6400XT 便携式光合测量系统（LI-COR，Lincoln，NE，USA）测定植物第 3 片完全展开叶的净光合速率[P_N，$\mu mol/(m^2 \cdot s)$]，气孔导度[g_s，$mol/(m^2 \cdot s)$]和蒸腾速率[E，$mmol/(m^2 \cdot s)$]和胞间 CO_2 含量（C_i，$\mu mol/mol$），每个处理水平下重复 3 次。

（2）植物电生理及叶片水势

电生理参数测定见 4.2.2.1 节。叶片电生理参数测定完毕后，立即用 Psypro 露点水势仪（Water potential system，WESCOR，USA）测量对应叶片的组织水。选用对应直径的打孔器打孔，迅速放入 C-52 水势探头样本室，平衡 6min 后开始测量，每次测量 3 个数据，平均值作为该叶片此时刻的水势测量值 Ψ_L。记录实验时的环境温度 t。

（3）叶片抗氧化酶活性的测量

称取新鲜植物叶片 0.3g 左右，加入 50mmol/L 磷酸缓冲液（pH=7.8），在液氮中快速冷冻研磨成浆，4℃下 15 000r/min 离心 15min，取上清液适当稀释用于酶活性测定。用可见分光光度计分别测定了 560nm 处 SOD 活性（NBT 光化还原法）和 470nm 处 POD 活性（愈创木酚法）（陈建勋和王晓峰，2006；章家恩，2007）。

（4）叶片可溶性蛋白质、可溶性糖和 MDA 含量的测量

用考马斯亮蓝 G-250 法测定酶液的蛋白质含量。测定上清液在 532nm、600nm 和 450nm 波长下的 OD 值，用下述公式计算可溶性糖含量和 MDA 含量：

可溶性糖含量（mmol/L）=11.71×OD$_{450}$

$$MDA（\mu mol/L）=6.45（OD_{532}-OD_{600}）-0.56OD_{450}$$

4.2.3.2 红树植物对盐度的响应

（1）株高和水势

如表 4.10 所示，不同盐浓度处理下，桐花树和红海榄株高增量无显著差异，秋茄差异显著，在 0.2mol/L 盐度时株高增量最多。3 种红树植物的水势在不同盐度下差异不显著，但是在不同品种之间，不同盐度下桐花树的水势最大，红海榄次之。

表 4.10　各盐浓度处理水平下植物株高增量和水势

盐度/（mol/L）	红海榄		秋茄		桐花树	
	ΔH/cm	Ψ_L/MPa	ΔH/cm	Ψ_L/MPa	ΔH/cm	Ψ_L/MPa
0	3.50±0.50ab	−1.55 ±0.09a	4.67±0.58b	−2.09 ±0.25a	1.33±0.76a	−1.35 ±0.06ab
0.1	3.00±0.87a	−1.59 ±0.06a	3.33±0.29b	−1.70 ±0.17a	1.33±1.26a	−1.32 ±0.04b
0.2	4.67±0.76bc	−1.54 ±0.06a	7.67±1.04c	−1.62 ±0.10a	2.67±0.29a	−1.18 ±0.06ab
0.4	5.03±0.55c	−1.65 ±0.07a	1.50±1.32a	−1.94 ±0.53a	2.17±0.29a	−1.56 ±0.29a

注：同列相同字母表示在 0.05 水平上差异不显著。下同

（2）光合参数

如图 4.6a 所示，不同盐浓度处理下，3 种红树植物的净光合速率呈先降后升再降的趋势。不同盐度下，秋茄的净光合速率差异显著，在 0.2mol/L 时最大，桐花树的净光合速率在 0～0.2mol/L 差异不显著，在 0.4mol/L 时显著降低，而红海榄在不同盐度下净光合速率差异不显著。对于不同植物，秋茄的净光合速率在 0mol/L 和 0.2mol/L 显著大于其他两种红树植物，除 0.4mol/L 盐度下，红海榄和桐花树差异不显著。

如图 4.6b 所示，不同盐浓度处理下，桐花树和红海榄的气孔导度随盐度增加而下降，

而秋茄的气孔导度呈先降后升再降的趋势。秋茄的气孔导度在不同盐度下差异显著，且在 0.2mol/L 下气孔导度最大。而红海榄除 0mol/L 盐度，桐花树除 0.4mol/L 盐度，差异不显著。对于不同红树植物，桐花树和红海榄的气孔导度在 0mol/L 和 0.4mol/L 差异不显著，3 种红树植物在 0.1mol/L 和 0.2mol/L 差异显著。

如图 4.6c 所示，不同盐浓度处理下，桐花树和红海榄的胞间 CO_2 浓度随盐度增加而下降，而秋茄的 C_i 呈先降后升再降的趋势。秋茄和桐花树除 0.4mol/L，而红海榄除 0mol/L 外，它们在不同处理间的 C_i 值差异不显著。桐花树的 C_i 在不同盐度下差异不显著，而红海榄除 0mol/L，桐花树除 0.4mol/L，C_i 差异不显著。不同植物比较，红海榄的 C_i 在 0.2mol/L 下显著低于秋茄，且除 0mol/L，红海榄的 C_i 均显著低于桐花树，而秋茄在 0.1mol/L 和 0.4mol/L 下显著低于桐花树。

如图 4.6d 所示，不同盐浓度处理下，桐花树和红海榄的蒸腾速率随盐度增加而下降，而秋茄的 T_r 呈先降后升再降的趋势。秋茄的 E 在不同盐度下差异显著，但在 0mol/L 和 0.2mol/L 下差异不显著，而红海榄的 E 除 0mol/L，桐花树的 E 除 0.4mol/L，差异不显著。不同植物之间，除 0.4mol/L，红海榄的 E 显著低于秋茄，在 0.1mol/L 和 0.2mol/L 显著低于桐花树，而秋茄在 0mol/L 和 0.2mol/L 显著高于桐花树。

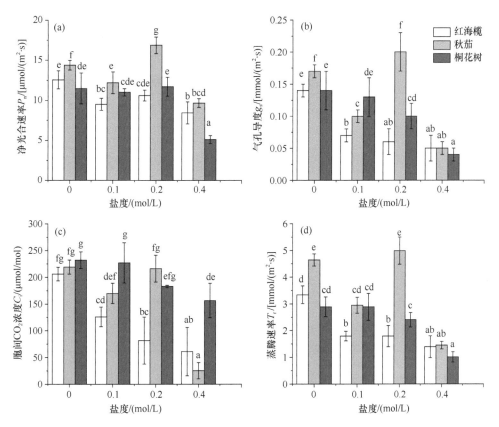

图 4.6　在不同盐度胁迫下净光合速率、气孔导度、胞间 CO_2 浓度和蒸腾速率的变化

（3）电生理特征

以 3 种红树植物各盐浓度处理水平下样品 1 为例，图 4.7 中，不同盐度下，3 种植物叶片样品生理电容均随夹持力的增加而增加，拟合的变化模型相关参数和计算结果见表 4.11。

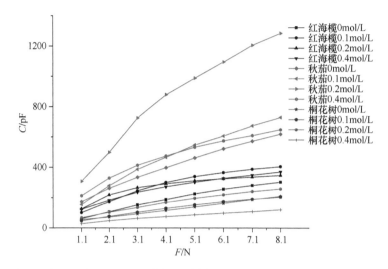

图 4.7　各盐浓度处理水平下植物叶片样品在不同夹持力 F 下的生理电容 C

表 4.11　各盐浓度处理水平下植物叶片样品拟合模型的参数及固有蓄水势、固有蓄水力和固有导水度

样品	盐处理/(mol/L)	y_0	k	固有蓄水势 IWSP/J	固有蓄水力 IWSC/N	固有导水度 IWC$_C$/[pF/(N·s)]
红海榄	0	37.19	34.62	−41.84	−1.07	51.92
红海榄	0.1	92.16	42.91	−103.68	−2.15	64.36
红海榄	0.2	149.53	27.83	−168.22	−5.37	41.75
红海榄	0.4	113.51	34.06	−127.70	−3.33	51.09
秋茄	0	127.38	63.09	−143.30	−2.02	94.63
秋茄	0.1	111.11	80.27	−125.00	−1.38	120.40
秋茄	0.2	238.28	137.98	−268.07	−1.73	206.98
秋茄	0.4	200.85	59.41	−225.96	−3.38	89.12
桐花树	0	25.17	22.54	−28.32	−1.12	33.81
桐花树	0.1	29.75	22.67	−33.47	−1.31	34.01
桐花树	0.2	46.88	27.48	−52.74	−1.71	41.22
桐花树	0.4	19.46	12.73	−21.89	−1.53	19.09

图 4.8 中，桐花树基于生理电容的固有蓄水势、固有蓄水力和固有导水度差异不显著，秋茄基于生理电容的固有蓄水势和固有导水度差异显著，而红海榄基于生理电容的固有蓄水力在 0.1mol/L、0.2mol/L 和 0.4mol/L 处理间无显著差异，固有导水度则在 0mol/L、0.1mol/L 和 0.2mol/L 处理间无显著差异，而固有蓄水势逐渐下降，0.1mol/L 和 0.2mol/L 处理间无显著差异。不同植物之间，红海榄和桐花树在不同盐度下基于生理电

容的固有蓄水势显著大于秋茄，而桐花树的固有蓄水势除 0mol/L 外，显著大于红海榄。对于固有蓄水力，桐花树在不同盐度下显著大于秋茄，除 0mol/L 外，显著大于红海榄，而红海榄只在 0mol/L 显著大于秋茄。秋茄基于生理电容的固有导水度在不同盐度下显著大于红海榄和桐花树，而红海榄在 0.1mol/L 和 0.4mol/L 显著大于桐花树。

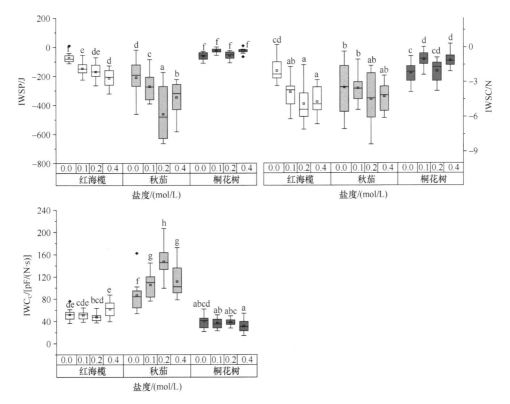

图 4.8　基于生理电容的固有蓄水势（IWSP）、固有蓄水力（IWSC）和固有导水度（IWC$_C$）

在图 4.9 中，红海榄基于生理电流的固有输导力随盐度增加而下降，但 0mol/L 和 0.1mol/L 处理间，以及 0.2mol/L 和 0.4mol/L 处理间分别无显著差异，秋茄的固有输导力在不同盐度下差异显著，且在 0.2mol/L 时最小，而桐花树的固有输导力在 0mol/L 和 0.2mol/L 差异不显著。红海榄基于生理电流的固有输导力在不同盐度下显著大于秋茄，在 0.1mol/L 下显著大于桐花树，而桐花树在 0.2mol/L 和 0.4mol/L 下显著大于秋茄。

（4）抗氧化酶 SOD 和 POD 的活性

在图 4.10 中，红海榄和桐花树的 SOD 活性差异不显著，秋茄的 SOD 活性除 0mol/L 外差异不显著。秋茄的 SOD 活性在不同盐度下显著大于桐花树和红海榄，而红海榄的 SOD 活性在 0mol/L 下显著大于桐花树。红海榄的 POD 活性在不同盐度处理下差异不显著，桐花树的 POD 活性除在 0mol/L 下差异不显著，而秋茄的 POD 活性在 0mol/L 和 0.2mol/L 显著大于 0.1mol/L 和 0.4mol/L。桐花树的 POD 活性显著大于红海榄的，除 0.2mol/L 下，显著大于秋茄，而秋茄的 POD 活性在 0mol/L 和 0.2mol/L 显著大于红海榄的。

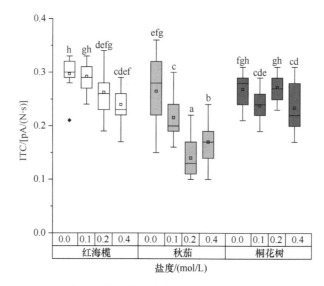

图 4.9　基于生理电流的固有输导力 ITC

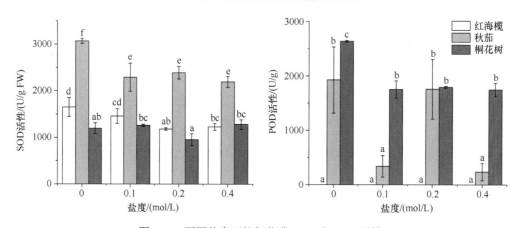

图 4.10　不同盐度下抗氧化酶 SOD 和 POD 活性

（5）蛋白质含量、可溶性糖含量和 MDA 含量的影响

在不同盐浓度处理下，红海榄的可溶性糖含量和 MDA 含量在 0.1mol/L 显著大于其他盐度，蛋白质含量在 0mol/L 和 0.1mol/L 显著大于 0.2mol/L 和 0.4mol/L；秋茄的可溶性糖含量和 MDA 含量在 0mol/L 下最大，蛋白质含量在 0.1mol/L 和 0.2mol/L 处理间差异不显著；而桐花树的可溶性糖含量、MDA 含量处理间差异不显著，蛋白质含量在 0mol/L、0.1mol/L 和 0.2mol/L 处理间差异不显著。红海榄的可溶性糖含量在 0.1mol/L 和 0.4mol/L 显著大于秋茄，在 0.1mol/L 显著大于桐花树，而秋茄的可溶性糖含量在 0mol/L 显著大于桐花树，在 0.4mol/L 显著小于桐花树；秋茄的 MDA 含量显著大于红海榄和桐花树，而红海榄在 0.1mol/L 显著大于桐花树；红海榄的蛋白质含量在 0.4mol/L 显著小于秋茄，在 0.2mol/L 和 0.4mol/L 显著小于桐花树，而秋茄在 0mol/L 显著大于桐花树，但在 0.2mol/L 和 0.4mol/L 显著小于桐花树（图 4.11）。

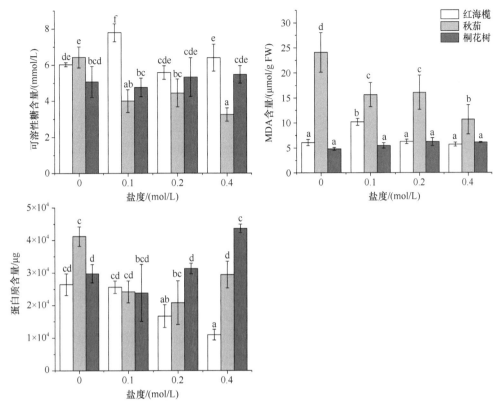

图 4.11　不同盐度下可溶性糖、蛋白质和丙二醛含量

盐分是限制红树植物生长的主要因子之一。植物的生长指标可以直观反映植物在盐逆境胁迫下的生长状况（Chen et al.，2004），不同盐度对桐花树株高增量和红海榄水势的影响无显著差异，而秋茄在 0.2mol/L 株高增量最大，0mol/L 次之，说明秋茄生长的最适盐度可能是 0.2mol/L，高盐度对秋茄生长有抑制作用。水势是目前反映叶片水分状态最常用的生理指标。盐度胁迫下，植物细胞失水，以保持胞内外离子平衡。随着盐度增加，植物水势下降，吸水能力增强。桐花树在不同盐度下水势均大于红海榄和秋茄，说明桐花树不需要从外界吸取大量水分，即盐适应能力较强。

许多学者研究盐度对红树植物光合作用的影响，Kotmire 和 Bhosale（1985）发现高盐度直接抑制植物的光合作用。Li 等（2008）研究盐胁迫对红树植物光合作用、盐积累和离子隔室的影响，发现秋茄的净光合速率（P_N）随着盐度的增加而下降，但本研究中发现盐度 0.2mol/L 是秋茄的一个转折点，净光合速率、气孔导度、胞间 CO_2 浓度和蒸腾速率随着盐度增加，都呈现先降后升再降的趋势，红海榄和桐花树的净光合速率变化趋势相同，但都在 0.4mol/L 时急剧降低。盐处理下，红海榄和桐花树的气孔导度、胞间 CO_2 浓度和蒸腾速率呈下降趋势，说明其可能在盐处理下气孔关闭，蒸腾速率降低以减少水分的散失。

基于生理电容的固有蓄水势和固有蓄水力与夹持力无关，代表了植物叶片的水分状态。秋茄在不同盐度下基于生理电容的固有蓄水势差异显著，说明长期盐处理可能改变了秋茄叶片的水分状态。固有蓄水势和蓄水力的"−"不代表大小，而是叶片处于失水状态。而基于生理电容的导水度代表了植物水分进出的状况，桐花树和红海榄在不同盐度下差异不显著且小于秋茄，说明其盐适应能力较强，水分丧失较慢；秋茄在不同盐度下差异显著，在0~0.2mol/L 逐渐增加，在0.4mol/L 时骤然下降，这可能是因为秋茄在0.4mol/L 受到了抑制。

盐处理条件下，植物细胞离子平衡被破坏，引发大量活性氧物质的生成，使膜脂过氧化作用加强，导致膜系统损伤和细胞伤害（Sreenivasulu et al., 2000），甚至细胞死亡。为了缓解或抵御这一损伤，植物产生抗氧化酶来清除这些活性氧（Shalata and Tal, 2002）。盐胁迫下，盐生植物抗氧化酶的活性明显增强，可以通过几种酶之间的协同作用使体内活性氧维持在一个较低水平，从而抵御氧化胁迫（王小菲等，2015），SOD 在细胞保护酶系统中清除超氧自由基，能催化 O⁻发生歧化反应生成 H_2O_2，H_2O_2 又被 POD、CAT 等分解，其活性高低与植物抗逆性大小有关（Salin, 1991）。侯佩臣（2010）发现秋茄通过提高 SOD 和 POD 活性来抵御高盐引起的氧化应激，而本研究中秋茄 SOD、POD 呈先降后升再降的趋势，这可能是在 0.1~0.2mol/L 时，秋茄提高抗氧化酶活性抵抗盐逆境，在 0.4mol/L 时超过了秋茄的耐受范围，膜保护功能下降。

MDA 是植物逆境和衰老过程中膜脂过氧化的产物之一，其浓度可反映植物脂质过氧化强度和膜系统损伤程度（石福臣和鲍芳，2007）。王文卿和林鹏（2000）指出，随盐度升高，秋茄幼苗的 MDA 含量下降，这与本研究结果一致，而马建华等（2002）指出，桐花树幼叶在盐度 20 以下 MDA 含量下降，高于 20 则上升，而本研究中桐花树 MDA 含量较稳定。

此外盐胁迫引起的渗透胁迫，阻碍了植物细胞对水分的吸收。为抵御这种伤害，植物积累大量可溶性物质，如可溶性糖、可溶性蛋白等，从而保证盐胁迫下水分的正常供应（廖岩和陈桂珠，2007）。秋茄的可溶性糖含量和可溶性蛋白含量差异不显著，可能不是其应对盐胁迫的主要渗透调节物质，这与谭芳林等（2014）的结论一致。

4.2.3.3 红树植物对淹水时间的响应

（1）株高和水势

3 种红树植物在不同淹水时间下水势差异不显著，株高增量差异显著，在淹水时间为 4h 时株高增量最大。此外还发现淹水 6h 红海榄生长受抑制，桐花树淹水 4 h 和 6h 差异不显著，秋茄淹水 6h 显著低于 4h，但高于 2h（表 4.12）。

表 4.12 不同淹水时间下植物株高增量和水势

淹水时间/h	红海榄		秋茄		桐花树	
	ΔH/cm	Ψ_L/MPa	ΔH/cm	Ψ_L/MPa	ΔH/cm	Ψ_L/MPa
2	3.00±0.50a	−1.72±0.20a	0.83±1.04a	−1.85±0.47a	0.67±0.76a	−1.42±0.03a
4	4.67±0.76b	−1.55±0.07a	7.67±1.04c	−1.63±0.10a	2.67±0.29b	−1.18±0.06a
6	2.83±0.76a	−1.81±0.09a	3.17±0.29b	−1.66±0.22a	2.50±0.5b	−1.36±0.23a

注：同列相同字母表示在 0.05 水平上差异不显著。下同

（2）光合参数

如图 4.12a 所示，不同淹水时间下，桐花树在 4h 和 6h 的净光合速率差异不显著，而红海榄在淹水 4h 净光合速率最大，秋茄在淹水 6h 净光合速率最小。淹水 2h 下，净光合速率依次为秋茄＞桐花树＞红海榄；淹水 4h 下，秋茄的净光合速率显著大于红海榄和桐花树；而淹水 6h 下，桐花树的净光合速率显著大于红海榄和秋茄。

如图 4.12 b 所示，不同淹水时间下，桐花树和红海榄的气孔导度差异不显著，而秋茄的气孔导度在淹水 6h 时最小。淹水 2h 和 4h 时，秋茄的气孔导度显著大于红海榄，但与桐花树相比差异不显著；而淹水 6h 下，桐花树的气孔导度显著大于红海榄和秋茄。

如图 4.12 c 所示，不同淹水时间下，桐花树和红海榄的胞间二氧化碳浓度差异不显著，而秋茄的 C_i 差异显著，在淹水 4h 时最大。淹水 2h 下，C_i 依次为桐花树＞秋茄＞红海榄；淹水 4h 时，C_i 依次为秋茄＞桐花树＞红海榄；而淹水 6h 下，桐花树的 C_i 显著大于红海榄和秋茄。

如图 4.12 d 所示，不同淹水时间下，桐花树的蒸腾速率差异不显著，秋茄的 T_r 差异显著，在淹水 4h 下最大，而红海榄也在淹水 4h 时最大。淹水 2h 下，E 依次为秋茄＞桐花树＞红海榄；淹水 4h 时，秋茄的 T_r 显著大于桐花树和红海榄；而淹水 6h 时，桐花树的 T_r 显著大于秋茄和红海榄。

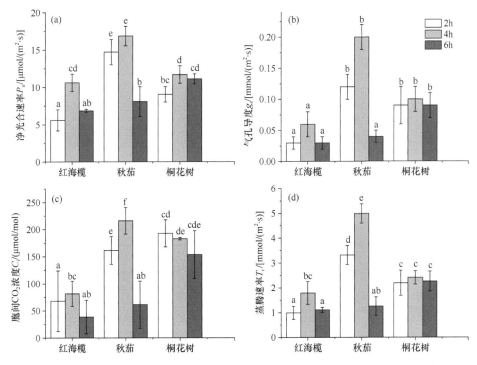

图 4.12 不同淹水时间下净光合速率、气孔导度、胞间 CO_2 浓度和蒸腾速率的变化

（3）电生理特征

同上，以 3 种红树植物各盐处理水平下样品 1 为例，图 4.13 中，不同淹水时间下 3

种植物叶片样品生理电容均随夹持力的增加而增加, 拟合的变化模型相关参数和计算结果见表 4.13。

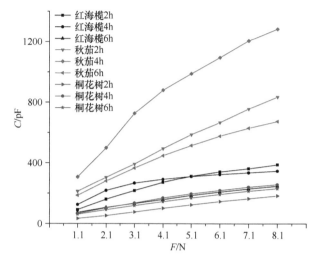

图 4.13　不同淹水时间下植物叶片样品在不同夹持力（*F*）下的生理电容（*C*）

表 4.13　不同淹水时间下植物叶片样品拟合模型的参数及固有蓄水势、固有蓄水力和固有导水度

样品	y_0	k	固有蓄水势 IWSP/J	固有蓄水力 IWSC/N	固有导水度 IWC$_C$/[pF/(N·s)]
红海榄 2h	76.60	41.65	−86.17	−1.84	62.48
红海榄 4h	149.53	27.83	−168.22	−5.37	41.75
红海榄 6h	53.71	24.75	−60.42	−2.17	37.12
秋茄 2h	117.83	89.82	−132.56	−1.31	134.72
秋茄 4h	238.28	137.98	−268.07	−1.73	206.98
秋茄 6h	179.04	77.91	−201.42	−2.30	116.87
桐花树 2h	9.02	21.96	−10.15	−0.41	32.93
桐花树 4h	46.88	27.48	−52.74	−1.71	41.22
桐花树 6h	40.28	24.45	−45.32	−1.65	36.68

　　图 4.14 中, 不同淹水时间, 红海榄基于生理电容的固有蓄水势、固有蓄水力和固有导水度均在 4h 和 6h 间差异不显著, 桐花树的固有蓄水势和固有蓄水力在各处理下均无显著差异, 桐花树的固有导水度在 2h 和 4h 间无显著差异。秋茄固有蓄水势和固有蓄水力均在 2h 和 6h 间无显著差异, 秋茄固有导水度在各处理间差异显著, 在淹水时间 4h 时固有蓄水势最小, 固有导水度最大。淹水 2h 和 6h, 秋茄的固有蓄水势显著小于桐花树和红海榄, 固有导水度又显著大于红海榄和桐花树, 淹水 4h, 基于生理电容的固有蓄水势依次为秋茄<红海榄<桐花树, 而桐花树的固有蓄水力和固有蓄水势在各个淹水时间下都分别显著大于红海榄和秋茄。

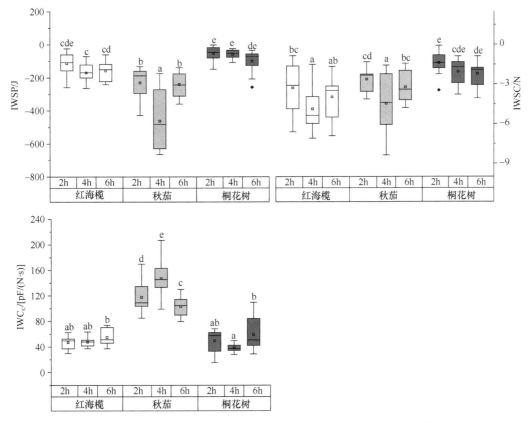

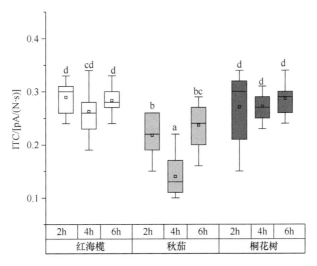

图 4.14　基于生理电容的固有蓄水势 IWSP、固有蓄水力 IWSC 和固有导水度 IWC_C

图 4.15 中，红海榄和桐花树基于生理电流的固有输导力差异不显著，秋茄在淹水 4h 时固有输导力最小。在不同淹水时间，秋茄的固有输导力均显著小于桐花树和红海榄。

图 4.15　基于生理电流的固有输导力（ITC）

（4）抗氧化酶 SOD 和 POD 的活性

不同淹水时间，桐花树 SOD 活性在淹水 4h 最低，秋茄随淹水时间增加而降低，红海榄在淹水 2h 时 SOD 活性最低。红海榄 POD 活性在不同淹水时间下差异不显著，秋茄在淹水 4h 时 POD 活性显著大于其他时间，桐花树的 POD 活性随淹水时间增加而降低。秋茄 SOD 活性在不同淹水时间下显著大于其他两种植物。在淹水 4h，红海榄的 POD 活性最低，而淹水 2h 和 6h 时，桐花树的 POD 活性最高（图 4.16）。

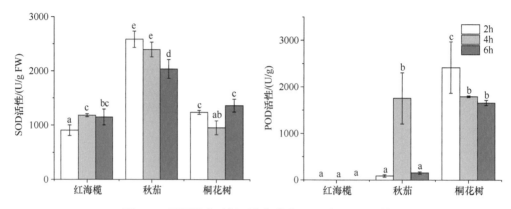

图 4.16　不同淹水时间下抗氧化酶 SOD 和 POD 活性

（5）蛋白质、可溶性糖和 MDA 含量

桐花树的可溶性糖含量、MDA 含量和蛋白质含量在不同淹水时间下差异不显著。不同淹水时间下秋茄可溶性糖含量和 MDA 含量在淹水 4h 时的值显著大于其他时间，但是蛋白质含量在不同淹水时间差异不显著。红海榄的可溶性糖含量随淹水时间增加而增加，不同淹水时间下 MDA 含量和蛋白质含量差异不显著。不同植物之间，秋茄的可溶性糖含量在不同淹水时间均显著小于桐花树和红海榄；淹水 2h，桐花树的 MDA 含量显著大于秋茄，但桐花树和秋茄的 MDA 含量各自分别与红海榄之间无显著差异，淹水 4h，秋茄的 MDA 含量显著大于桐花树和红海榄，淹水 6h，秋茄的 MDA 含量显著小于桐花树和红海榄。而桐花树的蛋白质含量在不同淹水时间都显著大于秋茄和红海榄（图 4.17）。

红树植物经常遭受周期性潮汐的浸淹，在自然状态下，红树植物在潮滩上呈一定规律分布，反映不同植物的耐淹水能力，不同高程的滩涂受潮水浸淹的时间不同（罗美娟等，2012；罗美娟，2015）。众多对植物淹水胁迫的研究表明，淹水对植物的生长有着显著影响，特别是促进根系分蘖、不定根增生、根系气腔形成和减缓植株生长（刘友良，1992），而对于红树植物，适当的淹水胁迫有利于植物生长（Chen et al.，2004；Farnsworth，1997）。3 种红树植物在不同淹水时间下水势差异不显著，株高增量差异显著，在淹水时间为 4h 时株高增量最大。因此，就株高来看，淹水 4h 是 3 种红树植物的最佳时间，此外我们还发现淹水 6h 红海榄生长受抑制，桐花树淹水 4 h 和 6h 差异不显著，秋茄淹水 6h 显著低于 4h，但高于 2h，初步可以预估 3 种红树植物耐淹水能力：桐花树＞秋茄＞红海榄，与何斌源（2009）的评价一致。

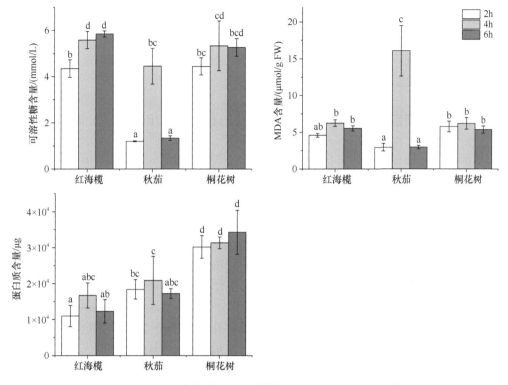

图 4.17　不同淹水时间下可溶性糖、蛋白质和丙二醛含量

在淹水胁迫下，植物的光合作用减弱（罗美娟，2012）。秋茄淹水时间 6h 的净光合速率、气孔导度、胞间 CO_2 浓度和蒸腾速率显著低于其他时间，较长的淹水时间显著降低了秋茄的光合作用；桐花树在淹水 4h 和 6h 间的净光合速率、气孔导度、胞间 CO_2 浓度和蒸腾速率差异不显著，说明桐花树耐淹水能力较强。同一时段测量，桐花树在淹水 2h 和 4h 的光合速率分别显著低于秋茄，可能是温度或淹水深度等其他因素对红树植物生长的影响，秋茄的耐寒性较强。

秋茄在淹水时间 4h 时基于生理电容的固有导水度显著大于其他时间，说明在此处理下秋茄需要大量水分以维持胞内渗透压，淹水 4h 时秋茄细胞内水分流失最快，而红海榄和桐花树较稳定。

在淹水胁迫下植物体内增加大量的活性氧，损伤植物正常代谢过程，植物体内产生的多种抗氧化酶能减轻活性氧积累造成的伤害（利容千和王建波，2002；叶勇和卢昌义，2001）。桐花树的 SOD 活性呈 U 形，POD 活性随淹水时间增加而下降，但 4h 和 6h 间差异不显著，而秋茄 SOD 活性也随淹水时间增加而下降，POD 活性在淹水 4h 时最大，这与前人研究结果不符（廖宝文等，2009）。

4.2.3.4　红树植物盐适应能力的评估

基于植物生理电容的固有蓄水势、固有蓄水力可以较好地表征植物叶片的水分状态，而基于生理电容的固有导水度和基于生理电流的固有输导力能够较好地反映植物叶片细胞液溶质浓度的变化，定量比较植物的盐适应能力。基于电生理参数，结合生长和生理生化指标，3 种红树植物的盐适应能力依次为桐花树>红海榄>秋茄，耐淹水能力依次为红海榄<秋茄<桐花树。此外，我们还初步判定在盐度 0.2mol/L 和淹水时间 4h 下三者生长较为良好。基于固有电生理特征，综合生长和生理特征，能够精确评估模拟潮汐下红树植物的盐适应能力。

4.2.4 红树植物盐分排出、稀释、超滤及总抗盐能力的表征

植物的生长发育及其他生命活动如耐盐性、物质代谢、水分状况和信号传导等都有质子和介电电荷的传输和分离（Sukhov，2016；Zhang et al.，2020）。植物生理过程中的各种变化，如光合作用、呼吸、蒸腾、物质流、能量代谢和植物生长都与电信号直接或间接相关（Sukhov et al.，2019）。叶片是植物最重要的功能器官，对光能利用、能量代谢等过程最为敏感，在植物的生长发育中起着举足轻重的作用。完全展开叶的叶片均是成熟的叶片，它们的细胞均具有中心液泡，在叶肉细胞中，液泡和细胞质占据了细胞内绝大部分空间，它们的吸水方式主要是渗透性吸水（Xing et al.，2019b）。无论是细胞还是细胞器，它们的外部均有细胞膜包被，磷脂双分子层是构成细胞膜的基本支架。在电子显微镜下可分为三层，即在膜的靠内外两侧各有一条厚约 2.5nm 的电子致密带（亲水部分），中间夹有一条厚 2.5nm 的透明带（疏水部分）。因此，细胞（器）可以看成是一个同心球的电容器，只不过这种电容器因膜上的外周蛋白和内在蛋白变成兼有电感器和电阻器作用的复杂电容器（Xing et al.，2021）。因此，植物叶片细胞的电生理特性紧密地与植物叶片的能量代谢相关。此外，细胞膜在稳定细胞内环境方面起着至关重要的作用。细胞代谢所消耗的能量几乎占细胞所消耗总能量的 60%（Nguyen et al.，2018）。细胞膜中的表面蛋白和结合蛋白与盐分转运能力的关系最为密切，因此，细胞的盐分转运能力反映在膜蛋白的组成和含量上。

植物通过叶片的蒸腾作用，将约 95%的水分耗散，叶细胞中剩余的 5%的水分可用于支持其生长（Zhang et al.，2020）。这被植物利用的宝贵的 5%的胞内水，在生理过程中发挥重要作用（Jong et al.，2014）。植物细胞在受到非生物或生物胁迫时，会产生结构和成分的变化，离子通透性也随之发生变化，电学参数也发生相应的变化（Nguyen et al.，2018）。叶肉细胞的离子基团可被视为电解质，与电发生过程密切相关。胁迫下，盐分进入植物细胞，并可进一步转移至液泡，液泡扮演储存盐分的重要角色（Solangi et al.，2022）。此外，电参数受植物细胞和液泡体积变化的直接影响。因此，受到环境影响的胞内水的水分代谢显然也反映到电生理参数的变化上。

红树林具有广泛的经济和生态效益，在控制沿海地区土壤盐分、减少海水入侵等方面发挥着重要作用（Solangi et al.，2019；Getzner and Islam，2020）。不同红树植物具有不同的抗盐能力和抗盐机制。泌盐植物桐花树（*Aegiceras corniculata*）和非泌盐植物秋茄（*Kandelia obovata*）均为红树植物，桐花树叶片具有盐腺，可以维持渗透平衡并提高其抗盐能力。秋茄可以在液泡和细胞质中累积无机离子以维持细胞膨压来适应盐分环境（Xu et al.，2014；Liang et al.，2008；Parida and Jha，2010）。虽然能够通过检测植物的生长、光合及抗氧化能力等来反映红树林的抗盐能力（Liang et al.，2008；杨晓慧等，

2006），但是这些方法，或者需要较长的时间和繁杂的步骤，或者是破坏性的且不具有动态性和实时性，因此，开发出一种快速、在线定量检测不同环境下不同植物的抗盐能力的方法，对红树林的造林和管理具有重要意义。

红树植物的抗盐能力，取决于在高盐度条件下，植物调节内部盐浓度和防止离子达到有毒水平的能力（Ball，1988）。因此，植物将盐分排出细胞的盐分排出能力、将高浓度稀释为低浓度的盐分稀释能力及植物超滤能力决定着红树植物的抗盐能力（Solangi et al.，2022）。土壤中高浓度的 Na^+ 将降低其水势，影响植物根系从土壤中获取水分，并导致植物遭受生理干旱（Xing et al.，2021）。硝普钠（sodium nitroprusside，SNP）作为关键信号传导分子，在各种生理过程中扮演重要角色，如对水分亏缺和盐分胁迫的衰老及适应性响应（Mosiichuk，2015）。据研究发现，外施 SNP 能够减轻各种非生物胁迫造成的危害，有助于增加叶绿素的合成、维持光合结构的稳定性、提高植物的适应性（Jian et al.，2016；Chen et al.，2013）。复水同样有助于植物盐分胁迫的缓解，在盐水中通过逐渐增加盐分浓度可维持植物生长。对于红树植物而言，盐胁迫及复水可以视为潮间带状况的一种模拟。

现有技术没有很好的参数来描述不同植物的盐分排出能力、盐分稀释能力和植物超滤能力上的差异，甚至常见的光合参数也不例外。LCR 仪可以测定叶片的生理电阻、生理电容、生理阻抗等电生理指标，电生理参数有可能表征红树植物盐分排出能力、植物盐分稀释能力、植物超滤能力及植物总抗盐能力。本研究通过设置复水及 SNP 外施实验，基于电生理信息分析桐花树和秋茄胞内水分的代谢特征，并研究其抗盐能力。

4.2.4.1　植物盐分排出、稀释、超滤及总抗盐能力的获取

（1）盐分处理及复水

实验在江苏大学温室内于 2019 年 9~11 月进行。两种红树植物材料由位于中国福建省的泉州桐青红树林技术有限公司提供。植物材料先用自来水冲洗，然后保存在 10L 1/2 强度的 Hoagland 营养液中（Hoagland and Arnon，1950）。从顶端往下数新鲜枝条第 4、第 5 片完全展开叶被选取用于实验测定。此外，利用完全随机区组实验设计 6 组不同盐分处理，各处理组均包含 4 个重复。红树植物在盐胁迫阶段保持处理 30 天，随后在复水阶段持续同样时间。在盐分胁迫阶段（S_S），不同 NaCl 处理包括：T1，100mmol/L NaCl（低 NaCl）；T2，0.01mmol/L SNP + 100mmol/L NaCl（低 NaCl + SNP）；T3，200mmol/L NaCl（中 NaCl）；T4，0.01mmol/L SNP + 200mmol/L NaCl（中 NaCl + SNP）；T5，400mmol/L NaCl（高 NaCl）；T6，0.01mmol/L SNP + 400mmol/L NaCl（高 NaCl + SNP）。复水阶段（R_W）处理：T1，100mmol/L NaCl（低 NaCl）；T2，0.01mmol/L SNP + 100mmol/L NaCl（低 NaCl + SNP）；T3，100mmol/L NaCl（低 NaCl）；T4，0.01mmol/L SNP + 100mmol/L NaCl（低 NaCl + SNP）；T5，200mmol/L NaCl（中 NaCl）；T6，0.01mmol/L SNP + 200mmol/L NaCl（中 NaCl +SNP）（图 4.18）。

图 4.18　两个不同阶段的实验设计（盐胁迫和复水）

ΔC 表示 NaCl 浓度从高到低变化

（2）夹持力（F）与叶片生理电阻（R）、容抗（X_C）和感抗（X_L）关系的内在机制

叶肉细胞可被看作球形电容器，具有电阻和电感特性（Zhang et al.，2020）。叶肉细胞的简化等效电路图见图 4.19。

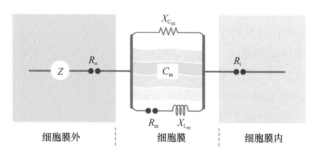

图 4.19　叶肉细胞的简化等效电路图

Z 为阻抗；C_m 为电容；R_m 为电阻；X_{C_m} 为容抗；X_{L_m} 为感抗；R_o 为膜外电阻；R_i 为膜内电阻

胞间连丝起着连接叶肉细胞的作用，电流可从此通过，阻力较低。通常，叶肉细胞可被划分为球形的海绵组织及长圆柱状的栅栏组织。简化起见，每个叶肉细胞均被看作同心圆球形电容器。因此，叶片电容器由排列着的叶肉细胞构成。Z、R 和 C 的值取决于叶片中电解质的浓度，叶片细胞的水分状况受电解质浓度的影响（Zhang et al.，2020）。上述参数（Z、R 和 C）可通过 LCR 仪（3532–50，HIOKI，日本）连接自制电容器（图 1.6）进行测定，其中测试电压和频率设定为 1V 和 3kHz。将叶片置于平行电极板之间，通过添加相同质量铁块以施加不同夹持力，连续记录不同夹持力（F）下叶片的 Z、R 和 C 值，再进行非线性曲线拟合，即可得到相关参数值。

叶片 X_C 和 X_L 的值可被计算为：

$$X_C = \frac{1}{2\pi f C} \tag{4.22}$$

$$\frac{1}{-X_L} = \frac{1}{Z} - \frac{1}{R} - \frac{1}{X_C} \tag{4.23}$$

式中，X_C 为容抗；$\pi = 3.1416$；f 为测试频率；C 为生理电容；X_L 为感抗；Z 为阻抗；R 为电阻。

细胞膜内外的电解质浓度与阻抗有关，定义为植物叶片 Z。外界激励改变细胞膜透性及膜内外电解质浓度，根据生物能量学，膜内外的离子基团的电动势可用能斯特方程计算（Zhang et al.，2020）。能斯特方程可表示为：

$$E - E^0 = \frac{R_0 T}{n_Z F_0} \ln \frac{Q_i}{Q_0} \tag{4.24}$$

式中，E 为电动势（V）；E^0 为标准电动势（V）；R_0 为理想气体常数，等于 8.314 570 J/（K·mol）；T 是温度（K）；Q_i 为细胞膜内浓度（mol/L）；Q_0 为细胞膜外浓度（mol/L）；F_0 为法拉第常数，等于 96 485 C/mol；n_Z 为通透离子转移数（mol）。

电动势 E 的内能可转化成压力做功，与 PV 成正比 $PV=aE$，即：

$$PV = aE = aE^0 + \frac{aR_0 T}{n_Z F_0} \ln \frac{Q_i}{Q_0} \tag{4.25}$$

式中，P 为植物细胞受到的压强（Pa）；a 为电动势转换能量系数；V 为植物细胞体积（m³）；植物细胞受到的压强 P 可由压强公式求出，压强公式：$P = \dfrac{F}{S}$，式中，F 为夹持力（N），S 为极板作用下的有效面积（m²）。F 可通过式（4.26）计算：

$$F = (M + m)g \tag{4.26}$$

式中，M 为铁块质量（kg）；m 为塑料棒与电极片的质量（kg）；g 为重力加速度，9.8 N/kg。

在叶肉细胞中，液泡和细胞质占据了细胞内绝大部分空间。对叶肉细胞而言，Q_0 与 Q_i 之和是一定的，等于膜内外通透离子总量 Q，Q_i 则与电导率成正比，而电导率为阻抗 Z 的倒数，因此，$\dfrac{Q_i}{Q_0}$ 可表达成 $\dfrac{Q_i}{Q_0} = \dfrac{\dfrac{J_o}{Z}}{Q - \dfrac{J_o}{Z}} = \dfrac{J_o}{QZ - J_o}$，$J_o$ 是 Q_i 与阻抗之间转化的比例系数，因此，式（4.25）可变成：

$$\frac{V}{S}F = aE^0 - \frac{aR_0 T}{n_Z F_0} \ln \frac{QZ - J_o}{J_o} \tag{4.27}$$

$$\frac{aR_oT}{n_zF_o}\ln\frac{QZ-J_o}{J_o}=aE^o-\frac{V}{S}F \tag{4.28}$$

$$\ln\frac{QZ-J_o}{J_o}=\frac{n_zF_oE_o}{RT}-\frac{Vn_zF_o}{SaRT}F \tag{4.29}$$

两边取指数得：

$$\frac{QZ-J_o}{J_o}=e^{\frac{n_zF_oE_o}{R_oT}}e^{\left(-\frac{Vn_zF_o}{SaR_oT}F\right)} \tag{4.30}$$

进一步：

$$Z=\frac{J_o}{Q}+\frac{J_o}{Q}e^{\frac{n_zF_oE_o}{R_oT}}e^{\left(-\frac{Vn_zF_o}{SaR_oT}F\right)} \tag{4.31}$$

因为 $d=\dfrac{V}{S}$，式（4.31）可变形为：

$$Z=\frac{J_o}{Q}+\frac{J_o}{Q}e^{\frac{n_zF_oE_o}{R_oT}}e^{\left(-\frac{dn_zF_o}{aR_oT}F\right)} \tag{4.32}$$

对于同一个待测叶片在同一环境下，式（4.32）中 d、a、E_o、R_o、T、n_z、F_o、Q、J_o 都为定值，令 $y_0=\dfrac{J_o}{Q}$、$k=\dfrac{J_o}{Q}e^{\frac{n_zF_oE_o}{R_oT}}$、$b=\dfrac{dn_zF_o}{aR_oT}$，因此式（4.32）可变形为：

$$Z=y_o+k_1e^{-b_1F} \tag{4.33}$$

式中，y_0、k_1 和 b_1 为模型的参数。

当 $F=0$ 时，固有阻抗（IZ）可被计算为：

$$IZ=y_o+k_1 \tag{4.34}$$

同样，叶片 X_C 与夹持力 F 间的关系可表示为：

$$X_C=p_o+k_2e^{-b_2F} \tag{4.35}$$

式中，p_o、k_2 和 b_2 是模型参数。当 $F=0$ 时，植物叶片固有容抗（IX_C）可被计算为：

$$IX_C=p_o+k_2 \tag{4.36}$$

叶片 X_L 与夹持力 F 间的关系可表示为：

$$X_L=q_o+k_3e^{-b_3F} \tag{4.37}$$

当 $F=0$ 时，植物叶片固有感抗（IX_L）可被计算为：

$$IX_L=q_o+k_3 \tag{4.38}$$

因此，植物叶片固有阻抗（IZ）和固有电容（IC）分别通过式（4.34）和式（4.39）计算。

$$IC=\frac{1}{2\pi fIX_C} \tag{4.39}$$

式中，f 为测试频率；π 是圆周率，本研究中 π 取 3.1416。

吉布斯自由能方程为：

$$\Delta G=\Delta H+PV \tag{4.11}$$

式中，ΔG 为吉布斯自由能；ΔH 为植物叶片系统（由细胞组成的植物叶片系统）的内能；P 为植物细胞受到的压强；V 为植物细胞体积（m^3）。植物细胞受到的压强 P 可由压强公式 $P = \dfrac{F}{A}$ 求出，式中，F 为夹持力；A 为平行板电容传感器极板作用下的有效面积（m^2）。

叶肉细胞可看作同心圆球形电容器。电容器的能量公式为

$$W_C = 1/2\ U^2 C \qquad\qquad (4.40)$$

式中，W_C 为电容器能量；U 为测试电压（V）；C 为生理电容（pF）。根据能量守恒原理，电容器能量等于吉布斯自由能做的功，即 $W = \Delta G$，因此，植物叶片的生理电容 C 随夹持力 F 的变化方程为

$$C = \frac{2\Delta H}{U^2} + \frac{2V}{AU^2}F \qquad\qquad (4.41)$$

假定 d 为植物叶片的比有效厚度，$d = \dfrac{V}{A}$，式（4.41）可变形为

$$C = \frac{2\Delta H}{U^2} + \frac{2d}{U^2}F \qquad\qquad (4.42)$$

令 $y_0 = \dfrac{2\Delta H}{U^2}$，$k = \dfrac{2d}{U^2}$，式（4.42）可变形为

$$C = b_0 + kF \qquad\qquad (4.43)$$

式（4.43）是一个线性方程，式中的 b_0 和 k 为方程的参数。

因此，植物叶片比有效厚度可计算为

$$d = \frac{U^2 k}{2} \qquad\qquad (4.44)$$

（3）胞内水分利用参数计算

由于细胞（器）是球形结构，细胞的生长与体积的增长紧密相关，同一种植物器官尤其是叶片，细胞的体积与其内的液胞体积大小呈正相关，而液胞的主要成分则是水分；因此，植物细胞的电容可借用同心球形电容器的计算公式：

$$C = \frac{4\pi\varepsilon\ R_1 R_2}{R_2 - R_1} \qquad\qquad (4.45)$$

式中，C 为同心球形电容器的电容；ε 为电解质的介电常数；R_1、R_2 分别为外球和内球的半径。在细胞（器）中，$R_2 - R_1$ 可作为膜的厚度，$R_1 \approx R_2$，同一植物组织和器官的同一类细胞（器），膜的厚度一定，ε 一定，因此细胞（器）的体积与细胞的电容 C 存在以下关系：

$$V_C = \alpha\sqrt{C^3} \qquad\qquad (4.46)$$

式中，α 为常数，且对于同一植物组织和器官的同一类细胞（器）来说，α 的值一定，又由于细胞（器）尤其是展开叶叶片的细胞（器），体积与持水量成正比，即细胞的持水量与 $\sqrt{C^3}$ 成正比，因此，可以用 $\sqrt{C^3}$ 表征植物叶片的持水量，依据固有生理电容 IC 计算植物叶片胞内水分相对持水量 IWHC 的方法则为

$$\text{IWHC} = \sqrt{\left(\text{IC}\right)^3} \tag{4.47}$$

植物叶片的比有效厚度 d 代表细胞的生长，胞内水分相对持水量 IWHC 支撑植物细胞生长，则可表征为叶片胞内水分利用效率 IWUE，计算方法则为

$$\text{IWUE} = \frac{d}{\text{IWHC}} \tag{4.48}$$

依据欧姆定律可知：电流 $I_Z=U/Z$，式中，U 为测定电压，I_Z 为生理电流，Z 为阻抗；同时，电流又等于电容乘以电压在时间上的微分，经过积分变换，时间 t 则是电容量与阻抗的乘积，因此依据固有生理电容 IC 和植物叶片固有生理阻抗 IZ，获得基于电生理参数的植物胞内水分相对持水时间 IWHT 的计算公式则为

$$\text{IWHT} = \text{IC} \times \text{IZ} \tag{4.49}$$

依据叶片胞内水分相对持水量 IWHC 和植物胞内水分相对持水时间 IWHT，则可以计算出胞内水分转移速率 VT，计算公式为

$$\text{VT} = \frac{\text{IWHC}}{\text{IWHT}} \tag{4.50}$$

（4）盐分转移参数计算

胞内水分转移速率和盐分转移率（STR）在概念上相同，因此，植物叶片 STR 等于植物叶片 VT。

细胞膜蛋白包括引起生物组织感抗的蛋白质-结合蛋白（内在蛋白）和引起生物组织容抗的蛋白质尤其是表面蛋白（外周蛋白），它们与盐分转运关系最为密切；因此，植物叶片单位面积的相对盐分通量 USF 可以用式（4.51）表示：

$$\text{USF} = \frac{\text{IR}}{\text{IX}_\text{C}} + \frac{\text{IR}}{\text{IX}_\text{L}} \tag{4.51}$$

植物叶片盐分运输能力（STC）为

$$\text{STC} = \text{USF} \times \text{STR} \tag{4.52}$$

盐分排出能力与生物电流有关。生物电流越大，与电子相反的阳离子如钠离子排出的就越多。因此，基于电阻的盐分排出能力 $I_R = U/\text{IR}$、基于容抗的盐分排出能力 $I_{X_C} = U/\text{IX}_C$、基于感抗的盐分排出能力 $I_{X_L} = U/\text{IX}_L$、基于阻抗的盐分排出能力 $I_Z = U/\text{IZ}$，式中，U 代表测定时施加的电压；由于植物叶片生理电容、生理电阻和生理阻抗测定时，采用的是并联方式，所以 U 相同；因此将 $1/\text{IR}$、$1/\text{IX}_C$、$1/\text{IX}_L$ 和 $1/\text{IZ}$ 定义为植物细胞中各电器元件（电阻、容抗、感抗和阻抗）的绝对盐分排出能力，再将 $1/\text{IR}$、$1/\text{IX}_C$、$1/\text{IX}_L$ 和 $1/\text{IZ}$ 的值分别归一化到（0，1）之间，分别定义为 IR_N、IX_{C_N}、IX_{L_N} 和 IZ_N；植物叶片盐分排出能力 C_1 则为 $C_1 = a_1\text{IR}_N + b_1\text{IX}_{C_N} + c_1\text{IX}_{L_N} + d_1\text{IZ}_N$，式中 a_1、b_1、c_1 和 d_1 均为常数，且 $a_1+b_1+c_1+d_1=1$，本研究中，a_1、b_1、c_1 和 d_1 的取值均为 0.25。

增加细胞及细胞器的体积可以稀释细胞内盐分，这种增加细胞及细胞器的体积，维持细胞内的持盐能力可定义为植物盐分稀释能力，可通过 IC、d、IWHC 和 STC 确定。将 IC、d、IWHC 和 STC 分别归一化到（0，1）之间，分别定义为 IC_N、d_N、IWHC_N 和

STC_N；植物盐分稀释能力 C_2 则为 $C_2=a_2IC_N+b_2d_N+c_2IWHC_N+d_2STC_N$，式中，$a_2$、$b_2$、$c_2$ 和 d_2 均为常数，且 $a_2+b_2+c_2+d_2=1$，本研究中，a_2、b_2、c_2 和 d_2 的取值均为 0.25。

红树植物具有超滤能力，使大多数盐分并不随蒸腾作用转移到体内。超滤能力与盐在细胞膜中的流速和流动时间有关。$1/IWUE$ 代表盐溶液通量，$IWHT$ 代表植物胞内水分相对持水时间，$1/USF$ 代表溶质通量，STR 代表盐分转移率。因此，可以用 $1/IWUE$、$IWHT$、$1/USF$ 和 STR 定义红树植物的超滤能力。将 $1/IWUE$、$IWHT$、$1/USF$ 和 STR 的值分别归一化到（0，1）之间，定义为 $IWUE_N$、$IWHT_N$、USF_N 和 STR_N；植物超滤能力 C_3 则为 $C_3=a_3IWUE_N+b_30.25 IWHT_N+c_3USF_N+d_3STR_N$，其中 a_3、b_3、c_3 和 d_3 均为常数，且 $a_3+b_3+c_3+d_3=1$，本研究中，a_3、b_3、c_3 和 d_3 的取值均为 0.25。

则植物总抗盐能力 T 为 $T=\dfrac{lC_1+mC_2+nC_3}{l+m+n}$，式中，$l$、$m$、$n$ 均为常数；本研究中令 C_1、C_2 和 C_3 的权重相同（$l=m=n$），则植物总抗盐能力 T 为

$$T=\frac{C_1+C_2+C_3}{3} 。 \tag{4.53}$$

（5）叶片水势及光合作用

叶片水势测定见 4.2.3.1 节。净光合速率（P_N）、气孔导度（g_s）、胞间 CO_2 浓度（C_i）和蒸腾速率（E）利用便携式 Li-6400XT 光合测量系统（LI-COR，Lincoln，NE，USA）测定。各测定重复 5 次。

4.2.4.2　电生理参数与夹持力间关系曲线拟合

胁迫阶段，桐花树和秋茄的电生理参数 R、X_C、X_L、Z、C 与 F 间关系的拟合曲线见图 4.20。图 4.20a、b、c、d、e 表示桐花树各指标拟合情况，图 4.20f、g、h、i、j 表示秋茄各指标拟合情况。电生理参数与 F 间具有很好的正相关关系。两种红树植物的相关系数 R^2 均为 0.99，且 $P \leqslant 0.0001$。

4.2.4.3　桐花树的电生理参数值

表 4.14 为桐花树在盐分胁迫（S_S）和复水（R_W）阶段固有电生理参数值 IR、IX_C、IX_L、IZ、IC 和 d 的变化。在胁迫阶段，在低、中盐分水平下，桐花树的 IR、IX_C、IX_L

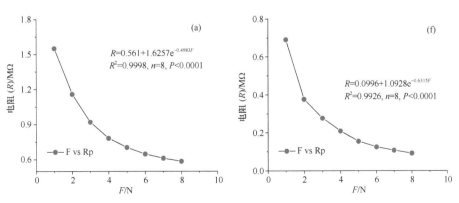

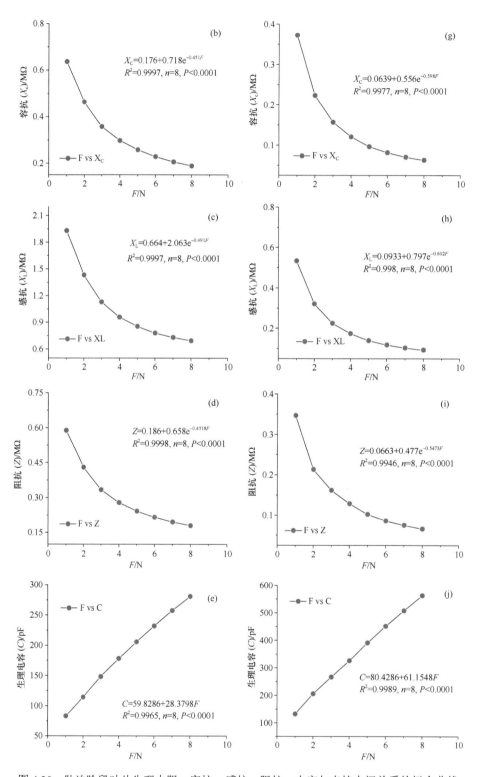

图 4.20 胁迫阶段叶片生理电阻、容抗、感抗、阻抗、电容与夹持力间关系的拟合曲线

值无显著变化，在高盐分水平下，其值明显增加。低盐分水平下 IC 值较高，高盐分水平下其值则较低。d 值则在高盐分水平下显著下降。外施 SNP 对各参数值具有显著影响，胁迫阶段不同水平下 IX_C、IC 的变化较大，而其他参数则无较明显变化。另外，SNP 施加对 IX_C、IZ、IC 的影响主要在长时间低盐环境下，而 d 值在中度盐水平下有所增加。除 d 值外，其他参数值在复水后均未提高。在中-低及高-中复水处理下，d 值有了显著变化。

表 4.14　盐胁迫及复水阶段桐花树的固有电生理参数值

盐分浓度	低 （NaCl）	低 （SNP +NaCl）	中/中-低 （NaCl）	中/中-低 （SNP + NaCl）	高/高-中 （NaCl）	高/高-中 （SNP +NaCl）
IR-S_S	4.04±0.73b	2.32±0.19b	5.52±0.55b	3.67±0.62b	12.70±7.32a	7.49±2.83b
IR-R_W	1.97±0.49b	1.74±0.48b	5.81±0.78b	2.12±0.29b	13.2±8.59a	9.87±2.26b
IX_C-S_S	1.62±0.08ab	1.04±0.78ab	1.41±0.09ab	1.24±0.12ab	3.47±0.32a	1.92±0.06b
IX_C-R_W	1.45±0.32ab	0.77±0.46c	1.75±0.24ab	1.25±0.02ab	2.81±0.68a	1.83±0.31ab
IX_L-S_S	4.24±0.17b	3.01±0.17b	6.10±0.58b	4.36±0.68b	33.80±7.25a	8.56±1.89b
IX_L-R_W	2.90±0.68b	2.16±0.44b	6.63±0.83b	2.98±0.28b	38.40±23.70a	10.50±2.39b
IZ-S_S	1.56±0.33ab	0.95±0.59ab	1.37±0.91ab	1.17±0.12ab	3.46±0.34a	1.86±0.18b
IZ-R_W	1.17±0.27ab	0.69±0.58c	1.68±0.23b	1.06±0.51ab	2.80±0.69a	1.81±0.31b
IC-S_S	32.9±1.78cd	51.3±4.08b	38.1±2.62bcd	43.6±4.56bc	15.5±1.47f	28.1±2.57def
IC-R_W	39.9±7.94bcd	69.4±4.42a	31.5±3.97cde	42.4±0.78cde	20.8±4.07ef	31.3±6.61cde
d-S_S	30.0±2.7b	27.7±6.1bc	29.7±1.90b	36.7±10.1b	12.4±0.53d	15.4±1.41cd
d-R_W	31.5±4.5b	33.7±0.6b	56.1±3.2a	24.3±1.3bc	24.2±1.9bcd	27.9±5.1bc

注：IR 为固有电阻，IX_C 为固有容抗，IX_L 为固有感抗，IZ 为固有阻抗，IC 为固有电容，d 为比有效厚度，数据以平均值±SE 表示，$n = 8$，小写字母表示差异显著（$P < 0.05$），根据 Duncan 多重比较法分析

4.2.4.4　秋茄的电生理参数值

在胁迫阶段，各水平下秋茄的 IR、IX_C、IX_L 和 IZ 值没有显著差异，而 IC 和 d 值在中度和低盐分胁迫水平下较高（表 4.15）。结果显示，IC 和 d 值的变化反映了秋茄在胁迫阶段的变化。SNP 的施加提高了高盐分环境下 IX_C 和 IX_L 的值，也提高了低盐和中度盐分水平下的 d 值。SNP 明显对胁迫阶段的 IX_C、IX_L 和 d 值具有影响。此外，复水阶段盐分浓度的下降使得高-中（H-M）水平下的 IC 值及中-低（M-L）水平下的 d 值均有所升高，其他参数值则无显著变化。

4.2.4.5　桐花树的胞内水分利用参数

基于 IR、IX_C、IX_L、IZ 和 IC 参数的推导公式，可获取 IWHC、IWUE、IWHT 等参数值，并用于分析红树植物叶片水分状况（表 4.16）。在胁迫阶段，IWHC 变化较为显著，而 IWUE 和 IWHT 则无显著变化。随着盐胁迫水平增加，IWHT 稍微有所增加。复水阶段 SNP 的施加提高了低盐水平下的 IWHT 值，然而胁迫阶段 SNP 的施加对 IWHC 和 IWUE 值没有显著影响。SNP 仅对低盐下的 IWHT 值有所影响。复水对高-中（H-M）水平下的 IWHC 和中-低（M-L）水平下的 IWUE 值有正面效应。

表 4.15　盐胁迫及复水阶段秋茄的固有电生理参数值

盐分浓度	低（NaCl）	低（SNP +NaCl）	中/中-低（NaCl）	中/中-低（SNP +NaCl）	高/高-中（NaCl）	高/高-中（SNP +NaCl）
IR-S_S	2.59±0.90b	0.74±0.22b	0.93±0.18b	0.72±0.14b	4.47±1.02a	3.18±4.75b
IR-R_W	1.08±0.50b	0.70±0.18b	1.44±0.29b	1.21±0.21b	0.69±0.21b	2.87±1.63b
IX$_C$-S_S	0.89±0.13b	0.63±0.22b	0.81±0.13b	0.86±0.10b	1.63±0.32ab	1.97±0.73ab
IX$_C$-R_W	0.63±0.08b	0.54±0.05b	0.96±0.16b	0.60±0.04b	0.98±0.21b	2.91±1.32a
IX$_L$-S_S	3.01±0.93b	1.18±0.19b	1.5±0.25b	1.34±0.96b	5.09±1.03ab	8.45±1.89ab
IX$_L$-R_W	1.91±0.50b	1.06±0.19b	1.97±0.37b	1.59±0.25b	2.16±0.86b	10.1±6.98a
IZ-S_S	0.85±0.14bc	0.45±0.05c	0.60±0.10bc	0.53±0.05c	1.56±0.31abc	1.94±0.74a
IZ-R_W	0.50±0.13c	0.42±0.05c	0.81±0.15b	0.53±0.52c	0.50±0.13c	1.71±0.81ab
IC-S_S	61.5±8.44bc	83.5±2.91ab	68.1±10.5ab	63.1±6.95bc	32.7±8.63cd	34.5±10.9cd
IC-R_W	85.7±10.5abcd	98.6±9.94a	59.2±12.1bc	89.1±6.79ab	20.8±2.07e	26.5±9.58cde
d-S_S	88.87±4.5bc	96.41±14.0a	49.20±7.10c	79.01±14.9bc	59.88±6.58bc	48.71±14.4c
d-R_W	61.50±7.24bc	63.86±5.58bc	65.13±14.7bc	119.37±24.2a	62.38±14bc	53.58±3.61c

注：IR 为固有电阻，IX$_C$ 为固有容抗，IX$_L$ 为固有感抗，IZ 为固有阻抗，IC 为固有电容，d 为比有效厚度，数据以平均值±SE 表示，$n = 8$，小写字母表示差异显著（$P < 0.05$），根据 Duncan 多重比较法分析

表 4.16　盐胁迫及复水阶段桐花树的水分利用参数

盐分浓度	低（NaCl）	低（SNP +NaCl）	中/中-低（NaCl）	中/中-低（SNP + NaCl）	高/高-中（NaCl）	高/高-中（SNP +NaCl）
IWHC-S_S	440.8±43.6cd	667.1±102.4b	480.7±56.9cd	520.3±84.2bc	131.1±11.6e	276.7±15.6de
IWHC-R_W	544.7±92.3bc	1112±45.2a	402.7±71.2cd	495.4±46.8bc	147.4±41.5e	384.3±102cd
IWUE-S_S	0.16±0.02bc	0.07±0.01c	0.12±0.18c	0.12±0.17c	0.21±0.03bc	0.10±0.01c
IWUE-R_W	0.15±0.63bc	0.05±0.01c	0.34±0.09a	0.08±0.01c	0.31±0.09ab	0.16±0.03bc
IWHT-S_S	51.1±3.54a	48.1±1.13b	51.6±0.10a	50.1±0.53a	52.8±0.07a	50.9±0.79a
IWHT-R_W	42.5±1.71c	47.6±1.85ab	51.1±0.22a	45.1±1.79ab	49.6±2.83ab	52.4±0.09a

注：IWHC 为胞内水分持有能力，IWUE 为水分利用效率，IWHT 为水分持有时间，数据以平均值±标准误差形式显示。小写字母表示差异显著（$P < 0.05$），根据 Duncan 多重比较法分析

4.2.4.6　秋茄的胞内水分利用参数

胁迫阶段，IWHC 和 IWHT 值随盐胁迫水平增加而下降，但 IWUE 值没有显著变化（表 4.17）。胁迫阶段 SNP 的施加对 IWHT 值有显著影响，但 IWHC 和 IWUE 值变化不显著。复水对 M-L 水平下的 IWHC 值具有正面效应，但在各阶段无论是否施加 SNP，IWUE 的值均无明显变化。SNP 和复水对秋茄具有不同影响。

4.2.4.7　桐花树和秋茄的盐分转运参数

基于前述推导公式，USF、STR 和 STC 可被及时检测。胁迫阶段，USF 值在低、中度盐分水平下无显著变化，但在高盐分水平下显著增加（表 4.18）。STR 值在盐分逐渐增加过程中呈现先增加后降低的趋势。STC 值即使在高盐环境下仍无明显变化，说明胁迫阶段对 STC 没有显著影响。施加 SNP 显著提高了低盐分水平下的 STR 值，但是中、

高水平下则影响不显著。复水虽然降低了各水平盐分浓度，但对各参数值影响不大，说明复水不会影响桐花树 USF、STR 和 STC 的值。

表 4.17　盐分胁迫及复水阶段秋茄的水分利用参数

盐分浓度	低 （NaCl）	低 （SNP +NaCl）	中/中-低 （NaCl）	中/中-低 （SNP +NaCl）	高/高-中 （NaCl）	高/高-中 （SNP +NaCl）
IWHC-S_S	1336.4±67.2bc	1618.4±40.2b	821.5±54.3cd	1452.5±82.7bc	411.2±85.4d	413.7±223.1d
IWHC-R_W	1253.5±114bc	1663.6±133b	996.2±407bc	1870.1±151a	868.3±386bc	326.7±157d
IWUE-S_S	0.21±0.05b	0.12±0.02b	0.09±0.01b	0.17±0.06b	0.31±0.06ab	0.32±0.15ab
IWUE-R_W	0.08±0.01b	0.06±0.01b	0.14±0.02b	0.15±0.02b	0.16±0.07b	0.72±0.43a
IWHT-S_S	49.8±0.94ab	37.8±5.08cd	39.4±2.16cd	33.6±5.33de	24.5±0.23e	39.1±0.55de
IWHT-R_W	40.4±5.50cd	40.5±3.15cd	44.6±1.04abc	47.1±1.35abc	26.5±2.54e	30.6±0.55de

注：IWHC 为胞内水分持有能力，IWUE 为水分利用效率，IWHT 为水分持有时间，数据以平均值±标准误差形式显示。小写字母表示差异显著（$P < 0.05$），根据 Duncan 多重比较法分析

表 4.18　胁迫及复水下桐花树的盐分转运参数

盐分浓度	低 （NaCl）	低 （SNP +NaCl）	中/中-低 （NaCl）	中/中-低 （SNP +NaCl）	高/高-中 （NaCl）	高/高-中 （SNP +NaCl）
USF-S_S	3.51±0.79c	3.02±0.24c	4.81±0.15c	3.75±0.26c	10.2±1.19a	4.65±0.68c
USF-R_W	2.01±0.67c	3.03±0.61c	4.21±0.16c	2.41±0.25c	12.2±4.89a	6.42±0.86bc
STR-S_S	3.69±0.08cdef	7.66±0.82b	4.56±0.48cde	5.82±0.98bcd	1.16±0.16f	2.94±0.46def
STR-R_W	6.16±1.84bc	12.20±1.49a	3.49±0.64cde	6.14±0.32bc	1.86±0.51ef	3.45±1.11def
STC-S_S	13.1±3.08b	23.3±3.78b	21.8±1.62b	21.3±2.02b	11.5±0.45b	13.1±0.14b
STC-R_W	12.1±3.27b	35.9±4.97a	14.7±3.01b	14.6±0.95b	17.7±1.32b	22.6±8.32b

注：USF 为单位面积盐分流量，STR 为盐分转移速率，STC 为盐分转运能力，数据以平均值±标准误差表示，$n = 8$。小写字母表示差异显著（$P < 0.05$），根据 Duncan 多重比较法分析

表 4.19 为秋茄的盐分转运参数。胁迫阶段，随着盐分浓度增加，USF 值发生显著变化，STR 值显著下降。施加 SNP 对低盐水平下的 USF 值具有明显影响，但是 STR 和 STC 值则无明显变化。复水未能提高 USF 和 STR 的值，但是 M-L 水平下的 STC 值则有所增加。因此，SNP 和复水对秋茄在各盐分水平下的抗盐参数值具有不同影响。

表 4.19　胁迫及复水下秋茄的盐分转运参数

盐分浓度	低 （NaCl）	低 （SNP +NaCl）	中/中-低 （NaCl）	中/中-低 （SNP + NaCl）	高/高-中 （NaCl）	高/高-中 （SNP +NaCl）
USF-S_s	3.58±0.55b	1.79±0.47c	1.76±0.16bc	1.41±0.29c	3.56±0.17b	6.31±1.86a
USF-R_W	2.15±0.66bc	1.91±0.34bc	2.10±0.09bc	2.74±0.26bc	1.02±0.12c	1.25±0.59c
STR-S_s	17.8±2.06ab	20.8±2.72ab	14.5±3.09bc	15.1±1.33bc	4.45±1.65c	4.22±1.81c
STR-R_W	21.7±6.71ab	24.8±4.50a	10.6±3.55bc	18.1±2.55abc	5.03±2.98c	4.96±2.41c
STC-S_s	33.3±3.74abc	35.2±5.88abc	25.6±6.43bcd	21.1±4.05cde	15.5±4.46de	21.1±6.71cde
STC-R_W	38.7±2.27ab	45.2±5.93a	22.8±6.5bcde	48.4±2.80a	18.5±6.26de	5.96±2.83e

注：USF 为单位面积盐分流量，STR 为盐分转移速率，STC 为盐分转运能力，数据以平均值±标准误差表示，$n = 8$。小写字母表示差异显著（$P < 0.05$），根据 Duncan 多重比较法分析

4.2.4.8 桐花树和秋茄的叶片水势

在胁迫阶段，SNP 的施加提高了桐花树的 Ψ_L 值（图 4.21）。复水阶段桐花树的 Ψ_L 值也高于胁迫阶段。在各处理阶段，盐胁迫水平的增加降低了桐花树的 Ψ_L 值。秋茄的 Ψ_L 值在胁迫阶段同样变化明显，高盐水平下，秋茄 Ψ_L 值较低，说明秋茄更为抗盐，其盐分存储能力及液泡体积较大。复水阶段，随着盐分浓度的降低，秋茄的 Ψ_L 值与胁迫阶段在低盐、中盐和高盐水平处理下的值相比分别增加了 34.6%、48.6% 和 53.9%。结果表明，复水能够提高 ψ_L 值，施加 SNP 对 Ψ_L 值的提升效果不显著。

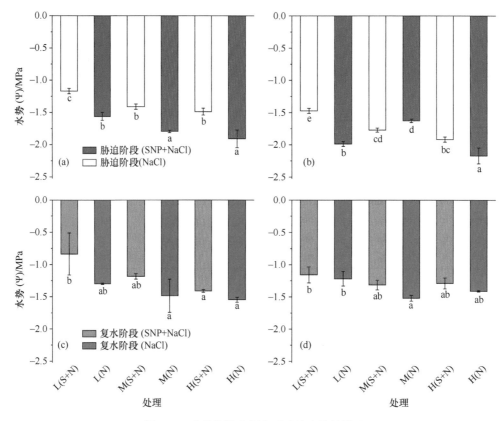

图 4.21　盐分胁迫和复水对叶片水势的影响

（a）、（c）为桐花树的值；（b）、（d）为秋茄的值

数据以平均值±标准误差表示，$n = 12$。小写字母表示差异显著（$P < 0.05$），根据 Duncan 多重比较法分析。L 表示低，M 表示中，H 表示高，下同

4.2.4.9 桐花树的光合特性

桐花树的光合参数在胁迫阶段显著降低但在复水阶段则有所增加（图 4.22）。盐浓度的增加降低了 P_N 值，最低值出现在高盐分水平下（图 4.22a）。气孔导度比 P_N 值对胁迫更为敏感，随着盐分浓度增加，g_s 值显著下降，胁迫阶段高盐分水平及未施加 SNP 下的 g_s 值下降最为显著（图 4.22b）。胞间 CO_2 浓度（C_i）具有相似变化趋势，T1、T2 和 T3 处理下的值间无显著差异，T5 和 T6 处理下的值急剧下降。E 值在胁迫阶段有所

下降，T5 和 T6 处理下下降最为显著。结果显示，与胁迫阶段相比，复水阶段 T5 和 T6 处理下的 P_N 值分别增加了 14.2% 和 15.3%，g_s 值分别增加了 47.0% 和 47.3%，C_i 值分别增加了 31.1% 和 16.9%，E 值则分别增加了 12.6% 和 24.3%。上述各参数值的增加均由复水阶段盐分浓度的降低促进。

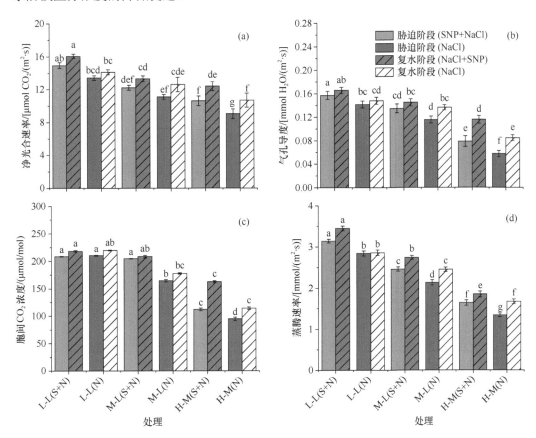

图 4.22　盐胁迫及复水对桐花树净光合速率、气孔导度、胞间 CO_2 浓度和蒸腾速率的影响

数据以平均值±标准误差表示，$n = 12$。小写字母表示差异显著（$P < 0.05$），根据 Duncan 多重比较法分析

4.2.4.10　秋茄的光合特性

秋茄的光合参数在胁迫阶段显著降低但在复水阶段则有所增加（图 4.23）。最低 P_N 值出现在 T5 和 T6 处理下，最高值则在 T1 处理下（图 4.23a），而 T5 和 T6 处理下的值间无显著差异。g_s 和 C_i 值在 T1 处理下最高，在 T6 处理下最低。与胁迫阶段相比，复水阶段 T5 和 T6 处理下的 P_N 值分别增加了 8.7% 和 9.9%，g_s 值分别增加了 10.4% 和 15.6%，C_i 值分别增加了 5.7% 和 13.3%，E 值则分别增加了 11.6% 和 0.5%。

4.2.4.11　电生理参数与光合参数之间的相关关系

桐花树电生理参数、水分利用、盐分传输与光合参数之间的相关关系如表 4.20 所示。胁迫阶段，USF 与 IR、IX_C、IX_L、IZ 呈现高度正相关，与 d、IWHC、STC 和 IWHT 则

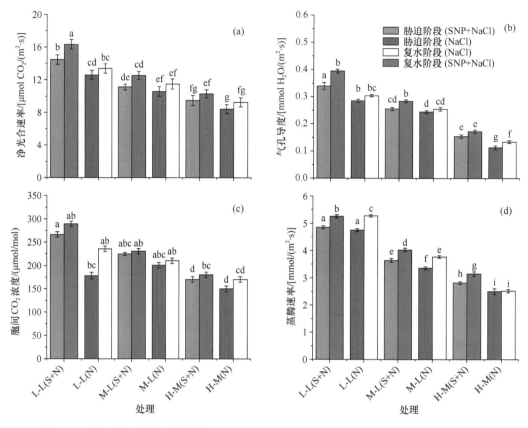

图 4.23 盐胁迫及复水对秋茄净光合速率、气孔导度、胞间 CO_2 浓度和蒸腾速率的影响
数据以平均值±标准误差表示，$n = 12$。小写字母表示差异显著（$P < 0.05$），根据 Duncan 多重比较法分析

表现出负相关关系。STR 与 IC、IWHC 和 g_s 表现为正相关，而与 IR、IX$_C$、IX$_L$ 和 IZ 表现出负相关。IWHC 与 IR、IX$_C$、IZ 呈现负相关，与 IC、STR、g_s 和 E 表现出正相关。复水阶段，IZ 与 IR、IX$_C$、IX$_L$ 和 USF 具有正相关关系，与 P_N、g_s、C_i、E 和 $\varPsi_L$ 具有负相关关系。USF 与 IR、IX$_C$、IX$_L$ 和 IZ 表现出正相关，而与 IC、d、IWHC、STC、IWUE、IWHT、P_N、g_s 和 $\varPsi_L$ 则表现出负相关。此外，STC 与 IR、IX$_C$、IX$_L$、IZ、IWHC 和 USF 呈现负相关关系，但与 P_N、g_s、C_i、E 和 $\varPsi_L$ 呈正相关关系。

秋茄电生理参数、水分利用、盐分传输与光合参数之间的相关关系如表 4.21 所示。胁迫阶段，IC 与 IWHC、STC、STR、P_N、g_s、C_i、E 和 $\varPsi_L$ 呈正相关关系，而与 IR、IX$_C$、IX$_L$、IZ 表现为负相关。USF 与 IC、d、IWHC、STC、IWHT、STR、P_N、g_s 和 $\varPsi_L$ 具有负相关关系，与 IR、IX$_C$、IX$_L$ 和 IZ 具有正相关关系。IWUE 与 IR、IX$_C$、IX$_L$ 和 IZ 表现为高度正相关，而与 IC 高度负相关。P_N 与 IC、d、IWHC、g_s、C_i 和 E 具有显著正相关关系，但 $\varPsi_L$ 与 IR、IX$_C$、IX$_L$、IZ 呈负相关，与 IC、STC、STR 和 C_i 则呈正相关。在复水阶段，IR 与 IX$_C$、IX$_L$、IZ 和 IWUE 具有较强正相关性，而与 IC、d、IWHC、USF、STR、P_N、g_s、C_i、E 和 $\varPsi_L$ 呈负相关。USF 与 IC、d、IWHC、STC、P_N、g_s、E 和 $\varPsi_L$ 呈负相关。IWHT 与 IR、IX$_C$、IX$_L$、IZ、STC 和 IWUE 表现为负相关关系。IC 与 P_N、g_s、C_i、E 和 $\varPsi_L$ 具有强烈正相关关系，P_N 与 g_s、C_i、E 和 $\varPsi_L$ 也表现为正相关。

表 4.20　胁迫及复水阶段桐花树电生理参数、水分利用、盐分传输和光合参数之间的相关关系

参数	IX_C	IX_L	IZ	IC	d	$IWHC$	STC	$IWUE$	$IWHT$	USF	STR	P_N	g_s	C_i	E	Ψ_L
						盐胁迫阶段										
IR	0.97**	0.95**	0.97**	−0.93**	−0.84*	−0.95**	−0.71	0.73	−0.66	0.96**	−0.89*	−0.87*	−0.94**	−0.81	−0.84*	−0.78
IX_C	.	0.97**	1.00**	−0.93**	−0.81	−0.93**	−0.77	0.75	−0.62	0.96**	−0.88*	−0.76	−0.86*	−0.80	−0.70	−0.73
IX_L			0.97**	−0.84*	−0.75	−0.83*	−0.61	0.63	−0.76	0.99**	−0.76	−0.71	−0.80	−0.65	−0.69	−0.70
IZ				−0.94**	−0.81	−0.93**	−0.77	0.75	−0.62	0.96**	−0.88*	−0.76	−0.86*	−0.80	−0.70	−0.74
IC					0.78	0.99**	0.89*	−0.82*	0.38	−0.85*	0.99**	0.83*	0.90*	0.96**	0.73	0.79
d						0.82*	0.71	−0.80	0.45	−0.73	0.73	0.63	0.80	0.65	0.65	0.43
$IWHC$							0.86*	−0.86*	0.46	−0.84*	0.97**	0.89*	0.96**	0.93**	0.81*	0.74
STC								−0.90*	0.05	−0.57	0.89*	0.58	0.71	0.90*	0.44	0.51
$IWUE$									−0.31	0.58	−0.79	0.66	−0.81	−0.76	−0.60	−0.31
$IWHT$										−0.76	0.26	0.56	0.59	0.15	0.67	0.34
USF											−0.79	−0.77	−0.83*	−0.68	−0.75	−0.78
STR												0.84*	0.88*	0.99**	0.72	0.82*
P_N													0.96**	0.81	0.97**	0.77
g_s														0.83*	0.94**	0.69
C_i															0.67	0.80
E																0.67
						复水阶段										
IR	0.91*	0.88*	0.95**	−0.76	−0.18	−0.74	−0.10	0.51	−0.87*	0.95**	−0.76	−0.86*	−0.92*	0.19	−0.98**	−0.73
IX_C		0.91*	0.99**	−0.90*	−0.14	−0.89*	−0.43	0.24	−0.73	0.90*	−0.88*	−0.94**	−0.95**	0.43	−0.90*	−0.87*
IX_L			0.92**	−0.66	−0.32	−0.66	−0.12	0.09	−0.81	0.98**	−0.62	−0.77	−0.91*	0.09	−0.82*	−0.60
IZ				−0.87*	−0.11	−0.85*	−0.34	0.29	−0.77	0.93**	−0.86*	−0.93**	−0.94**	0.35	−0.93**	−0.84*
IC					0.02	0.99**	0.71	−0.36	0.49	−0.65	1.00**	0.96**	0.81	−0.76	0.82*	0.99**
d						0.10	−0.09	−0.21	0.44	−0.28	−0.03	0.06	0.35	−0.02	0.21	−0.14
$IWHC$							0.74	−0.33	0.45	−0.64	0.99**	0.97**	0.79	−0.78	0.80	0.96**
STC								0.07	−0.16	−0.01	0.70	0.56	0.29	−0.95**	0.20	0.71
$IWUE$									−0.49	0.26	−0.41	−0.35	−0.36	0.24	−0.61	−0.34
$IWHT$										−0.87*	0.46	0.55	0.89*	0.06	0.82*	0.44
USF											−0.63	−0.78	−0.91*	0.03	−0.89*	−0.60
STR												0.97**	0.77	−0.76	0.83*	0.98**
P_N													0.83*	−0.61	0.89*	0.93**
g_s														−0.34	0.90*	0.76
C_i															−0.33	−0.74
E																0.78

*表示 0.05 水平上的显著相关（两侧检验）；
**表示 0.01 水平上的显著相关

表 4.21 胁迫及复水阶段秋茄电生理参数、水分利用、盐分传输和光合参数之间的相关关系

参数	IX$_C$	IX$_L$	IZ	IC	d	IWHC	STC	IWUE	IWHT	USF	STR	P_N	g_s	C_i	E	Ψ_L
								盐胁迫阶段								
IR	0.81*	0.78	0.86*	-0.88*	-0.39	-0.75	-0.95**	0.90*	-0.32	0.77	-0.92*	-0.67	-0.81*	-0.87*	-0.57	-0.90*
IX$_C$		0.97**	0.99**	-0.95*	-0.66	-0.87*	-0.77	0.92**	-0.35	0.57	-0.78	-0.79	-0.90*	-0.75	-0.78	-0.69
IX$_L$			0.98**	-0.87*	-0.57	-0.79	-0.78	0.90*	-0.13	0.39	-0.71	-0.64	-0.77	-0.70	-0.62	-0.62
IZ				-0.93*	-0.61	-0.86*	-0.83*	0.93**	-0.26	0.56	-0.80	-0.73	-0.86*	-0.78	-0.71	-0.71
IC					0.65	0.87*	0.85*	-0.93*	0.41	-0.71	0.91*	0.89*	0.96**	0.88*	0.83*	0.86*
d						0.89*	0.31	-0.36	0.31	-0.49	0.63	0.85*	0.77	0.62	0.88*	0.31
IWHC							0.65	-0.69	0.41	-0.73	0.85*	0.90*	0.93**	0.82*	0.89*	0.61
STC								-0.90*	0.05	-0.57	0.89*	0.59	0.71	0.90*	0.44	0.94**
IWUE									-0.31	0.58	-0.79	-0.66	-0.81	-0.76	-0.60	-0.84*
IWHT										-0.76	0.29	0.57	0.59	0.15	0.67	0.25
USF											-0.79	-0.77	-0.82*	-0.68	-0.75	-0.69
STR												0.85*	0.89*	0.99**	0.72	0.91*
P_N													0.97**	0.82*	0.97**	0.70
g_s														0.84*	0.94**	0.76
C_i															0.67	0.91*
E																0.53
								复水阶段								
IR	0.92**	0.94**	0.98**	-0.45	-0.22	-0.68	-0.07	0.94**	-0.20	-0.01	-0.37	-0.40	-0.31	-0.42	-0.27	-0.08
IX$_C$		0.99**	0.98**	-0.69	-0.42	-0.84*	0.08	0.99**	-0.55	0.32	-0.45	-0.50	-0.60	-0.65	-0.52	-0.08
IX$_L$			0.97**	-0.61	-0.37	-0.79	0.08	0.99**	-0.51	0.24	-0.38	-0.42	-0.54	-0.58	-0.44	0.03
IZ				-0.58	-0.35	-0.79	0.03	0.97**	-0.37	0.16	-0.41	-0.46	-0.46	-0.55	-0.39	-0.12
IC					0.45	0.87*	0.18	-0.63	0.82*	-0.87*	0.83*	0.88*	0.97**	0.99**	0.96**	0.53
d						0.71	-0.28	-0.29	0.61	-0.36	0.13	0.14	0.43	0.35	0.26	-0.03
IWHC							0.12	-0.76	0.73	-0.58	0.68	0.71	0.79	0.82*	0.71	0.35
STC								0.07	-0.16	-0.01	0.70	0.57	0.11	0.24	0.25	0.54
IWUE									-0.49	0.26	-0.41	-0.46	-0.55	-0.60	-0.48	-0.02
IWHT										-0.87*	0.46	0.51	0.91*	0.80	0.80	0.03
USF											-0.63	-0.70	-0.94*	-0.89*	-0.93*	-0.43
STR												0.98**	0.75	0.86*	0.84*	0.76
P_N													0.81	0.91*	0.89*	0.79
g_s														0.97**	0.97**	0.39
C_i															0.98**	0.56
E																0.55

*表示 0.05 水平上的显著相关（两侧检验）；

**表示 0.01 水平上的显著相关

4.2.4.12　红树植物的抗盐能力

如上所述，盐分排出能力定义为 C_1=0.25（IR_N+IX_{C_N}+IX_{L_N}+IZ_N），盐分稀释能力定义为 C_2=0.25（IC_N+d_N+$IWHC_N$+STC_N），盐分超滤能力为 C_3=0.25（$IWUE_N$+$IWHT_N$+USF_N+STR_N），总抗盐能力为 T=（C_1+C_2+C_3）/3。表 4.22 为盐分和 SNP 施加协同影响下的各指标的值。在胁迫和复水阶段，与仅遭受 NaCl 处理相比，SNP 的施加对各指标具有显著影响。SNP 和 NaCl 处理下，桐花树在胁迫阶段的 C_1 值为 0.88，在复水阶段则为 0.79。C_2 值在施加 SNP 后均显著增加，分别为 0.62、0.46 和 0.37。与胁迫阶段相比，复水阶段的 C_3 值分别变为 0.71、0.30 和 0.29。因此，SNP 施加在低盐水平下对各指标具有更为显著的影响，而复水则没有提高高盐水平下的各指标值。表明桐花树未能适应高盐分胁迫，在同等盐分水平下，SNP 具有有益效果。

表 4.22　胁迫和复水阶段桐花树的盐分排出能力、盐分稀释能力和盐分超滤能力

指标	低 （NaCl）	低 （SNP + NaCl）	中/中-低 （NaCl）	中/中-低 （SNP + NaCl）	高/高-中 （NaCl）	高/高-中 （SNP +NaCl）
C_1-S_S	0.50	0.88	0.46	0.64	0.04	0.31
C_1-R_W	0.52	0.79	0.22	0.49	0.07	0.18
C_2-S_S	0.41	0.62	0.40	0.46	0.18	0.37
C_2-R_W	0.44	0.69	0.35	0.49	0.26	0.38
C_3-S_S	0.34	0.66	0.50	0.60	0.05	0.20
C_3-R_W	0.31	0.71	0.40	0.30	0.14	0.29
T-S_S	0.42	0.72	0.45	0.57	0.09	0.30
T-R_W	0.42	0.73	0.32	0.43	0.16	0.28

表 4.23 则为秋茄在胁迫和复水阶段的各指标值的变化。胁迫阶段，低盐水平及施加 SNP 处理下的 C_1 和 C_3 值较高，但在中度和高度盐水平下，SNP 并未提高秋茄的 C_1 和 C_3 值，表明 SNP 未能改善秋茄在高盐水平下的适应性。然而，低、中度盐分水平下的 C_2 值无显著变化，但 SNP 增加了秋茄在低盐水平下的 C_3 值。此外，复水降低了 M-L 处理下的盐胁迫水平和 C_3 值，在 H-M 处理下，复水同样具有有益效果。SNP 施加和复水对秋茄的 C_1、C_2 和 C_3 值具有不同影响。

表 4.23　胁迫和复水阶段秋茄的盐分排出能力、盐分稀释能力和盐分超滤能力

指标	低 （NaCl）	低（SNP + NaCl）	中/中-低 （NaCl）	中/中-低 （SNP + NaCl）	高/高-中 （NaCl）	高/高-中 （SNP +NaCl）
C_1-S_S	0.38	0.80	0.60	0.65	0.18	0.14
C_1-R_W	0.50	0.63	0.32	0.46	0.50	0.15
C_2-S_S	0.44	0.58	0.58	0.50	0.34	0.35
C_2-R_W	0.53	0.58	0.39	0.44	0.46	0.27
C_3-S_S	0.63	0.84	0.51	0.53	0.25	0.25
C_3-R_W	0.55	0.65	0.35	0.74	0.33	0.11
T-S_S	0.48	0.74	0.56	0.56	0.26	0.25
T-R_W	0.53	0.62	0.36	0.54	0.43	0.17

4.2.4.13 桐花树和秋茄盐分排出、稀释、超滤及总抗盐能力

电生理参数与植物细胞、液泡体积及所有生命活动密切相关，胁迫下细胞受到的影响将反映到整个植物个体。NO能够提高植物抗逆性并对光合系统、抗氧化酶和代谢系统产生影响（Yastreb et al., 2017）。细胞可被视为一个具有电阻电感器功能的同心圆球形电容器（Zhang et al., 2020；Xing et al., 2021），细胞内的电离子、离子基团和偶极子可看作电容器电解质。当植物叶片受到夹持力激励时，细胞膜透性将发生改变。因此，细胞膜内外的电解质浓度的变化将导致叶片 C、R 和 Z 值的改变，膜内外离子浓度差服从能斯特（Nernst）方程（Beilby and Coster, 1979）。本研究结果表明，R-F、X_C-F、X_L-F、Z-F 及 C-F 关系的拟合方程表现出正相关关系。红树植物的 IR、IX_C、IX_L、IZ、IC 和 d 等固有电生理参数可通过 Z、X_C、X_L、R 和 C 与 F 之间关系模型计算获得。

桐花树的 IR、IX_C 和 IX_L 值在低、中度盐水平下无显著变化，在高盐水平下显著增加。盐分浓度的增加改变了 IC 的值。不同盐水平下施加 SNP 均对 IX_C 和 IC 具有有益效果，长期低盐环境下，IX_C 和 IC 受 SNP 影响，但 d 值则在中度盐水平下才受 SNP 施加的积极影响。植物叶片 d 值因植物种类不同而不同（Zhang et al., 2020）。这些结果同时印证了植物某些生命现象，当植物叶片细胞内电解质浓度较低、水分充足时，植物的 IR、IZ、IX_C、IC 和 d 值均较低。此外，复水仅改变了中度盐水平下的 d 值。IR、IX_C、IX_L 和 IZ 等参数反映了植物盐分排出能力。

秋茄的 IR、IX_C 和 IX_L 值没有显著变化，但 IC 和 d 值变化明显。秋茄 IC 和 d 值在胁迫阶段受到影响较大。据之前研究中，秋茄液泡体积较大，能够在高盐水平下储存更多盐分（Solangi et al., 2021）。在较好水分状况下生长的秋茄具有较高的 IWHC，这也表明秋茄具有较高的 IC 和 d 值。复水阶段，在 M-L 处理下，IC 和 d 值得到较大增加。

IWHC、IWUE 和 IWHT 等参数值的变化受 IR、IX_C、IX_L、IZ 和 d 值变化的影响，能够反映植物叶片水分状况，表征离子浓度及胞内水分的变化。秋茄 IWHC 在胁迫阶段受到影响较大，IWUE 则没有明显变化。施加 SNP 和复水对低盐水平下的 IWHT 具有积极影响，而 IWUE 则在中度盐水平和施加 SNP 下发生积极变化。此外，随着盐胁迫水平增加，秋茄的 IWHC 和 IWHT 在胁迫阶段受到较大影响。因为秋茄叶片细胞具有较大体积的液泡，能够保持液泡中较低的溶质浓度（Solangi et al., 2021），植物叶片水分状况可以不受影响。也有研究表明，电生理参数可用于研究不同植物的水分代谢情况（Zhang et al., 2020）。

叶肉细胞中，细胞器与细胞膜紧密相连，细胞膜由40%的蛋白质、50%的脂类和2%～10%的糖类组成（Zhang et al., 2020）。感抗和电感受结合蛋白影响，容抗和电容则受表面蛋白影响。植物盐分传输能力的监测鲜有报道，本研究基于 IR、IX_C、IX_L、IZ 和 IC 的关系模型计算获得红树植物的盐分传输能力。桐花树的 STR 在胁迫和复水阶段均有显著变化，但 STC 则未发生明显变化，桐花树的 USF 仅在高盐水平下受到影响。此外，施加 SNP 能够提高低、中度盐水平下的 USF 和 STR 值，但是对胁迫阶段高盐水平下的 USF 和 STR 没有影响，复水也未能提高桐花树的盐分传输能力。

秋茄在胁迫阶段的 USF、STR 和 STC 值受到影响，盐分浓度的增加显著改变了这

些参数的变化。根据前文表述，$V=\alpha\sqrt{C^3}$，式中，V 为叶片体积，C 为生理电容，如果液泡体积大，则生理电容值同样较高（Solangi et al.，2021）。施加 SNP 能够提高胁迫阶段的 USF 值，复水也能提高 USF 和 STC 值。与 SNP 相比，复水未对 STR 值产生影响。

盐分浓度增加，植物 Ψ_L 则降低，细胞内溶质浓度升高抑制了叶片细胞的生长。细胞体积决定了其盐分储存能力。复水使叶片 Ψ_L 值有所回升，因为胞内溶质浓度有所下降。桐花树的生理参数在胁迫阶段受到影响更大。Na^+ 的存在能够对植物产生毒害作用（Zhao et al.，2020），Na^+ 毒害作用是因其对酶活性的抑制作用。SNP 则能够增加细胞大小并促进植物抵抗胁迫环境（Ding，2013）。当叶片细胞增大，桐花树的盐分泌出速率同样受到影响。盐分浓度的增加降低了 P_N 值，但是在 SNP 和 NaCl 共同处理的水平下，P_N 值则比其他水平有所增加。此外，g_s 和 E 值也随盐分浓度的增加而显著下降。盐分进入液泡将影响细胞质中溶质浓度（Yuan et al.，2016）。通常，旱生泌盐植物盐腺没有中央大液泡但拥有其他微型囊泡，与盐腺的活性代谢具有关联（Flowers et al.，2019）。复水对桐花树具有更大影响，且更为明显地提高了所有处理水平下的 P_N 值，更为显著的变化发生在高盐水平下。与胁迫阶段相比，T5 和 T6 处理下，复水阶段的 P_N 值比胁迫阶段分别增加了 14.2% 和 15.3%，g_s 值分别增加了 47.0% 和 47.3%。当盐分浓度降低时，叶片细胞保持了代谢活性及水分状况，有助于促进 P_N 和 g_s 值的增加。

盐分胁迫导致秋茄电生理参数的下降，水中的 NaCl 增加了渗透胁迫，导致气孔的快速关闭并引发 P_N 的降低。与桐花树相比，秋茄叶片细胞及液泡体积较大，液泡能够储存盐分并以独特的机理排出这些盐分（Lang et al.，2014）。T2 处理下的 P_N 和 g_s 值较高，而 T6 处理下的则较低。根据 Xu 等（2014）的报道，高盐分通过关闭气孔抑制光合作用，或者因盐分胁迫降低 CO_2 同化能力而降低光合活性。环境盐分的增加同时降低了 CO_2 同化速率及 g_s（Garcia et al.，2017）。此外，与胁迫阶段相比，复水阶段各水平盐分浓度有所降低，光合参数值均有所升高。Azeem 等（2017b）研究发现，g_s 能够快速响应土壤水中盐分的增加。本研究中，随着复水阶段盐分浓度的下降，g_s 及其他相关参数值均有所增加。根据上述研究结果，电生理参数比光合参数能够更好表征红树植物对胁迫环境的响应。基于植物固有电生理参数计算的胞内水分利用参数 IWHC、IWUE 和 IWHT 能够监测胞内水分代谢特征，IR、IX_C 和 IX_L 等电生理信息则能够有效表征红树植物细胞膜蛋白质的组成及盐分传输特征。

桐花树 USF 与 IR、IX_C、IX_L 和 IZ 高度正相关，与 d、IWHC、STC 和 IWHT 负相关。胁迫阶段，STC 与 IC、d、IWHC、STR、P_N、C_i、E 和 Ψ_L 正相关，与其他参数呈负相关，复水阶段则仅 P_N、g_s、E 和 Ψ_L 与 STC 呈正相关。秋茄 IC 与 IWHC、STC、STR、P_N、g_s、C_i、E 和 Ψ_L 呈正相关，而 USF 与 IC、d、IWHC、STC、IWHT、STR、P_N、g_s 和 Ψ_L 负相关。IWHC 与 IC 和 d 正相关，是因为 IC 和 IWHC 均与液泡体积直接相关，IWHC 与 IC 变化趋势相同，d 值同样增加。根据之前研究，P_N 与 g_s、C_i、E 和 Ψ_L 呈现正相关（Solangi et al.，2021）。本研究中，P_N 与其他光合参数同样具正相关关系。复水阶段，IR 与 IX_C、IX_L、IZ 和 IWUE 具强烈正相关关系，秋茄 IC 与 P_N、g_s、C_i、E 和 Ψ_L 同样具有显著相关关系。

桐花树的盐分排出能力、盐分稀释能力和盐分超滤能力在施加 SNP 后均有提升，在低盐水平下提升效果更为明显，盐分水平的增加同步降低了 C_1 值。因为桐花树不能耐受高盐胁迫环境，SNP 也仅在盐分水平达到 400mmol/L 时对 C_2 和 C_3 值有所提升。复水对桐花树具有积极效果，但仅提高了盐分超滤能力。

低盐水平下秋茄的 C_1 和 C_3 值在施加 SNP 后有所增加,但在中度和高盐水平下 SNP 未能提高 C_1 的值。结果表明，SNP 的施加仅能提高低盐水平下各能力指标值，但对秋茄适应性影响不大。然而，低盐水平下秋茄的 C_3 值较高，达到 0.84。复水有助于所有能力指标值的提升，C_3 值在 M-L 水平下提升最为显著。SNP 作为添加剂在低盐水平下对两种植物均有较明显效果，但在高盐水平下，SNP 对秋茄影响不大。因此，电生理参数能够表征红树植物的不同响应，且能够反映不同盐水平下的 C_1、C_2 和 C_3 值的变化。这些参数值比光合参数值具有更有效、更快的响应特性。

图 4.24 表示施加 SNP 和复水对两种红树植物耐盐机制的影响。SNP 的施加提高了两种植物在低盐水平下的 C_1、C_2 和 C_3 的值，但在高盐水平下未能提高其抗盐能力。高浓度盐分胁迫并未伴随细胞膜脂质过氧化的胁迫，SNP 能够提升植物抗氧化能力。此外，

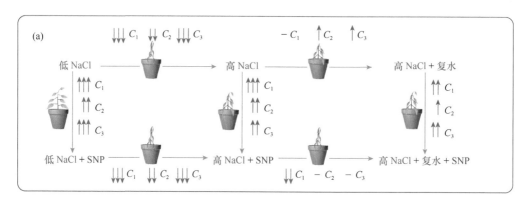

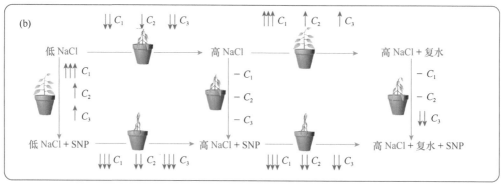

图 4.24 不同盐水平下施加 SNP 及复水对红树植物影响的假定模型

（a）桐花树；（b）秋茄

复水能有效提升高浓度盐胁迫下秋茄的耐盐性，秋茄耐盐性较好，高盐胁迫下，桐花树受到伤害不可逆转，复水也不能改善桐花树的抗盐性。

本研究初步验证了胁迫及复水阶段两种红树植物电生理参数 R、X_C、X_L、Z 和 C 与夹持力 F 间的关系模型。红树植物的固有电生理参数 IR、IX$_C$、IX$_L$、IZ 和 IC 首次通过前述关系模型计算获得，基于固有电生理参数，胞内水分利用参数 IWHC、IWUE 和 IWHT 也被定义并用于表征水分代谢状况。盐分转运参数 USF、STR 和 STC 则利用 IR、IX$_C$、IX$_L$、IZ 和 IC 等参数值的计算获得，IC 和 d 值能够更好地反映桐花树的水分特征，其 IWHC 在胁迫下变化较为明显，而秋茄水分状况则能够通过 IR 来反映，其他参数则变化不明显。IWHC、IWHT、USF、STR 和 STC 能够更好地表征不同盐水平下秋茄的响应。桐花树的 3 种盐分转运能力在各水平均受 SNP 施加的影响，在低盐水平变化更为显著。SNP 能够显著提升秋茄的盐分排出、稀释和超滤能力，在低盐水平下效果更佳。低浓度 SNP 能够有效提高红树植物的抗盐能力。然而，高浓度 SNP 仅能提高桐花树的抗盐性。此外，高盐分浓度下，复水仅能有效提高秋茄的抗盐性，秋茄具有更好的抗盐能力，复水并未对盐分环境产生较大影响，高盐胁迫对桐花树的伤害不可逆转，复水不能改善桐花树的抗盐性。因此，盐分排出、稀释和超滤能力有助于理解不同盐水平下红树植物的抗盐机制及不同适应策略。

4.3　植物电生理信息在盐水灌溉中的应用

土壤盐渍化是农业生产面临的严峻问题。合理的水土管理和化学改良可以减轻对作物的盐害，但因耗资大、见效慢而难以推广。盐水灌溉在土壤盐渍化且水资源短缺的农业区，是提高生产力的重要途径之一（Li et al.，2022）。

4.3.1　植物电生理信息对植物盐胁迫水平的表征

土壤盐分对植物生长具有双向作用。在较低盐度或在与植物耐性相适应的盐度水平条件下，对植物生长的影响轻微，有时还有一定促进作用，对于抗盐和盐生植物尤其如此。但过高的盐度对大部分植物危害严重，甚至包括抗盐植物也是如此（Sogoni et al.，2021）。

土壤的盐分具有复杂性，不同时间浓度和成分均不相同。盐水的来源也多种多样，变异性强、成分复杂，不同来源的盐水所代表的盐逆境水平也不同；此外，同一逆境水平下的作物因受到逆境水平的影响，呈现出不同的逆境响应；不同作物对同样的逆境水平也呈现出不同的逆境响应（Yao et al.，2021）。

作物生长与逆境水平具有一定的相关性，而生长量是一个累积指标，不能用生长量来及时判断作物所遭受的盐分胁迫水平。因此，必须寻找一种利用作物生理的及时指标来检测作物遭受的盐逆境水平。

土壤盐分的存在降低了土壤溶液的渗透势，使土壤水势下降，引起作物吸水困难，造成水分胁迫。由于供水不足，植物细胞膨压下降，影响细胞收缩（Zhang et al.，2015）。

众所周知，植物叶片由大量细胞组成，其水分状况与细胞的膨胀度或收缩度紧密相关，细胞液浓度及细胞体积的变化能够通过生理电容或者叶片紧张度的变化来反映。通过监测植物叶片细胞的变化可以对其所处的盐胁迫水平进行分析预测，进而判断其耐盐能力，为盐水灌溉提供科学依据。

4.3.1.1 盐胁迫水平计算模型

作物处于逆境时，随着胁迫水平增加，其生长量呈指数下降。作物所遭受的胁迫水平为即时值，而生长量是一个累积指标，不能用累积值来表征即时值，因此，在实践中我们很难用生长量的变化来表征作物所遭受的胁迫水平。

但是，植物的生长与叶片水分状况有关，而植物叶片水分状况又可以用叶片生理电容或者叶片紧张度来表征，因此可以用叶片生理电容或者紧张度的变化代表植物即时生长速率。用两参数的指数衰减模型可以表征叶片紧张度或者生理电容与盐胁迫水平之间的关系。

两参数的指数衰减模型为：

$$Y = a\, \mathrm{e}^{-bX} \tag{4.54}$$

式中，e 为自然对数常数；a 为初始叶片紧张度或者生理电容；b 为衰减速率。

构建模型植物叶片生理电容与盐胁迫水平及叶片紧张度与盐胁迫水平模型，将待测作物生理电容或叶片紧张度代入模型则可以预测植物所遭受的盐胁迫水平。

4.3.1.2 植物盐胁迫水平的获取

实验室内采用同样规格的穴盘萌发作物种子，配制培养液培养模型植物幼苗至 3 叶期以上，选择生长较为一致的植株作为被考察作物的模型植物；将模型植物分别培养在已知的含有不同盐胁迫水平的培养液中；待模型植物培养至 2 周以上，以第 1 展开叶为考察对象，于同一时段测定模型植物叶水势 Ψ_L 和生理电容 C；依据式（4.4）计算模型植物叶片紧张度 T_d；利用两参数的指数衰减方程分别构建模型植物叶片生理电容 C、叶片紧张度 T_d 与盐胁迫水平模型。其中，植物叶片生理电容 C 与盐胁迫水平模型为 $C = a_1\, \mathrm{e}^{-b_1 X_C}$，叶片紧张度 T_d 与盐胁迫水平模型为 $T_d = a_2\, \mathrm{e}^{-b_2 X_C}$；式中，$a_1$、$a_2$、$b_1$、$b_2$ 是模型常数，X_C 为盐逆境水平；选取待测的未知盐胁迫水平下生长的被考察作物，以第一展开叶为考察对象，待被考察作物在待测的未知盐胁迫水平下生长至 1 周以上，在模型植物测定的相同时段内测定其叶水势 Ψ_{La} 和生理电容 C_a；依据叶水势 Ψ_{La} 和生理电容 C_a 计算生长在待测的未知盐胁迫水平的被考察作物叶片紧张度 T_{da}；将 C_a 作为 C 值代入模型植物叶片生理电容 C 与盐胁迫水平模型中，求出基于叶片生理电容的盐胁迫水平。即将 $C = C_a$ 代入 $C = a_1\, \mathrm{e}^{-b_1 X_C}$ 中，求出方程的 X_C，标为 $X_{C\text{-}C}$，即为基于叶片生理电容的盐胁迫水平；将 T_{da} 作为 T_d 值代入模型植物叶片紧张度 T_d 与盐胁迫水平模型中，求出基于叶片紧张度的盐胁迫水平。即将 $T_d = T_{da}$ 代入 $T_d = a_2\, \mathrm{e}^{-b_2 X_C}$ 中，求出方程的 X_C，标为 $X_{C\text{-}Td}$，即为基于叶片紧张度的盐胁迫水平。

4.3.1.3　秋葵的盐胁迫水平

取秋葵为研究材料，品种分别为红秋葵和绿秋葵；实验室内采用 12 孔穴盘萌发秋葵种子，配制 Hoagland 培养液培养模型植物幼苗至 3 叶期后，分别选择生长较为一致的植株作为被考察作物的模型植物；添加等量的 NaCl 和 CaCl$_2$ 到 Hoagland 培养液中，配制不同盐胁迫水平的培养液，如表 4.24 所示。

表 4.24　不同盐胁迫水平

胁迫水平/%	1L Hoagland 培养液中 NaCl 量/（g/L）	1L Hoagland 培养液中 CaCl$_2$ 量/（g/L）
0	0	0
0.6	3	3
1.2	6	6
1.8	9	9

分别用不同盐胁迫水平的培养液对上述 3 叶期的模型植物同时进行培养，每天更换新的相对应的培养液，以第 1 展开叶为考察对象，在培养的第 21 天的上午 9:00～11:00 时测定模型作物的叶水势 Ψ_L 和生理电容 C；依据公式（4.4）计算模型植物的叶片紧张度 T_d，此处，叶片细胞液溶质假定为蔗糖，此时 a 为 $3.3\,F/m$，M 为 342，计算结果如表 4.25 所示。

表 4.25　不同盐胁迫水平下两种秋葵叶片生理电容、水势和紧张度

胁迫水平/%	红秋葵			绿秋葵		
	生理电容 C/pF	叶水势 Ψ_L/MPa	叶片紧张度 T_d/（$\times 10^{-3}$cm）	生理电容 C/pF	叶水势 Ψ_L/MPa	叶片紧张度 T_d/（$\times 10^{-3}$cm）
0	90.80	−1.19	154.10	97.10	−0.94	156.30
0	96.40	−1.29	154.00	99.60	−0.96	156.10
0	91.80	−1.10	154.20	97.50	−0.93	156.20
0.6	21.90	−2.21	44.20	11.30	−2.45	27.10
0.6	22.60	−2.22	44.10	16.90	−2.46	27.20
0.6	22.50	−2.26	44.00	11.50	−2.50	27.00
1.2	19.60	−2.46	30.00	3.30	−2.69	7.50
1.2	19.80	−2.50	31.00	3.50	−2.75	7.40
1.2	19.90	−2.56	32.00	3.40	−2.65	7.30
1.8	1.38	−4.00	5.00	1.97	−3.44	3.40
1.8	1.46	−4.10	5.40	1.01	−3.50	3.20
1.8	2.35	−4.20	5.20	1.02	−3.40	3.30

随后，利用两参数的指数衰减方程[式（4.54）]构建叶片生理电容 C、叶片紧张度 T_d 与盐逆境水平模型，分别为

$$C = a_1\,\mathrm{e}^{-b_1 X_C} \tag{4.55}$$

$$T_d = a_2\,\mathrm{e}^{-b_2 X_C} \tag{4.56}$$

式中，a_1、a_2、b_1、b_2 为模型常数；X_C 为盐逆境水平。

对叶片生理电容 C、叶片紧张度 T_d 与盐逆境水平之间的关系进行曲线拟合，拟合曲线见图 4.25，同时可得到两参数的指数衰减方程的拟合参数，即红秋葵为 $a_1=92.01$，$b_1=1.94$，$a_2=152.66$，$b_2=1.78$；绿秋葵为 $a_1=98.03$，$b_1=3.28$，$a_2=156.10$，$b_2=2.85$；将参数值代入指数衰减方程即可得到对应的关系模型；如表 4.26 所示。

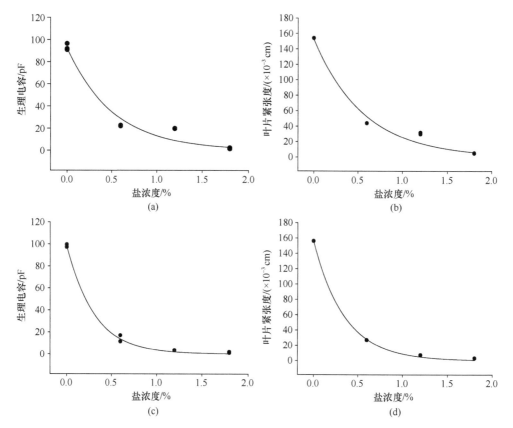

图 4.25　叶片生理电容 C、叶片紧张度 T_d 与盐逆境水平之间关系的拟合曲线图
（a）红秋葵叶片生理电容 C 与盐逆境水平之间关系的拟合曲线图；（b）红秋葵叶片紧张度 T_d 与盐逆境水平之间关系的拟合曲线图；（c）绿秋葵叶片生理电容 C 与盐逆境水平之间关系的拟合曲线图；（d）绿秋葵叶片紧张度 T_d 与盐逆境水平之间关系的拟合曲线图

从表 4.26 可以看出，叶片生理电容 C 与盐胁迫水平及叶片紧张度 T_d 与盐胁迫水平模型都可以很好地表征电生理指标与盐逆境之间的关系，从决定系数的平方值（R^2）来看，与叶片生理电容 C 与盐逆境的关系相比，叶片紧张度 T_d 与盐逆境的关系可更好地用两参数的指数衰减方程来拟合。

表 4.26　两种秋葵叶片生理电容、叶片紧张度与盐逆境水平模型

品种	模型类型	模型方程	R^2	n	P 值
红秋葵	C-X_C	$C = 92.01\,e^{-1.94\,X_C}$	0.9659	12	<0.0001
	T_d-X_C	$T_d = 152.66\,e^{-1.78\,X_C}$	0.9813	12	<0.0001
绿秋葵	C-X_C	$C = 98.03\,e^{-3.28\,X_C}$	0.9982	12	<0.0001
	T_d-X_C	$T_d = 156.10\,e^{-2.85\,X_C}$	0.9992	12	<0.0001

将制作模型的作物更换逆境水平培养，逆境水平更换方案如表 4.27 所示。

表 4.27 盐胁迫水平更换方案

原逆境水平/%	现逆境水平/%
0	0
0.6	0
1.2	0.6
1.8	1.2

更换逆境水平，同样以第 1 展开叶为考察对象，继续培养 28 天，在上午 9:00～11:00 时测定其叶水势 Ψ_{La} 和生理电容 C_a，再依据叶水势 Ψ_{La} 和生理电容 C_a 计算叶片紧张度 T_{da}，结果如表 4.28 所示。

表 4.28 不同盐胁迫水平下两种秋葵叶片生理电容 C_a、水势 Ψ_{La} 和叶片紧张度 T_{da}

逆境处理 /%	红秋葵			绿秋葵		
	生理电容 C_a/pF	水势 Ψ_{La}/MPa	紧张度 T_{da}/（×10^{-3}cm）	生理电容 C_a/pF	水势 Ψ_L/MPa	紧张度 T_{da}/（×10^{-3}cm）
0-0	88.70	−0.92	149.10	96.00	−0.75	147.30
0-0	95.10	−1.02	149.00	95.00	−0.7	147.10
0-0	89.00	−1.43	149.20	95.00	−0.7	147.20
0.6-0	29.50	−1.85	55.30	23.00	−1.75	45.50
0.6-0	30.10	−1.24	55.10	28.00	−1.23	45.30
0.6-0	33.50	−1.8	55.00	28.50	−1.3	45.10
1.2-0.6	44.90	−1.44	78.70	4.40	−2.2	8.50
1.2-0.6	40.80	−1.97	78.50	4.59	−1.5	8.30
1.2-0.6	43.80	−1.92	78.50	4.75	−1.7	8.40
1.8-1.2	4.11	−2.05	8.60	2.36	−2.9	5.20
1.8-1.2	4.41	−2.45	8.50	2.56	−2.9	5.00
1.8-1.2	4.67	−2.41	8.80	2.50	−2.89	5.10

将 $C=C_a$ 代入 $C=a_1\,\mathrm{e}^{-b_1 X_C}$ 模型中，具体为，红秋葵 $C=92.01\,\mathrm{e}^{-1.94 X_C}$，绿秋葵 $C=98.03\,\mathrm{e}^{-3.28 X_C}$，求出方程的 X_C，标为 $X_{C\text{-}C}$。将 $T_d=T_{da}$ 代入 $T_d=a_2\,\mathrm{e}^{-b_2 X_C}$ 模型中，具体为，红秋葵代入 $T_d=152.66\,\mathrm{e}^{-1.78 X_C}$，绿秋葵代入 $T_d=156.10\,\mathrm{e}^{-2.85 X_C}$，求出方程的 X_C，标为 $X_{C\text{-}T_d}$；结果如表 4.29 所示。

从表 4.29 可以看出，预测出的两种秋葵同一逆境处理基于叶片生理电容的盐胁迫水平和基于叶片紧张度的盐胁迫水平基本相同。无论是红秋葵还是绿秋葵，在没有盐逆境的情况下，预测值都接近 0。同时，对于绿秋葵来说，盐胁迫水平随着盐度的增加而增加；除了从 1.8%复水到 1.2%的处理外，盐胁迫水平都介于原始盐度和复水目标盐度之间。而对于红秋葵来说，除了对照（无盐逆境）以外，盐胁迫水平最低的是盐度从 1.2%复水到 0.6%的处理，说明红秋葵经过 1.2%的盐逆境后，适应性大大增强，继续用 0.6%的盐水灌溉，可达到 0.39%（0.37%）的逆境效果。另外，基于叶片紧张度的盐胁迫水平重复间误差较小，结果精度更高、具有可信性。

表 4.29 两种秋葵盐胁迫水平的预测值（%）

胁迫水平	红秋葵		绿秋葵	
	X_{C-C}	X_{C-Td}	X_{C-C}	X_{C-Td}
0-0	0.02	0.01	0.01	0.02
0-0	−0.02	0.01	0.01	0.02
0-0	0.02	0.01	0.01	0.02
0.6-0	0.59	0.57	0.44	0.43
0.6-0	0.58	0.57	0.38	0.43
0.6-0	0.52	0.57	0.38	0.44
1.2-0.6	0.37	0.37	0.95	1.02
1.2-0.6	0.42	0.37	0.93	1.03
1.2-0.6	0.38	0.37	0.92	1.03
1.8-1.2	1.60	1.62	1.14	1.19
1.8-1.2	1.57	1.62	1.11	1.21
1.8-1.2	1.54	1.60	1.12	1.20

通过对叶片水势和生理电容的测定，利用植物的电生理指标可以无损、简便、快速、高效预测作物所遭受的盐胁迫水平，不受自然环境的限制，具有较好的可控性；通过构建的两参数指数衰减模型，基于叶片紧张度或者生理电容可及时提供作物所遭受的盐胁迫水平信息，克服了现有技术无法提前预防作物遭受盐害的难题；通过提前对作物所受盐胁迫水平的预测，可为精确控制盐水灌溉、节约淡水资源提供科学数据；可基于作物电生理特性的分析，及时、快速、在线检测作物遭受复合盐或未知浓度和成分的盐害水平，可以判别不同来源盐水的危害；通过对植物遭受的盐胁迫水平的分析，可以评价稀盐复水效果，为稀释灌溉提供数据支撑。

4.3.2 植物电生理信息对即时生长速率的表征

据统计，全世界盐碱地面积近 10 亿 hm^2，约占世界陆地面积的 7.6%。我国盐碱土地资源总量约为 9913 万 hm^2，其中，现代盐碱土面积为 3693 万 hm^2，残余盐碱土约 4487 万 hm^2，并且尚存在约 1733 万 hm^2 的潜在盐碱土，且有逐年增加的趋势（张美娟等，2020）。因此，如何开发和利用我国上亿亩的盐渍化土壤就成为我国农业生产和改善生态环境中十分迫切和重要的任务。但要利用盐渍化土壤就必须要筛选高生产力的盐碱适生植物品种。为了选育耐盐树种，必须了解植物的耐盐能力。

然而，国内外以往表征植物抗盐能力的方法归纳起来大致分为两种：一是生物耐盐能力指标法，即通过盐胁迫条件下的植株生长量、存活天数和生活力等指标加以评价（董江超，2015）；二是作物农业耐盐能力指标法，通过调查成熟期单株结实率、粒重和产量等指标评价作物耐盐性（林雪锋等，2018）。这些方法耗时较长，测定过程复杂，指标繁多，且建立在作物受到严重盐害的基础上，不具有预防效果。

植物属于生物体，是介于导体和绝缘体的电介质，在外电场的作用下具有特定的电阻值和电容值。水分是影响电参数值最主要的因素之一，植物叶片由大量细胞组成，细胞液浓度及体积的变化能够准确反映植物叶片的水分状况，而细胞液浓度及体积的变化能够用生理电容或者叶片紧张度来反映（Zhang et al.，2015）。盐逆境将导致植物体细胞中水分的变化，影响植株即时生长速率，植物的抗盐能力与植物在盐逆境下调控水分的能力及即时生长速率紧密相关，因此，可以用盐逆境下植物叶片生理电容或者紧张度来反映植物的即时生长速率，并分析其抗盐能力。

4.3.2.1　植物即时生长速率的计算原理

在盐逆境条件下，植物的生长与盐逆境水平相关；而植物的生长又与叶片水分状况有关，因此，盐逆境水平就与植物的水分状况相关。植物叶片水分状况可以用叶片生理电容或者叶片紧张度来表征，由此，可以用叶片生理电容或者紧张度的变化代表植物的生长状况。

两参数的指数衰减模型 $Y = a\,\mathrm{e}^{-bX}$ 是表征叶片紧张度或者生理电容与盐胁迫水平之间关系的机理模型，本实验构建的叶片生理电容 C、叶片紧张度 T_{d} 与盐逆境水平模型为：

$$C = a_1\,\mathrm{e}^{-b_1 X_{\mathrm{C}}} \tag{4.55}$$

$$T_{\mathrm{d}} = a_2\,\mathrm{e}^{-b_2 X_{\mathrm{C}}} \tag{4.56}$$

式中，a_1、a_2、b_1、b_2 是模型常数；X_{C} 为盐逆境水平；b_1、b_2 为衰减速率，它们的值越大表明盐对叶片生理电容或者紧张度的抑制作用就越大，可以定义成盐抑制指数，盐抑制指数越大表明受盐抑制作用越大，越不抗盐；反之盐抑制指数越小表明受盐抑制的作用越小，越抗盐。

而植物生长与植物叶片生理电容 C 或紧张度 T_{d} 具有很好的相关关系，利用直角双曲线方程构建植物干重生物量 DW 与生理电容 C、叶片紧张度 T_{d} 的关系模型分别为：

$$\mathrm{DW} = \mathrm{DW}_{01} + \frac{m_1 C}{n_1 + C} \tag{4.57}$$

$$\mathrm{DW} = \mathrm{DW}_{02} + \frac{m_2 T_{\mathrm{d}}}{n_2 + T_{\mathrm{d}}} \tag{4.58}$$

式中，m_1、m_2、n_1、n_2、DW_{01} 和 DW_{02} 是模型常数。

对式（4.57）、式（4.58）进行求导，可分别得到单位电容、单位紧张度导致的植物即时增长效率方程分别为：

$$(\mathrm{DW})' = \frac{m_1 n_1}{(n_1 + C)^2} \tag{4.59}$$

$$(\mathrm{DW})' = \frac{m_2 n_2}{(n_2 + T_{\mathrm{d}})^2} \tag{4.60}$$

当 $C=0$ 或 $T_{\mathrm{d}}=0$ 时，获取单位电容、单位紧张度导致的植物即时增长效率即为最大电容效率 E_C 和最大紧张度效率 $E_{T_{\mathrm{d}}}$：

$$E_C = (DW)' = \frac{m_1}{n_1} \tag{4.61}$$

$$E_{T_d} = (DW)' = \frac{m_2}{n_2} \tag{4.62}$$

由此可知，最大电容效率 E_C、最大紧张度效率 E_{T_d} 越大，植物的抗盐性越强。

4.3.2.2 植物即时生长速率的获取

实验室内采用同样规格的穴盘萌发植物种子，配制培养液培养植物幼苗至 3 叶期以上，选择生长较为一致的幼苗作为被考察植物幼苗；将被考察植物幼苗分别培养在含有不同盐逆境水平的培养液中；待被考察植物幼苗培养至两周以上，以第 1 展开叶为考察对象，于同一时段测定其叶水势 $\varPsi_L$ 和生理电容 C，随后测定植物的干重生物量 DW；依据叶水势 $\varPsi_L$ 和生理电容 C 计算叶片紧张度 T_d；利用两参数指数衰减方程分别构建叶片生理电容 C、叶片紧张度 T_d 与盐逆境水平模型。其中，叶片生理电容 C 与盐逆境水平模型为 $C = a_1 e^{-b_1 X_C}$，叶片紧张度 T_d 与盐逆境水平模型为 $T_d = a_2 e^{-b_2 X_C}$；式中，a_1、a_2、b_1、b_2 为模型常数，X_C 为盐逆境水平；利用直角双曲线方程构建植物干重生物量 DW 与叶片生理电容 C、叶片紧张度 T_d 的关系模型。其中，植物干重生物量 DW 与生理电容 C 的关系模型为 $DW = DW_{01} + \frac{m_1 C}{n_1 + C}$，植物干重生物量 DW 与叶片紧张度 T_d 的关系模型为 $DW = DW_{02} + \frac{m_2 T_d}{n_2 + T_d}$；式中，$m_1$、$m_2$、$n_1$、$n_2$、$DW_{01}$ 和 DW_{02} 是模型常数；依据叶片生理电容 C、叶片紧张度 T_d 与盐逆境水平模型分别获取盐抑制指数 I_C 和 I_{T_d}。其中，盐抑制指数 I_C 为基于盐抑制叶片生理电容 C 的盐抑制指数，且 $I_C = b_1$；盐抑制指数 I_{T_d} 为基于盐抑制叶片紧张度 T_d 的盐抑制指数，且 $I_{T_d} = b_2$；利用植物干重生物量 DW 与叶片生理电容 C、叶片紧张度 T_d 的关系模型分别获取最大电容效率 E_C 和最大紧张度效率 E_{T_d}。其中，最大电容效率 E_C 是指单位电容变化下引起的植物最大生长效应，且 $E_C = m_1/n_1$；最大紧张度效率 E_{T_d} 是指单位紧张度变化下引起的植物最大生长效应，且 $E_{T_d} = m_2/n_2$；利用盐抑制指数 I_C、I_{T_d} 和最大电容效率 E_C、最大紧张度效率 E_{T_d} 表征植物的抗盐性。

4.3.2.3 秋葵的电生理信息及即时生长速率

植物材料、培养及处理同 4.3.1.2 节，盐胁迫水平如表 4.24 所示。

不同盐逆境水平下两种秋葵的叶水势 $\varPsi_L$、生理电容 C 及叶片紧张度 T_d 见表 4.25，植物干重生物量 DW 见表 4.30。

叶片生理电容 C、叶片紧张度 T_d 与盐逆境水平之间的关系拟合曲线见图 4.25，对应的关系模型见表 4.26。

表 4.30　不同盐逆境水平下两种秋葵的植物干重生物量 DW

逆境水平/%	红秋葵	绿秋葵
0	50.34	43.50
0	49.54	42.70
0	50.60	43.20
0.6	40.12	30.00
0.6	40.12	29.00
0.6	40.14	30.10
1.2	30.13	25.40
1.2	30.00	26.40
1.2	29.80	26.10
1.8	22.00	22.30
1.8	20.00	22.10
1.8	20.00	21.60

利用直角双曲线方程构建植物干重生物量 DW 与叶片生理电容 C、叶片紧张度 T_d 的关系模型，对植物干重生物量 DW 与叶片生理电容 C、叶片紧张度 T_d 之间的关系进行曲线拟合，拟合曲线见图 4.26，同时可得到直角双曲线方程的拟合参数，即红秋葵为 $DW_{01}=18.42$，$m_1=43.67$，$n_1=34.24$，$DW_{02}=16.19$，$m_2=46.42$，$n_2=54.14$；绿秋葵为 $DW_{01}=22.01$，$m_1=28.05$，$n_1=32.75$，$DW_{02}=21.69$，$m_2=31.57$，$n_2=74.21$；将参数值代入直角双曲线方程即可得到对应的关系模型；如表 4.31 所示。

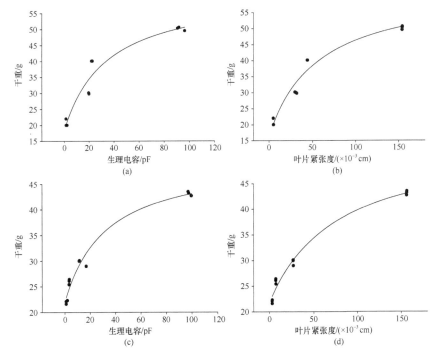

图 4.26　植物干重生物量 DW 与生理电容 C、叶片紧张度 T_d 之间关系的拟合曲线图
（a）红秋葵干重生物量 DW 与生理电容 C 之间关系的拟合曲线图；（b）红秋葵干重生物量 DW 与叶片紧张度 T_d 之间关系的拟合曲线图；（c）绿秋葵干重生物量 DW 与生理电容 C 之间关系的拟合曲线图；（d）绿秋葵干重生物量 DW 与叶片紧张度 T_d 之间关系的拟合曲线图

表 4.31 两种秋葵干重生物量 DW 与叶片生理电容 C、叶片紧张度 T_d 关系模型

品种	模型类型	模型方程	R^2	n	P 值
红秋葵	DW-C	$DW = 18.42 + \dfrac{43.67\,C}{34.24 + C}$	0.9143	12	<0.0001
	DW-T_d	$DW = 16.19 + \dfrac{46.42 T_d}{54.14 + T_d}$	0.9568	12	<0.0001
绿秋葵	DW-C	$DW = 22.01 + \dfrac{28.05\,C}{32.75 + C}$	0.9767	12	<0.0001
	DW-T_d	$DW = 21.69 + \dfrac{31.57\,T_d}{74.21 + T_d}$	0.9846	12	<0.0001

从表 4.31 可以看出，植物干重生物量 DW 与叶片生理电容 C 或叶片紧张度 T_d 的关系模型都可以很好地表征电生理指标与植株生长之间的关系；同样，从决定系数的平方值（R^2）来看，与植株生长与叶片生理电容的关系相比，植株生长与叶片紧张度 T_d 的关系可更好地用直角双曲线方程来拟合。

由表 4.32 获得盐抑制指数 I_C（b_1 的值）、I_{T_d}（b_2 的值）、最大电容效率 E_C（m_1/n_1 的值）、最大紧张度效率 E_{T_d}（m_2/n_2 的值），用 I_C、I_{T_d}、E_C 和 E_{T_d} 可以表征这两种秋葵品种的抗盐能力。

表 4.32 两种秋葵盐抑制指数 I_C、I_{T_d} 和最大电容效率 E_C、最大紧张度效率 E_{T_d}

品种	I_C	I_{T_d}	E_C	E_{T_d}
红秋葵	1.94	1.78	1.28	0.88
绿秋葵	3.28	2.85	0.86	0.43

从表 4.32 可以看出，红秋葵的 I_C 和 I_{T_d} 都小于绿秋葵，表明红秋葵受到的盐抑制作用小于绿秋葵受到的盐抑制作用；红秋葵的 E_C 和 E_{T_d} 都大于绿秋葵，表明红秋葵的电生理效应强于绿秋葵；这两方面都说明红秋葵的抗盐能力大于绿秋葵的抗盐能力，也说明用盐抑制指数 I_C、I_{T_d} 和最大电容效率 E_C、最大紧张度效率 E_{T_d} 可以表征抗盐性。

通过测得植物盐抑制指数、最大电容效率和最大紧张度效率来表征植物的抗盐性，克服了现有技术指标繁多的缺陷，通过测得植物的叶片水势和生理电容，能无损检测植物的抗盐能力，克服了外界环境的干扰，所得数据更为可靠，测定的结果精度高，可以定量检测植物的抗盐能力，测定结果具有可比性。

4.3.3 作物电生理信息对灌溉节点的表征

由于人口的增加和工农业的迅速发展需大量用水，在一些国家中，淡水不足已成为严重的问题，国内外许多专家提出了盐水灌溉的可能性，如何开发利用这些盐水，以增辟水源，扩大农田灌溉面积，预防将来工农业争水矛盾，已是发展农业生产的一个急需解决的问题（Javed et al., 2017）。盐水灌溉是一个比较复杂的问题，具有两重性，有"利"与"害"的两个方面，一方面，它供给农作物以必需的水分和养分，使作物能够生长；另一方面，也给农田带来了盐分，抑制植物生长，使土壤发生盐碱化（Clark and Zeto,

1996）。因此，了解盐水灌溉的客观规律，找出盐水灌溉的合理节点，认识水与盐、作物与土壤之间的相互关系，采取一系列有效的农业技术措施，充分发挥盐水灌溉中的有利因素，克服有害因素，对农田灌溉具有重要的意义。

通常的盐水灌溉没有量化数据，一方面会造成植物伤害，另一方面会造成水资源的大量浪费，加速土壤的盐碱化。植物在不同的生长环境中所表现出来的生理响应不同，其电生理参数对应发生变化（Zhang et al.，2015；Xing et al.，2019b）。盐逆境会导致植物体细胞中水分的变化，因此可以用植物的生理电容或者叶片紧张度来量化植物所遭受的盐分胁迫效应，通过建立机理模型，从而使盐水灌溉数据量化。

4.3.3.1　灌溉节点计算原理

两参数的指数衰减模型为：

$$Y = a\,\mathrm{e}^{-bX} \tag{4.1}$$

式中，e 为自然对数常数；a 为初始叶片紧张度或者生理电容；b 为衰减速率。

构建模型植物叶片生理电容与盐胁迫水平及叶片紧张度与盐胁迫水平模型，将待测作物生理电容或叶片紧张度代入模型则可以预测植物所遭受的盐胁迫水平。

表示酶促反应的起始速度与底物浓度关系的米氏方程为：

$$I = \frac{I_{\max}C_{\mathrm{s}}}{K_{\mathrm{m}} + C_{\mathrm{s}}} \tag{4.63}$$

式中，I 为植物对养分的吸收速率；$I_{\max}$ 为植物体对养分的最大吸收速率；K_{m} 为米氏常数，即当吸收速率为最大吸收速率 $I_{\max}$ 一半时的外界养分浓度；C_{s} 为底物浓度。

同样，米氏方程也可用于描述净光合速率与光合有效辐射强度或者 CO_2 之间的关系，它们同样可以用直角双曲线方程来表示，如式（4.64）所示：

$$A = \frac{A_{\max}I_{\mathrm{s}}}{K + I_{\mathrm{s}}} - R \tag{4.64}$$

式中，A 为净光合速率；I_{s} 为光合有效辐射强度或者胞间 CO_2 浓度；$A_{\max}$ 为饱和光强或者 CO_2 饱和时的净光合速率，即最大净光合速率；R 为呼吸速率；K 为常数，代表当净光合速率为最大净光合速率 $A_{\max}$ 一半时的外界光强或者 CO_2 浓度。

光合作用总反应式为：

$$CO_2 + H_2O =（CH_2O）+ O_2 \tag{4.65}$$

式中，（CH_2O）表示糖类，CO_2 和 H_2O 同为光合作用的反应底物，且反应比例为 1∶1，即光合作用过程中的净 CO_2 同化速率等同于净 H_2O 同化速率。植物叶片由大量细胞组成，细胞液浓度及体积的变化能够准确反映植物叶片的水分状况，而细胞液浓度及体积的变化能够用生理电容或者叶片紧张度来反映。生物量主要取决于植物叶片净光合速率的大小，所以光合作用对光强或者 CO_2 响应的直角双曲线模型同样可用于生长量对叶片生理电容 C 或者叶片紧张度 T_{d} 响应的曲线拟合。

直角双曲线方程由米氏方程推导演化而来，其中的 K 值同样可以用于表示当生长量（A）为最大生长量 $A_{\max}$ 一半时的生理电容 C 或者叶片紧张度 T_{d} 值。整个直角双曲线方程可划分为 3 段，前段为一级反应，中段为混合级，后段为二级反应。前段在 C 小于（等于）K 或者 T_d 小于（等于）K 时，此时斜率最大，因此，$C=K$ 或者 $T_d=K$ 时，可得到植物允许的生长量损失点，当 C 小于 K 或者 T_d 小于 K 时，植物生长受到显著抑制，甚至不能完成植物整个生育史，因此，在淡水紧缺地区，用该点（$C=K$ 或者 $T_d=K$）对应的盐逆境水平进行灌溉时需要对盐水进行稀释后方可用于灌水，该点（$C=K$ 或者 $T_d=K$）对应的盐逆境水平被称为稀释灌点。中段的中点为 $C=3K$ 或者 $T_d=3K$ 时，此时植物的生长量为最大生长量 A_{max} 的 3/4 处。当 C 大于或等于 $3K$ 或者 T_d 大于或等于 $3K$ 时，生长量受到对应的盐逆境水平的抑制作用较小，用对应的盐逆境水平的盐水灌溉，就不需要对盐水进行稀释，可以直接进行灌溉。因此，$C=3K$ 或者 $T_d=3K$ 对应的盐逆境水平就是直灌点。

4.3.3.2 灌溉节点的获取

实验室内采用同样规格的穴盘萌发植物种子，配制培养液培养幼苗至 3 叶期以上，选择生长较为一致的幼苗作为被考察植物幼苗；将被考察植物幼苗分别培养在含有不同盐逆境水平的培养液中，其中，盐逆境水平以培养液的电导率表示；待被考察植物幼苗培养至两周以上，以第一展开叶为考察对象，于同一时段测定其叶水势 Ψ_L 和生理电容 C，随后测定植物干重生物量 DW；依据公式（4.4）计算叶片紧张度 T_d；利用两参数指数衰减方程分别构建叶片生理电容 C、叶片紧张度 T_d 与盐逆境水平模型。叶片生理电容 C 与盐逆境水平模型为 $C=a_1\,e^{-b_1 X_{EC}}$，叶片紧张度 T_d 与盐逆境水平模型为 $T_d=a_2\,e^{-b_2 X_{EC}}$；式中，a_1、a_2、b_1、b_2 为模型常数，X_{EC} 为盐逆境水平；利用直角双曲线方程构建植物干重生物量 DW 与叶片生理电容 C、叶片紧张度 T_d 的关系模型。植物干重生物量 DW 与生理电容 C 的关系模型为 $DW=DW_{01}+\dfrac{m_1 C}{n_1+C}$，植物干重生物量 DW 与叶片紧张度 T_d 的关系模型为 $DW=DW_{02}+\dfrac{m_2 T_d}{n_2+T_d}$；式中，$m_1$、$m_2$、$n_1$、$n_2$、$DW_{01}$ 和 DW_{02} 是模型常数；依据植物干重生物量 DW 与叶片生理电容 C 的模型中的参数取 C 值，即植物生长量受到对应的盐逆境水平抑制作用较小点和植物允许的生长量损失点，将 C 值代入叶片生理电容 C 与盐逆境水平模型中，求出基于叶片生理电容的直灌点 WI_C 和稀释灌点 WDI_C。C 取值为 $3n_1$ 和 n_1，分别将 $C=3n_1$ 和 $C=n_1$ 代入 $C=a_1\,e^{-b_1 X_{EC}}$ 中，求出对应的盐逆境水平 X_{EC}，即基于叶片生理电容的直灌点 WI_C 和稀释灌点 WDI_C；依据植物干重生物量 DW 与叶片紧张度 T_d 的模型中的参数取 T_d 值，即植物生长量受到对应的盐逆境水平抑制作用较小点和植物允许的生长量损失点，将 T_d 值代入叶片紧张度 T_d 与盐逆境水平模型中，求出基于叶片紧张度的直灌点 WI_{T_d} 和稀释灌点 WDI_{T_d}。T_d 取值为 $3n_2$ 和 n_2，分别将 $T_d=3n_2$ 和 $T_d=n_2$ 代入 $T_d=a_2\,e^{-b_2 X_{EC}}$ 中，求出对应的盐逆境水平 X_{EC}，即基于叶片紧张度的直灌点 WI_{T_d} 和稀释灌点 WDI_{T_d}。

4.3.3.3　秋葵的灌溉节点

植物材料、培养及处理见 4.2.1.2 节，不同逆境水平见表 4.1。

不同盐逆境水平下两种秋葵的叶水势 Ψ_L 和生理电容 C 及叶片紧张度 T_d 见表 4.2，植物干重生物量 DW 见表 4.30。

随后，利用两参数的指数衰减方程式（4.1）构建叶片生理电容 C 与盐逆境水平及叶片紧张度 T_d 与盐逆境水平模型，分别为式（4.2）和式（4.3）（见 4.2.1.1 节）。

对叶片生理电容 C、叶片紧张度 T_d 与盐逆境水平之间的关系进行曲线拟合，拟合曲线见图 4.27；同时可得到两参数的指数衰减方程的拟合参数，即红秋葵为 a_1=123.837，b_1=0.142，a_2=200.706，b_2=0.131；绿秋葵为 a_1=161.075，b_1=0.239，a_2=240.708，b_2=0.208；将参数值代入指数衰减方程即可得到对应的关系模型；如表 4.33 所示。

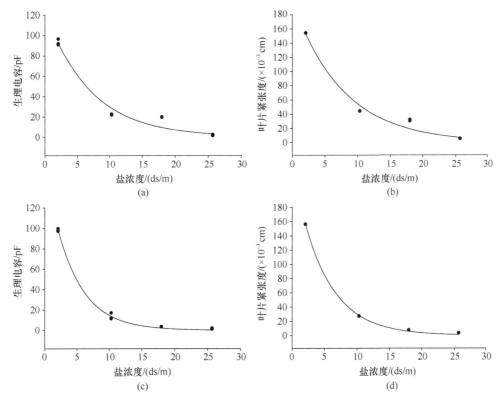

图 4.27　叶片生理电容 C、叶片紧张度 T_d 与盐逆境水平之间关系的拟合曲线图

（a）红秋葵叶片生理电容 C 与盐逆境水平之间关系的拟合曲线图；（b）红秋葵叶片紧张度 T_d 与盐逆境水平之间关系的拟合曲线图；（c）绿秋葵叶片生理电容 C 与盐逆境水平之间关系的拟合曲线图；（d）绿秋葵叶片紧张度 T_d 与盐逆境水平之间关系的拟合曲线图

从表 4.33 可以看出，叶片生理电容 C 与盐逆境水平及叶片紧张度 T_d 与盐逆境水平模型都可以很好地表征电生理指标与盐逆境之间的关系，从决定系数的平方值（R^2）来看，与叶片生理电容 C 与盐逆境的关系相比，叶片紧张度 T_d 与盐逆境的关系可更好地用两参数的指数衰减方程来拟合。

表 4.33   两种秋葵叶片生理电容 C、叶片紧张度 T_d 与盐逆境水平模型

品种	模型类型	模型方程	R^2	n	P 值
红秋葵	C-X_{EC}	$C=123.837\mathrm{e}^{-0.142X_{EC}}$	0.9690	12	<0.0001
	T_d-X_{EC}	$T_d=200.706\mathrm{e}^{-0.131X_{EC}}$	0.9838	12	<0.0001
绿秋葵	C-X_{EC}	$C=161.075\mathrm{e}^{-0.239X_{EC}}$	0.9983	12	<0.0001
	T_d-X_{EC}	$T_d=240.708\mathrm{e}^{-0.208X_{EC}}$	0.9995	12	<0.0001

植物干重生物量 DW 与生理电容 C、叶片紧张度 T_d 之间关系的拟合曲线见图 4.26，同时可得到直角双曲线方程的拟合参数，将参数值代入直角双曲线方程即可得到对应的关系模型；结果如表 4.31 所示。

将 $C=3n_1$ 和 $C=n_1$ 分别代入 $C=123.837\,\mathrm{e}^{-0.142\,X_{EC}}$ 和 $C=161.075\,\mathrm{e}^{-0.239\,X_{EC}}$ 中；求出对应的盐逆境水平，即为两种秋葵的基于叶片生理电容的直灌点 WI_C 和稀释灌点 WDI_C；将 $T_d=3n_2$ 和 $T_d=n_2$ 分别代入 $T_d=200.706\,\mathrm{e}^{-0.131\,X_{EC}}$ 和 $T_d=240.708\,\mathrm{e}^{-0.208\,X_{EC}}$ 中；求出对应的盐逆境水平，即为两种秋葵的基于叶片紧张度的直灌点 WI_{T_d} 和稀释灌点 WDI_{T_d}，如表 4.34 所示。

表 4.34   两种秋葵基于叶片生理电容的直灌点 WI_C 和稀释灌点 WDI_C 及基于叶片紧张度的直灌点 WI_{T_d} 和稀释灌点 WDI_{T_d}

品种	WI_C	WDI_C	WI_{T_d}	WDI_{T_d}
红秋葵	1.32	9.05	1.62	10.00
绿秋葵	2.07	6.67	0.38	5.66

从表 4.34 可以看出，两种秋葵无论是基于叶片生理电容的稀释灌点 WDI_C，还是基于叶片紧张度的稀释灌点 WDI_{T_d} 都大于直灌点 WI_C 和 WI_{T_d}，这是因为随着盐度增加对生长的抑制增加，当到了稀释灌点时，盐度对生长抑制强烈，必须稀释盐水才能灌溉，这与事实是相符的。同时可以看到红秋葵的稀释灌点显著大于绿秋葵，表明红秋葵抗盐能力强。

叶片生理电容与盐逆境水平及叶片紧张度与盐逆境水平模型，能很好地表征电生理指标与盐度之间的关系。基于叶片生理电容的直灌点和稀释灌点及基于叶片紧张度的直灌点和稀释灌点，可用于精确控制盐水灌溉，节约淡水资源。该灌溉节点为量化指标，具有较好的可比性，同时，还可以量化植物的抗盐能力；且对植物损伤小，测量简便，结果灵敏、精度高。

参 考 文 献

曹兵, 宋丽华, 魏婷婷. 2007. NaCl 胁迫对 3 个臭椿种源种子萌发的影响. 东北林业大学学报, 35(12): 9-10, 12.

陈建勋, 王晓峰. 2006. 植物生理学实验指导. 广州: 华南理工大学出版社.

邓彦斌, 蒋彦成. 1998. 新疆 10 种藜科植物叶片和同化枝的旱生和盐生结构的研究. 植物生态学报, 22(2): 164-170.

董江超. 2015. NaCl 胁迫下竹柳与红叶杨生理特性的研究. 保定: 河北农业大学硕士学位论文.

段新玲, 任东岁, 史文波. 2001. 无花果试管苗在 NaCl 胁迫过程中的溶质积累. 西北植物学报, 21(5): 1013-1017.

樊瑞苹, 周琴, 周波, 江海东. 2012. 盐胁迫对高羊茅生长及抗氧化系统的影响. 草业学报, 21(1): 112-117.

公维昌, 庄丽, 赵文勤, 田中平. 2009. 两种盐生植物解剖结构的生态适应性. 生态学报, 29(12): 6764-6771.

关超. 2016. 红树林植物根系解剖结构研究. 沈阳: 沈阳农业大学硕士学位论文.

韩军丽, 赵可夫. 2001. 植物盐腺的结构、功能和泌盐机理的探讨. 山东师范大学学报: 自然科学版, 2: 194-198.

何斌源. 2009. 全日潮海区红树林造林关键技术的生理生态基础研究. 厦门: 厦门大学博士学位论文.

侯佩臣. 2010. 高盐胁迫下红树植物-秋茄的表达谱微阵列分析及差异表达基因的功能解析. 北京: 北京林业大学博士学位论文.

贾恢先, 赵曼容. 1985. 几种典型盐地植物显微和亚显微结构研究. 植物学通报, 3(3): 49-51.

贾恢先, 赵曼容. 1990. 典型盐生植物叶绿体超微结构的研究. 西北植物学报, 10(5): 507-512.

贾婷婷, 常伟, 范晓旭, 宋福强. 2018. 盐胁迫下 AM 真菌对沙枣苗木光合与叶绿素荧光特性的影响. 生态学报, 38(4): 1337-1347.

姜伟, 崔世茂, 李慧霞, 张轶婷, 白红梅. 2017. 盐胁迫对辣椒幼苗根、茎、叶显微结构的影响. 蔬菜, (3): 6-15.

李广毅, 高国雄, 尹忠东. 1995. 灰毛滨藜叶解剖结构与抗逆性研究. 西北林学院学报, 10(1): 48-51.

李贵玲. 2020. 盐生植物耐盐机制概要及其在改良土壤中的作用. 生物学通报, 55(9): 7-10.

李国雷, 孙明高, 夏阳, 张金凤, 苗海霞. 2004. NaCl 胁迫下黄栌、紫荆的部分生理生化反应动态变化规律的研究. 山东农业大学学报: 自然科学版, 35(2): 173-176, 182.

李晋阳, 毛罕平. 2016. 基于阻抗和电容的番茄叶片含水率实时监测. 农业机械学报, 5: 295-299.

黎明鸿, 吴沿友, 邢德科, 姚香平. 2019. 基于叶片电生理特性的 2 种桑科植物抗盐能力比较. 江苏农业科学, 47(14): 217-221.

李品芳, 侯振安, 龚元石. 2001. NaCl 胁迫对苜蓿和羊草苗期生长及养分吸收的影响. 植物营养与肥料学报, 7(2): 211-217.

利容千, 王建波. 2002. 植物逆境细胞及生理学. 武汉: 武汉大学出版社.

李瑞强, 王玉祥, 孙玉兰, 张磊, 陈爱萍. 2022. 盐胁迫对无芒雀麦幼苗叶片形态及解剖结构的影响. 草地学报, 30(6): 1450-1459.

李小艳. 2018. 七种柳树对 NaCl 盐胁迫的生长生理响应. 呼和浩特: 内蒙古农业大学硕士学位论文.

李元跃. 2006. 几种红树植物叶的解剖学研究. 厦门: 厦门大学博士学位论文.

梁芳, 黄秋伟, 於艳萍, 梁惠, 黄秋艳, 刘细妹, 陈秋佑, 檀小辉. 2019. 濒危半红树植物玉蕊对盐胁迫的生理响应及其相关性分析. 中南林业科技大学学报, 39(10): 12-18.

廖宝文, 邱凤英, 谭凤仪, 曾雯, 徐大平. 2009. 红树植物秋茄幼苗对模拟潮汐淹浸时间的适应性研究. 华南农业大学学报, 30(3): 49-54.

廖岩, 陈桂珠. 2007. 三种红树植物对盐胁迫的生理适应. 生态学报, 27(6): 2208-2214.

林鹏. 1981. 中国东南部海岸红树林的类群及其分布. 生态学报, 1(3): 89-96.

林选栋, 武文莉, 林丽果, 周钰佩, 刘慧霞. 2018. 不同盐胁迫水平下硅对高羊茅幼苗生物量、酶活性和渗透调节物质的影响. 草业科学, 35(7): 1653-1660.

林雪锋, 颉洪涛, 虞木奎, 陈顺伟. 2018. 盐胁迫下 3 种海滨植物形态和生理响应特征及耐盐性差异. 林业科学研究, 31(3): 95-103.

林益, 瓮颖, 李贺鹏, 岳春雷, 张晓勉, 高智慧, 杨乐. 2014. 邓恩桉幼苗生长和光合特性对盐胁迫的响应. 浙江林业科技, 34(3): 33-38.

刘爱荣, 王桂芹, 章小华. 2007. NaCl 处理对空心莲子草营养器官解剖结构的影响. 广西植物, 27(5): 682-686.

刘爱荣, 赵可夫. 2005. 盐胁迫对盐芥生长及硝酸还原酶活性的影响. 植物生理与分子生物学学报, 31(5): 469-476.

刘家琼. 1983. 柠条和花棒叶的解剖学特征. 西北植物学报, 2(2): 112-115.

刘建新, 欧晓彬, 王金成. 2019. 镧胁迫下外源 H_2O_2 对裸燕麦幼苗叶绿素荧光参数和光合碳同化酶活性的影响. 生态学报, 39(8): 2833-2841.

刘鑫, 王沛, 周青平. 2021. 植物根系质外体屏障研究进展. 植物学报, 56(6): 761-773.

刘颖, 贺康宁, 徐特, 王辉, 刘玉娟. 2016. 水分胁迫对金露梅叶片水势、光合特性和水分利用效率的影响. 中国水土保持科学, 14(1): 106-113.

刘友良. 1992. 植物水分逆境生理. 北京: 农业出版社.

陆静梅, 李建东. 1994. 3 种耐盐碱植物根的解剖研究. 东北师范大学学报: 自然科学版, 16(2): 194-198.

陆静梅, 李建东, 景德章, 杨凤清, 张洪芹. 1994. 星星草 *Puccinellia tenuiflora* 解剖研究. 东北大学学报: 自然科学版, (1): 63-66.

芦丽娜, 谢佳佳, 王庆文, 石岱龙, 贾凌云, 冯汉青. 2017. NaCl 胁迫下交替呼吸途径对叶绿素含量及其荧光特性的影响. 西北植物学报, 37(6): 1175-1181.

鲁艳, 雷加强, 曾凡江, 徐立帅, 刘国军, 彭守兰, 黄彩变. 2014. NaCl 胁迫对大果白刺幼苗生长和抗逆生理特性的影响. 应用生态学报, 25(3): 711-717.

栾忠奇, 刘晓红, 王国栋. 2007. 水分胁迫下小麦叶片的电容与水分含量关系. 西北植物学报, 27(11): 2323 -2327.

罗达, 吴正保, 史彦江, 宋锋惠. 2022. 盐胁迫对 3 种平欧杂种榛幼苗叶片解剖结构及离子吸收、运输与分配的影响. 生态学报, 42(5): 1876-1888.

罗美娟. 2012. 红树植物桐花树幼苗对潮汐淹水胁迫的响应研究. 北京: 中国林业科学研究院博士学位论文.

罗美娟. 2015. 不同潮汐高度对桐花树群落生长状况与营养特征的影响. 福建林业, 180(5): 30-33.

罗美娟, 张守攻, 崔丽娟, 芳林, 黄雍容. 2012. 桐花树幼苗生长与生物量分配对淹水胁迫的响应. 浙江林业科技, 4: 18-22.

马建华, 郑海雷, 张春光, 李筱泉, 林鹏. 2002. 盐度对秋茄和桐花树幼苗蛋白质、H_2O_2 及脂质过氧化作用的影响. 厦门大学学报(自然科学版), 41(3): 354-358.

马少梅, 麻冬梅, 谢应忠, 许兴. 2010. 北海道黄杨试管苗的耐盐性研究. 林业资源管理, (2): 34-35.

裴毅, 杨雪君, 尹熙, 聂江力. 2015. NaCl 和 $NaHCO_3$ 胁迫对紫苏种子萌发的影响. 种子, 34(9): 11-14, 19.

任昱坤. 1994. 细叶车前叶片结构与环境研究. 宁夏农学院学报, 15(4): 38-41.

沈季雪, 蒋景龙, 田雲, 刘璇. 2016. NaCl 胁迫对黄瓜幼苗生长及细胞膜透性的影响. 贵州农业科学, 44(8): 19-24.

沈禹颖. 1997. 3 种盐生境植物叶表的扫描电镜观察. 草业学报, 6(3): 32-36.

石福臣, 鲍芳. 2007. 盐和温度胁迫对外来种互花米草(*Spartina alterniflora*)生理生态特性的影响. 生态学报, 27(7): 2733-2741.

苏旭, 吴学明, 祁生贵, 赵建平. 2004. 青海湖畔两种盐生植物叶片的超微结构研究. 青海草业, 13(3): 14-16.

孙一源, 余登苑. 1996. 农业生物力学及农业生物电磁学. 北京: 中国农业出版社.

谭芳林, 游惠明, 黄丽, 乐通潮, 林捷, 欧阳亚群, 聂森. 2014. 秋茄幼苗对盐度-淹水双胁迫的生理适应. 热带作物学报, 35(11): 86-91.

王虹, 邓彦斌, 许秀珍, 王东. 1998. 新疆 10 种旱生、盐生植物的解剖学研究. 新疆大学学报: 自然科学版, 15(4): 67-73.

王文, 许玉凤. 2005. 肥叶碱蓬叶和茎的解剖结构研究. 植物研究, 25(1): 45-48.

王文卿, 林鹏. 2000. 不同盐胁迫时间下秋茄幼苗叶片膜脂过氧化作用的研究. 海洋学报(中文版), 22(3): 49-54.

王小菲, 高文强, 刘建锋, 倪妍妍, 江泽平. 2015. 植物防御策略及其环境驱动机制. 生态学杂志, 34(12): 3542-3552.

王勋陵. 1987. 植物形态结构与环境. 兰州: 兰州大学出版社.

王羽梅, 任安祥, 潘春香, 新居直祐. 2004. 长时间盐胁迫对苋菜叶片细胞结构的影响. 植物生理学报, 40(3): 289-292.

魏建芬, 胡绍庆, 陈徐平, 孙丽娜, 沈柏春. 2020. 盐胁迫对桂花生长、光合及离子分配的影响. 浙江农业科学, 61(1): 86-90.

吴沿友, 陈倩, 邢德科, 卡西夫索朗基, 陈佳佳, 张承, 谢津津, 李中英. 2019. 一种快速测定植物抗盐能力的方法, CN 110031592A.

吴沿友, 黎明鸿, 邢德科, 刘宇婧, 姚香平, 于睿, 徐小健, 毛罕平. 2018a. 一种测定植物叶片固有蓄水势和固有蓄水力的方法及装置, CN 108562624 A.

吴沿友, 黎明鸿, 邢德科, 刘宇婧, 姚香平, 于睿, 徐小健, 毛罕平. 2018b. 一种基于生理电容的植物叶片固有导水度的测定方法及装置, CN 108680612 A.

吴沿友, 黎明鸿, 吴明津, 邢德科, 刘宇婧, 姚香平, 于睿, 徐小健, 毛罕平. 2018c. 一种基于生理电流的植物叶片固有输导力的测定方法及装置, CN 108572193 A.

吴沿友, 张明明, 邢德科, 周贵尧. 2015. 快速反映植物水分状况的叶片紧张度模型. 农业机械学报, 46(3): 310-314.

肖雯, 贾恢先, 蒲陆梅. 2000. 几种盐生植物抗盐生理指标的研究. 西北植物学报, 20(5): 818-825.

辛桂亮. 2014. 3 种红树植物次生木质部生态解剖学研究. 福州: 福建农林大学硕士学位论文.

辛桂亮, 郑俊鸣, 叶志勇, 张万超, 邓传远. 2015. 白骨壤次生木质部生态解剖学研究. 植物分类与资源学报, 37(5): 522-530.

许卉, 赵丽萍. 2005. 植物抗盐性机理及评价. 滨州学院学报, 21(3): 62-65.

许祥明, 叶和春, 李国凤. 2000. 植物抗盐机理的研究进展. 应用与环境生物学报, 6(4): 379-387.

许振伟, 宋慧佳, 李明燕, 张廷靖, 郭霄, Eller F, Brix H, 杜宁, 侯文轩, 郭卫华. 2019. 不同生态型芦苇种群对盐胁迫的生长和光合特性. 生态学报, 39(2): 542-549.

杨升, 刘正祥, 张华新, 杨秀艳, 刘涛, 姚宗国. 2013. 3 个树种苗期耐盐性综合评价及指标筛选. 林业科学, 49(1): 91-98.

杨晓慧, 蒋卫杰, 魏珉, 余宏军. 2006. 植物对盐胁迫的反应及其抗盐机理研究进展. 山东农业大学学报: 自然科学版, 37(2): 302-305, 308.

叶勇, 卢昌义. 2001. 木榄和秋茄对水渍的生长与生理反应的比例研究. 生态学报, 21(10): 1654-1661.

弋良朋, 马健, 李彦. 2007. 3 种荒漠盐生植物根系及根毛形态特征的比较研究. 植物研究, 27(2): 204-211.

游惠明. 2015. 秋茄幼苗对盐度、淹水环境的生长适应. 应用生态学报, 26(3): 675-680.

游思洋. 2011. 盐度波动对红树植物木榄幼苗光合及离子积累的影响. 厦门: 厦门大学硕士学位论文.

于畅, 王竞红, 薛菲, 江远芳. 2014. 沙棘对碱性盐胁迫的形态和生理响应. 中南林业科技大学学报, 34(9): 70-75.

余叔文, 汤章城. 1998. 植物生理与分子生物学. 北京: 科学出版社.

袁芳, 冷冰莹, 王宝山. 2015. 植物盐腺泌盐研究进展. 植物生理学报, 51(10): 1531-1537.

袁云香. 2019. 盐胁迫对孔雀草愈伤组织及其再生植株的耐盐机制的响应研究. 分子植物育种, 17(17): 5769-5774.

张道远, 尹林克, 潘伯荣. 2003. 柽柳泌盐腺结构、功能及分泌机制研究进展. 西北植物学报, 23(1): 190-194.

张钢, 肖建忠, 陈段芬. 2005. 测定植物抗寒性的电阻抗图谱法. 植物生理与分子生物学学报, 31(1): 19-26.

章家恩. 2007. 生态学常用实验研究方法与技术. 北京: 化学工业出版社.

张晶. 2019. 盐碱胁迫对 8 种冬青生长生理的影响. 长沙: 中南林业科技大学硕士学位论文 .

张丽, 张华新, 杨升, 冯永巍. 2010. 植物耐盐机理的研究进展. 西南林学院学报, 30(3): 82-86.

张美娟, 王冰, 黄升财, 陈红娜, 时俊美, 夏关雪莹, 屈琳俐, 程宪国. 2020. 糠醛渣改良土壤增强苔子对盐碱土的适应性. 农业工程学报, 36(6): 115-121.

张瑞群, 马晓东, 吕豪豪. 2016. 多枝柽柳幼苗生长及其根系解剖结构对水盐胁迫的响应. 草业科学, 33(6): 1164-1173.

张若溪, 蔡亚南, 李庆卫. 2022. 混合盐胁迫对栾树光合生理指标的影响. 西北植物学报, 42(1): 98-106.

张晓婷, 王雪松, 贾文飞, 徐振彪, 王颖, 吴林. 2021. 植物在盐处理下的研究进展. 北方园艺, (6): 137-143.

章英才, 闫天珍. 2003. 花花柴叶片解剖结构和生态环境关系的研究. 宁夏农学院学报, 24(1): 31-33.

赵风斌, 王丽卿, 季高华, 李为星. 2012. 盐胁迫对 3 种沉水植物生物学指标及叶片中丙二醛含量的影响. 环境污染与防治, 34(10): 40-44.

赵海燕, 魏宁, 孙聪聪, 白宜琳, 郑彩霞. 2018. NaCl 胁迫对银杏幼树组织解剖结构和光合作用的影响. 北京林业大学学报, 40(11): 28-41.

郑文菊, 王勋陵, 沈禹颖. 1999. 几种盐地植物同化器官的超微结构研究. 电子显微学报, 18(5): 507-512.

周玲玲, 冯元忠, 吴玲, 陆嘉惠. 2002. 新疆六种盐生植物的解剖学研究. 石河子大学学报: 自然科学版, 6(3): 217-219.

周三, 韩军丽, 赵可夫. 2001. 泌盐盐生植物研究进展. 应用与环境生物学报, 7(5): 496-501.

朱丹丹. 2018. 木榄和白骨壤次生木质部的生态解剖学研究. 福州: 福建农林大学硕士学位论文.

朱宇旌, 张勇. 2000. 盐胁迫下小花碱茅超微结构的研究. 中国草地, 4: 30-32.

Abraham N, Hema P S, Saritha E K, Subramannian S. 2000. Irrigation automation based on soil electrical conductivity and leaf temperature. Agricultural Water Management, 45(2): 145-157.

Atkinson M, Findlay G, Hope A, Pitman M, Dw Saddler H, West K. 1967. Salt regulation in the mangroves *Rhizophora mucronata* Lam. and *Aegialitis Annulata* Rbr. Australian Journal of Biological Sciences, 20(3): 588-589.

Azeem A, Wu Y, Javed Q, Xing D, Ullah I, Kumi F. 2017a. Response of okra based on electrophysiological modeling under salt stress and re-watering. Bioscience Journal, 33(5): 1219-1229.

Azeem A, Wu Y, Xing D, Javed Q, Ullah I. 2017b. Photosynthetic response of two okra cultivars under salt stress and re-watering. Journal of Plant Interaction, 12: 67-77.

Ball M C. 1988. Salinity tolerance in the mangroves *Aegiceras corniculatum* and *Avicennia marina*. I. Water use in relation to growth, carbon partitioning, and salt balance. Australian Journal of Plant Physiology, 15(3): 447-464.

Beilby M., Coster H G. 1979. The action potential in Chara corallina III. The Hodgkin-Huxley parameters for the plasmalemma. Australian Journal of Plant Physiology, 6: 337-353.

Berkheimer, S F, Hanson E. 2006. Deicing salts reduce cold hardiness and increase flower bud mortality of highbush blueberry. Journal of American Society of Horticultural Science, 131(1): 1-11.

Bhardwaj A R, Joshi G, Kukreja B, Malik V, Arora P, Pandey R, Shukla R N, Bankar K G, Katiyar-Agarwal S, Goel S, Jagannath A, Kumar A, Agarwal M. 2015. Global insights into high temperature and drought stress regulated genes by RNA-Seq in economically important oilseed crop *Brassica juncea*. BMC Plant Biology, 15(1): 9.

Chaitanya K V, Jutur P P, Sundar D, Reddy A R. 2003. Water stress effects on photosynthesis in different mulberry cultivars. Plant Growth Regulation, 40(1): 75-80.

Challabathula D, Analin B, Mohanan A, Bakka K. 2022. Differential modulation of photosynthesis, ROS and antioxidant enzyme activities in stress-sensitive and -tolerant rice cultivars during salinity and drought upon restriction of COX and AOX pathways of mitochondrial oxidative electron transport. Journal of Plant Physiology, 268: 153583.

Chen K, Chen L, Fan J, Fu J. 2013. Alleviation of heat damage to photosystem II by nitric oxide in tall fescue. Photosynthesis Research, 116: 21-31.

Chen L, Wang W, Lin P. 2004. Influence of waterlogging time on the growth of *Kandelia candel* seedlings. Acta Oceanologica Sinica -English Edition, 23(1): 149-157.

Clark R B, Zeto S K. 1996. Growth and root colonization of mycorrhizal maize grown on acid and alkaline soil. Soil Biology & Biochemistry, 28(10-11): 1505-1511.

Copeland E. 1964. A mitochondrial pump in the cells of the anal papillae of *Mosquito larvar*. Journal of Cell Biology, 23: 253-263.

Copeland E. 1966. Salt transport organelle in *Artemia satenis*(Brine shrimp). Scinece, 157: 470-471.

Ding F. 2013. Effects of salinity and nitric oxide donor sodium nitroprusside(SNP)on development and salt secretion of salt glands of *Limonium bicolor*. Acta Physiologiae Plantarum, 35: 741-747.

Epstein E, Bloom A J. 2005. Mineral Nutrition of Plants: Principles and Perspectives. 2nd ed. Sunderland, MA: Sinauer Associates.

Fahn A. 1990. Plant Anatomy .4th edition. Oxford: Pergamon Press.

Farnsworth E E J. 1997. Simulated sea level change alters anatomy, physiology, growth, and reproduction of red mangrove(*Rhizophora mangle* L.). Oecologia, 112(4): 435-446.

Flowers T J, Glenn E P, Volkov V. 2019. Could vesicular transport of Na^+ and Cl^- be a feature of salt tolerance in halophytes? Annals of Botany, 123: 1-18.

Fu X, Huang Y, Deng S, Zhou R, Yang G, Ni X, Li W, Shi S. 2005. Construction of a SSH library of *Aegiceras corniculatum* under salt stress and expression analysis of four transcripts. Plant Science, 169(1): 147-154.

Gadallah M A A. 1999. Effects of proline and glycinebetaine on *Vicia faba* responses to salt stress. Biologia Plantarum, 42(2): 249-257.

Garcia J D S, Dalmolin Â C, França M G C, Mangabeira P A O. 2017. Different salt concentrations induce alterations both in photosynthetic parameters and salt gland activity in leaves of the mangrove *Avicennia schaueriana*. Ecotoxicology and Environmental Safety, 141: 70-74.

Ge H L, Zhang F L. 2019. Growth-promoting ability of *Rhodopseudomonas palustris* G5 and its effect on induced resistance in cucumber against salt stress. Journal of Plant Growth Regulation, 38(1): 180-188.

Getzner M, Islam M S. 2020. Ecosystem services of mangrove forests: results of a meta-analysis of economic values. International Journal of Environmental Research and Public Health, 17: 1-13.

Golombek S D, Lüdders P. 1993. Effects of short-term salinity on leaf gas exchange of the fig(*Ficus carica* L.). Plant and Soil, 148(1): 21-27.

Gulzar S, Khan M A, Ungar I A. 2003. Salt tolerance of a coastal salt marsh grass. Communications in Soil Science and Plant Analysis, 34(17-18): 2595-2605.

Handa S, Bressan R A, Handa A K, Carpita N C, Hasegawa P M. 1983. Solutes contributing to osmotic adjustment in cultured plant cells adapted to water stress. Plant Physiology, 1983, 73(3): 834-843.

Hedrich R, Shroeder J L. 1989. The physiology of ion channels and electrogenic pumps in higher plants. Annual Review of Plant Physiology and Plant Molecular Biology, 40: 539-556.

Hibino T, Meng Y L, Kawamitsu Y, Uehara N, Matsuda N, Tanaka Y, Ishikawa H, Baba S, Takabe T, Wada K, Ishii T, Takabe T. 2001. Molecular cloning and functional characterization of two kinds of betaine-aldehyde dehydrogenase in betaine-accumulating mangrove *Avicennia marina*(Forsk.)Vierh. Plant Molecular Biology, 45(3): 353-363.

Hoagland D R, Arnon D I. 1950. The water culture method for growing plants without soil. California Agricultural Experiment Station Circular, 347: 29-31.

Javed Q, Wu Y, Azeem A, Ullah I. 2017. Evaluation of irrigation effects using diluted salted water based on electrophysiological properties of plants. Journal of Plant Interactions, 12(1): 219-227.

Jeffery R P, Ryan M H, Ayers N L, Nichols P G H. 2021. Salinity tolerance and avoidance mechanisms at germination among messina (*Melilotus siculus*) accessions. Crop and Pasture Science, 72(9): 641-651.

Jian W, Zhang D, Zhu F, Wang S, Pu X, Deng X G, Luo S S, Lin H. 2016. Alternative oxidase pathway is involved in the exogenous SNP-elevated tolerance of *Medicago truncatula* to salt stress. Journal of Plant Physiology, 193: 79-87.

Johnson K D, Hofte H, Chrispeels M J. 1990. An intrinsic tonoplast protein of protein storage vacuoles in seeds is structurally related to a bacterial solute transporter (GipF). Plant Cell, 2: 525-532.

Jong S M D, Addink E A, Doelman J C. 2014. Detecting leaf water content in Mediterranean trees using high-resolution spectrometry. International Journal of Applied Earth Observation and Geoinformation, 27: 128-136.

Kammerloher W, Fischer U, Piechottka G P, Schaffner A R. 1994. Water channels in the plant plasma membrane cloned by immunoselection from a mammalian expression system. Plant Journal, 6: 187-199.

Katsuichi O, Tasuke Y. 1959. Studies on the salt injury to crops: XIV. relation between the temperature and salt injury in paddy rice. Japanese Journal of Crop Science, 28(1): 33-34.

Kotmire S Y, Bhosale L J. 1985. Photosynthesis in *Avicennia* and *Thespesia*. Indian Botany Reporter, 4: 46-49.

Kramer P J. 1945. Absorption of water by plants. Botanical Review, 11(6): 310-355.

Lang T, Sun H, Li N, Lu Y, Shen Z, Jing X, Xiang M, Shen X, Chen S. 2014. Multiple signaling networks of extracellular ATP, hydrogen peroxide, calcium, and nitric oxide in the mediation of root ion fluxes in secretor and non-secretor mangroves under salt stress. Aquatic Botany, 119: 33-43.

Lee C, Li R. 1981. Anatomical observation of assimilating branches of nine xerophytes in Gansu. Acta Botanica Sinica, 23(3): 181-185.

Li D, Wan S, Li X, Kang Y, Han X. 2022. Effect of water-salt regulation drip irrigation with saline water on tomato quality in an arid region. Agricultural Water Management, 261: 107347.

Li N, Chen S, Zhou X, Li C, Shao J, Wang R, Fritz E, Hüttermann A, Polle A. 2008. Effect of NaCl on photosynthesis, salt accumulation and ion compartmentation in two mangrove species, *Kandelia candel* and *Bruguiera gymnorhiza*. Aquatic Botany, 88(4): 303-310.

Liang S, Zhou R, Dong S, Shi S. 2008. Adaptation to salinity in mangroves: Implication on the evolution of salt-tolerance. Chinese Science Bulletin, 53(11): 1708-1715.

Liang Y, Cao C H, Tian C Y, Sun M H. 2014. Changes in cell density and chlorophyll fluorescence with salinity stress in two *Isochrysisgalbana* strains (Prymnesiophyceae). Algological Studies, 145-146(1): 81-98.

Lin G, Sternberg L D S L. 1992. Differences in morphology, carbon isotope ratios, and photosynthesis between scrub and fringe mangroves in Florida, USA. Aquatic Botany, 42(4): 303-313.

Liu J, Zhu J K. 1998. A calcium sensor homolog required for plant salt tolerance. Science, 280(5371): 1943-1945.

Ma S, Gong Q, Bohnert H J. 2006. Dissecting salt stress pathways. Journal of Experimental Botany, 57(5): 1097.

Malgat R, Faure F, Boudaoud A. 2016. A mechanical model to interpret cell-scale indentation experiments on plant tissues in terms of cell wall elasticity and turgor pressure. Frontiers in Plant Science, 7: 1-11.

Meinzer F C, James S A, Goldstein G, Woodruff D R. 2003. Whole tree water transport scale with sapwood capacitance in tropical forest canopy trees. Plant Cell and Environment, 26(7): 1147-1155.

Mosiichuk N. 2015. Effects of sodium nitroprusside on salt stress tolerance of tocopherol-deficient *Arabidopsis thaliana* plants. Journal of Vasyl Stefanyk Precarpathian National University, 2: 122-131.

Munns R. 2006. Approaches to increasing the salt tolerance of wheat and other cereals. Journal of Experimental Botany, 57(5): 1025-1043.

Nguyen C T, Kurenda A, Stolz S, Chételat A, Farmer E E. 2018. Identification of cell populations necessary for leaf-to-leaf electrical signaling in a wounded plant. The National Academy of Sciences of the United States of America, 115(40): 10178-10183.

Niu X, Bressan R A, Hasegawa P M, Pardo J M. 1995. Ion homeostasis in NaCl stress environments. Plant Physiology, 109: 735-742.

Odum R B W E. 1984. Mangrove ecosystems in Australia: structure, function and management. Estuaries, 7(1): 104-105.

Oliveira P S D, Pereira L S, Silva D C, Júnior J O D S, Laviola B G, Gomes F P. 2018. Hydraulic conductivity in stem of young plants of *Jatropha curcas* L. cultivated under irrigated or water deficit conditions. Industrial Crops and Products, 116: 15-23.

Parida A K, Das A B, Mohanty P. 2004. Defense potentials to NaCl in a mangrove, *Bruguiera parviflora*: differential changes of isoforms of some antioxidative enzymes. Journal of Plant Physiology, 161(5): 531-542.

Parida A K, Jha B. 2010. Salt tolerance mechanisms in mangroves: a review. Trees, 24: 199-217.

Rodriguez H G, Boberts J K M, Jordan W R, Drew M C. 1997. Growth, water relations, and accumulation of organic and inorganic solutes in roots of maize seedlings during salt stress. Plant Physiology, 113: 881-893.

Roy S J, Negrão S, Tester M. 2014. Salt resistant crop plants. Current Opinion of Biotechnology, 26(4): 115-124.

Salin M L. 1991. Chloroplast and mitochondrial mechanisms for protection against oxygen toxicity. Free Radical Research, 13(1): 851-858.

Scholander P F. 2006. How mangroves desalinate seawater. Physiologia Plantarum, 21(1): 251-261.

Seki M, Narusaka M, Ishida J, Nanjo T, Fujita M, Oono Y, Kamiya A, Nakajima M, Enju A, Sakurai T, Satou M, Akiyama K, Taji T, Yamaguchi-Shinozaki K, Carninci P, Kawai J, Hayashizaki Y, Shinozaki K. 2002. Monitoring the expression profiles of 7000 *Arabidopsis* genes under drought, cold and high-salinity stresses using a full-length cDNA microarray. Plant Journal, 2(6): 301-301.

Serrano R, Culianz-Macia F A, Moreno V. 1999. Genetic engineering of salt and drought tolerance with yeast regulatory genes. Scientia Horticulturae, 78(1-4): 261-269.

Shalata A, Tal M. 2002. The effect of salt stress on lipid peroxidation and antioxidants in the leaf of the cultivated tomato and its wild salt-tolerant relative *Lycopersicon pennellii*. Physiologia Plantarum, 104(2): 169-174.

Shawkat M, Nasir M, Chen Q J, Kurban H. 2017. Effect of salt stress on photosynthetic gas exchange and chlorophyll fluorescence parameters in *Alhagi pseudalhagi*. Agricultural Science & Technology, 18(3): 411-416, 423.

Shen J, Wang Q, Chen Y, Yan H, Zhang X, Liu Y. 2022. Evolution process of the microstructure of saline soil with different compaction degrees during freeze-thaw cycles. Engineering Geology, 304: 106699.

Shinozaki K, Yamaguchi-Shinozaki K. 1997. Gene expression and signal transduction in water-stress response. Plant Physiology, 115: 327-334.

Smith M M. 1982. Salt-induced ultrastructural damage to mitochondria in root tips of a salt-sensitive ecotype of *Agrostis stolonifera*. Journal of Experimental Botany, 33(136): 886-895.

Sogoni A, Jimoh M O, Kambizi L, Laubscher C P. 2021. The impact of salt stress on plant growth, mineral composition, and antioxidant activity in *Tetragonia decumbens* Mill.: an underutilized edible halophyte in south Africa. Horticulturae, 7(6): 140.

Solangi K A, Siyal A A, Wu Y, Abbasi B, Solangi F, Lakhiar I A, Zhou G. 2019. An assessment of the spatial and temporal distribution of soil salinity in combination with field and satellite data: a case study in Sujawal district. Agronomy, 9: 869.

Solangi K A, Wu Y, Chen Q, Qureshi W A, Xing D, Tunio M H, Shaikh S A. 2021. The differential responses of *Aegiceras corniculatum* and *Kandelia candel* under salt stress and re-watering phase. A study of leaf electrophysiological and growth parameters. Journal of Plant Interactions, 16(1): 307-320.

Solangi K A, Wu Y Y, Xing D K, Qureshi W A, Tunio M H, Sheikh S A, Shabbir A. 2022. Can electrophysiological information reflect the response of mangrove species to salt stress? A case study of rewatering and Sodium nitroprusside application. Plant Signaling & Behavior, 17(1): 2073420

Sreenivasulu N, Grimm B, Wobus U, Weschke W. 2000. Differential response of antioxidant compounds to salinity stress in salt tolerant and salt sensitive seedling of foxital millet(*Setaria italica*). Physiologia Plantarum, 109(4): 435-442.

Sukhov V. 2016. Electrical signals as mechanism of photosynthesis regulation in plants. Photosynthesis Research, 130(1-3): 373-387.

Sukhov V, Sukhova E, Vodeneev V. 2019. Long-distance electrical signals as a link between the local action of stressors and the systemic physiological responses in higher plants. Progress in Biophysics and Molecular Biology, 146: 63-84.

Taiz and Zeiger. 2009. 植物生理学. 第四版. 宋纯鹏, 王学路等译. 北京: 科学出版社.

Takahashi S, Seki M, Ishida J, Satou M, Sakurai T, Narusaka M, Kamiya A, Nakajima M, Enju A, Akiyama K, Yamaguchi-Shinozaki K, Shinozaki K. 2004. Monitoring the expression profiles of genes induced by hyperosmotic, high salinity, and oxidative stress and abscisic acid treatment in *Arabidopsis* cell culture using a full-length cDNA microarray. Plant Molecular Biology, 56(1): 29-55.

Thomason W W, Liu L L. 1967. Ultrastructural features of the salt gland of *Tamarix aphylla*. Planta, 73: 201-220.

Vicente O, Boscaiu M, Naranjo M Á, Estrelles E, Bellés J M, Soriano P. 2004. Responses to salt stress in the halophyte *Plantago crassifolia*(Plantaginaceae). Journal of Arid Environments, 58(4): 463-481.

Waisel Y. 1972. Biology of Halophytes. New York: Academic Press.

Xiao L, Shi Y, Wang R, Feng Y, Wang L, Zhang H, Shi X, Jing G, Deng P, Song T, Jing W, Zhang W. 2022. The transcription factor OsMYBc and an E3 ligase regulate expression of a K^+ transporter during salt stress. Plant Physiology, 283: 1093.

Xing D, Chen L, Wu Y, Zwiazek J J. 2021. Leaf physiological impedance and elasticity modulus in *Orychophragmus violaceus* seedlings subjected to repeated osmotic stress. Scientia Horticulturae, 276: 109763.

Xing D, Chen X, Wu Y, Chen Q, Li L, Fu W, Shu Y. 2019a. Leaf stiffness of two Moraceae species based on leaf tensity determined by compressing different external gripping forces under dehydration stress. Journal of Plant Interactions, 14(1): 610-616.

Xing D, Xu X, Wu Y, Liu Y, Wu Y, Ni J, Azeem A. 2019b. Leaf tensity: a method for rapid determination of water requirement information in *Brassica napus* L.. Journal of Plant Interactions, 13(1): 380-387.

Xu H M, Tam N F Y, Zan Q J, Bai M, Shin P K S, Vrijmoed L L P, Cheung S G, Liao W B. 2014. Effects of salinity on anatomical features and physiology of a semi-mangrove plant *Myoporum bontioides*. Marine Pollution Bulletin, 85: 738-746.

Yao J P, Wang Z Y, Oliveira R, Wang Z Y, Huang L. 2021. A deep learning method for the long-term prediction of plant electrical signals under salt stress to identify salt tolerance. Computers and Electronics in Agriculture, 190: 106435.

Yastreb T O, Kolupaev Y E, Karpets Y V, Dmitriev A P. 2017. Effect of nitric oxide donor on salt resistance of *Arabidopsis* jin1 mutants and wild-type plants. Russian Journal of Plant Physiology, 64: 207-214.

Yuan F, Leng B, Wang B. 2016. Progress in studying salt secretion from the salt glands in recretohalophytes: how do plants secrete salt? Frontiers in Plant Science, 7: 1-12.

Zhang C, Wu Y, Su Y, Xing D, Dai Y, Wu Y, Fang L. 2020. A plant's electrical parameters indicate its physiological state: a study of intracellular water metabolism. Plants, 9(10): 1256.

Zhang M M, Wu Y Y, Xing D K, Zhao K, Yu R. 2015. Rapid measurement of drought resistance in plants based on electrophysiological properties. Transactions of the ASABE, 58(6): 1441-1446.

Zhao C, Zhang H, Song C, Zhu J K, Shabala S. 2020. Mechanisms of plant responses and adaptation to soil salinity. Innovation, 1(1): 100017.

第 5 章　植物电生理信息与植物病害的监测

植物病害是农业生产中严重影响农作物生长、产量和品质的重要因素，原位、及时、灵敏的植物病害识别诊断方法对于保障农作物生产至关重要。直观的病害症状只能反映植物发病后的生命过程，而电生理信息可以真实、实时地反映植物病情发生发展过程。本章以油菜和诸葛菜菌核病为研究对象，探讨了核盘菌侵染及核盘菌和草酸复合侵染对油菜、诸葛菜菌核病发生情况、电生理信息、胞内水代谢和营养转运代谢的影响；并基于植物电生理信息进一步开发了植物叶片代谢流（MF）、植物叶片代谢速率（MR）、植物相对代谢活力（MA）、植株健康指数（HI）和植株病害病情指数（SI），以监测植物病害的发生。核盘菌侵染苗期油菜、花期油菜和花期诸葛菜后的电生理、胞内水代谢和营养转运代谢的显著变化至少要比肉眼可见的菌核病症状提前出现 2~4 天。随着核盘菌接种量的增加，苗期油菜、花期油菜和花期诸葛菜植株菌核病 SI 升高趋势更加明显，HI 下降更显著。草酸单独作用不仅未降低 MA，而且对接种后 1~5 天的诸葛菜的 MA 有较大刺激，说明草酸本身并不是致病因子，只有在菌核病存在下才影响植物的代谢活力和健康。这些结果不仅很好地表征了菌核病的发生发展，也能很好地表征草酸或者草酸与菌核病互作对植物发病和健康的影响程度，实现了植物健康状态和菌核病发生的实时、在线、快速监测和预测，为更好地解析菌核病的致病过程和机理提供了基础数据和支撑。

5.1　植物病害诊断及抗病能力

5.1.1　植物病害类型及感病过程

5.1.1.1　植物病害发生及类型

任何进入植物体内的病原微生物或在植物体外的非生物因子，对植物连续地干扰和破坏，当其影响超出植物能适应的范围时，植物的生理和组织结构就会发生病理变化而出现病状（董金皋等，2016）。植物病害可分为侵染性病害和非侵染性病害两类。

侵染性病害由病原物引起，病原物有真菌、细菌、病毒、线虫、寄生性种子植物等。该病害具有传染性，可再侵染引起病害的传播，如稻瘟病、黄瓜青枯病、油菜菌核病、辣椒疫病等。侵染性病害按病原物可分为三类。①传染性病害，包括细菌类、真菌类和病毒类，其中以真菌病害最多（董金皋等，2016）。大多数真菌病害在病部产生病征，或稍加保湿培养即可生出子实体。常常从新鲜病斑的边缘做镜检或分离来确定病原真菌的子实体，也可选择合适的培养基，一些特殊性诊断技术也可以选用。按科赫氏法则进行鉴定，尤其是接种后看是否发生同样病害是最基本的，也是最可靠的方法。细菌病害初期有水渍状或油渍状边缘，半透明，病斑上有菌脓外溢、斑点、腐烂、萎蔫，肿瘤大多数是细菌病害的特征，部分真菌也引起萎蔫与肿瘤。切片镜检有无喷菌现象是最简便易行又最可靠的诊断技术。病毒病害的症状以花叶、矮缩、坏死为多见。无病征，撕取表皮镜检时可见病毒粒体和内含体。采取病株叶片用汁液摩擦接种或用蚜虫传毒接种可引起发病，用病汁液摩擦接种在指示植物或鉴别寄主上可见到特殊症状出现，常用血清学诊断技术可快速做出正确的诊断（邹立峰，2010）。②寄生植物病害，在发病植物体上或根际可以看到其寄生物，如寄生藻、菟丝子、独脚金等。③线虫病害，在植物根表、根内、根际土壤、茎或籽粒（虫瘿）中可见到线虫寄生，或者发现有口针的线虫存在。线虫病的病状为虫瘿或根结、胞囊、茎（芽、叶）坏死、植株矮化黄化、缺肥状。

非侵染性病害：又称为生理性病害，是由不适宜作物生长或突然发生的外界环境中的非生物因素（物理因素和化学因素）所致，物理因素如光照、热风、高温、冷害、冻害、干旱、水涝等，化学因素如农药、土壤盐碱、微量元素、用肥情况、生长素等（董金皋等，2016）。该种病害可导致侵染性病害的发生，它们虽然性质不同，但相互之间还有密切的关系。非侵染性病害的发生可以为侵染性病害的病原开辟侵入的途径，如灼伤生理性的腐烂是病原物的侵入途径。又由于侵染性病害的发生发展，也降低了植物对不良环境的适应性，易使植物发生非侵染性病害（Singh et al.，2021）。

5.1.1.2 植物病害的症状

植物受到病原物侵害或不良环境的影响所表现的症状被称为植物病害的症状，主要表现为以下几个方面（董金皋等，2016）。

变色：植物叶片叶绿素受到抑制不能正常形成，或其他色素过多或被破坏黄化，叶片上或花瓣上表现为淡绿色、黄色甚至白色，整个植株或叶片出现均匀褪绿现象，如蚜虫引起的多种病毒病常表现为花叶。

坏死和腐烂：叶片组织的坏死常表现为叶斑和叶枯两种，有些叶斑还可能脱落形成穿孔。多肉幼嫩的组织坏死容易表现为腐烂，花器、果实坏死而形成花腐、果腐等。反之，则易形成干腐，如树木腐朽病、桃树流胶病等。

畸形：植物在感病后，因细胞或组织过度生长或发育不良而形成的，如植物的矮化、徒长，个别器官发生畸形。器官畸形常表现为叶片皱缩、变小，枝条簇生或变扁呈带状，有的根、茎或枝条局部组织膨大形成肿瘤等。此类症状多由病毒、真菌、生理因素引起，如桃树缩叶病、辣椒病毒病等。

萎蔫：引起植物萎蔫的原因多种多样，总体来说是由真菌、细菌等引起的，发病一般为整株性，根据症状和发病部位的不同，可分为猝倒病、立枯病、枯萎病等。

5.1.1.3 植物病害的感病过程

病原微生物可通过植物的伤口、气孔、皮孔等进入寄主细胞的间隙和导管。常见病原真菌主要可分为由几丁质和 β-1,3-葡聚糖组成细胞壁的类群及由纤维素和 β-1,3-葡聚糖组成细胞壁的类群。它们可分泌一些降解酶如角质酶、果胶酶和纤维素酶来协助侵入，也可以通过伤口和气孔进入。植物病毒大多是正链 RNA 病毒（如烟草花叶病毒，TMV），主要通过机械擦伤、昆虫介导进入寄主细胞（董金皋等，2016；Singh et al.，2021）。

5.1.2　植物抗病机理

自然环境中，植物与各种病原物如真菌、细菌、病毒等的接触无时无处不在，植物大多数情况下并不患病而是正常生长，这是因为植物体内存在着多种抗病途径，其主要包括固有抗病性和诱导抗病性（Kaur et al.，2017）。

5.1.2.1　固有抗病性

植物固有抗病性是指病原物侵染植物前，植物体已存在的一些抗病因素，包括组织解剖结构和抗菌化合物两类。

组织解剖结构：植物表皮角质层、细胞壁是病原物入侵的天然屏障。一般认为：角质层越厚、细胞壁强度越大的植物组织抗病性越强。另外，水孔、气孔的多少和构造及开闭的习性也与抗病性相关（董金皋等，2016）。

抗菌化合物：植物体内固有的抗菌化合物有多种，包括酚类化合物、有机硫化物、不饱和内酯化合物、配糖类和皂角类等，在不同的植物中，它们的组成或含量各异，在不同的组织和细胞内行使不同的生理功能。有些物质对病原物有直接毒性，另外一些物质在发生变化后才起作用。在健康植物体内含有大量酚类物质，如绿原酸、单宁酸、儿茶酚、原儿茶酚等，它们对病原物有着不同的毒性，如富含原儿茶酚和邻苯二酚的洋葱，对洋葱黑斑病和炭疽病有很高的抗性（董金皋等，2016）。

5.1.2.2　诱导抗病性

诱导抗病性是指植物受病原物侵染时被激活和诱导的抗病性，对于植物诱导产生的抗病性而言，更重要、更有效的途径是体内产生的一系列生理生化反应（董金皋等，2016；Kaur et al.，2017）。

抗病反应的激活：Flor（1971）提出了基因对基因假说（gene for gene hypothesis），该假说认为：植物对某种病原的特异抗性取决于它是否具有相应的抗性基因，同时病原的专一致病性取决于病原是否具有无毒基因，也就是说寄主分别含有感病基因和抗病基因，病原分别含有毒性基因和无毒基因，只有当相应具有抗病基因的植物与具有无毒基因的病原相互作用，才会激发植物相应的抗病反应。其他情况下，二者表现亲和即寄主感病。

氧化跃变：氧化跃变又称为氧爆、氧猝发，是植物对不亲和病原物最早期的反应之一，表现为植物病原的非亲和反应中活性氧的急促释放。在植物抗病反应中，活性氧主要包括超氧阴离子（O_2^-）、羟自由基（—OH）和过氧化氢（H_2O_2），植物质膜中的激发子受体可能活化 G 蛋白，引起细胞内 Ca^{2+} 和蛋白质磷酸化，最终在质膜中形成活化 NADPH 氧化酶复合物。NADPH 氧化酶可以产生 O_2，O_2 迅速转变成 H_2O_2。另外，活性氧还被认为是侵染细胞过敏性坏死的一个触发信号，以及作为可扩散信号诱导邻近细胞防卫机制的启动，还可能参与了系统获得性抗性的建立（Kaur et al.，2017）。

过敏性反应：基因互作的显著标志是过敏性反应，它是引起寄主植物在病原物侵入点周围少数细胞迅速死亡，从而限制病原物的扩展和蔓延的一种自我保卫机制，这是一种寄主植物对各类病原物侵染所激发的极为普遍的高度的抗病反应，其主要形式可从单细胞坏死到明显的组织大面积死亡。

病程相关蛋白：是一类与植物系统获得抗性的启动具有相关性的蛋白质。几丁质酶是病程相关蛋白质的一种，它广泛存在于自然界，高等植物中也普遍存在。几丁质酶的主要作用是催化几丁质水解，几丁质酶在植物体内的诱导和积累对于增强植物防卫能力起重要作用。除直接抑制真菌生长外，几丁质酶还可能诱导寄主植物的其他防御反应。

植物保卫素：简称植保素，是一类由生物或非生物因子激发、诱导和积累的抗菌物质。迄今为止，在被子植物中已发现 100 多种植保素，大多是一些异类黄酮和萜类物质，研究与命名的植保素以豆科和茄科植物居多，如豌豆素、菜豆素、大豆素、日齐素及棉醇等。在植物抗病反应中，植保素的主要作用是抑制病菌生长和阻碍病菌侵染。

植物抗病反应是十分复杂多样的，除以上反应外，还存在许多其他途径，如产生具抗菌功能的蛋白肽类物质、产生病原物水解酶抑制剂及胞外碱化途径。这些反应之间的关系也非常复杂，有些反应可能协同作用，有些可能互相抑制，有的可能是诱导另外一种反应的信号。在长期与病原物的接触中，植物进化出许多防疫手段，同时，病原物也演化出破坏植物抗性机理的多种措施（董金皋等，2016；Kaur et al.，2017）。

5.1.3 植物病害识别诊断

5.1.3.1 植物病害常见的病征类型

病征是病原物在植物发病部位表现的特征，如发霉、菌脓及产生粉状物、锈状物、颗粒物等。发霉是指由真菌引起的病害，常在病部产生各种颜色的霉层，如灰霉病等。粉状物是指有的真菌病害在病部形成的白色或黑色粉层，如小麦白粉病等。锈状物是指某些真菌病害在病部形成的锈黄色粉状物，如小麦条锈病等。颗粒状物是指某些真菌病害在病部形成的像针粒状的颗粒，有肉红、紫红或黑色，是病原物的子实体，如辣椒炭疽病。菌脓是指许多细菌病害在病部会溢出的白色或淡黄色的菌脓，干燥后形成胶粒或胶膜，如水稻白叶枯病等。一般而言，每种植物病害的症状都具有一定的特征，通常表现在发病部位及病斑的形状、大小、颜色、花纹等方面。因此，症状对于植物病害的诊断具有很重要的意义，根据病害的症状可以做出初步的诊断（董金皋等，2016；Mishra et al.，2021；Singh et al.，2021）。

5.1.3.2 植物病害诊断的基本方法

病害可根据其症状及在田间分布判断是侵染性病害还是非侵染性病害，若是大面积同时发生，不是逐渐蔓延，则可初定为非侵染性病害，否则为侵染性病害。非侵染性病害主要有受污染、干旱、冻害、药害、肥害、缺素等，有时可能是几种因素综合影响的结果。有些非侵染性病害表现出来的症状与病毒等侵染的表现很相似，一般以能否相互传染才能确定（董金皋等，2016；Mishra et al.，2021；Singh et al.，2021）。

侵染性病害主要从以下几个方面判断：真菌性病害通常会在寄主受害部位的表面或迟或早出现病征（霉、粉、锈、菌核等）。细菌性病害主要表现为斑点、腐烂、枯萎、畸形等，病征不如真菌病害明显，发病初期绝大多数病部呈水渍状，然后慢慢扩散，边缘周围出现半透明的黄色晕圈，到后期逐渐有菌脓溢出。病毒性病害会出现变色、畸形、黄绿斑驳状花叶等症状，不会出现病征，容易同非侵染性病害相混淆，判断的关键在于看病株在田间的分布状况；如果病株在田间比较分散，病株四周有健康的植株，则可判断是病毒病。线虫及寄生性种子植物引起的病害在感病组织上可以检查到病原线虫或寄生性种子植物，比较容易与其他几种侵染性病毒区分开来（董金皋等，2016；Mishra et al.，2021；Singh et al.，2021）。

5.1.3.3 植物病害其他诊断方法

光学显微镜：优质多功能显微镜和解剖镜是诊断者最重要的和使用最广泛的工具。用光学显微镜对发病植物标本检查常可直接得到鉴定结果。在发病植物材料中发现植物病原线虫和有繁殖体的真菌，则可马上作出鉴定结论、不必进行进一步检查。从病健交界处取材制作徒手切片，切片材料放在载玻片上水滴中或其他安置液中可检查到真菌菌丝或其他浸染结构，这可能表明是真菌引致的病害（Mishra et al.，2021；Singh et al.，2021）。

透射电子显微镜：透射电子显微镜主要用于诊断植物病毒引起的病害，它能迅速检查出植物病毒的存在，至少可鉴定出部分植物病毒，将从受侵染的植株组织中提出的汁液滴在铜板上，经负染处理，可观察到棒状病毒，并能作出鉴定。用电子显微镜诊断植物病毒病不切实际，因为这种方法一般实验室做不到，费用高（董金皋等，2016）。

培养基培养：人工培养基上培养病原菌是一种费用低、操作简单的方法，其技术不难，每个实验室都可做到。一般分离培养程序是清洗标本，去除土壤和其他杂质及材料表面的微生物。然后将分离材料切成小块消毒，消毒后若是真菌性病害，则直接将材料置入培养基内。若为细菌性病害，则应在无菌水内捣碎，取捣碎液在培养基上划线，或不捣碎而在液体培养基内培养。分离培养的成功率取决于病菌的活力、灭菌质量、选用的培养基类型及培养者的技能。该方法一般适合于诊断真菌性和细菌性病害，而不适合诊断专性寄生的病菌引起的病害。有时不必在培养基上培养，而自来水冲洗后直接操作保湿培养 1～2 天，则可根据产孢结构进行鉴定，这种方法尤其适合丝孢纲和腔孢纲等引起的病害，对不产孢的真菌如小核菌和丝核菌也适合。培养基的最大优点是诊断受侵染植物组织中病原十分敏感，它也可用于诊断具潜伏侵染特性的病害及多种病原侵染引起的复合病害。培养法诊断病害的不足是需要一定的培养时间，许多病菌需花几天或几周才能培养出来（董金皋等，2016；Mishra et al.，2021；Singh et al.，2021）。

生物测定：主要应用于诊断植物病毒性病害，用已受侵染的植物材料的汁液去接种健康的植株，证实其致病性；也可用于其他任何一种病原所致病害的诊断。生物测定不但在其他方法难以实现诊断时显得重要，而且在未曾报道过病毒性病害的诊断上十分必要（董金皋等，2016）。

聚合酶链反应（PCR）技术：原理是先将含有所需扩增的靶 DNA 双链经热变性处

理解开为两个寡聚核苷酸单链，然后加入一对根据已知 DNA 序列由人工合成的与所扩增 DNA 两端邻近序列互补的寡聚核苷酸片段作为引物，即左、右端引物。引物与靶 DNA 结合后，以靶 DNA 单链为模板，经反链杂交复性（退火），用 DNA 聚合酶和 4 种三磷酸脱氧核苷（dNTP）按 5'到 3'方向将引物延伸，自动合成新的 DNA 链，使 DNA 重新复制成双链。新合成的 DNA 链含有引物的互补序列，并又可作为下一轮聚合反应的模板。如此反复上述模板 DNA 加热变性—模板 DNA-引物的复性—在 DNA 聚合酶作用下的引物延伸的循环过程，每次循环后延伸的模板又增加 1 倍，亦即扩增 DNA 产物 1 倍。经反复循环，靶 DNA 得到大量扩增（董金皋等，2016）。PCR 是对 DNA 的体外扩增，它可将微量的病毒核酸扩增上百万倍，然后再利用其他检测方法（如电泳、核酸探针等）对经扩增的病毒核酸进行检测。PCR 用于植物病毒检测始于对联体病毒组（*Geminivirus*）的检测，随后建立了 RT-PCR，便开始对 RNA 病毒进行检测。由于马铃薯 Y 病毒组（*Potyvirus*）的基因组结构比较清楚，所以对 RNA 病毒使用最早的是 *Potyvirus*。随着人们对类菌原体引起病害重要性的认识，以及类菌原体病害常规诊断方法的局限性，许多学者也先后尝试应用 PCR 方法对类菌原体引起的病害进行诊断。

综上，植物病害常见的识别诊断方法有科赫氏法则、农业病害图谱、分类检索、专家诊断、酶联免疫技术、PCR 技术、光谱和多光谱图像技术等，这些方法均或多或少地存在预测性差、滞后性强、流程烦琐、成本昂贵、专业性强和使用受限等缺陷，因此，原位、及时和灵敏的植物病害的识别诊断方法亟须建立。植物在受到胁迫时，细胞和组织的代谢活动是不稳定的，这必然导致植物电生理特性的变化（Philip，2003；Zhao et al.，2013；郭文川等，2014）。然而，植物在受到胁迫时的外表视觉症状与内在生理状态有很大的时差性，直观症状往往具有很长的滞后性（Vodeneev et al.，2016）。许多研究表明，植物对胁迫变化的电生理反应比其直观症状来得快，通常比症状早出现数日（Zhao et al.，2013；Vodeneev et al.，2016）。此外，直观的症状只能反映植物以前的生命过程，而电生理信息可以真实、实时地反映植物的生理状态。因此，探讨利用植物电生理信息技术实时、快速、准确地识别病害的发生发展具有十分广阔的前景。

5.2 植物电生理信息对病害的响应——以菌核病为例

核盘菌（*Sclerotinia sclerotiorum*）是引起植物菌核病的重要病原菌，其宿主范围广，破坏性极强，可侵染十字花科（Cruciferae）、茄科（Solanaceae）、豆科（Leguminosae）等 75 个科的 278 个属的 400 多种植物，是油菜和诸葛菜上危害最严重的病害（Boland and Hall，2009；吴沁安，2018）。菌核病在油菜和诸葛菜生育期均易发生，开花期后发病尤其严重，能一直危害到成熟期，主要危害油菜的茎、叶、花，之后甚至会危害角果（游琴，2015；王继鹏，2015；Ran et al.，2016；Rodríguez et al.，2015；Xu et al.，2015；Zhang et al.，2016）。英国、德国、瑞典等国春油菜菌核病发病较为严重，发病率达 20%～30%（Miorini et al.，2017；Rodríguez et al.，2015；赵丹丹等，2010）。我国油菜种植中菌核病频发，在南方地区发病较重，常年发病率达 10%～30%、严重时可达 80%以上，减产率达 10%～70%、含油量减少 1%～5%，严重影响了油菜产量和菜籽油质量（赵丹丹等，2010）。因此，及时、快速、准确地识别油菜、诸葛菜菌核病对其高效、安全、生态防控和农药减量施用具有重要意义。

草酸（OA），一种最简单的二元羧酸，是许多植物、动物及真菌的次生代谢产物，许多植物中的草酸含量可达组织干重的 6%～10%（Godoy et al.，1990）。植物体内草酸是乙醛酸氧化酶催化乙醛酸产生的，微生物中草酸则是乙酸水解酶催化分解草酰乙酸产生的（黄涌，2007）。Godoy 等（1990）发现由紫外线诱导产生的核盘菌不能产草酸，同时该突变体丧失了致病力和产菌核能力。吴纯仁和刘后利（1989）通过接种和扫描电子显微镜观察也证实了草酸在核盘菌侵染油菜中的致病作用。刘秋等（2001）报道了向日葵菌核病菌在离体培养下均可产生草酸，扫描电子显微镜下发现有草酸钙晶体形成且多分布在表皮毛及气孔周围。Bary 和 Ueber einige（1886）首次提出核盘菌致病性与草酸相关，其研究发现 0.319%草酸盐（大量草酸钙）存在于胡萝卜感病组织中。草酸毒素在核盘菌致病过程中的机制主要有：pH 效应、螯合效应、氧爆发效应、调控保卫细胞功能、抑制细胞自噬，草酸还可抑制光合作用有关的酶及与抗性相关的酶活性（如苯丙氨酸解氨酶、多酚氧化酶等）。且可间接毒害植物，这与草酸形成的酸性环境相关（Cotton et al.，2010；Williams et al.，2011）。

此外，直观的症状只能反映植物以前的生命过程，而电生理信息可以真实、实时地反映植物的生理状态。植物电生理信息的变化被认为是植物对环境变化最快的反应（Zhang et al.，2020，2021）。C、Z、R、X_C 和 X_L 是植物重要的电生理信息，可以直接反映植物的生长生理信息（Ibba et al.，2020；Javed et al.，2017；Kertész et al.，2015；Xing et al.，2019，2021）。因此，植物电生理信息可作为植物病虫害、盐害、冷害等早期识别和诊断的新指示器。一些研究也证实了植物电生理信息可以应用于植物病害的早期识别，如 Robert 和 Jonathan（1980）发现利用测量电阻值检测是否感病可比表现出发病症状提前 2～12 天，并且根据给出的电阻探测标准可预测苗木是否感病；傅玉和（2000）指出植物发病和健康组织的电指标值差异可达 2～110 倍；梁军等（2006）发现杨树在溃疡病胁迫下，树干阻抗增大。

本节以油菜、诸葛菜为研究对象，研究了核盘菌侵染及核盘菌和 OA 复合侵染对油菜、诸葛菜菌核病发生情况、电生理信息（电容、电阻、阻抗、容抗和感抗）、胞内水代谢（胞内持水量、胞内水利用效率、胞内持水时间和胞内水转移速率或营养转运速率）和营养转运代谢等（营养单位主动转运量、营养单位转运量、营养主动转运能力和营养转运能力）的影响。以期揭示核盘菌侵染及核盘菌和 OA 复合侵染下油菜和诸葛菜的电生理信息响应、胞内水代谢状况和营养转运响应，旨在建立一种基于植物电生理信息的油菜、诸葛菜菌核病早期预测方法。

5.2.1　植物电生理信息对病害的响应测定方法

5.2.1.1　供试材料

供试病原菌：核盘菌（*Sclerotinia sclerotiorum*）购买自国家微生物资源平台——中

国农业微生物菌种保藏管理中心，保藏号为 ACCC 36904。该菌分离自陕西油菜植株上，所产毒素为草酸，其寄主范围很广，其菌丝在 5～30℃均可生长，20℃左右为最适生长温度；pH 5～11 均可生长，pH 5～7 时生长最快。在马铃薯葡萄糖琼脂培养基（PDA）和马铃薯蔗糖琼脂培养基上生长良好。

供试试剂：草酸（≥99.5%，分析纯）由天津市永大化学试剂有限公司（中国，天津）提供。PDA 由四川西亚化工有限公司（中国，成都）提供。培养基均在高压灭菌锅中 121℃灭菌 30min。其他试剂均为分析纯级。

供试仪器：LCR 测试仪（型号 6300）。高压灭菌锅、超净工作台、恒温培养箱等。

供试植物种子及植物：甘蓝型油菜种子，品种为'宝油旱 12'，由贵州禾睦福种子有限公司提供。诸葛菜种子，品种为野生型，于中国科学院地球化学研究所宝山南路园区采集。植物培养：采用蛭石与珍珠岩 2：1 混合作为油菜和诸葛菜种子萌发生长基质，定期添加适量的 1/2 Hoagland 营养液。待幼苗长出 3 片叶时，选取生长一致的幼苗移植至盛有土壤的盆栽钵（口径 30 cm，高度 24 cm，底径 20 cm）中生长。生长土壤的背景值：有机质为 30.91%，pH 为 6.55。5 天浇一次水，苗期和花期各施一次适量的复合肥和有机肥。油菜生长 4 周左右至具有 7～8 片叶（植株高度为 30～40 cm）时，选择生长一致的植株进行苗期接种核盘菌侵染实验。油菜和诸葛菜生长至花期时，选择生长一致的植株进行花期接种核盘菌侵染实验。前期实验发现诸葛菜苗期菌核病发生少，且诸葛菜苗期较矮，实验操作不便，因此未进行诸葛菜苗期接种核盘菌侵染实验。

5.2.1.2 实验方法

接种侵染实验：选取生长一致的油菜和诸葛菜植株，每株植物的第 5～第 6 片完全展开叶被用为接种叶，该叶片是健康生长的，无病虫害、无缺刻等。每张叶片的左右叶位的中心点作为接种点，接种点用接种针刺伤 5 个小孔。将不同直径的核盘菌菌块接种至接种点，菌丝体朝下接触叶片，然后用相同大小的棉花浸水（或草酸溶液）后覆盖接种体进行保湿培养，植株置于恒温光照培养箱培养。接种前测量叶片的电生理信息背景值。实验设 7 个处理，分别为 6 mm 菌块、9 mm 菌块、12 mm 菌块、9 mm 菌块+0.1 mol/L 草酸溶液、0.1 mol/L 草酸溶液、9 mm PDA 块和空白对照，每个处理 3 次重复；0.1 mol/L 草酸溶液、9 mm PDA 块和空白对照 3 个处理是对照处理。其中，6 mm 菌块、9 mm 菌块、12 mm 菌块、9 mm PDA 块和空白对照 5 个处理中保湿用的湿棉花为灭菌水浸湿，9 mm 菌块+0.1 mol/L 草酸溶液和 0.1 mol/L 草酸溶液 2 个处理中保湿用的湿棉花为 0.1 mol/L 草酸浸湿。每 3 天定时浸湿一次保湿棉花。分别对苗期油菜、花期油菜和花期诸葛菜叶片进行接种处理。接种实验在早上 8:00～9:00 进行，接种环境温度为 20.0 ± 2.0℃。光照温度和光照时长分别为 20.0℃/19.0℃（白天/黑夜）和 12 h /12 h（白天/黑夜），光照强度为 500 μmol/(m²·s)。分别于接种后 1 天、3 天、5 天、7 天、9 天记录接种叶片的病情发生情况和电生理参数，测定时间为每天早上 8:00～9:00，测定环境温度为（20.0±2.0）℃。

5.2.1.3 固有电生理参数测定

不同夹持力下的油菜、诸葛菜电生理参数测定：植物叶片电容、电阻和阻抗采用

LCR 测试仪（型号 6300），测试电压和频率分别为 1.5 V 和 3.0 kHz。植物叶肉细胞可分为长圆柱形栅栏组织细胞和不规则球形海绵组织细胞，为了简化科学问题，每一个叶肉细胞都可以看作是一个同心圆的球形电容器，许多排列的叶肉细胞通过胞间连丝连接组成了叶电容器。为确保每个电容器电压一致，选用 LCR 仪的并联模式进行测定。首先，将接种叶片的接种点附近的部位夹在直径为 7 mm 的自制平行板电容器的两个铜电极之间，测定过程注意保证接种体系不被破坏。然后，通过添加相同质量的铁块测定不同夹持力（1.139N、2.149N、3.178N、4.212N 和 5.245 N）下植物叶片的 C、R 和 Z，每个夹持力下取 11～13 组数据，最终选择 10 组数据进行计算处理。最后，根据式（5.1）和式（5.2）分别计算不同夹持力下植物叶片的 X_C 和 X_L。

$$X_C = \frac{1}{2\pi f C} \tag{5.1}$$

$$\frac{1}{-X_L} = \frac{1}{Z} - \frac{1}{R} - \frac{1}{X_C} \tag{5.2}$$

式（5.1）和式（5.2）中，X_C 为容抗；π 为 3.1416；f 为频率；C 为电容；X_L 为感抗；Z 为阻抗；R 为电阻。

油菜、诸葛菜实时固有电生理参数测定：通过叶片 Z、R、X_C 和 X_L 与夹持力的拟合方程，获得相应的方程参数：

$$Z = y_0 + k_1\, e^{-b_1 F} \tag{5.3}$$

$$R = p_0 + k_2\, e^{-b_2 F} \tag{5.4}$$

$$X_C = q_0 + k_3\, e^{-b_3 F} \tag{5.5}$$

$$X_L = t_0 + k_4\, e^{-b_4 F} \tag{5.6}$$

利用相应的方程参数计算叶片（$F = 0$ N）的实时固有 R、Z、X_C、X_L、C：

$$Z = y_0 + k_1 \tag{5.7}$$

$$R = q_0 + k_2 \tag{5.8}$$

$$X_C = p_0 + k_3 \tag{5.9}$$

$$X_L = t_0 + k_4 \tag{5.10}$$

$$C = \frac{1}{2\pi f X_C} \tag{5.11}$$

式（5.11）中，π 为 3.1416；f 为频率。

5.2.1.4　胞内水代谢、营养转运参数测定

利用油菜、诸葛菜的实时固有 Z、R、X_C、X_L 和 C 参照以下公式计算油菜、诸葛菜的胞内持水量（IWHC）、胞内水分利用效率（IWUE）、胞内持水时间（IWHT）、水分转移速率（WRT）或营养转运速率（NTR）、单位营养主动通量（UAF）、单位营养通量（UNF）、营养主动转运能力（UAC）和养分转运能力（NTC）。

$$IWHC = \sqrt{C^3} \tag{5.12}$$

$$IWUE = \frac{d}{IWHC} \tag{5.13}$$

$$IWHT = C \times Z \tag{5.14}$$

$$WRT = \frac{IWHC}{IWHT} \tag{5.15}$$

$$UNF = \frac{p+q}{n} = \frac{\frac{1}{X_C}+\frac{1}{X_L}}{\frac{1}{R}} = \frac{R}{X_C} + \frac{R}{X_L} \tag{5.16}$$

$$NTR = \frac{\sqrt{C^3}}{C \times Z} \tag{5.17}$$

$$NTC = UNF \times NTR \tag{5.18}$$

$$UAF = \frac{X_C}{X_L} \tag{5.19}$$

$$NAC = UAF \times NTR \tag{5.20}$$

5.2.2 核盘菌侵染对苗期油菜电生理信息、胞内水代谢和营养转运的影响

5.2.2.1 核盘菌接种后苗期油菜叶片病害发生情况

核盘菌接种苗期油菜叶片后叶片病情发生情况如图 5.1 所示。从图 5.1 可知，未使用核盘菌的 0.10 mmol/L 草酸、9 mm PDA 块和空白对照 3 个处理在 9 天内均未发病。6 mm 核盘菌块、9 mm 核盘菌块、12 mm 核盘菌块和 9 mm 核盘菌块 + 0.10 mmol/L 草

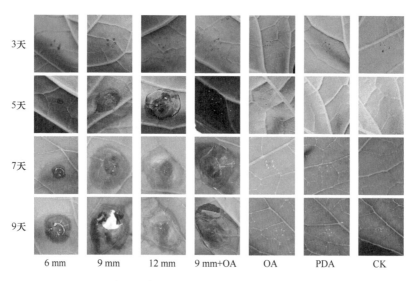

图 5.1 核盘菌接种苗期油菜叶片的病斑

6 mm、9 mm、12 mm 表示核盘菌块的直径；OA 表示 0.10 mmol/L 草酸；PDA 表示直径为 9 mm 的 PDA 块；CK 表示空白对照，以下均同

酸 4 个处理接种苗期油菜叶片 3 天后，开始出现叶片颜色少许变化，叶片组织未发生坏死；接种 5 天后，出现叶片组织坏死症状。此外，随着接种核盘菌块直径的增加（12 mm>9 mm>6 mm），苗期油菜菌核病症状逐渐加重。9 mm 核盘菌块 + 0.10 mmol/L 草酸处理的苗期油菜叶片发病程度强于 9 mm 核盘菌块处理的苗期油菜叶片发病程度，且低于 12 mm 核盘菌块处理的苗期油菜叶片发病程度，说明 0.10 mmol/L 草酸促进了核盘菌对苗期油菜叶片的侵染。综上，核盘菌接种苗期油菜叶片 3 天后叶片颜色发生少许变化，5 天后叶片发生组织坏死且随后逐渐加重。随着核盘菌接种量增加，苗期油菜叶片发病逐渐增强。0.10 mmol/L 草酸促进了核盘菌对苗期油菜叶片的侵染。

5.2.2.2　核盘菌接种对苗期油菜叶片电容的影响

植物电容值随生命活动强弱呈动态变化，反映着生长势的变化。核盘菌接种苗期油菜叶片后叶片电容的变化如图 5.2 所示。由图 5.2 可得，未使用核盘菌的 0.10 mmol/L 草酸、9 mm PDA 块和空白对照 3 个处理的苗期油菜叶片的电容值在 9 天内波动变化且基本保持不变，其电容值变化范围分别为 160.77～208.44 pF、150.08～220.25 pF 和 160.71～249.04 pF。6 mm 核盘菌块、9 mm 核盘菌块、12 mm 核盘菌块和 9 mm 核盘菌块 + 0.10 mmol/L 草酸 4 个处理的苗期油菜叶片的电容值在接种后急剧下降，相较于接种前，4 个处理电容值在接种后 1～9 天内分别显著降低了 44.02～119.25 pF、61.72～149.93 pF、87.81～184.08 pF 和 57.18～170.96 pF。与空白对照相比，6 mm 核盘菌块、9 mm 核盘菌块、12 mm 核盘菌块和 9 mm 核盘菌块 + 0.10 mmol/L 草酸 4 个处理在接种后 1 天、3 天、5 天、7 天和 9 天时的苗期油菜叶片电容值均极显著地（$P<0.01$）低于同时期的对照苗期油菜叶片电容值。

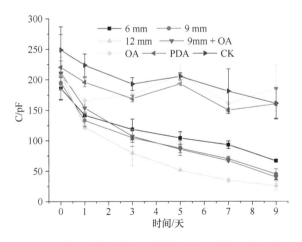

图 5.2　核盘菌接种苗期油菜叶片后叶片电容的变化

此外，随着核盘菌接种量的增加（12 mm>9 mm>6 mm），苗期油菜叶片电容值下降趋势更加剧烈。9 mm 核盘菌块 + 0.10 mmol/L 草酸处理的苗期油菜叶片电容值下降幅度高于 9 mm 核盘菌块处理的苗期油菜叶片电容值下降幅度，但低于 12 mm 核盘菌块处理的苗期油菜叶片电容值下降幅度，说明 0.10 mmol/L 草酸一定程度上促进了核盘菌侵染苗期油菜叶片后的叶片电容的降低。综上，核盘菌接种极显著地（$P<0.01$）促使苗期油菜叶片电容值急剧下降，且随着核盘菌接种量的增加，电容值下降趋势更加剧烈；0.10 mmol/L 草酸明显促进了核盘菌侵染苗期油菜叶片后的叶片电容的降低。

5.2.2.3　核盘菌接种对苗期油菜叶片阻抗、电阻、容抗和感抗的影响

核盘菌接种苗期油菜叶片后叶片阻抗、电阻、容抗和感抗的变化如图 5.3 所示。由图 5.3 可得，0.10 mmol/L 草酸、9 mm PDA 块和空白对照 3 个处理的苗期油菜叶片的阻抗、电阻、容抗和感抗在 9 天内基本保持不变，其阻抗、电阻、容抗和感抗变化范围分别为 0.16～0.23 MΩ、0.19～0.27 MΩ、0.26～0.33 MΩ 和 0.35～0.46 MΩ，0.15～0.21 MΩ、0.19～0.27 MΩ、0.25～0.34 MΩ 和 0.26～0.57 MΩ，0.16～0.19 MΩ、0.17～0.29 MΩ、0.22～0.34 MΩ 和 0.31～0.49 MΩ。6 mm 核盘菌块、9 mm 核盘菌块、12 mm 核盘菌块和 9 mm 核盘菌块 + 0.10 mmol/L 草酸 4 个处理的苗期油菜叶片的阻抗、电阻、容抗和感抗在接种后急剧升高，相较于接种前，4 个处理苗期油菜叶片的阻抗、电阻、容抗和感抗在接种后 1～9 天内分别显著地升高了 0.02～0.58 MΩ、0.01～1.24 MΩ、0.09～0.51 MΩ 和 0.11～0.83 MΩ，0.04～0.67 MΩ、0.04～0.77 MΩ、0.13～0.93 MΩ 和 0.16～1.09 MΩ，0.10～1.69 MΩ、0.29～1.98 MΩ、0.18～1.92 MΩ 和 0.87～2.15 MΩ，0.10～1.09 MΩ、

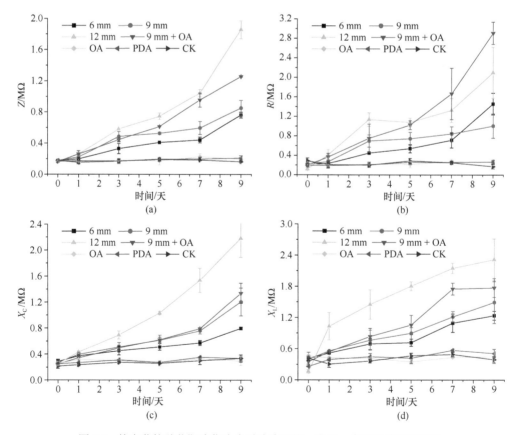

图 5.3　核盘菌接种苗期油菜叶片后叶片阻抗、电阻、容抗和感抗的变化

0.16~2.70 MΩ、0.09~1.08 MΩ 和 0.19~1.24 MΩ。与空白对照相比，6 mm 核盘菌块、9 mm 核盘菌块、12 mm 核盘菌块和 9 mm 核盘菌块 + 0.10 mmol/L 草酸 4 个处理在接种后 1 天的苗期油菜叶片阻抗、电阻、容抗和感抗均显著地（$P < 0.05$）高于对照处理，在接种后 3 天、5 天、7 天和 9 天时的苗期油菜叶片阻抗、电阻、容抗和感抗均极显著地（$P < 0.01$）高于同时期的对照苗期油菜叶片阻抗、电阻、容抗和感抗。

此外，随着核盘菌接种量的增加（12 mm > 9 mm > 6 mm），苗期油菜叶片阻抗、电阻、容抗和感抗升高趋势更加明显。9 mm 核盘菌块 + 0.10 mmol/L 草酸处理的苗期油菜叶片阻抗、电阻、容抗和感抗的升高幅度高于 9 mm 核盘菌块处理的苗期油菜叶片阻抗、电阻、容抗和感抗的升高幅度，但其阻抗、容抗和感抗的升高幅度低于 12 mm 核盘菌块处理的苗期油菜叶片阻抗、容抗和感抗的升高幅度，说明 0.10 mmol/L 草酸一定程度上促进了核盘菌侵染苗期油菜叶片后的叶片阻抗、电阻、容抗和感抗的升高。综上，核盘菌接种极显著地（$P < 0.01$）促进了苗期油菜叶片阻抗、电阻、容抗和感抗的快速升高，且随着核盘菌接种量的增加，阻抗、电阻、容抗和感抗的升高幅度更加显著；0.10 mmol/L 草酸明显促进了核盘菌侵染苗期油菜叶片后的叶片阻抗、电阻、容抗和感抗的升高。

5.2.2.4 核盘菌接种对苗期油菜叶片胞内持水量、胞内水利用效率、胞内持水时间和胞内水转移速率（或营养转运速率）的影响

核盘菌接种苗期油菜叶片后叶片胞内持水量、胞内水利用效率、胞内持水时间和胞内水转移速率（或营养转运速率）的变化如图 5.4 所示。由图 5.4 b 和图 5.4 c 可得，不同处理的苗期油菜叶片的胞内水利用效率和胞内持水时间在接种后 9 天内呈现波动变化；在接种后 9 天内，含核盘菌的 4 个处理（6 mm 核盘菌块、9 mm 核盘菌块、12 mm 核盘菌块和 9 mm 核盘菌块 + 0.10 mmol/L 草酸）的苗期油菜叶片的胞内水利用效率和胞内持水时间均整体高于无核盘菌的 3 个处理（0.10 mmol/L 草酸、9 mm PDA 块和空白对照）的苗期油菜叶片的胞内水利用效率和胞内持水时间，说明核盘菌侵染促进了苗期油菜叶片胞内水利用效率的提高和胞内持水时间的增加。

由图 5.4 a 和图 5.4 d 可知，0.10 mmol/L 草酸、9 mm PDA 块和空白对照 3 个处理的苗期油菜叶片的胞内持水量和胞内水转移速率（或营养转运速率）在 9 天内波动变化且大致保持一致，其胞内持水量和胞内水转移速率（或营养转运速率）变化范围分别为 2038.66~3031.47 和 57.15~87.51、1838.71~3318.76 和 61.51~91.69、2050.54~3952.76 和 72.48~92.22。6 mm 核盘菌块、9 mm 核盘菌块、12 mm 核盘菌块和 9 mm 核盘菌块 + 0.10 mmol/L 草酸 4 个处理的苗期油菜叶片的胞内持水量和胞内水转移速率（或营养转运速率）在接种后急剧下降，相较于接种前，4 个处理苗期油菜叶片的胞内持水量和胞内水转移速率（或营养转运速率）在接种后 1~9 天内分别显著地降低了 850.57~1996.11 和 16.73~64.35、1184.51~2419.90 和 26.04~69.75、1704.40~2920.34 和 45.71~85.22、1162.90~2817.34 和 39.46~82.39。与空白对照相比，6 mm 核盘菌块、9 mm 核盘菌块、12 mm 核盘菌块和 9 mm 核盘菌块 + 0.10 mmol/L 草酸 4 个处理在接种后 1 天、3 天、5

天、7 天和 9 天时的苗期油菜叶片胞内持水量和胞内水转移速率（或营养转运速率）均极显著地（$P < 0.01$）低于同时期的对照苗期油菜叶片胞内持水量和胞内水转移速率（或营养转运速率）。

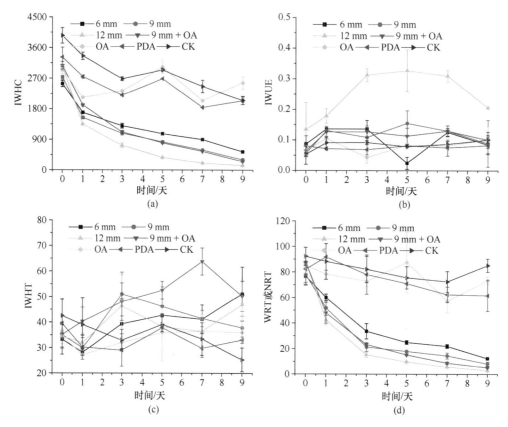

图 5.4　核盘菌接种苗期油菜叶片后叶片胞内持水量、胞内水利用效率、胞内持水时间和胞内水转移速率（或营养转运速率）的变化

　　此外，随着核盘菌接种量的增加（12 mm > 9 mm > 6 mm），苗期油菜叶片胞内持水量和胞内水转移速率（或营养转运速率）降低幅度逐渐增强。9 mm 核盘菌块 + 0.10 mmol/L 草酸处理的苗期油菜叶片胞内持水量和胞内水转移速率（或营养转运速率）的降低幅度高于 9 mm 核盘菌块处理的苗期油菜叶片胞内持水量和胞内水转移速率（或营养转运速率）的降低幅度，但低于 12 mm 核盘菌块处理的苗期油菜叶片胞内持水量和胞内水转移速率（或营养转运速率）的降低幅度，说明 0.10 mmol/L 草酸一定程度上促进了核盘菌侵染苗期油菜叶片后的叶片胞内持水量和胞内水转移速率（或营养转运速率）的降低。综上，核盘菌接种极显著地（$P < 0.01$）降低了苗期油菜叶片的胞内持水量和胞内水转移速率（或营养转运速率），明显提高了苗期油菜叶片的胞内水利用效率和胞内持水时间；且随着核盘菌接种量的增加，叶片胞内持水量和胞内水转移速率（或营养转运速率）的降低幅度逐渐增强；0.10 mmol/L 草酸促进了核盘菌侵染苗期油菜叶片后的叶片胞内持水量和胞内水转移速率（或营养转运速率）的降低。

5.2.2.5 核盘菌接种对苗期油菜叶片营养单位主动转运量、营养单位转运量、营养主动转运能力和营养转运能力的影响

核盘菌接种苗期油菜叶片后营养单位主动转运量、营养单位转运量、营养主动转运能力和营养转运能力的变化如图 5.5 所示。由图 5.5 a 和图 5.5 b 可知，不同处理的苗期油菜叶片的营养单位主动转运量和营养单位转运量在接种后 9 天内呈现波动变化；在接种后 9 天内，含核盘菌的 4 个处理（6 mm 核盘菌块、9 mm 核盘菌块、12 mm 核盘菌块和 9 mm 核盘菌块 + 0.10 mmol/L 草酸）的苗期油菜叶片的营养单位转运量整体高于无核盘菌的 3 个处理（0.10 mmol/L 草酸、9 mm PDA 块和空白对照）的苗期油菜叶片的营养单位转运量，说明核盘菌侵染促进了苗期油菜叶片营养单位转运量的增加。

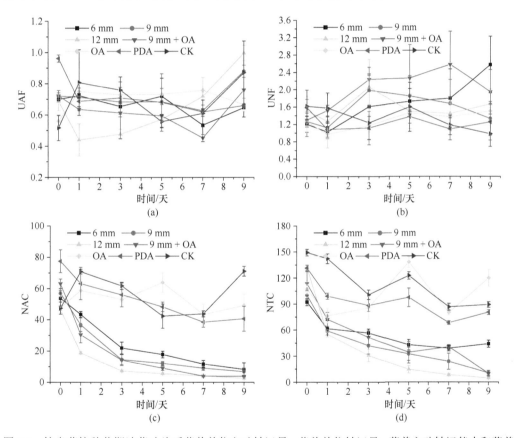

图 5.5 核盘菌接种苗期油菜叶片后营养单位主动转运量、营养单位转运量、营养主动转运能力和营养转运能力的变化

由图 5.5 C 和图 5.5 D 可知，0.10 mmol/L 草酸、9 mm PDA 块和空白对照的苗期油菜叶片的营养主动转运能力和营养转运能力在 9 天内波动变化且大致保持一致，其营养主动转运能力和营养转运能力变化范围分别为 43.24～63.90 和 76.43～138.85、38.48～77.45 和 68.46～131.57、42.31～71.04 和 86.47～149.27。6 mm 核盘菌块、9 mm 核盘菌块、12 mm 核盘菌块和 9 mm 核盘菌块 + 0.10 mmol/L 草酸 4 个处理的苗期油菜叶片的

营养主动转运能力和营养转运能力在接种后急剧下降，相较于接种前，4 个处理苗期油菜叶片的营养主动转运能力和营养转运能力在接种后 1～9 天内分别显著地降低了 10.33～45.49 和 30.52～48.10、20.10～50.18 和 41.11～89.72、27.44～43.74 和 76.85～ 127.47、32.70～59.32 和 41.38～103.79。与空白对照相比，6 mm 核盘菌块、9 mm 核盘菌块、12 mm 核盘菌块和 9 mm 核盘菌块 ＋0.10 mmol/L 草酸 4 个处理在接种后 1 天、3 天、5 天、7 天和 9 天时的苗期油菜叶片营养主动转运能力和营养转运能力均极显著地（$P < 0.01$）低于同时期的对照苗期油菜叶片营养主动转运能力和营养转运能力。

此外，随着核盘菌接种量的增加（12 mm ＞ 9 mm ＞ 6 mm），苗期油菜叶片营养主动转运能力和营养转运能力降低幅度逐渐增强。9 mm 核盘菌块 ＋ 0.10 mmol/L 草酸处理的苗期油菜叶片营养主动转运能力和营养转运能力的降低幅度高于 9 mm 核盘菌块处理的苗期油菜叶片营养主动转运能力和营养转运能力的降低幅度，但其营养转运能力降低幅度低于 12 mm 核盘菌块处理的苗期油菜叶片营养转运能力降低幅度，说明 0.10 mmol/L 草酸一定程度上促进了核盘菌侵染苗期油菜叶片后的叶片营养主动转运能力和营养转运能力的降低。综上，核盘菌接种极显著地（$P < 0.01$）降低了苗期油菜叶片的营养主动转运能力和营养转运能力，明显提高了苗期油菜叶片的营养单位转运量；且随着核盘菌接种量的增加，营养主动转运能力和营养转运能力的降低幅度逐渐增强；0.10 mmol/L 草酸促进了核盘菌侵染苗期油菜叶片后的叶片营养主动转运能力和营养转运能力的降低。

5.2.3 核盘菌侵染对花期油菜电生理信息、胞内水代谢和营养转运的影响

5.2.3.1 核盘菌接种后花期油菜叶片病害发生情况

核盘菌接种花期油菜叶片后叶片病情发生情况如图 5.6 所示。从图 5.6 可知，未使用核盘菌的 0.10 mmol/L 草酸、9 mm PDA 块和空白对照 3 个处理在 9 天内均未发病。6 mm 核盘菌块、9 mm 核盘菌块和 9 mm 核盘菌块 ＋ 0.10 mmol/L 草酸 3 个处理接种花期油菜叶片 3 天后，叶片颜色开始出现少许变化，叶片组织未发生坏死；接种 5 天后，出现叶片组织坏死症状；3 个处理的病情随着接种时间的延长逐渐加重。12 mm 核盘菌块处理接种花期油菜叶片 3 天后，叶片组织已有坏死症状，其病情随着接种时间的延长逐渐加重。此外，随着接种核盘菌块直径的增加（12 mm ＞ 9 mm ＞ 6 mm），花期油菜叶片病情逐渐加重。9 mm 核盘菌块 ＋ 0.10 mmol/L 草酸处理的花期油菜叶片病情重于 9 mm 核盘菌块和 12 mm 核盘菌块处理的花期油菜叶片病情，说明 0.10 mmol/L 草酸促进了核盘菌对花期油菜叶片的侵染。综上，6～9 mm 核盘菌块接种花期油菜叶片 3 天后叶片颜色发生少许变化，5 天后叶片发生组织坏死且随后逐渐加重；12 mm 核盘菌块接种花期油菜叶片 3 天后叶片发生组织坏死且随后逐渐加重。随着核盘菌接种量的增加，花期油菜叶片病情逐渐加重。0.10 mmol/L 草酸促进了核盘菌对花期油菜叶片的侵染。

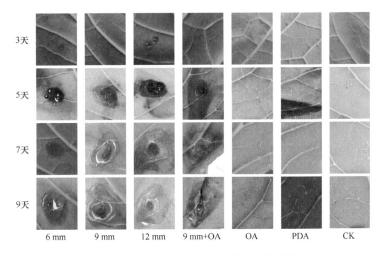

图 5.6　核盘菌接种花期油菜叶片的病斑

6 mm　9 mm　12 mm　9 mm+OA　OA　PDA　CK

5.2.3.2 核盘菌接种对花期油菜叶片电容的影响

核盘菌接种花期油菜叶片后叶片电容的变化如图 5.7 所示。由图 5.7 可得，未使用核盘菌的 0.10 mmol/L 草酸、9 mm PDA 块和空白对照 3 个处理的花期油菜叶片的电容在 9 天内波动变化且大致保持不变，其电容变化范围分别为 162.13～182.88 pF、163.84～182.25 pF 和 165.37～199.97 pF。6 mm 核盘菌块、9 mm 核盘菌块、12 mm 核盘菌块和 9 mm 核盘菌块 + 0.10 mmol/L 草酸 4 个处理的花期油菜叶片的电容在接种后急剧降低，4 个处理叶片电容在接种后 1～9 天内的变化范围分别为 144.52～75.32 pF、137.07～59.64 pF、126.12～36.81 pF 和 104.66～27.81 pF；相较于接种前，4 个处理叶片电容在接种后 1～9 天内分别显著地降低了 31.74～100.94 pF、48.09～125.52 pF、27.95～117.25 pF 和 31.12～107.97 pF。与空白对照相比，6 mm 核盘菌块、9 mm 核盘菌块、12 mm 核盘菌块和 9 mm 核盘菌块 + 0.10 mmol/L 草酸 4 个处理在接种后 1 天、3 天、5 天、7 天和 9 天时的花期油菜叶片电容值均极显著地（$P < 0.01$）低于同时期的对照花期油菜叶片电容值。9 mm 核盘菌块 + 0.10 mmol/L 草酸处理的花期油菜叶片电容在 9 天内均

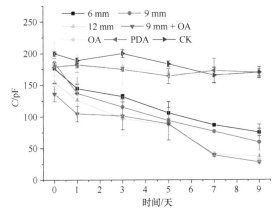

图 5.7　核盘菌接种花期油菜叶片后叶片电容的变化

低于 9 mm 核盘菌块处理的花期油菜叶片电容，且与 12 mm 核盘菌块处理的花期油菜叶片电容相当，说明 0.10 mmol/L 草酸促进了核盘菌对花期油菜叶片的侵染。综上，核盘菌侵染极显著地（$P < 0.01$）降低了花期油菜叶片的电容，随着核盘菌接种量的增加，花期油菜叶片电容降低幅度逐渐增加。

5.2.3.3 核盘菌接种对花期油菜叶片阻抗、电阻、容抗和感抗的影响

核盘菌接种花期油菜叶片后叶片阻抗、电阻、容抗和感抗的变化如图 5.8 所示。由图 5.8 可得，0.10 mmol/L 草酸、9 mm PDA 块和空白对照 3 个处理的花期油菜叶片的阻抗、电阻、容抗和感抗在 9 天内基本保持不变，其阻抗、电阻、容抗和感抗变化范围分别为 0.11～0.16 MΩ、0.13～0.20 MΩ、0.22～0.37 MΩ 和 0.32～0.49 MΩ，0.08～0.16 MΩ、0.14～0.24 MΩ、0.21～0.35 MΩ 和 0.39～0.57 MΩ，0.12～0.18 MΩ、0.13～0.18 MΩ、0.22～0.32 MΩ 和 0.30～0.48 MΩ。6 mm 核盘菌块、9 mm 核盘菌块、12 mm 核盘菌块和 9 mm 核盘菌块 + 0.10 mmol/L 草酸 4 个处理的花期油菜叶片的阻抗、电阻、容抗和感抗在接种后急剧升高，相较于接种前，4 个处理花期油菜叶片的阻抗、电阻、容抗和感抗在接种后 1～9 天内分别显著地升高了 0.04～0.25 MΩ、0.03～0.41 MΩ、0.16～0.50 MΩ 和 0.31～0.92 MΩ，0.14～0.52 MΩ、0.29～1.16 MΩ、0.11～0.74 MΩ 和 0.36～1.51 MΩ，0.16～1.37 MΩ、0.35～2.10 MΩ、0.09～1.16 MΩ 和 0.38～1.74 MΩ，0.12～

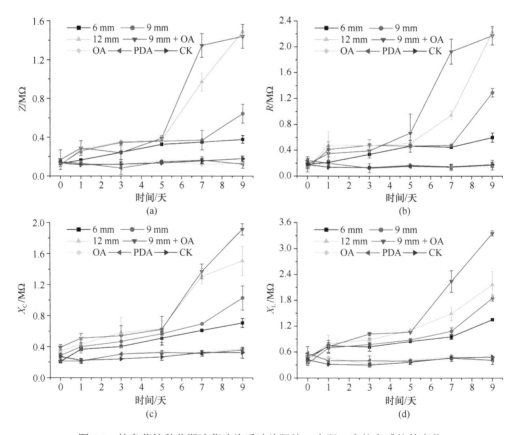

图 5.8 核盘菌接种花期油菜叶片后叶片阻抗、电阻、容抗和感抗的变化

1.27 MΩ、0.17～1.99 MΩ、0.12～1.52 MΩ 和 0.25～2.87 MΩ。与空白对照相比，6 mm 核盘菌块、9 mm 核盘菌块、12 mm 核盘菌块和 9 mm 核盘菌块 + 0.10 mmol/L 草酸 4 个处理在接种后 1 天、3 天、5 天、7 天和 9 天时的花期油菜叶片阻抗、电阻、容抗和感抗均极显著地（$P < 0.01$）高于同时期的对照花期油菜叶片阻抗、电阻、容抗和感抗。

此外，随着核盘菌接种量的增加（12 mm > 9 mm > 6 mm），花期油菜叶片阻抗、电阻、容抗和感抗升高趋势更加显著。9 mm 核盘菌块 + 0.10 mmol/L 草酸处理的花期油菜叶片阻抗、电阻、容抗和感抗的升高幅度高于 9 mm 核盘菌块处理的花期油菜叶片阻抗、电阻、容抗和感抗的升高幅度，但其阻抗、容抗和感抗的升高幅度略低于 12 mm 核盘菌块处理的花期油菜叶片阻抗、容抗和感抗的升高幅度，说明 0.10 mmol/L 草酸一定程度上促进了核盘菌侵染花期油菜叶片后的叶片阻抗、电阻、容抗和感抗的升高。综上，核盘菌接种极显著地（$P < 0.01$）促进了花期油菜叶片阻抗、电阻、容抗和感抗的快速升高，且随着核盘菌接种量的增加，阻抗、电阻、容抗和感抗的升高幅度更加显著；0.10 mmol/L 草酸明显促进了核盘菌侵染花期油菜叶片后的叶片阻抗、电阻、容抗和感抗的升高。

5.2.3.4　核盘菌接种对花期油菜叶片胞内持水量、胞内水利用效率、胞内持水时间和胞内水转移速率（或营养转运速率）的影响

核盘菌接种花期油菜叶片后叶片胞内持水量、胞内水利用效率、胞内持水时间和胞内水转移速率（或营养转运速率）的变化如图 5.9 所示。由图 5.9 b 和图 5.9 c 可得，0.10 mmol/L 草酸、9 mm PDA 块和空白对照 3 个处理的花期油菜叶片的胞内水利用效率和胞内持水时间在 9 天内波动变化且大致保持不变。6 mm 核盘菌块、9 mm 核盘菌块、12 mm 核盘菌块和 9 mm 核盘菌块 + 0.10 mmol/L 草酸处理的花期油菜叶片的胞内水利用效率在接种后 1～3 天内快速升高，随后逐渐降低，这可能是油菜在病害胁迫下应激调控适应功能被激活。且在接种后 9 天内，上述含核盘菌的 4 个处理的花期油菜叶片的胞内持水时间均整体高于无核盘菌的 3 个处理（0.10 mmol/L 草酸、9 mm PDA 块和空白对照）的花期油菜叶片的胞内持水时间。这表明，核盘菌侵染促进了花期油菜叶片胞内水利用效率的提高和胞内持水时间的增加。

由图 5.9 a 和图 5.9 d 可知，0.10 mmol/L 草酸、9 mm PDA 块和空白对照 3 个处理的花期油菜叶片的胞内持水量和胞内水转移速率（或营养转运速率）在 9 天内波动变化且大致保持不变，其胞内持水量和胞内水转移速率（或营养转运速率）变化范围分别为 2064.42～2473.15 和 83.66～114.41、2097.21～2460.32 和 81.10～114.06、2126.61～2820.36 和 82.59～119.13。6 mm 核盘菌块、9 mm 核盘菌块、12 mm 核盘菌块和 9 mm 核盘菌块 + 0.10 mmol/L 草酸 4 个处理的花期油菜叶片的胞内持水量和胞内水转移速率（或营养转运速率）在接种后急剧下降，相较于接种前，4 个处理花期油菜叶片的胞内持水量和胞内水转移速率（或营养转运速率）在接种后 1～9 天内分别显著地降低了 602.73～1686.44 和 32.51～82.42、892.52～2035.10 和 68.78～102.12、482.44～1687.64 和 64.12～101.62、510.88～1438.42 和 43.80～75.83。与空白对照相比，6 mm 核盘菌块、

9 mm 核盘菌块、12 mm 核盘菌块和 9 mm 核盘菌块 + 0.10 mmol/L 草酸 4 个处理在接种后 1 天、3 天、5 天、7 天和 9 天时的花期油菜叶片胞内持水量和胞内水转移速率（或营养转运速率）均极显著地（$P < 0.01$）低于同时期的对照花期油菜叶片胞内持水量和胞内水转移速率（或营养转运速率）。

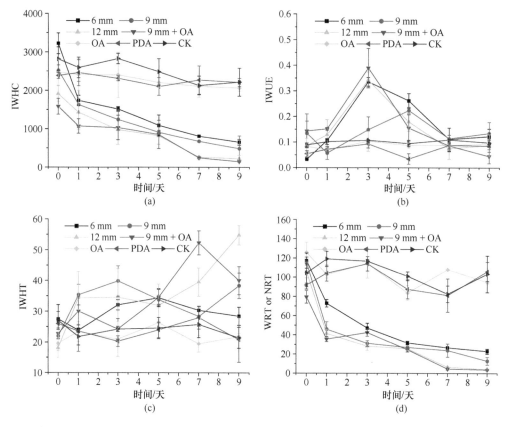

图 5.9 核盘菌接种花期油菜叶片后叶片胞内持水量、胞内水利用效率、胞内持水时间和胞内水转移速率（或营养转运速率）的变化

此外，随着核盘菌接种量的增加（12 mm > 9 mm > 6 mm），花期油菜叶片胞内持水量和胞内水转移速率（或营养转运速率）降低幅度先升高后降低。9 mm 核盘菌块 + 0.10 mmol/L 草酸处理的花期油菜叶片胞内持水量和胞内水转移速率（或营养转运速率）的降低幅度低于 9 mm 和 12 mm 核盘菌块处理的花期油菜叶片胞内持水量和胞内水转移速率（或营养转运速率）的降低幅度，表明 0.10 mmol/L 草酸一定程度上抑制了核盘菌侵染花期油菜叶片后的叶片胞内持水量和胞内水转移速率（或营养转运速率）的降低。综上，核盘菌侵染极显著地（$P < 0.01$）降低了花期油菜叶片的胞内持水量和胞内水转移速率（或营养转运速率），明显提高了花期油菜叶片的胞内水利用效率和胞内持水时间；且随着核盘菌接种量的增加，胞内持水量和胞内水转移速率（或营养转运速率）的降低幅度先升高后降低；0.10 mmol/L 草酸抑制了核盘菌侵染花期油菜叶片后的叶片胞内持水量和胞内水转移速率（或营养转运速率）的降低。

5.2.3.5 核盘菌接种对花期油菜叶片营养单位主动转运量、营养单位转运量、营养主动转运能力和营养转运能力的影响

核盘菌接种花期油菜叶片后营养单位主动转运量、营养单位转运量、营养主动转运能力和营养转运能力的变化如图 5.10 所示。由图 5.10 a 和图 5.10 b 可知，0.10 mmol/L 草酸、9 mm PDA 块和空白对照 3 个处理的花期油菜叶片的营养单位主动转运量和营养单位转运量在 9 天内波动变化且大致保持不变。6 mm 核盘菌块、9 mm 核盘菌块、12 mm 核盘菌块和 9 mm 核盘菌块 + 0.10 mmol/L 草酸 4 个处理的花期油菜叶片的营养单位主动转运量在接种后呈下降趋势，在接种后 1 天、3 天、5 天、7 天和 9 天时叶片营养单位主动转运量均极显著地（$P < 0.01$）低于同时期的对照叶片营养单位主动转运量。而上述含核盘菌的 4 个处理的花期油菜叶片的营养单位转运量在接种后却呈增加趋势，在接种后 3 天、5 天、7 天和 9 天时叶片营养单位转运量均极显著地（$P < 0.01$）高于同时期的对照叶片营养单位转运量。这表明，核盘菌侵染降低了花期油菜叶片营养单位主动转运量和提高了花期油菜叶片营养单位转运量。

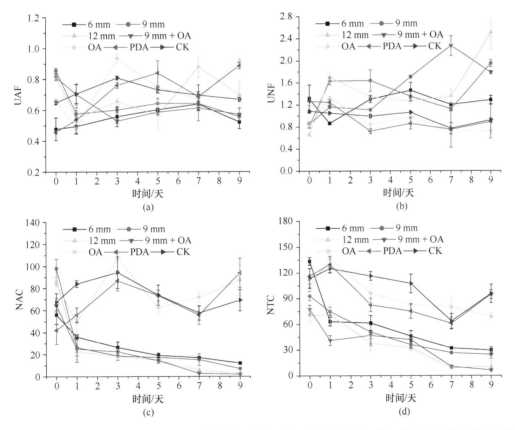

图 5.10 核盘菌接种花期油菜叶片后营养单位主动转运量、营养单位转运量、营养主动转运能力和营养转运能力的变化

由图 5.10 C 和图 5.10 D 可知，0.10 mmol/L 草酸、9 mm PDA 块和空白对照 3 个处

理的花期油菜叶片的营养主动转运能力和营养转运能力在 9 天内波动变化且大致保持一致，其营养主动转运能力和营养转运能力变化范围分别为 49.35～107.13 和 68.59～136.98、42.09～93.87 和 61.04～129.90，57.48～94.40 和 63.64～125.22。6 mm 核盘菌块、9 mm 核盘菌块、12 mm 核盘菌块和 9 mm 核盘菌块 + 0.10 mmol/L 草酸 4 个处理的花期油菜叶片的营养主动转运能力和营养转运能力在接种后快速下降，相较于接种前，4 个处理花期油菜叶片的营养主动转运能力和营养转运能力在接种后 1～9 天内分别显著地降低了 19.89～43.99 和 70.38～104.08、71.60～91.08 和 18.36～68.60、64.05～83.81 和 2.52～59.92、39.53～62.50 和 36.03～90.97。与空白对照相比，6 mm 核盘菌块、9 mm 核盘菌块、12 mm 核盘菌块和 9 mm 核盘菌块 + 0.10 mmol/L 草酸 4 个处理在接种后 1 天、3 天、5 天、7 天和 9 天时的花期油菜叶片营养主动转运能力和营养转运能力均极显著地（$P < 0.01$）低于同时期的对照花期油菜叶片营养主动转运能力和营养转运能力。

此外，随着核盘菌接种量的增加（12 mm > 9 mm > 6 mm），花期油菜叶片营养主动转运能力和营养转运能力逐渐降低。9 mm 核盘菌块 + 0.10 mmol/L 草酸处理的花期油菜叶片营养主动转运能力和营养转运能力整体略低于 9 mm 核盘菌块处理的花期油菜叶片营养主动转运能力和营养转运能力，与 12 mm 核盘菌块处理的花期油菜叶片营养转运能力大致相当，表明 0.10 mmol/L 草酸一定程度上促进了核盘菌侵染花期油菜叶片后的叶片营养转运能力的降低。综上，核盘菌侵染极显著地（$P < 0.01$）降低了花期油菜叶片的营养单位转运量、营养主动转运能力和营养转运能力，显著降低了花期油菜叶片营养单位主动转运量。且随着核盘菌接种量的增加，营养主动转运能力和营养转运能力逐渐降低；0.10 mmol/L 草酸促进了核盘菌侵染花期油菜叶片后的叶片营养转运能力的降低。

5.2.4 核盘菌侵染对花期诸葛菜电生理信息、胞内水代谢和营养转运的影响

5.2.4.1 核盘菌接种后花期诸葛菜叶片病害发生情况

核盘菌接种花期诸葛菜叶片后叶片病情发生情况如图 5.11 所示。从图 5.11 可知，未使用核盘菌的 0.10 mmol/L 草酸、9 mm PDA 块和空白对照 3 个处理在 9 天内均未发病。6 mm 核盘菌块、9 mm 核盘菌块、12 mm 核盘菌块和 9 mm 核盘菌块 + 0.10 mmol/L 草酸 4 个处理接种花期诸葛菜叶片 3 天后，叶片组织已有坏死症状和霉状物病症，其病情随着接种时间的延长逐渐加重。此外，随着接种核盘菌块直径的增加（12 mm > 9 mm > 6 mm），花期诸葛菜叶片病情逐渐加重。9 mm 核盘菌块 + 0.10 mmol/L 草酸处理的花期诸葛菜叶片病情比 9 mm 核盘菌块处理的花期诸葛菜叶片病情重，但低于 12 mm 核盘菌处理的花期诸葛菜叶片病情，说明 0.10 mmol/L 草酸促进了核盘菌对花期诸葛菜叶片的侵染。综上，核盘菌侵染花期诸葛菜叶片 3 天后叶片发生组织坏死且随后逐渐加重，随着核盘菌接种量增加，花期诸葛菜叶片病情逐渐增加，0.10 mmol/L 草酸促进了核盘菌对花期诸葛菜叶片的侵染。

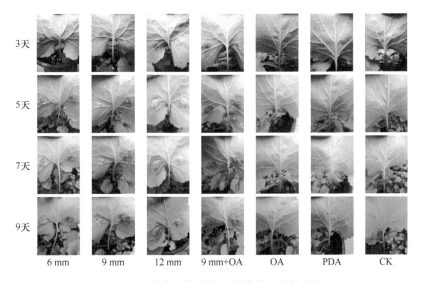

图 5.11　核盘菌接种花期诸葛菜叶片的病斑

5.2.4.2　核盘菌接种对花期诸葛菜叶片电容的影响

核盘菌接种花期诸葛菜叶片后叶片电容的变化如图 5.12 所示。由图 5.12 可得，未使用核盘菌的 0.10 mmol/L 草酸、9 mm PDA 块和空白对照 3 个处理的花期诸葛菜叶片的电容在 9 天内波动变化且大致保持不变，其电容变化范围分别为 513.56～660.85 pF、500.15～650.30 pF 和 489.36～606.53 pF。6 mm 核盘菌块、9 mm 核盘菌块、12 mm 核盘菌块和 9 mm 核盘菌块 + 0.10 mmol/L 草酸 4 个处理的花期诸葛菜叶片的电容在接种后急剧降低，4 个处理叶片电容在接种后 1～9 天内的变化范围分别为 396.98～212.73 pF、383.80～180.22 pF、374.21～164.36 pF 和 364.49～190.52 pF；相较于接种前，4 个处理叶片电容在接种后 1～9 天内分别显著地降低了 101.95～286.19 pF、406.90～620.48 pF、417.10～626.94 pF 和 254.10～428.07 pF。与空白对照相比，6 mm 核盘菌块、9 mm 核盘菌块、12 mm 核盘菌块和 9 mm 核盘菌块 + 0.10 mmol/L 草酸 4 个处理在接种后 1 天、3

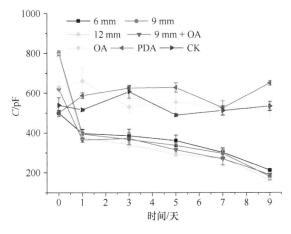

图 5.12　核盘菌接种花期诸葛菜叶片后叶片电容的变化

天、5天、7天和9天时的花期诸葛菜叶片电容值均极显著地（$P < 0.01$）低于同时期的对照花期诸葛菜叶片电容值。9 mm核盘菌块 + 0.10 mmol/L 草酸处理的花期诸葛菜叶片电容降低幅度低于9 mm核盘菌块处理的花期诸葛菜叶片降低幅度，表明0.10 mmol/L 草酸抑制了核盘菌侵染的花期诸葛菜叶片电容降低。综上，核盘菌侵染极显著地（$P < 0.01$）降低了花期诸葛菜叶片的电容，随着核盘菌接种量的增加，花期诸葛菜叶片电容降低幅度逐渐增加。0.10 mmol/L 草酸抑制了核盘菌侵染的花期诸葛菜叶片电容降低。

5.2.4.3 核盘菌接种对花期诸葛菜叶片阻抗、电阻、容抗和感抗的影响

核盘菌接种花期诸葛菜叶片后叶片阻抗、电阻、容抗和感抗的变化如图5.13所示。由图5.13可得，0.10 mmol/L 草酸、9 mm PDA 块和空白对照3个处理的花期诸葛菜叶片的阻抗、电阻、容抗和感抗在9天内基本保持不变，其阻抗、电阻、容抗和感抗变化范围分别为0.04～0.07 MΩ、0.04～0.12 MΩ、0.09～0.11 MΩ和0.10～0.18 MΩ，0.05～0.08 MΩ、0.06～0.13 MΩ、0.06～0.11 MΩ和0.11～0.19 MΩ，0.07～0.08 MΩ、0.05～0.11 MΩ、0.09～0.11 MΩ和0.06～0.18 MΩ。6 mm核盘菌块、9 mm核盘菌块、12 mm核盘菌块和9 mm核盘菌块 + 0.10 mmol/L 草酸4个处理的花期诸葛菜叶片的阻抗、电阻、容抗和感抗在接种后急剧升高，相较于接种前，4个处理花期诸葛菜叶片的阻抗、

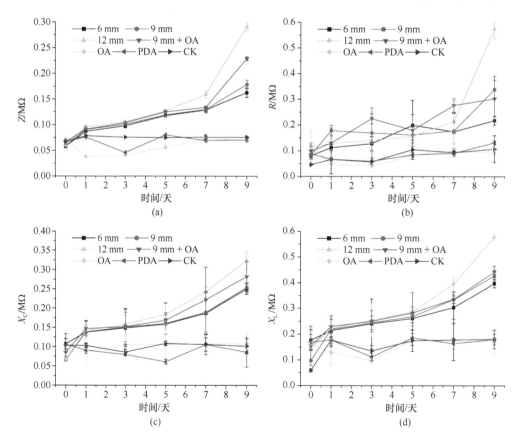

图5.13 核盘菌接种花期诸葛菜叶片后叶片阻抗、电阻、容抗和感抗的变化

电阻、容抗和感抗在接种后 1～9 天内分别显著地升高了 0.03～0.10 MΩ、0.03～0.14 MΩ、0.03～0.14 MΩ 和 0.04～0.22 MΩ，0.03～0.12 MΩ、0.09～0.25 MΩ、0.07～0.19 MΩ 和 0.12～0.33 MΩ，0.04～0.23 MΩ、0.01～0.46 MΩ、0.08～0.26 MΩ 和 0.08～0.46 MΩ，0.02～0.16 MΩ、0.03～0.20 MΩ、0.06～0.20 MΩ 和 0.08～0.29 MΩ。与空白对照相比，6 mm 核盘菌块、9 mm 核盘菌块、12 mm 核盘菌块和 9 mm 核盘菌块 ＋ 0.10 mmol/L 草酸 4 个处理在接种后 1 天、3 天、5 天、7 天和 9 天时的花期诸葛菜叶片阻抗、电阻、容抗和感抗均极显著地（$P < 0.01$）高于同时期的对照花期诸葛菜叶片阻抗、电阻、容抗和感抗。

此外，随着核盘菌接种量的增加（12 mm > 9 mm > 6 mm），花期诸葛菜叶片阻抗、电阻、容抗和感抗升高趋势更加显著。9 mm 核盘菌块 ＋ 0.10 mmol/L 草酸处理的花期诸葛菜叶片阻抗、电阻、容抗和感抗的升高幅度高于 9 mm 核盘菌块处理的花期诸葛菜叶片阻抗、电阻、容抗和感抗的升高幅度，但其阻抗、容抗和感抗的升高幅度低于 12 mm 核盘菌块处理的花期诸葛菜叶片阻抗、容抗和感抗的升高幅度，表明 0.10 mmol/L 草酸一定程度上促进了核盘菌侵染花期诸葛菜叶片后的叶片阻抗、电阻、容抗和感抗的升高。综上，核盘菌接种极显著地（$P < 0.01$）促进了花期诸葛菜叶片阻抗、电阻、容抗和感抗的快速升高，且随着核盘菌接种量的增加，阻抗、电阻、容抗和感抗的升高幅度更加显著；0.10 mmol/L 草酸明显促进了核盘菌侵染花期诸葛菜叶片后的叶片阻抗、电阻、容抗和感抗的升高。

由图 5.14 a 和图 5.14 d 可知，0.10 mmol/L 草酸、9 mm PDA 块和空白对照的花期诸葛菜叶片的胞内持水量和胞内水转移速率（或营养转运速率）在 9 天内波动变化且保持一致，其胞内持水量和胞内水转移速率（或营养转运速率）变化范围分别为 11837.06～17625.72 和 333.02～571.77、11187.93～19552.32 和 322.31～589.88、10833.99～14718.28 和 294.57～407.94。6 mm 核盘菌块、9 mm 核盘菌块、12 mm 核盘菌块和 9 mm 核盘菌块 ＋ 0.10 mmol/L 草酸 4 个处理的花期诸葛菜叶片的胞内持水量和胞内水转移速率（或营养转运速率）在接种后急剧下降，相较于接种前，4 个处理花期诸葛菜叶片的胞内持水量和胞内水转移速率（或营养转运速率）在接种后 1～9 天内分别显著地降低了 3180.56～8079.63 和 259.25～ 371.34、14 778.35～20 197.28 和 240.57～431.77、15 015.90～20 157.14 和 261.85～422.22、8399.27～12 743.55 和 159.99～309.60。与空白对照相比，6 mm 核盘菌块、9 mm 核盘菌块、12 mm 核盘菌块和 9 mm 核盘菌块 ＋ 0.10 mmol/L 草酸 4 个处理在接种后 1 天、3 天、5 天、7 天和 9 天时的花期诸葛菜叶片胞内持水量和胞内水转移速率（或营养转运速率）均极显著地（$P < 0.01$）低于同时期的对照花期诸葛菜叶片胞内持水量和胞内水转移速率（或营养转运速率）。

此外，随着核盘菌接种量的增加（12 mm > 9 mm > 6 mm），花期诸葛菜叶片胞内持水量和胞内水转移速率（或营养转运速率）降低幅度逐渐增强。9 mm 核盘菌块 ＋ 0.10 mmol/L 草酸处理的花期诸葛菜叶片胞内持水量和胞内水转移速率（或营养转运速率）的降低幅度低于 9 mm 和 12 mm 核盘菌块处理的花期诸葛菜叶片胞内持水量和胞内水转移速率（或营养转运速率）的降低幅度，表明 0.10 mmol/L 草酸一定程度上抑制了核盘菌侵染花期诸葛菜叶片后的叶片胞内持水量和胞内水转移速率（或营养转运速率）

的降低。综上，核盘菌侵染极显著地（$P < 0.01$）降低了花期诸葛菜叶片的胞内持水量和胞内水转移速率（或营养转运速率），明显提高了花期诸葛菜叶片的胞内水利用效率；且随着核盘菌接种量的增加，胞内持水量和胞内水转移速率（或营养转运速率）的降低幅度逐渐增强；0.10 mmol/L 草酸抑制了核盘菌侵染花期诸葛菜叶片后的叶片胞内持水量和胞内水转移速率（或营养转运速率）的降低。

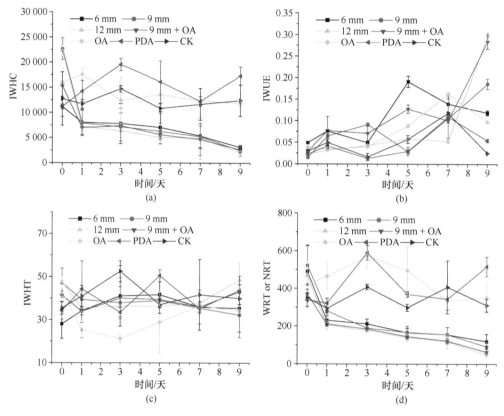

图 5.14 核盘菌接种花期诸葛菜叶片后叶片胞内持水量、胞内水利用效率、胞内持水时间和胞内水转移速率（或营养转运速率）的变化

5.2.4.4 核盘菌接种对花期诸葛菜叶片营养单位主动转运量、营养单位转运量、营养主动转运能力和营养转运能力的影响

核盘菌接种花期诸葛菜叶片后营养单位主动转运量、营养单位转运量、营养主动转运能力和营养转运能力的变化如图 5.15 所示。由图 5.15 a 和图 5.15 b 可知，空白对照花期诸葛菜叶片的营养单位主动转运量和营养单位转运量在 9 天内波动变化且大致保持不变。6 mm 核盘菌块、9 mm 核盘菌块、12 mm 核盘菌块和 9 mm 核盘菌块 + 0.10 mmol/L 草酸 4 个处理的花期诸葛菜叶片的营养单位主动转运量在接种后也呈波动变化且与对照差异不明显。而它们处理的花期诸葛菜叶片的营养单位转运量在接种后整体上大致高于对照。这表明，核盘菌侵染提高了花期诸葛菜叶片营养单位转运量。

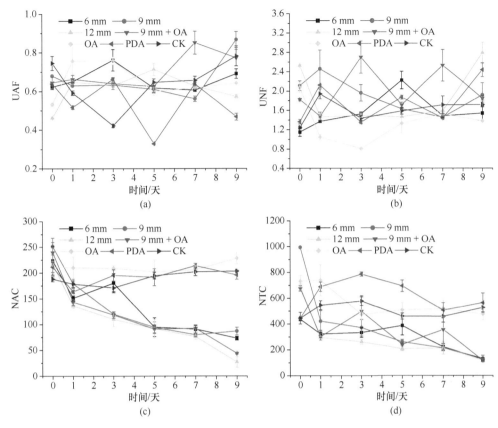

图 5.15　核盘菌接种花期诸葛菜叶片后营养单位主动转运量、营养单位转运量、营养主动转运能力和营养转运能力的变化

由图 5.15 C 和图 5.15 D 可知，0.10 mmol/L 草酸、9 mm PDA 块和空白对照 3 个处理的花期诸葛菜叶片的营养主动转运能力和营养转运能力在 9 天内波动变化且大致保持一致，其营养主动转运能力和营养转运能力变化范围分别为 202.37～205.85 和 471.39～739.83、163.76～213.67 和 444.64～785.96、171.19～203.37 和 445.12～577.23。6 mm 核盘菌块、9 mm 核盘菌块、12 mm 核盘菌块和 9 mm 核盘菌块 ＋0.10 mmol/L 草酸 4 个处理的花期诸葛菜叶片的营养主动转运能力和营养转运能力在接种后快速下降，相较于接种前，4 个处理花期诸葛菜叶片的营养主动转运能力和营养转运能力在接种后 1～9 天内分别显著地降低了 72.41～150.41 和 114.16～311.38、72.24～164.81 和 573.29～862.00、80.53～189.72 和 389.82～569.81、96.27～196.15 和 375.52～560.22。与空白对照相比，6 mm 核盘菌块、9 mm 核盘菌块、12 mm 核盘菌块和 9 mm 核盘菌块 ＋0.10 mmol/L 草酸 4 个处理在接种后 1 天、3 天、5 天、7 天和 9 天时的花期诸葛菜叶片营养主动转运能力和营养转运能力均极显著地（$P < 0.01$）低于同时期的对照花期诸葛菜叶片营养主动转运能力和营养转运能力。

此外，随着核盘菌接种量的增加（12 mm ＞9 mm ＞6 mm），花期诸葛菜叶片营养主动转运能力和营养转运能力降低幅度先增加后降低。9 mm 核盘菌块 ＋0.10 mmol/L 草酸处理的花期诸葛菜叶片营养主动转运能力和营养转运能力降低幅度低于 9 mm 核盘菌块处理的花期诸葛菜叶片营养主动转运能力和营养转运能力降低幅度，表明 0.10 mmol/L 草酸一定程度上抑制了核盘菌侵染花期诸葛菜叶片后的叶片营养主动转运能力和营养转运能力的降低。综上，核盘菌侵染极显著地（$P < 0.01$）降低了花期诸葛菜叶片的营养主动转运能力和营养转运能力，提高了花期诸葛菜叶片营养单位转运量。且随着核盘菌接种量的增加，营养主动转运能力和营养转运能力降低幅度先增加后降低；0.10 mmol/L 草酸抑制了核盘菌侵染花期诸葛菜叶片后的叶片营养主动转运能力和营养转运能力的降低。

5.2.5 核盘菌侵染下油菜、诸葛菜的电生理响应

植物的电学特性来源于细胞内各种各样的带电离子、离子基团和电偶极子，这些离子、离子基团和电偶极子与植物的生命活动密切相关。在植物细胞受到逆境激励的过程中，细胞结构、成分、离子通透性等会发生复杂的变化，进而引起电特性的显著变化（Philip，2003；Zhao et al.，2013；郭文川等，2014；游崇娟等，2010a；张钢等，2005）。Robert 和 Jonathan（1980）研究发现接种枯萎病菌（*Fusarium oxysporum*）后的榆树树干电阻值发生显著变化。傅玉和（2000）研究表明植物发病和健康组织的电指标值差异可达 2～110 倍。梁军等（2009）利用树干电容 0.500 nF 为临界阈值，判断马尾松是否感染松材线虫的准确率高达 89.26%。Weston 等（1980）研究表明，被烟粉虱侵染的冷杉电阻发生了显著变化。游崇娟等（2010b）发现接种不同真菌菌株后黄栌的树干电容均值都呈现逐渐下降的趋势，树干阻抗均值、叶片细胞外渗液的相对电导率和叶片离子外渗百分率则都呈现逐渐增大的趋势。

本研究结果表明，核盘菌接种苗期油菜叶片 3 天后叶片颜色发生少许变化，5 天后叶片发生组织坏死且随后逐渐加重。6～9 mm 核盘菌接种花期油菜叶片 3 天后叶片颜色发生少许变化，5 天后叶片发生组织坏死且随后逐渐加重；12 mm 核盘菌接种花期油菜叶片 3 天后叶片发生组织坏死且随后逐渐加重。核盘菌侵染花期诸葛菜叶片 3 天后叶片发生组织坏死且随后逐渐加重。此外，随着核盘菌接种量的增加，苗期油菜叶片、花期油菜叶片和花期诸葛菜叶片病情逐渐加重。同时，核盘菌侵染极显著地（$P < 0.01$）降低了苗期油菜、花期油菜和花期诸葛菜的 C，且随着核盘菌接种量的增加，C 值降低幅度逐渐增加。核盘菌接种极显著地（$P < 0.01$）促进了苗期油菜、花期油菜和花期诸葛菜的 Z、R、X_C 和 X_L 的快速升高，且随着核盘菌接种量的增加，Z、R、X_C 和 X_L 的升高幅度更加显著。然而，在空白对照中，苗期油菜、花期油菜和花期诸葛菜的 C、Z、R、X_C 和 X_L 在监测期 9 天内波动变化且大致保持稳定不变。上述这些结果与已有的报道相符。

病原物与植物发生原初反应的位点在细胞膜上，膜电特性反映着植物患病程度。细胞膜电特性对环境变化最敏感，核盘菌的侵入使苗期油菜、花期油菜和花期诸葛菜的细胞膜受损，导致细胞膜去极化，植物组织中带电的离子、离子基团和电偶极子等电解质发生外渗，引起具有电容器效应的细胞膜透性改变，进而导致了苗期油菜、花期油菜和花期诸葛菜 C 的显著降低和 Z、R、X_C 和 X_L 的显著增高。且根据熵增原理，植物在逆境下细胞内离子处于无序状态，沿有序方向运动的速度变小，C 减小，Z、R、X_C 和 X_L 增

大（陈倩，2020）。核盘菌接种量越高，细胞膜受损和去极化越严重，电解质发生外渗作用越明显，细胞内离子沿有序方向运动的速度越小，那么油菜和诸葛菜 C 值降低幅度和 Z、R、X_C 和 X_L 的升高幅度就会越显著。因此，苗期油菜、花期油菜和花期诸葛菜 Z、R、X_C 和 X_L 与植物细胞的健康状况密切相关，C 随植物细胞健康水平的降低而降低，Z、R、X_C 和 X_L 随植物细胞健康水平的降低而升高。

5.2.6　核盘菌侵染下油菜、诸葛菜的胞内水代谢响应和营养转运响应

本研究结果也表明，核盘菌侵染极显著地（$P < 0.01$）降低了苗期油菜、花期油菜和花期诸葛菜的胞内持水量和胞内水转移速率（或营养转运速率），明显提高了苗期油菜、花期油菜和花期诸葛菜的胞内水利用效率，明显提高了苗期油菜和花期油菜的胞内持水时间。且随着核盘菌接种量的增加，苗期油菜、花期油菜和花期诸葛菜的胞内持水量和胞内水转移速率（或营养转运速率）的降低幅度逐渐增强。在空白对照中，苗期油菜、花期油菜和花期诸葛菜的胞内持水量、胞内水利用效率、胞内持水时间和胞内水转移速率（或营养转运速率）在监测期 9 天内波动变化且整体保持稳定。核盘菌的侵入使苗期油菜、花期油菜和花期诸葛菜的细胞膜受损，导致细胞膜去极化，油菜和诸葛菜细胞中的水分带着离子、离子基团和电偶极子等电解质一起发生外渗，引起细胞持水量的显著降低。细胞持水量的降低又促使植物利用更少的水分适应逆境，从而导致胞内水利用效率的升高。细胞膜受损，使负责水分和养分转运的膜蛋白（水孔蛋白、表面蛋白和结合蛋白）失活，进而导致胞内水转移速率（或营养转运速率）的显著降低。而当核盘菌接种量越高，细胞膜受损和去极化越严重，水分和电解质发生外渗作用越明显，膜蛋白失活越严重，那么油菜和诸葛菜胞内持水量和胞内水转移速率（或营养转运速率）降低幅度就会越显著。

同时，核盘菌侵染也极显著地（$P < 0.01$）降低了苗期油菜、花期油菜和花期诸葛菜的营养主动转运能力和营养转运能力，明显提高了苗期油菜和花期诸葛菜的营养单位转运量。且随着核盘菌接种量的增加，苗期油菜、花期油菜和花期诸葛菜的营养主动转运能力和营养转运能力的降低幅度逐渐增强。在空白对照中，苗期油菜、花期油菜和花期诸葛菜的营养单位主动转运量、营养单位转运量、营养主动转运能力和营养转运能力在监测期 9 天内波动变化且大致保持稳定。核盘菌的侵入使苗期油菜、花期油菜和花期诸葛菜的细胞膜受损，导致细胞膜去极化，使负责养分转运的膜蛋白（水孔蛋白、表面蛋白和结合蛋白）失活，引起细胞营养主动转运能力和营养转运能力的显著降低。离子发生外渗，胞内离子数量降低，进而使得营养单位转运量升高。当核盘菌接种量越高，细胞膜受损和去极化越严重，水分和电解质发生外渗作用越明显，膜蛋白失活越严重，那么油菜和诸葛菜营养转运速率、营养主动转运能力和营养转运能力降低幅度就会越显著。

5.2.7　核盘菌和草酸复合侵染下油菜、诸葛菜的电生理、胞内水代谢和营养转运响应

致病有机物草酸毒素被普遍证明是油菜菌核病的决定性致病因子，适宜浓度的外源

草酸可以促进核盘菌对植物的侵染。本研究表明，0.10 mmol/L 草酸促进了核盘菌对苗期油菜、花期油菜和花期诸葛菜的侵染，明显促进了核盘菌侵染苗期油菜和花期油菜后的叶片电容的降低，促进了核盘菌侵染苗期油菜、花期油菜和花期诸葛菜后的叶片阻抗、电阻、容抗和感抗的升高，但抑制了核盘菌侵染花期诸葛菜后的叶片电容的降低，这与前人报道的相一致。此外，0.10 mmol/L 草酸促进了核盘菌侵染苗期油菜后的叶片胞内持水量和胞内水转移速率（或营养转运速率）的降低，抑制了核盘菌侵染花期油菜和花期诸葛菜后的叶片胞内持水量和胞内水转移速率（或营养转运速率）的降低。同时，0.10 mmol/L 草酸促进了核盘菌侵染苗期油菜的叶片营养主动转运能力和营养转运能力的降低，抑制了核盘菌侵染花期油菜和花期诸葛菜后的叶片营养转运能力的降低。这可能与花期植物与苗期植物适应核盘菌和草酸复合胁迫的差异密切相关。

5.2.8　基于电生理信息的油菜、诸葛菜菌核病早期预测方法的建立

研究还发现，核盘菌侵染后 1 天、3 天、5 天、7 天和 9 天时的苗期油菜、花期油菜和花期诸葛菜的电生理信息（电容、阻抗、电阻、容抗和感抗）、胞内水代谢参数（胞内持水量和胞内水转移速率）和营养转运代谢参数（营养转运速率、营养主动转运能力和营养转运能力）均极显著地（$P < 0.01$）低于同时期的对照同种植物的电生理信息、胞内水代谢参数和营养转运代谢参数。而核盘菌接种苗期油菜叶片 3 天后叶片颜色发生少许变化，5 天后叶片发生组织坏死且随后逐渐加重；6~9 mm 核盘菌接种花期油菜叶片 3 天后叶片颜色发生少许变化，5 天后叶片发生组织坏死且随后逐渐加重，12 mm 核盘菌接种花期油菜叶片 3 天后叶片发生组织坏死且随后逐渐加重；核盘菌侵染花期诸葛菜叶片 3 天后叶片发生组织坏死且随后逐渐加重。这些结果表明，核盘菌侵染苗期油菜、花期油菜和花期诸葛菜后的电生理信息、胞内水代谢和营养转运代谢的显著变化至少要比肉眼可见的菌核病症状提前出现 2~4 天，且诸葛菜比油菜对核盘菌更为敏感。

因此，可把植物的电生理、胞内水代谢和营养转运代谢等信息与菌核病初期发病症状结合起来，实现对油菜和诸葛菜菌核病发生发展的早期预测。而健康未被侵染的（对照组）苗期油菜、花期油菜和花期诸葛菜的 C、Z、R、X_C 和 X_L、IWHC、WTR（或 NTR）、UAC 和 NTC（160.71~249.04 pF、0.16~0.19 MΩ、0.17~0.29 MΩ、0.22~0.34 MΩ、0.31~0.49 MΩ、2050.54~3952.76、72.48~92.22、42.31~71.04 和 86.47~149.27，165.37~99.97 pF、0.12~0.18 MΩ、0.13~0.18 MΩ、0.22~0.32 MΩ、0.30~0.48 MΩ、2126.61~2820.36、82.59~119.13、57.48~94.40 和 63.64~125.22，489.36~606.53 pF、0.07~0.08 MΩ、0.05~0.11 MΩ、0.09~0.11 MΩ 和 0.06~0.18 MΩ、10 833.99~14 718.28、294.57~407.94、171.19~203.37 和 445.12~577.23）可作为它们健康阈值或疾病指标，以判断油菜和诸葛菜是否发生菌核病。

5.3　植物健康指数和病害发病指数的检测——以菌核病为例

油菜是我国重要的油料作物，其种植面积占全世界种植面积的 30% 以上，占全国油

料作物总面积的 40%以上，油菜油产量占植物油生产的 40%～50%，居世界首位（孙保亚等，2005；卢晓霞等，2013；丁一娟，2017；丰胜求等，2005）。菌核病是我国油菜、诸葛菜等作物种植中最常见和最严重的病害，严重影响着油菜、诸葛菜等作物产量和菜籽油质量（Miorini et al.，2017；Rodríguez et al.，2015；赵丹丹等，2010）。油菜整个生长期均易发生菌核病，开花期后发病状况尤其严重，能一直危害到成熟期，主要危害油菜的叶、茎、花，之后甚至会危害角果（赵丹丹等，2010）。因此，快速、准确地识别油菜、诸葛菜等作物菌核病对其高效、安全、绿色防控具有重要意义。

传统的菌核病诊断和鉴定主要有科赫氏法则、农业病害图谱、分类检索及专家诊断等方法，这些方法往往存在流程烦琐、滞后性强、及时性差等缺点（Martinelli et al.，2015）。近年来，分子生物学手段在植物病原菌的检测中得到了应用，如免疫学技术和核酸技术，但酶联免疫吸附试验（ELISA）在植物细菌和真菌病害检测方面成功的实例较少（Sankaran et al.，2010）。随后，PCR 和荧光定量 PCR 等技术可以在病原菌侵入期和潜育期阶段进行特异性检测，准确性高（Martinelli et al.，2015）。但该法仪器昂贵、成本高、耗时长、专业知识要求高，还不能广泛用于农田大范围的快速监测。此外，陈欣欢（2017）利用搭载高光谱成像仪和热红外成像仪的无人机模拟平台，分别从油菜冠层尺度和叶片尺度对健康及染菌核病的油菜样本实现了判别分析。光谱和多光谱图像技术也被应用于对油菜菌核病进行快速识别和早期诊断（孙光明，2010）。赵艳茹（2018）运用多种光谱开展了核盘菌侵染油菜叶片、花瓣和茎秆组织的早期识别。但这些光谱与多光谱检测技术在菌核病检测中仍然处于探索研究阶段，且仪器昂贵，专业知识要求高，广泛用于农田大范围的快速监测仍然受到限制。

植物的营养吸收、物质和能量代谢及信号传导等都有质子和介电电荷的传输和分离（Fromm and Lautner，2010；Sukhov，2016；Szechyńska-Hebda et al.，2017；Volkov，2006）。植物生理过程中的各种变化，如光合作用、呼吸作用、蒸腾作用、物质流、能量代谢和植物生长都与电信号直接或间接相关（Sukhov，2016）。叶片是植物最重要的功能器官，对光能利用、能量代谢等过程最为敏感，在植物的生长发育中起着举足轻重的作用。因此植物的健康状况可以从来自植物叶片的电生理信息中获知。快速、实时、在线、无损、动态定量植物的健康状况，可为预测病虫害的发生发展奠定基础。

5.3.1　植物健康指数和病害发病指数的检测

5.3.1.1　供试材料

参照 5.2.1.1 节。

5.3.1.2　不同夹持力下植物叶片电生理参数测定

参照 5.2.1.3 节测定不同植物叶片电容（C）、电阻（R）和阻抗（Z），并测定不同植物叶片 IR、IZ、IX_C、IX_L 和 IC。

5.3.1.3 植物胞内水代谢、营养转运参数的检测

参照 5.2.1.4 节测定植物的胞内持水量（IWHC）、胞内水分利用效率（IWUE）、胞内持水时间（IWHT）、水分转移速率（WRT）或营养转运速率（NTR）、单位营养主动通量（UAF）和营养主动转运能力（UAC）。

5.3.1.4 植物健康指数和病害（菌核病）病情指数的检测

代谢能力与生物电流有关，生物电流越大，代谢越完善。因此，基于电阻的生物电流 $I_R = U/\mathrm{IR}$，基于容抗的生物电流 $I_{X_C} = U/\mathrm{IX_C}$，基于感抗的生物电流 $I_{X_L} = U/\mathrm{IX_L}$ 和基于阻抗的生物电流 $I_{IZ} = U/\mathrm{IZ}$。这里，U 代表测定时施加的电压。由于是并联方式，U 相同。因此我们可以定义植物叶片代谢流（MF）为：

$$\mathrm{MF} = \frac{1}{\mathrm{IR} \times \mathrm{IZ} \times \mathrm{IX_C} \times \mathrm{IX_L}} \tag{5.21}$$

营养物质的主动运输与代谢速率有关，营养物质的主动运输能力越强，代表着代谢速率也大。因此，我们定义植物叶片代谢速率（MR）为：

$$\mathrm{MR} = \mathrm{NTR} \times \mathrm{NAC} \tag{5.22}$$

依据植物叶片代谢流（MF）和植物叶片代谢速率（MR），我们再定义基于电生理信息的植物相对代谢活力（MA）：

$$\mathrm{MA} = \sqrt[6]{\mathrm{MF} \times \mathrm{MR}} \tag{5.23}$$

定义 $\mathrm{MA_R}$ 为参照的健康植株的相对代谢活力，$\mathrm{MA_i}$ 为待测植株的相对代谢活力。因此，植株健康指数（HI）可计算为：

$$\mathrm{HI} = \frac{10 \times \mathrm{MA_i}}{\mathrm{MA_R}} \tag{5.24}$$

此外，植株病害（菌核病）病情指数（SI）可定义为：

$$\mathrm{SI} = 10\left(1 - \frac{\mathrm{MA_i}}{\mathrm{MA_R}}\right) \tag{5.25}$$

5.3.2 核盘菌侵染下油菜、诸葛菜的代谢流和代谢速率

核盘菌侵染下油菜、诸葛菜固有电生理信息、胞内水代谢信息、营养转运信息在 5.2.2 节中已详细阐述，这里就不过多赘述。核盘菌接种苗期油菜、花期油菜、花期诸葛菜叶片后叶片代谢流和代谢速率的变化如表 5.1 所示。由表 5.1 可知，0.10 mmol/L 草酸、9 mm PDA 块和空白对照 3 个处理的苗期油菜、花期油菜、花期诸葛菜的代谢流和代谢速率在 9 天内基本保持不变。6 mm 核盘菌块、9 mm 核盘菌块、12 mm 核盘菌块和 9 mm 核盘菌块 + 0.10 mmol/L 草酸 4 个处理的苗期油菜、花期油菜、花期诸葛菜的代谢流和代谢速率在接种后急剧下降。此外，随着核盘菌接种量的增加（12 mm > 9 mm > 6 mm），苗期油菜、花期油菜、花期诸葛菜的代谢流和代谢速率下降趋势更加显著。9 mm 核盘菌块 + 0.10 mmol/L 草酸处理中，0.10 mmol/L 草酸一定程度上促进了核盘菌侵染苗期油

表 5.1 核盘菌接种苗期油菜、花期油菜、花期诸葛菜叶片后叶片代谢流和代谢速率的变化

接种天数	处理	苗期油菜		花期油菜		花期诸葛菜	
		MF	MR	MF	MR	MF	MR
0 天	6 mm	215.35	886 846.84	483.45	3 991 871.78	11 145.63	1 767 485 408.16
	9mm	221.15	978 456.99	697.22	8 000 999.94	30 657.58	5 624 471 275.65
	12mm	1 236.29	15 917 744.41	459.48	4 247 470.01	14 791.74	1 502 707 625.86
	9mm+OA	333.69	1 841 738.63	171.24	1 362 667.17	11 361.86	1 011 895 743.72
	OA	207.96	842 520.50	629.60	7 060 751.07	8 273.23	737 731 973.68
	PDA	437.14	2 784 034.81	236.00	1 133 375.37	9 364.71	669 948 973.13
	CK	223.57	976 025.37	344.22	2 160 797.22	52 762.98	10 842 906 540.79
1 天	6 mm	111.44	289 840.40	104.00	273 867.27	3 453.48	120 508 286.55
	9mm	73.50	139 884.07	31.45	33 675.61	2 020.30	101 898 521.35
	12mm	20.71	16 513.43	20.73	17 238.93	2 563.39	72 220 406.92
	9mm+OA	55.06	80 367.49	26.73	27 717.82	2 469.16	74 918 096.10
	OA	233.93	1 075 987.05	359.68	2 371 472.22	46 395.11	15 744 180 228.75
	PDA	320.15	1 854 928.57	427.62	3 091 869.32	6 416.43	338 675 046.71
	CK	379.01	2 368 692.32	884.23	11 024 929.00	5 482.95	288 286 365.37
3 天	6 mm	21.37	15 773.65	41.71	56 935.58	2 234.89	85 228 201.59
	9mm	7.49	2 313.34	17.14	10 687.64	1 580.99	35 820 283.31
	12mm	1.50	165.92	11.85	6 020.23	1 674.14	32 149 726.38
	OA+9mm	7.16	2 367.25	15.33	10 318.56	1 121.35	24 501 361.68
	OA	199.98	769 785.29	635.91	7 219 155.99	59 559.07	20 056 492 765.45
	PDA	199.61	871 756.82	567.02	8 008 319.70	44 270.10	10 326 046 571.32
	CK	290.63	1 473 990.15	867.62	10 783 529.19	30 427.35	2 124 862 806.38
5 天	6 mm	12.24	5 426.02	15.02	8 637.01	1 026.97	16 074 114.97
	9mm	4.63	995.46	11.90	5 527.64	1 198.86	18 809 429.26
	12mm	0.67	35.89	8.11	3 016.58	953.67	12 297 780.81
	9mm+OA	2.43	331.31	5.21	1 503.64	931.22	12 263 697.62
	OA	293.36	1 640 403.37	274.95	1 448 442.58	11 333.39	3 622 740 038.13
	PDA	170.26	581 909.93	369.40	2 560 049.26	12 968.06	582 206 432.61
	CK	150.98	482 558.82	453.28	3 466 588.23	6 678.09	387 975 065.13
7 天	6 mm	5.07	1 296.47	10.76	4 753.44	783.67	10 995 739.90
	9mm	2.17	276.80	7.51	2 941.92	685.85	8 422 908.56
	12mm	0.17	4.02	0.63	31.42	305.87	2 762 537.34
	9mm+OA	0.26	8.84	0.12	1.80	361.92	4 043 605.08
	OA	112.87	278927.74	349.34	2 436 341.46	7 452.23	510 866 733.51
	PDA	98.81	236500.35	427.96	3 840 731.96	9 220.19	677 157 045.06
	CK	145.90	462833.02	360.43	2 693 380.88	7 484.23	706 990 575.99
9 天	6 mm	0.91	92.72	4.11	906.31	283.65	2 464 603.08
	9mm	0.66	35.28	0.60	39.37	120.45	941 401.73

接种天数	处理	苗期油菜		花期油菜		花期诸葛菜	
		MF	MR	MF	MR	MF	MR
9 天	12mm	0.05	0.36	0.10	1.16	32.09	40 315.93
	9mm+OA	0.12	2.22	0.05	0.37	115.69	312 036.02
	OA	153.71	553 690.56	340.09	2 393 997.33	8 526.98	684 339 235.90
	PDA	104.96	261 980.87	274.53	1 835 382.96	6 966.35	702 832 958.29
	CK	272.12	1 646 454.07	242.65	1 275 037.41	6 716.57	549 672 806.93

注：6 mm、9 mm、12 mm 表示核盘菌块的直径，OA 表示 0.10 mmol/L 草酸，PDA 表示直径为 9 mm 的 PDA 块，CK 表示空白对照，下同

菜、花期油菜、花期诸葛菜的叶片代谢流和代谢速率的降低。综上，核盘菌接种极显著地 ($P < 0.01$) 促进了苗期油菜、花期油菜、花期诸葛菜的代谢流和代谢速率快速降低，且随着核盘菌接种量的增加，代谢流和代谢速率的降低幅度更加显著；0.10 mmol/L 草酸明显促进了核盘菌侵染苗期油菜、花期油菜、花期诸葛菜的叶片代谢流和代谢速率的降低。

5.3.3 核盘菌侵染下油菜、诸葛菜的健康指数和菌核病病情指数

核盘菌接种苗期油菜叶片后叶片相对代谢活力、待测植株的相对代谢活力、植株菌核病病情指数和植株健康指数的变化如表 5.2 所示。由表 5.2 可得，0.10 mmol/L 草酸、9 mm PDA 块和空白对照 3 个处理的苗期油菜的健康指数和菌核病病情指数在 9 天内基本保持不变。6 mm 核盘菌块、9 mm 核盘菌块、12 mm 核盘菌块和 9 mm 核盘菌块 + 0.10 mmol/L 草酸 4 个处理的苗期油菜的健康指数在接种后急剧下降，其菌核病病情指数在接种后急剧升高。此外，随着核盘菌接种量的增加（12 mm > 9 mm > 6 mm），苗期油菜的健康指数下降趋势更加显著，菌核病病情指数升高趋势更加显著。9 mm 核盘菌块 + 0.10 mmol/L 草酸处理中，0.10 mmol/L 草酸一定程度上促进了核盘菌侵染苗期油菜的植株健康指数的降低和菌核病病情指数的升高。综上，核盘菌接种极显著地（$P < 0.01$）促进了苗期油菜的健康指数的快速降低和菌核病病情指数的快速升高，且随着核盘菌接种量的增加，健康指数的降低幅度和菌核病病情指数的升高更加显著；0.10 mmol/L 草酸明显促进了核盘菌侵染苗期油菜的植株健康指数的降低和菌核病病情指数的升高。

核盘菌接种花期油菜叶片后叶片相对代谢活力、待测植株的相对代谢活力、植株菌核病病情指数和植株健康指数的变化如表 5.3 所示。由表 5.3 可得，0.10 mmol/L 草酸、9 mm PDA 块和空白对照 3 个处理的花期油菜的健康指数和菌核病病情指数在 9 天内基本保持不变。6 mm 核盘菌块、9 mm 核盘菌块、12 mm 核盘菌块和 9 mm 核盘菌块 + 0.10 mmol/L 草酸 4 个处理的花期油菜的健康指数在接种后急剧下降，其菌核病病情指数在接种后急剧升高。此外，随着核盘菌接种量的增加（12 mm > 9 mm > 6 mm），花期油菜的健康指数下降趋势更加显著，菌核病病情指数升高趋势更加显著。9 mm 核盘菌块 + 0.10 mmol/L 草酸处理中，0.10 mmol/L 草酸一定程度上促进了核盘菌侵染花期油菜的植株健康指数的降低和菌核病病情指数的升高。综上，核盘菌接种极显著地（$P < 0.01$）

表 5.2　核盘菌接种苗期油菜叶片后叶片相对代谢活力、待测植株的相对代谢活力、植株菌核病病情指数和植株健康指数的变化

接种天数	处理	MA_i	MA_R	SI	HI
0 天	6 mm	9.80	9.96	0.16	9.84
	9mm	9.96	9.96	0.00	10.00
	12mm	15.86	9.96	−5.92	15.92
	9mm+OA	11.07	9.96	−1.12	11.12
	OA	9.72	9.96	0.24	9.76
	PDA	11.86	9.96	−1.91	11.91
	CK	9.96	9.96	0.00	10.00
1 天	6 mm	8.14	11.55	2.95	7.05
	9mm	7.20	11.55	3.76	6.24
	12mm	5.05	11.55	5.63	4.37
	9mm+OA	6.57	11.55	4.31	5.69
	OA	10.12	11.55	1.23	8.77
	PDA	11.08	11.55	0.40	9.60
	CK	11.55	11.55	0.00	10.00
3 天	6 mm	5.01	10.67	5.31	4.69
	9mm	3.64	10.67	6.59	3.41
	12mm	2.34	10.67	7.80	2.20
	9mm+OA	3.65	10.67	6.58	3.42
	OA	9.57	10.67	1.03	8.97
	PDA	9.77	10.67	0.84	9.16
	CK	10.67	10.67	0.00	10.00
5 天	6 mm	4.19	8.86	5.27	4.73
	9mm	3.16	8.86	6.43	3.57
	12mm	1.82	8.86	7.95	2.05
	9mm+OA	2.63	8.86	7.03	2.97
	OA	10.86	8.86	−2.26	12.26
	PDA	9.14	8.86	−0.32	10.32
	CK	8.86	8.86	0.00	10.00
7 天	6 mm	3.30	8.80	6.25	3.75
	9mm	2.55	8.80	7.10	2.90
	12mm	1.26	8.80	8.57	1.43
	9mm+OA	1.44	8.80	8.37	1.63
	OA	8.08	8.80	0.81	9.19
	PDA	7.86	8.80	1.06	8.94
	CK	8.80	8.80	0.00	10.00
9 天	6 mm	2.13	10.87	8.04	1.96
	9mm	1.81	10.87	8.33	1.67
	12mm	0.84	10.87	9.22	0.78
	9mm+OA	1.14	10.87	8.95	1.05
	OA	9.06	10.87	1.66	8.34
	PDA	8.00	10.87	2.64	7.36
	CK	10.87	10.87	0.00	10.00

促进了花期油菜的健康指数的快速降低和菌核病病情指数的快速升高,且随着核盘菌接种量的增加,健康指数的降低幅度和菌核病病情指数的升高更加显著;0.10 mmol/L 草酸明显促进了核盘菌侵染花期油菜的植株健康指数的降低和菌核病病情指数的升高。

表 5.3 核盘菌接种花期油菜叶片后叶片相对代谢活力、待测植株的相对代谢活力、植株菌核病病情指数和植株健康指数的变化

接种天数	处理	MA_i	MA_R	SI	HI
	6 mm	12.59	11.37	−1.08	11.08
	9mm	14.14	11.37	−2.44	12.44
	12mm	12.73	11.37	−1.19	11.19
0 天	9mm+OA	10.53	11.37	0.74	9.26
	OA	13.85	11.37	−2.18	12.18
	PDA	10.21	11.37	1.02	8.98
	CK	11.37	11.37	0.00	10.00
	6 mm	8.06	14.92	4.60	5.40
	9mm	5.68	14.92	6.19	3.81
	12mm	5.08	14.92	6.59	3.41
1 天	9mm+OA	5.50	14.92	6.31	3.69
	OA	11.55	14.92	2.26	7.74
	PDA	12.07	14.92	1.91	8.09
	CK	14.92	14.92	0.00	10.00
	6 mm	6.20	14.86	5.83	4.17
	9mm	4.69	14.86	6.84	3.16
	12mm	4.27	14.86	7.13	2.87
3 天	9mm+OA	4.67	14.86	6.86	3.14
	OA	13.90	14.86	0.65	9.35
	PDA	14.14	14.86	0.48	9.52
	CK	14.86	14.86	0.00	10.00
	6 mm	4.53	12.30	6.32	3.68
	9mm	4.20	12.30	6.58	3.42
	12mm	3.80	12.30	6.91	3.09
5 天	9mm+OA	3.38	12.30	7.25	2.75
	OA	10.64	12.30	1.35	8.65
	PDA	11.70	12.30	0.49	9.51
	CK	12.30	12.30	0.00	10.00
	6 mm	4.10	11.80	6.52	3.48
7 天	9mm	3.79	11.80	6.79	3.21
	12mm	1.78	11.80	8.49	1.51
	OA+9mm	1.10	11.80	9.06	0.94

续表

接种天数	处理	MA_i	MA_R	SI	HI
	OA	11.60	11.80	0.17	9.83
7 天	PDA	12.51	11.80	−0.61	10.61
	CK	11.80	11.80	0.00	10.00
	6 mm	3.11	10.41	7.01	2.99
	9mm	1.84	10.41	8.23	1.77
	12mm	1.03	10.41	9.02	0.98
9 天	9mm+OA	0.85	10.41	9.19	0.81
	OA	11.57	10.41	−1.11	11.11
	PDA	11.07	10.41	−0.63	10.63
	CK	10.41	10.41	0.00	10.00

核盘菌接种花期诸葛菜叶片后叶片相对代谢活力、待测植株的相对代谢活力、植株菌核病病情指数和植株健康指数的变化如表 5.4 所示。由表 5.4 可得，0.10 mmol/L 草酸、9 mm PDA 块和空白对照 3 个处理的花期诸葛菜的健康指数和菌核病病情指数在 9 天内基本保持不变。6 mm 核盘菌块、9 mm 核盘菌块、12 mm 核盘菌块和 9 mm 核盘菌块 + 0.10 mmol/L 草酸 4 个处理的花期诸葛菜的健康指数在接种后急剧下降，其菌核病病情指数在接种后急剧升高。此外，随着核盘菌接种量的增加（12 mm > 9 mm > 6 mm），花期诸葛菜的健康指数下降趋势更加显著，菌核病病情指数升高趋势更加显著。9 mm 核盘菌块 + 0.10 mmol/L 草酸处理中，0.10 mmol/L 草酸一定程度上促进了核盘菌侵染花期诸葛菜的植株健康指数的降低和菌核病病情指数的升高。综上，核盘菌接种极显著地（$P < 0.01$）促进了花期诸葛菜的健康指数的快速降低和菌核病病情指数的快速升高，且随着核盘菌接种量的增加，健康指数的降低幅度和菌核病病情指数的升高幅度更加显著；0.10 mmol/L 草酸明显促进了核盘菌侵染花期诸葛菜的植株健康指数的降低和菌核病病情指数的升高。

表 5.4　核盘菌接种花期诸葛菜叶片后叶片相对代谢活力、待测植株的相对代谢活力、植株菌核病病情指数和植株健康指数的变化

接种天数	处理	MA_i	MA_R	SI	HI
	6 mm	34.77	47.05	2.61	7.39
	9mm	42.17	47.05	1.04	8.96
	12mm	33.84	47.05	2.81	7.19
0 天	9mm+OA	31.69	47.05	3.27	6.73
	OA	30.06	47.05	3.61	6.39
	PDA	29.58	47.05	3.71	6.29
	CK	47.05	47.05	0.00	10.00
1 天	6 mm	22.22	25.70	1.35	8.65
	9mm	21.61	25.70	1.59	8.41

续表

接种天数	处理	MA$_i$	MA$_R$	SI	HI
	12mm	20.41	25.70	2.06	7.94
	OA+9mm	20.53	25.70	2.01	7.99
1 天	OA	50.06	25.70	−9.48	19.48
	PDA	26.40	25.70	−0.27	10.27
	CK	25.70	25.70	0.00	10.00
	6 mm	20.98	35.86	4.15	5.85
	9mm	18.16	35.86	4.94	5.06
	12mm	17.83	35.86	5.03	4.97
3 天	9mm+OA	17.04	35.86	5.25	4.75
	OA	52.12	35.86	−4.54	14.54
	PDA	46.66	35.86	−3.01	13.01
	CK	35.86	35.86	0.00	10.00
	6 mm	15.89	27.01	4.12	5.88
	9mm	16.31	27.01	3.96	6.04
	12mm	15.19	27.01	4.37	5.63
5 天	9mm+OA	15.19	27.01	4.38	5.62
	OA	39.19	27.01	−4.51	14.51
	PDA	28.90	27.01	−0.70	10.70
	CK	27.01	27.01	0.00	10.00
	6 mm	14.91	29.85	5.00	5.00
	9mm	14.26	29.85	5.22	4.78
	12mm	11.85	29.85	6.03	3.97
7 天	9mm+OA	12.62	29.85	5.77	4.23
	OA	28.27	29.85	0.53	9.47
	PDA	29.63	29.85	0.07	9.93
	CK	29.85	29.85	0.00	10.00
	6 mm	11.62	28.62	5.94	4.06
	9mm	9.90	28.62	6.54	3.46
	12mm	5.86	28.62	7.95	2.05
9 天	9mm+OA	8.24	28.62	7.12	2.88
	OA	29.69	28.62	−0.37	10.37
	PDA	29.82	28.62	−0.42	10.42
	CK	28.62	28.62	0.00	10.00

研究表明，0.10 mmol/L 草酸、9 mm PDA 块和空白对照 3 个处理的苗期油菜、花期油菜和花期诸葛菜叶片的代谢流 MF 和相对代谢活力 MA 在 9 天内变化不大。6 mm 核盘菌块、9 mm 核盘菌块、12 mm 核盘菌块和 9 mm 核盘菌块 + 0.10 mmol/L 草酸 4 个处理的苗期油菜、花期油菜和花期诸葛菜叶片的代谢流 MF 和相对代谢活力 MA 在接

种后急剧下降。此外，随着核盘菌接种量的增加（6 mm < 9 mm<12 mm），苗期油菜、花期油菜和花期诸葛菜叶片的代谢流 MF 和相对代谢活力 MA 下降趋势更加明显。

　　研究还表明，0.10 mmol/L 草酸、9 mm PDA 块和空白对照 3 个处理的苗期油菜、花期油菜和花期诸葛菜叶片的植株健康指数 HI 和植株菌核病病情指数 SI 在 9 天内变化不大。6 mm 核盘菌块、9 mm 核盘菌块、12 mm 核盘菌块和 9 mm 核盘菌块 + 0.10 mmol/L 草酸 4 个处理的苗期油菜、花期油菜和花期诸葛菜植株健康指数 HI 在接种后急剧下降，植株菌核病病情指数 SI 在接种后急剧升高。此外，随着核盘菌接种量的增加（6 mm < 9 mm<12 mm），苗期油菜、花期油菜和花期诸葛菜植株菌核病病情指数 SI 升高趋势更加明显，健康指数 HI 下降更显著。从表 5.1～表 5.4 中还可以看出，刚接种菌块和草酸或 PDA 块，对即时的叶片代谢活力都有很大的影响，12 mm 菌块对油菜苗期的代谢活力有刺激作用。草酸单独作用不仅未降低代谢活力，而且对接种后 1～5 天的诸葛菜代谢活力有较大刺激，这说明草酸本身不是致病因子，只有在菌核病的存在下才影响植物的代谢活力和健康。这些结果不仅很好地表征了菌核病的发生发展，也能很好地表征草酸或者草酸与菌核病互作对植物致病和健康的影响程度，实现了植物健康和菌核病实时、在线、快速的监测和预测，为更好地解析菌核病的致病过程和机理提供了基础数据和支撑。

参 考 文 献

陈倩. 2020. 基于电生理特征的红树植物盐适应能力的评估. 镇江: 江苏大学硕士学位论文.

陈欣欣. 2017. 基于低空遥感成像技术的油菜菌核病检测研究. 杭州: 浙江大学博士学位论文.

董金皋, 康振生, 周雪. 2016. 植物病理学. 北京: 科学出版社.

丁一娟. 2017. 利用甘蓝改良油菜的菌核病抗性及铜离子相关基因在植物——核盘菌互作中的作用. 重庆: 西南大学博士学位论文.

丰胜求, 张艳, 徐久玮, 甘莉. 2005. 甘蓝型油菜防御酶活性变化与抗病性的关系. 华中农业大学学报, 24(3): 231-235.

傅玉和. 2000. 植物病害诊断仪的传感机理研究. 北京教育学院学报, 14(2): 43-48.

郭文川, 刘东雪, 周超超, 韩文霆. 2014. 基于电容特性的植物叶片含水率无损检测仪. 农业机械学报, 45(10): 288-293.

黄涌. 2007. 甘蓝型油菜耐草酸材料的生理和遗传研究. 重庆: 西南大学硕士学位论文.

梁军, 屈智巍, 刘惠文, 贾秀贞, 张星耀, 2006. 杨树溃疡病及松材线虫病对树体干部电指标的影响. 林业科学, 42(12): 68-72.

卢晓霞, 康晓慧, 付菊梅, 吕学静, 王茂辉. 2013. 油菜根肿病对油菜光合作用及酶活性的影响. 广东农业科学, 40(24): 71-73+81.

刘秋, 于基成, 房德纯, 付晓光. 2001. 向日葵菌核病菌毒素的产生及其生物活性的测定. 沈阳农业大学学报, (6): 422-425.

吴沁安. 2018. 甘蓝型油菜抗菌核病评价及轮回选择群体的构建. 重庆: 西南大学硕士学位论文.

吴纯仁, 刘后利. 1989. 油菜菌核病致病机理的研究Ⅰ. 植物毒素的产生及毒素晶体扫描电镜观察. 中国油料, (1): 24-27+99.

孙保亚, 沈向群, 郭海峰, 周永红. 2005. 十字花科植物根肿病及抗病育种研究进展. 中国蔬菜, (4): 34-37.

孙光明. 2010. 基于光谱和多光谱图像技术的油菜菌核病识别. 杭州: 浙江大学硕士学位论文.

王继鹏. 2015. 菌龄对核盘菌致病性的影响及植物抗核盘菌分子机制. 杭州: 浙江大学博士学位论文.

游崇娟, 王建美, 田呈明. 2010a. 接种不同真菌菌株后黄栌生物电指标的变化. 林业科学研究, 23(4): 581-586.

游崇娟, 王建美, 田呈明. 2010b. 植物病害检测领域的电生理学研究进展. 西北林学院学报, 25(1): 118-122.

游琴. 2015. 四川三个地区油菜核盘菌遗传分化情况研究. 成都: 四川农业大学硕士学位论文.

张钢, 肖建忠, 陈段芬. 2005. 测定植物抗寒性的电阻抗图谱法. 植物生理与分子生物学学报, 31(1): 19-26.

赵丹丹, 臧新, 田保明. 2010. 油菜菌及油菜菌核病相关研究进展. 作物研究, (2): 120-123.

赵艳茹. 2018. 核盘菌侵染油菜早期光谱诊断方法研究. 杭州: 浙江大学博士学位论文.

邹立峰. 2010. 植物病害的识别与诊断. 今日科苑, 8: 211.

Bary De, Ueber einige A. 1886. *Sclerotinia* and *Sclerotien krankheiten*. Baton Z. , 44: 377-426.

Boland G J, Hall R. 2009. Index of plant hosts of *Sclerotinia sclerotiorum*. Canadian Journal of Plant Pathology, 16(2): 93-108.

Cotton P, Kasza Z, Bruel C. 2010. Ambient pH controls the expression of endopolygalacturonase genes in the necrotrophic fungus *Sclerotinia sclerotiorum*. Fems Microbiology Letters, 227(2): 163-169.

Flor H H. 1971. Current status of gene-for-gene concept. Annual Review of Phytopathology, 9(1): 275-296.

Fromm J, Lautner S. 2010. Electrical signals and their physiological significance in plants. Plant Cell & Environment, 30(3): 249-257.

Godoy G, Steadman J R, Dickman M B, Dam R. 1990. Use of mutants to demonstrate the role of oxalic acid in pathogenicity of *Sclerotinia sclerotiorum* on *Phaseolus vulgaris*. Physiological and Molecular Plant Pathology, 37(3): 179-191.

Ibba P, Falco A, Abera B D, Cantarella G, Petti L, Lugli P. 2020. Bio–impedance and circuit parameters: an analysis for tracking fruit ripening. Postharvest Biology and Technology, 159: 110978.

Javed Q, Wu Y Y, Xing D K, Azeem A, Zaman M. 2017., Re–watering: an effective measure to recover growth and photosynthetic characteristics in salt–stressed *Brassica napus* L. Chilean Journal of Agricultural Research, 77: 78-86.

Kaur A, Kumar A, Reddy M S. 2017. Plant‐Pathogen Interactions: A Proteomic Approach. Berlin: Springer Nature Singapore Pte Ltd.

Kertész Á, Hlaváčová Z, Vozáry E. 2015. Relationship between moisture content and electrical impedance of carrot slices during drying. International Agrophysics, 29: 61-66.

Martinelli F, Scalenghe R, Davino S, Panno S, Scuderi G, Ruisi P, Villa P, Stroppiana D, Boschetti M, Goulart L R. 2015. Advanced methods of plant disease detection. A review. Agronomy for Sustainable Development, 35(1): 1-25.

Miorini T J J, Raetano C G, Everhart S E. 2017. Control of white mold of dry bean and residual activity of fungicides applied by chemigation. Crop Protection, 94: 192-202.

Mishra R K, Rathore U S, Mishra M, Tripathi K, Pandey R K. 2021. Basics of Plant Pathology(At a Glance).New Delhi: DPS Publisher.

Philip N. 2003. Biological Physics: Energy, Information Life. New York: Freeman and Company: 413-448.

Ran H, Liu L, Li B, Cheng J, Fu Y. 2016. Co–infection of a hypovirulent isolate of *Sclerotinia sclerotiorum* with a new *botybirnavirus* and a strain of a *mitovirus*. Virology Journal, 13(1): 92.

Rodríguez M A, Rothen C, Lo T E, Cabrera G M, Godeas A M. 2015. Suppressive soil against *Sclerotinia sclerotiorum* as a source of potential biocontrol agents: selection and evaluation of *Clonostachys rosea* BAFC1646. Biocontrol Science & Technology, 25(12): 1388-1409.

Robert O B, Jonathan K C. 1980. Electrical resistance measurements to detect Dutch elm disease prior to symptom ex pression. Canadian Journal of Forestry Research, (10): 111-114.

Vodeneev V, Katicheva L A, Sukhov V S. 2016. Electrical signals in higher plants: mechanisms of generation and propagation. Biophysics, 61: 505-512.

Volkov A G. 2006. Plant Electrophysiology: Theory and Methods. Berlin: Springer: 25.

Sankaran S, Mishra A, Ehsani R, Davis C. 2010. A review of advanced techniques for detecting plant diseases. Computers and Electronics in Agriculture, 72(1): 1-13.

Sukhov V. 2016. Electrical signals as mechanism of photosynthesis regulation in plants. Photosynthesis Research, 130: 373-387.

Szechyńska-Hebda M, Lewandowska M, Karpiński S. 2017. Electrical signaling, photosynthesis and systemic acquired acclimation. Frontiers in Physiology, 8: 684.

Singh K P, Jahagirdar S, Kumar B S, Adeniyi D. 2021. Emerging Trends in Plant Pathology. Berlin: Springer Nature Singapore Pte Ltd.

Xu Z, Wu S, Liu L, Cheng J, Fu Y, Jiang D, Xie J. 2015. A mitovirus related to plant mitochondrial gene confers hypovirulence on the phytopathogenic fungus *Sclerotinia sclerotiorum*. Virus Research, 197: 127-136.

Xing D K, Chen L, Wu Y Y, Zwiazek J J. 2021. Leaf physiological impedance and elasticity modulus in *Orychophragmus violaceus* seedlings subjected to repeated osmotic stress. Scientia Horticulturae, 276: 109763.

Xing D K, Chen X L, Wu Y Y, Chen Q, Shu Y. 2019. Leaf stiffness of two *Moraceae* species based on leaf tensity determined by compressing different external gripping forces under dehydration stress. Journal of Plant Interactions, 14: 610-616.

Weston D, Walter S, Alex S. 1980. Potential hazard rating system for fir stands infested with budworm using cambial electrical resistance. Canadian Journal of Forestry Research, 10: 541-544.

Williams B, Kabbage M, Kim H J, Britt R, Dickman M B, Tyler B. 2011. Tipping the balance: *Sclerotinia sclerotiorum* secreted oxalic acid suppresses host defenses by manipulating the host redox environment. PLoS Pathogens, 7(6): e1002107.

Zhang C, Wu Y Y, Su Y, Xing D K, Dai Y, Wu Y S, Fang L. 2020. A plant's electrical parameters indicate its physiological state: a study of intracellular water metabolism. Plants, 9: 1256.

Zhang C, Wu Y Y, Su Y, Li H T, Fang L, Xing D K. 2021. Plant's electrophysiological information manifests the composition and nutrient transport characteristics of membrane proteins. Plant Signaling & Behavior: e1918867.

Zhang F, Ge H, Zhang F. 2016. Biocontrol potential of *Trichoderma harzianum* isolate T-aloe against *Sclerotinia sclerotiorum* in soybean. Plant Physiology and Biochemistry, 100: 64-74.

Zhao D J, Wang Z Y, Li J, Wen X, Liu A, Huang L, Wang X D, Hou R F, Wang C. 2013. Recording extracellular signals in plants: a modeling and experimental study. Mathematical and Computer Modelling, 58: 556-563.

第6章 植物电生理信息与植物耐酸碱能力的检测

植物的生长受环境因素的影响很大，其中土壤酸碱性是影响植物养分吸收的重要因素之一。亚硫酸盐的大范围使用势必会引发环境 pH 的改变，给生态系统造成负担，尤其会影响水生生物及湿地生物的生长。植物通过形态结构、生理生化及生长状况的响应以应对酸碱胁迫，据此检测植物对酸碱环境的适应性存在耗时耗力且对植物产生不可逆损害等缺点。植物电生理对各种逆境胁迫响应灵敏，且测试简便，已用于多种逆境下植物适应性的研究。植物叶片细胞代谢能可直接被细胞代谢利用，对各种生命体的运动做出反应，也是生物体用来构建自身和维持生命活动的能量形式。基于电生理参数，根据吉布斯自由能和能斯特方程，可推导出植物叶片细胞代谢能的计算模型。利用 $NaHSO_3$（> 4 mmol/L）浓度较高的营养液培养黄菖蒲和马蔺，将减少植物的细胞代谢能，导致植物干枯死亡。低浓度 $NaHSO_3$（< 2 mmol/L）则可促进植物细胞代谢能的增加及植物对硫元素的吸收，有利于植物正常生长发育。低浓度 $NaHSO_3$ 刺激黄菖蒲的生长和储能，但在低浓度溶液中吸收离子需要更多的能量，0.5 mmol/L 的 $NaHSO_3$ 处理比 2.0 mmol/L 需要更多的能量来应对逆境。pH6.8 环境下 0.2 mmol/L $NaHSO_3$ 处理的马蔺抵抗逆境所需能量最低。黄菖蒲和马蔺在 pH4.8 环境下抵抗逆境所需能量均最高。黄菖蒲和马蔺更适应于偏碱性的环境，马蔺对 $NaHSO_3$ 的耐受能力比黄菖蒲更强。

6.1 植物对 pH 的响应

土壤酸碱性，是指土壤溶液中 H^+ 浓度的负对数，用 pH 表示，是土壤的重要化学性质。土壤酸碱度按其强弱进行分级：强碱 pH > 8.5，碱性 pH 7.5～8.5，中性 pH 6.5～7.5，酸性 pH 4.5～6.5，强酸 pH < 4.5（罗淑华，1995）。酸性或碱性物质的输入会导致土壤的物理、化学及生物学过程发生改变，且与土壤养分的有效性及有害物质的产生有关，进而影响土壤肥力，对植物的生长发育产生间接影响（赵军霞，2003）。

近几十年来，由于经济的快速扩张，化石燃料燃烧产生和农业活动中积蓄的硫（S）和氮（N）所产生的酸沉积导致了全球许多区域陆地生态系统的酸化。酸沉积在世界许多地方都在逐年增加，欧洲、北美等地因此出台大量政策以减少 S 和 N 排放，硫酸根离子（SO_4^{2-}）和无机氮沉降量的减少将导致土壤溶液中 SO_4^{2-} 和 NO_3^- 的减少，这反过来又会导致弱缓冲土壤的酸中和能力和 pH 的增加，因而在地表水中，SO_4^{2-} 的降低普遍伴有 pH 和酸中和能力的提高。SO_2 是常见的大气硫污染物，空气污染可以通过酸沉积影响地表水及土壤溶液，通过对养分可利用性和根系功能的影响间接影响植物健康。植物吸收空气或水体中的 SO_2，会在细胞中转化为 SO_4^{2-} 和亚硫酸根离子（SO_3^{2-}），然而不同生物对 SO_2 及其衍生物的抗性不同，严重者会引起部分敏感物种消失，影响生态系统的结构和功能（王焕校，2000）。另外，SO_2 很容易溶解在水中产生硫磺酸（Nair and Elmore，2003），生理条件（pH 7.4 和 37℃）下，SO_3^{2-} 和亚硫酸氢根离子（HSO_3^-）的混合物占主导地位，酸化将释放 SO_2 气体，在碱中则产生亚硫酸盐、亚硫酸氢盐及偏亚硫酸氢盐（Green，1976），这些都是存在于敏感的 pH 平衡中的四价硫（S^{4+}）物质（Gunnison，1981）。

亚硫酸氢钠（$NaHSO_3$）是一种既具有氧化性又具有还原性的化合物，也是一种有毒的亲核试剂。亚硫酸盐可以在植物中的亚硫酸盐还原酶的作用下被还原为硫化物，也可以被亚硫酸盐氧化酶氧化为硫酸盐，亚硫酸盐氧化酶对动植物体内含硫化合物的降解起着关键作用（Galina et al.，2015）。低浓度的 $NaHSO_3$ 已经作为光合促进剂广泛应用于农业生产中（陈功楷等，2017）。然而，这种大范围使用势必会引发环境 pH 的改变，给生态系统造成负担，尤其会影响水生生物及湿地生物的生长。

6.1.1　植物外观形态对 pH 的响应

一定程度的碱胁迫能促进干旱区植物的生长，一旦超过植物对碱的耐受极限时，植物根系就会受到损伤，根系活力降低（李从娟等，2010）。当介质 pH < 4.0 时，植物根系即受到损害，表现出变短、变厚、根数量减少、根表呈暗棕到暗灰色等症状，严重时根尖死亡。地上部分的反应开始不明显，但在根系严重受损后整株植株生长受阻，最后叶片枯萎直至死亡（廖红和严小龙，2003）。刘佳等（2017）研究发现，在碱胁迫下，山桃叶片增厚，结构更加紧密，气孔密度增大，角质膜增厚。碱性胁迫引发金钗石斛的落叶率增大。而在酸性胁迫下，金钗石斛叶片受到损伤，造成了伤斑，而新叶的保护组织未完全形成，比老叶更容易受到伤害（温承环，2018）。

随着土壤 pH 降低，花瓣中总花青苷含量增加，说明土壤酸碱性影响花青苷的积累，从而影响花色的深浅（姜卫兵等，2009）。酸胁迫会破坏植物叶片表面的角质层和蜡质层，损害植物的表皮结构，使叶片出现伤斑和局部坏死，干扰保护细胞的正常功能，使酸性物质通过气孔或表皮扩散进入植物细胞使之中毒（杨万红，2008），从而对植物形态结构造成影响。邓玉姣（2017）研究发现，pH 2.0 的模拟酸雨导致桂花品种'银碧双辉'、'云田彩桂'和'虔南桂妃'叶片出现大面积的褐色伤斑，叶边缘有发黄和皱缩现象出现。陈家松（2016）研究发现，模拟酸雨的酸度越大，夏蜡梅幼苗叶面积越小。PH 2.5 的模拟酸雨胁迫则会使狗牙根、马尼拉草幼苗受伤严重，变黄萎蔫，严重失绿（Silva et al.，2005）。

$NaHCO_3$ 盐碱胁迫对紫花苜蓿植株维管系统影响较大，使贯通于根、茎、叶 3 个器官的维管组织变小，导致木质部和韧皮部输导能力锐减，极大地限制了由根系吸收的溶解有盐离子的水分向地上部分的运输。此外，盐碱胁迫使苜蓿叶片整体变薄，对海绵组织的影响强于栅栏组织，造成栅栏组织在叶片中所占比例相对增加；使茎的横切面变为不规则形，表皮细胞变小变薄，细胞壁角质层加强，且使位于茎中央的髓薄壁组织细胞直径减小，数量增加，而髓细胞的内含物浓度增加；在盐碱胁迫下促进了根部的发育，根部直径显著变粗，木质导管直径显著变小但数量增多（田晨霞等，2014）。在碱性盐 Na_2CO_3 处理时，文冠果叶片栅栏组织变紧密，胞间隙减小，浓度越高，伤害越大（宗建伟等，2021）。碱性盐处理越橘叶片厚度、上表皮厚度、下表皮厚度、栅栏薄壁组织厚度、海绵薄壁组织厚度、中脉厚度和叶片组织结构疏松度（SR）总体上均呈降低的趋势（贾文飞等，2022）。

6.1.2 植物元素吸收对 pH 的响应

在酸性土壤中，钴、锰、铁、铜和锌等微量元素离子有效性高，在土壤 pH 为中性时，大多数营养元素有效性最高。例如，磷在碱性土壤中易被钙固定，在酸性土壤中易被铁固定，而在 pH 为 6.5～7.5 时，硼和磷有效性最高。氮有效性的最适 pH 为 6～8，当处于酸性环境时，固氮菌活性降低，当土壤 pH 大于 8 时，硝化作用受抑制，而在此pH 范围内，钙、镁离子和铝酸盐有效性最好（张丽芳和胡海林，2020）。有研究表明，碱胁迫会使矿质离子的利用率降低，干扰植物的营养吸收，抑制阴离子的吸收和造成植物体内的离子稳恒态、pH 稳定、电荷平衡的紊乱，严重影响植物的多种代谢活动（石德成和殷立娟，1993）。

对于水生植物来说，水环境 pH 下降将有利于阴离子跨膜运输，相对抑制离子的吸收，而 pH 上升则引起相反的作用（Itoh and Barber，1983）。反过来，植物对营养元素的吸收也会影响水环境的 pH，如湿地植被对 pH 敏感（Vitt and Chee，1990；Nicolet et al.，2004），在对北欧的临时池塘的生物多样性的研究中，影响临时池塘群落组成的主要环境因素是水化学性质，尤其是 pH 和碱度（Nicolet et al.，2004），兼性和专性临时池塘物种的出现表明，不同生境可能在景观尺度上对水体物种交换起着重要作用。在对河水的地球化学昼夜变化的研究中，王奇岗等（2018）发现在岩溶区水体 CO_2 脱气作用会将一部分 HCO_3^- 转化为 CO_2 同时消耗水体中的 H^+，使水体 pH 逐步升高。通常情况下，水体的溶解氧质量浓度与水生植物生物量及水温等环境条件密切相关，水生植物在日间通过光合作用消耗水体中的 CO_2 使水体 pH 上升，同时释放 O_2；而夜间水生植物的呼吸作用占据主导地位，呼吸作用取代光合作用，消耗水体中的 O_2 并放出 CO_2，导致水体 pH下降并伴随着水体溶解氧质量浓度降低，且溶解氧和 pH 的昼夜变化作为水生植物光合作用的主要表征，水温和植物生物量越高，植物的光合作用越活跃，pH 和溶解氧变化幅度越大（王奇岗等，2018）。Chen 和 Coughenour（1996）建立了一个光合作用模型，以模拟沉水水生植物在不同环境条件下，C3 和 C4 植物光合作用之间的关系，分析温度、CO_2、光照和 pH 对水生植物光合作用的交互影响，结果表明较高的 pH 会加速沉水植物对环境中碳源的利用，当环境 CO_2 为 350 ppm[①]时，较高的 pH 略微提高了植物的光合作用速率。在刘勇丽等的研究中，不同种类水生植物的稳定碳同位素值存在显著的差异，大部分沉水植物吸收 HCO_3^-，水体中溶解无机碳的浓度与沉水植物体内的稳定碳同位素值存在正相关，与 pH 呈负相关关系（刘勇丽，2015），这是因为沉水植物能够利用溶解在水中的 CO_2 及碳酸氢盐。水生植物的种类和性质不同，其利用的碳源（CO_2 或 HCO_3^-）（张强，2012）及其根际环境（李艳等，2016）等均会有差别，从而影响水化学性质的程度也不同。还有一些湿地植物（如泥炭藓）会释放有机酸，使其生长环境酸化（Breemen，1995），泥炭沼泽给生长在其中的许多植物提供了不利环境条件，植物的生长有很多的

---

① 1ppm=10^{-6}。

阻碍因素。沼泽的低 pH 和低钙浓度有效地阻碍了钙生植物在沼泽地的生长，但泥炭沼泽的酸性并不比许多矿质土壤的表层更强，这些矿质土壤上生长着健康的耐酸植物，包括在沼泽上生长不好的树木和灌木，植物在沼泽上生长缓慢显然是土壤温度低、干旱胁迫、水分过剩、酸度高和养分供应不足等不利的地下土壤条件造成的，但沼泽树的根系较浅，避免了地下缺氧的土壤，这也体现了植物对环境的适应性（Breemen，1995）。

根际 pH 的变化，即根系周围土壤的体积受生活的植物的根系活动的影响，是在土壤-根系界面发生的化学相互作用，在 20 世纪上半叶，这种酸性根分泌物被认为是根际微生物和根通过呼吸和分泌产生的碳酸盐和有机酸（Hinsinger et al.，2003）。一些植物通过根系引起周围环境 pH 变化会直接影响其生长条件，这些根际 pH 的变化是一种长期存在的化学相互作用，主要是根与土壤之间相互作用的结果，根系可以通过释放氢离子（H^+）或氢氧根离子（OH^-）、阳离子-阴离子交换平衡、有机阴离子释放、根系分泌和呼吸及氧化还原耦合过程来显著改变根际的 pH，阳离子-阴离子平衡不仅包括植物根系吸收的离子，还应包括通过流入或流出穿过根细胞膜的所有电荷及离子（Hinsinger et al.，2003）。从生态学的角度来看，根系介导的 pH 变化具有重要的相关性，自 20 世纪 60 年代末以来，已有证据表明，根系可以通过释放 H^+ 或 OH^- 从实质上改变其根际 pH，以补偿土壤-根系界面上不平衡的阴阳离子吸收，土壤 pH 是影响许多营养物质和有毒元素的生物有效性及根系和根际微生物生理的关键参数（Hinsinger et al.，2003）。在 Morales 等（2006）的研究中，pH 对微藻的区系及微藻相关的杀菌剂有影响，在 pH 为 7 时，微藻的生长占主导地位，而 pH 为 3.5～6 则诱导了浮萍的植物病原菌的生长，研究结果表明 pH 是浮萍的生长调节因子。Jiang 等（2017）研究了不同土壤 pH（4.5、5.3 和 6.0）对两种蓝莓 *Vaccinium virgatum* 'Climax' 和 *V. corymbosum* A119 叶片生长、叶绿素荧光和叶片矿物元素含量的影响，两种蓝莓的株高、茎基直径、分枝数、叶干重、茎干重、根干重、叶绿素含量指数、PSII 最大光化学效率和有效光量子产量均随土壤 pH 的升高而降低，土壤 pH 是影响蓝莓生长的一个关键因素，因为土壤的高 pH，在中国的大多数土壤中种植蓝莓都很困难，且根际土壤的 pH 越高，蓝莓植株的生长和生物量的积累都会下降，研究结果表明，随着土壤 pH 增加，叶片中矿物质元素代谢紊乱可能是抑制蓝莓生长的关键因素。

6.1.3　植物生理生化指标对 pH 的响应

在 pH 为 4.5～9.5，何首乌的叶片叶绿素含量、光合指标均先增加后降低（冷芬等，2020）。潘华祎等（2017）研究发现随着水体中酸性或碱性提高，碗莲植株的叶绿素含量降低、光合作用减弱，丙二醛含量增加，超氧化物歧化酶和过氧化物酶的活性降低。有研究发现土壤的 pH 超过临界值时，蓝莓的叶绿素含量和净光合速率均下降，pH 为 6.0 时叶片叶绿素含量和最大光化学效率均显著降低，而土壤 pH 过低或过高，其叶片会受到较大的光抑制（皇甫诗男等，2017；乌凤章，2020）。王双明（2021）研究发现 pH 越小，菠菜体内叶绿素含量就越低，低浓度的模拟酸雨胁迫影响了菠菜的叶绿体结构，严重抑制了光合碳素代谢，影响植物光合作用，进而降低菠菜营养品质。但也有实验表明酸雨胁迫使植物叶绿素含量增加。碱胁迫可能会使叶绿素合成受阻，使其含量减少，光合作用减弱（Lu et al., 2007），且碱胁迫的抑制程度大于盐胁迫（Pang et al., 2016）。随着模拟酸雨 pH 的降低，杉木、马尾松、油茶叶绿素（a+b）含量会增加，这些植物会通过提高自身叶绿素含量、促进光合作用、增加营养成分，来抵御胁迫伤害（单运峰，1994）。王杰等（2019）研究发现，随着 pH 的升高香菇菌丝体的胞内多糖含量逐渐增加，而胞外多糖含量逐渐下降。

酸雨胁迫和其他胁迫一样能激活植物的抗氧化系统，而过氧化物酶（POD）、过氧化氢酶（CAT）、超氧化物歧化酶（SOD）等抗氧化酶活性也被认为是污染胁迫的指示剂（Chen et al., 1991；Bowler et al., 1992）。Velikova 等（2000）研究发现模拟酸雨胁迫可以使菜豆叶片脂质过氧化程度加重，体内 H_2O_2 含量升高，胁迫前期 POD 活性增加，CAT 变化不大，在中后期，两种酶活性都会增加，共同作用于植物，清除体内活性氧。酸雨处理下最大净光合速率与杜仲总生物量、叶绿原酸、桃叶珊瑚苷和总黄酮含量呈显著正相关，表明酸雨通过影响杜仲光合生理活性，进而影响其生长和次生代谢产物含量（齐哲明和钟章成，2006）。pH 对红豆杉愈伤组织及紫杉醇含量同样具有影响，pH 6.5 不适合东北红豆杉愈伤组织生长，也不利于产生紫杉醇（Yang et al., 2007）。在盐碱胁迫下，白刺叶片中的 MDA 含量增加，白刺叶片中的 SOD、CAT、POD 含量呈现先升后降的趋势，如若增强胁迫，3 种酶的活性呈下降趋势（刘兴亮，2010）。受到碱性溶液处理的花椒幼苗，白藓碱含量会增加。在 pH 为 9.5 时，其含量最高，但植株无法正常生长（马英姿等，2011）。在受到盐碱胁迫时，多糖会起到抗逆性作用，因为植物体内的可溶性糖是一种合适的溶剂，它可以参与植物逆境生长，是一种渗透调节物质（Carpenter and Crowe, 1988）。而一些有较高的抗盐碱胁迫能力的植物在受到长时间盐碱胁迫下，仍能保持较高的含水量，如一些肉质化植物（Lissner et al., 1999），这是因为细胞含水量高液泡体积增大，原生质层会变薄，细胞的表面积增加，可以稀释细胞中有害离子的浓度。麻莹等（2017）发现作为非肉质化植物的碱地肤在受到盐碱胁迫时仍然可以保持含水量，具有较强的抗盐碱特性。有机酸和可溶性糖也是响应盐碱胁迫的渗透调节物质。在李淑艳和王建中（2009）的研究中，外界环境因子 pH 很大程度上在大豆种子萌发过程中影响了其内在蛋白的变化，在 pH 8.0 时种子吸水速率、萌发率最大；pH 6.0 时种子吸水速率最大，可溶性蛋白质含量、内肽酶和外肽酶的活性最高，肽和氨基酸等蛋白质降解产物含量在 pH 9.0 和 pH 6.0 达到最大值。另外，pH 也可以反映植物的种类，相同种类的植物可能适应于相同的 pH 范围。Ludwig（2006）对不同水源的大型植物进行多变量分析，基本上都是根据水的硬度和 pH 而把其中的水生植物划分为不同类别。

沼泽植物 *Molinia caerulea* 在湍急的水流中生长良好，但在 H_2S 浓度高的死水中发育不良（Breemen, 1995）。在硫元素的不同形态化合物中，硫酸、SO_2、亚硫酸氢盐、亚硫酸盐和焦亚硫酸氢盐在不同 pH 下存在相对的平衡状态，在非常低的 pH 下即 pH < 2 时，气体 SO_2 被释放出来，当加入水时硫酸占比更优。然而，随着 pH 的增加达到中性状态，不同硫化合物的化学平衡发生变化，亚硫酸氢盐占主导（pH 4.5 时约为 100%）。值得注意的是，焦亚硫酸氢盐是两分子亚硫酸氢盐离子脱水后的产物。所以当亚硫酸氢

盐在非水环境中或者被水隔绝时，产物就是焦亚硫酸氢盐。随着 pH 的进一步升高，产生更多的亚硫酸盐离子，亚硫酸氢盐和亚硫酸盐在 pH 7.3 时达到平衡，进一步提高 pH 只会增加亚硫酸盐的含量。亚硫酸盐离子很容易与醛结合形成羰基化合物，这个反应是可逆的，但在生理 pH 下乙醛更容易被利用。$NaHSO_3$ 可能对植物的光合作用和生长发育具有双向作用，这种影响取决于其浓度，低浓度 $NaHSO_3$ 处理能优化 ATP/NADPH 比例，如在培养液中加入低浓度 $NaHSO_3$ 溶液（20～200 μmol/L），可使 *Synechocystis* PCC6803 的光合产氧增强 10% 以上，光照处理条件下 *Synechocystis* PCC6803 的干重和 ATP 含量都有所增加，说明低浓度的 $NaHSO_3$ 可以增加 ATP 的供应，从而增加 *Synechocystis* PCC6803 生物量的积累，低浓度 $NaHSO_3$ 溶液刺激了围绕光系统 I 的环式电子传递，增加了 *Synechocystis* PCC6803 的光合磷酸化（Wang et al.，2003），因此，$NaHSO_3$ 在农业生产中可作为光合促进剂（陈功楷等，2017；Kang et al.，2018；Tombuloglu et al.，2016）。通过对植物的生理生长特性的研究发现，低浓度的 $NaHSO_3$ 处理能促进植物的光合作用和生长（冷芬等，2020），先前的研究也证实了 $NaHSO_3$ 处理可以通过降低 *Anabaena* 7120 细胞中 O_2 含量来提高光合产氢效率（皇甫诗男等，2017）。有研究结果表明，0.5 mmol/L 的 $NaHSO_3$ 是促进鱼腥藻光合放氧的最佳浓度，而 1 mmol/L 的 $NaHSO_3$ 可以使蜜橘净光合速率提高约 15%（Wang et al.，2010；Guo et al.，2006b）。总体而言，小于 1 mmol/L 的 $NaHSO_3$ 可显著提高低等植物如藻类等的光合放氧速率和干物质积累能力（Wang et al.，2010；Yang et al.，2004），而大多数高等植物喷施 $NaHSO_3$（< 8 mmol/L）后能显著提高光合碳同化能力（Kang et al.，2018；Guo et al.，2006a，2006b）。

亚硫酸根化合物是光合作用 CO_2 固定、光合作用和呼吸作用中 ATP 形成、H^+ 通量和细胞膜上 Cl^- 转运的抑制剂，作用方式可能是作用于光合作用的 CO_2 固定或作用于保卫细胞的离子关系（Lüttge et al.，1972）。高浓度 $NaHSO_3$ 主要表现为氧化剂的性质，导致酸性过度和对植物的毒害作用。研究证明亚硫酸氢盐化合物是绿色植物组织中光合作用和离子转运的非特异性抑制剂，5×10^{-4} mol/L 的乙二醛-钠-亚硫酸氢钠抑制了约 50% 的 CO_2 固定和外源 pH 的光依赖性瞬态变化（Lüttge et al.，1972）。高浓度亚硫酸盐对豌豆叶片光合电子传递有抑制作用（Veeranjaneyulu et al.，1992），亚硫酸盐是一种强效的氧受体，它也可能干扰氧化还原反应（Lüttge et al.，1972）。有试验表明，模拟 SO_2 处理环境对马尾松叶绿体造成了严重的破坏，导致马尾松叶绿体和类囊体的膨胀或紊乱（Liu et al.，2009）。高浓度的 $NaHSO_3$（> 8 mmol/L）对植物的光合生理具有一定的毒性，10 mmol/L $NaHSO_3$ 显著降低了草莓叶片的净光合速率（Guo et al.，2006b）。

6.1.4　植物生物学特征对 pH 的响应

杜红阳等（2011）研究发现模拟酸胁迫会影响玉米的根系发育，降低根系活力，进而影响玉米整体的生长发育，造成发育不良，最终影响玉米产量。郭凯（2013）研究发现，短时间酸胁迫会抑制香樟的株高，对木荷、细叶青冈的株高影响不大，延长酸胁迫时间可以促进香樟生长，但是会抑制细叶青冈生长。章爱群等（2007）对 3 类不同耐铝性玉米自交系的盆栽试验表明，土壤酸胁迫对各类自交系形态发育和干物质积累均有不同程度的影响，尤以地上部干重、功能叶干重和穗位叶面积等性状受影响较大。玉米自交系的耐酸性具有显著的基因型差异，自交系间各性状差异显著。

萌发及生长受到抑制是盐碱胁迫下植物最常见的外在表现形式（Grundmann et al.,2007；Munns and Tester，2008）。在盐碱胁迫下 pH 大于 9.69 时，紫花苜蓿幼苗会全部死亡，而在 pH 小于 8.3 时，紫花苜蓿可以全部存活（高战武，2006）。盐碱胁迫后'农菁 3 号'垂穗鹅观草和'农菁 12 号'无芒雀麦的发芽率等均低于对照，且与胁迫浓度呈显著负相关。盐碱胁迫浓度大于 20 mmol/L 时会抑制牧草幼苗生长且浓度越高影响越大（申忠宝等，2012）。绿豆种子萌发率受碱胁迫的影响不大，但种子的萌发指数与活力指数则随着 pH 的升高而降低，幼苗的主根长、侧根数及株高等形态学指标也随 pH 的升高总体呈下降趋势（韩建明和张鹏英，2010）。长时间生长在高盐碱环境会使地被菊'寒露红'生长缓慢，高碱环境不利于地被菊'寒露红'植株的生长发育。在青铜峡地区的盐碱胁迫强度下，地被菊'寒露红'具有一定的抗盐碱性，基本能够正常生长，可用于当地植被和生态环境修复及园林造景（党培培等，2019）。

上述基于植物形态结构、生理生化及生长等指标对植物抗酸碱能力的检测虽然准确，但同时对植物本身会产生不可逆的损害，且耗时耗力，在植物种植过程中远离了实时在线检测、预防为主、防治结合的初衷。探索实时在线原位检测酸碱逆境下植物生理活动的方法对于农业种植、生态修复及园林建设等方面均具有重要应用价值。

6.2 基于电生理信息的植物耐酸碱能力检测

植物在适应不同环境的同时也会对环境产生一定的积极作用，如植物的生物量积累可以吸收环境中的营养物质，植物根系的微生物群落可以改变根系周围环境的化学性质。按照生态类型划分，水生植物可以分为挺水植物、沉水植物、漂浮植物和浮叶植物，在用于治理污染水体时，挺水植物是国内外研究的重点。水生植物中，有很多的园林花卉如我们熟知的黄花鸢尾，也称为黄菖蒲，黄菖蒲（*Iris pseudacorus*）是一种高大的多年生湿地单子叶植物，也是一种根系发达及景观效应较强的挺水植物，适宜生存的范围相对广泛，是一种少有的陆生和水生环境均适宜的花卉植物，可入药也可以用作染料，其香气在香水工业中也很有价值。此外，黄菖蒲经常被用作净化污水的主要植物。马蔺（*Iris lactea. var. chinensis*）可全草入药，经常被用于水土保持、盐碱地及污染严重的工业废弃地的改造，耐高温、干旱、水涝、盐碱，在 pH 达到 8 左右、土壤含盐量高达 7%的条件下仍能正常生长。黄菖蒲和马蔺这两种植物均属于鸢尾科鸢尾属，这一科属的植物大多都具有极强的观赏价值，随着城市化的发展、绿化需求的增多，景观建设中鸢尾科属植物的使用量也在不断增加。在植物修复的应用上，一方面，黄菖蒲和马蔺的根系均发达，能吸收 S、N 等营养物质及吸收和富集污染物质，另一方面还能够构造微环境，促进微生物的降解作用。由于大型水生植物个体较大、生命周期较长，营养物质被吸收后在其体内储存较为稳定且不易释放，所以对稳定水域生态系统、支撑生态系统较高的生产力和多样性具有重要意义。以植物治理、植物修复污染水域，具有不产生再次污染、风险小且投资少的优点，逐渐成为近年来防治污染和整治环境的主要技术之一。

植物的生长过程复杂而变化缓慢，各种环境因素均会在生长过程中产生影响。通过对植物样本的采集或测量可以得出植物的生长状况，表征植物对不同环境条件的响应。然而不同生长环境对植株个体的生长产生的差异性影响并不一定是可观测到的，其外部形态变化并不能完全反映植物的生长状态，难以准确判断植物对环境的响应机制，因而植物对光能的利用特征经常被用来表征植株生长状况及其对环境的响应。

6.2.1　植物对环境响应的检测

6.2.1.1　传统方法

从 17 世纪发现 CO_2 和 18 世纪发现光合作用以来，人类对植物光合作用及其对自然环境影响的探索已延续了近 400 年，光合作用是植物生长发育、维持生命活动的基础，植物利用光合作用将太阳能转变为化学能，为其他生命活动提供能量，因此光合作用的相关指标经常被用于评价植物的生长状况。光通过光合作用直接影响代谢，也通过即时代谢反应的结果间接影响植物的生长发育，以及光对形态发生的控制来更微妙地影响生长（Fitter and Hay，2002）。生态系统能量代谢的驱动源泉是光能，但植物进行光合作用吸收的光能没有全部用于碳固定，部分能量通过热能和荧光反射等途径耗散掉。尤其在光能过剩的情况下，能量耗散对植物来说是保护光合器官、避免辐射损伤的重要途径。

在测定光合作用过程中叶片光系统对光能的吸收、传递、耗散、分配等方面，叶绿素荧光具有独特的作用，可用来准确衡量植物叶片的光合潜能和受伤害程度。在叶绿素荧光参数中，PSII 的实际光化学量子产量可以指示光化学所使用的能量（Genty et al.，1989）。被叶绿素捕获的光子能量既可以驱动光合作用（光化学猝灭，qP），又可以作为荧光发射，或者转化为热（非光化学猝灭，NPQ）。散热与叶黄素循环有关，它保护光合器官免受强光的损害。另外一个叶绿素荧光参数——电子传递速率（ETR），被发现与通过释放 O_2 或吸收 CO_2 测量的光合活性密切相关（Beer et al.，1998）。因此叶绿素荧光参数可以评估植物组织的整体健康状态及光合器官结构的完整性及作用效率（Roháček and Barták，1999），被广泛用于探索植物的光合功能，体现出植物对环境胁迫的耐受性（Gray et al.，2006；Guo et al.，2005）。

6.2.1.2　植物中的电信号

从单细胞到多细胞，从动物到植物，几乎所有生物都有电信号网络。植物电信号是一种可以在细胞和组织之间传递的微弱信号，它存在于植物体内几乎所有的生命活动中，可以在植物组织和器官之间快速有效地传递信息。细胞和器官之间有序的电流流动使生物体能够普遍、快速和有效地与外界变化进行沟通。外部环境因素如物理因素（电流、冲击、温度突然变化等）或某些化学因素（有机溶剂等）引起膜电位的快速变化，并可以波的形式传导：①电势波状变化，驱动机制是离子通过质膜和细胞器膜的运动，离子沿单个细胞或细胞器的膜传播，进而决定细胞内的电活动，调节细胞的局部代谢；②短距离细胞间电信号，维持细胞群的特定行为；③从刺激感知部位到远端器官的长距离细胞间电信号，在感知部位触发整个植物的反应。这些波的频率、振幅、透射率及与之相关的离子流，构成了植物的通信信息（Fromm and Lautner，2007）。电子信号不仅能触发含羞草等敏感植物的叶片快速运动，而且电子信号也存在于普通植物的生理过程中。许多植物对环境的变化非常敏感，当植物受到来自环境或外界的刺激时，如温度、光线、触摸或伤害，能在连续的共质体的任何部位诱导电信号（Fromm and Lautner，2007），对环境和外界刺激的一种直接的响应即为其所产生的电信号，局部应激源作用下诱导的植株整体生理反应需要长距离应激信号的产生和传播，而高等植物的长距离胁迫信号主要有三种类型，分别是水力信号、化学信号和电信号（Sukhov et al.，2019），在共质体中产生电信号后，它可以通过胞间连丝传递到所有其他的共质体细胞，如果要把信息传送到植物的远处，也可以通过韧皮部途径的长距离传输，电子信号沿筛管的传输是通过离子通道实现的，目前已经发现的传输通道主要是 K^+ 通道（Fromm and Lautner，2007）。

电信号调节和反映植物光合作用、物质运输、生长和代谢等生理过程的变化，并调节植物适应外界环境的基因表达（Fromm and Lautner，2007；Sukhov et al.，2019）。电信号是细胞膜、液泡膜上电势梯度的瞬态变化，植物电信号有多种类型，包括动作电位（AP）、变化电位（VP）和系统电位（SP），动作电位是一种快速的“全有或全无”信号，由非损伤性刺激（光/暗、电刺激、冷、机械刺激）诱发，其传播与活组织相连，并具有恒定的速率，变化电位是由损伤刺激引起的，包括局部燃烧和加热、挤压等，是一个非常长期的电信号，持续时间可以是几分钟、几十分钟甚至更长，而系统电位是一个传播的短暂超极化过程（Fromm and Lautner，2007；Sukhov et al.，2019）。Retivin 等（1997）假设电信号是高等植物对胁迫源快速非特异性适应的机制，植物的胁迫信号来源于细胞对能量的感知，了解胁迫信号通路与生长发育信号通路之间的相互作用具有重要意义（Zhu，2016）。也就是说，电信号不仅可以传递特定的刺激类型的信息，还可以促进植物对各种胁迫源的耐受。植物转导的信号有许多不同的类型，而其中电信号是一个可检测的物理量或脉冲，如电压或电流，信息可以通过它进行传递（Volkov and Markin，2015），植物电信号的研究有助于揭示植物细胞和器官之间信息交换的本质。

植物在环境中要经受各种各样的压力，必须应对各种胁迫，胁迫源的局部作用可引起基因表达、呼吸和光合过程、蒸腾作用、植物激素的产生、植物耐受性等系统性变化（Sukhov et al.，2019），了解植物在环境中对胁迫信号的即时反应将有助于提高植物的抗逆性，提高植物适应与修复环境的能力。自然或农业环境中的植物都暴露在短期的环境条件变化中，植物的适应性通常取决于它们对这些高度变化的环境的快速反应（Pieters et al.，2020）。植物吸收空气中的二氧化硫，在细胞中转化为硫酸根和亚硫酸根，叶肉细胞的细胞膜对各种离子具有严格的选择通透性，当植物叶片受到外界环境的刺激时，细胞膜的透性立即发生变化。叶片电阻（R）、阻抗（Z）、电容（C）与细胞膜透性、离子浓度、细胞内压等有关，这些变化均可以通过电信号相关参数及时地反映出来。研究植物中的电信号所代表的生物学意义，结合具有物理学意义的电信号和具有生物学意义的生理信息探索植物的电生理功能，可以根据电信号而实现对植物生产的智能控制。

6.2.1.3 电生理及细胞代谢能在植物响应环境中的应用

近年来植物的电信号逐渐成为研究热点。电信号可以诱导基因表达的变化，如电信号可以刺激蛋白酶抑制剂基因的表达，该基因与植物防御昆虫的攻击有关，AP 和 VP 均能诱导番茄两个蛋白酶抑制剂基因的表达（Sukhov et al.，2019），相比之下，通过超极化信号（可能是 SP）传播到叶片中并不会引起表达的变化，基因表达变化的主要机制可能是应激激素的产生，而应激激素是由电信号刺激产生的。膜电位、离子浓度和 pH 的变化可能参与了电信号在基因表达中的激活过程（Sukhov et al.，2019）。另外，电信号主要诱导光合作用过程的快速和长期失活，包括光合 CO_2 同化、叶肉对 CO_2 的电导、光系统 I 和 II 的量子产率、线性电子流、荧光非光化学猝灭（NPQ）、围绕光系统 I 的循环电子流及分配给光系统 II 的光能的部分增加等（Fromm and Lautner，2007；Sukhov et al.，2019）。

植物叶片的细胞代谢能是基于植物叶片的电生理信号推导而来，吴沿友课题组关于植物抗盐能力比较等方面的相关研究证明了电生理具有可行性（黎明鸿等，2019）。植物细胞的代谢能就是植物生长发育所需的能量（Saglio et al.，1980），植物叶片的细胞代谢能可用作植物基本代谢的评价指标，邓智先等（2021）证明了表征植物的生理活性和源库状况时，植物的细胞代谢能是一个良好的指标。细胞代谢可以直接利用代谢能，细胞代谢能也是一种能量形式，供给植物的器官构成和维持生命活动。植物的细胞代谢支持着植物生长发育过程（Vanhercke et al.，2014），包括生理生化过程如水分代谢、有机和无机化合物的利用等（Shu et al.，2016）。在试验测量得到初始数据后，通过将构建的随夹持力变化的模型参数代入细胞代谢能的表达，可以在不破坏植物的情况下在线快速检测在不同环境中不同植物叶片细胞的代谢能状况（Shu et al.，2016）。目前已有的研究是利用细胞内能量荷电状态（Hardie，2015）来反映细胞体内的代谢能，但是真正的植物细胞的代谢能仅通过测量细胞内的能量状态并不能准确表达，目前的技术也难以测量细胞内的能量荷电状态。通过应用植物叶片细胞代谢能的检测方法，测定活叶的电生理指标即可快速得出不同环境中植物的代谢能，从而能够更准确地评价植物的生长及其能量响应状况。

植物体内能量支撑的过程包括生长、物质代谢、离子吸收、抵抗逆境等，植物进行光合作用将光能转化为化学能，支撑着植物体内所有的能量代谢。用植物叶片的细胞代谢能作为植物基础代谢的评价指标，根据能量守恒定律，可大致得出植物在不同环境条件下抵抗逆境所消耗的能量即为光合作用产生的能量减去生长耗能和植物体内的细胞代谢能，植物生长过程的能量消耗示意图如图 6.1 所示。通过电容变化模型的参数计算植物叶片比有效厚度，通过电阻、阻抗等随着夹持力的变化模型的参数等联合计算得出植物叶片的细胞代谢能，具有不破坏叶片结构等优点，可以简便高效地反映植物生长的动态变化，便于长期评估不同环境中植物的响应状态。

6.2.2 pH 与 $NaHSO_3$ 互作下黄菖蒲及马蔺的生长及硫吸收

近年来，低浓度的 $NaHSO_3$ 已经作为光合促进剂广泛应用于农业生产中，多数关于

NaHSO₃的研究是其对光合及生长的促进作用，但 NaHSO₃不仅可以促进植物光合作用和生长，也可能干扰植物体内的氧化还原反应，还可以作为微生物的硫源；另外，植物的生长受环境因素的影响很大，pH 会影响植物的离子吸收，水生植物也会影响水化学性质，如某些湿地植物会释放有机酸，使其生长环境酸化。然而 NaHSO₃对植物光合和生长的影响取决于其浓度，以被亚硫酸氢盐污染的水源用于植物的种植培养，对植物的光合作用和生长可能产生双向影响，且不同 pH 在亚硫酸氢盐影响植物生长的过程中起到的作用还未知。

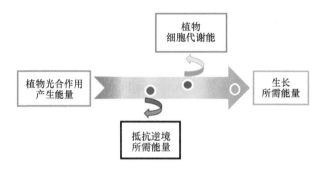

图 6.1　植物生长过程的能量消耗

　　植物在不同的生长条件下，为适应不同环境条件会在生理和形态上表现出积极或消极的响应，研究描述植株的形态结构具有直观性，如泥炭沼泽环境中，植物的生长缓慢显然是土壤温度低、干旱胁迫、水分过剩、酸度高和养分供应不足等不利的地下土壤条件造成的（Breemen，1995）。根系分泌物和呼吸作用可以在一定程度上导致根际 pH 下降，这是 CO_2 浓度积累的结果，将在根际形成碳酸，可在中性到碱性土壤中分解，并导致一定的 pH 下降，最终植物根系和相关微生物也可以通过氧化还原耦合反应改变根际pH（Hinsinger et al.，2003）。pH 稳态体系包括生物物理（H^+交换）和生化组分，后者涉及根细胞内有机酸的羧化和脱羧作用而在根细胞中产生和消耗 H^+，根细胞通过有效的 pH 稳态体系对电荷进行必要补偿和对细胞 pH 进行调节，细胞质 pH 维持在 7.3 左右的狭窄范围内，这些内部缓冲在 pH 稳态体系的作用效率中发挥着关键作用，而 ATP 酶不能单独控制细胞质的 pH，因此研究人员认为它主要是通过使离子通过膜转运而起作用，而这本身会导致 pH 的显著变化，但无论根细胞阳离子-阴离子平衡和电荷- pH 调节的确切机制是什么，当根细胞吸收的阳离子多于阴离子时，H^+就会被释放到细胞质中，以补偿进入细胞的过量正电荷，从而导致细胞质的 pH 升高，当吸收的阴离子多于阳离子时，OH^-（或 OH^-碳酸化产生的 HCO_3^-）会被释放到细胞质中（或从细胞质中吸收H^+），以补偿进入细胞的过量负电荷，导致细胞质中 pH 降低，H^+释放与阳离子-负离子平衡之间存在很强的关系（Hinsinger et al.，2003）。这些涉及根际 pH 变化的不同过程也依赖于环境的约束，尤其是植物可以响应的营养约束，土壤的 pH 和 pH 缓冲能力对根系介导的 pH 变化也有显著影响（Hinsinger et al.，2003）。

　　本节通过观察黄菖蒲与马蔺的形态如株高、根长、叶片数在适应环境的过程中产生的变化，以理解植物与不同处理环境之间的相互作用。另外，植物的器官在表型上的差异和在不同器官上的生物量分配的差异，体现出植物对不同处理环境的适应，如光照在植物的生长过程中为主要制约因子时，为获取更多的光资源植物会增加枝叶的相对生长，当水分或养分为主要制约因子时，为更多地汲取水分或养分植物增加根系的生物量分配，这种分配生物量的方式与植物的最优分配假说一致（王杨等，2017；朱润军等，2021）。植物同样会对其他环境因素产生相同或不同的响应，以利于其生长发育，提高植物对环境的适应能力（朱润军等，2021）。沼泽地的植物根系较浅，避免了接触地下缺氧的土壤环境，也体现了植物对环境的适应性（Breemen，1995）。

6.2.2.1　水体化学性质及植物生理生化和生长指标的获取

本试验使用的黄菖蒲与马蔺幼苗来自江苏宿迁某园艺水生植物中心。培养环境为江苏镇江某全开敞屋面温室（119.45°E，32.20°N），试验时间为 6～11 月，处理期间水体水温 20～30℃，平均室温 22～32℃。实验植株以 Hoagland 营养液水培处理、以泡沫板固定，漂浮栽培。每组处理使用调配的营养液 10L，试验期间以蒸馏水补充蒸发的水分，保持水位高度不变。试验期间每天使用增氧泵 6h，以防止病害的发展，在试验的第 10 天、第 20 天，更换一次营养液，以保证养分能够满足植物的需要。

试验分为 NaHSO$_3$ 处理组和 pH-NaHSO$_3$ 处理组。NaHSO$_3$ 处理组的试验周期为 20 天，试验前将黄菖蒲幼苗置于标准 Hoagland 营养液中进行预培养，选取生长状况良好的生长期的 90 天苗龄植株进行试验，每组处理选用状态相近的黄菖蒲植株 7 株，植株的数量模拟自然环境下的植株生长密度。设置标准 Hoagland 营养液中 NaHSO$_3$ 浓度为 0 mmol/L、0.5 mmol/L、2 mmol/L、4 mmol/L、10 mmol/L（简称为 T$_0$、T$_{0.5}$、T$_{2.0}$、T$_{4.0}$、T$_{10.0}$），以 T$_0$ 为对照组。试验期间第 0 天、第 10 天、第 20 天测定黄菖蒲的光合参数和电生理指标。试验确定黄菖蒲的 NaHSO$_3$ 半致死浓度为 2 mmol/L。

pH-NaHSO$_3$ 处理组的试验周期为 30 天，以黄菖蒲的 NaHSO$_3$ 半致死浓度为最高浓度。试验前将黄菖蒲与马蔺幼苗置于 1/2 Hoagland 营养液中进行预培养，选取生长状况良好的幼苗期—生长期的 45 天苗龄植株进行试验，每组处理选用状态相近的植株 14 株，植株的数量模拟自然环境下的生长密度。设置 pH 为 4.8、6.8 和 8.8，1/2 Hoagland 营养液中 NaHSO$_3$ 浓度为 0 mmol/L、0.2 mmol/L、2 mmol/L，进行交叉处理（简称 0-pH6.8、0-pH4.8、0-pH8.8、0.2-pH4.8、0.2-pH6.8、0.2-pH8.8、2-pH4.8、2-pH6.8、2-pH8.8 处理组，图片中以 pH4 代表 pH 为 4.8，pH6 代表 pH 为 6.8，pH8 代表 pH 为 8.8），以 0-pH6.8 组为对照组。试验期间每天以 HCl 和 NaOH 来调整 pH。30 天试验期间，每 10 天更换一次培养溶液；每 10 天测量一次叶片生理生长指标、光合参数和电生理指标，取植株样本测重及硫含量；每天取 20mL 水样，低温保存待测。

（1）生长指标的测量

在 20 天 NaHSO$_3$ 试验中，记录植株叶片数（以 5 株植物为例，取平均值）和总分蘖数变化，每 10 天称量处理植株的总鲜重。

在 30 天 pH-NaHSO$_3$ 试验期间，每 10 天称量取样植株的总鲜重、总干重。观测并记录黄菖蒲和马蔺的生长状况及外部形态特征，根据其生长状况划分耐污能力的等级，表 6.1 等级划分参考李媛等（2018）的方法。

表 6.1 耐污等级划分

耐污等级	生长状况
A	生长良好，叶片颜色正常，经胁迫处理前后基本没有变化
A-B	生长受到轻微抑制，有低于 1/7 的叶片出现黄化、失水干枯现象
B	生长受到轻微抑制，叶片有 1/7～1/3 出现黄化、失水干枯现象
B-C	生长受到较严重抑制，叶片有 1/3 ～1/2 出现黄化、失水干枯现象
C	生长受到严重抑制，1/2 以上叶片出现黄化、失水干枯，或者植株死亡

注：A. 耐污能力强，B. 耐污能力一般，C. 耐污能力弱

（2）处理水体 pH 的监测

在 20 天 NaHSO₃ 试验中，检测并记录对照组和 NaHSO₃ 处理组在处理第 0～10 天不同处理组营养液 pH 的变化。

在 30 天 pH-NaHSO₃ 试验期间，每天调整 pH，以 HCl 和 NaOH 保持设定的 pH。

（3）处理水体硫含量的测定

每天取 20mL 水样用于测量处理水体总硫含量，测量方法参考张灵芝等（2015）的方法。以所取水样中的硫酸根含量换算为不同处理水体中的硫含量。

（4）植物体内的硫含量积累的测定

在 1 个月的试验中，试验前及每 10 天取有代表性的植株，用于测量每个处理组植株体内的硫含量，测量方法参考杨璐等（2015）的方法。以测得所取植物样品体内的硫含量乘以干重即为不同处理植物体内的硫含量。

（5）硫吸收动力学模型

一般认为，植物对无机离子的吸收是一个主动过程，根据测得水体总硫含量构建离子吸收动力学模型。方法如下：

以式（6.1）所示的 Michaelis-Menten 方程或式（6.2）所示的修正形式进行定量描述。

$$V = \frac{V_{\max} C}{K_m + C} \tag{6.1}$$

$$V_{in} = \frac{V_{\max}(C - C_{\min})}{K_m + (C - C_{\min})} \tag{6.2}$$

式中，V 为离子吸收速率[mg/（L·D）]；$V_{\max}$ 为最大吸收速率[mg/（L·D）]；C 为培养液中的离子浓度（mg/L）；K_m 为米氏常数（mg/L），即 $V = \frac{1}{2}V_{\max}$ 时的培养液离子浓度，代表植物对离子的亲和力；V_{in} 为净吸收速率；$C_{\min}$ 为培养液离子临界浓度或平衡浓度（mg/L），即 $V_{in} = 0$ 时的培养液离子浓度，其值越小，植物吸收低浓度营养盐的能力越强。$V_{\max}$、K_m、$C_{\min}$ 是表征植物营养吸收动力学特征的三个参数，方法如下（Epstein and Hagen，1952；Claassen and Barber，1974；Nielsen and Barber，1978；唐艺璇等，2011）。

依据测得培养液总硫浓度与测量时间绘制离子消耗曲线，得离子消耗曲线方程。常

用离子消耗曲线方程为

$$C = m + nT + pT^2 \qquad (6.3)$$

式中，C 为所吸收离子的浓度；T 为吸收时间；m、n、p 均为方程系数。

由式（6.3）求导可得离子消耗速率方程：

$$C' = -n - 2pT \qquad (6.4)$$

对式（6.4）作以下处理：令 $T \to 0$，则 $C' = -n$，此即浓度最大变化速率。然后根据 Hoagland 营养液稀释浓度 N（$N=1/5$），计算出黄菖蒲每天的最大吸收速率 $V_{\max}$（比最大吸收速率），即

$$V_{\max} = -\frac{n}{N} \qquad (6.5)$$

将 $C' = -\dfrac{n}{2}$ 代入式（6.4）求出 T，再将 T 代入式（6.3）求出 C，即为 K_m 的值。

令 $C' = 0$，得到吸收速率为 0 时的时间 T，再将 T 代入式（6.3），求出平衡浓度 $C_{\min}$ 的值。

为了更好地评价和比较植物营养吸收速率与耐低浓度营养盐的能力，引入建立在基本动力学参数 $V_{\max}$ 和 K_m 基础上的参数 α。

$$\alpha = \frac{V_{\max}}{K_m} \qquad (6.6)$$

K_m 通常被作为植物对营养离子的亲和力评价指标，但在 $V_{\max}$ 和 K_m 协同变化时，则 K_m 不能很好地体现出实际的亲和力，而二者的比值 α 则是一个较好的亲和力评判指标（Itoh and Barber，1983；Aksnes and Egge，1994）。α 值越大代表亲和力越强，培养液中的离子被植物吸收的速率越快。

6.2.2.2　pH 与 NaHSO₃ 互作对植物生长及硫吸收的影响

所有的试验都至少有 3 个重复，以平均值±标准误差来描述数据，计算并用 Origin 9.0 软件绘制结果。运用 IBM SPSS Statistics version 23.0 统计软件，通过单因素方差分析比较不同处理之间变量平均值的差异，显著性水平为 $P < 0.05$。

（1）不同浓度 NaHSO₃ 作用下黄菖蒲的生长指标

图 6.2 显示了 NaHSO₃ 处理 20 天后黄菖蒲的生长情况。黄菖蒲的鲜重与植物的生存活性有关，不利的环境因素会抑制其鲜重的增加。

表 6.2 显示了随着时间的变化不同 NaHSO₃ 处理对黄菖蒲鲜重的影响。在试验期间，不同浓度 NaHSO₃ 处理的植株鲜重均显著低于对照组的植株。随着处理时间的延长，$T_{0.5}$ 和 $T_{2.0}$ 处理下植株鲜重显著增加，$T_{4.0}$ 和 $T_{10.0}$ 处理下植株的鲜重显著降低，且处理组的 NaHSO₃ 浓度越高，植株的鲜重越低。

随着 NaHSO₃ 浓度增加，黄菖蒲受到的胁迫作用急剧增加。在严重胁迫下，植株发生干枯脱水，试验后期植株干枯死亡。

NaHSO₃ 存在时对黄菖蒲叶片生长的抑制作用明显（表 6.3）。在没有 NaHSO₃ 的情

图 6.2　NaHSO₃ 处理 20 天后黄菖蒲的生长状况

表 6.2　不同 NaHSO₃ 处理下黄菖蒲总鲜重变化　　　　　　（单位：g）

处理时间	NaHSO₃ 浓度				
	0mmol/L	0.5mmol/L	2.0mmol/L	4.0mmol/L	10.0mmol/L
0 天	494.60±1.19a	497.50±1.89a	494.13±1.60a	494.80±1.39a	496.03±1.12a
10 天	586.17±1.59a	577.83±0.73b	556.50±0.51c	425.57±0.50d	352.53±0.74e
20 天	796.50±1.31a	765.17±0.73b	646.77±0.59c	317.93±0.71d	240.70±0.85e

注：同一测量时间相比较，a、b、c 等表示不同处理组总鲜重的平均值±标准误差在 $P<0.05$ 时差异显著

况下，对照组黄菖蒲叶片数量保持稳定。随着 NaHSO₃ 浓度增加，$T_{0.5}$、$T_{2.0}$ 水平下叶片数量差异不显著，而 $T_{4.0}$ 和 $T_{10.0}$ 水平下叶片数量显著降低。当 NaHSO₃ 浓度增加到 4 mmol/L 时，叶片在第 10 天开始脱水，逐渐干枯死亡；当 NaHSO₃ 浓度增加到 10 mmol/L 时，脱水和干枯死亡的时间缩短到 5 天。

表 6.3　不同 NaHSO₃ 处理下黄菖蒲平均叶片数变化

NaHSO₃ 浓度/（mmol/L）	0 天	5 天	10 天	15 天	20 天
0	7.80±0.37a	10.00±0.45a	10.60±0.68a	10.40±0.49a	10.20±0.80a
0.5	7.60±0.60a	8.60±0.60a	9.40±0.68ab	10.00±0.60a	11.00±0.71a
2.0	7.20±0.49a	9.00±0.45a	9.80±0.20ab	10.50±0.63a	11.60±0.24a
4.0	7.40±0.93a	8.40±0.68a	8.40±0.98b（枯）	7.20±0.80b	6.40±0.40b（枯）
10.0	7.20±0.20a	6.00±0.32b（枯）	5.20±0.20c（枯）	4.40±0.24c	3.60±0.24c（枯）

注：同一测量时间进行比较，a、b、c 等表示黄菖蒲平均叶片数的平均值±标准误差在 $P<0.05$ 时差异显著

　　NaHSO₃ 对黄菖蒲平均分蘖的影响见表 6.4。植物通过营养繁殖产生分蘖，营养分蘖的数量可以反映植物的营养繁殖能力。不同 NaHSO₃ 处理下植株的分蘖显著低于对照组。结果表明，NaHSO₃ 处理组营养分蘖的数量有降低的趋势。因此，NaHSO₃ 对黄菖蒲叶片和分蘖的生长发育具有抑制作用。

（2）pH 及 NaHSO₃ 互作下黄菖蒲及马蔺生长指标

　　在 30 天 pH-NaHSO₃ 试验期间，观测并记录黄菖蒲和马蔺的生长状况及外部形态变化（图 6.3 和图 6.4），根据其生长状况划分耐污能力的等级。

表 6.4　不同 NaHSO₃ 处理下黄菖蒲平均分蘖数变化

NaHSO₃ 浓度/（mmol/L）	0 天	5 天	10 天	15 天	20 天
0	0	0	0	0.43	1.00
0.5	0	0	0.14	0.14	0.14
2.0	0	0	0	0.07	0.14
4.0	0	0	0.14	0.21	0.43
10.0	0	0	0	0	0

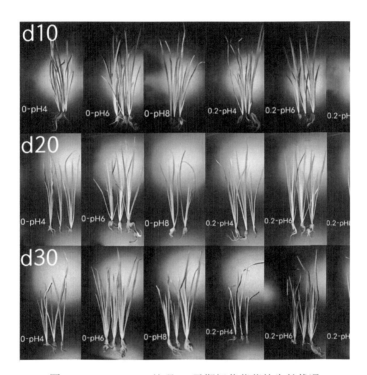

图 6.3　pH-NaHSO₃ 处理 30 天期间黄菖蒲的生长状况

d10 表示第 10 天；d20 表示第 20 天；d30 表示第 30 天

从表 6.5 中可以看出，黄菖蒲植株在 30 天 pH-NaHSO₃ 试验中，在处理 5 天内 0-pH4.8 处理组和 2-pH8.8 处理组植株状态从 A 变为 B，0.2-pH4.8 处理组和 2-pH4.8 处理组植株的生长状态变为 A-B。而在处理 30 天之后，2-pH8.8 处理组植株状态变为 C，0.2-pH8.8 处理组植株状态变为 B，0-pH8.8 和 2-pH4.8 处理组植株状态变为 A-B。0-pH4.8 和 0.2-pH4.8 处理组的植株状态是先变差后转为良好，而 2-pH4.8 处理组植株状态是先变差，转好后又变差，即 pH4.8 处理在短期内会抑制黄菖蒲植株的生长，但随着处理时间的增加植株的生长状态逐渐转好，而 NaHSO₃ 浓度越高，植株的生长状态越差，受到的抑制越强烈。pH6.8 处理组的植株均生长良好。pH8.8 处理组对植株生长的逆作用是不可逆转的，pH8.8 处理组的植株的生长状态均有不同程度的变差，且 NaHSO₃ 浓度越高，植株的生长状态越差，黄菖蒲植株在 pH8.8 处理下，生长形态逐渐变差直至死亡。

表 6.5　pH-NaHSO₃ 试验 30 天期间黄菖蒲的耐污等级

NaHSO₃浓度/（mmol/L）	pH	0 天	5 天	10 天	15 天	20 天	25 天	30 天
0	4.8	A	B	A-B	A-B	A	A	A
	6.8	A	A	A	A	A	A	A
	8.8	A	A	A-B	A-B	A-B	A-B	A-B
0.2	4.8	A	A-B	A-B	A-B	A	A	A
	6.8	A	A	A	A	A	A	A
	8.8	A	A	A-B	A-B	A-B	B	B
2	4.8	A	A-B	A-B	A	A	A	A-B
	6.8	A	A	A	A	A	A	A
	8.8	A	B	C	C	C	C	C

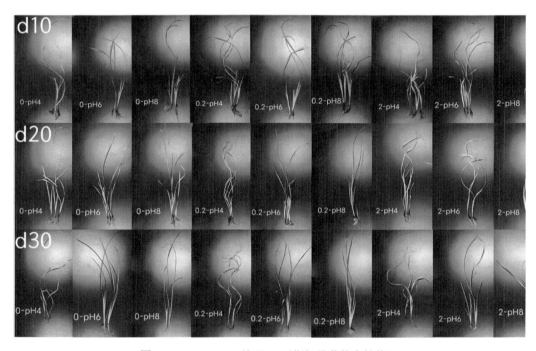

图 6.4　pH-NaHSO₃ 处理 30 天期间马蔺的生长状况

　　表 6.6 中，在处理 5 天内，pH4.8 处理组的马蔺植株的生长状态均有不同程度的降低，pH8.8 处理组仅 0.2-pH8.8 处理组的植株生长没有受到抑制，pH6.8 处理组中仅 2-pH6.8 处理组的植株受到轻微的抑制作用，0-pH6.8 和 0.2-pH6.8 处理组均生长良好。处理 30 天后，pH4.8 处理组中仅 0-pH4.8 处理组植株受到的影响较弱，0.2-pH4.8 和 2-pH4.8 处理组植株的生长均受到很严重的抑制。pH8.8 处理组中，仅 2-pH8.8 处理组植株受到轻微的抑制，0-pH8.8 和 0.2-pH8.8 处理组植株均生长良好。可以看到马蔺植株在 pH4.8 的生长环境中受到较为严重的抑制作用且不可逆，pH8.8 的生长环境和浓度为 0.2 mmol/L 的 NaHSO₃ 均会在短期内对马蔺的生长有轻微抑制作用，但长期作用下无不良影响；浓度为 2 mmol/L 的 NaHSO₃ 同样会对植株的生长造成短期抑制作用，且植株

对处理环境的适应期延长，与 2-pH6.8 处理组相比，2-pH8.8 处理组在短期处理下受到的抑制作用较弱且对处理环境的适应较好，推测这是由于马蔺在 pH8.8 环境中更容易适应 NaHSO₃ 处理。

表 6.6　pH-NaHSO₃ 试验 30 天期间马蔺的耐污等级

NaHSO₃ 浓度/（mmol/L）	pH	0 天	5 天	10 天	15 天	20 天	25 天	30 天
	4.8	A	B	B-C	B-C	B-C	B-C	B-C
0	6.8	A	A	A	A	A	A	A
	8.8	A	A-B	A	A	A	A	A
	4.8	A	A-B	B-C	B-C	B-C	B-C	C
0.2	6.8	A	A	A	A	A	A	A
	8.8	A	A	A	A	A	A	A
	4.8	A	B	C	C	C	C	C
2	6.8	A	B	B	B-C	B-C	B	A-B
	8.8	A	A-B	B	B-C	A-B	A-B	A-B

从黄菖蒲植株生物量变化的折线图（图 6.5）中可以看到，在处理 30 天期间，pH6.8 和 pH8.8 处理组的植株鲜重均显著增加，pH4.8 处理组的植株鲜重在处理 30 天内均存在

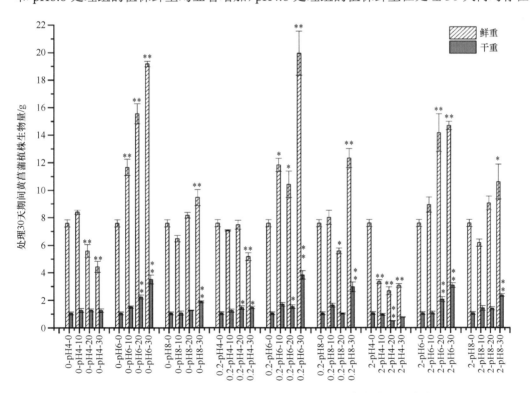

图 6.5　不同 pH-NaHSO₃ 处理 30 天期间黄菖蒲植株生物量变化

0-pH4-0 表示 0-pH4.8 处理组处理 2 h 后，0-pH4-10 表示 0-pH4.8 处理组处理第 10 天，0-pH4-20 表示 0-pH4.8 处理组处理第 20 天，0-pH4-30 表示 0-pH4.8 处理组处理第 30 天。0-pH6-0 表示对照组处理前及处理 2 h 后，0-pH6-10 表示对照组处理第 10 天，0-pH6-20 表示对照组处理第 20 天，0-pH6-30 表示对照组处理第 30 天。0-pH8-0 表示 0-pH8.8 处理组处理 2 h 后，0.2-pH4-0 表示 0.2-pH4.8 处理组处理 2 h 后，以此类推，下同。对照及处理组处理 2h 与处理 30 天期间不同 pH-NaHSO₃ 处理组之间的显著差异用*表示（*表示 $P < 0.05$，**表示 $P < 0.01$）

显著下降。0.2-pH6.8 和 0.2-pH8.8 处理组的鲜重增长趋势相似，均在第 10～第 20 天有一定程度的下降。0-pH8.8 和 2-pH8.8 处理组的增长趋势相近，均在第 0～第 10 天有一定幅度的下降后逐渐上升。

从图中可以看到添加 NaHSO₃ 的 pH6.8 处理组的黄菖蒲植株的生长受到小幅度的抑制，在 pH4.8 和 pH8.8 处理组添加低浓度 NaHSO₃ 会对植株的生长有一定的促进作用，而较高浓度的 NaHSO₃ 在 pH4.8 处理组会造成更强的抑制作用。从干重的积累也可以看到，与对照组相比，0.2-pH6.8 和 2-pH6.8 处理组的增长速度均在处理前期放缓，但后期加快。pH4.8 处理组中，与 0-pH4.8 处理组相比，0.2-pH4.8 处理组的干物质量积累显著增加，2-pH4.8 处理组显著降低，pH8.8 处理组中，0.2-pH8.8 和 2-pH8.8 处理组的干物质量积累速度均高于 0-pH8.8 处理组，即较低浓度 NaHSO₃ 促进植株的增长比较高浓度的 NaHSO₃ 促进作用更佳，结合环境 pH 来看，黄菖蒲植株的最适 pH 为 6，生长状况最佳且 NaHSO₃ 促进作用最佳；pH4.8 环境下对 NaHSO₃ 的耐受程度最差，几乎体现不出促进作用。

图 6.6 为在处理 30 天期间，马蔺植株的生物量变化。pH6.8 处理组的植株鲜重均呈现出先下降后上升的趋势，pH4.8 处理组的植株鲜重在处理 30 天期间均显著低于处理前。pH8.8 处理组中，0-pH8.8 处理组的植株鲜重在处理 30 天期间显著低于处理前，0.2-pH8.8 和 2-pH8.8 处理组均在显著降低后回升。由图 6.3 和图 6.4 可以看到马蔺植株的生长比黄菖蒲缓慢，且添加 NaHSO₃ 和改变处理环境的 pH 都使得处理组比对照组生长得更为缓慢。根据 30 天的 pH-NaHSO₃ 处理结果，只有对照组、0.2-pH6.8 和 0.2-pH8.8 处理组比处理之前有一定的鲜重增加，而只有对照组和 0.2-pH6.8 处理组的植株有干重

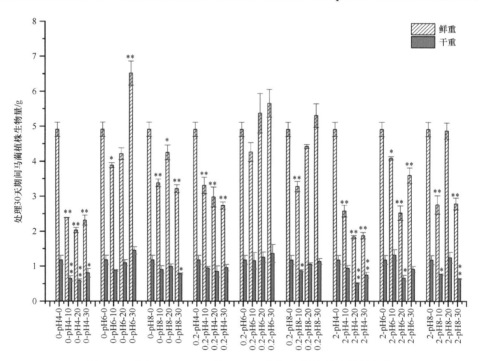

图 6.6 不同 pH-NaHSO₃ 处理 30 天期间马蔺植株生物量变化

的增加。比较对照组和 0.2-pH6.8 处理组，对照组的干重的积累在第 10 天有下降的趋势，这是植株不适应生长环境而叶片脱落速度快于新叶生长的速度导致的；而 0.2-pH6.8 处理组的干重的积累没有下降，推测这是由于 0.2 mmol/L 的 NaHSO$_3$ 对马蔺植株适应 Hoagland 水溶液培养环境有一定的积极促进作用。

不同 pH-NaHSO$_3$ 处理对黄菖蒲和马蔺的生物量的影响如图 6.7 所示。

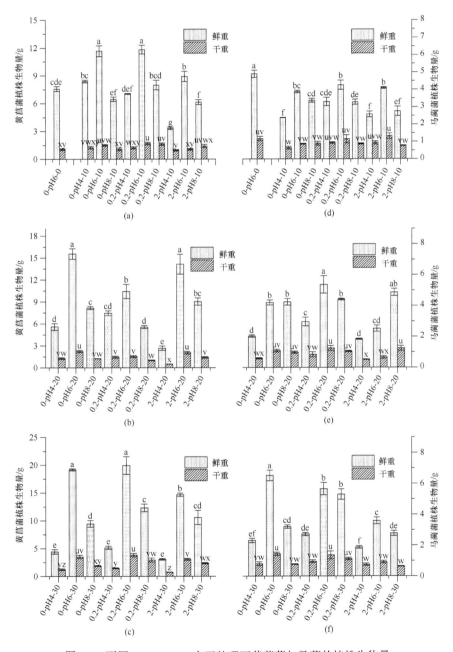

图 6.7　不同 pH-NaHSO$_3$ 交互处理下黄菖蒲与马蔺的植株生物量

同一测量时间进行比较，a、b、c 等表示黄菖蒲和马蔺不同处理组鲜重的平均值±标准误差在 $P<0.05$ 时差异显著，u，v，w 等表示黄菖蒲和马蔺不同处理组干重的平均值±标准误差在 $P<0.05$ 时差异显著

可以看到黄菖蒲的植株鲜重在其他各处理下均低于pH6.8处理组。处理10天后（图6.7A），2-pH4.8处理组的植株鲜重显著低于其他处理组，除了0-pH4.8、0.2-pH8.8处理组，其他处理组均显著低于pH6.8处理组。处理20天后（图6.7B），2-pH4.8处理组的植株鲜重显著低于其他处理组，除了2-pH8.8处理组，其他处理组均显著低于pH6.8处理组。处理30天后（图6.7C），pH4.8处理组的鲜重显著低于其他处理组，pH8.8处理组显著低于pH6.8处理组。从干重的积累来看，0-pH8.8处理组在处理期间一直显著低于对照组，但0.2-pH8.8处理组与pH6.8处理组无显著差异。可以看到与对照组相比，黄菖蒲植株在pH8.8环境中生长受阻，但在添加NaHSO$_3$的pH8.8环境中生长良好。黄菖蒲植株在pH4.8环境中生长受阻，添加浓度为0.2 mmol/L的NaHSO$_3$能在一定程度上缓解pH4.8环境对黄菖蒲植株的生长造成的环境压力，添加浓度为2 mmol/L的NaHSO$_3$增加了pH4.8环境中植物的胁迫压力。

马蔺在不同pH-NaHSO$_3$处理下，0-pH6.8和0-pH8.8处理组的植株前20天鲜重无显著差异，0.2-pH6.8处理组的鲜重显著高于0.2-pH8.8处理组，pH8.8处理组的NaHSO$_3$浓度的作用不明显。处理至第30天，对照组的鲜重显著高于0-pH8.8处理组，0.2-pH6.8和0.2-pH8.8处理组的植株鲜重无显著差异，0.2-pH8.8处理组的鲜重显著高于0-pH8.8和2-pH8.8处理组。处理10天后（图6.7D），0-pH4.8、2-pH4.8处理组的植株鲜重显著低于pH6.8处理组；处理20天后（图6.7E），0-pH4.8、2-pH4.8处理组的植株鲜重显著低于其他处理组，2-pH6处理组除外；处理30天后（图6.7F），pH4.8处理组的鲜重显著低于pH6.8处理组。从干重的积累来看，处理10天后，从图6.7D看，2-pH6.8处理组的生长状态最佳，0-pH4.8处理组最差；处理20天后，0.2-pH6.8和2-pH8.8处理组的生长状态最佳，2-pH4.8处理组最差；处理30天后，0.2-pH6.8处理组的生长状态最佳，2-pH4.8和2-pH8.8处理组比其他处理组差。

可以看到马蔺植株在pH6.8和pH8.8环境中植株的生长状态接近，但长期处理下pH8.8环境仍会对马蔺植株造成胁迫压力，添加浓度为0.2 mmol/L的NaHSO$_3$能够很好地缓解这种胁迫，在马蔺植株适应pH-NaHSO$_3$处理后促进植株的生长。黄菖蒲与马蔺两种植物均不适应于pH4.8环境；与黄菖蒲相比，马蔺更不适于在Hoagland营养液环境中生存，但马蔺比黄菖蒲更适应于pH8.8的培养环境。添加浓度为0.2 mmol/L的NaHSO$_3$均能促进黄菖蒲和马蔺植株的生长。

在以往的研究中，低浓度NaHSO$_3$可以改善植物的生长与光合作用（王杰等，2019），也可以作为营养元素（李淑艳和王建中，2009），而高浓度NaHSO$_3$处理主要表现为氧化剂，造成酸性过大而对植物产生毒害作用。本研究中，pH及NaHSO$_3$交互作用的处理组中，使用的均为低浓度NaHSO$_3$，没有高浓度NaHSO$_3$的强氧化性质，而保留了pH4.8处理环境中的酸性对植物可能造成的损伤这一变量。在本研究中，30天pH-NaHSO$_3$试验结果表明，pH6.8处理组的黄菖蒲植株均生长良好，酸性环境在短期内会抑制黄菖蒲植株的生长，且酸性环境下NaHSO$_3$浓度越高，植株受到的抑制越强烈，但随着处理时间的延长植株逐渐适应；碱性环境中NaHSO$_3$浓度越高，植株受到的抑制越强烈，且生长状态没有转好的迹象。较低浓度NaHSO$_3$促进黄菖蒲植株的增长比较高浓度的NaHSO$_3$促进作用更佳，添加浓度为0.2 mmol/L的NaHSO$_3$能在一定程度上缓解pH4.8

环境对黄菖蒲植株的生长造成的环境压力。较高浓度的 $NaHSO_3$ 在 pH4.8 处理组会造成更强的抑制作用。

马蔺植株在酸性的生长环境中受到较为严重的抑制作用且不可逆，在碱性环境和 $NaHSO_3$ 作用下均在短期内会抑制生长，但随着处理时间的增加植株逐渐适应且恢复至正常状态，$NaHSO_3$ 浓度越高适应期越长，且马蔺在 pH8.8 环境中更容易适应 $NaHSO_3$ 处理。马蔺植株在 Hoagland 水溶液培养环境中生长受阻，叶片脱落速度快于新叶生长的速度，而 0.2-pH6.8 处理组生长良好，即浓度为 0.2 mmol/L 的 $NaHSO_3$ 促进了马蔺植株适应 Hoagland 水溶液培养环境。两种植株相比而言，马蔺植株比黄菖蒲的适应过程更长，黄菖蒲对 Hoagland 营养液环境的适应能力更强，但马蔺更适应于 pH8.8 的培养环境。

（3）$NaHSO_3$ 作用下处理水体的 pH

pH 是最重要的常规水质指标之一，它会影响水生植物的生长。在不同浓度 $NaHSO_3$ 处理中，前 10 天每隔一天检测不同浓度 $NaHSO_3$ 处理组营养液 pH 的变化，结果如表 6.7 所示。

表 6.7　一次换水周期内处理组 pH 的变化

$NaHSO_3$ 浓度/（mmol/L）	d0	d2	d4	d6	d8	d10	ΔpH	平均 pH
0	6.80±0.03a	6.65±0.05a	6.60±0.06a	6.61±0.06a	6.70±0.03a	6.60±0.04a	0.20	6.66
0.5	6.71±0.03a	6.37±0.09b	6.29±0.03b	5.89±0.02b	5.91±0.02b	6.02±0.01b	0.69	6.20
2	5.99±0.08b	5.32±0.04c	5.19±0.04c	4.60±0.01c	4.41±0.03c	4.31±0.01c	1.68	4.97
4	5.10±0.04c	4.25±0.03d	3.65±0.03d	3.60±0.04d	3.42±0.04d	3.33±0.02d	1.77	3.89
10	3.21±0.08d	3.08±0.04e	3.01±0.02e	3.01±0.01e	2.90±0.03e	2.80±0.03e	0.41	3.00

注：ΔpH = d10 − d0。同一测量时间进行比较，a、b、c 等表示不同处理组 Hoagland 营养液 pH（平均值±标准误）在 $P<0.05$ 时差异显著

处理营养液为 $NaHSO_3$ 水溶液，对照组的 Hoagland 营养液初始 pH 约为 6.8，处理组中 $NaHSO_3$ 浓度越高，其 pH 越低。当处理组的 $NaHSO_3$ 浓度为 10 mmol/L 时，初始 pH 约为 3.21。另外，处理组的 pH 随着处理时间的延长逐渐下降，而对照组的 pH 呈波动趋势。

T_0 和 $T_{0.5}$ 处理下的植株在弱酸性环境中生长良好。虽然植物对胁迫环境有一定的抗性，表现为 $T_{2.0}$ 处理组几乎没有出现生长受到抑制的情况，但酸性环境也会对植物的生长产生不利影响，表现为 $T_{4.0}$ 和 $T_{10.0}$ 处理组的植株叶片干枯发黄，脱水收缩。这一结果也证实了高浓度 $NaHSO_3$ 对黄菖蒲的生长具有抑制作用。

被亚硫酸氢盐污染的水源可能对植物的生长产生双向影响，$NaHSO_3$ 对植物生长的影响取决于其浓度。在亚硫酸盐中，+4 价的硫溶于水中可以得失电子生成硫沉淀或者硫酸盐，而在植物体中，对植物的光合及生长发育的作用由于亚硫酸盐同时具有氧化性及还原性而具有双重性，起到保护或者抑制的作用。$NaHSO_3$ 可与植物体内活性氧（ROS）发生反应，其中 $NaHSO_3$ 的还原作用起主导作用，以减少细胞氧化损伤，形成较低而高于平衡状态的 ROS 含量，细胞保护酶的基因从而被诱导表达，增强抗氧化酶的活性（李

中英，2021）。另外，亚硫酸盐可以通过破坏多肽中的二硫键攻击不同的底物来灭活化合物，称为亚硫酸盐的分解。亚硫酸盐分解会导致叶绿素的分解，从而导致光合作用被抑制、细胞受损或坏死、生长发育迟缓等（Yarmolinsky et al.，2013）。因此，亚硫酸盐如果不能被植物迅速代谢并在植物中产生积累，就会不仅在细胞水平而且会在整个植物水平上产生严重的损害（Brychkova et al.，2013）。

根据不同浓度 NaHSO$_3$ 试验表观现象，添加 NaHSO$_3$ 均会降低黄菖蒲物质的量的积累，低浓度 NaHSO$_3$（< 2 mmol/L）不会致死，较高浓度 NaHSO$_3$（> 4 mmol/L）会导致植株逐渐干枯死亡。由此可以明显看出 NaHSO$_3$ 较高浓度处理（> 4 mmol/L）对黄菖蒲叶片生长的抑制作用，黄菖蒲叶片的生长在低浓度处理下（< 2 mmol/L）表现出先抑制后促进的作用。从叶片数和分蘖株数可以看出，低浓度 NaHSO$_3$ 处理对植株本体生长无显著影响，但降低了植株分蘖的能力；较高浓度 NaHSO$_3$ 处理会直接影响植株生长的状态，使其干枯发黄，逐渐死亡。在植株表观生长方面，随着 NaHSO$_3$ 浓度增加，叶片数量增加、植株分蘖和鲜物质量积累均受到抑制。

（4）NaHSO$_3$ 作用下处理水体的硫含量

植物吸收 Hoagland 营养液中的营养物质以维持自身的生命活动，而处理溶液中总硫消耗与养分吸收能力有关，NaHSO$_3$ 可能通过影响植株的生长发育来影响养分吸收能力，不同浓度 NaHSO$_3$ 处理期间黄菖蒲 Hoagland 营养液中的总硫消耗曲线如图 6.8 所示。由图可知，对照组和 NaHSO$_3$ 浓度为 0.5mmol/L、2 mmol/L 的处理组的总硫浓度均随着处理时间的延长而下降，且 4 天之前下降较快，4 天之后下降变缓，直至基本不变，表明黄菖蒲在生长繁殖过程中吸收了处理液中的硫元素。而高浓度处理组的总硫浓度在 10天的处理周期内基本没有变化，反映了高浓度处理对黄菖蒲生长具有不利影响。

对图 6.8 中的总硫浓度随时间的变化关系进行非线性回归分析，得到表 6.8 所示的黄菖蒲各 NaHSO$_3$ 浓度梯度处理下的 Hoagland 营养液中总硫消耗曲线的方程，并由方程求得黄菖蒲的总硫吸收动力学参数（表 6.9）。

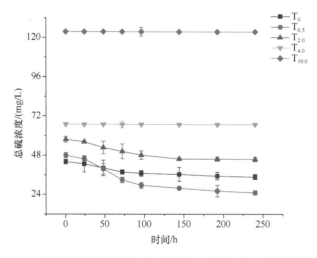

图 6.8　Hoagland 营养液中总硫含量（以总硫浓度表示）随时间的变化（黄菖蒲）

表 6.8　黄菖蒲 Hoagland 营养液中总硫浓度随时间变化的回归方程

添加 NaHSO$_3$ 浓度/（mmol/L）	回归方程	R^2	P
0	$y = 0.2737x^2 - 4.6279x + 88.202$	0.972	<0.001
0.5	$y = 0.711x^2 - 11.730x + 97.935$	0.970	<0.001
2	$y = 0.393x^2 - 6.450x + 116.469$	0.989	<0.0001
4	$y = 0.0082x^2 - 0.1189x + 133.790$	0.977	<0.0001
10	$y = 0.0049x^2 - 0.0796x + 247.121$	0.987	<0.0001

表 6.9　黄菖蒲 Hoagland 营养液中总硫吸收动力学参数

添加 NaHSO$_3$ 浓度/（mmol/L）	V_{max}/[mg/（L·d）]	K_m/（mg/L）	C_{min}/[mg/（L·d）]	α
0	22.047	74.224	69.565	0.0594
0.5	58.652	61.653	49.559	0.1903
2	32.250	96.631	90.019	0.0667
4	0.595	133.467	133.359	0.0009
10	0.398	246.878	246.797	0.0003

各回归方程的 R^2 为 0.970～0.989，$P < 0.001$，因此，各 NaHSO$_3$ 处理组 Hoagland 营养液中总硫的浓度随时间的变化符合一元二次方程，据此求取的动力学参数具有较高的可信度。方程一次项系数的绝对值乘以稀释倍数（5 倍）即黄菖蒲对总硫的总最大吸收速率，绝对值越大，对总硫的总最大吸收速率越大。NaHSO$_3$ 浓度为 0.5 mmol/L 的处理组的一次项系数的绝对值最大，即黄菖蒲对硫元素的吸收速率最大，NaHSO$_3$ 浓度为 4mmol/L 和 10 mmol/L 的处理组与对照组相比，随着添加 NaHSO$_3$ 浓度的增大，一次项系数的绝对值均减小，说明随着 NaHSO$_3$ 浓度的增加，黄菖蒲对硫元素的吸收速率降低。

由表 6.9 可知，NaHSO$_3$ 浓度为 0.5 mmol/L 的处理组的动力学参数 V_{max} 和 α 值与对照组和其他处理组相比最大，K_m 和 C_{min} 值最小，表明 NaHSO$_3$ 浓度为 0.5 mmol/L 促进了黄菖蒲对硫元素的吸收且促进效果最好；NaHSO$_3$ 浓度为 2 mmol/L 的处理组的动力学参数 V_{max} 和 α 值比对照组大，K_m、C_{min} 值同样大于对照组，表明 NaHSO$_3$ 浓度为 2 mmol/L 促进了黄菖蒲对硫元素的吸收；而对于 NaHSO$_3$ 浓度为 4mmol/L 和 10 mmol/L 的处理组来说，与对照组相比动力学参数 V_{max} 和 α 值减小，K_m、C_{min} 值增大，表明浓度为 4mmol/L 和 10 mmol/L 的 NaHSO$_3$ 抑制黄菖蒲对硫元素的吸收，且 NaHSO$_3$ 浓度越高，抑制作用越大，具体表现为黄菖蒲对硫元素的吸收能力和其生长状况均呈下降趋势。

水生植物的生长受环境因素的影响很大，其中 pH 是重要的传统水质指标之一，是影响养分吸收的重要因素之一，pH 下降有利于阴离子跨膜运输，而 pH 上升则引起相反的作用（Itoh and Barber，1983）。反过来，植物对营养元素的吸收也会影响水环境的 pH。根据酸雨的危害程度，大致分为 3 个等级：强酸雨的范围为 pH≤4.5，弱酸雨的范围为 4.5 < pH≤5.6，pH > 5.6 为正常范围（Smith，1981），本研究中，从处理周期内平均 pH 来看，对照组和 T$_{0.5}$ 处理组属于正常范围内，T$_{2.0}$ 处理组属于弱酸雨 pH 范围内，T$_{4.0}$ 处理组和 T$_{10.0}$ 处理组均处于强酸雨 pH 范围内。随着酸性增强，黄菖蒲植株受到的抑制作用也增强，即黄菖蒲适应于弱酸性及中性环境。黄菖蒲在生长的过程中吸收处理液中的硫元素离子，根据总硫浓度来看，与对照组相比，T$_{0.5}$ 处理组和 T$_{2.0}$ 处理组均促进了黄菖蒲对硫元素的吸收，其中 $T_{0.5}$ 处理组吸收硫元素的促进效果最好。而 $NaHSO_3$ 较高浓度（> 4 mmol/L）处理下，黄菖蒲植株几乎不吸收环境中的硫元素，随着处理时间的增加植株逐渐死亡，即处理环境中 $NaHSO_3$ 浓度越高，黄菖蒲对硫元素的吸收能力越差。

（5）pH 及 $NaHSO_3$ 互作下处理水体的硫含量

pH-$NaHSO_3$ 处理期间 10 天内黄菖蒲 Hoagland 营养液中的总硫消耗曲线如图 6.9 所示。由图可知，处理组的总硫浓度均随着处理时间的延长而下降，即黄菖蒲在 Hoagland 营养液中吸收了硫元素。可以看到其中 0-pH4.8 处理组的下降趋势最缓，即植株对 Hoagland 营养液中硫元素的吸收效果最差。在浓度为 2 mmol/L 的 $NaHSO_3$ 处理下，pH8.8 处理组对硫元素的吸收效果最好，pH6.8 处理组最差；浓度为 0.2 mmol/L 的 $NaHSO_3$ 处理下，pH6.8 处理组对硫元素的吸收效果最好，pH4.8 处理组最差；而在无 $NaHSO_3$ 的处理组中，pH8.8 处理组对硫元素的吸收强于 pH6.8 处理组，pH4.8 处理组最差，推测改变环境 pH 可以刺激黄菖蒲对环境中硫元素的吸收，$NaHSO_3$ 处理会对植物吸收硫元素产生促进作用，因此在无 $NaHSO_3$ 的处理组，pH8.8 对植物吸收硫元素的促进作用明显，在 $NaHSO_3$ 处理组，$NaHSO_3$ 对植物的促进作用明显。

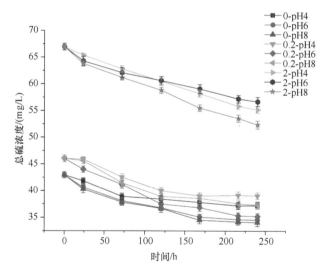

图 6.9　黄菖蒲 Hoagland 营养液中总硫含量（以总硫浓度表示）随时间的变化

对图 6.9 中的总硫浓度随时间的变化关系进行非线性回归分析，得到表 6.10 所示的黄菖蒲各 pH-$NaHSO_3$ 处理下的 Hoagland 营养液中总硫消耗曲线的方程，并由方程求得黄菖蒲的总硫吸收动力学参数（表 6.11）。

各回归方程的 R^2 为 0.975～0.993，$P < 0.001$，因此，各 pH-$NaHSO_3$ 处理下 Hoagland 营养液中总硫的浓度随时间的变化符合一元二次方程，据此求取的动力学参数具有较高的可信度。方程一次项系数的绝对值乘以稀释倍数（5 倍）即黄菖蒲对总硫的总最大吸收速率，绝对值越大，对总硫的总最大吸收速率越大。0.2-pH6.8 处理组的一次项系数的绝对值最大，即吸收速率最大。pH4.8 处理组在三个 $NaHSO_3$ 浓度下其一次项系数的

绝对值均为最低，即 pH4.8 环境不适于黄菖蒲对硫元素的吸收。

表 6.10 黄菖蒲 Hoagland 营养液中总硫浓度随时间变化的回归方程

NaHSO$_3$ 浓度/（mmol/L）	pH	回归方程	R^2	P
0	4.8	$y = 0.0767x^2 - 1.3158x + 42.8716$	0.975	<0.001
	6.8	$y = 0.088x^2 - 1.6834x + 42.6087$	0.992	<0.0001
	8.8	$y = 0.0896x^2 - 1.7361x + 42.5057$	0.985	<0.001
0.2	4.8	$y = 0.0999x^2 - 1.7656x + 46.7067$	0.976	<0.001
	6.8	$y = 0.0986x^2 - 2.0711x + 46.0508$	0.993	<0.0001
	8.8	$y = 0.1016x^2 - 1.9204x + 46.5358$	0.979	<0.001
2	4.8	$y = 0.023x^2 - 1.4055x + 66.8395$	0.999	<0.0001
	6.8	$y = 0.0484x^2 - 1.4337x + 66.3061$	0.985	<0.001
	8.8	$y = 0.0432x^2 - 1.8257x + 66.3457$	0.993	<0.0001

表 6.11 黄菖蒲 Hoagland 营养液中总硫吸收动力学参数

NaHSO$_3$ 浓度/（mmol/L）	pH	V_{max}/[mg/（L·d）]	K_m/（mg/L）	C_{min}/（mg/L）	α
0	4.8	6.579	38.639	37.228	0.0341
	6.8	8.417	36.571	34.558	0.0460
	8.8	8.681	36.198	34.096	0.0480
0.2	4.8	8.828	40.856	38.906	0.0432
	6.8	10.356	37.894	35.175	0.0547
	8.8	9.602	39.730	37.461	0.0483
2	4.8	7.028	50.735	45.367	0.0277
	6.8	7.169	58.343	55.689	0.0246
	8.8	9.129	51.879	47.056	0.0352

由表 6.11 可知，0.2-pH6.8 处理组的动力学参数 V_{max} 和 α 值与其他处理组相比最大，K_m 和 C_{min} 值为 NaHSO$_3$ 浓度 0.2mmol/L 组最低，表明该处理组能够促进黄菖蒲对硫元素的吸收且促进效果最好。从动力学参数 V_{max} 值来看，与 NaHSO$_3$ 浓度为 0 的处理组相比，除了 2-pH6.8 处理组，添加 NaHSO$_3$ 的处理组均促进了黄菖蒲对环境中的硫元素的吸收。pH4.8 处理组的动力学参数 V_{max} 均为同 NaHSO$_3$ 浓度处理组最低，表明 pH4.8 处理环境抑制了黄菖蒲对硫元素的吸收，而 NaHSO$_3$ 浓度为 2mmol/L 时 K_m 和 C_{min} 值最低，即吸收能力强，但就 α 值来看，2-pH4.8 处理组对硫元素的吸收能力低于 2-pH8.8 处理组，仅高于 2-pH6.8 处理组，即 NaHSO$_3$ 的促进作用强于 pH4.8 环境的抑制作用。pH8.8 处理组的动力学参数 V_{max} 值均高于 0-pH6.8 处理组，0-pH8.8 处理组和 0.2-pH8.8 处理组的 α 值高于 0-pH6.8 处理组，表明 pH8.8 处理环境能够促进黄菖蒲对硫元素的吸收。

pH-NaHSO$_3$ 处理期间 10 天内马蔺 Hoagland 营养液中的总硫消耗曲线如图 6.10 所示。

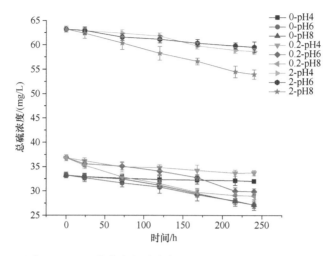

图 6.10 马蔺 Hoagland 营养液中总硫含量（以总硫浓度表示）随时间的变化

由图可知，处理组的总硫浓度均随着处理时间的延长而下降，即马蔺在 Hoagland 营养液中吸收了硫元素。可以看到其中 0-pH4.8 处理组的下降趋势最缓，即马蔺植株对 Hoagland 营养液中硫元素的吸收效果最差。在浓度为 2 mmol/L 的 NaHSO₃ 处理下，pH8.8 处理组对硫元素的吸收效果最好，pH6.8 处理组最差；浓度为 0.2 mmol/L 的 NaHSO₃ 处理下，pH8.8 处理组对硫元素的吸收效果最好，pH4.8 处理组最差；而在无 NaHSO₃ 的处理组中，pH6.8 处理组对硫元素的吸收强于 pH8.8 处理组，pH4.8 处理组最差。与浓度为 0.2 mmol/L 的 NaHSO₃ 相比，浓度为 2 mmol/L 的 NaHSO₃ 处理对马蔺植株吸收硫元素的促进作用更明显，改变环境 pH 会刺激植物对环境中硫元素的吸收，这一现象与黄菖蒲植物试验得到的现象一致。由于马蔺植物耐盐碱特性的存在，马蔺植株在无 NaHSO₃ 的处理组中，pH8.8 处理组与 pH6.8 处理组的植株吸收硫元素几乎无差别，在添加 NaHSO₃ 的 pH8.8 环境中对硫元素的吸收的促进作用明显且强于 pH6.8 处理组。

对图 6.10 中总硫浓度随时间的变化关系进行非线性回归分析，得到表 6.12 所示的马蔺各 pH-NaHSO₃ 处理下的 Hoagland 营养液中总硫消耗曲线的方程，并由方程求得马蔺的总硫吸收动力学参数（表 6.13）。

表 6.12 马蔺 Hoagland 营养液中总硫浓度随时间变化的回归方程

NaHSO₃ 浓度/（mmol/L）	pH	回归方程	R^2	P
0	4.8	$y = 0.0095x^2 - 0.2055x + 33.1556$	0.986	<0.001
	6.8	$y = -0.018x^2 - 0.4165x + 33.1489$	0.998	<0.0001
	8.8	$y = -0.0395x^2 - 0.2272x + 33.2444$	0.996	<0.0001
0.2	4.8	$y = 0.0247x^2 - 0.5459x + 36.7073$	0.976	<0.001
	6.8	$y = -0.0353x^2 - 0.3298x + 36.4389$	0.977	<0.001
	8.8	$y = 0.0655x^2 - 1.433x + 36.724$	0.997	<0.0001
2	4.8	$y = -0.0207x^2 - 0.2747x + 63.2305$	0.975	<0.001
	6.8	$y = 0.0163x^2 - 0.5317x + 63.2453$	0.991	<0.0001
	8.8	$y = 0.0081x^2 - 1.0262x + 63.2735$	0.999	<0.0001

表 6.13　马蔺 Hoagland 营养液中总硫吸收动力学参数

NaHSO₃ 浓度/（mmol/L）	pH	V_{max}/[mg/（L·d）]	K_m/（mg/L）	C_{min}/（mg/L）	α
0	4.8	1.028	32.322	32.044	0.0064
	6.8	2.083	34.956	35.558	0.0119
	8.8	1.136	33.489	33.571	0.0068
0.2	4.8	2.730	34.445	33.691	0.0158
	6.8	1.649	37.017	37.209	0.0089
	8.8	7.165	30.846	28.886	0.0465
2	4.8	1.374	63.914	64.142	0.0043
	6.8	2.659	59.993	58.909	0.0089
	8.8	5.131	38.896	30.771	0.0264

各回归方程的 R^2 为 0.975～0.999，$P < 0.001$，因此，各 pH-NaHSO₃ 处理下 Hoagland 营养液中总硫的浓度随时间的变化符合一元二次方程，据此求取的动力学参数具有较高的可信度。方程一次项系数的绝对值乘以稀释倍数（5 倍）即马蔺对总硫的总最大吸收速率，绝对值越大，对总硫的总最大吸收速率越大。0.2-pH8.8 处理组的一次项系数的绝对值最大，即吸收速率最大。pH4.8 处理组在 NaHSO₃ 浓度为 0 mmol/L 和 2 mmol/L 处理下其一次项系数的绝对值为最低，pH6.8 处理组在 NaHSO₃ 浓度为 0.2 mmol/L 处理下其一次项系数的绝对值为最低，即 pH4.8 环境不适于马蔺对硫元素的吸收，且 NaHSO₃ 的浓度越低对马蔺植物产生的胁迫作用越强烈。

由表 6.13 可知，0.2-pH8.8 处理组的动力学参数 V_{max} 和 α 值与其他处理组相比最大，K_m 和 C_{min} 值与其他处理组相比最低，表明该处理组能够促进马蔺对硫元素的吸收且促进效果最好。从动力学参数 V_{max} 值来看，与 NaHSO₃ 浓度为 0 mmol/L 的处理组相比，除了 0.2-pH6.8 处理组，添加 NaHSO₃ 的处理组均促进了马蔺对环境中硫元素的吸收。pH4.8 处理组的动力学参数 V_{max} 和 α 值，K_m 和 C_{min} 均是未添加 NaHSO₃ 处理组中最低，表明 pH4.8 处理环境抑制了黄菖蒲对硫元素的吸收，但 pH4.8 处理环境下添加 NaHSO₃ 能促进马蔺对环境中硫元素的吸收。0.2-pH4.8、0.2-pH8.8 和 2-pH8.8 处理组的 V_{max} 和 α 值均高于 0-pH6.8 处理组，而 0-pH4.8 和 0-pH8.8 处理组的 V_{max} 和 α 值均低于 0-pH6.8 处理组，表明 NaHSO₃ 浓度为 0.2 mmol/L 产生的促进作用强于 pH 环境改变产生的抑制作用；NaHSO₃ 浓度为 2 mmol/L 的处理组中，pH8.8 环境下 NaHSO₃ 的促进作用最强，但 NaHSO₃ 的促进作用弱于 pH4.8 环境改变产生的抑制作用。

（6）pH 及 NaHSO₃ 互作下黄菖蒲及马蔺对硫的吸收积累

pH-NaHSO₃ 处理期间黄菖蒲植株中总硫积累曲线如图 6.11 所示。由图可知，处理至第 10 天，植株中的总硫含量变化不大，仅 0.2-pH6.8 处理组明显高于其他处理组，0-pH8.8 和 2-pH4.8 处理组植株中的总硫含量相对较低。处理至第 20 天，仅 2-pH6.8 处理组植株中的总硫含量高于 0-pH6.8 处理组，其他处理组均低于 0-pH6.8 处理组，0-pH8.8、0.2-pH8.8 和 2-pH4.8 处理组植株中的总硫含量相对较低。处理至第 30 天，不同处理下植株总硫含量有较大的差异，0.2-pH6.8 和 2-pH6.8 处理组植株中的总硫含量高于 0-pH6.8 处理组，其他处理组均低于 0-pH6.8 处理组，0-pH8.8 处理组植株中的总硫含量最低，与处理前黄菖蒲植株中总硫含量相比，pH6.8 处理组和 2-pH8.8 处理组的黄菖蒲植株中总硫含量均有较大的提高。

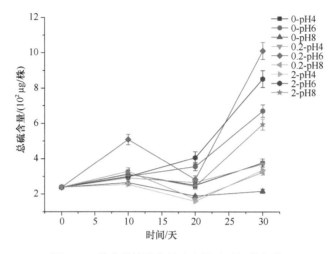

图 6.11　黄菖蒲植株中总硫含量随时间的变化

结果表明，在 pH6.8 环境中黄菖蒲植株对处理环境中的硫元素的吸收效果最好。处理环境中添加 NaHSO₃ 的浓度越低，黄菖蒲植株的适应时间越短且对硫元素的吸收效果越好。此外，在 pH8.8 环境中 NaHSO₃ 的浓度越高，黄菖蒲植株对硫元素的吸收效果越好。

pH-NaHSO₃ 处理期间马蔺植株中总硫积累曲线如图 6.12 所示。由图可知，处理至第 10 天，除了 0.2-pH4.8 处理组，NaHSO₃ 浓度为 0.2 mmol/L 和 2 mmol/L 的处理组植株中的总硫含量均高于对照组，在所有处理组中，除了 NaHSO₃ 浓度为 2 mmol/L 的处

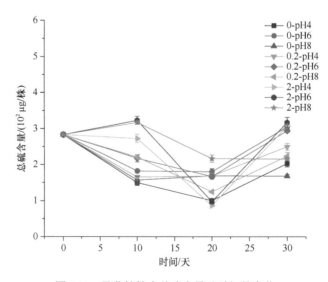

图 6.12　马蔺植株中总硫含量随时间的变化

理组，其他处理组植株中的总硫含量均低于处理前的总硫含量。处理至第 20 天，仅 2-pH8.8 处理组植株中的总硫含量高于 0-pH6.8 处理组，其他处理组均低于 0-pH6.8 处理组，NaHSO$_3$ 浓度为 2 mmol/L 的处理组中，2-pH4.8 和 2-pH6.8 处理组植株中的总硫含量仅为 0-pH6.8 处理组的一半。处理至第 30 天，0-pH8.8 和 2-pH8.8 处理组的植株中的总硫含量与处理 20 天持平，其他处理组均有提高。经过 30 天 pH-NaHSO$_3$ 处理，pH6.8 处理组和 2-pH4.8 处理组的植株中总硫含量与处理前马蔺植株中总硫含量持平，其他处理组均低于处理前马蔺植株中的总硫含量。

从马蔺植株中的总硫含量来看，马蔺对环境中硫元素的吸收积累能力较差，但仍可以看出短期处理下 NaHSO$_3$ 的浓度越高，马蔺植株对环境中硫元素的吸收效果越好。

环境的改变会刺激植株做出相应的调整达到对环境的适应。在 Morales 等（2006）的研究中，pH 是浮萍生长的调节因子，在本研究中，pH 值的提高促进了黄菖蒲对环境中硫元素的吸收，低浓度 NaHSO$_3$ 处理也会对植物吸收硫元素产生促进作用。从不同 pH 的处理组来看，pH8.8 处理组对植物吸收硫元素的促进作用明显。0.2-pH6.8 处理组能够促进黄菖蒲对硫元素的吸收且促进效果最好，而且 NaHSO$_3$ 的促进作用强于 pH4.8 环境对植株吸收硫元素的抑制作用。pH4.8 环境不适于黄菖蒲和马蔺对硫元素的吸收。

浓度为 2 mmol/L 的 NaHSO$_3$ 处理对马蔺植株吸收硫元素的促进作用更明显，改变环境 pH 会刺激植物对环境中硫元素的吸收，这一现象与黄菖蒲的试验得到的现象一致。马蔺植物耐盐碱特性的存在导致马蔺植株在 pH8.8 处理组与 pH6.8 处理组对硫元素的吸收几乎无差别，再加上改变 pH 对植株吸收硫元素的促进作用，添加 NaHSO$_3$ 的 pH8.8 环境中马蔺对硫元素吸收的促进作用明显且强于 pH6.8 处理组。

结合黄菖蒲和马蔺植株体内的硫含量来看，在 pH6.8 环境中黄菖蒲植株对处理环境中的硫元素的吸收效果最好，NaHSO$_3$ 的浓度越低，黄菖蒲植株对硫元素的吸收效果越好。但是在 pH8.8 环境中 NaHSO$_3$ 的浓度越高，黄菖蒲植株对硫元素的吸收效果越好。马蔺对环境中硫元素的吸收积累能力较差，短期处理下 NaHSO$_3$ 的浓度越高，马蔺植株对硫元素的吸收效果越好。

NaHSO$_3$ 对同种植物的不同生长期或不同植物的同一生长期产生的作用均不完全相同。低浓度 NaHSO$_3$（< 2 mmol/L）会影响植物的生长状态但不会致死，较高浓度 NaHSO$_3$（> 4 mmol/L）会导致植株逐渐干枯死亡。不同浓度 NaHSO$_3$ 处理均会对生长期的 90 天苗龄黄菖蒲植株的生长起抑制作用，而不同 pH-NaHSO$_3$ 处理下 pH6.8 处理组的幼苗期—生长期的 45 天苗龄黄菖蒲植株均生长良好，碱性环境和 NaHSO$_3$ 处理下的幼苗期—生长期的 45 天苗龄马蔺植株随着处理时间的增加能够恢复至正常状态，即两种植株相比而言，马蔺比黄菖蒲适应环境的过程更长，黄菖蒲对 Hoagland 营养液环境的适应能力更强，但马蔺更适应于偏碱性的培养环境。酸性环境和低浓度 NaHSO$_3$ 交互处理产生的作用与高浓度 NaHSO$_3$ 的作用类似，均对黄菖蒲和马蔺的生长及对硫元素的吸收产生较强的抑制作用，而 NaHSO$_3$ 水溶液为酸性，即浓度越高，酸性越强，酸性环境和高浓度 NaHSO$_3$ 处理对植物的毒性机理可能是一致的。

提高环境 pH 值或低浓度 NaHSO$_3$ 处理均会促进植物吸收环境中的硫元素，碱性环境对植物吸收硫元素的促进作用比酸性环境明显，即黄菖蒲和马蔺更适应于偏碱性的环境，酸性环境对两者均有较强的毒害作用。低浓度 NaHSO₃（< 2 mmol/L）促进生长期的 90 天苗龄黄菖蒲对硫元素的吸收，较高浓度处理（> 4 mmol/L）下，NaHSO₃ 浓度越高，对硫元素的吸收能力越差。对幼苗期—生长期的 45 天苗龄黄菖蒲植株来说，NaHSO₃ 浓度越低对硫元素的吸收越好，而马蔺在较高的 NaHSO₃ 浓度下对硫元素的吸收更好，马蔺可能拥有比黄菖蒲更强的对 NaHSO₃ 的耐受能力。另外，在不同 pH-NaHSO₃ 处理下 0.2-pH6.8 处理组的 90 天苗龄黄菖蒲对环境中硫元素的吸收效果最好，0.2-pH8.8 处理组的 90 天苗龄马蔺对环境中硫元素的吸收效果最好。

6.2.3 pH 及 NaHSO₃ 互作下黄菖蒲与马蔺的光能利用特征

在以往的研究中，潘华祎等（2017）发现随着水体中酸性或碱性提高，碗莲的叶绿素含量减少、光合作用减弱；而 pH 由酸性变化到碱性，何首乌的叶片叶绿素含量及光合作用均先提高后降低（冷芬等，2020）。当土壤的 pH 超过蓝莓生长的临界值时，其叶绿素含量和净光合速率均下降，土壤 pH 过低或过高，其叶片会受到较大的光抑制（皇甫诗男等，2017；乌凤章，2020）。在大多数条件下，Rubisco 与 O₂ 结合的概率大约是其与 CO₂ 结合概率的一半，因此光呼吸作用消耗大量的光合产物，同时也消耗 ATP。据报道，低浓度的 NaHSO₃ 可以提高植物净光合速率（冷芬等，2020；Guo et al.，2006b），提高藻类的光合产氢效率（皇甫诗男等，2017），在 Kang 等（2018）的研究中，认为减少光呼吸可能是增加植物光合作用和产量的主要手段，抑制光呼吸及调节气孔导度、胞间 CO₂ 浓度及 RuBP 羧化和 RuBP 氧化的电子流分布，可用于改善植物的固碳能力，但在研究 NaHSO₃ 作为光呼吸抑制剂对植物叶片光合作用的影响时，结果表明 NaHSO₃ 对 PR 有抑制作用，然而光合作用并没有明显增强。在研究 NaHSO₃ 对光合放氧的影响时，Wang 等（2003）发现在对数生长期，将 0.1 mmol/L 的 NaHSO₃ 添加到 Synechocystis PCC6803 细胞的培养基中，30 min 后，光合解氧速率提高 10%～15%，且由于 Synechocystis PCC6803 的试验中使用的是水介质中的 NaHSO₃，而高等植物是通过叶片喷洒的方式施用进行试验，因此，对 Synechocystis PCC6803 使用的 NaHSO₃ 浓度低于对高等植物使用的浓度。气孔导度调节植物体内 CO₂ 的扩散和 H₂O 的输运，从而影响光合作用，随着胞间 CO₂ 浓度的增加，Rubisco 附近 CO₂ 的局部浓度和 CO₂ 的分压升高，导致 RuBP 的氧合受到限制。已有研究表明胞间 CO₂ 浓度可用于评价影响植物净光合速率的气孔因子和非气孔因子（Kang et al.，2018），植物净光合速率降低与胞间 CO₂ 浓度降低相关，是气孔因子的作用，而植物净光合速率降低与胞间 CO₂ 浓度增加相关，可能是非气孔因子的作用，非气孔因子通常发生在植物受到胁迫时（Kang et al.，2018）。

植物的光合结构，特别是光系统 II（PSII），对不同类型的生长环境产生的胁迫作用非常敏感。叶绿素荧光参数被抑制的程度与逆境胁迫的轻重存在正相关关系，在研究植物的光系统及光合功能中，叶绿素荧光动力学技术被称为快速、无损伤探针，越来越多地被运用到研究生长环境产生的胁迫对植物的光合作用的影响上（冯建灿等，2002）；PSII 最大光化学效率即 Fv/Fm 这一参数在非环境条件产生的胁迫作用下，数值极少变化，比较稳定，与生长环境条件和物种等因素均不相关；Fv/Fm 与 PSII 潜在活性均是反映植物光化学反应状况的重要参数，表明了光系统Ⅱ的潜在量子效率（杨晓青等，2004；罗青红等，2006）。叶绿素荧光参数可以作为植物对不同环境胁迫响应的"指示器"，利用叶绿素荧光技术来探测植物在逆境条件下的光合作用的变化，可以高效、无损伤地监测环境胁迫和植物的胁迫适应（Jiang et al.，2003；Panda et al.，2006；Vyal' et al.，2007）。

6.2.3.1　光合特性及叶绿素含量的获取

材料培养与处理见 6.2.2.1 节。

（1）光合参数

测量仪器为便携式 Li-6400XT 光合测量系统（LI-COR Inc.，Lincoln，NE，USA），测量选择的叶片为不同处理组植株的第二片完全展开叶。在 20 天的黄菖蒲试验中，于试验期间第 0 天、第 10 天、第 20 天上午 9:30~11:30 在自然光强下测量黄菖蒲的光合参数，测量期间为晴天，叶温 29±2℃，设定流速为 500 μmol/s。在 30 天的黄菖蒲及马蔺试验中，于试验期间第 0 天、第 10 天、第 20 天、第 30 天上午 9:30~11:30 在内置红蓝光源（02B-LED）下测量黄菖蒲和马蔺的光合参数，叶温为 29±2℃，设定流速为 500 μmol/s。

（2）叶绿素荧光参数

在 30 天的黄菖蒲及马蔺试验中，于试验期间第 0 天、第 10 天、第 20 天、第 30 天利用德国 Heinz Walz GmbH 的调制叶绿素荧光成像系统（IMAGING-PAM）测定植株叶片的基础叶绿素荧光相关参数。选取第二片完全展开叶进行测量（同光合参数测量的叶片），暗适应 20~30min 后测定初始荧光 F_o，经饱和光脉冲[2800 μmol/(m^2·s)]后测定最大荧光 F_m，以光化光[134μmol/(m^2·s)]驱动光合作用（5 min）。可变荧光 $F_v=F_m-F_o$，PSⅡ原初光能转换效率 Fv/Fm、PSⅡ实际光化学反应量子效率 Y（Ⅱ）、光化学淬灭系数 qP、非光化学淬灭系数 NPQ、PSⅡ电子传递速率 ETR 等参数均为测量系统自动计算得出。

（3）叶绿素含量

在 30 天的黄菖蒲及马蔺试验中，于试验期间第 0 天、第 10 天、第 20 天、第 30 天使用便携式叶绿素仪（SPAD-502）测量植株叶片的叶绿素含量，黄菖蒲及马蔺的每个处理均匀选取 3 株且重复测量 3 次。

6.2.3.2　NaHSO$_3$ 作用下黄菖蒲的光合参数

植物生物量的积累与其光合作用密切相关。图 6.13 显示了不同浓度 NaHSO$_3$ 处理下黄菖蒲植株光合特性的变化。

处理 2 h 内，随着处理组 NaHSO$_3$ 浓度的增加黄菖蒲的净光合速率（P_N）显著降低（$P < 0.05$）。气孔导度（g_s）、胞间 CO$_2$ 浓度（C_i）和蒸腾速率（E）的变化趋势与净光合速率类似，但 T$_{2.0}$ 处理组的气孔导度高于其他处理组。经过 NaHSO$_3$ 处理 10 天后，低浓度处理组 T$_{0.5}$ 和 T$_{2.0}$ 的 P_N，g_s 和 E 显著高于高浓度处理组 T$_{4.0}$ 和 T$_{10.0}$ 的 P_N，g_s 和 E（$P < 0.05$），但是 T$_0$ 处理组的 P_N，g_s 和 E 显著高于低浓度处理组（$P < 0.05$）。处理 20 天后，

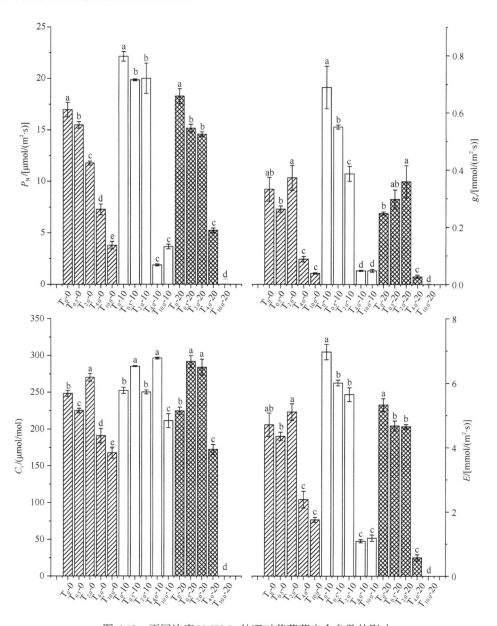

图 6.13 不同浓度 NaHSO₃ 处理对黄菖蒲光合参数的影响

T_0-0 表示对照组未处理前及处理 2h 内，$T_{0.5}$-0 表示 NaHSO₃ 添加量为 0.5 mmol/L 处理 2h 内，$T_{2.0}$-0 表示 NaHSO₃ 添加量为 2 mmol/L 处理 2h 内；T_0-10 表示对照组处理第 10 天，$T_{0.5}$-10 表示 NaHSO₃ 添加量为 0.5 mmol/L 处理第 10 天；T_0-20 表示对照组处理第 20 天，$T_{0.5}$-20 表示 NaHSO₃ 添加量为 0.5 mmol/L 处理第 20 天，以此类推，下同。同一测量时间进行比较，a、b、c 等表示黄菖蒲的光合参数（平均值±标准误）在 $P<0.05$ 时差异显著

低浓度处理组 $T_{0.5}$ 和 $T_{2.0}$ 的 P_N、g_s、C_i 和 E 显著高于高浓度处理组 $T_{4.0}$ 和 $T_{10.0}$，T_0 处理下，P_N 和 E 显著高于低浓度处理组，C_i 显著低于低浓度处理组，但 g_s 则不显著。

6.2.3.3 pH 及 NaHSO₃ 互作下黄菖蒲与马蔺的光合参数

图 6.14 显示了 pH-NaHSO₃ 处理下黄菖蒲和马蔺植株净光合速率 P_N 的变化。黄菖蒲

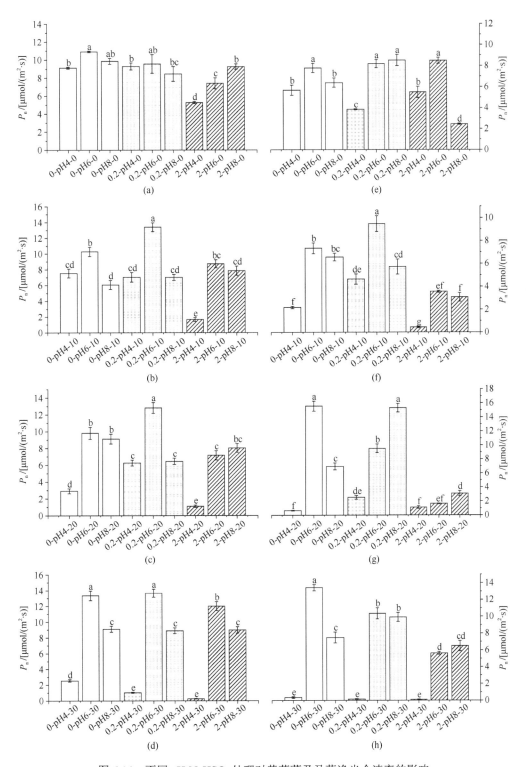

图 6.14　不同 pH-NaHSO₃ 处理对黄菖蒲及马蔺净光合速率的影响

图 a～图 d 代表黄菖蒲，图 e～图 h 代表马蔺。同一测量时间进行比较，a、b、c 等表示黄菖蒲和马蔺的净光合速率（平均值±标准误）在 $P < 0.05$ 时差异显著

植株经 pH-NaHSO₃ 处理 2h 后（图 6.14a），2-pH4.8 处理组的净光合速率 P_N 显著低于其他处理组（$P < 0.05$），0-pH8.8 和 0.2-pH6.8 处理组与对照组无显著差异，其他处理组均显著低于对照组。处理 10 天后（图 6.14b），0.2-pH6.8 处理组显著高于其他处理组，即对光合作用的促进效应最强；对照组和 2-pH6.8 处理组无显著差异，0-pH4.8 和 0.2-pH4.8 处理组无显著差异，2-pH4.8 处理组显著低于其他处理组，pH8.8 处理组之间无显著差异。处理 20 天后（图 6.14c），0.2-pH6.8 处理组的净光合速率显著高于其他处理组，2-pH6.8 处理组显著低于对照组，0.2-pH4.8 处理组显著高于 0-pH4.8 处理组，且 0-pH4.8 处理组显著高于 2- pH4.8 处理组，2-pH8.8 处理组与 0-pH8.8、0.2-pH8.8 处理组均无显著差异。处理 30 天后（图 6.14d），0-pH6.8 和 0.2-pH6.8 处理组无显著差异，均显著高于 2-pH6.8 处理组，pH8.8 处理组之间无显著差异，但均显著低于 pH6.8 处理组，pH4.8 处理组显著低于 pH8.8 处理组，0.2-pH4.8 和 2-pH4.8 无显著差异且均显著低于 2-pH6.8 处理组。结果表明，处理至 20 天，浓度为 0.2 mmol/L 的 NaHSO₃ 对黄菖蒲光合作用才表现出明显的促进作用，pH8.8 处理组浓度为 2 mmol/L 的 NaHSO₃ 对黄菖蒲光合作用的抑制作用开始显现；处理至 30 天，浓度为 2 mmol/L 的 NaHSO₃ 对 pH6.8 处理组的光合作用才表现出明显的抑制，pH8.8 的环境条件才表现出对光合作用的抑制作用。

可以看到 pH6.8 处理组的黄菖蒲净光合速率随着处理时间的增加均逐渐提高，0-pH6.8 和 0.2-pH6.8 处理组在处理期间的净光合速率显著高于其他处理组，处理 2h 时对照组的净光合速率最大，处理至 10 天、20 天，0.2-pH6.8 处理组的净光合速率均显著高于对照组。pH4.8 处理组的净光合速率均逐渐下降，0-pH4.8 处理组在第 10～第 20 天下降幅度最大，0.2-pH4.8 处理组在第 20～第 30 天下降幅度最大，2-pH4.8 处理组在第 0～第 10 天下降幅度最大，pH4.8 处理组在处理 30 天期间的净光合速率均显著低于其他处理组。

马蔺植株经 pH-NaHSO₃ 处理 2h 后（图 6.14e），2-pH8.8 处理组的净光合速率 P_N 显著低于其他处理组，0.2-pH8.8 处理组与 pH6.8 处理组无显著差异且均显著高于其他处理组，0-pH4.8、0-pH8.8 和 2-pH4.8 处理组无显著差异且均显著高于 0.2-pH4.8、2-pH8.8 处理组。处理 10 天后（图 6.14f），0.2-pH6.8 显著高于其他处理组，2-pH4.8 处理组显著低于其他处理组。处理 20 天后（图 6.14g），0-pH6.8 和 0.2-pH8.8 处理组无显著差异且均显著高于其他处理组，0.2-pH6.8 显著高于 0-pH8.8 处理组，0.2-pH4.8 处理组与 2-pH6.8、2- pH8.8 处理组均无显著差异，2-pH6.8、2-pH4.8 与 0-pH4.8 处理组之间无显著差异。处理 30 天后（图 6.14h），0-pH6.8 处理组显著高于其他处理组，0.2-pH6.8 和 0.2-pH8.8 处理组无显著差异，pH4.8 处理组之间无显著差异且均显著低于其他处理组。结果表明，pH8.8 处理组浓度为 2 mmol/L 的 NaHSO₃ 对马蔺光合作用有明显而快速的抑制作用，而 pH4.8 处理组中浓度为 2 mmol/L 的 NaHSO₃ 先表现出对光合的促进作用。0.2 mmol/L NaHSO₃ 的促进作用最先出现在 pH8.8 处理组，处理 10 天后才促进 pH6.8 处理组马蔺植株的光合作用。pH4.8 的环境条件在处理 10 天后才表现出明显的对光合的抑制作用。pH8.8 的环境条件对马蔺植株的光合作用的影响不显著。

处理 30 天期间，马蔺的净光合速率在处理 2h 时，2-pH6.8、0.2-pH8.8 和 0.2-pH6.8 处理组均与对照组无显著差异，处理至第 10 天，仅 0.2-pH6.8 处理组显著高于对照组，其他处理时间及处理浓度下的处理组净光合速率均低于对照组。2-pH6.8 处理组在处理前 20 天净光合速率逐渐下降，2-pH8.8 处理组在处理 2h 时净光合速率降至所有处理组中最低后保持稳定，但两个处理组在第 20～第 30 天净光合速率均提高。pH4.8 处理组的净光合速率均逐渐下降，处理 30 天后显著低于其他处理组。

研究表明，大豆叶片经低浓度 NaHSO₃ 处理后，其光合速率提高了，但同时光呼吸速率也在提高（陈功楷等，2017）。光呼吸在正常的生长条件下消耗光合作用总产量的约 1/4，而较高的温度、较低的 CO_2 浓度和气孔关闭将导致光呼吸所占份额有所增加（Guo et al.，2006b）。低浓度 NaHSO₃（<1 mmol/L）可显著提高藻类等低等植物的光合放氧速率和干物质的积累（王杰等，2019；皇甫诗男等，2017；李淑艳和王建中，2009），且低浓度 NaHSO₃（<8 mmol/L）喷施提高了大多数高等植株的光合碳同化能力（陈功楷等，2017；冷芬等，2020；乌凤章，2020；Ludwig，2006），高浓度的 NaHSO₃（>8 mmol/L）显著降低了草莓叶片的净光合速率（乌凤章，2020），对豌豆叶片光合电子传递也有抑制作用（Kang et al.，2018）。根据不同浓度 NaHSO₃ 处理的结果来看，添加 NaHSO₃（0.5 mmol/L、2 mmol/L、4 mmol/L、10 mmol/L）均降低了黄菖蒲的净光合速率，T₀.₅ 组 10 天、20 天处理后胞间 CO_2 浓度显著高于对照组，T₂.₀ 组 20 天处理后胞间 CO_2 浓度显著高于对照组，其净光合速率低于对照组的原因可能是其光呼吸所占份额提升较大，低浓度处理组 10 天处理后气孔导度显著低于对照组，20 天处理后 T₂.₀ 组气孔导度显著高于对照组，T₀.₅ 组气孔导度也略高于对照组。较高浓度 NaHSO₃ 处理具有破坏植物细胞膜结构和漂白其叶绿素等作用（皇甫诗男等，2017；Wang et al.，2003），因此在高浓度（T₄.₀、T₁₀.₀）处理下净光合速率降低，植株表现为逐渐死亡状态。

pH-NaHSO₃ 处理下，黄菖蒲在 pH4.8 处理环境下 2h 即表现出对光合的明显抑制效应且在处理 30 天内持续抑制，而马蔺 pH4.8 的环境条件在处理 10 天后才表现出明显的对光合的抑制作用。可以看到马蔺比黄菖蒲对酸性环境的耐受性强，且酸性处理环境中添加 NaHSO₃ 对马蔺植株的光合促进作用，证明 2 mmol/L 的 NaHSO₃ 对马蔺的生长产生积极影响。短期内 pH8.8 和 NaHSO₃ 浓度为 0.2 mmol/L 均对黄菖蒲的净光合速率无显著影响，但 pH8.8 处理组中 NaHSO₃ 浓度为 2 mmol/L 明显地抑制了马蔺的光合作用，NaHSO₃ 浓度为 0.2 mmol/L 促进马蔺的光合作用；黄菖蒲植株在 pH8.8 处理组处理 20 天后 NaHSO₃ 才表现出明显的促进或抑制作用。pH 为 8.8 时，NaHSO₃ 浓度为 0.2mmol/L 和 2mmol/L 的处理下马蔺植株的光合作用波动较小。结合马蔺 pH4.8 的环境条件下的光合表现，NaHSO₃ 对光合的促进作用在 pH8.8 处理环境中被抑制了。黄菖蒲植株在处理 10 天后 0.2-pH6.8 处理组对光合作用的促进效应最强，30 天 pH4.8 处理组 NaHSO₃ 浓度为 0.2mmol/L 的处理下抑制作用才出现，而在处理 10 天后 pH6.8 处理组的 NaHSO₃ 才表现出对马蔺植株光合作用的促进。对黄菖蒲来说在适宜的环境 pH 下 NaHSO₃ 浓度越低，对光合的促进作用维持的时间和促进效果越好，而马蔺虽然适宜的 pH 范围比黄菖蒲广，但 NaHSO₃ 对其光合的作用在处理前期还是以抑制为主。

6.2.3.4 pH 及 NaHSO₃ 互作下黄菖蒲与马蔺的叶绿素含量

图 6.15 中，黄菖蒲植株经 pH-NaHSO₃ 处理 10 天后（图 6.15A），对照组和 0.2-pH6.8、

0.2-pH8.8、2-pH6.8 处理组的叶绿素 SPAD 值与对照组处理之前的 SPAD 值均无显著差异，2-pH4.8 处理组的叶绿素 SPAD 值显著低于其他处理组。处理 20 天后（图 6.15B），2-pH6.8 处理组的 SPAD 值显著高于其他处理组，2-pH4.8 处理组显著低于其他处理组。处理 30 天后（图 6.15C），pH6.8 处理组之间的 SPAD 值均无显著差异，2-pH4.8 处理组的 SPAD 值显著低于其他处理组，但 0-pH4.8 和 0.2-pH4.8 处理组的 SPAD 值与 pH6.8、pH8.8 处理组的 SPAD 值均无显著差异。不同 pH-NaHSO$_3$ 处理 30 天期间，0.2-pH6.8 处理组的黄菖蒲植株叶片叶绿素 SPAD 值的变化趋势与对照组一致，在处理至第 20 天有一定幅度的下降，但整体呈上升趋势；2-pH6.8 处理组的 SPAD 值在处理至第 20 天有较

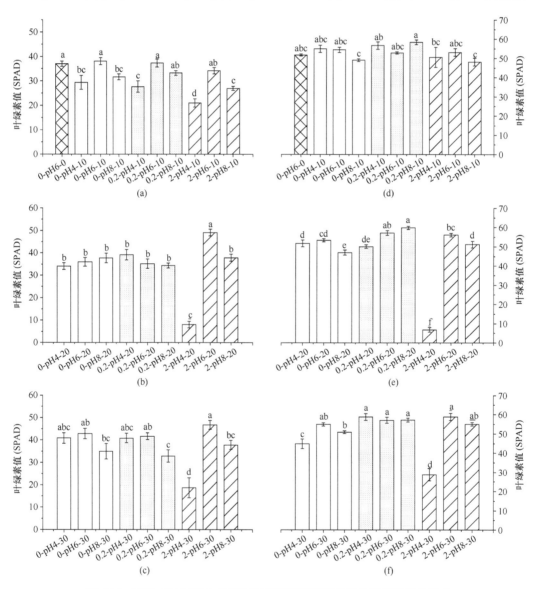

图 6.15 不同 pH-NaHSO$_3$ 处理对黄菖蒲和马蔺植株叶片叶绿素值的影响

图 a～图 c 代表黄菖蒲，图 d～图 f 代表马蔺。同一测量时间进行比较，a、b、c 等表示黄菖蒲和马蔺的叶绿素值（平均值±标准误）在 $P<0.05$ 时差异显著

大幅度的上升，但处理至第 10 和第 30 天均有小幅度下降。pH4.8 处理组的 SPAD 值在 30 天处理期间，均在处理至第 10 天有较大幅度的下降，且 2-pH4.8 处理组在处理至第 20 天仍有较大幅度的下降。pH8.8 处理组的 SPAD 值在 30 天处理期间处于波动状态，但均不高于对照组的 SPAD 值。可以看到，黄菖蒲植株 pH4.8 和 pH8.8 处理组的 SPAD 值在处理至第 10 天均有下降，且 NaHSO$_3$ 浓度越高植株的 SPAD 值下降幅度越大。2-pH6.8 处理组的 SPAD 值经过 30 天处理之后有较大的提升，2-pH4.8 处理组的 SPAD 值经过 30 天处理之后有较大的下降。可以看到 pH6.8 处理环境下黄菖蒲的叶绿素 SPAD 值得到提高，且随着处理时间的延长，NaHSO$_3$ 浓度越高植株的 SPAD 值越大。

马蔺植株经 pH-NaHSO$_3$ 处理 10 天后（图 6.15D），所有处理组与处理之前的 SPAD 值均无显著差异，但 0.2-pH8.8 处理组的 SPAD 值显著高于 0-pH8.8 和 2-pH8.8 处理组。处理 20 天后（图 6.15E），0.2-pH8.8 与 0.2-pH6.8 处理组无显著差异且显著高于其他处理组，2-pH6.8 处理组与对照组无显著差异，0-pH8.8 处理组显著低于对照组，2-pH4.8 处理组显著低于其他处理组。处理 30 天后（图 6.15F），对照组、2-pH6.8、2-pH8.8 处理组和 NaHSO$_3$ 浓度为 0.2 mmol/L 的处理组的 SPAD 值均无显著差异，对照组和 0-pH8.8、2-pH8.8 处理组的 SPAD 值无显著差异，2-pH4.8 处理组显著低于其他处理组。马蔺植株在不同 pH-NaHSO$_3$ 处理 30 天内叶片叶绿素值波动较小，0.2-pH4.8 处理组的 SPAD 值变化趋势与对照组一致，但波动幅度明显大于对照组。2-pH4.8 处理组在所有处理组中 SPAD 值下降幅度最大，在处理至第 20 天和第 30 天均低于其他处理组。pH6.8 处理组中，添加 NaHSO$_3$ 的处理组的 SPAD 值均在处理期间保持上升趋势，但 NaHSO$_3$ 浓度为 0.2 mmol/L 的处理组在处理后期上升趋势变缓，NaHSO$_3$ 浓度为 2 mmol/L 的处理组仍保持较明显的上升趋势。0-pH8.8 处理组的 SPAD 值在处理 30 天期间始终低于对照组的 SPAD 值，0.2-pH8.8 处理组始终高于对照组，2-pH8.8 处理组的 SPAD 值在处理至第 10 天 SPAD 值下降，后逐渐上升，在处理至第 30 天 SPAD 值高于对照组。

结果表明马蔺植株的 SPAD 值在 pH6.8 处理环境中逐渐上升，NaHSO$_3$ 的促进作用随着浓度的增加而提高，而 pH8.8 处理环境在一定程度上抑制了 SPAD 值的提高。此外，pH4.8 环境对黄菖蒲和马蔺的叶绿素 SPAD 值都有短暂的促进作用，但随着处理时间的增加逐渐转为抑制作用，且 NaHSO$_3$ 越高，抑制作用越强。

叶绿素的合成会被不利的环境影响，甚至会分解已经合成的叶绿素。植物可以通过形态调控和色素减少来达到叶片捕捉光能的能力降低的目的，避免因光氧化而破坏光合器官的风险（Anderson and Aro，1994）。与这一发现一致的是，不同浓度 NaHSO$_3$ 处理中，NaHSO$_3$ 影响了植物叶片叶绿素的合成，进而对植物的光合作用产生不利的影响。此外，高浓度的 NaHSO$_3$ 处理的作用可能是破坏细胞膜系统，导致细胞内含有光合作用和呼吸作用酶的蛋白质外溢，从而抑制了光合作用。

结合第 2 章的试验结果，NaHSO$_3$ 对黄菖蒲的生长发育有抑制作用。有研究证明，亚硫酸盐如果积累在植物体内，不仅在细胞乃至整个植物水平都会产生严重损害（Yarmolinsky et al.，2013），黄菖蒲植株在 pH4.8 和 pH8.8 处理环境中叶绿素 SPAD 值均有下降，且 NaHSO$_3$ 浓度越高，下降幅度越大；经过 30 天处理之后，2-pH6.8 处理组的 SPAD 值有较大幅度的提升，2-pH4.8 处理组有较大幅度的下降。在 pH6.8 处理环境中马蔺植株的 SPAD 值逐渐上升，NaHSO₃ 的促进作用随着浓度的增加而提高；pH4.8 处理环境有短暂的促进作用，但长期处理下抑制 SPAD 值的增加，且 NaHSO₃ 越高，抑制作用越强；pH8.8 处理环境中，浓度为 0.2 mmol/L 的 NaHSO₃ 对马蔺 SPAD 值的增加有明显的促进作用。表明 NaHSO₃ 浓度为 2 mmol/L 对黄菖蒲及马蔺的生长发育没有造成损伤，而相比对照组来说改变环境 pH 会降低黄菖蒲的叶绿素 SPAD 值，但马蔺对 pH8.8 处理环境的适应能力与对照组无显著差异，且 NaHSO₃ 的浓度越低，对马蔺的叶绿素 SPAD 值的增加作用越明显。

然而，当 pH、NaHSO₃ 的浓度或者 NaHSO₃ 在植物体内积累的量超过植物的耐受能力时，会导致植物叶绿素流失、叶片枯萎，破坏植物的根系组织。而维持较高的叶绿素含量可能是植物生存的必要条件，也就是说，叶绿素的降解表明植物基本功能的丧失，在 Panda 等（2006）的研究中，经过处理后，叶绿素含量与成活率呈现直接关系。在本研究中，从图 6.3 和图 6.4 可以明显看到不同处理组植株的叶片和根系的不同，低浓度的 NaHSO₃，可能具有促进植物发育、促进根系生长的潜力，可能诱导植物建立一定程度度的自我保护。在逆境中植物通过伸长根系，可以比在适宜环境中吸收更多的养分，从而在低毒素浓度下维持正常的生长发育。因此，在本试验中，低浓度的 NaHSO₃ 对黄菖蒲和马蔺的叶片和根系的生长发育起着积极的作用。

6.2.3.5 pH 及 NaHSO₃ 互作下黄菖蒲与马蔺的叶绿素荧光参数

由表 6.14 可知，黄菖蒲植株的叶片 F_v/F_m 值，即 PS II 最大光化学效率，在不同 pH-NaHSO₃ 处理 30 天后的变化趋势比马蔺较为平缓，马蔺叶片的 F_v/F_m 值略高于黄菖蒲。黄菖蒲植株所有处理组中，在 pH6.8 处理环境中黄菖蒲植株的 F_v/F_m 值显著高于 pH4.8 和 pH8.8 处理组。整体来看，pH6.8 处理组的 F_v/F_m 值均逐渐上升，对照组在 30 天处理期间的上升幅度较为平均，0.2-pH6.8 处理组在处理第 0～第 10 天上升幅度最大，

表 6.14　不同 pH-NaHSO₃ 处理 30 天期间黄菖蒲和马蔺植株叶片 F_v/F_m 值的变化

处理	黄菖蒲				马蔺			
	D0	D10	D20	D30	D0	D10	D20	D30
0-pH4.8		0.661ab ±0.007	0.687ab ±0.003	0.672a ±0.004		0.476b ±0.090	0.525b ±0.060	0.465b ±0.088
0-pH6.8		0.663ab ±0.011	0.673abc ±0.006	0.694a ±0.005		0.710a ±0.002	0.712a ±0.004	0.691a ±0.004
0-pH8.8		0.663ab ±0.003	0.663bcd ±0.008	0.629b ±0.013		0.708a ±0.002	0.722a ±0.003	0.711a ±0.004
0.2-pH4.8		0.658b ±0.009	0.685ab ±0.005	0.690a ±0.003		0.445b ±0.084	0.651a ±0.033	0.467b ±0.088
0.2-pH6.8	0.659 ±0.008	0.689a ±0.005	0.678abc ±0.008	0.691a ±0.009	0.685 ±0.003	0.699a ±0.002	0.730a ±0.002	0.701a ±0.004
0.2-pH8.8		0.654b ±0.004	0.645d ±0.011	0.566c ±0.023		0.717a ±0.004	0.720a ±0.006	0.701a ±0.018
2-pH4.8		0.606c ±0.019	0.657cd ±0.011	0.615b ±0.011		0.234c ±0.089	0.000c ±0.000	0.309c ±0.103
2-pH6.8		0.658b ±0.006	0.694a ±0.012	0.696a ±0.004		0.710a ±0.005	0.692a ±0.004	0.678a ±0.006
2-pH8.8		0.648b ±0.005	0.665bcd ±0.008	0.664a ±0.005		0.697a ±0.005	0.712a ±0.004	0.703a ±0.003

注：同一测量时间进行比较，a、b、c 等表示黄菖蒲和马蔺植株叶片 F_v/F_m 值（平均值±标准误差）在 $P < 0.05$ 时差异显著

2-pH6.8 处理组在处理第 10～第 20 天上升幅度最大。pH4.8 和 pH8.8 处理组的 F_v/F_m 值均存在下降的变化趋势，0.2-pH8.8 处理组的 F_v/F_m 值在处理至第 20～第 30 天下降幅度最大且显著低于其他处理组。马蔺植株所有处理组中，pH6.8 和 pH8.8 处理组的 F_v/F_m 值的变化趋势均为先上升后下降。pH4.8 处理组的 F_v/F_m 值在处理 30 天期间下降幅度最大且均显著低于其他处理组，0-pH4.8 和 0.2-pH4.8 处理组在处理至第 20 天 F_v/F_m 值有上升的趋势，2-pH4.8 处理组在处理至第 30 天 F_v/F_m 值上升。对马蔺来说，pH4.8 处理环境的胁迫压力最大；pH6.8 和 pH8.8 处理环境对马蔺的 PSⅡ最大光化学效率有一定的促进作用。

从表 6.15 中可以看到，不同 pH-NaHSO₃ 处理下黄菖蒲和马蔺的叶片 Y(Ⅱ)值即 PSⅡ实际光化学效率的变化情况，在处理 30 天期间黄菖蒲叶片 Y(Ⅱ)值的变化趋势比马蔺较为平缓。在 pH8.8 环境和 NaHSO₃ 处理下的黄菖蒲植株叶片 Y(Ⅱ)值显著高于其他处理组，0.2-pH6.8 处理组与对照组均在处理第 10 天显著高于其他处理组，2-pH6.8 处理组的黄菖蒲 Y(Ⅱ)值在处理第 20 和第 30 天均显著高于其他处理组，2-pH8.8 处理组的 Y(Ⅱ)值显著高于其他处理组。但 2-pH4.8 处理组的叶片 Y(Ⅱ)值在处理 30 天期间显著低于其他处理组，处理第 20 天黄菖蒲对照组的 Y(Ⅱ)值显著低于其他处理组。马蔺植株所有处理组中，pH6.8 处理组叶片 Y(Ⅱ)值在处理期间均显著高于其他处理组，pH4.8 处理组显著低于其他处理组。0-pH4.8 和 2-pH4.8 处理组的叶片 Y(Ⅱ)值在处理期间均低于处理之前，仅 0.2-pH4.8 处理组的叶片 Y(Ⅱ)值在处理第 20 天高于处理之前，NaHSO₃ 浓度为 0.2mmol/L 能够促进马蔺叶片的 PSⅡ实际光化学效率的提高，添加 NaHSO₃ 能够使马蔺叶片的 PSⅡ实际光化学效率保持稳定。在处理 30 天期间 pH8.8 处理组的叶片 Y(Ⅱ)值波动幅度均低于 pH6.8 和 pH4.8 处理组，0.2-pH8.8 处理组的叶片 Y(Ⅱ)值高于处理之前，处理第 10 天显著高于 2-pH8.8 处理组，处理第 20 和第 30

表 6.15　不同 pH-NaHSO₃ 处理 30 天内黄菖蒲和马蔺植株叶片 Y(Ⅱ)值的变化

处理	黄菖蒲				马蔺			
	D0	D10	D20	D30	D0	D10	D20	D30
0-pH4.8		0.204cde ±0.012	0.310abc ±0.011	0.204d ±0.019		0.104c ±0.021	0.073e ±0.015	0.161d ±0.032
0-pH6.8		0.268a ±0.011	0.246e ±0.019	0.269b ±0.013		0.271ab ±0.007	0.420a ±0.007	0.324ab ±0.006
0-pH8.8		0.182de ±0.018	0.330ab ±0.009	0.255bc ±0.013		0.272ab ±0.010	0.231d ±0.013	0.213cd ±0.009
0.2-pH4.8		0.227bc ±0.013	0.302bc ±0.006	0.229cd ±0.007		0.138c ±0.031	0.251cd ±0.025	0.221cd ±0.042
0.2-pH6.8	0.328 ±0.008	0.262ab ±0.007	0.260de ±0.012	0.280b ±0.019	0.238 ±0.005	0.236b ±0.007	0.408a ±0.003	0.353a ±0.005
0.2-pH8.8		0.221cd ±0.010	0.327ab ±0.010	0.201d ±0.015		0.318a ±0.008	0.296b ±0.013	0.311ab ±0.012
2-pH4.8		0.168e ±0.011	0.285cd ±0.014	0.114e ±0.006		0.082d ±0.031	0.000f ±0.000	0.066e ±0.009
2-pH6.8		0.217cd ±0.012	0.340a ±0.010	0.320a ±0.008		0.243b ±0.013	0.385a ±0.009	0.331a ±0.008
2-pH8.8		0.299a ±0.013	0.339a ±0.006	0.284ab ±0.009		0.220b ±0.011	0.275bc ±0.010	0.268bc ±0.015

注：同一测量时间进行比较，a、b、c 等表示黄菖蒲和马蔺植株叶片 Y(Ⅱ)值（平均值±标准误差）在 $P<0.05$ 时差异显著

天显著高于 0-pH8.8 处理组。NaHSO₃ 能够促进马蔺叶片的 PSⅡ 实际光化学效率的提高，浓度为 0.2 mmol/L 的 NaHSO₃ 比浓度为 2 mmol/L 的促进效果更佳。

由表 6.16 可知，与马蔺相比，黄菖蒲植株的叶片 qP 值即光化学淬灭系数在不同 pH-NaHSO₃ 处理前后均相对较高。qP 值与 PSII 实际光化学效率的变化趋势相似，但黄菖蒲的叶片 qP 值在处理 30 天前后变化不大。pH4.8 处理组的马蔺的叶片 qP 值下降幅度最大且均显著低于其他处理组。

表 6.16　不同 pH-NaHSO₃ 处理 30 天内黄菖蒲和马蔺植株叶片 qP 值的变化

处理	黄菖蒲				马蔺			
	D0	D10	D20	D30	D0	D10	D20	D30
0-pH4.8		0.463bc ±0.020	0.610a ±0.024	0.403c ±0.037		0.253cd ±0.022	0.177d ±0.032	0.321cd ±0.062
0-pH6.8		0.511b ±0.016	0.491c ±0.040	0.556ab ±0.021		0.497ab ±0.010	0.734a ±0.015	0.629a ±0.011
0-pH8.8		0.374d ±0.031	0.599a ±0.020	0.618a ±0.033		0.476ab ±0.018	0.420c ±0.016	0.366bc ±0.019
0.2-pH4.8		0.424cd ±0.019	0.521bc ±0.012	0.520b ±0.013		0.385bc ±0.039	0.505b ±0.049	0.382bc ±0.072
0.2-pH6.8	0.661 ±0.018	0.459bc ±0.013	0.491c ±0.017	0.564ab ±0.017	0.418 ±0.012	0.475ab ±0.019	0.678a ±0.011	0.644a ±0.011
0.2-pH8.8		0.443bcd ±0.016	0.618a ±0.015	0.587ab ±0.038		0.531a ±0.016	0.507b ±0.023	0.565ab ±0.042
2-pH4.8		0.380d ±0.026	0.579ab ±0.024	0.289d ±0.025		0.238d ±0.063	0.000e ±0.000	0.151d ±0.051
2-pH6.8		0.459bc ±0.022	0.575ab ±0.018	0.599ab ±0.015		0.393bc ±0.017	0.686a ±0.015	0.668a ±0.009
2-pH8.8		0.580a ±0.024	0.606ab ±0.021	0.640a ±0.012		0.393bcd ±0.018	0.525b ±0.014	0.526abc ±0.032

注：同一测量时间进行比较，a、b、c 等表示黄菖蒲和马蔺植株叶片 qP 值（平均值±标准误差）在 $P < 0.05$ 时差异显著

从表 6.17 中可以看到与马蔺相比，黄菖蒲植株的叶片 NPQ 值，即非光化学淬灭系数，在不同 pH-NaHSO₃ 处理 30 天后相对较高。黄菖蒲植株的叶片 NPQ 值在处理期间波动幅度较大，处理第 10 天 0-pH4.8 处理组的叶片 NPQ 值显著高于其他处理组，0.2-pH4.8 处理组显著低于其他处理组；处理至第 20 天 0-pH8.8、0.2-pH4.8 和 2-pH6.8 处理组的 NPQ 值显著低于其他处理组；处理至第 30 天 2-pH6.8 处理组的 NPQ 值显著低于其他处理组，但 0.2-pH4.8 处理组显著高于其他处理组。可以看到，pH6.8 处理组黄菖蒲的非光化学淬灭系数随着 NaHSO₃ 浓度的增大而波动幅度变小，pH4.8 和 pH8.8 处理组中 NaHSO₃ 浓度为 0.2 mmol/L 时非光化学淬灭系数波动及上升幅度最大。马蔺植株的叶片 NPQ 值在不同 pH-NaHSO₃ 处理 30 天期间差异较不显著，仅 2-pH4.8 处理组在处理期间的叶片 NPQ 值显著低于其他处理组。另外，马蔺植株在 2-pH4.8 处理下的适应能力低于黄菖蒲。

由表 6.18 可见黄菖蒲 pH4.8 处理组的 ETR 值下降幅度更大。pH6.8 和 pH8.8 处理组黄菖蒲的 PSII 电子传递速率随着 NaHSO₃ 浓度的增大而增大，处理 30 天后 2-pH6.8 处理组黄菖蒲的 PSII 电子传递速率显著高于其他处理组。马蔺植株 pH6.8 处理组的叶片 ETR 值在处理期间均高于处理之前，且均显著高于其他处理组。pH8.8 处理组马蔺的 PSII 电子传递速率在添加 NaHSO₃ 浓度为 0.2 mmol/L 时最大。可以看到 pH4.8 处理组马蔺的

PSⅡ电子传递速率显著低于 pH6.8 和 pH8.8 处理组；马蔺在 0.2-pH6.8 处理组的 PSⅡ电子传递速率在处理 30 天期间均高于其他处理组。

表 6.17 不同 pH-NaHSO₃ 处理 30 天内黄菖蒲和马蔺植株叶片 NPQ 值的变化

处理	黄菖蒲				马蔺			
	D0	D10	D20	D30	D0	D10	D20	D30
0-pH4.8		0.394a ±0.030	0.288bc ±0.010	0.307c ±0.015		0.279ab ±0.011	0.335a ±0.027	0.237abc ±0.046
0-pH6.8		0.198de ±0.011	0.416a ±0.025	0.375bc ±0.026		0.305a ±0.014	0.214c ±0.009	0.308a ±0.009
0-pH8.8		0.308b ±0.032	0.203e ±0.019	0.394abc ±0.015		0.255abc ±0.020	0.277abc ±0.021	0.293a ±0.006
0.2-pH4.8		0.176e ±0.013	0.198e ±0.006	0.485a ±0.022		0.257abc ±0.020	0.338a ±0.021	0.168bc ±0.036
0.2-pH6.8	0.245 ±0.026	0.172e ±0.015	0.304b ±0.035	0.370bc ±0.028	0.234 ±0.022	0.358a ±0.016	0.241bc ±0.016	0.260abc ±0.007
0.2-pH8.8		0.230cde ±0.014	0.239cd ±0.015	0.459ab ±0.022		0.276ab ±0.011	0.242bc ±0.019	0.285ab ±0.012
2-pH4.8		0.250bcd ±0.028	0.239cd ±0.013	0.398abc ±0.040		0.169c ±0.045	0.000d ±0.000	0.142c ±0.046
2-pH6.8		0.294bc ±0.014	0.196e ±0.007	0.279c ±0.014		0.208bc ±0.013	0.197c ±0.012	0.300a ±0.007
2-pH8.8		0.228cde ±0.021	0.224cd ±0.013	0.387abc ±0.016		0.268abc ±0.016	0.343a ±0.007	0.327a ±0.007

注：同一测量时间进行比较，a、b、c 等表示黄菖蒲和马蔺植株叶片 NPQ 值（平均值±标准误差）在 $P<0.05$ 时差异显著

表 6.18 不同 pH-NaHSO₃ 处理 30 天内黄菖蒲和马蔺植株叶片 ETR 值的变化

处理	黄菖蒲				马蔺			
	D0	D10	D20	D30	D0	D10	D20	D30
0-pH4.8		11.54cde ±0.699	17.33a ±0.655	13.55c ±1.306		7.64de ±0.592	5.44c ±0.867	8.96cd ±1.773
0-pH6.8		15.17ab ±0.649	12.12b ±1.019	18.53ab ±0.847		14.82ab ±0.408	23.76a ±0.409	17.87a ±0.388
0-pH8.8		10.30de ±1.023	17.56a ±0.542	17.20ab ±0.996		14.70ab ±0.509	13.35b ±0.692	10.89bc ±0.490
0.2-pH4.8		12.86bc ±0.725	16.08a ±0.463	15.72bc ±0.507		10.62cd ±0.874	14.04b ±1.432	11.75bc ±2.215
0.2-pH6.8	18.51 ±0.464	14.83ab ±0.386	13.51b ±0.757	19.13ab ±1.207	12.64 ±0.393	13.10abc ±0.457	22.28a ±0.290	19.53a ±0.278
0.2-pH8.8		12.52cd ±0.566	16.84a ±0.662	13.37c ±1.102		16.51a ±0.562	16.43b ±0.823	16.47ab ±0.792
2-pH4.8		9.50e ±0.651	16.11a ±0.705	7.97d ±0.512		6.72e ±1.779	0.00d ±0.000	3.69d ±1.245
2-pH6.8		12.32cd ±0.660	18.11a ±0.557	21.90a ±0.668		14.66ab ±0.978	21.69a ±0.503	18.58a ±0.508
2-pH8.8		16.49a ±0.856	17.51a ±0.587	19.61ab ±0.615		11.79bc ±0.567	15.15b ±0.576	15.02ab ±0.893

注：同一测量时间进行比较，a、b、c 等表示黄菖蒲和马蔺植株叶片 ETR 值（平均值±标准误差）在 $P<0.05$ 时差异显著

自 20 世纪 80 年代人们发现植物的荧光参数对其生长环境中的不同种类胁迫因子非常敏感后，逐渐揭晓了植物的叶绿素荧光与光合作用的关系，因而用叶绿素荧光来鉴别判定植物的抗逆性质也越来越多（杨晓青等，2004）。不同环境条件下，植物对环境的光适应表现在形态、结构、生理等各个水平（陈修文等，2016；Zivcak et al.，2014）。Vyal'等（2007）研究发现在不同生态区的植物的解剖和生理特征的变化被认为是光合

机构的适应性反应。植物需要利用一系列的策略来应对胁迫因素。

植物叶片的叶绿素荧光特性非常容易随着其生活环境条件的变化而变化，富含非常丰富的光合作用相关信息（冯建灿等，2002），一般从生理学角度来看，光系统Ⅰ（PSⅠ）对环境胁迫因子的敏感性不如光系统Ⅱ（PSⅡ）（Gururani et al.，2015），因此在评估植物的光合生理状态时，荧光参数 F_v/F_m、Y(Ⅱ)、qP、ETR、NPQ 等反映 PSⅡ 的光合及生理状态的指标经常被用到。其中 F_v/F_m 值是表达 PSⅡ 最大光化学效率的一种手段，它与光化学反应产率呈正相关，也是评价光抑制的常用指标。而 Y(Ⅱ)（ΦPSⅡ）是在实际环境条件下，PSⅡ 反应中心部分关闭，光系统Ⅱ的实际捕获光能的效率，反映叶片所吸收光能产生的能量中用于光合电子传递所占的比例，Y(Ⅱ)值高则有利于光能转化效率的提高及能量的积累，促进暗反应的发生及有机物的积累，使碳同化过程高效运转（罗青红等，2006；张守仁，1999）。qP 表示光化学电子传递中所用光能占 PSⅡ 的天线色素吸收的份额，PSⅡ 反应中心是开放状态才可保持高的光化学淬灭，在一定程度上反映了 PSⅡ 反应中心的开放程度（Genty et al.，1989；Van and Snel，1990）。植物的热耗散能力与电子传递在反应中心开放程度高的情况下均较强，从而有效地避免了过剩光能对光合机构的损伤。非循环电子传递效率 ETR 反映的是实际环境的光强条件下表观电子传递效率，本试验中，黄菖蒲和马蔺在不同 pH-NaHSO₃ 处理组的 Y(Ⅱ)值与 qP 值、ETR 值的相对大小和变化趋势表现出极大的相似性，NaHSO₃ 对黄菖蒲和马蔺的叶片 Y(Ⅱ) 值、qP 值、ETR 值的作用均不显著，但均可以看出马蔺植株在 pH4.8 处理环境中的适应能力低于黄菖蒲。黄菖蒲和马蔺的 qP 值均在 40%～70%，NaHSO₃ 处理对植物吸收的光能应用于光化学反应的比例没有明显的影响。

F_v/F_m 值在环境胁迫而植物的 PSⅡ 反应中心受损伤时将显著下降（Maxwell and Johnson，2000）；这一比值也是叶绿体光化学活性的一个重要指标，比值的降低是光抑制中最重要的特征之一（Cai et al.，2004）。在光抑制等胁迫下，该比值会急剧下降（Krause and Weis，1991），且比值越低，光抑制程度越高（Hu et al.，2002）。在本研究中，两种植物的 F_v/F_m 值均小于 0.8，说明两种植物的潜在最大光合能力较低，这是由于所有处理组及对照组均处于水培环境中，植物根系完全暴露在水体内，与正常生长在土壤中的根系相比，温度偏高，导致 Fv/Fm 值偏低，但与不同的处理组相比，对照组是相对评价，因此对整体试验结论不产生影响。pH-NaHSO₃ 处理组中的 F_v/F_m 的变异性均高于相应的对照组变化，其中 pH4.8 处理组的 F_v/F_m 的变异性远高于对照组的变化。同时，不同浓度 NaHSO₃ 各处理均抑制了生长期的 90 天苗龄黄菖蒲植株净光合速率的提高，光呼吸的比例有不同程度的提升，而对幼苗期—生长期的 45 天苗龄黄菖蒲和马蔺则可能抑制了光呼吸，维持最佳光合作用。F_v/F_m 值较高，植物才能通过叶片吸收的有效光能进而转化为化学能，光合电子传递速率得到提高，光合碳同化所需的 ATP 和 NADPH 的生成也提高，为植株供给充足的能量和还原氢。由于 F_v/F_m 值与光化学反应的产量呈正相关，我们的试验表明，低浓度 NaHSO₃ 可以提高光合作用的产量，促进植株的生长。

低浓度 NaHSO₃ 和 pH8.8 的碱性环境处理对马蔺叶片荧光特性的影响不显著。本研究中，在 0.2-pH6.8 处理条件下的最大光化学效率（F_v/F_m）较大，说明适宜的环境 pH 内低浓度 NaHSO₃ 对黄菖蒲和马蔺叶片的叶绿素荧光都有积极的影响，这意味着它们有能力释放多余的光能，以及通过抑制光呼吸来缓解光抑制。pH4.8 处理组的黄菖蒲叶片的 Fv/Fm 比其他处理的叶片低且生长状态差，说明 pH4.8 处理组的叶片吸收了多余的光能，导致了更高程度的光抑制。0.2-pH8.8 处理组的马蔺叶片的 F_v/F_m 比其他处理的叶片低，但生长良好，说明叶片吸收了多余的光能的同时，光呼吸被加强以消耗多余的光能，在晁无疾等（2008）的研究中，通过加强光呼吸来消耗多余的光能是一种重要的光保护措施，可以维持正常的光合作用过程，提高黑葡萄的光合产量尤其是糖含量。

　　试验结果显示，黄菖蒲的 F_v/F_m、Y（Ⅱ）、qP、NPQ、ETR 等参数变化的幅度均弱于马蔺。即说明了马蔺生存环境的异质性较大，因此叶绿素荧光参数的变化幅度较宽，相对而言黄菖蒲生存的环境比较均一。马蔺的光合参数及叶绿素荧光参数均具有相对较大的可塑性，应该与它能够适应更宽的环境 pH 范围有关，是其对环境的长期适应性进化产生的结果。植物的光合参数与其适应环境的机制和生活环境之间存在密切的相关性，尤其是在陆生植物中，这种相关性更为显著（Zhou et al.，2017）。水生植物如黄菖蒲和马蔺在适应过量光辐射时的机制可能有较大差异。植物叶片可以通过主动避光、热耗散及 PSⅡ的损伤修复等机制来对过量的光能进行防御（董潇潇等，2016）。叶绿体耗散能量是通过叶绿素荧光淬灭的途径进行的，包括光化学淬灭 qP 和非光化学淬灭 NPQ 两种形式，qP 反映通过光化学淬灭的形式转换光能，即 PSⅡ所捕获的光量子转化成化学能的效率；NPQ 反映以非光化学淬灭的形式耗散光能，即 PSⅡ天线色素吸收的光能以热的形式耗散的那部分光能。其中非光化学淬灭（热耗散）是 PSⅡ的主要保护机制（Brestic et al.，2015，2016）。试验中 NPQ 值在黄菖蒲处理组中普遍较高，其中 0.2-pH4.8 处理组的 NPQ 值提高的幅度最大，可推测其通过非光化学淬灭进行热耗散的能力最强，从而减少过剩光能。而马蔺可能更多地依赖水体直接带走多余的热量。

　　本节对不同 pH 及 NaHSO₃ 交互处理下黄菖蒲与马蔺的光能利用特征进行了分析。不同植物间的单位叶面积的叶片生物量存在较大差异，而且水生植物的叶片含水量相对较高，因此单位叶鲜重的色素含量在不同水生植物之间的变化规律存在一定差异，而在本研究中，两种水生植物属于同科同属，具有较强的可比性。

　　本试验中，不同浓度 NaHSO₃ 各处理均抑制了生长期 90 天苗龄的黄菖蒲植株净光合速率的提高，但 NaHSO₃ 浓度为 2 mmol/L 对黄菖蒲及马蔺的生长发育没有造成损伤。然而，当 pH、NaHSO₃ 的浓度或者 NaHSO₃ 在植物体内积累的量超过植物的耐受能力时，会导致植物叶绿素流失、叶片枯萎，破坏植物的根系组织。低浓度的 NaHSO₃ 可能具有促进植物生长发育、促进根系生长的潜力，可能诱导植物建立一定程度的自我保护；植物通过伸长根系、增加叶绿素含量，可以比在适宜环境中吸收更多的养分、获取更多的光能，从而在低毒素浓度下维持正常的生长发育。另外，光合色素是植物吸收利用光能，实现最初光能和电子之间转换的重要载体（Mirkovic et al.，2017），这也涉及如叶片结构等可能因素的影响，需要进一步探索。

　　适宜的环境 pH 内低浓度 NaHSO₃ 对黄菖蒲和马蔺叶片的叶绿素荧光都有积极的影响，而 pH4.8 处理组的叶片吸收了多余的光能，导致了更高程度的光抑制。0.2-pH8.8 处理组的马蔺叶片的 Fv/Fm 比其他处理的叶片低，但生长良好，说明叶片吸收了多余的光能的同时，光呼吸被加强以消耗多余的光能，作为一种重要的光保护措施来维持正常的光合作用。马蔺的光合参数和荧光参数具有较大的可塑性，应该与它能够适应更宽的环境 pH 范围有关。pH-NaHSO₃ 处理组中的 F_v/F_m 值的变异性均高于相应的对照组变化，同时，幼苗期—生长期的 45 天苗龄黄菖蒲和马蔺则可能抑制了光呼吸，维持最佳光合作用。试验中 NPQ 值在黄菖蒲处理组普遍较高，其中 0.2-pH4.8 处理组通过非光化学淬灭进行热耗散，减少过剩光能的能力最强。pH-NaHSO₃ 处理对光能在光化学反应中的比例没有明显的影响，黄菖蒲和马蔺的 qP 值大部分在 40%～70%，qP 值与 Y(Ⅱ)值、ETR 值的相对大小和变化趋势均相似，马蔺植株在 pH4.8 处理环境中的适应能力弱于黄菖蒲。

6.2.4 pH 及 NaHSO₃ 互作下黄菖蒲与马蔺的细胞代谢能变化特征

植物细胞能够储存电荷，具有双电层的细胞膜，而细胞膜的主要成分是脂质、蛋白质和糖类，具有较高的电阻率，可视为绝缘层，细胞的电特性来源于此（Yan et al.，2009；Hopkins and Huner，2004）。一般来说，细胞（器）可以看成是一个同心球的电容器，膜上的外周蛋白和内在蛋白使得这种电容器变得复杂，是兼有电感器和电阻器作用的复杂电容器。一个叶肉细胞可以看作是一个同心球形电容器，排列整齐的许多叶肉细胞即组成了叶电容（Volkov，2006；Zhang et al.，2020；Buckley et al.，1990）。叶肉细胞中的离子、离子基和电偶极子是叶电容的电解质，与电生理信息关系最密切（Zhang et al.，2020；Philip，2003）。同心球形电容器的电解质就是植物叶片细胞中离子、离子基和电偶极子，电生理信息随着浓度的变化而变化。叶肉细胞的细胞膜对各种离子具有严格的选择通透性，当植物叶片受到外界环境的刺激时，细胞膜的透性立即发生变化。因此，叶片细胞内、外电解质浓度（离子、离子基团、电偶极子）发生变化，导致叶片电阻（R）、阻抗（Z）、电容（C）发生变化，不同的夹持力可以看作是不同的外源刺激，必然导致植物叶片中电解质浓度的变化，从而导致电生理信息发生变化。许多报道表明，植物的电生理信息如阻抗（Z）和电容（C）已经被用来评价植物的生理状态（Harker and Dunlop，1994；Ibba et al.，2020；Javed et al.，2017；Hlaváčová et al.，2015；Xing et al.，2018；Zhang et al.，2015）。如在之前的研究中，通过生理电容和水势的变化可以快速判断叶片水分状况的变化（Zhang et al.，2015）。Javed 等（2017）研究发现叶片含水量、生理电容和水势的变化之间存在显著的相关性。Xing 等（2018，2019）利用电生理信息快速测定油菜的需水信息，并预测其复水时间。

因此，植物叶片细胞的电生理特性紧密地与植物叶片的生长相关，叶片是植物最重要的功能器官，对光能利用、能量代谢等过程最为敏感，在植物的生长发育中起着举足轻重的作用。植物细胞的代谢能即为植物生长发育所需的能量（Saglio et al.，1980），代谢能是直接被细胞代谢利用的能量，对各种生命体的运动作出反应的一种能量形式，也是生物体用来构建自身和维持生命活动的能量形式（Vanhercke et al.，2014）。在之前的研究中，已经成功地使用平行板电容器获得植物在特定的夹持力下的电参数（Shu et al.，2016），因此，阐明电生理参数与夹持力之间的内在机理具有重要的现实意义，为植物叶片生理状态的监测提供了一种快速、准确、实时的技术。利用生物物理、物理化学等基本原理,可以实现对植物的电生理实时信息和固有信息的检测。在此基础上,根据植物叶片内部电生理参数确定了植物叶片的细胞代谢能,结合植物的电生理信息变化规律及电生理信息对逆境的响应特征,有助于阐明植物响应逆境的电生理机制,以评价植物的能量代谢情况。

6.2.4.1　植物细胞代谢能的获取

材料培养与处理见 6.2.2.1 节。试验仪器为日本产 HIOKI 3532-50 型 LCR 测试仪,测定方法参照吴沿友等(2018)的研究。将测定装置与 LCR 测试仪连接。试验期间第 0 天、第 10 天、第 20 天测定黄菖蒲的电生理参数。随机选取黄菖蒲植株第 2 片完全展开叶。

细胞代谢能的模型构建与计算:

吉布斯自由能方程 $\Delta G = \Delta H + PV$,ΔH 为由细胞组成的植物叶片系统的内能,P 为植物细胞受到的压强,V 为植物细胞体积;植物细胞即球形电容器的能量表达公式为 $W = \dfrac{1}{2}U^2 C$,$W = \Delta G$;植物细胞受到的压强 $P = \dfrac{F}{S}$,式中,F 为夹持力,S 为极板作用下的有效面积;U 为测试电压,植物叶片的生理电容 C 随夹持力 F 的变化模型:

$$C = \frac{2\Delta H}{U^2} + \frac{2V}{SU^2}F \tag{6.7}$$

以 d 代表植物叶片的比有效厚度,$d = \dfrac{V}{S}$;式(6.7)可变形为:

$$C = \frac{2\Delta H}{U^2} + \frac{2d}{U^2}F \tag{6.8}$$

令 $x_0 = \dfrac{2\Delta H}{U^2}$,$h = \dfrac{2d}{U^2}$,式(6.8)可变形为:

$$C = x_0 + hF \tag{6.9}$$

由于 $h = \dfrac{2d}{U^2}$,所以 $d = \dfrac{U^2 h}{2}$。

电阻性电流是由离子传递引起的,是由膜对各种离子通透性的大小和通透离子是否大量存在等因素决定的。外界激励改变离子的通透性,影响了内外离子的浓度,而内外离子浓度差服从 Nernst 方程,生理电阻与电导率成反比,电导率与细胞内离子浓度成正比,由此推导出细胞的生理电阻与外界激励的关系。

在不同夹持力下植物细胞膜的通透性发生不同的改变,因此生理电阻也不同。

能斯特方程的表达式如式(6.10)所示:

$$E - E^0 = \frac{R_0 T}{n_R F_0} \ln \frac{C_i}{C_0} \tag{6.10}$$

式中,E 为电动势;E^0 为标准电动势;R_0 为理想气体常数,等于 8.314 570 J/(K·mol);T 为温度,单位 K;C_i 为细胞膜内响应生理电阻的通透离子浓度;C_0 为细胞膜外响应生理电阻的通透离子浓度,膜内外响应生理电阻的通透离子总量 $C_T = C_i + C_0$;F_0 为法拉第常数，等于 96 485 C/mol；n_R 为响应生理电阻的通透离子转移数，单位 mol。

电动势 E 的内能可转化成压力做功，与 PV 成正比 $PV=aE$，即：

$$PV = aE = a E^0 + \frac{a R_0 T}{n_R F_0} \ln \frac{C_i}{C_0}$$ (6.11)

式中，P 为植物细胞受到的压强；a 为电动势转换能量系数；V 为植物细胞体积。

对于叶肉细胞而言，C_0 与 C_i 之和等于膜内外响应生理电阻的通透离子总量 C_T，C_i 则与电导率即电阻 R 的倒数成正比，因此，$\frac{C_i}{C_0}$ 可表达成 $\frac{C_i}{C_0} = \frac{\frac{f_0}{R}}{C_T - \frac{f_0}{R}} = \frac{f_0}{C_T R - f_0}$，式中，$R$ 为电阻；f_0 为细胞膜内响应生理电阻的通透离子浓度 C_i 与电阻之间转化的比例系数，因此，式（6.11）可变成：

$$\frac{V}{S} F = a E^0 - \frac{a R_0 T}{n_R F_0} \ln \frac{C_T R - f_0}{f_0}$$ (6.12)

式（6.12）变形，得：

$$\frac{a R_0 T}{n_R F_0} \ln \frac{C_T R - f_0}{f_0} = a E^0 - \frac{V}{S} F$$ (6.13)

式（6.13）两边取对数，可变成：

$$\ln \frac{C_T R - f_0}{f_0} = \frac{n_R F_0 E^0}{R_0 T} - \frac{V n_R F_0}{S a R_0 T} F$$ (6.14)

令 $\alpha = \frac{n_R F_0 E^0}{R_0 T}$，$\beta = \frac{V n_R F_0}{S a R_0 T}$，则式（6.14）可变形为：

$$\ln \frac{C_T R - f_0}{f_0} = \alpha - \beta F$$ (6.15)

两边取指数，可变成：

$$\frac{C_T R - f_0}{f_0} = e^\alpha e^{-\beta F}$$ (6.16)

进一步变形，可得：

$$R = \frac{f_0}{C_T} + \frac{f_0}{C_T} e^\alpha e^{-\beta F}$$ (6.17)

式（6.16）中 R 为生理电阻，由于 $d = \frac{V}{S}$，式（6.15）中 $\beta = \frac{V n_R F_0}{S a R_0 T}$ 可变形为：

$$\gamma = \frac{d n_R F_0}{a R_0 T}$$ (6.18)

进一步将 R 变形为：

$$R = \frac{f_0}{C_T} + \frac{f_0}{C_T} e^\alpha e^{-\gamma F}$$ (6.19)

对于在同一环境下同一待测叶片，式（6.17）、式（6.18）中 d、a、E^0、R_0、T、 n_R、F_0、C_T、f_0 都为定值；令 $y_0 = \dfrac{f_0}{C_T}$、$k_1 = \dfrac{f_0}{C_T}e^{\alpha}$、$b_1 = -\gamma$，因此，式（6.19）可变形为：

$$R = y_0 + k_1\,e^{-b_1 F} \tag{6.20}$$

式中，y_0、k_1 和 b_1 为模型的参数。因此，基于生理电阻的植物叶片细胞单位代谢能 $\Delta G_{R-E} = \dfrac{a E^0}{d} = \dfrac{\ln k_1 - \ln y_0}{b_1}$。基于生理电阻的植物叶片细胞代谢能 $\Delta G_R = \Delta G_{R-E} \times d$。

同理，植物叶片的生理阻抗 Z 随夹持力变化模型为：

$$Z = p_0 + k_2\,e^{-b_2 F} \tag{6.21}$$

式中，p_0、k_2 和 b_2 为模型的参数。因此，基于生理阻抗的植物叶片细胞单位代谢能 $\Delta G_{Z-E} = \dfrac{a E^0}{d} = \dfrac{\ln k_2 - \ln p_0}{b_2}$。基于生理阻抗的植物叶片细胞代谢能 $\Delta G_Z = \Delta G_{Z-E} \times d$。$\Delta G_B$ 为 ΔG_R 和 ΔG_Z 的平均值。

6.2.4.2　$NaHSO_3$ 作用下黄菖蒲的细胞代谢能参数

植物体内用于生长发育的能量被称为细胞代谢能（Saglio et al.，1980）。在不同浓度 $NaHSO_3$ 处理下，以每个处理组的一个黄菖蒲叶片样本为例，在每个 $NaHSO_3$ 处理浓度和每个处理时间下，叶片的电容 C、电阻 R 和阻抗 Z 与叶片上的夹持力 F 的拟合曲线如图 6.16 所示。拟合方程的相关系数 R^2 大于 0.9，P 值小于 0.0001。处理 20 天后，$T_{10.0}$ 处理下黄菖蒲叶片已完全枯萎，因此 $T_{10.0}$-20 处理中没有电生理参数。

由图 6.17 可以看出，$NaHSO_3$ 处理 2 h 内黄菖蒲植株叶片的细胞代谢能显著低于 T_0 处理水平，其中 $T_{2.0}$ 处理水平显著低于其他处理组。处理至第 10 天，低浓度处理组（T_0 和 $T_{0.5}$）的细胞代谢能显著高于高浓度处理组（$T_{4.0}$ 和 $T_{10.0}$）（$P < 0.05$），$T_{2.0}$ 处理组的细胞代谢能显著高于其他处理组。处理 20 天后，细胞代谢能在 $T_{2.0}$ 和 T_0 处理组之间无显著性差异，$T_{0.5}$ 处理组的细胞代谢能显著低于 T_0 和 $T_{2.0}$ 处理组，而高浓度处理组（$T_{4.0}$ 和 $T_{10.0}$）的细胞代谢能接近 0。

结果表明，植物在高浓度 $NaHSO_3$ 处理下受到了环境的胁迫作用。在图 6.17 中，低浓度处理组（$T_{0.5}$、$T_{2.0}$ 和 T_0）的植物细胞代谢能随着处理时间的增加而逐渐增加，而高浓度处理组（$T_{4.0}$ 和 $T_{10.0}$）的植物细胞代谢能则逐渐减少。尽管当 $NaHSO_3$ 浓度逐渐提高而不高于 2 mmol/L 时，可以使植物的细胞代谢能增加，但 $NaHSO_3$ 对植物的促进作用也是有时间限制的，处理至第 20 天，每个处理组的细胞代谢能均低于对照组。

本研究所用的细胞代谢能是根据电信号计算得来，联合吉布斯自由能方程和 Nernst 方程，推导得出植物叶片的细胞代谢能表达式（邓智先等，2021），对测得的植物叶片的生理电容、生理电阻及生理阻抗进行计算，得出其随夹持力的变化模型，以模型参数代入细胞代谢能表达式，可以快速、无损、在线定量检测不同处理的环境中不同植物叶片细胞的代谢能（吴沿友等，2018）。现有研究中，用细胞内的能荷状态来反映生物体

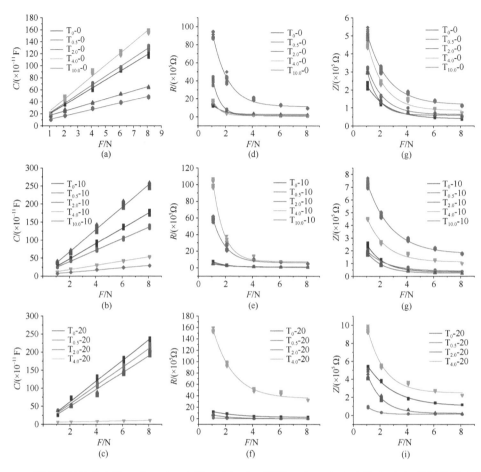

图 6.16　黄菖蒲叶片的电容 C（a~c）、电阻 R（d~f）、阻抗 Z（g~i）与夹持力（F）关系的拟合曲线

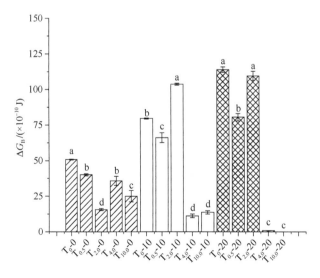

图 6.17　不同浓度 $NaHSO_3$ 处理对黄菖蒲细胞代谢能的影响

同一测量时间进行比较，a、b、c 等表示黄菖蒲细胞代谢能的平均值±标准误差在 $P<0.05$ 时差异显著

内细胞代谢能（Hardie，2015），但仅测定细胞内能荷状态并不能真实地代表植物体细胞代谢能，测定活体的细胞内能荷状态也是现有技术难以实现的。本研究中，通过测定活体叶片的电生理指标，将细胞内的化学能通过电能来表征，能快速定量检测不同环境中植物活体叶片细胞的代谢能。

根据不同浓度 NaHSO$_3$ 处理的结果来看，T$_{0.5}$ 处理组的细胞代谢能一直低于对照组，T$_{2.0}$ 处理组的细胞代谢能在处理 2h 内显著低于其他处理组，但 10 天处理后显著高于对照组，20 天处理后与对照组无明显差异；在高浓度（T$_{4.0}$ 和 T$_{10.0}$）处理下细胞代谢能均随着处理时间的增加逐渐降低，植株表现为逐渐死亡状态。

6.2.4.3　pH 及 NaHSO$_3$ 互作下黄菖蒲与马蔺的细胞代谢能参数

图 6.18 显示了 pH-NaHSO$_3$ 处理下黄菖蒲及马蔺植株细胞代谢能的变化。黄菖蒲植株在处理 2h 内（图 6.18a），2-pH6.8 处理组的细胞代谢能显著高于对照组（$P < 0.05$），其他处理组均显著低于对照组，2-pH8.8 处理组显著低于其他处理组。

处理至第 10 天（图 6.18b），黄菖蒲对照组和 0.2-pH6.8、2-pH6.8 处理组的细胞代谢能均无显著差异，但 0.2-pH6.8 处理组显著高于 2-pH6.8 处理组；0.2-pH4.8 和 0-pH8.8、2-pH8.8 处理组均无显著差异且均显著低于对照组，2-pH4.8 处理组显著低于 0.2-pH4.8 处理组，0.2-pH8.8 处理组显著低于 2-pH4.8 处理组，0-pH4.8 处理组的细胞代谢能显著低于其他处理组。处理至第 20 天（图 6.18c），对照组和 0-pH4.8 处理组的细胞代谢能无显著差异且均显著高于其他处理组，0-pH8.8 和 0.2-pH4.8 处理组的细胞代谢能无显著差异且均显著高于 2-pH8.8 处理组，0.2-pH8.8 和 2-pH6.8 处理组无显著差异且均显著低于 2-pH8.8 处理组，0.2-pH6.8 处理组显著低于 0.2-pH8.8 和 2-pH6.8 处理组，2-pH4.8 处理组显著低于 0.2-pH6.8 处理组。处理至第 30 天（图 6.18d），NaHSO$_3$ 浓度为 0 mmol/L 的处理组的细胞代谢能显著高于其他处理组，且对照组显著高于其他处理组。0.2-pH4.8 处理组的细胞代谢能显著低于 0-pH4.8 处理组，0.2-pH8.8 处理组显著低于 0.2-pH4.8 处理组，0.2-pH6.8、2-pH6.8 和 2-pH8.8 处理组的细胞代谢能均无显著差异且均显著低于 0.2-pH8.8 处理组，2-pH4.8 处理组显著低于其他处理组。

由图 6.18 可知，黄菖蒲植株对照组的细胞代谢能在处理 30 天期间保持稳定。2-pH6.8 处理组的叶片细胞代谢能在处理 2h 内大于对照组，0.2-pH6.8 处理组的叶片细胞代谢能在处理 10 天时大于对照组，其他处理组在处理期间的细胞代谢能均低于对照组。2-pH6.8 和 2-pH4.8 处理组的细胞代谢能均随处理时间的增加逐渐下降，2-pH4.8 处理组的下降幅度最大，2-pH8.8 处理组在处理 2h 后与对照组相比下降幅度最大。0.2-pH6.8 处理组在处理 2h 后下降，处理 10 天后其细胞代谢能回升至大于对照组，后下降至稳定水平。

马蔺植株在处理 2h 内（图 6.18e），0-pH8.8、0.2-pH6.8 和 0.2-pH4.8 处理组的细胞代谢能与对照组无显著差异，其他处理组的细胞代谢能均显著高于对照组（$P < 0.05$）。2-pH6.8 处理组的细胞代谢能在所有处理组中最高，其次是 0.2-pH8.8 处理组，且二者无显著差异。0.2-pH8.8 处理组与 2-pH4.8 和 2-pH8.8 处理组的细胞代谢能无显著差异，2-pH4.8 和 2-pH8.8 处理组与 0-pH4.8 处理组无显著差异，但 2-pH4.8、2-pH8.8 和 0-pH4.8 处理组均显著低于 2-pH6.8 处理组。处理至第 10 天（图 6.18f），0-pH4.8 处理组与对照

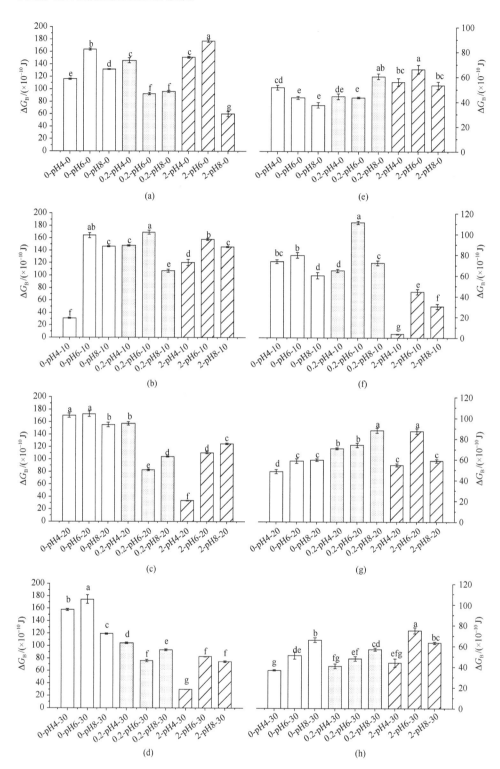

图 6.18 不同 pH-NaHSO₃ 处理对黄菖蒲及马蔺细胞代谢能的影响

图 a～图 d 代表黄菖蒲，图 e～图 h 代表马蔺。同一测量时间进行比较，a、b、c 等表示黄菖蒲和马蔺的细胞代谢能的平均值±标准误差在 $P < 0.05$ 时差异显著

组的细胞代谢能无显著差异且均显著低于 0.2-pH6.8 处理组。0.2-pH4.8 处理组显著低于 0-pH4.8 处理组，0.2-pH8.8 处理组显著高于 0-pH8.8 处理组。NaHSO$_3$ 浓度为 2 mmol/L 的处理组的细胞代谢能显著低于其他处理组，且 2-pH4.8 处理组显著低于 2-pH8.8 处理组，2-pH6.8 处理组显著高于 2-pH8.8 处理组。处理至第 20 天（图 6.18g），NaHSO$_3$ 浓度为 0.2 mmol/L 的处理组的细胞代谢能显著高于 NaHSO$_3$ 浓度为 0 mmol/L 的处理组。0.2-pH8.8 和 2-pH6.8 处理组的细胞代谢能无显著差异且均显著高于其他处理组，0.2-pH6.8 和 0.2-pH4.8 处理组无显著差异且均显著高于对照组，0-pH8.8、2-pH4.8 和 2-pH8.8 处理组的细胞代谢能与对照组均无显著差异，0-pH4.8 处理组的细胞代谢能显著低于对照组。处理至第 30 天（图 6.18h），2-pH6.8 处理组的细胞代谢能显著高于其他处理组，0.2-pH6.8 处理组与对照组、0.2-pH4.8、2-pH4.8 处理组均无显著差异。0-pH4.8 与 0.2-pH4.8 处理组的细胞代谢能无显著差异，且 0-pH4.8 处理组的细胞代谢能在所有处理组中最低。pH4.8 处理组的细胞代谢能显著低于 pH8.8 处理组。2-pH8.8 与 0-pH8.8、0.2-pH8.8 处理组的细胞代谢能无显著差异，0.2-pH8.8 处理组的细胞代谢能显著低于 0-pH8.8 处理组。马蔺植株对照组的叶片细胞代谢能和 0-pH4.8、0.2-pH6.8 处理组的细胞代谢能在处理前 10 天上升后逐渐下降。0.2-pH6.8 处理组的上升和下降幅度均强于对照组，在处理至第 10 和第 20 天时的细胞代谢能高于对照组。0-pH8.8 处理组的细胞代谢能逐渐上升，在处理至第 20 和第 30 天时细胞代谢能高于对照组。0.2-pH4.8 处理组仅在处理第 20 天的细胞代谢能高于对照组，0.2-pH8.8 处理组仅在处理第 10 天低于对照组。在处理 2h 内 NaHSO$_3$ 浓度为 2mol/L 的 3 个处理组的细胞代谢能均大于对照组，处理第 10 天均小于对照组，处理第 20 天仅 2-pH6.8 处理组的细胞代谢能大于对照组，处理第 30 天仅 2-pH4.8 处理组的细胞代谢能小于对照组，3 个处理组中 2-pH4.8 处理组的波动幅度最大。

　　pH-NaHSO$_3$ 处理中，黄菖蒲植株对照组的生长状态良好。结果表明，与对照组相比，经 pH-NaHSO$_3$ 处理 30 天后，黄菖蒲植株的细胞代谢能均有不同程度的降低，且处理时间越长植株的细胞代谢能越低。0-pH4.8 处理组在处理前 10 天细胞代谢能显著降低，随后 20 天显著提高；2-pH4.8 处理组和 0.2-pH6.8 处理组植株的细胞代谢能的减少程度均较大，但二者细胞代谢能降低的机理显然不相同。然而，经 pH-NaHSO$_3$ 处理的马蔺植株的细胞代谢能均有不同程度的降低，且对照组的细胞代谢能显著低于添加 NaHSO$_3$ 的处理组，表明马蔺受到的胁迫作用强于黄菖蒲。2-pH4.8 处理组在处理前 10 天细胞代谢能显著降低，随后 20 天显著提高，但显然不是植株的生长状态恢复，还需要借助其他指标进行分析。

　　与对照组相比，pH-NaHSO$_3$ 处理大多对黄菖蒲的细胞代谢能造成了抑制作用，随着处理时间的增加抑制程度逐渐增加。结合具体生长情况来看，2-pH4.8 处理组细胞代谢能的减少是由于受到了明显的抑制作用，而 0.2-pH6.8 处理组植株的生长始终保持良好状态，其细胞代谢能的减少不是因为环境的胁迫作用。总之，细胞代谢能的减少可以表征植株生长状态的变坏，但不是绝对的，需要结合其他生长指标具体看待。

　　不同的 pH-NaHSO$_3$ 处理对马蔺植株产生了不同的胁迫作用，但短期内均造成了细胞代谢能的减少，表明马蔺植株不适应于 Hoagland 营养液水培处理环境；经过 10 天的适应期 0.2-pH6.8 处理组的细胞代谢能显著提高，2-pH4.8 处理组显著降低，根据具体生长情况，0.2-pH6.8 处理组植株对环境的适应良好，2-pH4.8 处理组植株状态最差。从图 6.18 中也可以看到马蔺植株所有处理组的细胞代谢能在处理 30 天期间差异变化不如黄菖蒲植株直观可辨，即马蔺的细胞代谢能较为稳定，可能是由于马蔺的生态幅较宽。

本节通过对黄菖蒲和马蔺两种水生植物在不同夹持力下的叶片的电生理指标（电容、电阻、阻抗）的测量，以夹持力与电生理参数之间的关系模型参数计算得出不同处理下植物叶片的细胞代谢能。结果表明，植物在低浓度 NaHSO$_3$（≤2 mmol/L）处理下的植物细胞代谢能随着处理时间的增加而逐渐增加，而高浓度（≥4 mmol/L）处理组的植物受到了严重的环境胁迫作用，细胞代谢能则逐渐减少。当 NaHSO$_3$ 浓度逐渐提高而不高于 2 mmol/L 时，可以使植物的细胞代谢能增加，但 NaHSO$_3$ 对植物的促进作用是有时间限制的，处理至第 20 天，每个处理组的细胞代谢能均低于对照组。

而 pH-NaHSO$_3$ 处理中，除了 pH6.8 处理组，大多数处理组对黄菖蒲的细胞代谢能造成了抑制作用，随着处理时间的增加抑制程度逐渐增加，即改变 pH 环境影响了 NaHSO$_3$ 对植物细胞代谢能的促进作用。随着处理时间的增加，pH4.8 处理组的植株生长受到了明显的抑制作用而导致细胞代谢能减少；0.2-pH6.8 处理组植株的生长状态良好，因此其细胞代谢能的减少则另有他因（见 6.2.5 节）。短期和长期处理下马蔺植株所有处理组的细胞代谢能均有所降低，不同的 pH-NaHSO$_3$ 处理均对其产生了胁迫作用，马蔺植株不适应于 Hoagland 营养液水培处理环境；经过 10 天的适应期 0.2-pH6.8 处理组植株的生长状态良好，pH4.8 处理组尤其是 2-pH4.8 处理组植株无法适应该处理环境。马蔺比黄菖蒲的适应能力差，可能与二者对水环境中碳源的利用能力及碳源的不同有关。马蔺植株所有处理组的细胞代谢能在处理 30 天期间差异变化远不如黄菖蒲植株直观，但每个处理组之间的差异性仍清晰可辨，细胞代谢能可作为其生理状态的表征指标。

6.2.5 pH 及 NaHSO$_3$ 互作下黄菖蒲与马蔺的能量分配特征

不同 pH 及 NaHSO$_3$ 处理下黄菖蒲和马蔺的生长状态均不相同，但无法从植物的表观形态得出不同处理环境中植物的适应能力，且植物的生长、光合及细胞代谢能的相关性并不一致。在 Sukhov（2016）的研究中，认为电信号诱导的光合暗反应速率的降低（抑制 ATP 消耗）和呼吸作用的激活（刺激 ATP 产生）会增加植物的 ATP 含量，即电信号会对植物的光合作用和呼吸作用产生影响，干扰植物的能量分配。植物叶片的细胞代谢能由植株叶片的生理电容、电阻和阻抗通过吉布斯自由能方程和能斯特方程推导而来，以植株叶片的生理阻抗为例，植株叶片的生理阻抗随夹持力的变化模型

$Z = \dfrac{J_0}{Q} + \dfrac{J_0}{Q} \mathrm{e}^{\frac{n_Z F_0 E^0}{R_0 T}} \mathrm{e}^{\left(-\frac{d}{a} \frac{n_Z F_0 F}{R_0 T}\right)}$，该模型是基于能斯特方程 $E - E^0 = \dfrac{R_0 T}{n_Z F_0} \ln \dfrac{Q_i}{Q_0}$ 推导出的，

电阻性电流是由离子传递引起的，是由膜对各种离子通透性的大小和通透离子是否大量存在等因素决定的。外界激励改变离子的通透性，影响了内外离子的浓度，而内外离子浓度差服从能斯特方程，生理电阻与电导率成反比，电导率与细胞内离子浓度成正比，

由此推导出细胞的生理电阻与外界激励的关系，在不同夹持力下植物细胞膜的通透性发生不同的改变，因此生理电阻也不同；植株叶片的生理电阻随夹持力变化模型的计算方式与生理阻抗一致（吴沿友等，2018）。在不同 pH 环境中，细胞膜内外的细胞内外离子浓度、介电物质浓度会受到影响，因此植物根系细胞内和细胞外的 pH 变化不仅会影响植物的生长，同样也会对植物的电生理信息产生影响，从而影响植物叶片的细胞代谢能。

虽然可以用不同生理指标表征黄菖蒲的产能、抗性及生长效率特征，但是不同生理指标单位、量纲、阈值等差异明显，因此，本研究中对表征植物生长状况的净光合速率 P_N、植物叶片细胞代谢能 ΔG_B、鲜重 W_G 采用了统一模式的归一化，依据不同植物光能利用和能量代谢的综合能力，筛选植物去除水体 $NaHSO_3$ 污染的最佳处理条件而且还可以用生物物理指标表征不同植物对不同 $NaHSO_3$ 污染水体的响应特征，为水体 $NaHSO_3$ 污染去除的最佳适生植物的筛选提供技术支撑。

6.2.5.1　能量分配特征的计算

对 6.2.2 节中的生长指标、6.2.3 节中的净光合速率、6.2.4 节中的细胞代谢能结果进行综合统计。

数据归一化处理如下。

以 WP_N 代表光合作用产生的能量，ΔG_B 代表叶片细胞代谢能测量值，ΔW_G 代表植株生长耗能，W_S 代表抵抗逆境所需能量。ΔW_G 以植株鲜重增长率来表示，代表植株维持生长发育所需能量：

$$\Delta W_G = W_i / W_0 - 1 \tag{6.22}$$

式中，W_i 为第 10 天、第 20 天、第 30 天对照组和处理组的鲜重；W_0 为对照组和处理组 2 h 内的鲜重。

根据能量守恒定律，构建等式：

$$WPN = \Delta G_B + \Delta W_G + W_S \tag{6.23}$$

对试验测得数据进行归一化处理，来更好地对比不同生理指标所表征的植物生长状况。方法为：

$$N = N_i / CK \tag{6.24}$$

式中，N 为归一化处理后的值，如果对净光合速率 P_N 进行归一化，N 代表 NP_N，N_i 则代表每个有效样本的净光合速率 P_N，CK 代表每个有效样本同一时期对照组的净光合速率 P_N；如果对植物叶片细胞代谢能 ΔG_B 进行归一化，N 代表 $N\Delta G_B$，N_i 则代表每个有效样本的叶片细胞代谢能 ΔG_B，CK 代表每个有效样本同一时期对照组的叶片细胞代谢能 ΔG_B；以此类推可对植株生长耗能 ΔW_G 进行归一化。

根据式（6.23），得出经过归一化处理后的抵抗逆境所需能量 N_{WS} 为：

$$N_{WS} = NP_N - N\Delta G_B - N\Delta W_G \tag{6.25}$$

归一化处理后，第 10 天、第 20 天对照组的 N_{WS} 值为 -1，为方便与对照组进行相比，引入建立在参数 N_{WS} 基础上的 N_{WS1}：

$$N_{WS1} = N_{WS} + 1 \tag{6.26}$$

N_{WS1} 与 N_{WS} 相比，能够更为直观地评价和比较植物在环境中所需消耗的额外能量。

6.2.5.2　NaHSO₃作用下黄菖蒲的生长指标、光合参数和细胞代谢能归一化

根据生长状况、光合作用、细胞代谢能和能量消耗等方面的综合分析均可推断出 NaHSO₃ 能显著抑制黄菖蒲的生长发育。不同 NaHSO₃ 处理下黄菖蒲鲜重变化量 ΔW_G 和各指标归一化结果如表 6.19 所示。

表 6.19　不同 NaHSO₃ 处理下黄菖蒲鲜重变化量 ΔW_G 和能量指标归一化结果

处理时间	NaHSO₃浓度 /（mmol/L）	ΔW_G	NP_N	$N\Delta G_B$	$N\Delta W_G$	NP_N–$N\Delta G_B$	N_{WS}	N_{WS1}
2 h	0	0	1	1	0	0	0	
2 h	0.5	0	0.912	0.788	0	0.124	0.123	
2 h	2.0	0	0.694	0.308	0	0.386	0.387	
2 h	4.0	0	0.429	0.705	0	−0.276	−0.276	
2 h	10.0	0	0.224	0.494	0	−0.270	−0.270	
10 天	0	0.185	1	1	1	0	−1	0
10 天	0.5	0.162	0.897	0.832	0.872	0.065	−0.807	0.193
10 天	2.0	0.126	0.904	1.304	0.682	−0.400	−1.082	−0.082
10 天	4.0	−0.140	0.084	0.142	−0.756	−0.058	0.699	1.699
10 天	10.0	−0.289	0.166	0.173	−1.563	−0.007	1.555	2.555
20 天	0	0.610	1	1	1	0	−1	0
20 天	0.5	0.538	0.829	0.707	0.881	0.122	−0.759	0.241
20 天	2.0	0.309	0.797	0.962	0.506	−0.165	−0.671	0.329
20 天	4.0	−0.358	0.287	0.008	−0.586	0.279	0.864	1.864
20 天	10.0	−0.515	0.000	0.000	−0.843	0	0.843	1.843

表 6.19 显示，处理 2h 内，高浓度处理组的净光合速率小于对照组的 50%，而低浓度处理组的净光合速率大于对照组的 50%。说明高浓度处理组对黄菖蒲的短期抑制作用强于低浓度处理组。各 NaHSO₃ 处理组的细胞代谢能均有所下降，其中 $T_{2.0}$ 处理水平下降幅度最大，仅为对照组的 30.75%。从 N_{WS} 值来看，$T_{2.0}$ 处理水平下的植株抵抗逆境所需能量最高，两个低浓度处理组的植株抵抗逆境所需能量均高于对照组。而两个高浓度处理组的植株抵抗逆境所需能量均低于对照组。

处理 10 天后，低浓度处理组的净光合速率接近对照组的 90%，而两个高浓度处理组的净光合速率低于对照组的 20%。$T_{2.0}$ 处理水平下的细胞代谢能是对照组的 130.41%，$T_{0.5}$ 处理水平下的细胞代谢能是对照组的 83.17%，而高浓度处理组的细胞代谢能低于对照组的 20%。各 NaHSO₃ 处理组的生长速度均低于对照组，$T_{0.5}$ 和 $T_{2.0}$ 处理水平分别为对照组的 87.21%和 68.18%。低浓度处理组的抵抗逆境所需能量与对照组相近，而两个高浓度处理组的抵抗逆境所需能量均高于对照组。

处理 20 天后，不再记录 $T_{10.0}$ 处理组的数据。低浓度处理组的净光合速率接近对照组的 80%，而 $T_{4.0}$ 处理水平下的净光合速率为对照组的 28.65%。处理组的细胞代谢能均低于对照组，$T_{0.5}$ 和 $T_{2.0}$ 处理水平分别为对照组的 70.72%和 96.18%，$T_{4.0}$ 处理水平的值小于对照组的 1%。各 NaHSO₃ 处理组的生长速度均低于对照组，$T_{0.5}$ 和 $T_{2.0}$ 处理水平的

生长速度分别为对照组的 88.14%和 50.61%。各处理组的抵抗逆境所需能量均高于对照组。

结合归一化处理所得的 N_{WS} 值来看，第 10 天的 $T_{0.5}$ 需要比对照多 0.1934 单位能量去应对环境（逆境），而 $T_{2.0}$ 比对照要少 0.0817 单位能量，推测这是因为 $T_{0.5}$ 处理组比 $T_{2.0}$ 处理组的亲和力更大，在低浓度溶液中吸收离子需要更多的能量。由此可见低浓度处理组的 $NaHSO_3$ 对黄菖蒲生长起到的促进作用远大于毒害作用，所以无须分配出额外的能量来应对逆境，此浓度处理下的 $NaHSO_3$ 作为生长促进剂刺激植物的生长和储能。高浓度处理组（$T_{4.0}$、$T_{10.0}$）对硫元素吸收得很少，证明 $NaHSO_3$ 在高浓度处理组中对黄菖蒲起毒害作用。

6.2.5.3 pH 及 NaHSO₃ 互作下黄菖蒲与马蔺的归一化

不同 pH-NaHSO₃ 处理下黄菖蒲鲜重变化量 ΔW_G 和各指标归一化结果如表 6.20 所示。表 6.20 中，黄菖蒲植株经 pH-NaHSO₃ 处理 2h 内，2-pH6.8 处理组的净光合速率为对照组的 68%，2-pH4.8 处理组的净光合速率为对照组的 48.4%，其他处理组的净光合速率均为对照组的 75%以上。说明在 NaHSO₃ 短期作用下，NaHSO₃ 浓度越高对黄菖蒲的抑制作用越强。2-pH6.8 处理组的细胞代谢能大于对照组，其他处理组的细胞代谢能比对照组均有所下降，其中 2-pH8.8 处理组的下降幅度最大，仅为对照组的 36.7%。从 N_{WS} 值来看，2-pH8.8 处理组的植株抵抗逆境所需能量最高，0.2-pH4.8、2-pH4.8 和 2-pH6.8 处理组抵抗逆境所需能量低于对照组，其他处理组的植株抵抗逆境所需能量均高于对照组。

黄菖蒲植株经 pH-NaHSO₃ 处理 10 天后，0.2-pH6.8 处理组的净光合速率、细胞代谢能及生长均大于对照组，净光合速率为对照组的 130.5%，细胞代谢能为对照组的 102.9%，生长为对照组的 104.2%；2-pH6.8 处理组的净光合速率为对照组的 85.1%，细胞代谢能为对照组的 96.2%，生长为对照组的 32.9%。pH4.8 和 pH8.8 处理组中，2-pH4.8 处理组的净光合速率低于对照组的 20%，0-pH8.8 处理组的净光合速率为对照组的 59.1%，其他处理组的净光合速率为对照组的 68.4%~76.5%。0.2-pH4.8、0-pH8.8 和 2-pH8.8 处理组的细胞代谢能是对照组的 90%左右，0.2-pH8.8 和 2-pH4.8 处理组的细胞代谢能是对照组的 70%左右，0-pH4.8 处理组的细胞代谢能及生长均低于对照组的 20%，0.2-pH8.8 处理组的生长仅为对照组的 10.3%，而 0.2-pH4.8 和 2-pH4.8 处理组、0-pH8.8 和 2-pH8.8 处理组由于叶片脱落而出现生长低于初始值的现象。0.2-pH6.8 处理组的抵抗逆境所需能量与对照组相近，其次是 2-pH6.8 处理组，而其他处理组的抵抗逆境所需能量均明显高于对照组。

黄菖蒲植株经 pH-NaHSO₃ 处理 20 天后，0.2-pH6.8 处理组的净光合速率为对照组的 130.6%，细胞代谢能为对照组的 47.8%，生长为对照组的 35.6%；2-pH6.8 处理组的净光合速率为对照组的 73%，细胞代谢能为对照组的 64%，生长为对照组的 82.3%。pH4.8 和 pH8.8 处理组中，0-pH8.8 处理组的净光合速率为对照组的 93%，0-pH4.8 处理组的净光合速率低于对照组的 30%，2-pH4.8 处理组的净光合速率为对照组的 11.3%，其他处理组的净光合速率为对照组的 63.8%~82.1%。0-pH4.8、0-pH8.8 和 0.2-pH4.8 处理组的

表 6.20 不同 pH-NaHSO₃ 处理下黄菖蒲鲜重变化量 ΔW_G 和能量指标归一化结果

处理时间	NaHSO₃ 浓度 /(mmol/L) 及 pH	ΔW_G	NP_N	$N\Delta G_B$	$N\Delta W_G$	$NP_N-N\Delta G_B$	N_{WS}	N_{WS1}
2 h	0-pH4.8	0	0.836	0.709	0	0.127	0.127	1.127
2 h	0-pH6.8	0	1	1	0	0	0	1
2 h	0-pH8.8	0	0.904	0.804	0	0.100	0.100	1.100
2 h	0.2-pH4.8	0	0.852	0.890	0	−0.039	−0.039	0.961
2 h	0.2-pH6.8	0	0.877	0.566	0	0.311	0.311	1.311
2 h	0.2-pH8.8	0	0.775	0.587	0	0.188	0.188	1.188
2 h	2-pH4.8	0	0.484	0.923	0	−0.439	−0.439	0.561
2 h	2-pH6.8	0	0.680	1.081	0	−0.401	−0.401	0.599
2 h	2-pH8.8	0	0.849	0.367	0	0.483	0.483	1.483
10 天	0-pH4.8	0.107	0.733	0.189	0.199	0.544	0.345	1.345
10 天	0-pH6.8	0.537	1	1	1	0	-1	0
10 天	0-pH8.8	−0.146	0.591	0.890	−0.272	−0.299	−0.027	0.973
10 天	0.2-pH4.8	−0.070	0.686	0.900	−0.129	−0.213	−0.084	0.916
10 天	0.2-pH6.8	0.560	1.305	1.029	1.042	0.277	−0.765	0.235
10 天	0.2-pH8.8	0.056	0.684	0.651	0.103	0.032	−0.071	0.929
10 天	2-pH4.8	−0.561	0.161	0.733	−1.044	−0.572	0.472	1.472
10 天	2-pH6.8	0.177	0.851	0.962	0.329	−0.111	−0.439	0.561
10 天	2-pH8.8	−0.188	0.765	0.886	−0.350	−0.121	0.229	1.229
20 天	0-pH4.8	−0.264	0.297	0.986	−0.251	−0.689	−0.438	0.562
20 天	0-pH6.8	1.052	1	1	1	0	−1	0
20 天	0-pH8.8	0.077	0.930	0.899	0.074	0.031	−0.043	0.957
20 天	0.2-pH4.8	−0.014	0.638	0.910	−0.014	−0.273	−0.259	0.741
20 天	0.2-pH6.8	0.374	1.306	0.478	0.356	0.828	0.472	1.472
20 天	0.2-pH8.8	−0.265	0.657	0.601	−0.252	0.056	0.308	1.308
20 天	2-pH4.8	−0.650	0.113	0.193	−0.618	−0.080	0.538	1.538
20 天	2-pH6.8	0.865	0.730	0.640	0.823	0.091	−0.732	0.268
20 天	2-pH8.8	0.192	0.821	0.723	0.182	0.098	−0.085	0.915
30 天	0-pH4.8	−0.416	0.190	0.904	−0.273	−0.715	−0.442	0.558
30 天	0-pH6.8	1.527	1	1	1	0	−1	0
30 天	0-pH8.8	0.248	0.683	0.684	0.162	−0.001	−0.163	0.837
30 天	0.2-pH4.8	−0.320	0.077	0.599	−0.209	−0.521	−0.312	0.688
30 天	0.2-pH6.8	1.629	1.025	0.436	1.067	0.589	−0.478	0.522
30 天	0.2-pH8.8	0.625	0.667	0.536	0.409	0.131	−0.278	0.722
30 天	2-pH4.8	−0.597	0.019	0.171	−0.391	−0.152	0.239	1.239
30 天	2-pH6.8	0.935	0.901	0.473	0.612	0.427	−0.185	0.815
30 天	2-pH8.8	0.397	0.674	0.427	0.260	0.247	−0.013	0.987

细胞代谢能占对照组的 90%及以上，2-pH8.8 处理组的细胞代谢能是对照组的 72.3%，0.2-pH8.8 处理组的细胞代谢能是对照组的 60%左右，2-pH4.8 处理组的细胞代谢能低于对照组的 20%。0-pH8.8 处理组的生长低于对照组的 10%，2-pH8.8 处理组的生长为对照组的 18.2%，而 0-pH4.8、0.2-pH4.8、0.2-pH8.8 和 2-pH4.8 处理组由于叶片脱落而出现生长低于初始值的现象。2-pH6.8 处理组的抵抗逆境所需能量与对照组相近，而其他处理组的抵抗逆境所需能量均明显高于对照组。

黄菖蒲植株经 pH-NaHSO$_3$ 处理 30 天后，0.2-pH6.8 处理组的净光合速率为对照组的 102.5%，细胞代谢能为对照组的 43.6%，生长为对照组的 106.7%；2-pH6.8 处理组的净光合速率为对照组的 90.1%，细胞代谢能为对照组的 47.3%，生长为对照组的 61.2%。pH4.8 和 pH8.8 处理组中，0-pH4.8 处理组的净光合速率为对照组的 19%，0.2-pH4.8 处理组的净光合速率为对照组的 7.7%，2-pH4.8 处理组的净光合速率为对照组的 1.9%，pH8.8 处理组的净光合速率为对照组的 66.7%~68.3%。0-pH4.8 处理组的细胞代谢能约为对照组的 90%，0-pH8.8 处理组的细胞代谢能为对照组的 68.4%，0.2-pH4.8 处理组的细胞代谢能为对照组的 59.9%，0.2-pH8.8 处理组的细胞代谢能为对照组的 53.6%，2-pH8.8 处理组的细胞代谢能是对照组的 40%左右，2-pH4.8 处理组的细胞代谢能低于对照组的 20%。0-pH8.8 处理组的生长为对照组的 16.2%，0.2-pH8.8 处理组的生长为对照组的 40.9%，2-pH8.8 处理组的生长为对照组的 26%，而 pH4.8 处理组由于叶片脱落而出现生长低于初始值的现象。所有处理组的抵抗逆境所需能量均高于对照组，但与处理 2h、10~20 天相比，不同处理组抵抗逆境所需能量的差距变小，其中 0.2-pH6.8 处理组的抵抗逆境所需能量与对照组最为相近。

不同 pH-NaHSO$_3$ 处理下马蔺鲜重变化量 ΔW_{G} 和各指标归一化结果如表 6.21 所示。

表 6.21   不同 pH-NaHSO$_3$ 处理下马蔺鲜重变化量 ΔW_{G} 和能量指标归一化结果

处理时间	NaHSO$_3$ 浓度 / (mmol/L) 及 pH	ΔW_{G}	NP_{N}	$N\Delta G_{\mathrm{B}}$	$N\Delta W_{\mathrm{G}}$	$NP_{\mathrm{N}}-N\Delta G_{\mathrm{B}}$	N_{WS}	N_{WS1}
2 h	0-pH4.8	0	0.729	1.186	0	−0.457	−0.457	0.543
2 h	0-pH6.8	0	1	1	0	0	0	1
2 h	0-pH8.8	0	0.820	0.862	0	−0.041	−0.041	0.959
2 h	0.2-pH4.8	0	0.493	1.022	0	−0.530	−0.530	0.470
2 h	0.2-pH6.8	0	1.052	1.002	0	0.050	0.050	1.050
2 h	0.2-pH8.8	0	1.096	1.393	0	−0.298	−0.298	0.702
2 h	2-pH4.8	0	0.706	1.293	0	−0.587	−0.587	0.413
2 h	2-pH6.8	0	1.092	1.531	0	−0.439	−0.439	0.561
2 h	2-pH8.8	0	0.314	1.230	0	−0.916	−0.916	0.084
10 天	0-pH4.8	−0.513	0.297	0.924	−2.463	−0.627	1.836	2.836
10 天	0-pH6.8	−0.208	1	1	−1	0	1	2
10 天	0-pH8.8	−0.312	0.894	0.754	−1.496	0.140	1.636	2.636
10 天	0.2-pH4.8	−0.326	0.632	0.815	−1.563	−0.182	1.381	2.381
10 天	0.2-pH6.8	−0.131	1.293	1.398	−0.627	−0.105	0.522	1.522

续表

处理时间	NaHSO₃ 浓度 /（mmol/L）及 pH	ΔW_G	NP_N	$N\Delta G_B$	$N\Delta W_G$	$NP_N-N\Delta G_B$	N_{WS}	N_{WS1}
10 天	0.2-pH8.8	−0.332	0.780	0.908	−1.593	−0.127	1.466	2.466
10 天	2-pH4.8	−0.475	0.059	0.045	−2.278	0.014	2.292	3.292
10 天	2-pH6.8	−0.167	0.485	0.558	−0.800	−0.073	0.727	1.727
10 天	2-pH8.8	−0.439	0.419	0.383	−2.105	0.037	2.141	3.141
20 天	0-pH4.8	−0.586	0.041	0.826	−4.142	−0.785	3.357	4.357
20 天	0-pH6.8	−0.141	1	1	−1	0	1	2
20 天	0-pH8.8	−0.134	0.446	1.016	−0.946	−0.570	0.376	1.376
20 天	0.2-pH4.8	−0.394	0.162	1.207	−2.782	−1.044	1.737	2.737
20 天	0.2-pH6.8	0.095	0.613	1.265	0.674	−0.652	−1.325	−0.325
20 天	0.2-pH8.8	−0.098	0.983	1.504	−0.691	−0.521	0.170	1.170
20 天	2-pH4.8	−0.626	0.071	0.935	−4.422	−0.864	3.558	4.558
20 天	2-pH6.8	−0.486	0.104	1.495	−3.438	−1.390	2.047	3.047
20 天	2-pH8.8	−0.008	0.198	1.002	−0.058	−0.805	−0.746	0.254
30 天	0-pH4.8	−0.528	0.025	0.718	−1.611	−0.693	0.918	1.918
30 天	0-pH6.8	0.328	1	1	1	0	−1	0
30 天	0-pH8.8	−0.345	0.558	1.293	−1.054	−0.735	0.319	1.319
30 天	0.2-pH4.8	−0.443	0.011	0.797	−1.352	−0.786	0.566	1.566
30 天	0.2-pH6.8	0.153	0.771	0.942	0.467	−0.172	−0.638	0.362
30 天	0.2-pH8.8	0.081	0.739	1.119	0.248	−0.380	−0.629	0.371
30 天	2-pH4.8	−0.618	0.008	0.860	−1.885	−0.852	1.033	2.033
30 天	2-pH6.8	−0.268	0.419	1.476	−0.818	−1.057	−0.238	0.762
30 天	2-pH8.8	−0.433	0.484	1.241	−1.320	−0.757	0.563	1.563

表 6.21 中，马蔺植株经 pH-NaHSO₃ 处理 2h 内，0.2-pH6.8、0.2-pH8.8 和 2-pH6.8 处理组的净光合速率均大于对照组，0-pH4.8、0-pH8.8 和 2-pH4.8 处理组的净光合速率均为对照组的 70% 以上，0.2-pH4.8 和 2-pH8.8 处理组的净光合速率均低于对照组的 50%。说明在 NaHSO₃ 短期作用下，pH6.8 和 pH8.8 处理促进马蔺植株的光合作用，pH4.8 处理抑制光合作用。0-pH8.8 处理组的细胞代谢能为对照组的 86.2%，其他处理组的细胞代谢能均大于对照组，其中 2-pH6.8 处理组的细胞代谢能最大，为对照组的 153.1%。从 N_{WS} 值来看，0-pH8.8 和 0.2-pH6.8 处理组的植株抵抗逆境所需能量均接近对照组，其他处理组的植株抵抗逆境所需能量均低于对照组。

马蔺植株经 pH-NaHSO₃ 处理 10 天后，0.2-pH6.8 处理组的净光合速率和细胞代谢能均大于对照组，净光合速率为对照组的 129.3%，细胞代谢能为对照组的 139.8%，生长状况为所有处理组中最佳；2-pH6.8 处理组的净光合速率为对照组的 48.5%，细胞代谢能为对照组的 55.8%，生长状况强于对照组。pH4.8 和 pH8.8 处理组中，0.2-pH4.8 的净光合速率为对照组的 63.2%，0-pH4.8 处理组的净光合速率低于对照组的 30%，2-pH4.8 处理组的净光合速率仅为对照组的 5.9%；0-pH8.8 和 0.2-pH8.8 处理组的净光合速率为对照组的 80%左右，2-pH8.8 处理组的净光合速率仅为对照组的 41.9%。0-pH4.8 和 0.2-pH8.8 处理组的细胞代谢能为对照组的 90%左右，0.2-pH4.8 和 0-pH8.8 处理组的细胞代谢能为对照组的 80%左右，2-pH8.8 处理组的细胞代谢能是对照组的 38.3%，2-pH4.8 处理组的细胞代谢能仅为对照组的 4.5%。所有处理组均由于不适应环境导致叶片脱落而出现生长低于初始值的现象，其中 pH6.8 处理组的生长状况最好，0-pH4.8 处理组的生长状况最差，且接近 2-pH4.8、2-pH8.8 处理组。0.2-pH6.8 和 2-pH6.8 处理组的抵抗逆境所需能量低于对照组，而其他处理组的抵抗逆境所需能量均高于对照组，2-pH4.8 处理组的抵抗逆境所需能量最高。

马蔺植株经 pH-NaHSO₃ 处理 20 天后，0.2-pH6.8 处理组的净光合速率为对照组的 61.3%，细胞代谢能为对照组的 126.5%，生长状况为所有处理组中最佳；2-pH6.8 处理组的净光合速率为对照组的 10.4%，细胞代谢能为对照组的 149.5%，生长状况较差。pH4.8 和 pH8.8 处理组中，0.2-pH4.8 的净光合速率为对照组的 16.2%，2-pH4.8 处理组的净光合速率为对照组的 7.1%，0-pH4.8 处理组的净光合速率仅为对照组的 4.1%；0.2-pH8.8 处理组的净光合速率为对照组的 98.3%，0-pH8.8 处理组的净光合速率为对照组的 45%左右，2-pH8.8 处理组的净光合速率仅为对照组的 19.8%。0-pH4.8 处理组的细胞代谢能为对照组的 80%左右，2-pH4.8 处理组的细胞代谢能为对照组的 90%左右，0-pH8.8 和 2-pH8.8 处理组的细胞代谢能接近对照组，0.2-pH4.8 处理组的细胞代谢能接近 0.2-pH6.8 处理组，0.2-pH8.8 处理组的细胞代谢能接近 2-pH6.8 处理组。所有处理组中，0.2-pH6.8 处理组的生长强于对照组，其他处理组均由于不适应环境导致叶片脱落而出现生长低于初始值的现象，其中 pH8.8 处理组的生长状况较好，2-pH4.8 处理组的生长状况最差。pH8.8 处理组抵抗逆境所需能量均低于对照组，但 0.2-pH6.8 处理组的抵抗逆境所需能量最低，其他处理组的抵抗逆境所需能量均高于对照组，pH4.8 处理组抵抗逆境所需能量最高。

马蔺植株经 pH-NaHSO₃ 处理 30 天后，0.2-pH6.8 处理组的净光合速率为对照组的 77.1%，细胞代谢能为对照组的 94.2%，生长状况较好；2-pH6.8 处理组的净光合速率为对照组的 41.9%，细胞代谢能为对照组的 147.6%，生长状况较差。pH4.8 和 pH8.8 处理组中，0-pH4.8 处理组的净光合速率为对照组的 2.5%，0.2-pH4.8 处理组的净光合速率为对照组的 1.1%，2-pH4.8 处理组的净光合速率仅为对照组的 0.8%；0.2-pH8.8 处理组的净光合速率为对照组的 73.9%，0-pH8.8 处理组的净光合速率为对照组的 55%左右，2-pH8.8 处理组的净光合速率仅为对照组的 48.4%。0-pH4.8 处理组的细胞代谢能为对照组的 70%左右，0.2-pH4.8 处理组的细胞代谢能为对照组的 80%左右，2-pH4.8 处理组的细胞代谢能为对照组的 86%，即 pH4.8 处理组的细胞代谢随着 NaHSO₃ 浓度的提高而增大；0-pH8.8 处理组的细胞代谢能为对照组的 129.3%，0.2-pH8.8 处理组的细胞代谢能为对照组的 111.9%，2-pH8.8 处理组的细胞代谢能为对照组的 124.1%。所有处理组中，对照组的生长状况最佳，其次是 0.2-pH6.8、0.2-pH8.8 处理组，其他处理组均由于不适应环境导致叶片脱落而出现生长低于初始值的现象，其中 pH6.8 处理组的生长状况较好，pH4.8 处理组的生长状况最差。所有处理组的抵抗逆境所需能量均高于对照组，其中 0.2-pH6.8 和 0.2-pH8.8 处理组抵抗逆境所需能量最接近对照组，pH4.8 处理组抵抗逆境所需能量最高。

pH-NaHSO$_3$ 处理 2h 内，在 NaHSO$_3$ 的短期作用下，NaHSO$_3$ 浓度越高对黄菖蒲植株的抑制作用越强；仅 2-pH6.8 处理组的细胞代谢能大于对照组，且其抵抗逆境所需能量低于对照组，而 2-pH8.8 处理组的细胞代谢能下降幅度最大且植株抵抗逆境所需能量最高，即短期作用下，细胞代谢能的大小可以表征黄菖蒲植株在抵抗逆境方面的能量分配大小，二者存在负相关关系。黄菖蒲植株经 pH-NaHSO$_3$ 处理 10 天后，仅 0.2-pH6.8 处理组的净光合速率、细胞代谢能及生长量的归一化值均大于对照组，且其抵抗逆境所需能量与对照组相近，而其他处理组的抵抗逆境所需能量均明显高于对照组，表明 0.2-pH6.8 处理组植株生长状态良好且受到 NaHSO$_3$ 明显的促进作用，0.2-pH6.8 处理对植株基本没有造成胁迫压力。但处理 20 天后，0.2-pH6.8 处理组的净光合速率为对照组的 130.6%，而细胞代谢能和生长均低于对照组，2-pH6.8 处理组的净光合速率、细胞代谢能和生长均低于对照组；2-pH6.8 处理组的抵抗逆境所需能量与对照组相近，而其他处理组的抵抗逆境所需能量均明显高于对照组。处理 30 天后，0.2-pH6.8 处理组的净光合速率和生长高于对照组，细胞代谢能低于对照组，2-pH6.8 处理组的净光合速率、细胞代谢能和生长均低于对照组，所有处理组的抵抗逆境所需能量均高于对照组，但与处理 2h、10~20 天相比，不同处理组抵抗逆境所需能量的差距变小，其中 0.2-pH6.8 处理组的抵抗逆境所需能量与对照组最为相近。表明 0.2-pH6.8 处理组植株在处理中期仍受到了 0.2-pH6.8 处理对植株造成的胁迫压力，但处理至 30 天植株的状态依然是最佳，推测这是由于 0.2 mmol/L 的 NaHSO$_3$ 浓度较低，处理 10 天后植株体内 NaHSO$_3$ 积累量较少，而 20 天后积累较高即导致抑制作用，而 30 天后植株经代谢等途径而适应了 NaHSO$_3$ 处理环境，因此又表现为促进作用；2-pH6.8 处理 20 天后植株抵抗逆境所需能量最接近对照组，也可以解释为处理至 20 天后植株经代谢等途径而适应了 NaHSO$_3$ 处理环境。

马蔺植株在经过 pH-NaHSO$_3$ 处理的 2h 内，pH6.8 和 pH8.8 处理组在 NaHSO$_3$ 短期作用下能促进马蔺植株的光合作用，而 pH4.8 处理则抑制光合作用；从 N_{WS} 值来看，0-pH8.8 和 0.2-pH6.8 处理组的植株抵抗逆境所需能量均接近对照组，其他处理组的植株抵抗逆境所需能量均低于对照组。因此马蔺对 pH8.8 处理环境的耐受程度较强。经 pH-NaHSO$_3$ 处理 10 天后，马蔺植株的所有处理组均由于不适应环境导致叶片脱落而出现生长低于初始值的现象，而其中 0.2-pH6.8 处理组的生长状况最好；0.2-pH6.8 处理组的净光合速率和细胞代谢能均大于对照组，生长状况为所有处理组中最佳，2-pH6.8 处理组的生长状况强于对照组。2-pH4.8 处理组的净光合速率和细胞代谢能仅为对照组的 5%左右，pH4.8 处理组的生长状况最差，植株抵抗逆境所需能量最高。即相比于对照组来说，添加 NaHSO$_3$ 的处理组对马蔺植株的生长有促进作用。处理 20 天后，所有处理组中仅 0.2-pH6.8 处理组的马蔺植株生长强于对照组，且植株抵抗逆境所需能量最低；pH8.8 处理组的植株生长状况较好，抵抗逆境所需能量均低于对照组；2-pH4.8 处理组的生长状况最差，pH4.8 处理组抵抗逆境所需能量最高。处理 30 天后，对照组的生长状况最佳，其次是 0.2-pH6.8、0.2-pH8.8 处理组，所有处理组的抵抗逆境所需能量均高于对照组，其中 0.2-pH6.8 和 0.2-pH8.8 处理组抵抗逆境所需能量最接近对照组，pH4.8 处理组抵抗逆境所需能量最高。可以看出马蔺植株在逐渐适应 pH8.8 处理环境，在其适应之后 0.2 mmol/L 的 NaHSO₃ 开始表现出对植株生长的促进作用。2-pH4.8 处理组始终是对马蔺胁迫作用最大的处理组。

根据归一化处理所得的 N_{WS} 值来看，在不同浓度 NaHSO₃ 处理下的黄菖蒲植株需要分配一定比例的能量来应对逆境。低浓度处理组的 NaHSO₃ 对黄菖蒲生长起到的促进作用远大于毒害作用，因此无须分配出额外的能量来应对逆境，且 $T_{0.5}$ 处理组比 $T_{2.0}$ 处理组的亲和力更大，即在低浓度溶液中吸收离子需要更多的能量，其 N_{WS} 值大于 $T_{2.0}$ 处理组。低浓度处理下的 NaHSO₃ 主要起到生长促进剂的作用，刺激植物的生长和储能。NaHSO₃ 在高浓度处理组中对黄菖蒲起到毒害作用，高浓度处理组（$T_{4.0}$、$T_{10.0}$）的 N_{WS} 值均比对照组的 N_{WS} 值大 1 个单位以上。

黄菖蒲植株在 pH-NaHSO₃ 短期作用下，0.2-pH4.8、2-pH4.8 和 2-pH6.8 处理组抵抗逆境所需能量低于对照组，其他处理组均高于对照组，而在处理的 10～30 天不同 pH-NaHSO₃ 处理的黄菖蒲的 N_{WS} 值均大于对照组。在 pH-NaHSO₃ 短期作用下，细胞代谢能的大小可以表征黄菖蒲植株在抵抗逆境方面的能量分配大小，二者存在负相关关系。处理 10 天后，0.2-pH6.8 处理组植株生长状态良好且受到 NaHSO₃ 明显的促进作用，植株基本没有受到胁迫压力，N_{WS} 值是所有处理组中最小的。20 天后，2-pH6.8 处理组的 N_{WS} 值在所有处理组中最小，0.2-pH6.8 处理组的 N_{WS} 值最大。30 天后，不同处理组抵抗逆境所需能量的差距变小，其中 0.2-pH6.8 处理组的抵抗逆境所需能量与对照组最为相近且最小。在 pH-NaHSO₃ 处理下，也可以看到低浓度溶液中吸收离子需要更多的能量，即 0.2-pH6.8 处理组比 2-pH6.8 处理组的亲和力更大，但试验结果表明在处理过程中并不总是保持这一现象，推测 0.2 mmol/L 的 NaHSO₃ 处理 10 天后植株体内 NaHSO₃ 积累量较少，而 20 天后积累较高导致了抑制作用，30 天后植株经代谢等途径而适应了 NaHSO₃ 处理环境，因此又表现为促进作用；2-pH6.8 处理至 20 天后植株经代谢等途径而适应了 NaHSO₃ 处理环境，因此植株抵抗逆境所需能量最接近对照组。

马蔺植株在经过 pH-NaHSO₃ 处理的 2h 内，0-pH8.8 和 0.2-pH6.8 处理组的植株抵抗逆境所需能量均接近对照组，其他处理组的植株抵抗逆境所需能量均低于对照组，表明马蔺对 pH8.8 处理环境的耐受程度较强。处理 10 天后，马蔺植株的所有处理组均由于不适应环境导致叶片脱落而出现生长低于初始值的现象，相比于对照组来说，添加 NaHSO₃ 的处理组对马蔺植株的生长有促进作用；pH4.8 处理组的生长状况最差，植株抵抗逆境所需能量最高。20 天后，所有处理组中仅 0.2-pH6.8 处理组的马蔺植株生长强于对照组，且植株抵抗逆境所需能量最低；pH8.8 处理组的植株生长状况较好，抵抗逆境所需能量均低于对照组。30 天后，对照组的生长状况最佳，其次是 0.2-pH6.8、0.2-pH8.8 处理组，对照组的抵抗逆境所需能量最低，而 0.2-pH6.8 和 0.2-pH8.8 处理组抵抗逆境所需能量最接近对照组。马蔺植株逐渐适应 pH8.8 处理环境后，0.2 mmol/L 的 NaHSO₃ 才开始促进植株的生长。两种植株在 pH4.8 处理组抵抗逆境所需能量均最高，且在 0.2-pH6.8 处理组在处理第 10 和第 30 天抵抗逆境所需能量均最少，即在 0.2-pH6.8 处理环境中植株可长期存活。

6.2.6 pH 及 NaHSO₃ 互作下植物能量代谢特征及除硫效应

基于植物电生理指标的测定，通过构建模型计算出植物叶片细胞代谢能，结合植物 S^{4+} 去除、光合及生长的表征，不同 pH 及 NaHSO₃ 交互处理下，黄菖蒲和马蔺在响应 pH 环境、去除环境中硫元素及能量代谢表现方面具有如下特征。

1）NaHSO₃ 对不同植物的同一生长期甚至同种植物的不同生长期产生的作用均不相同。低浓度的 NaHSO₃（< 2 mmol/L）可以促进植物生长发育，较高浓度 NaHSO₃（> 4 mmol/L）会导致植株逐渐干枯死亡。当 pH、NaHSO₃ 的浓度或者 NaHSO₃ 在植物体内积累的量超过植物的耐受能力时，都会导致植物叶绿素流失、叶片枯萎。此外，黄菖蒲对 Hoagland 营养液的培养环境的适应能力较强，而马蔺对该环境适应则较慢。

2）酸性环境和低浓度 NaHSO₃ 交互处理产生的作用与单独高浓度 NaHSO₃ 的作用类似，单独环境 pH 提高或低浓度 NaHSO₃ 处理均会对植物吸收环境中的硫元素产生促进作用。黄菖蒲和马蔺更适应偏碱性的环境，酸性环境对两者均有较强的毒害作用，但黄菖蒲在 pH4.8 处理环境中的适应能力强于马蔺。低浓度 NaHSO₃（< 2 mmol/L）促进黄菖蒲和马蔺对硫元素的吸收，马蔺拥有比黄菖蒲更强的对 NaHSO₃ 的耐受能力。

3）马蔺的光合参数变化范围较大，与它能够适应更宽的环境 pH 范围有关。单独添加 NaHSO₃（0.5 mmol/L、2 mmol/L、4 mmol/L、10 mmol/L）降低了黄菖蒲的净光合速率；在 pH 及 NaHSO₃ 交互作用下，0.2 mmol/L 的 NaHSO₃ 对 pH6.8 环境中黄菖蒲的净光合速率产生促进效应，而 0.2 mmol/L 和 2 mmol/L 的 NaHSO₃ 在 pH6.8、pH8.8 环境对马蔺的光合均有促进作用。黄菖蒲在 pH6.8 环境中，NaHSO₃ 浓度越低，对光合的促进作用越好。黄菖蒲植株的叶片光化学淬灭系数和非光化学淬灭系数均高于马蔺，马蔺的 PSII 最大光化学效率大于黄菖蒲，pH6.8 和 pH8.8 处理环境中处理 10 天均促进马蔺 PSII 最大光化学效率的提高，pH6.8 处理环境中的黄菖蒲植株生长状态良好，PSII 最大光化学效率逐渐提高。低浓度 NaHSO₃（< 2 mmol/L）处理下促进了马蔺植株叶片的 PSII 实际光化学效率，0.2 mmol/L 的 NaHSO₃ 比 2 mmol/L 的促进作用更强。

4）植物的细胞代谢能随着 NaHSO₃ 浓度、pH 和处理时间的变化而变化。高浓度 NaHSO₃ 处理（≥4 mmol/L）抑制植物的细胞代谢能，低浓度 NaHSO₃（≤2 mmol/L）促进植物的细胞代谢能增加，但这种促进作用随着处理时间和 pH 的变化而变化。pH4.8 处理环境对黄菖蒲和马蔺的细胞代谢能的抑制效应在处理第 10 天、第 20 天和第 30 天均最强，pH8.8 处理环境在处理 2 h 内的抑制效应最强。处理 2 h 内黄菖蒲和马蔺的细胞代谢能在 pH6.8 及 2 mmol/L NaHSO₃ 处理环境中最高；处理至第 10 天两种植物的细胞代谢能随着处理时间的增加而增加，处理 20 天之后随着处理时间的增加而降低。生长状态良好的处理组中，黄菖蒲的细胞代谢能保持较低水平，而马蔺保持较高水平。

5）不同处理下黄菖蒲及马蔺分配用于应对逆境的能量比例不同。低浓度 NaHSO₃ 刺激黄菖蒲的生长和储存，但在低浓度溶液中吸收离子需要更多的能量，0.5 mmol/L 的 NaHSO₃ 处理比 2.0 mmol/L 需要更多的能量来应对逆境。在 pH 和 NaHSO₃ 交互作用 2 h 内，黄菖蒲在 pH8.8 及 2 mmol/L NaHSO₃ 处理环境中抵抗逆境所需能量最高；处理第 10、第 30 天后黄菖蒲在 pH6.8 及 0.2 mmol/L 的 NaHSO₃ 处理环境中抵抗逆境所需能量最低，处理第 20 天该处理组生长状态最佳，吸收低浓度离子消耗能量导致抵抗逆境所需能量最高。pH8.8 的处理环境和添加 0.2 mmol/L NaHSO₃ 的 pH6.8 处理环境的 2 h 内，马蔺不增加植株抵抗逆境所需能量；处理 20 天后 pH8.8 处理组抵抗逆境所需能量均低于对照组，pH6.8 环境下 0.2 mmol/L NaHSO₃ 处理的马蔺抵抗逆境所需能量最低。处理 30 天后 pH6.8 和 pH8.8 环境中 0.2 mmol/L NaHSO₃ 处理的马蔺抵抗逆境所需能量均接近对照组，且均最低。黄菖蒲和马蔺在 pH4.8 处理环境中抵抗逆境所需能量均最高。两种植株在 0.2-pH6.8 处理组在处理第 10 天和第 30 天抵抗逆境所需能量均最少，在 0.2-pH6.8 处理环境中植株可长期存活，持续去除环境中的硫元素。

参 考 文 献

晁无疾, 管仲新, 肖爽. 2008. 光呼吸抑制剂对世纪无核葡萄果实生长及品质的影响. 中国果树, (2): 35-37.

陈功楷, 王晓艳, 康华靖, 孙继. 2017. NaHSO₃ 处理对大豆和玉米叶片气体交换及荧光参数的影响. 核农学报, 31(2): 379-385.

陈家松. 2016. 模拟酸雨胁迫对夏蜡梅幼苗生理、生长特性及土壤微生物多样性影响. 上海: 上海师范大学硕士学位论文.

陈修文, 于丹, 刘春花. 2016. 秋季水位波动频率对喜旱莲子草、粉绿狐尾藻和水龙的影响. 植物生态学报, 40(5): 493-501.

党培培, 李明宇, 赵喆, 王若水, 程瑾, 肖辉杰. 2019. 混合盐碱胁迫对地被菊寒露红生长的影响. 广西植物, 39(2): 228-237.

邓玉姣. 2017. 模拟酸雨对三种彩叶桂的生长和生理影响. 长沙: 中南林业科技大学硕士学位论文.

邓智先, 李朝婵, 吴沿友. 2021. 基于电生理信息的两种桑科植物叶片细胞代谢能比较. 地球与环境, 49(3): 307-314.

董潇潇, 靳红磊, 王宏斌. 2016. 植物光系统高光适应机制研究进展. 植物生理学报, 52(11): 1725-1732.

杜红阳, 常云霞, 刘怀攀. 2011. 酸胁迫对玉米幼苗生理生化指标的影响. 周口师范学院学报, 28(5): 74-76.

冯建灿, 胡秀丽, 毛训甲. 2002. 叶绿素荧光动力学在研究植物逆境生理中的应用. 经济林研究, 20(4): 14-18.

高战武. 2006. 紫花苜蓿对复合盐碱胁迫的适应性响应. 长春: 东北师范大学硕士学位论文.

郭凯. 2013. 模拟硝酸型酸雨对亚热带典型阔叶木本植物的影响. 杭州: 浙江农林大学硕士学位论文.

韩建明, 张鹏英. 2010. 模拟碱胁迫对绿豆种子萌发与幼苗生长发育的影响. 草业科学, 27(8): 84-87.

皇甫诗男, 高庆玉, 张丙秀, 魏媛媛, 张宇, 张昭. 2017. 不同土壤 pH 对蓝莓光合作用的影响. 北方园艺, (13): 31-37.

贾文飞, 魏晓琼, 聂小兰, 王颖, 李金英, 吴林. 2022. 盐碱胁迫对越橘生理特性及叶片解剖结构的影响. 西北农林科技大学学报: 自然科学版, 50(5): 115-126.

姜卫兵, 徐莉莉, 翁忙玲. 2009. 环境因子及外源化学物质对植物花色素苷的影响. 生态环境, 18(4): 1546-1552.

冷芬, 杨在君, 吴一超, 何道文. 2020. 土壤 pH 对何首乌生理及其光合特性和有效成分含量的影响. 西北植物学报, 40(9): 1566-1573.

黎明鸿, 吴沿友, 邢德科, 姚香平. 2019. 基于叶片电生理特性的 2 种桑科植物抗盐能力比较. 江苏农业科学, 47(14): 217-221.

李从娟, 马健, 李彦, 范连连. 2010. pH 对 3 种生活型植物根系形态及活力的影响. 干旱区研究, 27(6):

915-920.

李淑艳, 王建中. 2009. 萌发 pH 对大豆种子蛋白质代谢的影响研究. 种子, 28(6): 1-8.

李艳, 高艳娜, 戚志伟, 姜楠, 仲启铖, 姜姗, 王开运, 张超. 2016. 滨海芦苇湿地土壤微生物数量对长期模拟增温的响应. 长江流域资源与环境, 25(11): 1738-1747.

李媛, 韩迎儒, 赵冰, 马笑, 张哲. 2018. 污水胁迫下 7 种草本地被植物耐污性比较研究. 草地学报, 26(6): 1392-1399.

李中英. 2021. 亚硫酸氢钠对两种桑科植物光合及电生理的剂量效应. 镇江: 江苏大学硕士学位论文.

廖红, 严小龙. 2003. 高级植物营养学. 北京: 科学出版社.

刘佳, 刘雅琴, 李靖, 孙淑霞, 王永清. 2017. 碱胁迫对山桃叶片形态结构及光合特性的影响. 西南农业学报, 30(2): 327-333.

刘兴亮. 2010. 盐碱胁迫对白刺生理生化特性研究. 长春: 东北农业大学硕士学位论文.

刘勇丽. 2015. 太湖流域水生植物稳定碳氮同位素的生态学研究. 湘潭: 湘潭大学硕士学位论文.

罗青红, 李志军, 伍维模, 韩路. 2006. 胡杨、灰叶胡杨光合及叶绿素荧光特性的比较研究. 西北植物学报, 26(5): 983-988.

罗淑华. 1995. 土壤酸碱性. 茶叶通讯, (1): 23-24.

麻莹, 郭立泉, 张淑芳, 田小海, 孙吉凤, 陆静梅. 2017. 盐、碱胁迫对药用植物碱地肤生长及其茎叶离子含量的影响. 东北师大学报: 自然科学版, 49(2): 111-115.

马英姿, 王平, 张慧, 宋荣. 2011. 酸碱胁迫对药用植物蚬壳花椒白藓碱含量的影响. 中南林业科技大学学报, 31(9): 100-104.

潘华祎, 李程, 王小平. 2017. 水体 pH 对碗莲幼苗光合特性及抗性生理的影响. 现代农业科技, (1): 123-124, 126.

齐哲明, 钟章成. 2006. 模拟酸雨对杜仲光合生理及生长的影响. 西南师范大学学报, 2(31): 151-156.

单运峰. 1994. 酸雨大气污染与植物. 北京: 中国环境科学出版社.

申忠宝, 潘多锋, 王建丽, 张瑞博, 李道明, 高超, 邸桂俐, 钟鹏. 2012. 混合盐碱胁迫对 5 种禾草种子萌发及幼苗生长的影响. 草地学报, 20(5): 914-920.

石德成, 殷立娟. 1993. 盐与碱对星星草胁迫作用的差异. 植物学报, 35(2): 144-149.

唐艺璇, 郑洁敏, 楼莉萍, 张奇春. 2011. 3 种挺水植物吸收水体 NH_4^+、NO_3^-、$H_2PO_4^-$ 的动力学特征比较. 中国生态农业学报, 19(3): 614-618.

田晨霞, 张咏梅, 王凯, 张万. 2014. 紫花苜蓿组织解剖结构对 $NaHCO_3$ 盐碱胁迫的响应. 草业学报, 23(5): 133-142.

王焕校. 2000. 污染生态学. 北京: 高等教育出版社.

王杰, 张阳, 秦澎, 何茂兰, 李津, 辜运富, 曾先富, 向泉桔. 2019. pH 对香菇多糖含量及合成关键酶基因转录水平的影响. 生物技术通报, 35(2): 39-45.

王奇岗, 肖琼, 赵海娟, 郭永丽, 汪智军. 2018. 水生植物对岩溶区河水地球化学昼夜变化的影响: 以漓江为例. 中国岩溶, 37(4): 501-514

王双明. 2021. 模拟酸雨胁迫对菠菜中草酸积累及营养品质的影响. 核农学报, 26(4): 717-721.

王杨, 徐文婷, 熊高明, 李家湘, 赵常明, 卢志军, 李跃林, 谢宗强. 2017. 檵木生物量分配特征. 植物生态学报, 41(1): 105-114.

温承环. 2018. 不同 pH 对金钗石斛的生理及次生代谢产物的影响. 成都: 四川农业大学硕士学位论文.

乌凤章. 2020. 北高丛蓝莓品种耐较高土壤 pH 胁迫能力综合评价和指标筛选. 果树学报, 37(11): 1711-1722.

吴沿友, 吴沿胜, 方蕾, 吴明开, 王瑞, 苏跃, 王世杰, 刘丛强. 2018. 一种测定植物叶片细胞代谢能的方法, CN201810720188.5.

杨璐, 依丽米努尔, 朱苗苗, 李宏. 2015. 植物叶片中硫含量测定方法研究. 应用化工, 44(3): 575-579.

杨万红. 2008. 模拟酸雨胁迫对箬毛箸竹的影响及外源一氧化氮的调控作用. 南京: 南京林业大学硕士

学位论文.

杨晓青, 张岁岐, 梁宗锁, 山颖. 2004. 水分胁迫对不同抗旱类型冬小麦幼苗叶绿素荧光参数的影响. 西北植物学报, 24(5): 812-816.

章爱群, 贺立源, 李建生, 左雪冬. 2007. 酸胁迫对不同基因型玉米生长发育的影响. 玉米科学, 15(1): 76-80.

张丽芳, 胡海林. 2020. 土壤酸碱性对植物生长影响的研究进展. 贵州农业科学, 48(8): 40-43.

张灵芝, 杨凤萍, 降向正, 兰馨辉, 葛仲义. 2015. 一种水质中总硫的测定方法, CN201510263305.6.

张强. 2012. 岩溶地质碳汇的稳定性: 以贵州草海地质碳汇为例. 地球学报, 33(6): 947-952.

张守仁. 1999. 叶绿素荧光动力学参数的意义及讨论. 植物学通报, 16(4): 444-448.

赵军霞. 2003. 土壤酸碱性与植物的生长. 内蒙古农业科技, (6): 33-33, 42.

朱润军, 杨巧, 李仕杰, 杨畅宇, 程希平. 2021. 植物表型可塑性对环境因子的响应研究进展. 西南林业大学学报(自然科学), 41(1): 183-187.

宗建伟, 温莹莹, 杨雨华. 2021. 盐碱胁迫对文冠果叶片解剖结构的影响. 东北林业大学学报, 49(9): 45-50.

Aksnes D L, Egge J K. 1994. A theoretical‐model for nutrient‐uptake in phytoplankton. Marine Ecology Progress Series, 70: 65-72.

Anderson J M, Aro E M. 1994. Grana stacking and protection of Photosystem II in thylakoid membranes of higher plant leaves under sustained high irradiance: an hypothesis. Photosynthesis Research, 41: 315-326.

Beer S, Vilenkin B, Weil A, Veste M, Eshel A. 1998. Measuring photosynthetic rates in seagrasses by pulse amplitude modulated(PAM)fluorometry. Marine Ecology Progress Series, 174: 293-300.

Bowler C, Montagu M V, Inze D. 1992. Superoxide dismutase and stress tolerance. Annual Review of Plant Physiology and Plant Molecular Biology, 43: 83-116.

Breemen N V. 1995. How Sphagnum bogs down other plants. Trends in Ecology and Evolution, 10: 270-275.

Brestic M, Zivcak M, Kunderlikova K, Sytar O, Shao H, Kalaji H M, Allakhverdiev S I. 2015. Low PSI content limits the photoprotection of PSI and PSII in early growth stages of chlorophyll b-deficient wheat mutant lines. Photosynthesis Research, 125(1/2): 151-166.

Brestic M, Zivcak M, Kunderlikova K, Allakhverdiev S I. 2016. High temperature specifically affects the photoprotective responses of chlorophyll b-deficient wheat mutant lines. Photosynthesis Research, 130(1/3): 251-266.

Brychkova G, Grishkevich V, Fluhr R, Sagi M. 2013. An essential role for tomato sulfite oxidase and enzymes of the sulfite network in maintaining leaf sulfite homeostasis. Plant Physiology, 161(1): 148-164.

Buckley D J, Lefebvre M, Meijer E G M, Brown D C W. 1990. A signal generator for electrofusion of plant protoplasts. Computers and Electronics in Agriculture, 5: 179-185.

Cai Y P, Li L, Li H S, Luo B S, Lin Y. 2004. Daily change of photosynthesis and chlorophyll fluorescence of *Dendrobium huoshanense*. Acta Horticulturae Sinica, 31: 778-783.

Carpenter J, Crowe J. 1988. The mechanism of cryopretection of protains by solutes. Cryobiology, 25(3): 244-255.

Chen D X, Coughenour M B. 1996. A mechanistic model for submerged aquatic macrophyte photosynthesis: hydrilla in ambient and elevated CO_2. Ecological Modelling, 89: 133-146.

Chen Y M, Lucas P W, Wellburn A R. 1991. Relationship between foliar injury and changes in antioxidant levels in red and Norway spruce exposed to acidic mists. Environmental Pollution, 69(1): 1-15.

Claassen N, Barber S A. 1974. A method for characterizing the relation between nutrient concentration and flux into roots of intact plants. Plant Physiology, 54: 564-568.

Epstein E, Hagen C E. 1952. A kinetic study of the absorption of alkali cations by barley roots. Plant Physiology, 27: 457-474.

Fitter A, Hay R. 2002. Environmental Physiology of Plants. London: Academic Press.

Fromm J, Lautner S. 2007. Electrical signals and their physiological significance in plants. Plant Cell and Environment, 30: 249-257.

Galina B, Dmitry Y, Albert B, et al. 2015. Sulfite oxidase activity is essential for normal sulfur, nitrogen and carbon metabolism in tomato leaves. Plants, 4(3): 573-605.

Genty B, Briantais J M, Baker N R. 1989. The relationship between quantum yield of photosynthetic electron transport and quenching of chlorophyll fluorescence. Biochimica ET Biophysica Acta, 990: 87-92.

Gray D W, Gardon Z G, Lewis L A. 2006. Simultaneous collection of rapid chlorophyll fluorescence induction kinetics, fluorescence quenching parameters, and environmental data using an automated PAM-2000/CR10X data logging system. Photosynthesis Research, 87: 295-301.

Green L F. 1976. Sulphur dioxide and food preservation - a review. Food Chemistry, 1: 103-124.

Grundmann O, Nakajima J I, Seo S, Butterweck V. 2007. Anti-anxiety effects of *Apocynum venetum* L. in the elevated plus maze test. Journal of Ethnopharmacology, 110(3): 406-411.

Gunnison A F. 1981. Sulphite toxicity: a critical review of *in vitro* and *in vivo* data. Food and Cosmetics Toxicology, 19: 667-682.

Guo D P, Guo Y P, Zhao J P, Liu H, Peng Y, Wang Q M, Chen J S, Rao G Z. 2005. Photosynthetic rate and chlorophyll fluorescence in leaves of stem mustard(*Brassica juncea* var. tsatsai)after turnip mosaic virus infection. Plant Sciece, 168: 57-63.

Guo Y P, Hu M J, Zhou H F, Zhang L C, Su J H, Wang H W, Shen Y G. 2006a. Low concentrations of $NaHSO_3$ increase photosynthesis and biomass and attenuate photoinhibition in *Satsuma mandarin*(*Citrus unshiu* Marc.)plants. Photosynthetica, 44: 333-337.

Guo Y P, Peng Y, Lin M L, Guo D P, Hu M J, Shen Y K, Li D Y, Zheng S J. 2006b. Different pathways are involved in the enhancement of photosynthetic rate by $NaHSO_3$ and benzyladenine, a case study with strawberry(*Fragaria × Ananassa* Duch)plants. Plant Growth Regulation, 48: 65-72.

Gururani M A, Venkatesh J, Tran L S P. 2015. Regulation of photosynthesis during abiotic stress-induced photoinhibition. Molecular Plant, 8(9): 1304-1320.

Hardie D G. 2015. AMPK: positive and negative regulation, and its role in whole - body energy homeostasis. Current Opinion in Cell Biology, 33: 1-7.

Harker F R, Dunlop J. 1994. Electrical impedance studies of nectarines during cool storage and fruit ripening. Postharvest Biology and Technology, 4: 125-134.

Hinsinger P, Plassard C, Tang C, Jaillard B. 2003. Origins of root-mediated pH changes in the rhizosphere and their responses to environmental constraints: a review. Plant and Soil, 248: 43-59.

Hlaváčová Z, Vozáry E, Staroňová, L. 2015. Relationship between moisture content and electrical impedance of carrot slices during drying. International Agrophysics, 29(1): 61-66.

Hopkins W G, Huner N P A. 2004. Introduction to Plant Physiology. New York: John Wiley & Sons Inc.

Hu W H, Yu J Q, Huang L F. 2002. Effect of light intensity on recovery of chilling induced photoinhibition in tomato leaves. Plant Physiology, 38: 447-449.

Ibba P, Falco A, Abera B D, Cantarella G, Petti L, Lugli P. 2020. Bio-impedance and circuit parameters: an analysis for tracking fruit ripening. Postharvest Biology and Technology, 159: 110978.

Itoh S, Barber S A. 1983. Phosphorus uptake by six plant species as related to root hairs. Agronomy Journal, 75: 457-461.

Javed Q, Wu Y Y, Xing D K, Azeem A, Ullah I, Zaman M. 2017. Re-watering: an effective measure to recover growth and photosynthetic characteristics in salt-stressed *Brassica napus* L. Chilean Journal of Agricultural Research, 77: 78-86.

Jiang C D, Gao H Y, Zou Q. 2003. Changes of donor and acceptor side in photosystem 2 complex induced by iron deficiency in attached soybean and maize leaves. Photosynthetica, 41(2): 267-271.

Jiang Y, Li Y, Zeng Q, Wei J, Yu H. 2017. The effect of soil pH on plant growth, leaf chlorophyll fluorescence and mineral element content of two blue berries. Acta Horticulturae, 1180(1180): 269-276.

Kang T, Wu H D, Lu B Y, Luo X J, Gong C M, Bai J. 2018. Low concentrations of glycine inhibit photorespiration and enhance the net rate of photosynthesis in *Caragana korshinskii*. Photosynthetica, 56: 512-519.

Krause G H, Weis E. 1991. Chlorophyll fluorescence and photosynthesis: the basics. Annual Review of Plant Physiology and Plant Molecular Biology, 42: 313-349.

Lissner J, Schierup H H, Comín F A, Astorga V. 1999. Effect of climate on the salt tolerance of two *Phragmites australis* populations.: I. Growth, inorganic solutes, nitrogen relations and osmoregulation. Aquatic Botany, 64(3-4): 335-350.

Liu N, Lin Z F, Guan L L, Lin G Z, Peng C L. 2009. Light acclimation and HSO_3^- damage on photosynthetic apparatus of three subtropical forest species. Ecotoxicology, 18: 929-938.

Lu N W, Duan B L, Li C. 2007. Physiological responses to drought and enhanced UV-B radiation in two contrasting *Picea asperata* polutions. Canadian Journal of Forest Research, 37(7): 1253-1262.

Ludwig T. 2006. A comparison of macrophyte indices in headwaters of rivers in Flanders(Belgium). Hydrobiologia, 570: 165-171.

Lüttge U, Osmond C B, Ball E, Brinckmann E, Kinze G. 1972. Bisulfite compounds as metabolic inhibitors: nonspecific effects on membranes. Plant and Cell Physiology, 13: 505-514.

Maxwell K, Johnson G N. 2000. Chlorophyll fluorescence—a practical guide. Journal of Experimental Botany, 51(345): 659-668.

Mirkovic T, Ostroumov E E, Anna J M, Grondelle R V, Scholes G D. 2017. Light absorption and energy transfer in the antenna complexes of photosynthetic organisms. Chemical Reviews, 117(2): 249-293.

Morales N, Arévalo K, Ortega J, Briceíío B, Andrade C, Morales E. 2006. pH and nitrogen source as modulators of growth macrophyta *Lemna* sp. Revista de la Facultad de Agronomía, 23(1): 65-77.

Munns R, Tester M. 2008. Mechanisms of salinity tolerance. Annual Review of Plant Biology, 59(1): 651-681.

Nair B, Elmore A R. 2003. Final report on the safety assessment of sodium sulfite, potassium sulfite, ammonium sulfite, sodium bisulfite, ammonium bisulfite, sodium metabisulfite and potassium metabisulfite. International Journal of Toxicology, 22: 63-88.

Nicolet P, Biggs J, Fox G, Hodson M J, Reynolds C, Whitfield M, Williams P. 2004. The wetland plant and macroinvertebrate assemblages of temporary ponds in England and Wales. Biological Conservation, 120: 261-278.

Nielsen N E, Barber S A. 1978. Differences among genotypes of corn in kinetics of P uptake. Agronomy Journal, 70: 695-698.

Panda D, Rao D N, Sharma S G, Strasser R J, Sarkar R K. 2006. Submergence effects on rice genotypes during seedling stage: Probing of submergence driven changes of photosystem 2 by chlorophyll a fluorescence induction O-J-I-P transients. Photosynthetica, 44(1): 69-75.

Pang Q, Zhang A, Zang W, Wei L, Yan X. 2016. Integrated proteomics and metabolomics for dissecting the mechanism of global responses to salt and alkali stress in *Suaeda corniculata*. Plant and Soil, 402(1): 379-394.

Philip N. 2003. Biological physics: Energy, Information life. New York: Freeman and Company.

Pieters O, Swaef T D, Lootens P, Stock M, Wyffels F. 2020. Gloxinia—An open‐source sensing platform to monivtor the dynamic responses of plants. Sensors, 20: 3055.

Retivin V G, Opritov V A, Fedulina S B. 1997. Generation of action potentials induces preadaptation of *Cucurbita pepo* L. stem tissues to freezing injury. Russian Journal of Plant Physiology, 44: 432-442.

Roháček K, Barták M. 1999. Technique of the modulated chlorophyll fluorescence: basic concepts, useful parameters, and some applications. Photosynthetica, 37: 339-363.

Saglio P H, Raymond P, Pradet A. 1980. Metabolic activity and energy charge of excised maize root tips under anoxia. Plant Physiology, 66: 1053-1057.

Shu S M, Duan X, Zhao Y Y, Xiong H. 2016. A model based on time, space, energy and iterative mechanism for woody plant metabolic rates and biomass. Journal of Biobased Materials and Bioenergy, 10: 184-194.

Silva L C D, Oliva M A, Azevedo A A, Araújo J M, Aguiar R M. 2005. Micromorphological and anatomical alterations caused by simulated acid rain in Restinga plants: *Eugenia uniflora* and *Clusia hilarana*. Water, Air, and Soil Pollution, 168(1-4): 129-143.

Smith W H. 1981. Air Pollution and Forests: Interactions between Air Contaminants and Forest Ecosystems. New York: Springer.

Sukhov V. 2016. Electrical signals as mechanism of photosynthesis regulation in plants. Photosynthesis Research, 130: 373-387.

Sukhov V, Sukhova E, Vodeneev V. 2019. Long‐distance electrical signals as a link between the local action of stressors and the systemic physiological responses in higher plants. Progress In Biophysics and Molecular Biology, 146: 63-84.

Tombuloglu H, Ablazov A, Filiz E. 2016. Genome‐wide analysis of response to low sulfur(LSU)genes in grass species and expression profiling of model grass species *Brachypodium* distachyon under S deficiency. Turkish Journal of Biology, 40: 934-943.

Van K O, Snel J F H. 1990. The use of chlorophyll nomenclature in plant stress physiology. Photosynthesis Research, 25: 147-150.

Vanhercke T, El T A, Liu Q, Zhou X R, Shrestha P, Divi U K, Ral J P, Mansour M P, Nichols P D, James C N. 2014. Metabolic engineering of biomass for high energy density: oilseed‐like triacylglycerol yields from plant leaves. Plant Biotechnology Journal, 12: 231-239.

Veeranjaneyulu K, Charlebois D, Soukpoé‐Kossi C N, Leblanc R M. 1992. Sulfite inhibition of photochemical activity of intact pea leaves. Photosynthesis Research, 34: 271.

Velikova V, Yordanov I, Edreva A. 2000. Oxidative stress and some antioxidant systems in acid rain treated bean plants: protective role of exogenous polyamines.Plant Science(Shannon), 151(l): 59-66.

Vitt D H, Chee W L. 1990. The relationships of vegetation to surface water chemistry and peat chemistry in fens of Alberta, Canada. Vegetatio, 89: 87-106.

Volkov A G. 2006. Plant Electrophysiology: Theory and Methods. USA: Springer.

Volkov A G, Markin V S. 2015. Active and passive electrical signaling in plants. Progress in Botany, 76: 143-176.

Vyal' Y A, Dyukova G R, Leonova N A, Khryanin V N. 2007. Adaptation of the photosynthetic apparatus of the immature broadleaf trees to the flood-plain conditions. Russian Journal of Plant Physiology, 54: 58-62.

Wang H W, Mi H L, Ye J Y, Deng Y, Shen Y K. 2003. Low concentrations of $NaHSO_3$ increase cyclic photophosphorylation and photosynthesis in cyanobacterium *Synechocystis* PCC6803. Photosynthesis Research, 75: 151-159.

Wang L, Ming C, Wei L, Gao F, Lv Z, Wang Q, Ma W. 2010. Treatment with moderate concentrations of $NaHSO_3$ enhances photobiological H_2 production in the cyanobacterium *Anabaena* sp. strain PCC7120. International Journal of Hydrogen Energy, 35: 12777-12783.

Xing D K, Chen X L, Wu Y Y, Xu X, Chen Q, Li L, Zhang C. 2019. Rapid prediction of the re-watering time point of *Orychophragmus violaceus* L. based on the online monitoring of electrophysiological indexes. Scientia Horticulturae, 256: 108642.

Xing D K, Xu X J, Wu Y Y, Liu Y, Wu Y, Ni J, Azeem A. 2018. Leaf tensity: a method for rapid determination of water requirement in formation in *Brassica napus* L.. Journal of Plant Interaction, 13(1): 380-387.

Yan X, Wang Z, Huang L, Wang C, Hou R, Xu Z, Qiao X. 2009. Research progress on electrical signals in higher plants. Progress in Natural Science, 19: 531-541.

Yang C, Chong J, Li C, Kim C, Shi D, Wang D. 2007. Osmotic adjustment and ion balance traits of an alkali resistant halophyte *Kochia sieversiana* during adaptation to salt and alkali conditions. Plant and Soil, 294(1-2): 263-276.

Yang S, Wang J, Cong W, Cai Z, Ouyang F. 2004. Effects of bisulfite and sulfite on the microalga *Botryococcus braunii*. Enzyme and Microbial Technology, 35: 46-50.

Yarmolinsky D, Brychkova G, Fluhr R, Sagi M. 2013. Sulfite reductase protects plants against sulfite toxicity. Plant Physiology, 161(2): 725-743.

Zhang C, Wu Y Y, Su Y, Xing D, Dai Y, Wu Y, Fang L. 2020. A plant's electrical parameters indicate its physiological state: a study of intracellular water metabolism. Plants, 9(10): 1256.

Zhang M M, Wu Y Y, Xing D K, Zhao K, Yu R. 2015. Rapid measurement of drought resistance in plants based on electrophysiological properties. Transactions of the ASABE, 58(6): 1441-1446.

Zhou Y, Huang L H, Wei X L, Zhou H, Chen X. 2017. Physiological, morphological, and anatomical changes in Rhododendron agastum in response to shading. Plant Growth Regulation, 81(1): 23-30.

Zhu J K. 2016. Abiotic stress signaling and responses in plants. Cell, 167: 313-324.

Zivcak M, Kalaji H M, Shao H B, Olsovska K, Brestic M. 2014. Photosynthetic proton and electron transport in wheat leaves under prolonged moderate drought stress. Journal of Photochemistry and Photobiology B: Biology, 137: 107-115.

第 7 章　植物电生理信息与植物健康及适应性的检测

　　适应性（或抗逆性）是植物响应环境胁迫的形式，即时在线的植物电生理信息可表征作物的适应性，有利于提高作物抗逆品种选育效率。本章以植物叶片为考察器官，基于能斯特方程和吉布斯自由能揭示了植物电阻、阻抗、容抗、感抗和电容与夹持力之间的关系为 3 参数的指数下降模型与直线模型，并基于这些模型成功监测到植物叶片的固有电生理信息，获取到了植物细胞的代谢能，并结合电生理信号昼夜节律特征参数和基于不同电生理信号的活化效率表征植物的健康活力，以评价植物的水分状况及对环境的适应能力，最终开发了一种基于电生理特征的抗逆作物品种的选择方法。构树叶片细胞代谢能变化区间大于桑树，表明构树叶片之间的源库关系变化灵活性大于桑树。光合有效辐射对电生理信号变化影响最大，大气相对湿度和温度次之，对环境适应能力为：构树>桑树和诸葛菜>油菜。同时，模拟干旱胁迫下植物叶片电生理信号昼夜节律及其相关特征结果表明，构树耐旱能力强于桑树，诸葛菜耐旱能力强于油菜。基于电生理信息的水分利用、物质代谢、能量代谢和健康活力等新参数的归一化使用可定量比较不同植物品种（或资源）的优劣，可快速评价植物的适应性（或抗逆性）并高效地筛选出高产抗逆作物品种，极大地提高作物品种选育效率，为智能化育种提供技术支撑。

7.1　植物健康及适应性的评价

　　生态系统的稳定性是生态系统保持健康的基础，生态系统维持稳定性需要两方面的能力：一是生态系统保持现行状态的能力，即抗干扰的能力；二是生态系统受扰动后回归该状态的能力，即受扰后的恢复能力。植物作为生态系统的一分子，时刻与环境进行着物质、信息和能量的交流。因此，植物的生长与其生存环境密切相关，同时环境又关乎植物的健康水平和适应性（或抗逆性）。环境中与植物的生长发育相关的因子多种多样，且处于动态变化之中，植物对每一个因子都有一定的耐受限度，一旦环境因子的变化超越了这一耐受限度，就形成了逆境（Rodziewicz et al.，2014）。

　　在逆境条件下，植物体会受到危害，而植物为了适应逆境环境，会在分子、细胞、器官、生理生化等水平上做出及时调节，经过长期的逆境锻炼也进化产生了一系列抵制不良环境的机制，即植物对逆境的适应性（或抗逆性）（Rodziewicz et al.，2014；Bari and Jones，2009）。适应性（或抗逆性）具体包括生长发育调节、代谢调节、自由基清除剂等膜保护物质维持自由基平衡、渗透调节物质介导的渗透调节、气孔的主动关闭及各种功能蛋白质参与的直接对抗逆境伤害的各种适应性（或抗逆性）反应（陈秀晨和熊冬金，2010；魏婧等，2020；黄相玲和张仁志，2021）。本节从干旱胁迫、盐胁迫、高低温胁迫、重金属胁迫等方面介绍了其对植物的健康影响及植物的适应性反应机制，并阐述了植物适应性的评价方法。

7.1.1　干旱胁迫对植物的健康影响及其适应性反应

干旱对农作物造成的损失在所有的非生物胁迫中占首位，仅次于生物胁迫病虫害造成的损失。非生物胁迫首先引起膜透性的改变、结构的变化及发生膜脂的过氧化作用，胁迫还打破了细胞内自由基的产生和清除之间的动态平衡状态，导致自由基积累过多，SOD 和 CAT 活性下降，膜脂过氧化产物 MDA 含量增加，从而引起细胞伤害。莫红和翟兴礼（2007）的研究表明，干旱胁迫后，大豆苗期叶片的质膜透性增加，SOD、POD 及 CAT 等活性均下降，而叶片内 MDA 的含量则明显上升。干旱胁迫对植物的光合作用有较大影响，尤其是在开花期，干旱造成的产量损失更大。

干旱胁迫时，植物的形态结构、渗透调节等会发生相应的变化。抗旱性强的植物根系和输导组织发达，表皮茸毛多，角质化或膜脂化程度高，叶片细胞体积/表面积小，这些都有利于增加水分的吸收，减少水分的散失（陈秀晨和熊冬金，2010）。在受到轻度干旱胁迫时，植物能够诱导细胞内发生溶质积累，通过渗透调节降低水势，从而保证组织水势下降时细胞膨压得以维持（朱雯雯，2017）。植物的渗透调节主要通过亲和性溶质的积累而实现，这类亲和性溶质主要包括脯氨酸、甜菜碱、海藻糖、果聚糖、甘露醇、多胺等小分子有机物，它们的大量积累不但不会破坏生物大分子的结构和功能，而表现出良好的亲和性，有助于植物在干旱条件下对水分的吸收（陈秀晨和熊冬金，2010）。干旱条件下，细胞的形态结构也会发生变化，来增加水分吸收，减少水分散失，包括表皮角质化，并且细胞内会发生营养物质、水分的再次分配，果实、衰老叶片中的水分和营养物质会转移到嫩叶和茎中。

7.1.2　盐胁迫对植物的健康影响及其适应性反应

盐害是农业生产中重要的逆境危害，一般情况下，当土壤含盐量在 0.20%～0.25% 时，就会引发盐胁迫。盐胁迫对植物细胞的作用包括离子的毒害作用及特殊离子的存在对植物营养状况产生的影响作用（黄相玲和张仁志，2021）。高 NaCl 使叶绿体超微结构遭到破坏，基粒片层的最外层膨大，甚至基粒消失，内膜和外膜被破坏甚至瓦解，叶绿体从正常的椭圆形膨大成球形（陈秀晨和熊冬金，2010；魏婧等，2020；黄相玲和张仁志，2021）。另外，盐胁迫导致核酮糖二磷酸（RuBP）羧化酶活性降低，RuBP 加氧酶活性却有所增加，光系统Ⅱ受抑制，光合磷酸化停止，光呼吸加强（王仁雷等，2002）。徐东方（2007）的研究表明，水稻在孕穗期受到盐胁迫后，其叶片的净光合速率及气孔导度都明显降低。

在盐碱胁迫环境中，植物会拒绝盐离子进入。其中根系阻碍钠离子、氯离子进入植物内，因为生物膜对离子的运输是主动运输，具有选择透过性，会抑制盐离子进入细胞。并且，由于钠钾泵和质子泵的存在，一系列的作用会限制钠离子的浓度。但是，在高盐环境中，仅有根系的作用是远远不够的，另一个作用是细胞内盐分的区域化。具有耐盐能力的植物，其细胞内的液泡膜上，通过氢质子泵和一些相关的酶，可以将细胞质基质的钠离子、氯离子吸收进入液泡，这种作用一方面有利于水分进入细胞，保持细胞的水环境,另一方面是使细胞质保持处于低浓度的盐环境中(陈托兄等,2006;朱雯雯,2017)。除此之外,在盐胁迫下,植物体内也发生渗透调节作用,细胞内会产生许多渗透调节物质,这些渗透调节物质会增大细胞的渗透压,促进水分子进入细胞,能够减轻生理干旱,而脯氨酸甜菜碱是所有渗透调节物质中最重要的(Yang et al.,2008;杨晓红等,2009)。

7.1.3 高低温胁迫对植物的健康影响及其适应性反应

高温胁迫下,水稻叶绿体的超微结构受到损伤,叶绿体发生降解,叶绿体的光还原活性降低,暗反应酶活性下降,叶片总叶绿素、叶绿素 a、叶绿素 b 含量均下降,导致光合效率降低,SOD、CAT、天冬氨酸转氨酶(ASP)等活性都急剧下降(Sakamoto and Suzuki,2015)。植物叶片在高温胁迫下会出现萎蔫、脱落、叶色变青、变干、变脆等现象,低温胁迫包括冷害和冻害两方面,冷害和冻害都会使植物的各项活动减缓或停止(Gogoi et al.,2018)。

在高温胁迫下,所有生物都将产生热激反应(heat shock response)。热激反应的作用主要是保护细胞和生物体免受严重损害,恢复正常的细胞活性和生理活性,通过热激蛋白的高水平表达而提高耐热性(陈秀晨和熊冬金,2010;朱雯雯,2017)。目前,热激蛋白根据分子量大小分为 5 个家族,即 Hsp110、Hsp90、Hsp70、Hsp60、小分子 Hsp(Gogoi et al.,2018)。冷害发生时,植物体主要通过产生各种功能分子或改变某些分子的状态来对抗低温。低温时,脂类物质中,磷脂增加,糖苷和酯酶减少;植物体内的甘油-3-磷酸酰基转移酶、ω-3-脂肪酸去饱和酶等能催化膜中脂肪酸的去饱和反应,增加质膜中不饱和脂肪酸的含量,从而提高了植物的抗冷性(朱雯雯,2017)。为了增强转录的稳定性,RNA、rRNA 和 mRNA 含量也有所上升,核糖体结构发生改变,增加了转录系统在低温下的稳定性(陈秀晨和熊冬金,2010;朱雯雯,2017)。

7.1.4 重金属胁迫对植物的健康影响及其适应性反应

重金属对植物营养生长、生殖生长及植物品质均有重要的影响。目前,土壤重金属污染物主要有汞(Hg)、镉(Cd)、铅(Pb)、铜(Cu)和铬(Cr)等。钱翌和杨立杰(2009)研究表明,Cd 污染土壤对大蒜株高及产量有明显的影响,且随 Cd 浓度的升高,不同生长时间的大蒜株高呈递减趋势。Cu 是植物生长所必需的微量营养元素,微量的 Cu 对植物生长具有促进作用,但土壤中 Cu 过多则会影响植物根系正常的代谢功能,使植物从土壤中吸收的氮等养分显著减少,造成植物生长发育迟缓、减产等(Zhao et al.,2021)。

在重金属胁迫下,植物体内的可溶性糖、可溶性蛋白质、脯氨酸含量会升高,从而调节细胞的渗透势,维持细胞的正常代谢;一些保护酶活性也会相应提高,清除有害的体内活性氧,从而保护膜系统(朱雯雯,2017;魏婧等,2020;黄相玲和张仁志,2021)。例如,Wang 等(2008)研究表明,不同浓度的 Hg^{2+} 处理小麦幼苗后,小麦根中的 POD、SOD 同工酶的表达量增加,且随着 Hg^{2+} 浓度的增加,其表达量呈逐渐上升趋势。

7.1.5　植物的健康及适应性评价

　　长期以来，对植物适应性（抗逆性）和各种防御灾害技术的研究，一直是植物学家十分重视的课题，过去已先后提出过许多从生理、生化和形态等方面来评价植物抗逆性的方法，但这些方法都不理想，在实际应用中存在许多争议。考察逆境中植物的健康及适应性，通常以其生物量作为关键考察指标。但是在实验室有限的空间内，动态测定生物量等指标是不现实的，尤其是不同大小的植物对不同逆境的抗性具有明显的差异，因此选择合适的指标来反映实验室培养植物的生长对逆境的响应至关重要。与植物生物量相比，叶片的生长发育可以很好地表征植物的生长对逆境的响应。这是因为，叶片不仅数目多，生长周期短，易于动态测量，而且它们也是植物生理生化反应的最敏感的器官。动态监测植物叶片生长指标，利用叶片的动态生长参数定量表征植物的生长对逆境的响应，可以很好地实现对植物抗逆境能力的测定。目前，植物叶片的生物量测定在植物学、生态学及农学等领域的研究中占有相当重要的位置。其测定方法较多，尤其以利用目的叶片的最大叶长、最大叶宽和最大叶面积等指标的回归方程来评估植物叶片生物量是最为有效且常用的非破坏性测定方法（吴沿友等，2018）。

　　而叶片常选择的生理指标包括：光合作用、碳酸酐酶、叶绿素荧光、稳定同位素组成等（吴沿友等，2018）。在研究过程中，常常对逆境处理的植物进行光合作用、叶绿素荧光、碳酸酐酶、稳定同位素组成等生理指标的测定，并基于这些指标的变化特征来分析植物的不同的生理适应性机制。在前期的研究中，通过人工模拟高 pH、高重碳酸盐、干旱、低 P 及低营养等多种不同逆境，同时以普通营养液作为对照，对不同植物进行同步处理，测定其生长指标、光合作用、叶绿素荧光参数和 $\delta^{13}C$ 值等生理指标的变化情况，分析这些植物对不同逆境的生理响应特征，综合评价它们对不同逆境的适应性，为喀斯特地区退化生态系统植被恢复合适建群植物种的快速甄选提供了科学依据（吴沿友等，2018）。并系统地总结了植物的适应机制，有植物形态生态适应机制、光合作用适应机制、无机养分利用适应机制、碳酸酐酶适应机制、生物多样性适应机制、钙调节适应机制、根系有机酸分泌适应机制等（吴沿友等，2018）。

　　此外，研究者们提出了一些评价物理学方法，如电导法和电阻法（盛明和傅恒，2011）。在植物生理学的广泛研究中发现，生物膜透性在反映植物抗逆性的差异上比较敏感，在冻、寒、旱、盐、热、涝等许多方面都表现出膜透性的破坏，结果造成了大量电解质（离子）向组织外渗透。由于外渗电解质的变化可以通过测定溶液的电导值来计算，所以人们首先提出了电导法。在电导法中，直接用测得的电导率作为计量单位，计算外渗电解质的百分率（也称为伤害率）。但在抗冻性方面，有人曾提出以电解质透出率达 50%时的温度作为组织的半致死温度，但由于半致死温度并不总是表现为电解质透出率达 50%时的温度，所以又有人提出，对植物组织在一系列冰冻温度下的电解质透出率配以 Logistic 方程，利用求得的拐点温度作为组织的半致死温度（盛明和傅恒，2011）。在抗旱性方面，也有人提出过连续升温电导法，即测定连续升温条件下组织渗出液中电导值与温度的关系曲线，用数学方法拟合求出拐点温度，以此来衡量抗旱性的强弱（盛明和傅恒，2011）。

电导法测定简单，只需使用常规电导仪即可，而且该方法得出的有关抗逆性的结果是可靠的。但是，电导法有许多不足。首先，由于测定时需将组织破坏、煮沸，因此它是一种破坏性测定法，且不能及时、快速地实现植物健康及适应性的评价；同时，其实质是测定细胞电解质的浓度，本质也是一种生化方法。此外，它不能对同一材料进行多项指标的同时测定，也不适于大样本的快速筛选与测定。电阻法是继电导法之后提出的另外一种物理学方法，其基本原理是利用植物组织电阻的变化来反映植物抗逆性的强弱。一般来说，组织电阻的大小可以反映细胞膜的破坏程度。研究发现，在逆境伤害的初期或轻度伤害时，植物普遍有一个短暂的组织电阻升高的阶段，而这时的外渗电导值却没有明显的变化；因此，组织电阻法是比外渗电导法更直接和更灵敏的方法（Qin et al.，2019；Bozbuğa and Pirlak，2012）。然而，传统的电阻测定是采用针插法监测的，实际上已经破坏伤害了植物，同时得到的电信号信息也是失真的、不可比较的、重复性较差的。综上，现有的方法很难实现对植物健康及适应性的快速、准确、实时监测和评价。

7.2 基于电生理信息的植物细胞代谢能的表征

作为一种可以直接被细胞代谢利用的能量，代谢能是对生命运动做出反应的一种能量形式，也是生物体直接用来构建自身和维持生命活动的能量形式。植物的生长发育过程是一种物质代谢过程，该过程需要植物的代谢能支持（Vanhercke et al.，2014）。代谢能反映了植物中的一系列同化和异化过程。包括氢交换、无机物同化和利用、有机物和能量的合成与转化及体内所有其他生理和生化过程（Shu et al.，2016）。植物生长发育所需的能量被称为植物细胞的代谢能。细胞的代谢能主要被有机体以分解三磷酸腺苷（ATP）的方式使用。尽管目前使用细胞内能量的状态来反映体内细胞的代谢能（Hardie，2015），但对于许多物质的同化和异化而言，代谢能的需求和供应尚不清楚，许多代谢过程中代谢能的需求和供应也不清楚。因此，简单地测量细胞内能荷的状态并不能真正代表植物细胞的代谢能。

植物电生理早期具有代表性的研究是 1873 年 Burdon-Sanderson 在捕蝇草的敏感毛中发现了电信号的传递。当植物受到环境或外界刺激时，植物所产生的电信号是其对环境和外界刺激的一种直接的响应，研究植物的电信号对植物生理的研究具有重大意义（陈洋，2017）。植物的动作电位、生理电容和生理电阻等指标是植物电生理的重要研究对象。为探求一种便捷和全面表征植物细胞代谢能的方法，本研究通过对 Nernst 方程的推导，将细胞内的化学能通过电能来表征。基于此原理，通过将细胞的自由能以电能的形式表征，并将电能与细胞的生理电阻和生理阻抗偶联，进而用生理电阻和生理阻抗来表征细胞的自由能。相比测量细胞内的能荷状态来表征细胞自由能的方法，以电生理参数对自由能的表征更为实时、便捷和全面。

植物的生长发育是源库的相互转化及其动态发展的结果，在植物的生长发育过程中，植物的同一个器官对于不同物质而言，既可以是源又可以是库，充当物质和能量的来源体和接受体（易镇邪，2003）。对源库关系的研究可用于解释植物生长发育过程中的物质和能量分配过程，也有利于解释植物对逆境胁迫的响应和适应机制（Taheri et al.，

2010）。代谢能越高，反映出植物体内的生化反应和细胞过程越迅速，植物的生理活性越强。植物的叶片细胞代谢变化范围和叶片比有效厚度的变化范围可反映植物的源库关系的灵活性，植物的叶片细胞代谢能变化范围和叶片比有效厚度的变化范围越大，则植物叶片的源库关系灵活性越强。构树（*Broussonetia papyrifera*）和桑树（*Morus alba*）同属桑科（Moraceae）落叶乔木，其在不同环境中的生理活性和生长状况并不相同，本节以构树和桑树为材料，通过测定其叶片细胞代谢能指标来表征其生理活性。

7.2.1　植物细胞代谢能的测定方法

7.2.1.1　不同夹持力下植物叶片电生理参数测定

从苗圃中取出 3 年生构树与桑树树苗，用标准 Hoagland 培养液正常培养 2 周后，选择植株生长状态相似的两种植株各 3 株，分别从每株植株上选择一枝条，共 3 枝。参照 5.2.1.2 节。实验在中国科学院地球化学研究所环境地球化学国家重点实验室温室中进行。将测定装置与 LCR 测试仪连接；从同一枝条顶部的展开叶中随机采集 2 片，分别编号为构树 Bp-1～Bp-6，桑树 Ma-1～Ma-6；将采集的待测叶片放到蒸馏水中浸泡，确保每片叶片从采集到测定的浸泡时间为 30min；吸干叶片表面水，立即将待测叶片夹在测定装置平行电极板之间，电极板的直径 10 mm，设置测定电压 1.5V，测定频率为 3000 Hz，通过添加已知质量为 0.1kg 的铁块数目来改变装置的压力（单位：N），并联模式同时测定不同夹持力下的植物叶片生理电容、生理电阻、生理阻抗。

7.2.1.2　植物叶片细胞代谢能的检测

由第 1 章可知，植物叶片电阻、容抗、电容与夹持力之间存在如下的理论关系：

$$Z=y_0+k_1 \mathrm{e}^{-b_1 F} \tag{7.1}$$

$$R=p_0+k_2 \mathrm{e}^{-b_2 F} \tag{7.2}$$

$$C=x_0+h\,F \tag{7.3}$$

进一步，可计算出植物比有效厚度（d）：

$$d=\frac{U^2 h}{2} \tag{7.4}$$

因此，基于生理阻抗的植物叶片细胞单位代谢能可计算为：

$$\Delta G_{Z\text{-}E}=\frac{aE^0}{d}=\frac{\ln k_1-\ln y_0}{b_1} \tag{7.5}$$

同时，基于生理阻抗的植物叶片细胞代谢能可计算为：

$$\Delta G_Z=\Delta G_{Z\text{-}E}\times d \tag{7.6}$$

同理，基于生理电阻的植物叶片细胞单位代谢能可计算为：

$$\Delta G_{R\text{-}E}=\frac{aE^0}{d}=\frac{\ln k_2-\ln p_0}{b_2} \tag{7.7}$$

那么，基于生理电阻的植物叶片细胞代谢能可计算为：

$$\Delta G_R = \Delta G_{R\text{-}E} \times d \tag{7.8}$$

综上，基于电生理的植物细胞代谢能 ΔG_B 为基于生理电阻的植物叶片细胞代谢能 ΔG_R 和基于生理阻抗的植物叶片细胞代谢能 ΔG_Z 的平均值：

$$\Delta G_B = （\Delta G_R + \Delta G_Z）/2 \tag{7.9}$$

7.2.2 构树和桑树不同叶片的生理电容、电阻、阻抗随夹持力的变化

对所测构树和桑树叶片的生理电容 C 和夹持力 F 作图，随着夹持力 F 的增大，构树和桑树的叶片生理电容 C 增大，且生理电容随夹持力的变化呈线性关系。试验数据经动态拟合，求出方程 $C = x_0 + hF$ 中 x_0 和 h 参数，获取构树与桑树不同叶片的生理电容 C 随夹持力 F 的函数参数及方程，同时获取方程契合统计数据 R^2，n 和 P 值如表 7.1 所示。

表 7.1 构树与桑树不同叶片生理电容（C）随夹持力（F）变化模型（$C\text{-}F$）方程和参数

叶片	x_0	h	方程	R^2	n	P
Ma-1	3.62	2.88	$C=3.62+2.88\,F$	0.9795	84	<0.0001
Ma-2	1.11	4.64	$C=1.11+4.64\,F$	0.9941	84	<0.0001
Ma-3	2.16	2.71	$C=2.16+2.71\,F$	0.9764	84	<0.0001
Ma-4	2.57	3.57	$C=2.57+3.57\,F$	0.9863	84	<0.0001
Ma-5	4.49	2.68	$C=4.49+2.68\,F$	0.9586	84	<0.0001
Ma-6	0.79	1.09	$C=0.79+1.09\,F$	0.9863	84	<0.0001
Bp-1	−2.65	6.92	$C=-2.65+6.92\,F$	0.9953	84	<0.0001
Bp-2	−2.05	2.63	$C=-2.05+2.63\,F$	0.9801	84	<0.0001
Bp-3	−0.24	1.25	$C=-0.24+1.25\,F$	0.9952	84	<0.0001
Bp-4	5.39	1.69	$C=5.39+1.69\,F$	0.9881	84	<0.0001
Bp-5	6.80	3.28	$C=6.80+3.28\,F$	0.9884	84	<0.0001
Bp-6	4.20	1.93	$C=4.20+1.93\,F$	0.9443	84	<0.0001

注：Ma 表示桑树，Bp 表示构树

对所测构树和桑树叶片的生理阻抗 Z 和夹持力 F 作图，随着夹持力 F 的增大，构树和桑树的叶片生理阻抗 Z 下降，且生理阻抗 Z 随夹持力 F 的变化呈指数下降关系。试验数据经动态拟合得出方程 $Z = y_0 + k_1 \mathrm{e}^{-b_1 F}$ 中 y_0，k_1 与 b_1 参数，获取构树与桑树不同叶片的生理阻抗 Z 随夹持力 F 的函数参数及方程，同时获取方程契合统计数据 R^2，n 和 P 值如表 7.2 所示。

对所测构树和桑树叶片的生理电阻 R 和夹持力 F 作图，随着夹持力 F 的增大，构树和桑树的叶片生理电阻 R 下降，且生理电阻 R 随夹持力 F 的变化呈指数下降关系。试验数据经动态拟合，得出方程 $R = p_0 + k_2 \mathrm{e}^{-b_2 F}$ 中 p_0，k_2 与 b_2 参数，获取构树与桑树不同叶片的生理电容 R 随夹持力 F 的函数参数及方程，同时获取方程契合统计数据 R^2，n 和 P 值如表 7.3 所示。

表 7.2　构树与桑树不同叶片生理阻抗（Z）随夹持力（F）变化模型（Z-F）方程和参数

y_0	k_1	b_1	方程	R^2	n	P
0.159	1.272	0.832	$Z=0.159+1.272e^{-0.832\,F}$	0.9899	84	<0.0001
0.125	1.478	0.845	$Z=0.125+1.478e^{-0.845\,F}$	0.9901	84	<0.0001
0.177	2.386	0.990	$Z=0.177+2.386e^{-0.990\,F}$	0.9874	84	<0.0001
0.200	2.130	0.905	$Z=0.200+2.130e^{-0.905\,F}$	0.9823	84	<0.0001
0.206	1.537	0.934	$Z=0.206+1.537e^{-0.934\,F}$	0.9806	84	<0.0001
0.474	3.122	0.479	$Z=0.474+3.122e^{-0.479\,F}$	0.9868	84	<0.0001
0.077	1.380	0.996	$Z=0.077+1.380e^{-0.996\,F}$	0.9392	84	<0.0001
0.232	5.549	0.982	$Z=0.232+5.549e^{-0.982\,F}$	0.9702	84	<0.0001
0.475	4.553	0.796	$Z=0.475+4.553e^{-0.796\,F}$	0.9801	84	<0.0001
0.138	0.307	0.588	$Z=0.138+0.307e^{-0.588\,F}$	0.9768	84	<0.0001
0.069	0.285	0.577	$Z=0.069+0.285e^{-0.577\,F}$	0.9961	84	<0.0001
0.118	0.760	1.008	$Z=0.118+0.760e^{-1.008\,F}$	0.9895	84	<0.0001

表 7.3　构树与桑树不同叶片生理电阻（R）随夹持力（F）变化模型（R-F）方程和参数

p_0	k_2	b_2	方程	R^2	n	P
2.165	20.347	0.924	$R=2.165+20.347e^{-0.924\,F}$	0.9854	84	<0.0001
1.779	19.808	0.788	$R=1.779+19.808e^{-0.788\,F}$	0.9896	84	<0.0001
2.316	39.896	1.085	$R=2.316+39.896e^{-1.085\,F}$	0.9896	84	<0.0001
5.848	48.471	0.816	$R=5.848+48.741e^{-0.816\,F}$	0.9823	84	<0.0001
3.553	24.309	0.942	$R=3.553+24.309e^{-0.942\,F}$	0.9842	84	<0.0001
11.664	134.405	0.639	$R=11.664+134.405e^{-0.639\,F}$	0.9889	84	<0.0001
0.954	16.547	1.022	$R=0.954+16.547e^{-1.022\,F}$	0.9272	84	<0.0001
2.847	73.905	0.994	$R=2.847+73.905e^{-0.944\,F}$	0.9716	84	<0.0001
6.691	51.626	0.805	$R=6.691+51.626e^{-0.805\,F}$	0.9706	84	<0.0001
1.548	3.301	0.616	$R=1.548+3.301e^{-0.616\,F}$	0.9750	84	<0.0001
0.770	3.268	0.612	$R=0.770+3.268e^{-0.612\,F}$	0.9958	84	<0.0001
1.258	8.049	1.016	$R=1.258+8.049e^{-1.016\,F}$	0.9892	84	<0.0001

7.2.3　不同叶片的比有效厚度及细胞代谢能

依据以上数据，得出构树与桑树叶片的比有效厚度 d（10^{-12} m）、基于生理电阻的植物叶片细胞单位代谢能 $\Delta G_{R\text{-}E}$（J/m）、基于生理阻抗的植物叶片细胞单位代谢能 $\Delta G_{Z\text{-}E}$（J/m）、基于生理电阻的植物叶片细胞代谢能 ΔG_R（10^{-12} J）、基于生理阻抗的植物叶片细胞代谢能 ΔG_Z（10^{-12} J）及植物叶片细胞代谢能 ΔG_B（10^{-12} J）如表 7.4 所示。

表 7.4　构树和桑树不同叶片的比有效厚度及细胞代谢能

叶片编号	d	$\Delta G_{R\text{-}E}$	$\Delta G_{Z\text{-}E}$	ΔG_R	ΔG_Z	ΔG_B
Ma-1	3.241	2.423	2.504	7.854	8.115	7.984
Ma-2	5.225	3.059	2.921	15.984	15.262	15.623
Ma-3	3.048	2.624	2.628	7.998	8.010	8.004
Ma-4	4.013	2.591	2.614	10.397	10.488	10.443
Ma-5	3.020	2.041	2.152	6.164	6.501	6.333
Ma-6	1.226	3.826	3.936	4.691	4.826	4.758
Bp-1	7.790	2.792	2.894	21.752	22.547	22.149
Bp-2	2.958	3.276	3.233	9.689	9.562	9.626
Bp-3	1.410	2.539	2.838	3.581	4.002	3.792
Bp-4	1.903	1.230	1.361	2.340	2.590	2.465
Bp-5	3.695	2.361	2.452	8.723	9.059	8.891
Bp-6	2.173	1.827	1.851	3.970	4.022	3.996

从表 7.4 中可以看出，不同叶片的比有效厚度各不相同，基于生理电阻的植物叶片细胞单位代谢能 $\Delta G_{R\text{-}E}$（J/m）、基于生理阻抗的植物叶片细胞单位代谢能 $\Delta G_{Z\text{-}E}$（J/m）、基于生理电阻的植物叶片细胞代谢能 ΔG_R（10^{-12}J）、基于生理阻抗的植物叶片细胞代谢能 ΔG_Z（10^{-12}J）及植物叶片细胞代谢能 ΔG_B（10^{-12}J）都不相同，而且同一叶片基于生理电阻的植物叶片细胞单位代谢能 $\Delta G_{R\text{-}E}$（J/m）和基于生理阻抗的植物叶片细胞单位代谢能 $\Delta G_{Z\text{-}E}$（J/m）相差较小。同时同一叶片基于生理电阻的植物叶片细胞代谢能 ΔG_R（10^{-12}J）、基于生理阻抗的植物叶片细胞代谢能 ΔG_Z（10^{-12}J）及植物叶片细胞代谢能 ΔG_B（10^{-12}J）差异较小。对叶片比有效厚度 d 和细胞代谢能 ΔG_B 进行分析，分别计算构树和桑树的叶片比有效厚度及细胞代谢能平均值、绝对极差和相对极差，如表 7.5 所示。

表 7.5　构树和桑树不同叶片比有效厚度及细胞代谢能统计分析

叶片种类	ΔG_B平均值	ΔG_B绝对极差	ΔG_B相对极差	d平均值	d绝对极差	d相对极差
Ma	8.858	10.865	1.227	3.295	3.999	1.213
Bp	8.486	19.684	2.320	3.321	6.380	1.921

从表 7.5 中可以看出，桑树叶片细胞的平均代谢能与构树叶片细胞的平均代谢能相差不大，但构树叶片细胞的代谢能变化区间大于桑树叶片细胞。桑树叶片的平均比有效厚度与构树相差不大，但桑树叶片的比有效厚度变化范围小于构树叶片。本节中基于生理电阻的植物叶片细胞单位代谢能 $\Delta G_{R\text{-}E}$ 和基于生理阻抗的植物叶片细胞单位代谢能 $\Delta G_{Z\text{-}E}$ 的意义是分别通过生理电阻 R 和生理阻抗 Z 来构建其与叶片细胞单位代谢能 ΔG_B 的函数关系，通过两种方式表征的是同一个物理量。因此经两种方式测得的叶片细胞单位代谢能 $\Delta G_{R\text{-}E}$ 和 $\Delta G_{Z\text{-}E}$ 应是相等的，而由表 7.4 中的测算结果差异较小，说明了本研究所使用的方法是合理可信的。通过测定叶片的电生理指标，能快速定量检测不同环境中植物叶片细胞的代谢能，还可以用生物物理指标表征不同环境中不同植物叶片水分和物质在系统中的交流特征（张兵等，2015），以及表征植物在不同逆境胁迫下的抗逆能

力（黎明鸿，2018；黎明鸿等，2019）。随着植物电生理数据量的不断增加，植物电生理的研究发展加快，在线、快速、无损地测定植物相应电生理指标，将这些数据作为参数代入公式中，就能计算出所需的植物生理高阶数据，为今后研究方法的改进提供了新的思路。

从表 7.4 中可以看出，不同叶片比有效厚度 d 明显不同，叶片比有效厚度越大，反映其叶片细胞越大，液泡越大，表明其越趋于成熟，其水分储存能力越强。由表 7.5 中的数据可知，桑树叶片细胞的平均代谢能和构树叶片细胞差异不大，这表明了在本试验的标准 Hoagland 溶液培养下，桑树的生理活性与构树差异不大，这解释了在试验条件下，桑树与构树均能正常生长。而构树叶片细胞的代谢能绝对极差大于桑树叶片细胞，反映了构树叶片细胞的代谢能变化区间大于桑树叶片细胞，表明相比桑树而言，构树叶片之间的源库关系更为灵活。另外，构树的叶片细胞平均代谢能高于桑树叶片细胞，从叶形上看，目前尚未有文献报道桑树的叶形有非正常状态变化，而已有文献报道构树叶形的多样性，并且构树叶片的形态呈正常叶和缺刻状态，构树的叶片形态与构树叶片的营养成分有关（翟晓巧等，2012）。此外，表 7.5 还表明构树叶片细胞的比有效厚度绝对极差大于桑树叶片细胞，反映了构树叶片细胞的叶片比有效厚度变化区间大于桑树叶片细胞，说明构树叶片在形态上的多样性是高于桑树的，构树叶片的多态性与其叶片的功能多样性可能相关，也能从另外一个角度说明构树的适应性强于桑树。本方法不仅可以快速、无损、在线定量检测不同环境中不同植物叶片细胞的代谢能，测定的结果具有可比性，而且还可以用生物物理指标表征不同环境中不同植物叶片水分和物质在系统中的交流特征，为阐明复杂的生物学规律和植物器官的源库关系提供科学数据。

7.3 植物电生理信息在植物健康活力检测中的应用

生物随着昼夜交替产生内源性的近日节律变化——昼夜节律（Mc Clung，2006）。从动物到植物几乎所有的有机体都具有一套预测外界环境变化的完整的生物节律系统。环境中的光照和温度信号通过影响生物钟的速度来调控相应的节律，从而协调多种生理途径（Nohales and Kay，2016）。植物电信号作为传递植物体内相关生理信息的主要信号，必定也有一套完整的节律调控系统，即植物电信号的周期行为。由于电信号的极不稳定性，不同植物在不同时间甚至不同环境条件下其测量结果都有差异，从而对植物电信号测量的准确性较难把握，因此了解植物电信号的周期性变化规律（昼夜节律）对植物电信号精确监测具有十分重要的意义。

构树和桑树同属桑科桑属木本植物，具有生长速度快、对恶劣环境适应性强的特点（Wu et al.，2009）。它们通常作为药用、观赏和经济植物种植。构树还是典型的先锋造林树种（Huang et al.，2019），研究表明，构树碳酸氢盐利用能力较强，水分状况较好，表现出比桑树更好的抗旱性（Wu and Xing，2012）。诸葛菜和油菜同属十字花科草本植物，可作为保健时蔬食用，具有一定的经济和观赏价值。研究表明诸葛菜适应范围较广、抗逆境能力强（Bhardwaj et al.，2015），具有比油菜更好的抗逆性。本节通过对构树、桑树、诸葛菜、油菜植物叶片电生理信号进行实时监测，研究不同植物电生理信号昼夜变化规律，并基于生理电容和生理电阻表征植物健康活力。

7.3.1 植物健康活力的检测方法

7.3.1.1 植物电生理信号昼夜变化的在线监测

本试验于 2019 年 3 月～2020 年 10 月在江苏大学 Venlo 型温室内进行，供试温室长度为 100m，宽度为 40m，东西朝向，顶高为 4.73m，肩高为 4.0 m，跨度为 3.2 m，试验区所在地理位置为 32.201°N、119.518°E，地处中纬度北亚热带，受季风环流的影响，具有明显的季风气候特征，四季分明，夏季高温多雨，冬季寒冷湿润，降水量充足。年 $\geq 0℃$ 积温约为 5631.4℃，年辐射总量 111.3kcal/cm²，年平均相对湿度 76%，年均实际日照时数为 2051.7h，年日照百分率为 46%。

试验材料分别为木本植物构树和桑树及草本植物诸葛菜和甘蓝型油菜，构树和桑树采用两年生幼苗，幼苗购于江苏省宿迁市境内；先将幼苗移入栽培桶，栽培基质为珍珠岩：营养土（1：1）的混合基质。种植后正常浇水，缓苗一周，成活后用 1/2 Hoagland 营养液进行培养，待植物长出 7～8 片真叶后再用全浓度的 Hoagland 营养液培养。材料培养在温室内，自然光照，室温培养。

诸葛菜和油菜种子先置于湿纱布上于光照培养箱中催芽，光照度 3000lx，每天视情况喷水以保持纱布湿润，待种子露白，将其播种于装有珍珠岩的 12 孔育苗穴盘中，待幼苗长出，在托盘中倒入少量 1/4 Hoagland 营养液进行培养，长出 3～4 片真叶后再用全浓度的 Hoagland 营养液培养。培养环境条件设置：光/暗周期（12 h/9 h），CO_2 浓度为（380±10）μmol/mol，空气相对湿度为（65±5）%，白天/夜间循环温度（28℃/18℃）、光照强度为（280±20）μmol/(m²·s)。

测定装置主要包括 LCR 测试仪、PC 机（Thinkpad1430）、自制平行板电容器、泡沫板、直径为 10mm 电容器圆形电极板和导线，平行板电容器通过导线与 LCR 测试仪连接，LCR 测试仪与计算机连接，如图 7.1 所示，选择典型的晴天天气和阴天天气，在气象行业标准中，以云的面积占据天空的百分比作为判别依据：云量在 0%～10% 为晴天，

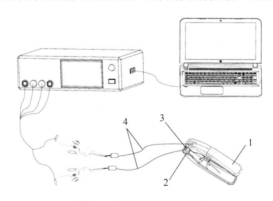

图 7.1　测定装置示意图
1. 电容器；2. 泡沫板；3. 直径 10mm 电容器圆形电极板；4. 导线

大于 70% 为阴天。使用平行电极板将叶片夹在两个电极板之间，避开主叶脉，连接 LCR 测试仪，保持叶片与夹板之间的稳定性，设置好测定电压、频率、时间，分别为电压 1.5 V、频率 3 kHz，每 5 min 记录一次数据，在线监测植物生理电阻 R、生理电容 C 和生理阻抗 Z，从傍晚开始，连续监测 72 h。每种植物重复测定 3 次。太阳辐射、温度、湿度等环境因子由位于实验地点的微型农业气象自动站的精确气象传感器连续记录。

7.3.1.2　植物电生理信号昼夜节律模型的构建

目前测定植物电生理参数时由于测量时间、环境等客观因素，其测量结果差异较大，为了使测定结果具有可靠性，精确测得植物电生理参数，本研究通过测定植物叶片的生理电阻、电容生理阻抗昼夜变化情况，获取植物电生理信号随时间的变化规律；以正弦函数分别构建植物叶片生理电阻、电容及阻抗随时间变化的模型，方程分别为：

$$R = R_0 + a_1 \sin\left(\frac{2\pi t}{b_1} + c_1\right) \tag{7.10}$$

$$C = C_0 + a_2 \sin\left(\frac{2\pi t}{b_2} + c_2\right) \tag{7.11}$$

$$Z = Z_0 + a_3 \sin\left(\frac{2\pi t}{b_3} + c_3\right) \tag{7.12}$$

式中，R 为电阻；C 为电容；Z 为阻抗。参数 a_1、a_2、a_3 为正弦函数的波幅；t 为其对应的横坐标；c_1、c_2、c_3 为 $t=0$ 时的初相位，反映为图像左右移动；R_0、C_0、Z_0 为偏距，反映为图像的上移或者下移，b_1、b_2、b_3 为周期，控制着"钟"的宽度。

7.3.1.3　基于生理电阻植物昼夜节律特征的表征

根据方程中的各个参数来表征不同植物电生理信号的昼夜节律特征。式（7.10）中 R_0 表征基础电阻 R_B（basic resistance），参数 a_1 是指正弦函数的波幅，表征可变电阻 R_V（variable resistance），R_B 与 R_V 之和表征静息电阻 R_R（resting resistance），公式为：

$$R_R = R_B + R_V \tag{7.13}$$

参数 b_1 为周期，换算成时间周期 T_1，单位是 h，换算公式为：

$$T_1 = 24b_1 \tag{7.14}$$

c_1 为 $t=0$ 时的初相位，换算成时间相位 IP_1（initial phase），单位是 h，公式为：

$$IP_1 = \frac{24b_1c_1}{2\pi} \tag{7.15}$$

7.3.1.4　基于生理电容植物昼夜节律特征的表征

根据拟合方程中的参数可知，式（7.11）中 C_0 表征基础电容 C_B（basic capacitance），参数 a_2 是指正弦函数的波幅，表征可变电容 C_V（variable capacitance），C_B 与 C_V 之间的差值表征静息电容 C_R（resting capacitance），公式为：

$$C_R = C_B - C_V \tag{7.16}$$

参数 b_2 为周期，换算成时间周期 T_2，单位是 h，公式为：

$$T_2 = 24b_2 \tag{7.17}$$

c_2 为 $t=0$ 时的初相位，换算成时间相位 IP_2，单位是 h，公式为：

$$IP_2 = \frac{24b_2c_2}{2\pi} \tag{7.18}$$

7.3.1.5 基于生理阻抗植物昼夜节律特征的表征

根据拟合方程中的参数可知，式（7.12）中 Z_0 表征基础阻抗 Z_B（basic impedance），参数 a_3 是指正弦函数的波幅，表征可变阻抗 Z_V（variable impedance），Z_B 与 Z_V 之和表征静息阻抗 Z_R（resting impedance），公式为：

$$Z_R = Z_B + Z_V \tag{7.19}$$

参数 b_3 为周期，换算成时间周期 T_3，单位是 h，公式为：

$$T_3 = 24b_3 \tag{7.20}$$

c_3 为 $t=0$ 时的初相位，换算成时间相位为 IP_3，单位是 h，公式为：

$$IP_3 = \frac{24b_3c_3}{2\pi} \tag{7.21}$$

7.3.1.6 基于生理电容和生理电阻植物健康活力的表征

根据植物电生理节律的特征参数，获取植物基于生理电容的活化效率 AR_C 的计算公式为：

$$AR_C = 0.5U^2C_VT_2^{-1} \tag{7.22}$$

式中，C_V 为可变电容；U 为测试电压；T_2 为时间周期。

根据植物电生理节律的特征参数，获取植物基于生理电阻的活化效率 AR_R 的计算公式为：

$$AR_R = U^2R_V^{-1} \tag{7.23}$$

式中，R_V 为可变电阻；U 为测试电压。

根据待测植物生理电容和生理电阻的活化率表征植物的健康活力 HA 的计算公式为：

$$HA = \sqrt{(AR_C)(AR_R)} \tag{7.24}$$

式中，AR_C 为基于生理电容的活化效率；AR_R 为基于生理电阻的活化效率。

7.3.2 不同天气条件下 4 种植物电生理信号的昼夜变化

在不同天气（晴天、阴天）条件下，连接 LCR 仪对构树和桑树植物叶片电生理信号进行连续在线监测，结果显示，无论是在晴天还是阴天，构树和桑树的电生理信号均呈现电周期现象，周期约为 24 h。如图 7.5 所示，构树和桑树生理电阻昼夜变化规律具有周期性，整体呈现先升高后降低趋势，午夜期间变化较不明显，最低值在早上 5:00～6:00，之后随着时间的进程开始迅速升高，正午之后出现最大值，在 15:00～16:00，然后逐渐下降，至翌日凌晨再次逐渐上升，基本重复前一天的周期；生理阻抗的昼夜变化情况整体趋势与电阻相似，随着昼夜交替呈现周期变化；生理电容值的变化也呈现周期性，整体变化趋势与生理电阻、阻抗相反，从早上 5:00～6:00 开始逐渐下降，正午之后出现最低值，然后逐渐上升至翌日凌晨，之后继续下降，保持昼夜循环。同一天气条件下植物电生理信号峰值和谷值到达的时间差别不大，但不同天气下有所区别。由图 7.2 可知，两种典型天气条件下，构树和桑树电生理信号随时间的变化并不是一条平滑的曲线，从电信号分布来看多处出现较不规则情况，但整体变化趋势相似，基本上呈现周期性变化规律，并且晴天的电信号分布曲线较为尖耸且曲折。

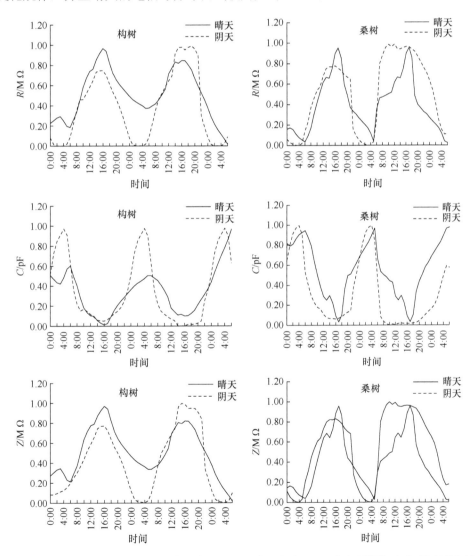

图 7.2　不同天气条件下构树和桑树生理电阻（*R*）、生理电容（*C*）和生理阻抗（*Z*）昼夜变化情况

所有电生理指标均进行归一化处理后作图，下同

由图 7.3 可以看出在两种天气条件下诸葛菜和油菜电生理信号也存在周期性变化现象，但与构树和桑树的变化有所不同，在白昼期间诸葛菜和油菜生理电阻和阻抗从 10:00~11:00 开始迅速上升，峰值在 16:00~17:00，然后呈平缓下降趋势，至低谷之后又开始上升，如此周期循环；二者的生理电容变化趋势则与之相反。根据图中的电生理信号的昼夜变化分布图可以看出，两种植物在晴天和阴天的电生理信号虽大致都呈周期性循环，但相位发生了变化，即峰值和谷值到达的时间存在差异，阴天相对于晴天明显发生了偏移。

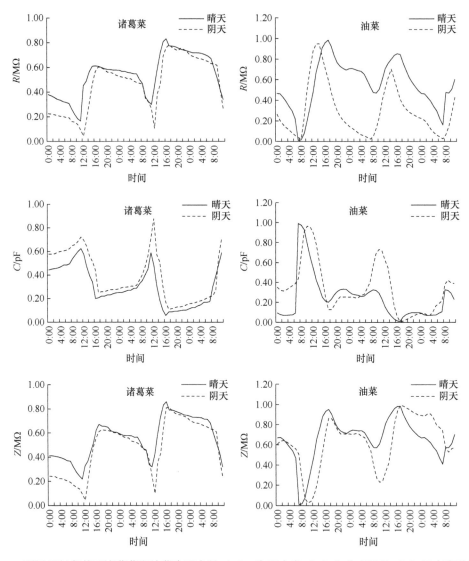

图 7.3　不同天气条件下诸葛菜和油菜生理电阻（*R*）、生理电容（*C*）和生理阻抗（*Z*）昼夜变化情况

如图 7.4 所示，两种天气条件下温度（*T*）（图 a）最高在下午 14:00 左右，光合有效辐射（PAR）（图 b）最高在 12:00~13:00。

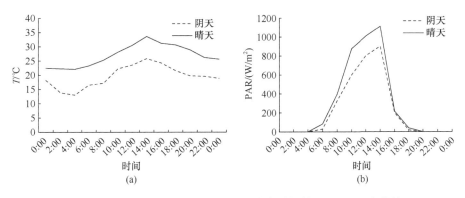

图 7.4　两种天气条件下温度（T）和光合有效辐射（PAR）日变化情况

7.3.3　基于电生理信号的 4 种植物昼夜节律模型的构建

如表 7.6～表 7.8 所示，根据构树和桑树电生理信号的昼夜变化规律分别构建在不同天气条件下其生理电阻、电容、阻抗随时间变化的耦合模型，可以看出以正弦函数拟合构树和桑树电生理信号随时间的变化模型可以很好地表征其电生理信号随时间的变化关系。不同植物在不同天气条件下所拟合出来的方程和各参数值不同。

表 7.6　不同天气条件下构树和桑树生理电阻随时间变化的耦合模型及参数（$P<0.0001$）

种类	天气	方程和参数					
		a_1	b_1	c_1	R_0	R^2	拟合方程
构树	晴天	2 747.9	1.03	−2.62	9 915.6	0.96	$R=9915.6+2\,747.9\sin\left(\dfrac{2\pi}{1.03}t-2.62\right)$
	阴天	9 358.1	1.03	3.93	12 795.7	0.98	$R=12\,795.7+9\,358.1\sin\left(\dfrac{2\pi}{1.03}t+3.93\right)$
桑树	晴天	8 683.8	0.95	−2.91	60 339.9	0.93	$R=60\,339.9+8\,683.8\sin\left(\dfrac{2\pi}{0.95}t-2.91\right)$
	阴天	19 024.3	1.05	3.96	25 331.8	0.94	$R=25\,331.8+19\,024.3\sin\left(\dfrac{2\pi}{1.05}t+3.96\right)$

表 7.7　不同天气条件下构树和桑树生理电容随时间变化的耦合模型及参数（$P<0.0001$）

种类	天气	方程和参数					
		a_2	b_2	c_2	C_0	R^2	拟合方程
构树	晴天	1.49×10^{-9}	0.99	0.49	6.66×10^{-9}	0.92	$C=6.66\times10^{-9}+1.49\times10^{-9}\sin\left(\dfrac{2\pi}{0.99}t+0.49\right)$
	阴天	4.65×10^{-9}	1.16	1.09	6.99×10^{-9}	0.84	$C=6.99\times10^{-9}+4.65\times10^{-9}\sin\left(\dfrac{2\pi}{1.16}t+1.09\right)$
桑树	晴天	4.22×10^{-12}	0.04	0.34	1.88×10^{-9}	1.00	$C=1.88\times10^{-9}+4.22\times10^{-12}\sin\left(\dfrac{2\pi}{0.04}t+0.34\right)$
	阴天	2.03×10^{-9}	1.17	1.88	4.18×10^{-9}	0.89	$C=4.18\times10^{-9}+2.03\times10^{-9}\sin\left(\dfrac{2\pi}{1.18}t+1.17\right)$

表 7.8 不同天气条件下构树和桑树生理阻抗随时间变化的耦合模型及参数（$P<0.0001$）

种类	天气	方程和参数					
		a_3	b_3	c_3	Z_0	R^2	拟合方程
构树	晴天	1 556.0	0.99	−2.68	6 315.0	0.95	$Z=6\ 315.0+1\ 556.0\sin\left(\dfrac{2\pi}{0.99}t-2.68\right)$
	阴天	4 604.9	1.04	3.91	8 143.7	0.98	$Z=8\ 143.7+4\ 604.9\sin\left(\dfrac{2\pi}{1.04}t+3.91\right)$
桑树	晴天	3 257.3	0.95	3.41	25 741.9	0.93	$Z=25\ 741.9+3\ 257.3\sin\left(\dfrac{2\pi}{0.95}t+3.41\right)$
	阴天	7 045.1	1.08	4.05	12 474.3	0.96	$Z=12\ 474.3+7\ 045.1\sin\left(\dfrac{2\pi}{1.08}t+4.05\right)$

如表 7.9～表 7.11 所示，根据诸葛菜和油菜电生理信号的昼夜变化规律分别构建在不同天气条件下诸葛菜和油菜生理电阻、电容、阻抗随时间变化的耦合模型，以正弦函数拟合诸葛菜和油菜电生理信号随时间的变化模型可以很好地表征其电生理信号随时间的变化关系。

表 7.9 不同天气条件下诸葛菜和油菜生理电阻随时间变化的耦合模型及参数（$P<0.0001$）

种类	天气	方程和参数					
		a_1	b_1	c_1	R_0	R^2	拟合方程
诸葛菜	晴天	1 741.9	0.88	1.12	23 395.7	0.90	$R=23\ 395.7+1\ 741.9\sin\left(\dfrac{2\pi}{0.88}t+1.12\right)$
	阴天	2 389.6	0.89	1.50	16 347.0	0.96	$R=16\ 347.0+2\ 389.6\sin\left(\dfrac{2\pi}{0.89}t+1.50\right)$
油菜	晴天	10 586.9	1.01	−3.16	232 574.0	0.96	$R=232\ 574.0+10\ 586.9\sin\left(\dfrac{2\pi}{1.01}t-3.16\right)$
	阴天	25 161.5	1.17	3.80	49 941.3	0.95	$R=49\ 941.3+25\ 161.5\sin\left(\dfrac{2\pi}{1.17}t+3.80\right)$

表 7.10 不同天气条件下诸葛菜和油菜生理电容随时间变化的耦合模型及参数（$P<0.0001$）

种类	天气	方程和参数					
		a_2	b_2	c_2	C_0	R^2	拟合方程
诸葛菜	晴天	2.26×10^{-11}	0.86	0.26	2.99×10^{-9}	0.91	$C=2.99\times10^{-9}+2.26\times10^{-11}\sin\left(\dfrac{2\pi}{0.86}t+0.26\right)$
	阴天	3.79×10^{-11}	0.95	0.31	4.20×10^{-9}	0.92	$C=4.20\times10^{-9}+3.79\times10^{-11}\sin\left(\dfrac{2\pi}{0.95}t+0.31\right)$
油菜	晴天	1.61×10^{-11}	1.03	0.28	2.81×10^{-9}	0.94	$C=2.81\times10^{-9}+1.61\times10^{-11}\sin\left(\dfrac{2\pi}{1.03}t+0.28\right)$
	阴天	3.72×10^{-11}	1.04	−0.23	2.88×10^{-9}	0.93	$C=2.88\times10^{-9}+3.72\times10^{-11}\sin\left(\dfrac{2\pi}{1.04}t-0.23\right)$

7.3.4 基于生理电阻 4 种昼夜节律特征的比较

表 7.12 和表 7.13 分别为模型中各参数值获取的构树和桑树及诸葛菜和油菜在不同

天气条件下生理电阻昼夜节律的特征参数，分别为基础电阻（R_B）、可变电阻（R_V）、静息电阻（R_R）、时间周期（T_1）及时间的初相位（IP_1）。

表 7.11　不同天气条件下诸葛菜和油菜生理阻抗随时间变化的耦合模型及参数（$P<0.0001$）

种类	天气	方程和参数					
		a_3	b_3	c_3	Z_0	R^2	拟合方程
诸葛菜	晴天	1 036.9	0.85	-4.86	14 226.5	0.90	$Z=14\,226.5+1\,036.9\sin\left(\frac{2\pi}{0.85}t-4.86\right)$
	阴天	1 441.3	0.88	1.54	10 095.5	0.97	$Z=10\,095.5+1\,441.3\sin\left(\frac{2\pi}{0.88}t+1.54\right)$
油菜	晴天	11 110.6	1.06	2.00	39 205.5	0.96	$Z=39\,205.5+11\,110.6\sin\left(\frac{2\pi}{1.06}t+2.00\right)$
	阴天	5 854.6	1.16	3.34	34 922.3	0.93	$Z=34\,922.3+5\,854.6\sin\left(\frac{2\pi}{1.16}t+3.34\right)$

由表 7.12 可知阴天条件下构树的 R_B、R_V 及 R_R 大于晴天条件下，桑树晴天 R_B、R_R 值大于阴天；对于在同一天气条件下，桑树 R_R 明显大于构树；时间周期在 24h 左右，对于同一种植物其阴天的节律周期要略大于晴天；而时间相位也发生了偏移，阴天的时间相位相对于晴天向右偏移。

表 7.12　不同天气条件下构树和桑树生理电阻昼夜节律特征

种类	天气	特征参数				
		R_B	R_V	R_R	T_1	IP_1
构树	晴天	9 915.6	2 747.9	12 663.5	24.72	-10.31
	阴天	12 795.7	9 358.1	22 153.8	24.72	15.46
桑树	晴天	60 339.9	8 683.8	69 023.7	22.8	-10.56
	阴天	25 331.8	19 024.3	44 356.1	25.2	15.88

注："-"表示时间以零点为原点向左推移，下同

如表 7.13 所示，在不同天气条件下，诸葛菜阴天的 R_R 整体要小于晴天条件下，油菜同样也是阴天条件下的 R_R 较小；对于同一天气条件下，油菜的 R_B、R_V 及 R_R 值也明显大于诸葛菜；二者节律周期不同，诸葛菜电阻的节律周期要略小于 24 h，而油菜的节律周期基本维持在 24 h 左右；两种天气下周期和时间相位都有变化，阴天的周期略大于晴天，并且阴天的时间相位相对于晴天向右发生了偏移。

表 7.13　不同天气条件下诸葛菜和油菜生理电阻昼夜节律特征

种类	天气	特征参数				
		R_B	R_V	R_R	T_1	IP_1
诸葛菜	晴天	23 395.7	1 741.9	25 137.6	21.12	3.81
	阴天	16 347.0	2 389.6	18 736.6	21.36	5.04
油菜	晴天	232 574.0	10 586.9	243 160.9	24.24	-12.19
	阴天	49 941.3	25 161.5	75 102.8	25.68	15.53

7.3.5 基于生理电容 4 种昼夜节律特征的比较

表 7.14、表 7.15 分别为构树和桑树及诸葛菜和油菜生理电容昼夜节律在不同天气条件下的特征参数，分别为基础电容（C_B）、可变电容（C_V）、静息电容（C_R）、时间周期（T_2）及时间的初相位（IP_2）。

表 7.14　不同天气条件下构树和桑树生理电容昼夜节律特征

| 种类 | 天气 | 特征参数 | | | | |
		C_B	C_V	C_R	T_2	IP_2
构树	晴天	$6.66×10^{-9}$	$1.49×10^{-9}$	$5.17×10^{-9}$	23.76	1.85
	阴天	$6.99×10^{-9}$	$4.65×10^{-9}$	$2.34×10^{-9}$	27.84	4.83
桑树	晴天	$1.88×10^{-9}$	$4.22×10^{-12}$	$1.88×10^{-9}$	0.96	0.05
	阴天	$4.18×10^{-9}$	$2.03×10^{-9}$	$2.15×10^{-9}$	28.08	5.27

表 7.15　不同天气条件下诸葛菜和油菜生理电容昼夜节律特征

| 种类 | 天气 | 特征参数 | | | | |
		C_B	C_V	C_R	T_2	IP_2
诸葛菜	晴天	$2.99×10^{-9}$	$2.26×10^{-11}$	$2.97×10^{-9}$	20.64	0.85
	阴天	$4.20×10^{-9}$	$3.79×10^{-11}$	$4.16×10^{-9}$	22.8	1.12
油菜	晴天	$2.81×10^{-9}$	$1.61×10^{-11}$	$2.79×10^{-9}$	24.72	1.10
	阴天	$2.88×10^{-9}$	$3.72×10^{-11}$	$2.84×10^{-9}$	24.96	−0.91

由表 7.14 可知，构树阴天条件 C_B、C_V 值均要大于晴天，C_R 值较小，而桑树 C_B、C_V、C_R 值均是阴天条件下较大；在同一天气条件下，桑树无论是 C_B、C_V 还是 C_R 整体上都要小于构树，这与生理电阻特征刚好相反；两种植物生理电容昼夜节律周期阴天大于晴天，并且桑树在晴天条件下出现时间周期小于 1 h 的情况，说明桑树生理电容可能存在小周期；构树和桑树时间相位阴天较晴天向右发生了偏移。

由表 7.15 可知，诸葛菜和油菜 C_R 值均在阴天时较高；在天气条件相同的情况下，油菜的 C_R 值小于诸葛菜；诸葛菜电容的节律周期略小于 24 h，而油菜的周期在 24 h 左右，且阴天的周期要大于晴天；时间相位同样也是阴天较晴天发生了偏移。

7.3.6 基于生理阻抗 4 种昼夜节律特征的比较

表 7.16 和表 7.17 分别为构树和桑树及诸葛菜和油菜生理阻抗昼夜节律在不同天气条件下的特征参数，分别为基础阻抗（Z_B）、可变阻抗（Z_V）、静息阻抗（Z_R）、时间周期（T_3）及时间的初相位（IP_3）。

由表 7.16 可知，构树和桑树生理阻抗各参数的特征与生理电阻有相似之处。构树 Z_B、Z_V、Z_R 值在阴天条件下较大，而桑树晴天的 Z_B、Z_R 值较大；对于同一天气条件下，桑树 Z_R 值也明显大于构树；节律周期同样也是阴天的较大，时间相位阴天较晴天发生了偏移。

表 7.16　不同天气条件下构树和桑树生理阻抗昼夜节律特征

种类	天气	特征参数				
		Z_B	Z_V	Z_R	T_3	IP$_3$
构树	晴天	6 315.0	1 556.0	7 871.0	23.76	−10.13
	阴天	8 143.7	4 604.9	12 748.6	24.96	15.53
桑树	晴天	25 741.9	3 257.3	28 999.2	22.8	12.37
	阴天	12 474.3	7 045.1	19 519.4	25.92	16.71

表 7.17　不同天气条件下诸葛菜和油菜生理阻抗昼夜节律特征

种类	天气	特征参数				
		Z_B	Z_V	Z_R	T_3	IP$_3$
诸葛菜	晴天	14 226.5	1 036.9	15 263.4	20.40	−15.78
	阴天	10 095.5	1 441.3	11 536.8	21.12	5.18
油菜	晴天	39 205.5	11 110.6	50 316.1	25.44	8.10
	阴天	34 922.3	5 854.6	40 776.9	26.88	14.29

由表 7.17 可知,诸葛菜和油菜生理阻抗昼夜节律的特征参数与其生理电阻的特征相似,两种植物晴天 Z_R 值均大于阴天,并且在天气相同的情况下,油菜的 Z_R 值都要大于诸葛菜;诸葛菜的阻抗的节律周期要小于 24 h,而油菜阻抗的节律周期略大于 24 h;天气条件改变同样昼夜节律的相位也发生改变。

7.3.7　基于生理电阻和生理电容 4 种植物健康活力的比较

根据表 7.18 可以看出,构树基于生理电阻的活化效率 AR$_R$、基于生理电容的活化效率 AR$_C$ 和植物的健康活力 HA 都比同样条件下生长的桑树的要高;基于生理电容的活化效率 AR$_C$ 是阴天大于晴天,晴天基于生理电阻的活化效率 AR$_R$ 要大于阴天,总体的植物健康活力,构树为晴天大于阴天,桑树为阴天大于晴天。

表 7.18　不同天气条件下构树和桑树基于生理电阻的活化效率、基于生理电容的活化效率和植物的健康活力

种类	天气条件	AR$_R$（×10^{-6}）	AR$_C$（×10^{-12}）	HA（×10^{-9}）
构树	晴天	818.2	70.5	240.2
	阴天	240.4	187.9	212.6
桑树	晴天	259.0	4.9	35.8
	阴天	118.3	81.3	98.1

如表 7.19 所示,诸葛菜的 AR$_R$、AR$_C$ 和 HA 都比同样条件下生长的油菜的要高,且阴天的 AR$_C$ 大于晴天,AR$_R$ 晴天大于阴天,诸葛菜和油菜的 HA 均是阴天大于晴天。

表 7.19　不同天气条件下诸葛菜和油菜基于生理电阻的活化效率、基于生理电容的活化效率和植物的
健康活力

种类	天气条件	AR_R（$\times 10^{-6}$）	AR_C（$\times 10^{-12}$）	HA（$\times 10^{-9}$）
诸葛菜	晴天	1290	1.1	38.0
	阴天	942	1.9	41.9
油菜	晴天	213	0.6	10.8
	阴天	89.4	1.7	12.3

图 7.5 为晴朗天气条件下主要气象因子的日变化情况，随着日变化的进程，光合有效辐射（PAR）日变化先增大后减小，在 12:00 前后达到一天中的最大值；大气温度（T）日变化趋势也呈先增大后减小的趋势，温度最高值出现在 14:00 前后；大气相对湿度（RH）变化趋势与光合有效辐射、大气温度相反，呈先下降后上升的趋势，清晨相对湿度最高，最低值在 14:00 左右。

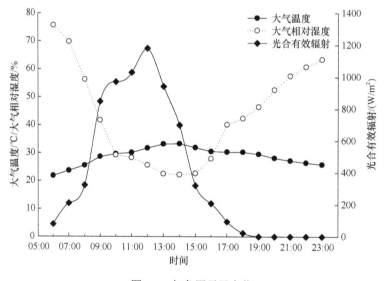

图 7.5　气象因子日变化

由表 7.20 可知，4 种植物电生理指标与主要气象因子之间存在较好的相关性，电阻、阻抗与 PAR、T 均呈极显著正相关，与 RH 呈极显著负相关，而电容与 PAR、T 呈极显著负相关，与 RH 呈极显著正相关。气象因子中相关系数最大的是 PAR，其次是 RH、T。

7.3.8　植物电生理信息与植物健康活力

昼夜节律钟是一个内源性振荡器，周期约为 24 h，它的节奏与明暗循环有关。昼夜节律钟是由 Mairan 在 1729 年首次尝试通过实验解决含羞草叶片运动节律的起源时发现的。即使含羞草在持续的黑暗中，这种节奏仍在继续。Mairan 假设含羞草的叶片运动是由生物钟控制的。昼夜节律振荡器是生物钟的组成部分，调节植物与环境周期相关的活动，并提供内部时间框架。Volkov 等（2011）用电荷刺激法分析了芦荟和含羞草叶片

表 7.20　4 种植物电生理信号与气象因子的相关关系

植物种类	电生理参数	光合有效辐射（PAR）	大气温度（T）	大气相对湿度（RH）
构树	R	0.923**	0.785**	−0.867**
	C	−0.902**	−0.776**	0.833**
	Z	0.938**	0.796**	−0.883**
桑树	R	0.920**	0.723**	−0.854**
	C	−0.900**	−0.700**	0.828**
	Z	0.954**	0.726**	−0.868**
诸葛菜	R	0.984**	0.735**	−0.833**
	C	−0.982**	−0.739**	0.804**
	Z	0.990**	0.656**	−0.750**
油菜	R	0.979**	0.665**	−0.765**
	C	−0.959**	−0.686**	0.761**
	Z	0.990**	0.722**	−0.798**

*表示在 0.05 水平上显著相关；
**表示在 0.01 水平上显著相关

中调节生理的生物封闭电回路，展示了植物对电刺激反应的昼夜节律变化，结果表明，昼夜节律钟可以内源性维持。含羞草叶片细胞内外离子浓度的变化及动作电位等是由于其感震性运动引起的（Volkov et al.，2010）。本研究中，在两种典型天气条件下分别对木本植物构树和桑树及草本植物诸葛菜和甘蓝型油菜的叶片电生理信号进行连续无损在线监测，结果显示，随着环境周期的昼夜交替 4 种植物电生理信号也呈现昼夜变化现象，且在不同天气条件下电生理信号的昼夜变化均呈周期性，具有明显的节律性特征，并没有因为天气条件的改变导致电周期现象被破坏，即当主要环境因子如温度和光照的变化处于植物正常生理承受范围内时，植物电生理信号周期性保持不变，这表明植物电生理信号受昼夜节律钟控制，并且可以内源性维持。电容与电阻、阻抗的变化趋势相反，这是因为在均匀介质中，两导体间的电阻与电容成反比。同时根据 4 种植物周期性变化规律可知，构树、桑树与诸葛菜、油菜昼夜节律不同，其节律变化升高和下降的起点及到达峰值的时间都有所差异。由于不同时间段所测得的电信号值不同，所以在今后的测量中应注意保持测量时间的一致性。正弦函数是周期性函数，我们以正弦函数拟合构树和桑树电生理信号随时间的变化关系，其结果更加直观可靠，进一步证明了本研究中 4 种植物的电生理信号具有周期性变化特征。

研究表明，植物昼夜节律可能被一些"授时因子"重置，光照和温度是植物昼夜节律的两个主要授时因子。外界环境变化引起植物生理状况变化从而导致植物电信号变化。本试验通过对不同天气条件下（光照、温度等不同）对 4 种植物的电生理信号进行连续无损在线监测，所得出的结果显示构树和桑树及诸葛菜和油菜的电生理信号在不同天气条件下均呈现周期性变化规律，但是不同植物具体的昼夜节律特征不同。一方面，在不同天气条件下环境温度不同，由于昼夜节律的温度补偿效应，植物电生理信号在一定温度波动范围内维持稳态，所以即使在不同天气条件下植物的电周期现象仍然保持。

但同时随着日变化进程环境中的温度会发生相应的变化，研究表明，植物电信号幅值随着温度的逐渐升高，呈现由强变弱的总体趋势（Li et al.，2020），这可能是本研究中植物电信号日变化分布曲线曲折波动的原因之一。温度的周期性和植物电生理信号的周期性有相似的趋势，但可以看出电生理信号的周期性不是完全由温度决定的，电生理信号和温度的变化是不同步的，温度的峰值早于电生理信号。另一方面，光环境是影响植物生长的主要因子之一，如光照度、光质、光周期（明/暗期时间）等因素都会影响植物生长发育过程（Chatterjee et al.，2014）。植物电信号会在一定范围内随着光照强度的增大而增大（Yan et al.，2009）。早在 20 世纪，就有研究表明光照会重置昼夜节律钟的相位，在本研究中也有所体现，根据昼夜节律的特征参数可以看出 4 种植物阴天的时间相位相对于晴天均发生了偏移，且阴天昼夜节律的时间周期大于晴天，这也可能是光环境的改变所致。

植物生理及生长发育过程可以通过植物电生理信号来表征。不同植物所测得电生理信号差异很大。本研究表明植物的电生理信号昼夜节律也具有多样性，虽然整体都呈周期性变化，但不同植物具体变化特征存在差异。前面我们通过植物昼夜节律模型和各参数值获取植物电生理节律相关特征参数，并用其表征待测植物基于不同电生理信号的活化效率，耦合植物生理电容和生理电阻的活化效率表征植物的健康活力，可用其来表征植物健康活力状况，从而判断出植物对环境的适应能力。在本研究中对于在同一天气条件下，桑树的 R_R、Z_R 值均大于构树，而 C_R 相反。有研究表明，植物的电生理特性可以很好地表征植物水分状况及抵抗外界环境的能力，如李晋阳和毛罕平（2016）通过对番茄叶片生理阻抗和电容实时监测来判断植物叶片的含水率。生理电容对小麦叶片含水量的变化比较敏感，其大小可以较真实地反映冬小麦抗旱性强弱及受旱程度（栾忠奇等，2007）。静息状态下构树的生理电容要高于桑树，我们可以认为构树的水分状况较桑树好，这与吴沿友课题组之前通过研究植物电生理特性来测定其抗旱性特征中发现构树的水分状况要强于桑树，且构树具有较强的保水能力（Zhang et al.，2015）这一结论相符。用激发植物代谢的可变电容和可变电阻的做功效率可以表征植物的活化效率，耦合植物生理电容和生理电阻的活化效率可以表征植物的健康活力。通过测定基于生理电容的活化效率 AR_C、基于生理电阻的活化效率 AR_R 和植物的健康活力 HA，可以定量出植物的水分状态、代谢活跃强度及健康状况，为植物的环境适应性及优化植物生长环境提供科学依据。本研究中构树的 AR_C、AR_R 和 HA 都比同样条件下生长的桑树的要高，这说明构树的健康状况较桑树好，适应环境能力比桑树强。AR_C 是阴天大于晴天，这与晴天会造成植物产生一定的水分亏缺有关，晴天的 AR_R 要大于阴天，这说明生物膜活动是晴天大于阴天。

同样，我们在草本植物诸葛菜和油菜昼夜节律特征中也发现了类似现象，在天气条件相同的情况下，油菜的 C_R 值整体上要比诸葛菜的值小，而 R_R、Z_R 要大于诸葛菜，说明诸葛菜水分状况要强于油菜；诸葛菜的 AR_R、AR_C 和 HA 都比同样条件下生长的油菜的要高，这也说明诸葛菜比油菜的健康状况要好，适应环境的能力也相对强一些。胡林生（2016）在研究壤土和壤质黏土中油菜和诸葛菜水分利用状况中就有表明诸葛菜对土壤含水量的要求比油菜低，且诸葛菜比油菜水分状况好，这也与本研究结果较为一致。

通过对比构树和桑树及诸葛菜和油菜电生理信号昼夜节律的时间周期，我们发现不同植物电生理信号的节律周期也有差异，4 种植物电生理信号的昼夜节律都没有精确的 24 h 周期，这也恰好体现了植物昼夜节律具有可调性这一特征。构树与桑树节律周期整体上差距不大，基本在 24 h 左右，但桑树在晴天时其生理电容出现了周期小于 1 h 的情况，这表明桑树不仅存在接近 24 h 的大周期，还有可能存在小周期，并且小周期掩盖了大周期，而构树并没有出现此类现象。诸葛菜和油菜的节律周期存在差距，诸葛菜电信号的节律周期略小于 24 h，而油菜的各项电生理指标时间基本维持在 24 h 左右；这些都说明不同植物昼夜节律特征不同，并且同一植物不同电生理指标之间节律特征也存在差异。

气象因子是影响植物生理生长发育变化的重要因素，同时也是影响植物电生理信号的主要因素之一。通过相关性分析发现 4 种植物电生理指标与主要气象因子之间均存在较好的相关性，说明电生理信号的节律变化受气象因子影响，是由光合有效辐射、温度、相对湿度等共同作用引起的。光合有效辐射、大气温度对植物电阻和阻抗的影响均是正效应，对电容的影响是负效应，这与气象因子和电生理指标相对应的日变化趋势是一致的。其中，光合有效辐射相关系数较大，说明其对植物电生理信号变化影响最大，植物叶片对光合有效辐射的敏感性很强，大气相对湿度、温度次之，说明大气相对湿度、温度最终是通过光合有效辐射来作用于植物叶片的。

以木本植物构树、桑树和草本植物诸葛菜、油菜为研究对象，通过对不同天气条件下这 4 种电生理信号昼夜变化的连续无损在线监测，同时以正弦函数构建不同植物电生理信号随时间的变化模型，快速获取构树、桑树、诸葛菜、油菜基于电生理信号的昼夜节律及其相关特征。4 种植物电生理信号均存在明显周期变化，其电生理信号受昼夜节律钟控制，即使在不同天气条件下植物的电生理信号仍然呈现周期性变化规律，这表明植物电生理信号的昼夜节律可以内源性维持。以正弦函数拟合植物电生理信号随时间的变化模型可以很好地表征不同植物电生理信号随时间的变化关系，通过模型及各特征参数之间的比较我们得知，不同植物，甚至同一植物不同电生理指标之间电生理信号昼夜节律所表现出的特征都不相同。对于外界环境的变化，不同植物适应能力不同，结合电生理信号昼夜节律特征参数及其基于不同电生理信号的活化效率所表征植物的健康活力可判断植物的水分状况及对环境适应能力大小为构树>桑树，诸葛菜>油菜。通过对植物电生理信号与气象因子的相关性分析可知，光合有效辐射对电生理信号变化影响最大，大气相对湿度和温度次之。

7.4　植物电生理信号的昼夜节律对模拟干旱胁迫的响应

植物电信号是一种快速、高效传递植物细胞、组织器官之间信息的微弱信号（娄成后和冷强，1996），是能反映出植物生长和环境状况的主要生理信号。当环境发生变化，植物电信号也会发生不同程度的变化，伴随着频率、振幅电信号传导及离子流动等相关信息的产生，植物细胞接收到信号并以特定形式转换（Fromm and Lautner，2007），从而调节植物的生理变化达到与环境变化同步。植物水分胁迫程度与叶片电特性具有一定的变化规律，植物一天当中不同时间段所遭受的胁迫程度不同，通过连续监测干旱胁迫情况下植物的电生理信号昼夜变化情况，分析植物电生理信号昼夜节律对干旱胁迫的响应机制，可以更好地了解植物在一天中的水分适应情况，同时对获取不同植物的需水信息也具有重要意义。

7.4.1　植物电生理信号的昼夜节律对模拟干旱胁迫的响应监测

分别用 60 g/L PEG 模拟干旱胁迫对构树和桑树进行处理，用 40 g/L PEG 模拟干旱胁迫对诸葛菜和甘蓝型油菜进行处理，在全浓度的 Hoagland 营养液基础上加上聚乙二醇（PEG 6000），配制成 pH = 6.6±0.1 的溶液。选择植株大小差异不大且长势较为一致的构树和桑树，分别分成两组，每组 3 株植物，一组继续用正常浓度的 Hoagland 营养液培养，另一组用 60 g/L PEG 配制的 Hoagland 营养液进行培养，处理时间均为 7 天，待第 8 天时对构树和桑树的植物叶片进行相关指标的测量。诸葛菜和油菜的处理方法同构树、桑树。试验在江苏大学温室里进行，自然光照，昼夜温度（32℃/18℃）（所有测量均在晴朗天气下进行）。干旱胁迫下构树和桑树电生理信号昼夜变化、植物电生理信号昼夜节律模型的构建、基于生理电阻植物昼夜节律特征的表征、基于生理电容植物昼夜节律特征的表征、基于生理阻抗植物昼夜节律特征的表征、基于生理电容和生理电阻植物健康活力的表征的测定参照 7.3.1 节进行。

7.4.2　模拟干旱胁迫对构树和桑树电生理信号昼夜节律的影响

如图 7.6 所示构树和桑树生理电阻在 PEG 胁迫下仍然呈先上升后下降的周期性变化趋势，最大值均出现在午后，随着时间推移，PEG 处理后的构树和桑树电阻峰值越来越高。

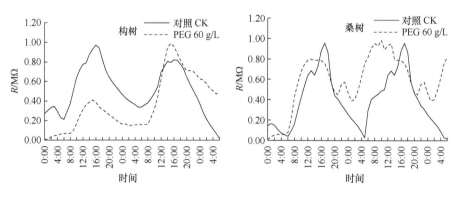

图 7.6　PEG 胁迫下构树和桑树生理电阻（R）昼夜变化情况

表 7.21 为 PEG 处理后的构树和桑树电阻随时间的变化模型及各参数值，可以看出用正弦函数模型仍可以很好地表征 PEG 处理下其生理电阻随时间的变化关系。

表 7.21　PEG 胁迫下构树和桑树生理电阻随时间变化的耦合模型及参数

植物	PEG 处理/(g/L)	方程和参数					
		a_1	b_1	c_1	R_0	R^2	拟合方程
构树	CK	2 747.9	1.03	−2.62	9 915.6	0.96	$R=9\,915.6+2\,747.9\sin\left(\dfrac{2\pi}{1.03}t-2.62\right)$
	60	22 668.5	1.11	−2.36	71 694.6	0.94	$R=71\,694.6+22\,668.5\sin\left(\dfrac{2\pi}{1.11}t-2.36\right)$
桑树	CK	8 683.8	0.95	−2.91	60 339.9	0.93	$R=60\,339.9+8\,683.8\sin\left(\dfrac{2\pi}{0.95}t-2.91\right)$
	60	84 099.9	1.13	−1.96	341 166.3	0.89	$R=341\,166.3+84\,099.9\sin\left(\dfrac{2\pi}{1.13}t-1.96\right)$

　　表 7.22 为依据表 7.21 模型中的各参数值获取的构树和桑树 PEG 处理下生理电阻昼夜节律的特征参数。由表可知 PEG 处理下构树和桑树的 R_R 值均高于对照组，经 PEG 处理后，桑树的 R_R 值也明显高于构树；时间周期在 24 h 左右，PEG 处理组的周期要大于对照组；并且时间相位也发生了偏移。

表 7.22　PEG 胁迫下构树和桑树生理电阻昼夜节律特征

植物	PEG 处理/(g/L)	特征参数				
		R_B	R_V	R_R	T_1	IP_1
构树	CK	9 915.6	2 747.9	12 663.5	24.72	−10.31
	60	71 694.6	22 668.5	94 363.1	26.64	−10.01
桑树	CK	60 339.9	8 683.8	69 023.7	22.8	−10.56
	60	341 166.3	84 099.9	425 266.2	27.12	−8.46

　　如图 7.7 所示，PEG 胁迫下构树和桑树的生理电容也呈周期性变化，其变化趋势整体上与生理电阻相。

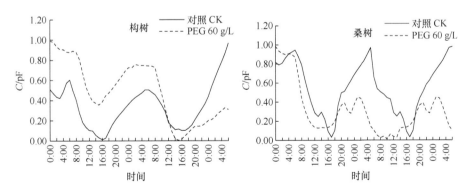

图 7.7　PEG 胁迫下构树和桑树生理电容（C）昼夜变化情况

　　表 7.23 为 PEG 处理后的构树和桑树生理电容随时间的变化模型及各参数值。正弦函数拟合 PEG 胁迫下的构树和桑树电容随时间变化的模型可以很好地表征其电容随时间的变化关系。

表 7.23　PEG 胁迫下构树和桑树生理电容随时间变化的耦合模型及参数

植物	PEG 处理/(g/L)	方程和参数					
		a_2	b_2	c_2	C_0	R^2	拟合方程
构树	CK	1.49×10^{-9}	0.99	0.49	6.66×10^{-9}	0.92	$C = 6.66 \times 10^{-9} + 1.49 \times 10^{-9} \sin\left(\dfrac{2\pi}{0.99}t + 0.49\right)$
	60	2.97×10^{-10}	1.12	-0.26	1.35×10^{-9}	0.90	$C = 1.35 \times 10^{-9} + 2.97 \times 10^{-10} \sin\left(\dfrac{2\pi}{1.12}t - 0.26\right)$
桑树	CK	4.22×10^{-12}	0.04	0.34	1.88×10^{-9}	1.00	$C = 1.88 \times 10^{-9} + 4.22 \times 10^{-12} \sin\left(\dfrac{2\pi}{0.04}t + 0.34\right)$
	60	1.87×10^{-12}	0.09	6.28	1.71×10^{-10}	0.89	$C = 1.71 \times 10^{-10} + 1.87 \times 10^{-12} \sin\left(\dfrac{2\pi}{0.09}t + 6.28\right)$

表 7.24 为依据表 7.23 模型中的各参数值获取的构树和桑树在 PEG 胁迫下生理电容昼夜节律的特征参数。由表可知 PEG 处理下构树和桑树的 C_R 值均要低于对照组，这与电阻刚好相反，且 PEG 胁迫下，桑树的 C_R 值也小于构树；两种植物电容节律周期不同，桑树电容的时间周期要远小于 24 h，二者均在 PEG 处理下的周期较长；时间相位也发生了偏移。

表 7.24　PEG 胁迫下构树和桑树生理电容昼夜节律特征

植物	PEG 处理/(g/L)	特征参数				
		C_B	C_V	C_R	T_2	IP_2
构树	CK	6.66×10^{-9}	1.49×10^{-9}	5.17×10^{-9}	23.76	1.85
	60	1.35×10^{-9}	2.97×10^{-10}	1.05×10^{-9}	26.88	-1.11
桑树	CK	1.88×10^{-9}	4.22×10^{-12}	1.88×10^{-9}	0.96	0.05
	60	1.71×10^{-10}	1.87×10^{-12}	1.69×10^{-10}	2.16	2.16

如图 7.8 所示，PEG 胁迫处理下构树和桑树的生理阻抗变化趋势与生理电阻大致相似，整体上也呈现周期性变化趋势。

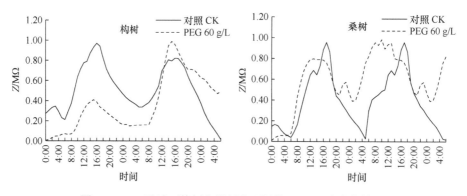

图 7.8　PEG 胁迫下构树和桑树生理阻抗（Z）昼夜变化情况

由表 7.25 可知用正弦函数拟合 PEG 处理下的构树和桑树阻抗随时间变化的模型可以很好地表征其生理阻抗随时间的变化关系。

表 7.25　PEG 胁迫下构树和桑树生理阻抗随时间变化的耦合模型及参数

植物	PEG 处理/ (g/L)	方程和参数					
		a_3	b_3	c_3	Z_0	R^2	拟合方程
构树	CK	1 556.0	0.99	−2.68	6 315.0	0.95	$Z=6\ 315.0+1\ 556.0\sin\left(\dfrac{2\pi}{0.99}t-2.68\right)$
	60	8 819.1	1.07	3.84	34 179.6	0.93	$Z=34\ 179.6+8\ 819.1\sin\left(\dfrac{2\pi}{1.07}t+3.84\right)$
桑树	CK	3 257.3	0.95	3.41	25 741.9	0.93	$Z=25\ 741.9+3\ 257.3\sin\left(\dfrac{2\pi}{0.95}t+3.41\right)$
	60	50 974.4	1.18	−1.90	231 714.7	0.91	$Z=231\ 714.7+50\ 974.4\sin\left(\dfrac{2\pi}{1.18}t-1.90\right)$

如表 7.26 所示，构树和桑树 PEG 胁迫下生理阻抗昼夜节律的特征不同于对照组。与电阻相似，PEG 处理下构树和桑树的 Z_R 值要比对照组的值高，桑树的 Z_R 值比同一种 PEG 处理下的构树大；且时间周期均要大于对照组，时间相位也发生了偏移。

表 7.26　PEG 胁迫下构树和桑树生理阻抗昼夜节律特征

植物	PEG 处理/ (g/L)	特征参数				
		Z_B	Z_V	Z_R	T_3	IP$_3$
构树	CK	6 315.0	1 556.0	7 871.0	23.76	−10.13
	60	34 179.6	8 819.1	42 998.7	25.68	15.70
桑树	CK	25 741.9	3 257.3	28 999.2	22.8	12.37
	60	231 714.7	50 974.4	282 689.1	28.32	−8.56

根据表 7.27 可知 PEG 处理的构树和桑树基于生理电阻的活化效率 AR_R、基于生理电容的活化效率 AR_C 和植物的健康活力 HA 都比对照组的植物要低，说明 PEG 处理明显降低了植物的活力；且同一 PEG 处理下构树 AR_R、AR_C 和 HA 也明显大于桑树。

表 7.27　PEG 胁迫下构树和桑树基于生理电阻的活化效率、基于生理电容的活化效率和植物的健康活力

植物	PEG 处理/ (g/L)	AR_R（×10^{-6}）	AR_C（×10^{-12}）	HA（×10^{-9}）
构树	CK	818.2	70.5	240.2
	60	99.3	12.4	35.1
桑树	CK	259.0	4.9	35.8
	60	26.8	1.0	5.1

7.4.3　模拟干旱胁迫对诸葛菜和油菜电生理信号昼夜节律的影响

由图 7.9 可知，经 PEG 处理后的诸葛菜和油菜的电生理信号的昼夜变化也具有周期性，峰值出现在午后；PEG 处理后的电阻值略高，且随着胁迫时间的推移峰值越来越高。

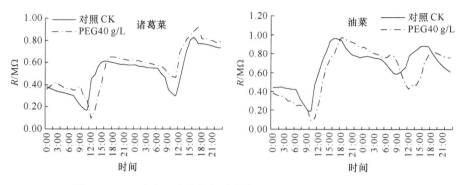

图 7.9　PEG 胁迫下诸葛菜和油菜生理电阻（R）昼夜变化情况

以正弦函数拟合 PEG 处理下的诸葛菜和油菜电阻随时间变化的模型,结果如表 7.28 所示,该模型可以很好地表征 PEG 胁迫下诸葛菜和油菜生理电阻随时间的变化关系。

表 7.28　PEG 胁迫下诸葛菜和油菜生理电阻随时间变化的耦合模型及参数

植物	PEG 处理/（g/L）	方程和参数					
		a_1	b_1	c_1	R_0	R^2	拟合方程
诸葛菜	CK	1 741.9	0.88	1.12	23 395.7	0.90	$R=23\,395.7+1\,741.9\sin\left(\dfrac{2\pi}{0.88}t+1.12\right)$
	40	2 292.1	0.95	1.42	37 305.9	0.88	$R=37\,305.9+2\,292.1\sin\left(\dfrac{2\pi}{0.95}t+1.42\right)$
油菜	CK	10 586.9	1.01	−3.16	232 574.0	0.96	$R=232\,574.0+10\,586.9\sin\left(\dfrac{2\pi}{1.01}t-3.16\right)$
	40	11 971.2	1.18	−1.38	341 166.3	0.86	$R=341\,166.3+11\,971.2\sin\left(\dfrac{2\pi}{1.18}t-1.38\right)$

表 7.29 为依据表 7.28 模型中的各参数值获取的 PEG 胁迫下诸葛菜和油菜生理电阻昼夜节律的特征参数。根据表格可以看出,PEG 处理下诸葛菜和油菜的 R_R 值比对照组高;同一条件下,油菜的 R_R 值也要比诸葛菜高;且经过 PEG 处理后的节律周期也要大于对照组;时间相位也发生了偏移,PEG 组的时间相位相对于正常组向右偏移了。

表 7.29　PEG 胁迫下诸葛菜和油菜生理电阻昼夜节律特征

植物	PEG 处理/（g/L）	特征参数				
		R_B	R_V	R_R	T_1	IP_1
诸葛菜	CK	23 395.7	1 741.9	25 137.6	21.12	3.81
	40	37 305.9	2 292.1	39 598.0	22.8	5.15
油菜	CK	232 574.0	10 586.9	243 160.9	24.24	−12.19
	40	341 166.3	11 971.2	353 137.5	28.32	−6.22

如图 7.10 所示,诸葛菜和油菜生理电容昼夜变化整体也呈周期性,变化趋势与电阻相反,从 10:00～11:00 开始下降,谷值在下午 16:00～17:00 然后缓慢上升。

构建 PEG 处理下的诸葛菜和油菜生理电容昼夜节律模型,结果如表 7.30 所示,该模型可以很好地表征 PEG 胁迫下诸葛菜和油菜生理电容随时间的变化关系。

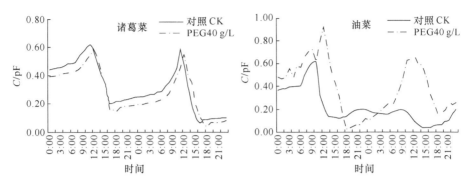

图 7.10　PEG 胁迫下诸葛菜和油菜生理电容（C）昼夜变化情况

表 7.30　PEG 胁迫下诸葛菜和油菜生理电容随时间变化的耦合模型及参数

植物	PEG 处理/(g/L)	方程和参数					
		a_2	b_2	c_2	C_0	R^2	拟合方程
诸葛菜	CK	2.26×10^{-11}	0.86	0.26	2.99×10^{-9}	0.91	$C=2.99\times10^{-9}+2.26\times10^{-11}\sin\left(\dfrac{2\pi}{0.86}t+0.26\right)$
	40	6.46×10^{-12}	0.94	0.34	2.87×10^{-9}	0.89	$C=2.87\times10^{-9}+6.46\times10^{-12}\sin\left(\dfrac{2\pi}{0.94}t+0.34\right)$
油菜	CK	1.61×10^{-11}	1.03	0.28	2.81×10^{-9}	0.94	$C=2.81\times10^{-9}+1.61\times10^{-11}\sin\left(\dfrac{2\pi}{1.03}t+0.28\right)$
	40	4.72×10^{-12}	0.20	6.10	2.52×10^{-9}	0.91	$C=2.52\times10^{-9}+4.72\times10^{-12}\sin\left(\dfrac{2\pi}{0.20}t+6.10\right)$

表 7.31 为 PEG 处理下诸葛菜和油菜生理电容昼夜节律的特征参数。根据表格可以看出，PEG 处理组诸葛菜和油菜的 C_R 值均比对照组小，两种植物的节律周期也发生变化，经过 PEG 处理后周期延长；时间相位也向右偏移。

表 7.31　PEG 胁迫下诸葛菜和油菜生理电容昼夜节律特征

植物	PEG 处理/(g/L)	特征参数				
		C_B	C_V	C_R	T_2	IP$_2$
诸葛菜	CK	2.99×10^{-9}	2.26×10^{-11}	2.97×10^{-9}	20.64	0.85
	40	2.87×10^{-9}	6.46×10^{-12}	2.86×10^{-9}	22.56	1.22
油菜	CK	2.81×10^{-9}	1.61×10^{-11}	2.79×10^{-9}	24.72	1.10
	40	2.52×10^{-9}	4.72×10^{-12}	2.51×10^{-9}	25.20	2.45

图 7.11 为诸葛菜和油菜 PEG 胁迫下生理阻抗昼夜变化情况，其周期性变化趋势与电阻相似。

表 7.32 为 PEG 胁迫下诸葛菜和油菜生理阻抗昼夜节律模型及参数。该模型可以很好地表征 PEG 胁迫下诸葛菜和油菜生理阻抗随时间的变化关系。

根据表 7.33 可知，与电阻的特征相似，PEG 处理组的诸葛菜和油菜的 Z_R 值比对照组高，且同一处理下油菜的 Z_R 值也要比诸葛菜高；经过 PEG 处理后周期延长；时间相位相对于对照组也发生了偏移。

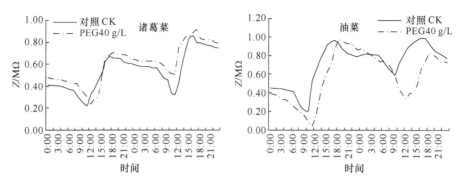

图 7.11　PEG 胁迫下诸葛菜和油菜生理阻（Z）抗昼夜变化情况

表 7.32　PEG 胁迫下诸葛菜和油菜生理阻抗随时间变化的耦合模型及参数

植物	PEG 处理/（g/L）	方程和参数					
		a_3	b_3	c_3	Z_0	R^2	拟合方程
诸葛菜	CK	1 036.9	0.85	−4.86	14 226.5	0.90	$Z=14\ 226.5+1\ 036.9\sin\left(\dfrac{2\pi}{0.85}t-4.86\right)$
	40	805.2	0.88	0.44	16 469.9	0.82	$Z=16\ 469.9+805.2\sin\left(\dfrac{2\pi}{0.88}t+0.44\right)$
油菜	CK	11 110.6	1.06	2.00	39 205.5	0.96	$Z=39\ 205.5+11\ 110.6\sin\left(\dfrac{2\pi}{1.06}t+2.00\right)$
	40	12 339.3	1.13	−1.70	43 278.0	0.78	$Z=43\ 278.0+12\ 339.3\sin\left(\dfrac{2\pi}{1.13}t-1.70\right)$

表 7.33　PEG 胁迫下诸葛菜和油菜生理阻抗昼夜节律特征

植物	PEG 处理/（g/L）	特征参数				
		Z_B	Z_V	Z_R	T_3	IP_3
诸葛菜	CK	14 226.5	1 036.9	15 263.4	20.40	−15.78
	40	16 469.9	805.2	17 275.1	21.12	1.48
油菜	CK	39 205.5	11 110.6	50 316.1	25.44	8.10
	40	43 278.0	12 339.3	55 617.3	27.12	−7.34

根据表 7.34 可知 PEG 处理的诸葛菜和油菜 AR_C、AR_R 和 HA 都比对照组的要低，说明 PEG 处理明显降低了植物的活力；且同一 PEG 处理下诸葛菜 AR_C、AR_R 和 HA 也要明显大于油菜。

表 7.34　PEG 胁迫下诸葛菜和油菜基于生理电阻的活化效率、基于生理电容的活化效率和植物的健康活力

种类	PEG 处理/（g/L）	AR_R（×10⁻⁶）	AR_C（×10⁻¹²）	HA（×10⁻⁹）
诸葛菜	CK	1290	1.1	38.0
	40	982	0.3	17.7
油菜	CK	213	0.6	10.8
	40	188	0.2	6.3

7.4.4　模拟干旱胁迫下植物电生理信号的昼夜节律的响应

植物中含量最多的成分是水，水在植物生命活动中不可或缺，植物生长发育及代谢过程都依赖于水分。不同植物对水分的需求不同，当植物叶片水分发生变化，必然引起植物体内电信号的波动。在本研究中，首先对构树、桑树、诸葛菜和油菜进行模拟干旱处理，通过连接电信号传感器对植物叶片进行连续无损在线监测，获取干旱胁迫下植物电生理信号的昼夜变化情况，与对照组植株进行比较，结果发现受到水分胁迫的构树、桑树、诸葛菜及油菜的电阻、电容、阻抗依旧呈周期性变化，具有明显的昼夜节律，说明干旱胁迫下植物电生理信号节律依然存在，这是由于环境因子与生物钟之间的相互作用遵循能量守恒定律，环境给予植物能量有限，植物在面对非生物胁迫时，其生物钟通过调控植物代谢和其他生理活动，从而提高其抗逆性，使得昼夜节律与外界环境同步，提高植物对非生物逆境的耐受能力（Greenham and Mc Clung，2015）。研究表明，干旱与多种植物昼夜节律存在直接关系，大多数干旱胁迫应答基因和干旱引起的相关生理活动都呈昼夜表达模式（Kiełbowicz-Matuk et al.，2014），一些能够诱导植物保护反应发生的信号被干旱胁迫激发，使植物的昼夜节律变化在干旱胁迫下稳定维持。干旱胁迫下电阻和阻抗第二天的峰值高于第一天，这可能是因为随着时间推移，植物受到的水分胁迫程度越来越高所致；且峰值均出现在下午 16:00～17:00，说明此时植物所受的胁迫程度在一天当中最高，诸葛菜、油菜电阻和阻抗在最大值出现后保持平稳缓慢下降至翌日早晨，而构树、桑树在最大值出现之后下降迅速，可能是由于草本植物抗旱能力较弱，受到干旱胁迫后植物叶片受损，恢复能力较慢，而木本植物抗旱能力较强，恢复能力快。电生理信号峰值和谷值所到达的时间明显发生偏移，这说明干旱处理下植物电生理信号虽依旧呈周期性变化，但其节律的具体特征产生了较明显的影响。

构建干旱胁迫下植物电生理信号昼夜节律模型，通过分析比较构树、桑树、诸葛菜和油菜的昼夜节律特征参数发现，干旱胁迫下的昼夜节律特征发生了一定的变化。本研究中的 4 种植物在干旱胁迫处理下的 R_R 和 Z_R 均要高于对照组，而 C_R 值相反；并且同一干旱处理组下的两种植物其 R_R、Z_R 及 C_R 也不相同，以 C_R 为例，对于同一植物，干旱处理后的静息电容值均小于对照组，前面我们提到，叶片生理电容能够很好地表征植物含水量，这刚好验证了干旱胁迫下植物的水分状况较差；且干旱处理下植物基于电生理信号的活化效率 AR_R、AR_C 及植物健康活力 HA 也明显下降，说明在水分胁迫下植物的健康状况受到影响，这也与实际情况相符；同时在干旱胁迫下桑树的 C_R、HA 明显要小于构树，诸葛菜的 C_R、HA 值也大于油菜，说明同一干旱处理下桑树和油菜的水分状况和植物的健康状况比构树和诸葛菜差，即构树和诸葛菜的抗旱性较好，对环境的适应能力较强。研究表明，总碳酸酐酶的活力和碳酸酐酶的胞外酶的活力可以作为判断植物抗干旱能力的一个主要指标，由于构树的碳酸酐酶活力和水分状况较好，所以构树比桑树具有更好的抗旱性，而诸葛菜的总碳酸酐酶及平均碳酸酐酶的胞外酶的平均活力均大于油菜，所以诸葛菜的抗干旱能力大于油菜。这正好与本研究结论一致。吴沿友课题组通过构建不同失水时刻基于植物叶片生理电容值和组织水势值的叶片紧张度模型，分别计算出构树、桑树、诸葛菜、油菜的抗旱能力值，结果表明，构树的抗旱能力大于桑树，诸葛菜的抗旱能力大于油菜,这更进一步证明了本研究结果的准确性。

在干旱胁迫下,植物叶片水分状况和细胞离子浓度会发生变化,叶片介电常数也会发生相应的变化,从而使电生理信号相应地上升或者下降。因此,虽然干旱胁迫下电生理信号依然呈现周期性变化,但是它对电生理信号的数值影响比较大,这也是干旱处理下的峰值不同于对照组的原因之一。另外,不同植物对干旱胁迫的响应情况不同,根据构建的电生理信号昼夜节律模型可知,在干旱胁迫机制下,4 种植物电生理信号的昼夜节律周期和相位发生了不同程度的变化。干旱处理组节律周期明显要大于对照组植株,并且相位也发生偏移。这可能是因为在干旱胁迫下植物的昼夜节律周期延长的结果,从而引起相位的偏移。不同植物电信号节律周期延长的时间也不同,原因可能是不同植物抵御干旱胁迫的能力不同。通过对模拟干旱胁迫下构树和桑树及诸葛菜和油菜植物叶片电生理信号昼夜节律及其相关特征进行对比分析,结果表明在干旱胁迫下植物电生理信号昼夜变化仍呈周期性,但其昼夜节律的具体特征发生较明显的变化,干旱胁迫使得电生理信号昼夜节律周期延长,相位偏移,静息电阻、阻抗值增大,静息电容减小,且植物的健康活力也明显降低。不同植物对干旱的响应程度不同,通过比较特征参数得知构树耐旱能力强于桑树,诸葛菜耐旱能力强于油菜。

7.5 植物电生理信息在植物适应性(抗逆性)检测中的应用

抗逆作物品种是指在逆境中能相对正常生长发育并获得高产的作物品种,常见的抗逆品种兼具高产和抗逆特性,抗逆性可以看作是作物对环境的适应性。选择抗逆作物品种的常规方法不仅需要特定的逆境条件,同时需要测定多个生长发育指标及生理生化指标,需时长,工作量大,选择效率低,而且结果难以具有重复性,不同的材料也不具可比性。尤其在株系比较时,需要到收获时才能获取该株系的产量和抗逆信息,对扩繁加代也有严重影响。作物电生理信息是在线即时信息,叶片是作物重要的功能器官,对能量代谢及包括水分代谢和营养元素代谢在内的物质代谢最为敏感,在作物的生长发育中起着举足轻重的作用(Sukhov,2016)。能够用即时在线的叶片电生理信息表征作物的能量代谢和物质代谢,将极大地提高作物品种选择效率,降低成本。

完全展开叶的叶片均是成熟的叶片,它们的细胞均具有中心液泡,在叶肉细胞中,液泡和细胞质占据了细胞内绝大部分空间,它们的吸水方式主要是渗透性吸水。无论是细胞还是细胞器,它们的外部均有细胞膜包被。细胞膜主要由脂质(主要为磷脂)(约占细胞膜总量的 50%)、蛋白质(约占细胞膜总量的 40%)和糖类(占细胞膜总量的 2%~10%)等物质组成;其中以蛋白质和脂质为主。磷脂双分子层是构成细胞膜的基本支架(Hopkins and Huner,2004;Yan et al.,2009)。在电子显微镜下可分为三层,即在膜的靠内外两侧各有一条厚约 2.5nm 的电子致密带(亲水部分),中间夹有一条厚 2.5nm 的透明带(疏水部分)。因此,细胞(器)可以看成是一个同心球的电容器,只不过这种电容器因膜上的外周蛋白和内在蛋白变得兼有电感器和电阻器作用的复杂电容器罢了(Volkov,2006;Zhang et al.,2020)。因此,作物叶片细胞的电生理特性紧密地与作物叶片的物质代谢和能量代谢相关。

LCR 可以测定叶片的生理电阻、生理电容、生理阻抗等电生理指标。本节采用电生理指标表征作物叶片细胞代谢能、作物相对持水时间、作物耐低营养能力、作物营养利用效率，快速、在线定量检测不同作物物质代谢和能量代谢的综合能力，依据不同作物物质代谢和能量代谢的综合能力，不仅能够筛选高产抗逆作物品种，极大地提高作物品种选择效率、降低成本，为智能化育种提供技术支撑；而且还可以用生物物理指标表征不同作物对干旱低营养的适应特征，为喀斯特适生植物的筛选和研究植物的适应性提供技术支撑。

7.5.1 植物适应性（抗逆性）的检测

在贵州农业职业学院试验场采摘大于 5 叶期、处于生长期的不同品种的马铃薯植株和辣椒植株。马铃薯有'费乌瑞他'（F）、'中薯 3 号'（ZS3）、'中薯 4 号'（ZS4）和'中薯 5 号'（ZS5），辣椒品种资源有'8093'、'8162'、'8191'、'8096'、'8161'、'8249'、'8067'、'8226'、'8123'、'8168'和'百宜平面椒'11 个品种。叶片采集后，迅速返回实验室，清理上述植株上叶片的表面灰尘后，从植株上分别一一采集第二展开叶至第四展开叶作为待测叶片，放到蒸馏水中浸泡 30min；吸干叶片表面水，立即将待测叶片夹在测定装置平行电极板之间，设置测定电压、频率，通过改变铁块的质量来设置不同的夹持力，并联模式测定不同夹持力下的作物叶片生理电容、生理电阻和生理阻抗。不同夹持力下植物叶片电生理参数测定，以及植物固有电生理信息、胞内水代谢、营养转运参数参照 5.2.1 节进行，分别测定不同植物叶片电容（C）、电阻（R）、阻抗（Z）、容抗（X_C）和感抗（X_L），及不同植物叶片 IR、IZ、IX$_C$、IX$_L$、IC 和比有效厚度（d），和基于电生理信息的植物叶片胞内水相对持水时间（IWHT），并参照 3.2.1.3 节测定基于电生理信息的植物叶片营养主动转运能力（NAT）、叶片营养被动转运能力（NPT）、植物耐低营养能力（RLN）和植株营养利用效率（NUE）。并参照 7.2.1.2 节测定基于生理电阻的植物叶片细胞代谢能（ΔG_R）、基于生理阻抗的植物叶片细胞代谢能（ΔG_Z）、基于生理容抗的植物叶片细胞代谢能（ΔG_{X_C}）、基于生理感抗的植物叶片细胞代谢能（ΔG_{X_L}）和基于电生理的植物细胞代谢能（ΔG）。

虽然我们可以用不同电生理指标表征作物的高产、抗干旱、耐低营养及高营养效率特征，但是不同生理指标单位、量纲、阈值等差异明显，因此，上述表征作物生长状况的作物叶片细胞代谢能 ΔG、作物抗干旱能力的作物相对持水时间 RT$_{wm}$、作物耐低营养能力 RLN、作物的营养利用效率 NUE 均需要归一化。获得归一化的基于电生理参数的作物相对持水时间 IWHT、作物耐低营养能力 RLN、营养利用效率 NUE 及作物叶片细胞代谢能 ΔG，分别用 IWHT$_R$、RLN$_R$、NUE$_R$、G_R 表示。依据 IWHT$_R$、RLN$_R$、NUE$_R$ 和 G_R 获取待测材料不同植株不同叶位的有效样本的品种的综合评分 S，并获取每个待测材料的品种综合评分平均值 SM，依据 SM 大小定量比较品种的优劣，以得分高的材料作为待选的抗逆作物品种。

对基于电生理参数的作物相对持水时间 IWHT、作物耐低营养能力 RLN、营养利用效率 NUE 及作物叶片细胞代谢能 ΔG 的数据进行归一化的方法为 $N = \dfrac{(1-\delta)(N_i - N_{\min})}{N_{\max} - N_{\min}} + \delta$，这里 N 为归一化后的值，如果对基于电生理参数的作物相对持水时间 IWHT 进行归一化，N 代表 RT_R，N_i 则代表每个有效样本的基于电生理参数的作物相对持水时间 IWHT，$N_{\max}$ 则代表所有有效样本的基于电生理参数的作物相对持水时间 IWHT 的最大值，$N_{\min}$ 则代表所有有效样本的基于电生理参数的作物相对持水时间 IWHT 的最小值，δ 依据被检测样本的实际情况取值，在 0 与 0.8 之间。如果对作物耐低营养能力 RLN 进行归一化，N 代表 RLN_R，N_i 则代表每个有效样本的作物耐低营养能力 RLN，$N_{\max}$ 则代表所有有效样本的作物耐低营养能力 RLN 的最大值，$N_{\min}$ 则代表所有有效样本的作物耐低营养能力 RLN 的最小值，δ 同样依据被检测样本的实际情况取值，在 0 与 0.8 之间。以此类推可对营养利用效率 NUE 及作物叶片细胞代谢能 ΔG 进行归一化。

进一步，依据 $IWHT_R$、RLN_R、NUE_R 和 G_R 获取待测材料不同植株不同叶位的有效样本的品种综合评分 S 的方法是：

$$S = \sqrt[4]{IWHT_R \times RLN_R \times NUE_R \times G_R} \quad (7.25)$$

7.5.2 不同马铃薯品种的抗逆性（适应性）评价

不同马铃薯品种叶片的细胞代谢能 ΔG、作物相对持水时间 IWHT、耐低营养能力 RLN 及作物营养利用效率 NUE 如表 7.35 所示。不同马铃薯品种的细胞代谢能 ΔG 大小顺序为 'ZS5' > 'F' > 'ZS3' > 'ZS4'，作物相对持水时间 IWHT 为 'ZS3' > 'ZS4' > 'ZS5' > 'F'，耐低营养能力 RLN 为 'F' > 'ZS5' > 'ZS4' > 'ZS3'，作物营养利用效率 NUE 为 'F' > 'ZS5' > 'ZS4' > 'ZS3'。从这些数据大致可以看出 '费乌瑞它' 和 '中薯 5 号' 表现出较好的抗逆性和适应性。

表 7.35　不同马铃薯品种叶片的细胞代谢能、作物相对持水时间、耐低营养能力及作物营养利用效率

品种	样本	$\Delta G /(10^{-9} J)$	IWHT/$(10^{-5}\Omega F)$	RLN/%	NUE
F	F-1-2	1.06	3.62	38.40	68.04
	F-1-3	1.09	3.90	36.00	59.15
	F-1-4	1.12	3.78	36.70	62.11
	F-2-2	0.45	3.43	38.90	72.43
	F-2-3	0.95	4.59	30.50	41.91
	F-2-4	0.65	2.95	41.50	89.11
	F-3-3	0.79	3.88	36.10	59.49
	F-3-4	0.52	5.09	24.90	30.09
	平均	0.83	3.91	35.38	60.29
ZS3	ZS3-1-2	1.32	4.25	33.10	49.74
	ZS3-1-3	0.91	5.18	21.80	25.26

续表

品种	样本	ΔG / (10^{-9}J)	IWHT/ ($10^{-5}\Omega$F)	RLN/%	NUE
ZS3	ZS3-1-4	1.36	4.63	29.50	40.30
	ZS3-2-2	0.35	4.77	27.10	35.31
	ZS3-2-3	0.59	4.73	28.30	37.25
	ZS3-2-4	1.08	4.24	33.30	49.74
	ZS3-3-2	0.37	4.85	28.30	36.14
	ZS3-3-3	0.45	3.94	36.00	58.40
	ZS3-3-4	0.62	4.37	32.20	46.76
	平均	0.72	4.59	29.56	41.15
ZS4	ZS 4-1-2	0.41	4.05	35.00	55.13
	ZS 4-1-3	0.64	4.61	29.90	40.82
	ZS 4-1-4	0.82	5.16	25.10	29.89
	ZS4-2-2	0.37	4.62	29.50	40.05
	ZS4-2-3	0.54	4.47	31.10	43.97
	ZS4-2-4	0.49	4.42	32.00	45.67
	ZS4-3-2	0.26	4.40	31.80	45.79
	ZS4-3-3	0.55	4.69	29.20	39.03
	ZS4-3-4	0.53	3.83	36.30	60.97
	平均	0.53	4.53	30.61	43.27
ZS5	ZS5-1-2	0.42	3.68	37.40	65.35
	ZS5-1-3	0.93	4.20	33.90	51.11
	ZS5-1-4	1.29	4.45	32.30	45.94
	ZS5-2-2	0.53	3.93	35.80	58.22
	ZS5-2-3	0.49	3.98	35.50	56.87
	ZS5-2-4	1.12	2.59	43.20	104.83
	ZS5-3-2	1.12	4.19	34.00	51.65
	ZS5-3-3	1.07	4.06	34.80	55.00
	ZS5-3-4	2.05	5.45	28.60	33.32
	平均	1.08	4.11	34.76	57.12

不同马铃薯品种叶片的细胞代谢能 ΔG、作物相对持水时间 IWHT、耐低营养能力 RLN 及作物营养利用效率 NUE 在（0.4，1）和（0.6，1）的归一化值如表 7.36 和表 7.37 所示。细胞代谢能 ΔG、作物相对持水时间 IWHT、耐低营养能力 RLN 及作物营养利用效率 NUE 等生理指标单位、量纲、阈值等均归一化到 1 以下，方便进行生理指标的比较分析。

表 7.36 不同马铃薯品种叶片代谢参数在（0.4，1）的归一化值

品种	样本	G_R（0.4，1）	$IWHT_R$（0.4，1）	RLN_R（0.4，1）	NUE_R（0.4，1）
F	F-1-2	0.67	0.62	0.86	0.72
	F-1-3	0.68	0.68	0.8	0.66
	F-1-4	0.69	0.65	0.82	0.68
	F-2-2	0.47	0.58	0.88	0.76
	F-2-3	0.63	0.82	0.64	0.53
	F-2-4	0.53	0.48	0.95	0.88
	F-3-3	0.58	0.67	0.8	0.66
	F-3-4	0.49	0.92	0.49	0.44
	平均	0.59	0.68	0.78	0.67
ZS3	ZS3-1-2	0.76	0.75	0.72	0.58
	ZS3-1-3	0.62	0.94	0.4	0.4
	ZS3-1-4	0.77	0.83	0.62	0.51
	ZS3-2-2	0.43	0.86	0.55	0.48
	ZS3-2-3	0.51	0.85	0.58	0.49
	ZS3-2-4	0.68	0.75	0.72	0.58
	ZS3-3-2	0.44	0.87	0.58	0.48
	ZS3-3-3	0.46	0.68	0.8	0.65
	ZS3-3-4	0.52	0.77	0.69	0.56
	平均	0.55	0.82	0.62	0.52
ZS4	ZS 4-1-2	0.45	0.71	0.77	0.63
	ZS 4-1-3	0.53	0.82	0.63	0.52
	ZS 4-1-4	0.59	0.94	0.49	0.43
	ZS4-2-2	0.44	0.82	0.61	0.51
	ZS4-2-3	0.49	0.79	0.66	0.54
	ZS4-2-4	0.48	0.78	0.68	0.55
	ZS4-3-2	0.4	0.78	0.68	0.55
	ZS4-3-3	0.5	0.84	0.61	0.5
	ZS4-3-4	0.49	0.66	0.81	0.67
	平均	0.49	0.80	0.65	0.53
ZS5	ZS5-1-2	0.45	0.63	0.84	0.7
	ZS5-1-3	0.63	0.74	0.74	0.59
	ZS5-1-4	0.75	0.79	0.69	0.56
	ZS5-2-2	0.49	0.68	0.79	0.65
	ZS5-2-3	0.48	0.69	0.78	0.64
	ZS5-2-4	0.69	0.4	1	1
	ZS5-3-2	0.69	0.74	0.74	0.6
	ZS5-3-3	0.67	0.71	0.77	0.62
	ZS5-3-4	1	1	0.59	0.46
	平均	0.68	0.72	0.76	0.64

表 7.37　不同马铃薯品种叶片代谢参数在（0.6，1）的归一化值

品种	样本	G_R（0.6，1）	$IWHT_R$（0.6，1）	RLN_R（0.6，1）	NUE_R（0.6，1）
F	F-1-2	0.78	0.74	0.91	0.82
	F-1-3	0.79	0.78	0.87	0.77
	F-1-4	0.79	0.77	0.88	0.79
	F-2-2	0.64	0.72	0.92	0.84
	F-2-3	0.75	0.88	0.76	0.68
	F-2-4	0.69	0.65	0.97	0.92
	F-3-3	0.72	0.78	0.87	0.77
	F-3-4	0.66	0.95	0.66	0.62
	平均	0.73	0.78	0.86	0.78
ZS3	ZS3-1-2	0.84	0.83	0.81	0.72
	ZS3-1-3	0.75	0.96	0.6	0.6
	ZS3-1-4	0.85	0.88	0.74	0.68
	ZS3-2-2	0.62	0.9	0.7	0.65
	ZS3-2-3	0.67	0.9	0.72	0.66
	ZS3-2-4	0.78	0.83	0.81	0.72
	ZS3-3-2	0.62	0.92	0.72	0.65
	ZS3-3-3	0.64	0.79	0.86	0.77
	ZS3-3-4	0.68	0.85	0.79	0.71
	平均	0.70	0.88	0.74	0.68
ZS4	ZS 4-1-2	0.63	0.8	0.85	0.75
	ZS 4-1-3	0.69	0.88	0.75	0.68
	ZS 4-1-4	0.73	0.96	0.66	0.62
	ZS4-2-2	0.62	0.88	0.74	0.67
	ZS4-2-3	0.66	0.86	0.77	0.69
	ZS4-2-4	0.65	0.86	0.79	0.7
	ZS4-3-2	0.6	0.85	0.79	0.7
	ZS4-3-3	0.67	0.89	0.74	0.67
	ZS4-3-4	0.66	0.77	0.87	0.78
	平均	0.66	0.87	0.76	0.69
ZS5	ZS5-1-2	0.64	0.75	0.89	0.8
	ZS5-1-3	0.75	0.83	0.83	0.73
	ZS5-1-4	0.83	0.86	0.8	0.7
	ZS5-2-2	0.66	0.79	0.86	0.77
	ZS5-2-3	0.65	0.79	0.86	0.76
	ZS5-2-4	0.79	0.6	1	1
	ZS5-3-2	0.79	0.82	0.83	0.73
	ZS5-3-3	0.78	0.81	0.84	0.75
	ZS5-3-4	1	1	0.73	0.64
	平均	0.78	0.81	0.84	0.76

不同马铃薯品种叶片的综合评分 $S_{0.4}$ 和综合评分 $S_{0.6}$ 如表 7.38 所示。不同马铃薯品

表 7.38　不同马铃薯品种叶片的综合评分

品种	样本	$S_{0.4}$	$S_{0.6}$
F	F-1-2	0.71	0.81
	F-1-3	0.70	0.80
	F-1-4	0.71	0.80
	F-2-2	0.65	0.77
	F-2-3	0.65	0.77
	F-2-4	0.68	0.79
	F-3-3	0.67	0.78
	F-3-4	0.56	0.71
	平均	0.67	0.78
ZS3	ZS3-1-2	0.70	0.80
	ZS3-1-3	0.55	0.71
	ZS3-1-4	0.67	0.78
	ZS3-2-2	0.56	0.71
	ZS3-2-3	0.59	0.73
	ZS3-2-4	0.68	0.79
	ZS3-3-2	0.57	0.72
	ZS3-3-3	0.64	0.76
	ZS3-3-4	0.63	0.75
	平均	0.62	0.75
ZS4	ZS 4-1-2	0.63	0.75
	ZS 4-1-3	0.61	0.75
	ZS 4-1-4	0.59	0.73
	ZS4-2-2	0.58	0.73
	ZS4-2-3	0.61	0.74
	ZS4-2-4	0.61	0.75
	ZS4-3-2	0.59	0.73
	ZS4-3-3	0.60	0.74
	ZS4-3-4	0.65	0.77
	平均	0.61	0.74
ZS5	ZS5-1-2	0.64	0.76
	ZS5-1-3	0.67	0.78
	ZS5-1-4	0.69	0.80
	ZS5-2-2	0.64	0.77
	ZS5-2-3	0.64	0.76
	ZS5-2-4	0.72	0.83
	ZS5-3-2	0.69	0.79
	ZS5-3-3	0.69	0.79
	ZS5-3-4	0.72	0.83
	平均	0.68	0.79

种的抗逆性或适应性综合评分 $S_{0.4}$ 和 $S_{0.6}$ 大小顺序均为 '费乌瑞它' 和 '中薯 5 号' 相当，'中薯 5 号' 略高于 '费乌瑞它'，它们的抗逆性或适应性明显高于 '中薯 3 号' 和 '中薯 4 号'；'中薯 3 号' 和 '中薯 4 号' 相当，'中薯 3 号' 略高于 '中薯 4 号'。进一步表明了 '费乌瑞它' 和 '中薯 5 号' 具有良好的抗逆性和适应性。

7.5.3　不同辣椒品种资源的抗逆性（适应性）评价

不同辣椒品种资源的抗逆性（适应性）综合评分 $S_{0.4}$ 和综合评分 $S_{0.6}$ 如表 7.39 所示。11 个辣椒品种资源的抗逆性和适应性综合评分 $S_{0.4}$ 大小顺序均为 '8096'（0.79）>'8123'（0.78）='8093'（0.78）>'8226'（0.77）>'8162'（0.76）>'8161'（0.75）='8168'（0.75）>'8191'（0.74）='8249'（0.74）='百宜平面椒'（0.74）>'8067'（0.73）。而 11 个辣椒品种资源的抗逆性和适应性综合评分 $S_{0.6}$ 大小顺序均为 '8096'（0.69）>'8123'（0.67）>'8226'（0.66）='8093'（0.66）>'8162'（0.63）>'8161'（0.62）='8168'（0.62）>'8249'（0.61）>'8191'（0.60）='8067'（0.60）='百宜平面椒'（0.60）。这些结果表明，辣椒品种资源 '8096'、'8123'、'8226' 和 '8093' 具有良好的抗逆性和适应性，而 '百宜平面椒' 和资源 '8067' 的抗逆性和适应性相对较差。

7.5.4　基于电生理特征的抗逆作物品种的选择方法

本研究表明，马铃薯 '费乌瑞他' 第一植株第二展开叶（马铃薯-F-1-2）叶片基于生理电阻的作物叶片细胞单位代谢能 $\Delta G_{R\text{-}E}$、基于生理阻抗的作物叶片细胞单位代谢能 $\Delta G_{Z\text{-}E}$、基于生理容抗的作物叶片细胞单位代谢能 $\Delta G_{X_{C\text{-}E}}$、基于生理感抗的作物叶片细胞单位代谢能 $\Delta G_{X_{L\text{-}E}}$ 数值非常接近，在所有马铃薯的 36 个样本中，35 个样本均具有类似结果，在所有辣椒的 117 个样本中，115 个样本均具有类似结果，只有极少数样本由于实验操作误差导致该样本失效，这与理论是相符的。因为基于生理电阻的作物叶片细胞单位代谢能 $\Delta G_{R\text{-}E}$、基于生理阻抗的作物叶片细胞单位代谢能 $\Delta G_{Z\text{-}E}$、基于生理容抗的作物叶片细胞单位代谢能 $\Delta G_{X_{C\text{-}E}}$、基于生理感抗的作物叶片细胞单位代谢能 $\Delta G_{X_{L\text{-}E}}$ 数值属于同一个概念，数值应该相同，该技术利用这个原理剔去无效样本是非常有效的。

本研究还表明，不同的植株不同的叶片的物质与能量代谢能力显著不同，表现出明显的多样性，这种多样性是整个植株乃至整个品种（株系/材料）适应环境的重要生物学机制。同时，从我们的研究结果中还可以看出，虽然无论是综合评分 $S_{0.4}$ 还是综合评分 $S_{0.6}$，不同植株不同叶片的结果是不同的，因此难以从单个样本上判断材料（品种/株系）优劣，但材料（品种/株系）多样本（≥8）的平均值是可以获得作物材料（品种/株系）的优劣信息。在马铃薯试验中，可以看出抗逆性和适应性强弱的顺序为 '中薯 5 号' > '费乌瑞他' > '中薯 3 号' > '中薯 4 号'，其中，'中薯 5 号' 与 '费乌瑞他' 得分相近，'中薯 3 号' 与 '中薯 4 号' 得分相近。这与生产实际相符。在生产上，'中薯 5 号' 马铃薯一般亩产 2000 kg 左右，'费乌瑞他' 春播一般亩产 1500～2000 kg，高的可达 2500 kg 以上；'中薯 3 号' 一般亩产 1500～2000 kg，'中薯 4 号' 一般亩产也是 1500～2000 kg。

表 7.39　11 个辣椒品种资源的综合评分

材料	$S_{0.6}$	$S_{0.4}$	材料	$S_{0.6}$	$S_{0.4}$	材料	$S_{0.6}$	$S_{0.4}$
8226-1-2	0.77	0.65	8123-1-2	0.74	0.60	8168-1-2	0.73	0.59
8226-1-3	0.78	0.67	8123-1-3	0.81	0.72	8168-1-3	0.75	0.62
8226-1-4	0.76	0.64	8123-1-4	0.77	0.65	8168-1-4	0.73	0.60
8226-2-2	0.79	0.67	8123-2-2	0.77	0.65	8168-2-2	0.71	0.56
8226-2-3	0.76	0.64	8123-2-3	0.77	0.65	8168-2-3	0.75	0.63
8226-2-4	0.77	0.65	8123-2-4	0.80	0.70	8168-2-4	0.77	0.65
8226-3-2	0.79	0.67	8123-3-2	0.79	0.68	8168-3-2	0.76	0.64
8226-3-3	0.75	0.62	8123-3-3	0.81	0.71	8168-3-3	0.78	0.66
8226-3-4	0.79	0.68	8123-3-4	0.79	0.68	8168-3-4	0.75	0.63
8226 平均	0.77	0.66	8123 平均	0.78	0.67	8168 平均	0.75	0.62
8161-1-2	0.81	0.71	8249-1-2	0.75	0.62	8067-1-2	0.70	0.55
8161-1-3	0.73	0.59	8249-1-3	0.73	0.59	8067-1-3	0.71	0.56
8161-1-4	0.76	0.63	9249-1-4	0.75	0.62	8067-1-4	0.77	0.65
8161-2-2	0.72	0.57	8249-2-2	0.71	0.57	8067-2-2	0.74	0.60
8161-2-3	0.76	0.64	8249-2-3	0.70	0.54	8067-2-3	0.75	0.61
8161-2-4	0.72	0.58	8249-2-4	0.72	0.57	8067-2-4	0.68	0.51
8161-3-2	0.77	0.66	8249-3-2	0.78	0.66	8067-3-2	0.72	0.58
8161-3-3	0.76	0.64	8249-3-3	0.78	0.67	8067-3-3	0.75	0.62
8161-3-4	0.74	0.61	8249-3-4	0.75	0.62	8067-3-4	0.78	0.68
8161 平均	0.75	0.62	8249 平均	0.74	0.61	8067 平均	0.73	0.60
8191-1-2	0.71	0.57						
8191-1-3	0.77	0.66	8096-1-2	0.75	0.62	百宜平面椒-1-3	0.71	0.56
8191-1-4	0.76	0.63	8096-1-3	0.84	0.75	百宜平面椒-1-4	0.71	0.56
8191-2-2	0.72	0.57	8096-1-4	0.70	0.54	百宜平面椒-2-2	0.71	0.56
8191-2-3	0.72	0.57	8096-2-2	0.76	0.63	百宜平面椒-2-3	0.73	0.59
8191-2-4	0.72	0.58	8096-2-3	0.84	0.75	百宜平面椒-2-4	0.81	0.71
8191-3-2	0.76	0.63	8096-2-4	0.88	0.81	百宜平面椒-3-2	0.75	0.63
8191-3-3	0.76	0.64	8096-3-2	0.81	0.72	百宜平面椒-3-3	0.78	0.68
8191-3-4	0.73	0.60	8096-3-4	0.78	0.66	百宜平面椒-3-4	0.70	0.55
8191 平均	0.74	0.60	8096 平均	0.79	0.69	百宜平面椒平均	0.74	0.60
8162-1-2	0.71	0.56	8093-1-2	0.80	0.70			
8162-1-3	0.81	0.69	8093-1-3	0.74	0.60			
8162-1-4	0.75	0.62	8093-1-4	0.83	0.74			
8162-2-2	0.74	0.60	8093-2-2	0.72	0.58			
8162-2-3	0.72	0.58	8093-2-3	0.76	0.63			
8162-2-4	0.79	0.68	8093-2-4	0.79	0.68			
8162-3-2	0.75	0.62	8093-3-2	0.78	0.67			
8162-3-3	0.77	0.66	8093-3-3	0.80	0.70			
8162-3-4	0.80	0.69	8093-3-4	0.77	0.66			
8162 平均	0.76	0.63	8093 平均	0.78	0.66			

此外，辣椒的试验结果与实际也是相符的，在 11 个材料中，'百宜平面椒' 是地方当家品种，其他材料既有得分高于该品种的，也有得分低于该品种的，可以明显地选出得分高于该品种的材料，参加品种比较试验，而不是盲目地将所有材料进行品比试验，大大提高了育种效率，也降低了土地利用成本。本实施例中，可以遴选出 '8096'、'8123'、'8093' 和 '8226' 参加品比试验。

综上，该技术开发了一种基于电生理特征的抗逆作物品种的选择方法或一种植物抗逆性和适应性的评价方法，通过测定不同夹持力下作物叶片生理电容、生理电阻和生理阻抗，进一步计算作物叶片生理容抗和生理感抗；分别构建作物叶片的生理电容、生理电阻、生理阻抗、生理容抗、生理感抗随夹持力变化的模型，利用这些模型的参数计算作物叶片的比有效厚度、固有生理电阻、固有生理阻抗、固有生理容抗及固有生理感抗，进而计算作物叶片细胞代谢能、作物相对持水时间、作物耐低营养能力、作物营养利用效率，归一化上述指标，综合评定各待测样本的得分，以综合得分平均值的高低定量比较待测品种的优劣。该技术不仅可以快速、在线定量检测不同作物物质代谢和能量代谢的综合能力及作物的抗逆性和适应性的综合能力，可以高效地筛选出高产抗逆作物品种，测定的结果具有可比性，而且还可以用生物物理指标表征不同作物对干旱低营养的适应特征和抗逆特征，极大地提高作物品种选择效率、降低成本，为智能化育种提供技术支撑。

参 考 文 献

陈托兄, 张金林, 陆妮, 等. 2006. 不同类型抗盐植物整株水平游离脯氨酸的分配. 草业学报, 15(1): 36-41.

陈洋. 2017. 面向植物电生理多源数据的在线分析方法研究. 中国农业文摘-农业工程, 29(1): 75.

陈秀晨, 熊冬金. 2010. 植物抗逆性研究进展.湖北农业科学, 49(9): 2253-2256.

黄苏珍. 2008. 铅(Pb)胁迫对黄菖蒲叶片生理生化指标的影响. 安徽农业科学, 36(25): 10760-10762.

黄相玲, 张仁志. 2021. 植物抗逆生理机制研究进展.南方农业, 15(34): 96-99, 103.

胡林生. 2006. 壤土和壤质黏土中油菜和诸葛菜水分利用的研究. 镇江: 江苏大学硕士学位论文.

李晋阳, 毛罕平. 2016. 基于阻抗和电容的番茄叶片含水率实时监测. 农业机械学报, 5: 295-299.

黎明鸿. 2018. 构树和桑树的电生理特征对干旱的响应. 镇江江苏大学硕士学位论文.

黎明鸿, 吴沿友, 邢德科, 姚香平. 2019. 基于叶片电生理特性的 2 种桑科植物抗盐能力比较.江苏农业科学, 47(14): 217-221.

娄成后, 冷强. 1996. 乙酰胆碱在调节植物行为中的作用. 生命科学, (2): 4-7.

栾忠奇, 刘晓红, 王国栋. 2007. 水分胁迫下小麦叶片的电容与水分含量关系.西北植物学报, 27(11): 2323 -2327.

莫红, 翟兴礼. 2007. 干旱胁迫对大豆苗期生理生化特性的影响. 湖北农业科学, 46(1): 45-48.

钱翌, 杨立杰. 2009. 土壤镉污染对大蒜生理生化指标的影响. 安徽农业科学, 37(18): 8420-8422.

盛明, 傅恒. 2011. 植物抗逆性研究进展. 内蒙古林业, (9): 22-23.

王仁雷, 华春, 刘友良. 2002. 盐胁迫对水稻光合特性的影响. 南京农业大学学报, (4): 11-14.

魏婧, 徐畅, 李可欣, 贺洪军, 徐启江. 2020. 超氧化物歧化酶的研究进展与植物抗逆性.植物生理学报, 56(12): 2571-2584.

吴沿友, 邢德科, 赵宽, 杭红涛. 2018. 植物的喀斯特适生性检测原理和技术. 北京: 科学出版社.

徐东方. 2007. 孕穗期盐胁迫对水稻光合日变化的影响. 现代农业科技, (1): 78, 81.

杨晓红, 陈晓阳, 隗晓丹. 2009. NaCl 胁迫对转甜菜碱醛脱氢酶基因美丽胡枝子生理的影响. 安徽农业科学, 37(1): 67-69.

易镇邪. 2003. 杂交稻不同节位再生稻源库关系研究. 长沙: 湖南农业大学硕士学位论文.

翟晓巧, 曾辉, 刘艳萍. 2012. 构树不同无性系间叶片营养成分及叶形的变化. 东北林业大学学报, 40(11): 38-39+52.

张兵, 邹一琴, 韩霞, 等. 2015. 小麦叶片生理电特性测定与含水率预测研究. 西南农业学报, 28(5): 1957-1960.

朱雯雯. 2017. 植物抗逆性的研究进展. 种子科技, 35(7): 133+135.

Bari R, Jones J D. 2009. Role of plant hormones in plant defence responses. Plant Molecular Biology, 69(4): 473-488.

Bhardwaj A R, Joshi G, Kukreja B, Malik V, Arora P, Pandey R, Shukla R N, Bankar K G, Katiyar-Agarwal S, Goell S, Jagannath A, Burdon-Sanderson J. 1873. Note on the electrical phenomena which accompany irritation of the leaf of *Dionaea muscipula*. Proceedings of the Royal Society(London), 21: 495-496.

Bozbuğa F, Pirlak L. 2012. Determination of phenological and pomological characteristics of some apple cultivars in nigde-turkey ecological conditions. Physical Review Letters, 22(1): 183-187.

Chatterjee S K, Ghosh S, Das S, Manzella V, Maharatna K. 2014. Forward and inverse modelling approaches for prediction of light stimulus from electrophysiological response in plants. Measurement, 53(53): 101-116.

Fromm J, Lautner S. 2007. Electrical signals and their physiological significance in plants. Plant, Cell Environment, 30(3): 249-257.

Gogoi N, Farooq M, Barthakur S, Baroowa B, Paul S, Bharadwaj N. 2018. Thermal stress impacts on reproductive development and grain yield in grain legumes. Journal of Plant Biology, 61(5): 265-291.

Greenham K, Mc Clung C R. 2015. Integrating circadian dynamics with physiological processes in plants. Nature Reviews Genetics. 16(10): 598-610.

Hardie D G. 2015. AMPK: positive and negative regulation, and its role in whole-body energy homeostasis. Current Opinion in Cell Biology, 33: 1-7.

Huang H, Zhao Y, Xu Z, Jiang K. 2019. Physiological responses of *Broussonetia papyrifera* to manganese stress, a candidate plant for phytoremediation. Ecotoxicology and Environmental Safety, 181: 18-25.

Hopkins W G, Huner N P A. 2004. Introduction to Plant Physiology. 3rd ed. New York: John Wiley & Sons Inc. : 27.

Kumar A, Agarwal M. 2015. Global insights into high temperature and drought stress regulated genes by RNA-Seq in economically important oilseed crop *Brassica juncea*. Bmc Plant Biology, 15(1): 9.

Kiełbowicz-Matuk A, Pascal R, Tadeusz R. 2014. Interplay between circadian rhythm, time of the day and osmotic stress constraints in the regulation of the expression of a Solanum Double B-box gene. Annals of Botany, 113(5): 831-842.

Li G, Chuang L, Meng L, Liu Y, Liu Z. 2020. Research on noise elimination algorithm of plant electrical signal under controllable environment. Chinese Control Conference(CCC), (3): 3108-3112.

Mc Clung C R. 2006. Plant circadian rhythms. Plant Cell, 18(4): 792-803.

Nohales M A, Kay S A. 2016. Molecular mechanisms at the core of the plant circadian oscillator. Pickard BG. 1973. Action potentials in higher plants. Botanical Review, 39(2): 172-201.

Qin G, Liu Y, Zhang Y, Chen H, Huang J. 2019. Effects of Pd^{2+} concentration on the structural property of nickel-plated plant fiber non-woven sheet. Surface Review and Letters, 27(1): 1950163

Sakamoto M, Suzuki T. 2015. Effect of root-zone temperature on growth and quality of hydroponically grown red leaf lettuce(*Lactuca satival* cv. red wave). American Journal of Plant Sciences, 6(14): 350-2360.

Shu S, Duan X, Zhao Y, Xiong H. 2016. A model based on time, space, energy and iterative mechanism for woody plant metabolic rates and biomass. Journal of Biobased Materials & Bioenergy, 10(3): 184-194.

Sukhov V. 2016. Electrical signals as mechanism of photosynthesis regulation in plants. Photosynthesis Research, 130: 373-387.

Rodziewicz P, Swarcewicz B, Chmielewska K. 2014. Influence of abiotic stresses on plant proteome and metabolome changes. Acta Physiologiae Plantarum, 36(1): 1-19.

Taheri M M, Ahmadi A, Poustini K. 2010. Effect of source-sink reduction on grain weight at different positions within the spike and spikelet. Iranian Journal of Field Crop Science, 41(3): 479-489.

Vanhercke T, Tahchy A E, Liu Q, Zhou X R, Shrestha P, Divi U K, Ral J P, Mansour M P, Nichols P D, James C N. 2014. Metabolic engineering of biomass for high energy density: oilseed‐like triacylglycerol yields from plant leaves. Plant Biotechnology Journal, 12(2): 231-239.

Volkov A G. 2006. Plant Electrophysiology: Theory and Methods. Berlin: Springer: 25.

Volkov A G, Baker K, Foster J C, Clemmons J, Jovanov E, Markin VS. 2011. Circadian variations in biologically closed electrochemical circuits in *Aloe vera* and *Mimosa pudica*. Bioelectrochemistry, 81(1): 39-45.

Volkov A G, Foster J C, Ashby T A, Walker R K, Johnson J A. 2010. *Mimosa pudica*: electrical and mechanical stimulation of plant movements. Plant, Cell & Environment. 33(2): 163-173.

Wu Y Y , Liu C Q, Li P P, Wang J Z, Xing D, Wang B L. 2009. Photosynthetic charact-eristics involved in adaptability to Karst soil and alien invasion of paper mulberry(*Broussonetia papyrifera*(L.)Vent.)in comparison with mulberry(*Morus alba* L.). Photosynthetica, 47(1): 155-160.

Wu Y Y, Xing D K. 2012. Effect of bicarbonate treatment on photosynthetic assimilation of inorganic carbon in two plant species of *Moraceae*. Photosynthetica, 50(4): 587-594.

Yan X, Wang Z, Huang L, Wang C, Hou R, Xu Z, Qiao X. 2009. Research progress on electrical signals in higher plants. Progress in Natural Science-Materials International, 19: 531-541.

Yang X, Chen X, Wei X. 2008. Effects of NaCl stress on some physiological indices of transgenic *Lespedeza formosa* expressing BADH gene. Agricultural Science & Technology, 9(6): 149-150.

Zhang M M, Wu Y Y, Xing D K, Zhao K, Yu R. 2015. Rapid measurement of drought resistance in plants based on electrophysiological properties. Transactions of the ASABE, 58: 1441-1446.

Zhang C, Wu Y Y, Su Y, Xing D K, Dai Y, Wu Y S, Fang L. 2020. A plant's electrical parameters indicate its physiological state: a study of intracellular water metabolism. Plants, 9: 1256.

Zhao Q P, Wang J, Yan H R, Yang M Y, Zhang X. 2021. Nitric oxide associated protein1(atnoa1)is necessary for copper-induced lateral root elongation in *Arabidopsis thaliana*. Environmental and Experimental Botany, 189: 104544.

第8章 研究意义与展望

8.1 植物电生理信息测定意义

8.1.1 科学意义

物质运动和发展规律是由物质自身的物理和化学作用决定的。生命活动规律同样由生物体自身的物理和化学作用决定。生命的起源、演化和发展及生物个体的生长发育也必然由其自身的物理和化学作用决定。植物的化学信息如蛋白质、核酸、糖类、无机营养物质、激素及各种各样的有机无机小分子，在生命活动中都发挥各自的作用。而植物的物理信息则因这些大小有机、无机物质在不同细胞器中的时空排列及组合的不同而不同。所以，可以说植物的物理信息是植物化学信息的"探针"，植物的化学信息是植物物理信息的"对映体"。

生物物理信息的研究远滞后于生物化学信息的研究。尤其是 20 世纪 50 年代以后，对大分子物质如蛋白质、核酸等结构和功能的阐明使得人们对生物化学信息的研究远远领先于对生物物理信息的研究。生物物理机制的阐明成为解释生命现象的本质和规律的最主要的制约因素。

由各种生命化学物质组成的细胞及其细胞器布满了各种电元件，这些电元件产生（发射）的电信号不仅是细胞及细胞器功能和作用的体现，而且还可能反馈控制细胞及细胞器上的物质迁移、信息交流和能量传递及转换等生化反应。因此，植物电生理信息是一个"中枢"物理信息。在本书中，我们虽然仅检测植物的一些基本电信号，但是，利用吉布斯自由能方程和能斯特方程将物理信息与化学信息融合起来，很明显使我们认识植物代谢规律的视角更广阔，对植物的生命活动本质的认识更全面。

相对于化学信息在组织、器官、个体之间的慢速传播交流，植物电生理信息可以长距离地快速传输。植物可以利用电生理信息迅速建立细胞器之间、细胞和组织器官之间、个体与群体之间的信息联系。因此，测定植物的电生理信息，可以从局部感知整体，从个体感知群体。目前我们测得的植物叶片电信号不仅可以反映叶片的功能如光合能力、水分代谢等，而且还可以反映根部的营养吸收功能，甚至还可以反映整体植物的代谢活力和健康状态。

从信号产生的时序性来看，植物能更早地产生电生理信息来应对外界刺激。例如，在光合作用过程，植物受到光的刺激后，首先启动的是光反应，随后才发生暗反应，光反应主要是物理（光的吸收、色素的激发、电子的传递）及物理化学反应（水的光解和光合磷酸化）反应，而暗反应则主要是化学反应（无机碳的还原）。植物电生理信息则是启动基因表达（化学信息）的开关。因此，对植物电生理信息的深入研究将极大地增加人类对光合作用、水分代谢、离子吸收等其他生化反应的全面客观的理解，人工干预植物电生理信息将提高人类对植物的光合作用、水分代谢、离子吸收等物理化学反应的控制力。

相对于化学信息的复杂性而言，人类也更容易干预植物电生理信息，更容易通过控制植物电信号来控制植物的生长发育。虽然我们只检测几种植物在不同的环境中的电生理节律，但是人工干预植物的电生理节律，为人们调控植物代谢及生长发育带来了希望。

总之，通过对植物电生理信息的测定和解析，并结合化学信息的探索，人们将更好地从微观到宏观、从个体到群体、从物质到能量、从物理到化学全方位阐明植物生命活动的本质和规律。

8.1.2　应用价值

植物对环境的适生性，是植物生产需要考察的重要性状。通常对环境适应性的考察主要采用生长发育指标和一些生理生化指标。植物生长发育指标是累积指标，它们反映的是自幼苗期到监测期以前的整个时间段的生长发育状况。而植物所处的环境具有高度的时间异质性，各个生长发育期的植物最适环境也不相同，因此难以用植物生长发育指标来表征植物不同生长发育时期对不同环境的适应性。而不同生理生化指标只能反映植物的某一功能的适应性，很难反映植物即时的整体代谢活力和健康状态，因此，也难以评价植物的整体适应性。从本书中可以看出，利用电生理的即时信息和固有信息，不仅能够获取植物在不同时期及不同环境中的水分代谢、营养代谢、能量代谢等整体代谢信息，而且还能获取植物的抗干旱、耐低营养、耐盐等抗逆能力的信息，进而获取植物在不同生长时期对不同环境的适应性，为植物生产中植物快速适配环境提供技术支撑。

对于喀斯特适生植物的配置和筛选，我们可以通过测定待选植物物种在不同的喀斯特模拟环境中的即时电生理信息和固有电生理信息，综合评判不同植物对不同喀斯特环境的适应性，将喀斯特适生性不同的植物因地制宜地配置在不同的喀斯特环境，快速耦合岩溶作用和光合作用，恢复喀斯特生态环境，提升喀斯特植物光合碳汇和岩溶碳汇能力，提高生态系统的碳汇能力及生态系统服务功能。

对于红树林的构建和管理，我们可以通过测定待考察红树物种在不同盐度和淹水时间下的植物叶片即时电生理信息和固有电生理信息，获得这些红树植物的盐分排出能力、盐分稀释能力、盐分超滤能力及总抗盐能力，综合评判不同红树植物对不同潮位（盐度和 pH）和淹水时间的环境适应性，快速用适应的物种锚定适宜的红树种植区域。同时，在红树林管理上，可定期监测红树林湿地物种叶片即时电生理信息和固有电生理信息，通过互联网连接专家系统，对各个区域的红树植物的代谢活力和健康状态进行实时远程诊断，动态更新红树林配置，实现红树林的智慧管理。

实时监测作物电生理信息，是构建作物水肥智慧管理的基石。传统的水肥管理技术建立在已有的作物需水和需肥模型基础上，而这些已有的需水和需肥模型是在特定的作物生长发育环境中得到的，模型本身并不能很好地反映各个生育期的需水需肥特征，加之气候复杂多变，致使在实际生产条件下很难应用模型来指导灌溉和施肥。作物电生理信息，可以实时反映作物的生长发育状态及水分和养分的需求，因此，可以定时监测作物的即时电生理信息和固有电生理信息，定量获取胞内水分代谢和营养转运能力，为精准的水分和养分管理提供数据支撑。

实时监测作物电生理信息，是构建作物健康智慧管理系统的关键环节。通过定时测定作物叶片的即时电生理信息和固有电生理信息，通过互联网传输至作物健康信息处理器，获取作物的代谢能、胞内水分代谢、营养转运能力、代谢活力及健康指数等信息，将这些信息再传至专家分析系统，专家分析系统将动态实时分析这些信息获取作物的健康信息，开出处方或提出管理措施（如施肥、灌溉等）或发出病虫害预警等。

种子安全是农业生产和可持续发展的前提和根本保障。作物种质资源的评价和作物品种的筛选是种子安全的重要步骤。作物种质资源（作物品种）传统的评价方式，都需要对作物的生物学性状和农艺性状进行评价，对植物的抗逆性、抗病性、适应性及丰产性进行鉴定。无论是对生物学性状及农艺性状的评价，还是对抗逆性、抗病性、适应性等的鉴定，常规方法都需要种植一定面积的作物，在不同的生育期考察不同的性状，尤其是对抗逆性的考察，更需要考察逆境下的作物农艺性状及经济学性状，而这些农艺性状及经济学性状的好坏优劣则需要在收获作物时才能得以评判。因此，传统的作物种质资源（作物品种）鉴定和评价方法，费工费时，且受外界环境制约很大。利用本书第 7 章的方法，测定植物叶片的即时电生理信息和固有电生理信息，获取作物叶片细胞代谢能、作物叶片相对持水量、水分和养分转移速率、胞内水分利用效率、相对持水时间、耐低营养能力、作物营养利用效率等，依据作物的这些物质代谢和能量代谢的综合信息，评价作物的代谢活力、健康状况、适应性和抗逆性等，极大地提高了高产抗逆作物品种选择效率，省工省时省地，是智能化育种关键技术环节。

8.1.3 在学科发展中的作用

植物生理学是研究植物的物质代谢、能量转化和生长发育等生命活动规律、探索植物生命活动与环境相互关系、揭示植物生命现象本质的科学。目前该学科的主要研究内容包括：光合作用、呼吸作用、水分代谢、矿质营养、物质运输、逆境生理、生长发育等。从目前学科的研究内容来看，现代植物生理学偏重于植物生命活动的化学作用（物质转化）机理和规律的研究，而对生命物质的运动规律和机制的研究相对较少。

植物的电生理特征可以揭示植物生命活动中介电物质的运动规律，无疑属于植物生理学范畴。我们测得的植物即时电生理信息和固有电生理信息，不仅可以反映植物胞内水分和营养物质的运动规律，还可以反映植物的能量传递和转化及植物的源库关系。因此研究植物的电生理特征，将大大扩展植物生理学研究的外延，增加植物生理学研究内涵。植物电生理作用渗透到植物生命活动的各个方面，研究植物电生理信息和生化信息在光合作用、呼吸作用、水分代谢、矿质营养、物质运输、逆境生理、生长发育等过程中的变化规律，将全面揭示植物生命现象的本质。

农业工程学是研究农业有机体与工程手段相互作用关系和规律的科学。从本书的研究结果来看，相比于作物生长发育和一些生化信息，电生理信息更能实时灵敏地反映作物的健康状态和代谢活力，不仅为作物生产智能化提供更多实时的信息，同时也为作物生长发育的环境调控提供更多的方案。同时，由于互联网的快速发展，植物电生理信息也可以便捷地加载到互联网，可以将测得的即时电生理信息和固有电生理信息通过互联网实时传输至专家系统进行分析和诊断，而后又将控制和管理指令通过互联网发送到执行端，实时进行水肥管理。由此可以看出，植物电生理信息加载到农业工程中，为农业工程的研究增添了活力，可使农业工程学得到迅速升级。另外，植物电生理信息控制植物代谢、能量传递和生长发育过程的原理，还可以被仿生学吸纳，有望拓宽仿生学研究领域。

植物生态学是研究植物与其环境（包括非生物环境和生物环境）相互关系的科学。从本书可以看出，植物具有较强的电生理节律，不同植物对不同环境、同一植物对不同环境及不同植物对同一环境的电生理响应均不相同。因此，对不同生态环境中不同个体的电生理响应（包括节律）的研究，可以揭示植物个体对环境的电生理响应、植物个体与群体之间的电信号交流及植物群体与环境的电信号交流。植物与环境的电信号互作与化感作用一样深刻影响着植物与环境的关系，将植物电生理信息引入生态学的研究中，能够使人们更全面地理解植被、群落和生态系统的功能。

物理化学是研究化学系统中物质的结构及其变化规律的学科。本书中，我们采用吉布斯自由能方程（化学热力学范畴）和能斯特方程（电化学范畴）来研究电学信号与生化系统中的物质代谢及能量交换和传递之间的关系，使人们从物质运动的角度来认识光合作用、呼吸作用、水分代谢、矿质营养、物质运输、逆境生理、生长发育等植物的生命活动的本质，这将成为物理化学形成生物物理化学分支的萌芽。

此外，对植物电生理信息的研究，也将拓展细胞生物学、分子生物学等生物学其他分支学科的研究范围，丰富这些分支学科的内涵。

8.2　展　　望

本书测定的植物电信号有诸多局限性，需要在以后的工作中解决。首先，测定的传感器，我们使用平行板电容器作为传感器，它限制了一些针叶植物、茎状叶等其他类型叶片的测定，同时对其他植物器官如根、茎、花、果实等也难以测定。因此，需要设计更多类型的传感器，以适应不同形状叶片、根、茎、花（雄蕊、雌蕊、柱头）、果实、腺体、藤（须）、愈伤组织、胚状体等组织器官的电生理信息的测定。其次，测定的方式，本书采用了并联电路测定电信号，今后可以尝试串联及并联-串联等复合的方式来测定电信号，然后再分析在不同的测定方式下测定的电信号在植物生理过程中的生物学意义。再者，测定的电信号指标，今后，可以研究在不同的测定方式下，测定生理电流、生理电压等指标，构建生理电流、生理电压与离子吸收门控电压及生理活动中静息电位、动作电位等之间的关系，开发出无损在线监测植物不同组织器官细胞的动作电位、静息电位、门电流的方法。此外，对植物的忆阻器的深入研究，有望从根本上改变现有的硅芯片产业，同时也将为动植物记忆、学习、昼夜节律和生物钟机制的研究提供理论基础。最后，由于生物体的很多功能都是由多酶（蛋白质）复合体完成的，行使电感和电容作用的蛋白质协同作用，有可能形成生理中超导，仿生利用植物生理中的超导，可为超导材料的研制和开发利用提供新的思路。

本书测得的电信号为叶片的电信号，很难反映植物整体生命活动的分子机制。今后可以研究植物叶片电信号与大分子物质的生化作用之间的关系，如电生理信息与钙调蛋白（钙调素、钙依赖型蛋白激酶、钙调磷酸酶）、蛋白激酶、跨膜转运酶（ATP 酶或 ATP 泵、通道蛋白和共转运体）之间的关系及基于电生理指标的植物胞内水分代谢与水孔蛋白的关系等。总之，构建物理信息和化学信息的联系，可更好地阐明生命活动的本质。

我们用于测定即时电生理信息和固有电生理信息的装置是自制的，所有操作都是人工的。因此，今后要设计构建智能控制的植物电生理测定装置，实现植物电生理信息测定智能化。同时，由于目前已有很多物理传感器能够从多方面反映植物的代谢活力和健康状况，所以今后可以将多种物理传感器如光谱、图像和电生理信号传感器融合起来设计出多信息传感器，构建能在线获取植物健康综合信息的测定系统（植物健康检测仪），通过互联网将传感器获取的多源信息加载到专家系统，经过综合分析形成植物健康管理的解决方案（开处方），建立植物健康智慧监测和评价系统。

从本书的第 1 章可以看出，科学家已经发现植物电生理信息能够行使植物"中枢神经系统"的功能，同时，在本书中，我们也只利用了改变夹持力的方式建立植物叶片电信号与夹持力的物理化学关系。因此，今后我们可以尝试建立其他激励（刺激）（如光、电脉冲、磁场、温度、微波等）与叶片电信号的物理化学关系，研究植物电生理作用对加载电信号刺激的响应，探索光、电、磁场等对植物电生理的影响，阐明光、电、磁影响植物代谢和生长发育的电生理机制，设计开发出植物理疗仪，与植物健康智慧监测和评价系统及智能装备进行整合，形成植物健康智慧管理系统。